김문숙 저

다락원

머리말

최근 급속도로 발전해가는 과학기술과 더불어 사회구조적 변화로 고령화 및 1인 가구 수가 계속적으로 증가되면서 국민의 보건 및 영양 관리에 대한 사회적 관심은 갈수록 높아지고 있습니다. 이에 따라 질병 예방과 건강증진을 위해 급식관리 및 영양서비스를 수행하는 전문인인 영양사의 역할 범위가 확대되고 사회적으로 영양사의 수요가 많아지고 있는 추세입니다.

영양사가 되려면 고등교육법에 명시한 대학에서 식품학 또는 영양학을 전공한 자로서 보건복지부령으로 정하는 요건으로 18과목 52학점을 이수하고 4개 영역의 10개 세부 분야(영양학 및 생화학, 영양교육·식사요법 및 생리학, 식품학 및 조리원리, 급식·위생 및 관계법규)로 구성된 영양사 국가시험에 합격한 후 보건복지부장관의 면허를 받을 수 있는 절차를 거쳐야 합니다.

저자는 영양사 면허를 취득하고자 준비하는 수험생들을 위해서 대학교, 공공기관 및 산업체 등 식품·영양 현장에서 수행한 30여 년간의 폭넓고 풍부한 강의를 바탕으로 〈원큐패스 영양사 시험 모의고사 문제집〉의 학습 내용을 다음과 같이 구성하였습니다. 〈원큐패스 영양사 시험 모의고사 문제집〉을 통해서 수험생들의 원활한 자기주도적 학습관리가 이루어져 희망하는 좋은 성과가 도출되길 진심으로 기원합니다.

Part I : 과목별 주요 내용 요약정리
- **학습 이해도 향상**
- **빠른 암기를 위한 중요 내용 확인**

Part II : 학습 이해 및 암기 확인 문제풀이
- **학습 이해 및 암기 점검의 문제풀이**
- **각 문제의 하단에 정답과 해설을 제시하여 이해와 암기 향상의 반복적 학습**

Part III : 3회 실전모의고사
- **회차별로 난이도 상향의 문제 제시**
- **자체평가에 의한 학습 성취도 파악**

끝으로 이 책이 나오기까지 많은 도움을 주신 다락원출판사 대표님을 비롯한 편집부 여러분의 노고에 진심으로 깊은 감사를 드립니다.

저자 김문숙

개요

영양사는 개인 및 단체에 균형 잡힌 급식 서비스를 제공하기 위해 식단을 계획하고 조리 및 공급을 감독하는 등 급식을 담당하며, 산업체에서 급식관리 업무 외에 영양교육 및 상담, 영양지원 등 영양서비스를 관리하는 업무를 수행하는 자를 말한다.

응시자격

자세한 사항은 한국보건의료인국가시험원(www.kuksiwon.or.kr)의 응시자격 자가 진단을 참조

시험일정

구분	내용
응시원서 접수	인터넷 접수 : 9월경 ※ 다만, 외국대학 졸업자로 응시자격 확인서류를 제출하여야 하는 자는 접수기간 내에 반드시 국시원 별관(2층 고객지원센터)에 방문하여 서류확인 후 접수가능
시험시행	12월경 ※ 응시자 준비물 : 응시표, 신분증, 필기도구 지참(컴퓨터용 흑색 수성사인펜은 지급함)
최종합격자 발표	1월경 ※ 휴대전화번호가 기입된 경우에 한하여 SMS통보

시험시간표

구분	시험과목(문제 수)	문제형식 및 배점		시험시간
1교시	1과목 – 영양학 및 생화학 (60) 2과목 – 영양교육, 식사요법 및 생리학 (60)	객관식 5지선다형	1문제 1점 총점 220점	09:00~10:40 (100분)
2교시	1과목 – 식품학 및 조리원리 (40) 2과목 – 급식, 위생 및 관계법규 (60)			11:10~12:35 (85분)

* 식품·영양 관계법규 : 「식품위생법」, 「학교급식법」, 「국민건강증진법, 「국민영양관리법」, 「농수산물의 원산지 표시에 관한 법률」, 「식품 등의 표시 · 광고에 관한 법률」과 그 시행령 및 시행규칙

합격기준

- 합격자 결정은 전 과목 총점의 60퍼센트 이상, 매 과목 만점의 40퍼센트 이상 득점한 자를 합격자로 합니다.
- 응시자격이 없는 것으로 확인된 경우에는 합격자 발표 이후에도 합격을 취소합니다.

[과락점수]

구분	시험과목명	문제 수	과락 기준	총점 합격 기준
1교시	영양학 및 생화학	60	24점 미만	132점 이상
	영양교육, 식사요법 및 생리학	60	24점 미만	
2교시	식품학 및 조리원리	40	16점 미만	
	급식, 위생 및 관계법규	60	24점 미만	

차례

part I 과목별 핵심정리

part II 예상문제 풀이

part III 실전모의고사

Part I

과목별 핵심 정리

1교시 1과목 영양학·생화학

01 영양과 건강

1 영양소 섭취기준 구성 및 특징

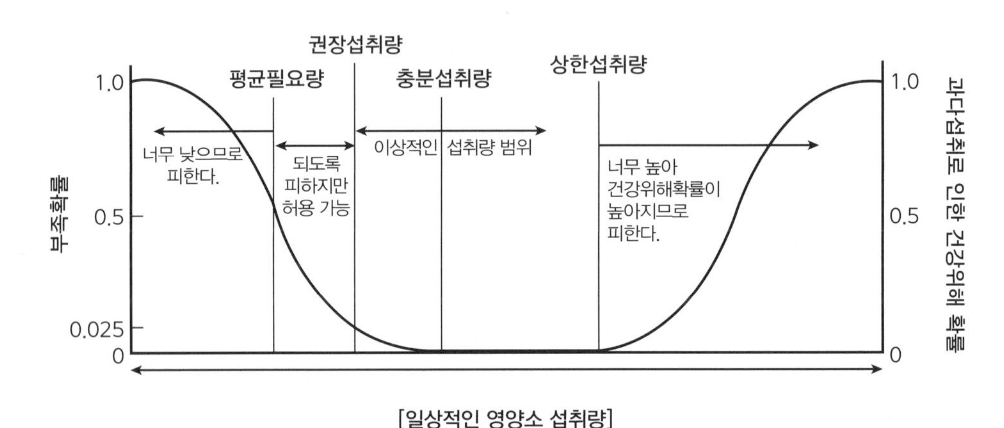

1. 평균필요량(EAR; Estimated Average Requirement)
   ① 대상 집단 절반에 해당하는 1일 영양 필요량을 충족시키는 값
   ② 건강한 사람들의 1일 영양 필요량의 중앙값(분포의 중앙값)
   ③ 기능적 지표로 추정 가능(모든 영양소에 대해 설정되어 있지는 않음)
2. 권장섭취량(RNI; Recommended Nutrient Intake)
   ① 평균필요량에 표준편차(또는 변이계수)의 2배를 더하여 정한 값(개인차 감안)
   ② 대상 집단 약 97~98%의 영양필요량을 충족시키는 값
   ③ 상당수의 사람에게는 필요량보다 높은 수치
3. 충분섭취량(AI; Adequate Intake)
   ① 평균필요량 산정(과학적 근거) 자료 부족으로 권장섭취량 설정 어려운 경우 제시하는 값
   ② 기존의 실험 연구 또는 관찰연구로 확인된 건강한 사람들의 영양소 섭취기준 중앙값으로 설정
   ③ 권장섭취량과 상한섭취량 사이로 설정
4. 상한섭취량(UL; Tolerable Upper Intake Level)
   ① 인체에 유해영향이 나타나지 않는 최대 영양소 섭취 수준
   ② 과잉섭취 시 유해영향 위험이 있는 영양소를 대상으로 산정
5. 에너지적정비율(AMDR; Acceptable Macronutrient Distribution Range)
   ① 탄수화물, 단백질, 지질로 섭취하는 에너지가 전체 에너지 섭취량에서 차지하는 비율

연령(세)	에너지적정비율(%)				
	지질			단백질	탄수화물
	지방	포화지방산	트랜스지방산		
1~2	20~35	-	-	7~20	55~65
3~18	15~30	8미만	1미만		
19이상		7미만			

② 에너지 영양소(탄수화물, 단백질, 지질) 공급에 대한 에너지 섭취 비율과 건강 관련성에 대한 과학적 근거 설정

6. 만성질환위험감소섭취량(CDRR; Chronic Disease Risk Reduction Intake)

① 건강한 인구집단에서 만성질환의 위험을 감소시킬 수 있는 최저 수준의 영양소 섭취량

② 만성질환과 영양소 섭취 간 연관성과 만성질환의 위험을 감소시킬 수 있는 구체적 섭취 범위 설정

2 건강한 식생활 지침

① 균형성 : 모든 영양소 포함 식사

② 다양성 : 다양한 식품 섭취

③ 적절량 : 과잉 또는 부족하지 않은 섭취

3 식사구성안

1. 영양소 섭취 허용 및 주의 기준

(1) 섭취 허용 기준

에너지	• 100% 에너지필요추정량
탄수화물	• 총 에너지의 55~65%
단백질	• 총 에너지의 약 7~20%
비타민, 무기질	• 100% 권장섭취량 또는 충분섭취량 • 상한섭취량 미만
식이섬유	• 100% 충분섭취량

(2) 섭취 주의 기준

지질	• 1~2세 : 총 에너지의 20~35% • 3세 이상 : 총 에너지의 15~30%
당류	• 설탕, 물엿 등의 첨가당 최소한으로 섭취

2. 식품구성자전거(2020 한국인 영양소 섭취기준)

① 식품구성자전거 전달메시지 : 균형 있는 식사, 충분한 물 섭취, 규칙적인 운동 및 식사의 균형으로 건강 체중 유지

② 자전거 앞바퀴 : 물

③ 자전거 뒷바퀴 : 6가지 식품군

3. 식품군별 기준영양소 및 1인 1회분량 대표식품 [참조: 식사요법-식품교환표 비교]

식품군	섭취 횟수	기준 영양소	1인 1회 분량
곡류 (300kcal)	매일 2~4회 정도	탄수화물, 식이섬유	쌀밥(210g), 백미(90g), 떡(150g), 식빵(35g, 0.3회), 감자(140g)
고기, 생선, 달걀, 콩류 (100kcal)	매일 3~4회 정도	단백질, 지질, 비타민, 무기질	돼지고기·쇠고기·닭·오리고기(60g), 생선류(70g), 두부(80g), 달걀(60g), 콩(20g), 소시지(30g), 잣(10g)
채소류 (15kcal)	매끼니 2접시 이상	식이섬유, 비타민, 무기질	대부분의 야채(70g), 김치(40g)
과일류 (50kcal)	매일 1~2개	식이섬유, 비타민, 무기질	수박·참외·딸기(150g), 기타 대부분의 과일(100g), 마른 대추(15g)
우유·유제품류 (125kcal)	매일 1~2잔	단백질, 비타민, 칼슘	우유(200ml), 액상요구르트(150ml), 호상요구르트(100g), 아이스크림(100g), 치즈(20g)
유지·당류 (45kcal)	가능한 적게 사용	지질, 당류	기름류(5g), 설탕·물엿·꿀(10g), 커피믹스(12g)

02 소화와 흡수

1 소화기계의 기능

① 운동 : 섭취, 씹기, 삼키기, 연동운동, 분절운동
② 분비 : 외분비(효소), 내분비(호르몬)
③ 소화 : 기계적 소화, 화학적 소화
④ 흡수 : 영양소가 점막을 통해 혈액이나 림프로 이동
⑤ 저장 및 배설 : 영양소 일시적 저장 또는 소화되지 않은 물질 배설
⑥ 부속 소화기관(침샘, 간, 담낭, 췌장) : 타액, 담즙, 췌장액, 소화효소 등의 생산·분비로 소화작용 도움

2 소화관 호르몬

① 위장관 호르몬 : 표적기관(위장관, 췌장 등)이나 표적세포에 도달하여 소화액 분비와 소화관 운동 자극·억제
② 가스트린(gastrin) : 위·십이지장에서 분비, 산 분비, 미주신경과 위 내용물 자극, 위운동 촉진
③ 엔테로가스트린(enterogastrin) : 십이지장에서 분비, 위 내용물(지질, 단백질) 자극, 위 배출 억제(위 연동 억제)
④ 세크레틴(secretin) : 십이지장에서 분비, 단백질과 산 자극, 췌장 자극하여 알칼리성 췌장액 분비촉진, 위에서 위 운동과 위산 분비억제
⑤ 콜레시스토기닌(cholecystokinin; CCK) : 십이지장에서 분비, 단백질 소화 산물과 지방 자극, 위산 분비와 위 운동 억제, 췌장의 소화효소분비 촉진, 담즙분비 촉진
⑥ 위 억제 펩티드(gastric inhibitory peptide; GIP) : 십이지장에서 분비, 위의 운동성과 분비작용 억제, 췌장의 인슐린분비촉진

3 소화·흡수 이동

1. 구강
침샘에서 타액(점액, 소화효소) 분비, 저작작용

2. 식도
연동운동, 음식역류방지(상부·하부식도괄약근)

3. 위
① 위벽 : 근육층으로 위쪽은 하부식도괄약근으로 아래쪽은 유문괄약근으로 이루어짐
② 구성 : 분문부, 위체부(점액, 펩시노겐, 염산분비), 유문부(점액, 펩시노겐, 가스트린 분비)
③ 위 운동 : 공복수축, 연동운동, 위 배출(위 머무는 시간 : 지방 > 단백질 > 탄수화물)
④ 위액 : 위산(타액아밀레이스 불활성화), 펩시노겐(위산에 의해 펩신으로 전환시켜 단백질 소화 일어남), 점액(강한 산성에서 위 점막층 보호)
⑤ 음식물 : 위에서 십이지장으로 배출
⑥ 약간의 수분과 알코올 : 위에서 흡수

4. 소장
① 긴 관 형태 : 십이지장, 공장, 회장으로 구분
② 십이지장 : 유문괄약근으로부터 소장상부, 오디괄약근
③ 회장 : 회장 끝부분에 대장 소화물 역류방지 괄약근
④ 소장의 내부 점막 : 융모, 미세융모(소화효소 분로)
⑤ 소장의 운동 : 연동, 분절운동
⑥ 물 및 염류 : 소장에서 흡수
⑦ 당질 : 단당류로 흡수, 흡수된 당은 모세혈관에서 문맥을 거쳐 간으로 이동
⑧ 지질 : 담즙산에 의해 유화된 다음에 가수분해되며, 저분자지방산은 문맥으로 들어가고, 고분자지방산은 에스테르화되어 림프관 거쳐 흉관으로 이동
⑨ 단백질 : 아미노산으로 흡수, 흡수된 아미노산은 문맥에서 간으로 이동

참고 소장의 소화 및 흡수

소화(십이지장과 공장에서 이루어짐)

- 소화 관련 호르몬 : 위장관 호르몬, 가스트린, 세크레틴, 콜레시스토키닌, 위억제 펩티드
- 췌장액(소화효소 함유) : 아밀레이스, 트립신, 키모트립신, 엘라스타아제, 카르복시펩티다아제, 리파아제, 리보핵산 분해효소, 디옥시리보핵산분해효소
- 담즙 : 간에서 합성, 지질·지용성분 유화, 소화·흡수
- 장액(소장 점막에서 분비되는 알칼리성 소화액) : 이당류 분해효소(말타아제, 수크라아제, 락타아제), 단백질분해효소(디펩티다아제, 아미노펩티다아제)

흡수(회장에서 이루어짐) : 소장 융모 영양소 흡수

흡수과정		흡수성분 & 작용
수동수송 영양소 고농도(소장내강) → 저농도(소장 점막세포)	**단순확산** 용질 이동(고농도 → 저농도) 에너지(불필요), 운반체(불필요)	자일로오스, 만노오스, 모노글리세리드, 지방산, 글리세롤, 대부분의 비타민·무기질
	촉진확산 용질 이동(고농도 → 저농도) 에너지(불필요), 운반체(필요)	과당, 산성아미노산
	삼투 용매 이동 (용질 저농도 → 고농도)	체액의 등장액(300mOsm), 고장액(고농도삼투질), 저장액(저농도삼투질)에서 삼투작용
	여과 압력차에 의해 저분자 물질 통과	모세혈관을 통한 체액의 이동, 신장의 사구체여과
능동수송 영양소 저농도(소장내부) → 고농도(상피세포) (Na^+-K^+펌프, ATP 이용) 에너지(필요), 운반체(필요)		포도당, 갈락토오스, 중성아미노산, 염기성 아미노산, 비타민 B_{12}, 칼슘, 철
음세포작용 세포막이 조그마한 주머니 형성하여 함입하면서 물질을 삼켜 세포 안이나 밖으로 이동 (어떤 물질이 소장 세포막의 구조적 장벽을 통과할 수 없을 때)		모유에 함유된 면역단백질 등

영양소의 운반

- 수용성영양소(단당류, 아미노산, 무기질, 수용성 비타민)는 소장 융모 내 모세혈관으로 들어가 문맥을 통해 간으로 이동
- 림프순환(림프관, 유미관) : 지용성영양소(중성지방, 콜레스테롤, 지용성비타민)가 소장 융모 내 림프관으로 들어가 흉관을 거쳐 대정맥을 통해 혈류로 들어가 운반

장간순환

- 담즙(간세포에서 생성, 담낭에 저장)이 소장으로 분비되어 지방의 소화·흡수에 참여, 재흡수되어 간문맥을 통해 간으로 회수, 다시 담즙 생성에 이용

5. 대장

① 회맹판으로부터 항문에 이르는 소화관

② 구성 : 상행결장, 횡행결장, 하행결장, S상결장, 직장

③ 대장 점막 : 주름, 융모 미발달, 소화효소 없음

참고 대장의 소화 및 흡수

- 난소화성 탄수화물(예 식이섬유) : 세균에 의한 발효분해
- 일부 비타민과 수분, 전해질 흡수
- 미생물에 의해 합성된 일부 비타민(비타민 K, 비타민 B_{12}, 판토텐산, 비오틴), 짧은사슬 지방산, 유기산 흡수
- 배변반사 : 고형화 노폐물 직장내압 높아지면 항문을 통해 노폐물 배설

03 영양소

1 필수 영양소

체내에 충분한 양이 생성되지 않아 식품섭취로 합성

2 에너지 영양소

1. 탄수화물

① 대부분 열량으로 쓰임(체내는 소량함유), 1g당 4kcal

② 여분은 간이나 근육 내의 글리코겐과 혈액 내의 포도당으로 존재

2. 단백질

① 신체 구성 기본단위

② 체내 약 16% 함유, 질소포함, 1g당 4kcal

③ 식품아미노산 20가지, 필수아미노산 9가지

④ 체단백질은 섭취한 단백질로부터 합성된 것

3. 지방

① 체내 약 14% 함유(비만한 사람 35~40%), 1g당 9kcal

② 주로 탄수화물과 지방으로부터 합성되어 저장

③ 섭취한 지방은 분해되어 흡수된 후, 체내에서 다시 합성되어 저장

3 조절 영양소

1. 비타민(지용성&수용성)

① 에너지 생성과정 조효소

② 영양소의 흡수와 체내 대사 조절

2. 무기질(다량&미량)과 단백질

① 체내 수분함량의 평형 유지

② 체액과 혈액의 산·염기 평형

3. 수분

① 체내 함유비율 약 65%(마른 사람 약 70%, 비만한 사람 55%)

② 혈장(약 90%), 신장, 신경조직, 근육, 간(70% 이상), 뼈와 지방조직(20% 정도)

04 탄수화물

1 탄수화물의 특성

① 탄소(C), 수소(H), 산소(O)의 세 원자로 구성

② 에너지 급원과 저장

③ 단백질 절약작용

④ 케톤증(탄수화물 부족 : 지방 연소로 케톤체 생성) 방지

⑤ 조효소 및 효소의 구성성분

⑥ 혈당유지

⑦ 식품의 감미와 향미 부여

⑧ 장운동 증진과 변비예방

⑨ 리보오스, 디옥시리보오스 : RNA와 DNA 구성성분

⑩ 글루쿠론산 : 간에서 화학물질이나 독성물질과 결합·배설

2 탄수화물의 소화

소화기관	분비기관	효소	작용
구강	침샘	타액 : α-아밀레이스(프티알린)	전분 → 덱스트린, 맥아당
위	-	-	타액 아밀레이스 불활성화, 탄수화물 소화 중단
소장	췌장	췌장 : α-아밀레이스(아밀롭신)	전분, 덱스트린 → 맥아당
	소장벽	말타아제	맥아당 → 포도당 + 포도당
		수크라아제	설탕(자당 · 서당) → 포도당 + 과당
		락타아제	유당 → 포도당 + 갈락토오스

3 탄수화물의 흡수

1. 당질의 흡수 장소 : 소장의 상피세포에서 단당류(포도당, 과당, 갈락토오스) 형태로 흡수, 당질 흡수율 98%

2. 당질의 흡수 속도 : 갈락토오스(120) > 포도당(100) > 과당(48) > 만노오스(19) > 자일로오스(15)

3. 당질의 흡수과정

① 모세혈관 → 간문맥 → 간

② 단순확산(자일로오스, 만노오스), 촉진확산(과당), 능동수송(포도당, 갈락토오스)

4 탄수화물의 대사

해당과정, 구연산 회로(TCA cycle 또는 Krebs cycle), 당신생과정, 글리코겐 합성, 글리코겐 분해, 오탄당 인산 경로

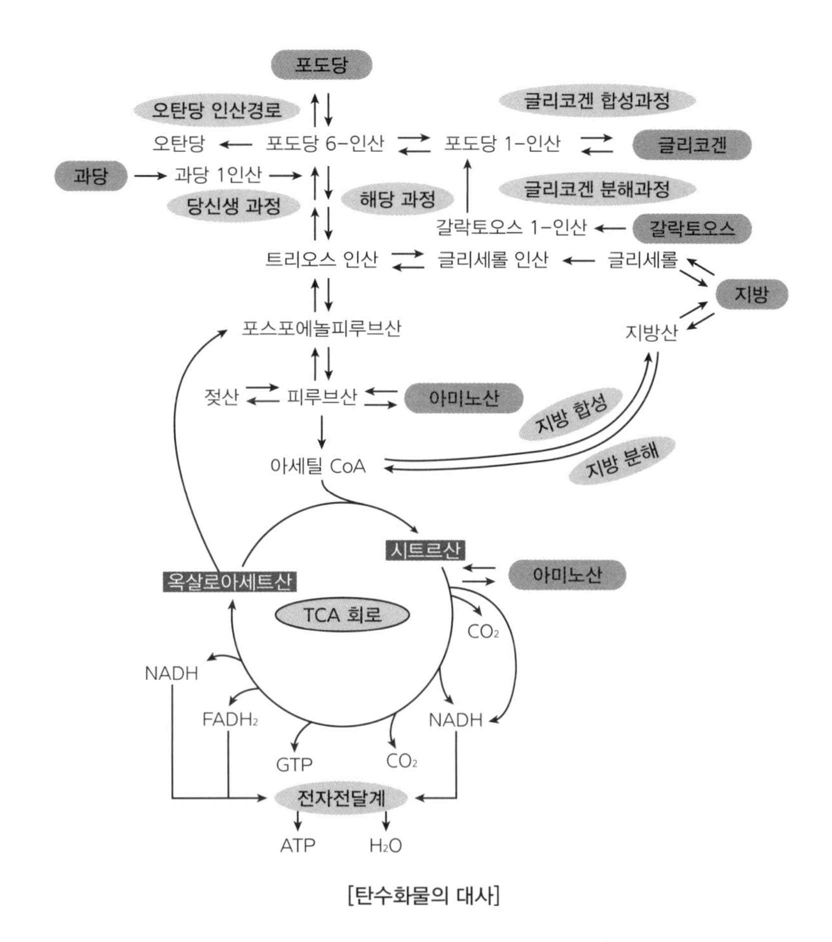

[탄수화물의 대사]

1. 해당과정

(1) 해당과정 개요

① 혈액 내의 포도당(글루코스)이 수송체를 통해 세포 안으로 이동 → 세포질에서 해당과정 시작

② 육탄당 포도당이 삼탄당 피루브산으로 전환

③ 총 10단계

④ 전반부(에너지 투자) : 2 ATP 소모(글리세르알데히드 3-인산 생성)

⑤ 후반부(에너지 생성) : 총 4 ATP 생성(2분자의 피루브산 생성)

⑥ 총 2 ATP와 2 NADH 생성

(2) 해당과정 단계 : 총 10단계

No	과정	효소	특징
1	글루코스 → 글루코스 6-인산	헥소키나아제 (글루코스 6-인산, ATP에 의해 억제)	1 ATP 소모 첫번째 조절점 [비가역적]
2	글루코스 6-인산 → 프럭토오스 6-인산	포스포글루코스이성질화효소	알도오스 → 케토스
3	프럭토오스 6-인산 → 프럭토오스 1,6-이인산	포스포프럭토키나아제-1(PFK-1) * 가장 중요 효소 • 촉진 : 프럭토오스 2,6-이인산, AMP, ADP에 의해 활성화 • 억제 : 프럭토오스 1,6-이인산, 구연산, ATP에 의해 억제	1 ATP 소모 두번째 조절점 [비가역적] • 전체 경로의 속도결정단계 • 간 : 포스포프럭토키나아제-2 (PFK-2)에 의해 프럭토오스 2,6-이인산으로 전환 → PFK-1활성도 조절
4	프럭토오스 1,6-이인산의 분할 → 글리세르알데히드 3-인산, 디하이드록시아세톤인산	알돌라아제	-
5	디하이드록시아세톤인산 → 글리세르알데히드 3-인산	3탄당인산이성질화효소	-
6	글리세르알데히드 3-인산 → 글리세린산 1,3-이인산	글리세르알데히드 3-인산탈수소효소	NAD^+ → NADH
7	글리세린산 1,3-이인산 → 글리세린산 3-인산	글리세린산인산키나아제	인산기를 ADP로 이동 1 ATP 생성 트리오스인산 → 2 ATP(트리오스인산 × 2)
8	글리세린산 3-인산 → 글리세린산 2-인산(2PG)	글리세린산인산뮤타아제	-
9	글리세린산 2-인산 → 포스포에놀피루브산(PEP)	에놀라아제	-
10	포스포에놀피루브산(PEP) → 피루브산	피루브산키나아제 • 촉진 : 프럭토오스 1,6-이인산, AMP, ADP에 의해 활성화 • 억제 : 아세틸 CoA, ATP에 의해 억제	1ATP 생성 피부르산 → 2 ATP(피부르산 × 2) 세번째 조절점 [비가역적]

정리
- 1분자 글루코스 : 해당과정에서 2분자 피루브산 생성
- 2 ATP 생성(실제 4 ATP 생성하나 전반부 2 ATP 소모)
- 2 NADH 생성(전자전달계에서 1.5 또는 2.5 ATP 생성 → 3 또는 5 ATP 생성)
- 총 5~7 ATP 생성

(3) 호기적 해당과정과 혐기적 해당과정

혐기적 해당과정	호기적 해당과정
• 산소 공급되지 않는 경우 : 피루브산 → 젖산 • 비효율적이지만 미토콘드리아가 없는 세포에서 에너지 공급 가능 • 효모와 일부 박테리아에 의해 피루브산의 알코올 발효	• 미토콘드리아가 있는 세포에서 산소가 충분히 공급 • 매우 효율적 • 피루브산 → 아세틸 CoA → 구연산회로(완전산화시킴 : 이산화탄소와 물) • 구연산회로(TCA회로) : 글루코스 1분자당 30ATP(뇌, 골격근) 또는 32ATP(간, 심장, 신장) 생성

2. 구연산 회로(시트르산 회로, TCA cycle, Krebs cycle)

미토콘드리아에서 일어나는 호기적 대사경로

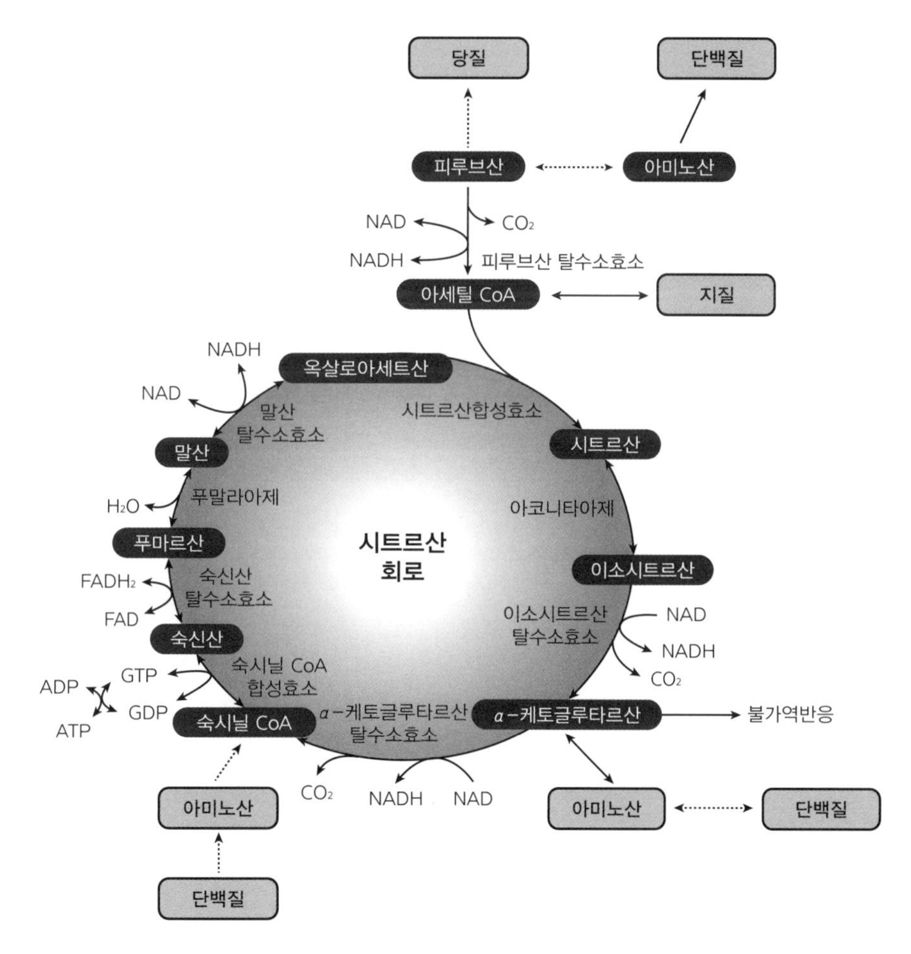

[구연산 회로(TCA cycle)]

No	피루브산에서 아세틸 CoA의 생성과정		효소
1	피루브산의 미토콘드리아 내로의 이동	• 해당과정에서 생성된 피루브산 : 세포질에 존재 • 구연산 회로는 미토콘드리아에서 진행하므로 피루브산 이동 필요	–
2	피루브산 탈수소효소 복합체에 의한 아세틸 CoA 생성	피루브산 + NAD^+ + CoASH → 아세틸 CoA + NADH + H^+ + CO_2	피루브산 탈수소효소 복합체

피루브산 탈수소효소 복합체

- 효소 3개(E1, E2, E3), 조효소 5개 구성
  - E1(피루브산 탈수소효소) → 조효소 : 티아민피로인산(TPP)
  - E2(디하이드로리포일 아세틸 전이효소) → 조효소 : 리포산, 조효소 A(CoASH)
  - E3(디하이드로리포일 탈수소효소) → 조효소 : 플라빈아데닌디뉴클레오티드(FAD), 니코틴아미드아데닌디뉴클레오티드(NAD)
- 조효소 구성 비타민
  - 티아민피로인산(TPP) : 티아민(비타민 B_1) 함유
  - 플라빈아데닌디뉴클레오티드(FAD) : 리보플라빈(비타민 B_2) 함유
  - 니코틴아미드아데닌디뉴클레오티드(NAD) : 니아신 함유
  - 조효소 A(CoASH) : 판토텐산 함유
  - 리포산 : 미토콘드리아 호흡을 돕는 지방산 함유

피루브산 탈수소효소 복합체의 조절

- 인산화에 의한 조절
  - 인산화되었을 때 불활성, 비인산화 시 활성
  - ATP, 아세틸 CoA, NADH 축적 → 피루브산 탈수소효소 복합체의 인산화 → 불활성화로 아세틸 CoA 생성 감소
  - ADP, 피루브산 축적 → 피루브산 탈수소효소 복합체의 탈인산화 → 활성화에 의해 아세틸 CoA 생성 촉진

No	구연산 회로과정		효소
1	아세틸 CoA와 옥살로아세트산 축합	아세틸 CoA + 옥살로아세트산 → 구연산(시트르산)	구연산 합성효소
2	구연산의 이성질화	구연산(시트르산) → 이소구연산	아코니타아제
3	이소구연산의 탈카르복실화 (효소 3개, 조효소 5개)	이소구연산 + NAD^+ → α-케토글루타르산 + NADH + H^+ + CO_2	이소구연산 탈수소효소
4	α-케토글루타르산의 탈카르복실화	α-케토글루타르산 + NAD^+ + CoASH → 숙시닐 CoA + NADH + H^+ + CO_2	α-케토글루타르산 탈수소효소 복합체
5	숙시닐 CoA의 분해	숙시닐 CoA + GDP + Pi → 숙신산 + GTP + CoASH GTP + ATP → GDP + ATP	숙시닐 CoA 합성효소
6	숙신산의 산화	숙신산 + FAD → 푸마르산 + $FASH_2$ * 말론산(malonate) : 숙신산과 구조는 비슷하나 숙신산탈수소효소의 억제제	숙신산 탈수소효소
7	푸마르산의 산화	푸마르산 + H_2O → 말산 * 말산 : 미토콘드리아 통과 가능(세포질 이동 가능) * 세포질에서 말산 → 옥살로에세트산 → 포스포에놀피루브산 반응 진행	푸마르산 수화효소
8	말산의 산화	말산 + NAD^+ → 옥살로아세트산 + NADH + H^+	말산 탈수소효소

1분자 포도당의 완전산화 시 2분자의 피루브산 생성에 의한 총 ATP 생성수				
과정		직접 산물	ATP 수	ATP 생성방식
해당과정 (세포질)	에너지 소모	–	–2	글루코스 및 프럭토오스 6–인산화과정에서 2 ATP 소모
	에너지 회수	–	4	기질수준 인산화
		2 NADH → 해당과정에서 생성된 NADH는 미토콘드리아 내로 들어가야 포도당이 완전산화되므로, 이때 세포 특성 따라 2가지 유형의 셔틀시스템을 선택적으로 통과	3	3 ATP = 2 $FADH_2$(2 × 1.5 ATP) 글리세롤인산셔틀(뇌·골격근) : 다이하이드록시아세톤인산(DHAP) → NADH 환원 → 글리세롤 3–인산 → 산화 → DHAP → 조효소 FAD → $FADH_2$
			5	5 ATP = 2 NADH(2 × 2.5 ATP) 말산–아스파르트산셔틀(간·신장·심장) : 옥살로아세트산(OAA) → NADH 환원 → 말산 → 산화 → NADH 생성 → OAA 복귀
피루브산의 산화×2 (미토콘드리아)	피루브산 → 아세틸 CoA	2 NADH	5	5 ATP = 2 NADH(2 × 2.5 ATP) : 산화적 인산화
구연산 회로×2 (미토콘드리아)		6 NADH	15	15 ATP = 6 NADH(6 × 2.5 ATP) : 산화적 인산화
		GTP	2	2 ATP : 기질수준 인산화
		2 $FADH_2$	3	3 ATP = 2 $FADH_2$(2 × 1.5 ATP) : 산화적 인산화
총 ATP 생성수			30 ATP(뇌·골격근) : – 2 + 4 + 3 + 5 + 15 + 2 + 3 = 30 ATP 또는 32 ATP(간·신장·심장) : – 2 + 4 + 5 + 5 + 15 + 2 + 3 = 32 ATP	

3. 당신생 경로

(1) 당신생 경로 개요

① 글루코스가 아닌 물질로부터 글루코스를 합성하는 것

② 저혈당 경우(기아, 단식, 당뇨)와 피로회복 시(코리 회로) 혈당치를 정상화하기 위한 반응

③ 미토콘드리아와 세포질에서 일어남

④ 주로 간과 신장에서 일어남

⑤ 해당과정의 역반응

(2) 당신생 경로의 비가역 반응

① 해당과정에 3개의 비가역적 단계(1단계, 3단계, 10단계)가 있어 우회경로 필요

② 피루브산 → 포스포에놀피루브산

③ 프럭토오스 1,6–이인산 → 프럭토오스 6–인산

④ 글루코스 6–인산 → 글루코스

(3) 에너지 소모 : 6 ATP 필요

① 2개의 젖산으로부터 1분자의 포도당 생성

② 피루브산 → 옥살로아세트산 : 2 ATP 소모

③ 옥살로아세트산 → 포스포에놀피루브산 : 2 ATP 소모

④ 글리세린산–3–인산 → 글리세린산–1,3–이인산 : 2 ATP 소모

(4) 당신생 경로의 기질

1) 코리 회로(젖산)

① 미토콘드리아가 없는 적혈구, 운동 개시 직후, 고강도 운동을 하는 근육에서 산소가 부족한 경우 → 해당과정에서 생성되는 젖산을 혈액으로 방출

② 젖산 → 간으로 이동 → 당신생경로의 주요기질 + 근육 노폐물 제거 → 골격근의 해당과정과 간의 당신생경로 연결하는 회로

③ 즉, 젖산 → 간으로 이동(혈액) → 피루브산 → 포도당 → 근육 → 글리코겐으로 저장

2) 알라닌 회로(알라닌)

① 골격근에서 글리코겐과 단백질 분해산물을 간으로 이동

② 격심한 운동 시에 곁가지 아미노산(발린, 루신, 이소루신)분해 → 탄소 골격을 구연산회로로 유입 → 에너지 생산 → 아미노기는 피루브산에 결합하여 알라닌 형성 → 혈액 통해 간으로 이동 → 아미노기 제거(요소로 합성하여 소변으로 배설하고 남은 α-케토산은 다시 피루브산으로 전환) → 포도당 → 혈액 항상성 유지

3) 글리세롤

① 중성지방의 글리세롤 + ATP → 글리세롤 3-인산 + ADP(효소 : 글리세롤인산화효소)

② 글리세롤 3-인산 + NAD → 디하이드록시아세톤인산 + NADH + H^+

③ 디하이드록시아세톤인산 → 당신생과정 진입

4) 아미노산

① α-케토글루타르산, 숙시닐 CoA, 푸마르산, 옥살로아세트산 등 생성

② 단백질이 분해된 아미노산 중 리신과 류신을 제외한 나머지 아미노산을 혈당유지에 사용가능

(5) 당신생 경로의 조절

① 체내 높은 글루코스 농도 → 인슐린[췌장(β-세포)] 분비 → 해당과정 촉진 → 인슐린이 프럭토오스 2,6-이인산 합성 증가 → 혈당이 낮아짐

② 체내 낮은 글루코스 농도 → 글루카곤[췌장(α-세포)] 분비 → 당신생 촉진 → 글루카곤이 프럭토오스 2,6-이인산 합성 억제 → 혈당을 높여줌

혈당 조절	호르몬	분비기관	작용
혈당 저하시킴	인슐린	췌장(β-세포)	• 간, 근육, 지방조직으로 혈당 유입 촉진 → 간, 근육글리코겐 합성 촉진 → 지방조직에서 지방 합성 • 세포 내 포도당 유입 증가 • 글리코겐 합성 증가 • 간의 포도당 신생합성 억제
혈당 상승시킴	글루카곤	췌장(α-세포)	• 간의 포도당 신생합성 증가 • 간 글리코겐을 포도당으로 전환
	노르에피네프린, 에피네프린	부신수질	• 간의 포도당 신생합성 증가 • 간 글리코겐을 포도당으로 전환
	글루코코르티코이드(코르티솔)	부신피질	• 간의 포도당 신생합성 증가 • 근육의 포도당 이용 억제
	갑상선호르몬	갑상선	• 간의 포도당 신생합성 증가 • 간 글리코겐을 포도당으로 전환
	성장호르몬	뇌하수체전엽	• 근육으로 포도당 유입 저하 • 간의 포도당 방출 증가 • 지방 이동과 이용 증가

4. 기타 단당류 대사

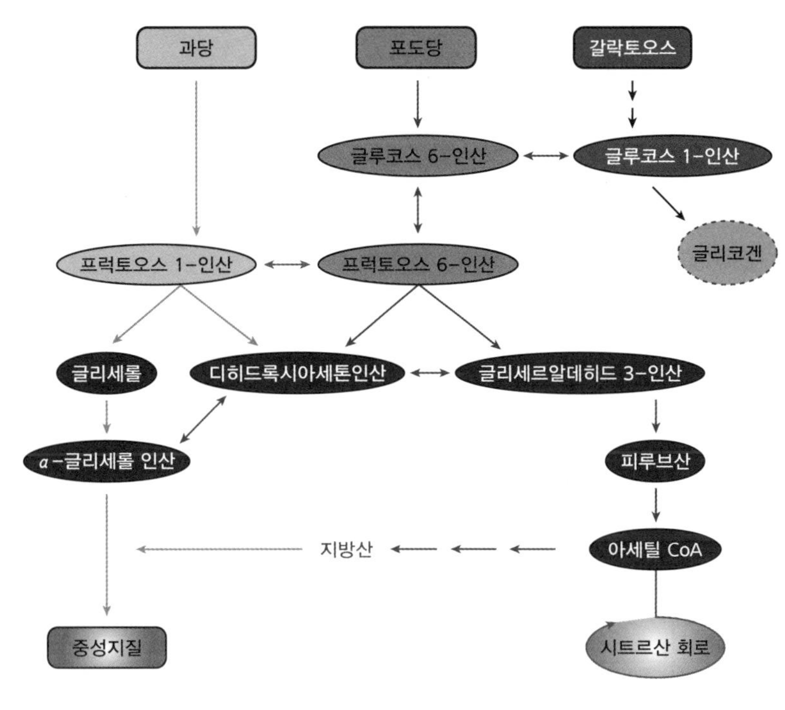

[단당류 대사]

(1) 과당의 대사

① 간에서의 대사 : 과당(프럭토오스) → 과당-1-인산 → 해당과정, 당신생 경로

② 근육과 지방조직에서의 대사 : 과당(프럭토오스) → 과당-6-인산 → 해당과정

참고 과당 대사 특징

- 과당은 포도당과 다른 수송체에 의해 세포 내로 유입 → 인슐린 불필요 : 단맛 강한 과당 함유 과일은 혈당지수(GI, 식품의 탄수화물이 인체의 혈당을 증가시키는 정도를 나타내는 수치) 높지 않음
- 과당은 속도조절 단계반응(PFK-1)을 거치지 않아 포도당보다 신속하게 해당과정이나 당신생 경로 합류, 중성지방 합성에 직접적으로 작용

(2) 갈락토오스의 대사

① 갈락토오스 → 갈락토오스-1-인산 → UDP-갈락토오스 → UDP-글루코스 및 글루코스-1-인산 → 당접합체, 글리코겐 합성이용 또는 해당과정 합류

② 갈락토세미아(갈락토오스혈증) : 갈락토오스-1-인산 우리딜 전이효소의 결함으로 갈락토오스-1-인산이 대사되지 않아 혈중 갈락토오스가 높아져 갈락티톨이 수정체에 축적되어 백내장 원인

5. 오탄당 인산 경로(HMP 경로)

(1) 해당과정과 유사 : 세포질에서 일어나는 포도당 분해과정

(2) 해당과정과 차이 : ATP를 생성하지 않음

(3) 오탄당 인산 경로가 일어나는 조직

① 세포분열이 빈번한 조직(골수, 피부, 소장점막)
② 지방 합성이 왕성한 조직(지방조직, 유선, 간 등)
③ 콜레스테롤, 스테로이드의 합성 왕성한 조직(부신피질)
④ 유리라디칼 손상에 취약한 조직(적혈구, 수정체, 각막)

(4) 생성물

① NADPH : 지방산과 스테로이드 합성, 적혈구에서 생긴 과산화물 제거
② 오탄당(리보오스-5-인산) : 뉴클레오티드와 핵산 합성

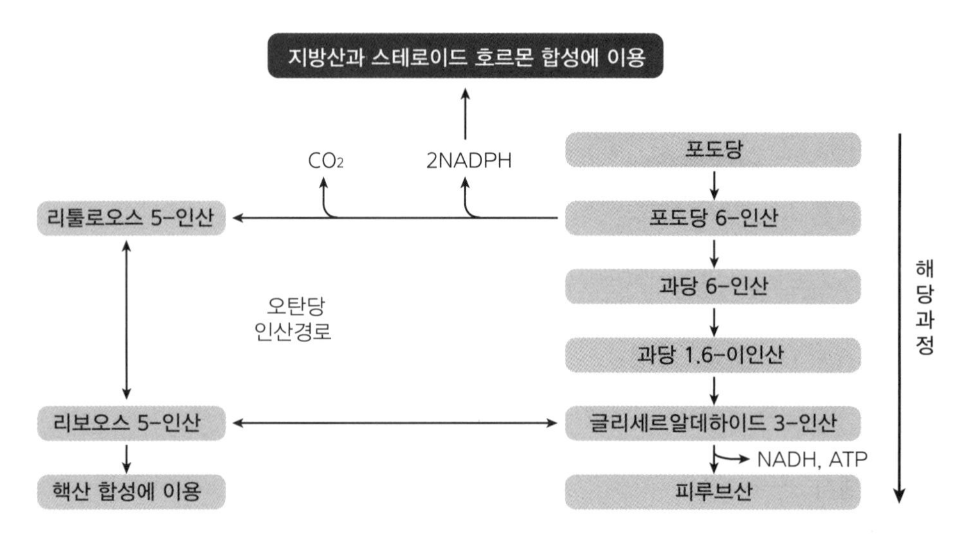

[오탄당인산경로(HMP)의 반응]

6. 글리코겐 대사 : 간, 근육세포의 세포질에서 발생

(1) 혈당의 일정 수준 유지

(2) 혈당의 급원 : 탄수화물 섭취, 당신생경로, 글리코겐 분해

(3) 글리코겐 합성 : 과량의 탄수화물 식사 → 과량의 포도당 → 글리코겐 합성 → 간 또는 근육에 저장 → 고혈당 방지

(4) 글리코겐 분해

① 저혈당(기아, 단식) → 글루카곤 분비 → (간)글리코겐 분해 → 혈당 정상화
② 급격한 운동 → 근육의 글리코겐 분해 → 근수축의 에너지원

(5) 글리코겐 대사 조절

① 인슐린 증가 : 글리코겐 합성 촉진, 글리코겐 분해 억제
② 글루카곤, 에피네프린 증가 : 글리코겐 합성 억제, 글리코겐 분해 촉진

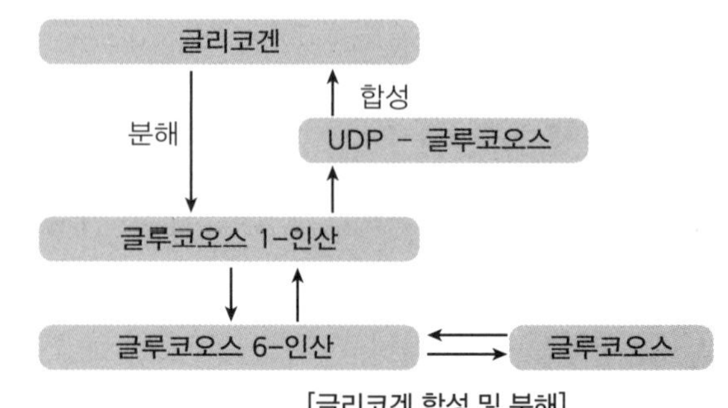

[글리코겐 합성 및 분해]

6 탄수화물 관련 질병

1. 당뇨병

① 인슐린 부족 또는 인슐린 작용 미흡으로 포도당을 체내 조직 세포에서 사용하지 못하는 대사 장애
② 증상 : 고혈당, 당뇨, 다뇨, 케톤증, 산중독증, 혼수
③ 제1형 당뇨병 : 췌장의 인슐린 생성 부족. 반드시 인슐린 요법으로 치료
④ 제2형 당뇨병 : 환경적 요인, 비만, 운동부족, 치료는 식사요법, 운동요법, 체중 조절
⑤ 당뇨병 환자는 혈당지수(glycemic index, GI)가 낮은 음식 섭취 필요

2. 저혈당증

① 공복 시 혈당 60mg/dl 이하일 때(40mg/dl 이하 위험)
② 증상 : 두통, 쇠약감, 어지러움, 근육경련
③ 혈당저하 : 에너지 대사 감소, 신경조직의 둔화, 뇌 작용 감소
④ 식이조절 : 탄수화물이 적은 소량의 식사를 자주 한다.

3. 유당불내증

① 유당 분해효소 락타아제 결핍 시 발생(선천적 : 장기간 유당 섭취를 하지 않은 경우 발생)
② 유당이 소화되지 못하고 장내에서 발효
③ 증상 : 헛배부름, 설사, 복부통증
④ 식이조절 : 유제품 금지, 유당제거 우유, 유당발효 유제품 사용

4. 갈락토세미아

① 유당이 소화·흡수 후 갈락토오스를 포도당으로 전환하는 갈락타아제(갈락토오스-1-인산우리질전이효소)가 간에서 합성되지 못하여 발생하는 유전적 질환
② 증상 : 체내 갈락토오스가 축적되어 간조직 손상, 췌장의 비대, 정신지체, 신생아기에 사망 등
③ 식이조절 : 우유, 유제품 섭취 금지

5. 탄수화물 과잉 섭취

① 충치 : 치아에 붙은 당·전분 등이 입안의 세균으로 생성된 산에 의해 용해되는 치아부식현상으로 자일리톨 같은 당알코올은 미생물의 열량원이 될 수 없어 충치예방에 도움됨
② 비만 : 과잉의 탄수화물이 체지방으로 전환되어 축적

6. 식이섬유소 관련 질병

① 식이섬유소 과잉 섭취 : 칼슘, 철 등 영양소 흡수 방해
② 식이섬유소 부족 : 이상지질혈증, 동맥경화, 대장암, 변비, 게실증, 당뇨병, 비만

05 지질(지방, 유지)

1 지질 기능 및 특성

① 탄소, 수소, 산소로 이루어져 있는 극성이 낮은 유기용매에 잘 녹고 물에 잘 녹지 않는 소수성 유기화합물
② 지방(구성지방산의 포화도가 높아 상온에서 고체), 기름(구성지방산의 불포화도가 높아 상온에서 액체)
③ 식품과 인체에 존재하는 지질의 주요형태 : 글리세롤 1분자 + 지방산 3분자로 구성된 중성지질
④ 지질의 분류 : 단순지질(중성지질, 왁스), 복합지질(인지질, 당지질, 지단백), 유도지질(지방산, 고급알코올, 탄화수소)

⑤ 인체의 필수적인 구성성분, 신체기관보호, 열량원, 채내 주요 물질의 전구체
⑥ 주로 동물의 피하조직, 식물 종자에 함유
⑦ 에너지 공급원, 뇌와 신경조직의 구성성분, 주요 장기 보호 및 체온 조절
⑧ 지용성 비타민의 인체 내 흡수를 도와주고 티아민의 절약작용

2 지질 적정 섭취 기준

지질 적정 섭취 기준	함유 식품
• 지방 에너지 적정비율 : 15~30%(1~2세), 15~30%(3세이상) • 다중불포화지방산(PUFA) : 단일불포화지방산(MUFA) : 포화지방산(SFA) = 1 : 1~1.5 : 1 • 포화지방산 : 8% 미만(3~18세), 7% 미만(19세이상) • 트랜스지방산 : 1% 미만 • ω-6계 지방산 : ω-3계 지방산 = 4~10 : 1 • 콜레스테롤 : 300mg 미만/일(목표섭취량)	• 다중불포화지방산(PUFA) : 면실유, 콩기름, 옥수수기름, 들기름 • 단일불포화지방산(PUFA) : 올리브유[올레산($C_{18:1}$) 많이 함유] 미강유, 채종류, • 포화지방산(SFA) : 동물성 기름 팔미트산($C_{16:0}$), 스테아르산($C_{18:0}$)

3 지방의 소화와 흡수

1. 지방의 소화

소화기관		분비기관	효소	작용
수용성 환경에서 지방의 리파아제 작용 미미	구강	혀밑샘	구강 리파아제	중성지방의 일부 → 지방산 + 디글리세리드
	위	-	위 리파아제	• 담즙의 작용 없이 유즙 지방구 내로 쉽게 침투 • 췌장 기능이 발달하지 않은 영아의 지방소화에 중요 • C_{12} 이하의 지방산 함유 중성지방 소화에 관여
소장		췌장	코리파아제(지질분해보조효소)	췌장 리파아제와 결합하여 미셀에 부착하여 활성 유지
			췌장 리파아제	중성지방 → 다이아실글리세롤 + 모노아실글리세롤 + 유리지방산
			췌장 포스포리파아제	인지질 → 글리세리드 + 지방산 + 염기 + 인산
			콜레스테롤 에스터라아제	콜레스테롤에스테르 → 콜레스테롤 + 지방산

지방 소화
• 대부분 소장에서 소화
• 부분적으로 가수분해된 지방(지방산과 다이아실글리세롤), 중성지방, 콜레스테롤, 콜레스테롤에스테르, 인지질 등이 십이지장으로 유입
• 산성유미즙(위) → 세크레틴 분비(췌장 자극하여 알칼리 분비촉진) → 산성 유미즙 중화 → 십이지장(약알카리성)으로 유입
• 짧은사슬(중간사슬)지방 → 십이지장 도달 → 물과 잘 섞여 담즙 도움 없이 분해(리파아제 작용 → 1개의 글리세롤 + 3개의 유리지방산)
• 긴사슬지방 → 십이지장 도달 → 콜레시스토키닌 분비 → 담낭 수축(담즙 분비 촉진), 췌액리파아제 분비 촉진 → 유화 → 모노글리세리드 + 2개의 유리형지방산
• 소장에서 지질 소화의 최종분해산물 : 모노아실글리세롤(모노글리세리드), 지방산, 콜레스테롤, 인지질, 짧은 사슬지방산, 중간사슬지방산, 글리세롤 등

지질의 최종 분해산물 소장의 중부와 하부에서 흡수됨

담즙 지방의 유화작용으로 소화효소에 도움을 줌
• 간에서 콜레스테롤로부터 합성 → 담낭에 저장
• 콜레시스토키니의 자극에 의해 소장으로 분비
• 담즙 운반 : 글리신과 또는 타우린과 결합하여 담즙산염의 형태로 운반
• 담즙색소 주성분(빌리루빈), 담즙색고 산화물(빌리베르딘)

2. 지방의 흡수

(1) 흡수 부위 : 주로 소장의 십이지장 말단과 공장 부분(약 95% 흡수, 지질의 흡수에 저해가 생기면 지방변 배설)

(2) 흡수 형태

① 친수성이 낮은 지방산, 모노글리세리드, 인산, 콜레스테롤 등 지질의 소화 산물들은 담즙산과 혼합되어 미셀을 형성하여 흡수됨

② 미셀 : 중심부에 지용성 물질이 모이고 바깥쪽에 담즙산이 둘러싸고 있는 형태여서 수용성인 장내 환경을 지나 소장의 상피세포로 이동

③ 짧은 사슬과 중간 사슬 지방산의 흡수

- 수용성으로 탄소수가 12 미만인 지방산은 물에 잘 섞이므로 담즙과 미셀의 도움 없이 소화되어 장세포로 흡수
- 흡수 후 알부민과 결합하여 문맥을 통해 간으로 이동(체내 저장되지 않고 에너지원으로 사용)

④ 긴 사슬 지방산의 흡수

- 미셀 형태로 흡수된 후 소장 세포에서 다시 중성지방을 형성하여 킬로미크론에 포함됨
- 킬로미크론은 림프관을 통해 쇄골하정맥과 연결된 흉관을 거쳐 대정맥으로 들어가고, 심장이 분출하는 혈류를 따라 이동하다가 지방조직 등에서 제거 됨

⑤ 담즙의 흡수 : 소장의 회장에서 흡수 → 문맥 → 간(장간순환) → 담즙 형성에 재이용

* 장간순환 : 담즙(간세포에서 생성, 담낭에 저장)이 소장으로 분비되어 지방의 소화·흡수에 참여, 재흡수되어 간문맥을 통해 간으로 회수, 다시 담즙생성에 이용

(3) 지질의 흡수량 : 95%, 지질의 흡수에 저해가 생기면 지방변 배설

6 지질의 대사

- 지질 대사가 일어나는 주된 장소 : 간, 지방조직
- 간, 지방조직의 상호작용으로 지질의 이동, 산화, 합성, 저장이 일어남

1. 지질의 이동

(1) 지단백질 : 혈액 중 소수성인 지질의 주요 이동 수단. 간과 장에서 합성

(2) 지단백질의 종류 : 중성지방 함량이 많을수록 밀도는 작고 아포단백질함량이 많을수록 밀도는 커짐

특성	킬로미크론 (chylomicron)	VLDL (초저밀도지단백질) (very low density lipoprotein)	LDL (저밀도지단백질) (low density lipoprotein)	HDL (고밀도지단백질) (high density lipoprotein)
직경(nm)	100~1000	30~90	20~25	7.5~20
밀도(g/ml)	< 0.95	0.95~1.006	1.019~1.062	1.063~1.210
생성 장소	소장	간	혈중에서 VLDL로부터 전환	간
주요 성분	식사성 중성지방	내인성 중성지방	식사성 + 내인성 콜레스테롤	단백질, 조직세포에서 사용하고 남은 콜레스테롤

특성		킬로미크론 (chylomicron)	VLDL (초저밀도지단백질) (very low density lipoprotein)	LDL (저밀도지단백질) (low density lipoprotein)	HDL (고밀도지단백질) (high density lipoprotein)
조성 (%)	총지질	98~99	90~92	75~80	40~48
	중성지방	80~90	55~65	10	5
	콜레스테롤	2~7	10~15	45	20
	인지질	3~8	15~20	22	30
	단백질	1~2	5~10	25	45~50
기능		소장에서 말초조직으로 식사성 중성지방 운반	간에서 합성되거나 간으로 흡수된 내인성 중성지방을 말초조직으로 운반	• 콜레스테롤을 간 및 말초조직으로 운반 • LDL의 증가는 동맥경화의 위험인자	• 세포 사멸 또는 지단백질 대사로 생긴 콜레스테롤을 말초조직에서 간으로 운반 • 세포에서 콜레스테롤을 제거하여 체외로 배설시키는 데 기여 • 항동맥경화성 지단백

2. 중성지방 대사

(1) **개요** : 체내에서 에너지를 중성지방 상태로 지방조직 세포에 저장했다가 분해해서 사용

(2) 중성지방 분해

① 호르몬 민감성 리파아제의 활성화

② 지방조직에 저장된 중성지방은 지방산과 글리세롤로 분해되어 혈액으로 방출

③ 글리세롤은 간에서 포도당 신생에 이용

④ 유리지방산은 산화과정을 통해 분해되어 에너지 생성

3. 지방산의 산화

(1) 개요

① 지방산 산화는 뇌와 적혈구를 제외한 지방산을 에너지원으로 사용하는 대부분의 조직에서 일어남
예 근육

② 근육으로 운반되어 세포 내로 들어가 산화되어 에너지를 생성

(2) 지방산의 활성화 및 미토콘드리아 내로의 이동

① 탄소수 10개 이상의 지방산 : 세포질에서 조효소 A(CoA)와 결합하여 아실 CoA(acyl CoA)로 활성화 → 카르니틴(운반체 역할)의 도움을 받아 미토콘드리아 내막 통과

② 탄소수 10개 이하의 지방산 : 카르니틴(운반체 역할)의 도움 없이 바로 미토콘드리아로 들어가 아실 CoA로 활성화

(3) **지방산의 β-산화** : 미토콘드리아에서 일어남

① 미토콘드리아 기질로 들어온 지방산 아실 CoA는 β-산화과정을 거쳐 분해

② 지방산의 β-산화는 지방산의 분해과정에서 β 위치에 있는 탄소에서 탈수소효소반응, 수화효소반응, 티올, 분해반응을 통해 지방산사슬의 카르복실기가 있는 쪽에서 2번째 탄소(β탄소)가 분해되어 원래의 아실 CoA보다 탄소수가 2개 적은 지방산 아실 CoA와 탄소수 2개의 아세틸 CoA가 생성(1회의 β-산화과정에서 1 NADH(2.5 ATP)와 1 $FADH_2$(1.5 ATP)가 생성되어 전자전달계를 통해 4 ATP 생성)

③ 포화지방산 예시 : 팔미트산(C_{16}) → [(16 ÷ 2 = 8) - 1회 = 7회]의 β-산화를 거쳐 8개(16 ÷ 2 = 8)의 아세틸 CoA 생성

④ 아세틸 CoA : 구연산 회로(시트르산회로)로 들어가 에너지 발생

• 포도당이 부족하면 지방산이 완전하게 산회되지 못하고 중간분해산물인 케톤체로 전환, 콜레스테롤 합성에 이용

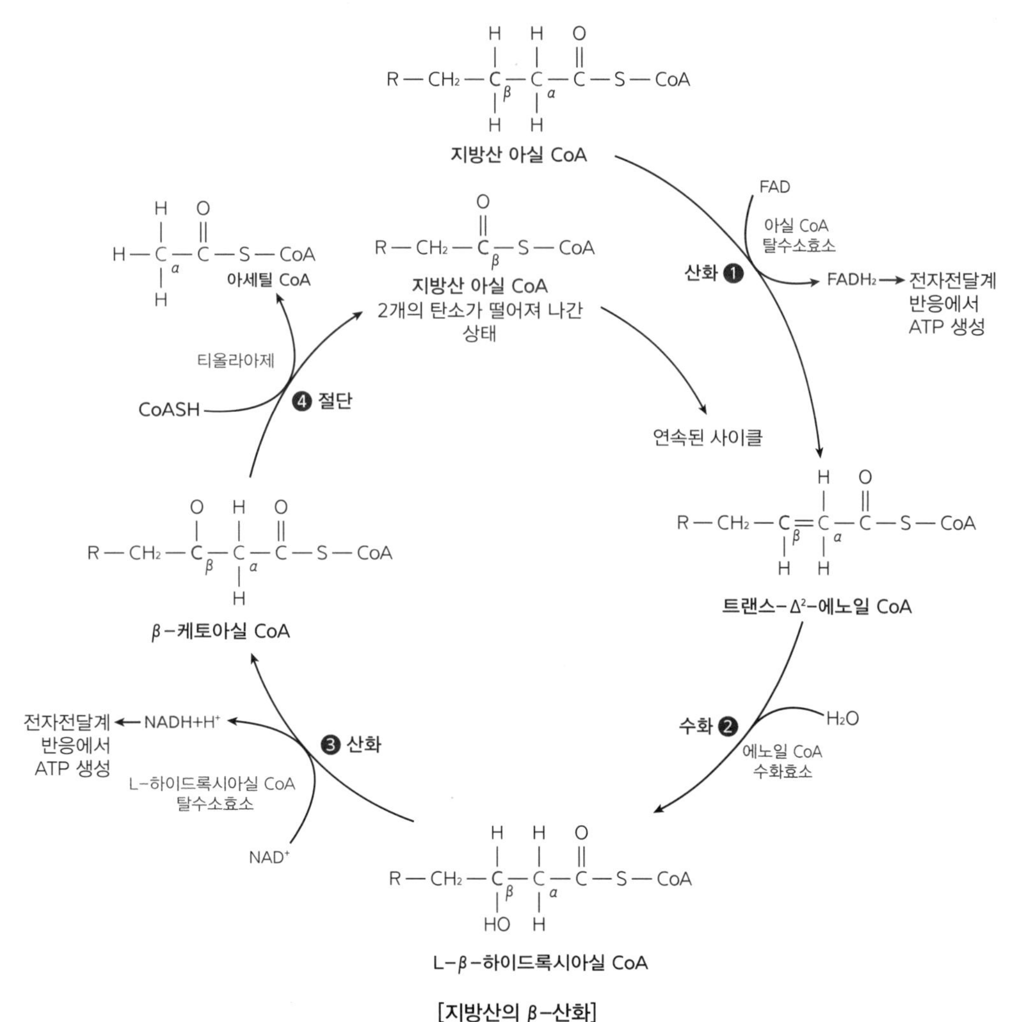

[지방산의 β-산화]

[지방산의 β-산화 4단계 반응]

단계	반응	적용 효소	작용	
1	산화 (탈수소화)	아실 CoA 탈수소효소 (acyl CoA dehydrogenase)	트랜스-α, β 이중결합 생성됨	• 이중결합이 생성됨 • FAD → $FADH_2$ 환원 • $FADH_2$는 전자전달계 반응에 의해 FAD로 산화되면서ATP 생성
2	수화	에노일 CoA 수화효소 (enoyl CoA hydratase)	이중결합의 β 위치에 -OH 첨가됨	-
3	산화 (탈수소화)	β-하이드록시아실 CoA 탈수소효소 (β-hydroxyacyl CoA dehydrogenase)	β 위치에 케토형태 생성됨	• NAD^+ → NADH 환원 • NADH는 전자전달계 반응에 의해 NAD로 산화되면서ATP 생성
4	분해 (절단)	티올라아제 (thiolase 또는 acetyl CoA acetyltransferase)	α와 β탄소 간의 결합이 끊어짐	탄소 수가 2개 적은 아실 CoA와 아세틸 CoA 생성
* β-산화의 반복횟수 = (지방산의 탄소 수 ÷ 2) - 1				

[포화 및 불포화지방산(C_{18})의 β-산화에 의한 ATP 생성 비교]

β-산화과정	포화지방산		불포화지방산	
	스테아르산($C_{18:0}$)	ATP	리놀레산($C_{18:2}$)	ATP
지방산 활성화	ATP → AMP	-2 ATP	• 에노일 CoA 수화효소 작용 못함(시스형의 이중결합과 이중결합의 위치 때문) • 에노일 CoA 이성질화효소와 2,4디에노일 CoA 환원효소 작용 • 시스형 → 트랜스형 • 불포화지방산의 이중결합 수만큼 아실 CoA 탈수소효소과정 생략(생성 $FADH_2$ 수 감소)	-2 ATP
활성화된 지방산의 β-산화과정	β-산화 반복횟수 → (탄소수 ÷ 2) - 1 = (18 ÷ 2) -1 = 8	-	-	-
	생성 $FADH_2$ 수 = 8개의 $FADH_2$ 생성(8 × 1.5 ATP)	12 ATP	생성 $FADH_2$ 수 → β-산화 반복횟수 - 이중결합수 → [(탄소수 ÷ 2) -1] -2 = 8 - 2 = 6 → 6개의 $FADH_2$ 생성(6 × 1.5 ATP)	9 ATP
	생성 NADH 수 = 8개의 NADH 생성(8 × 2.5 ATP)	20 ATP	생성 NADH 수 → β-산화 반복횟수와 동일 → (탄소수 ÷ 2) -1 = (18 ÷ 2) -1 = 8 → 8개의 NADH 생성(8 × 2.5 ATP)	20 ATP
	9개의 아세틸 CoA 생성		9개의 아세틸 CoA 생성	

β-산화과정	포화지방산		불포화지방산	
	스테아르산($C_{18:0}$)	ATP	리놀레산($C_{18:2}$)	ATP
아세틸 CoA의 구연산 회로 대사	아세틸 CoA 생성수 → 탄소수 ÷ 2 = 18 ÷ 2 = 9		아세틸 CoA 생성수 → 탄소수 ÷ 2 = 18 ÷ 2 = 9	
	9 × 1개의 $FADH_2$ 생성 (9 × 1 × 1.5 ATP)	13.5 ATP	9 × 1개의 $FADH_2$ 생성 (9 × 1 × 1.5 ATP)	13.5 ATP
	9 × 3개의 NADH 생성 (9 × 3 × 2.5 ATP)	67.5 ATP	9 × 3개의 NADH 생성 (9 × 3 × 2.5 ATP)	67.5 ATP
	9 × 1개의 GTP 생성(9 ATP)	9 ATP	9 × 1개의 GTP 생성(9 ATP)	9 ATP
계		120 ATP		117 ATP

4. 케톤체 생성과 이용

(1) 생성 장소 : 간

(2) 생성 원인

① 기아로 체내 포도당 농도가 낮은 경우
② 당뇨병이 심해 혈중 포도당 농도는 높으나 조직으로 포도당이 들어가지 못할 경우
③ 지방산의 산화로 아세틸 CoA의 농도 증가

(3) 생성 경로 : 아세틸 CoA 2분자 축합 → 아세토아세틸 CoA → 아세토아세틸 CoA에 1분자 아세틸 CoA 축합 → β-하이드록시 - β-메틸글루타릴 CoA(HMG CoA) → HMG CoA 분해효소에 의해 아세토아세트산 + 아세틸 CoA로 분해 → 아세토아세트산 → β-하이드록시부티르산 탈수소효소에 의해 β-하이드록시부티르산으로 환원

* 아세토아세트산의 농도가 높을 경우 : 아세토아세트산 → 탈카르복실화 반응에 의해 아세톤이 비효소적으로 생성

(4) 이용

① 케톤체 : 수용성 → 다른 조직으로 이동 가능
② 아세토아세트산, β-하이드록시부티르산 → 혈액을 통해 다른 조직으로 이동 후 아세틸 CoA로 전환 → 에너지원으로 이용
③ 골격근, 심장근육 : 케톤체를 평소 에너지원으로 이용

(5) 케톤증 : 과량의 아세틸 CoA 생성, 케톤체 생성의 증가

참고 케톤체

아세토아세트산(acetoacetate), β-하이드록시부티르산(β-hydroxybutyrate), 아세톤(acetone)
- 간의 미토콘드리아에서 아세틸 CoA로부터 생성됨
- 심장과 근육에서 주요 에너지원으로 사용
- 포도당이 부족할 때는 뇌 조직에서 중요한 에너지원으로 이용
- 수용성, 혈액 내에서 다른 물질에 결합되지 않은 자유 형태로 이동 가능

5. 중성지방 합성

(1) 개요

① 세포질에서 일어남(주로 간, 지방조직)
② 체내에 과잉의 에너지가 있으면 에너지를 공급하고 남은 아세틸 CoA는 지방산 합성에 이용
③ 아세틸 CoA는 옥살로아세트산과 결합하여 시트르산의 형태로 미토콘드리아로부터 세포질로 이동

④ 세포질에서 다시 아세틸 CoA로 전환되어 지방산을 합성

(2) 지방산 생합성

① 탄소 2개의 아세틸 CoA는 카르복실화효소(조효소 : 비오틴)에 의해 탄소 1개가 첨가되어 탄소 3개의 말로닐 CoA 생성

② 아세틸 CoA와 말로닐 CoA는 결합하면서 탄소 1개를 CO_2 형태로 제거하고 축합 → 환원 → 탈수 → 환원 과정 거쳐 탄소 4개의 부티르산 합성(이 과정에서 오탄당인산회로에서 생성된 NADPH와 지방산 합성 효소 필요)

③ 동일 과정(말로닐 CoA 추가와 CO_2 제거, 축합, 환원, 탈수, 환원반응) 반복하면서 탄소 2개씩 증가한 지방산 합성

④ 주로 팔미트산($C_{16:0}$), 스테아르산($C_{18:0}$) 합성

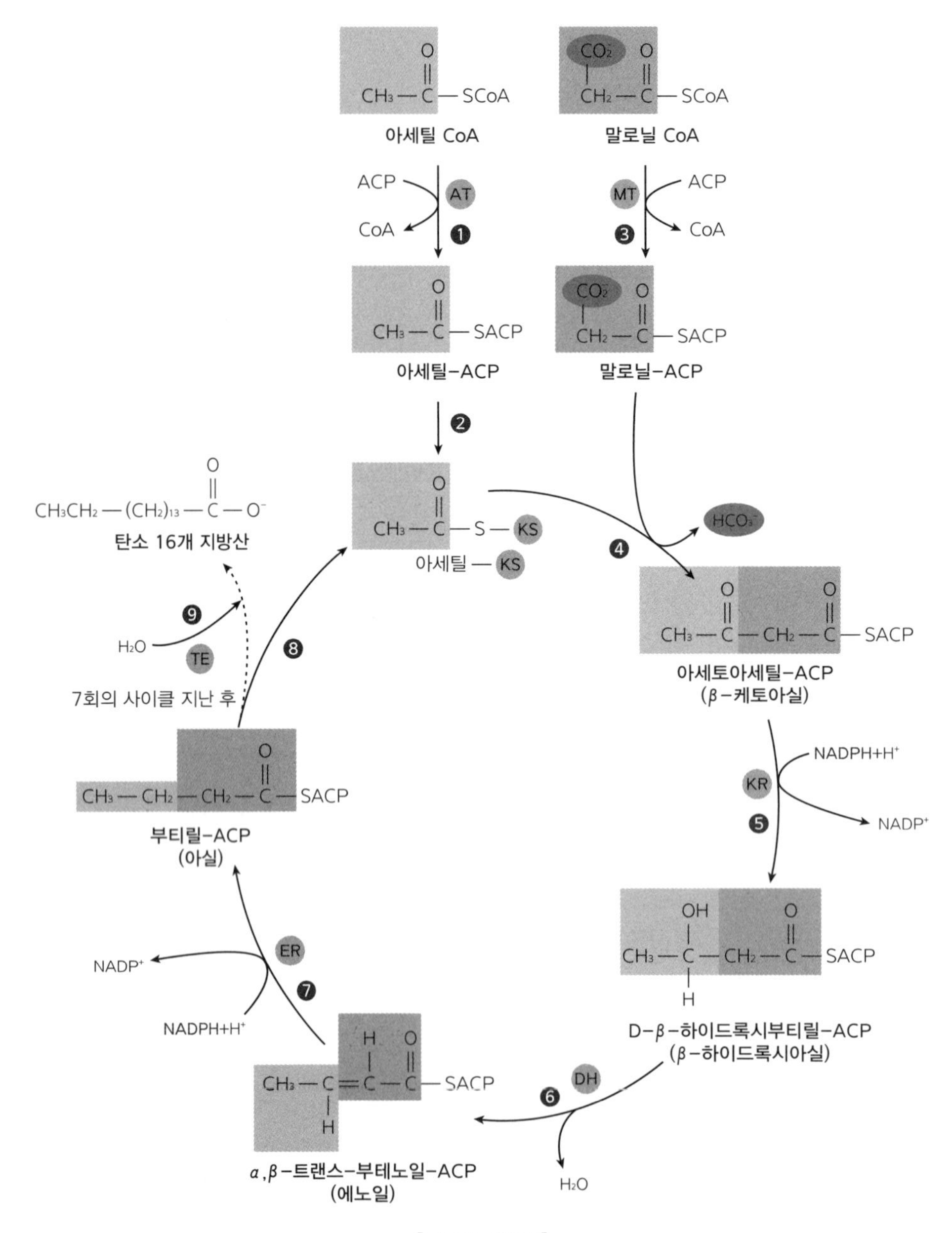

[지방산 생합성]

(3) 지방산 사슬 연장

① 지방산 생합성 1회 : 1 ATP, 2 NADPH 필요

② 팔미트산($C_{16:0}$) 생합성 : 지방산 생합성 7회(7 ATP, 14 NADPH, 8아세틸 CoA 필요)

- 아세틸 CoA + 7말로닐 CoA + 14 NADPH + $14H^+$ → 팔미트산 + $7CO_2$ + $6H_2O$ + 8 CoA-SH + 14 $NADP^+$

(4) 지방산 생합성과 분해의 차이

구분	생합성	β-산화
대사 장소	세포질	미토콘드리아
효소	회합	분리
아실기운반체	ACP(아실운반단백질)	CoA
탄소 2개 단위 형태	말로닐 CoA	아세틸 CoA
전자전달 관여 조효소	NADPH	NAD^+, FAD

6. 글리세롤대사

(1) 콜레스테롤 합성

① 인체 내 콜레스테롤은 약 140g 정도이며 대부분인 85% 정도가 세포막에 존재

② 1~1.5g 정도가 매일 아세틸 CoA로부터 간세포에서 합성(간에서 50%, 소장에서 25%, 나머지는 그 외 조직에서 합성)

③ 식사로 섭취되는 양은 0.3~0.5g 정도이며, 혈액 중에 콜레스테롤 농도는 간에서 합성을 조절하여 일정 유지

④ 콜레스테롤 생합성 단계 : 아세틸 CoA → 아세토아세틸 CoA → HMG CoA(β-하이드록시-β-메틸글루타릴 CoA) → 메발론산 → 이소펜테닐 피로인산 → 스쿠알렌 → 라노스테롤(스테로이드 고리화 구조 형성) → 콜레스테롤

- 콜레스테롤 전구물질 : 아세틸 CoA
- 콜레스테롤 1분자를 합성하기 위해 18개 아세틸 CoA 필요
- HMG CoA : 케톤체 및 콜레스테롤 합성과정의 중요한 중간물질

⑤ 콜레스테롤 합성 조절 : HMG CoA 환원효소에 의해 조절

- 식이 콜레스테롤 양 증가 → HMG CoA 환원효소의 활성 감소 → 효소합성 저하 → 콜레스테롤 합성 감소
- 또는 과식을 하거나 포화지방산이 많은 동물성 지방의 섭취 → 아세틸 CoA 증가 → 체내 콜레스테롤 합성 촉진

(2) 콜레스테롤 대사

① 콜레스테롤의 30~60%가 담즙산으로 전환

- 글리신이나 타우린과 결합하여 담즙산염 형성
- 담즙산염은 유화제로 담즙에 포함되어 담낭을 통해 십이지장으로 분비 → 장간순환

② 콜레스테롤을 전구체로 생성되는 물질 : 콜레스테롤에서 유도되는 스테로이드 물질

- 담즙, 비타민 D, 부신피질호르몬(알도스테론, 안드로겐(성호르몬), 당질코르티코이드), 성호르몬(테스토스테론, 프로게스테론, 에스트로겐, 에스트라디움) 등

7 지방 관련 질병

① 비만 : 지방 조직이 표준 체중의 20% 이상 초과
② 지방간 : 콜린, 이노시톨, 메티오니, 레시틴, 베타인 등의 항지방간인자 부족, 장기 알코올 섭취자
③ 관상동맥질환, 동맥경화증, 이상지질혈증 : 중성지질 증가, 총콜레스테롤 증가, LDL-콜레스테롤 증가, HDL-콜레스테롤 감소
④ 암 발생 : 남성(대장암, 직장암, 전립선암), 여성(자궁내막염, 난소암, 유방암, 담낭암)
⑤ 트랜스지방산 : 혈청 콜레스테롤 농도 증가, LDL-콜레스테롤 증가, HDL-콜레스테롤 감소
⑥ 불포화지방산 산화 : 생체 내의 세포막 파괴 및 노화, 암 유발 가능성, 퇴행성 변화, 체내 비타민 E 수준 감소

06 단백질

1 단백질의 특성 및 생리적 기능

① 신체 구성 성분 : 근육, 뼈, 피부, 머리카락, 세포막 및 각종 기관의 기초조직 형성 관여
② 생명유지에 필수적인 영양소(질소 함유)
③ 체내 단백질 합성에 필요한 아미노산은 20여개
④ 질소동화작용(식물체가 이산화탄소, 물, 암모니아, 질산염 및 황산염 등을 이용하여 단백질 합성)
⑤ 효소, 호르몬, 항체 및 생리활성물질 합성
- 체내물질은 분해, 합성, 전환 등 대사과정에 관여하는 효소를 합성
- 단백질로부터 세균이나 바이러스 등의 항원에 대한 방어작용을 하는 항체 합성
- 단백질 → 인슐린, 글루카곤
- 티로신 → 피브로인, 티록신, 인슐린
- 티로신 → 타이로신 분해 → 멜라닌 색소, 카테콜아민[아드레날린(에피네프린), 노르아드레날린(노르에피네프린), 도파민]

생리활성물질 합성		
아미노산	생성물질	작용
글루탐산	γ-아미노브티르산(GABA)	신경 흥분 조절
글리신, 글루탐산, 시스테인	글루타티온	과산화물을 제거하는 항산화 기능
글리신, 아르기닌, 메티오닌	크레아틴	에너지 저장 역할로 근육운동 시 근육량 증가
리신	카르니틴	지방산 대사에서 지방산이 미토콘드리아막 통과 시 필요
메티오닌, 시스테인	타우린	태아 뇌 조직 성분, 근육, 혈소판, 신경조직에 다량 함유 담즙산과 결합 혈구 내의 항산화 기능
아르기닌	일산화질소	-
세린	에탄올아민	-
트립토판	세로토닌	감정(흥분)조절하며 농도가 낮아지면 우울증 유발
	니아신	펠라그라 예방
	멜라토닌	수면 유도

생리활성물질 합성		
아미노산	생성물질	작용
티로신	도파민	고도의 정신기능, 창조성 발휘와 감정, 호르몬 및 미세한 운동 조절
	카테콜아민	혈관수축, 심박 항진, 혈당 상승
	멜라닌	색소
	티록신	갑상선에서 분비되는 호르몬. 세포호흡의 물질대사 촉진
	에피네프린	아드레날린. 교감신경 활성화
	노르에프네프린	노르아드레날린. 에피네프린의 전구체
히스티딘	히스타민	혈관확장, 알레르기

⑥ 혈장단백질 합성
- 간에서 혈장 알부민, 글로불린, 피브리노겐 등을 합성
- 알부민(레티놀, 지방산 운반), 글로불린(α : 구리 운반, β : 철 운반, γ : 면역), 피브리노겐(혈액응고)

⑦ 산염기 평행유지 : 완충제 역할(pH 7.35~7.45)

⑧ 삼투압 조절(수분평형) : 혈중 알부민 부족 시 삼투압 저하 → 수분이 조직 사이에 체류 → 부종

⑨ 포도당 신생과 에너지 공급
- 아미노산의 분해(이화)로 α-케토산은 TCA 회로로 들어가 전자전달계 거쳐 에너지 생성 또는 간이나 신장에서 포도당을 새로 만들어 혈당 유지
- 하루 소모에너지의 15% 정도의 에너지 공급(4kcal/g)
- 탈아미노 과정에서 떨어져 나온 아미노기로부터 요소를 생성하는데 에너지가 필요하므로 당질이나 지방보다 에너지 효율 낮음

2 단백질의 소화와 흡수·운반

1. 단백질의 소화

① 입에는 단백질 소화효소가 없고 기계적 저작 작용

② 위 근육의 수축으로 기계적 소화

소화기관	효소			펩티드 결합에 대한 특이성	기질	분해산물
	불활성형	활성촉진물질	활성형			
위	펩시노겐	위산	펩신	페닐알라닌	단백질	프로테오스 펩톤
	–	–	레닌 (영유아의 위액)	티로신	카제인	파라카제인
췌장	트립시노겐	엔테로키나아제	트립신	라이신, 아르기닌	폴리펩티드	작은 펩티드, 디펩티드
	키모트립시노겐	트립신	키모트립신	티로신, 페닐알라닌, 트립토판	폴리펩티드	작은 펩티드, 디펩티드
	프로카르복시펩티다아제	트립신	카르복시 펩티다아제	카르복실기 말단 잔기	작은 펩티드	디펩티드, 아미노산

소화 기관	효소			펩티드 결합에 대한 특이성	기질	분해산물
	불활성형	활성촉진물질	활성형			
소장	–	–	아미노 펩티다아제	아미노기 말단 잔기	작은 펩티드	디펩티드, 아미노산
			디펩티다아제	디펩티드	디펩티드	아미노산

2. 단백질의 흡수·운반

① 트리펩티드, 디펩티드 : 촉진확산 또는 능동수동 통해 흡수 → 소장 세포 내에서 아미노산으로 분해 → 모세혈관으로 유입

② 아미노산 : 촉진확산(산성아미노산) 또는 능동수동(중성아미노산, 염기성 아미노산) 통해 흡수 → 모세혈관으로 유입 → 문맥 거쳐 간으로 운반

③ 또한 인체 각 조직의 요구에 따라 필요한 부분으로 이동

④ 단백질의 소화흡수율 : 92%(동물성 단백질 : 97%, 식물성 단백질 : 78~85%)

3 단백질의 영양

1. 필수아미노산

① 인체에서 합성할 수 없어 식품으로부터 섭취. 결핍 또는 부족 시 성장 저해로 음[-]의 질소평형 됨

② 트립토판, 이소류신, 류신, 라이신, 트레오닌, 발린, 페닐알라닌, 메티오닌(히스티딘, 아르기닌 : 영유아)

2. 질소평형과 단백질 영양 섭취기준

(1) **질소평형** : 단백질 섭취량과 배설량이 같은 상태(질소섭취량과 질소배설량이 같은 상태)

양[+]의 질소평형	• 단백질을 배설량보다 더 많이 섭취 • 성장기, 임신기, 질병 상태, 상해로부터의 회복기, 운동으로 근육 증가 시 단백질 섭취
음[-]의 질소평형	• 단백질 필요량보다 적게 섭취 • 고열, 화상, 감염 등으로 인한 단백질과 에너지 소모가 증가한 상황

(2) **단백질 필요량의 영향 요인**

① 근육이 많을수록, 성장기 어린이나 청소년기, 질병, 전염병, 수술 시 새로운 조직 합성을 위해 필요량 증가

② 탄수화물, 지방 공급 부족 시 식물성 단백질이 동물성 단백질보다 생물가가 낮아 더 많이 섭취

(3) **단백질 권장량** : 일일 필요에너지의 7~20%(성인남자 65g, 성인여자 55g)

3. 단백질의 영양학적 분류

(1) **완전단백질**

① 모든 필수아미노산 충분히 함유

② 정상적인 성장 돕고 체중 증가

③ 젤라틴을 제외한 모든 동물성 단백질(우유의 카제인과 락토알부민), 대두의 글리시닌

(2) **부분적 불완전단백질**

① 1개 또는 그 이상의 필수아미노산 부족

② 성장 돕지 못하지만 체중 유지

③ 대두 단백질을 제외한 식물성 단백질(밀의 글리아딘, 보리의 호르데인, 귀리의 프롤아민)

(3) **불완전단백질** : 단백질 급원으로 이것만 섭취하면 성장 지연, 체중 감소하고 장기간 지속되면 사망(젤라틴, 옥수수의 제인)

4. 제한아미노산과 단백질 상호보완 효과

(1) 제한아미노산

① 식품에 함유되어 있는 필수아미노산 중에서 그 함량이 체내 요구량에 비해 적은 것
② 가장 적게 함유된 것을 제1제한아미노산이라 함
③ 제한아미노산으로 인해 체조직 단백질 합성이 제한되므로 이들이 단백질의 질을 결정

(2) **단백질 상호보완 효과** : 필수아미노산 조성이 다른 2개의 단백질을 함께 섭취하여 서로 부족한 제한아미노산 보충

식품	제한아미노산	제한아미노산 급원	상호보완의 예시
곡류	라이신, 트레오닌	콩류, 유제품	콩밥, 밥과 두부(치즈), 파스타와 치즈
견과류	라이신	콩류	견과류와 강낭콩 혼합 샐러드
콩류	메티오닌	곡류, 견과류	완두콩 스프와 식빵
채소류	메티오닌, 라이신, 트립토판	곡류, 콩류, 견과류	샌드위치(식빵, 양상추, 치즈)와 샐러드(아몬드, 강낭콩)

5. 단백질의 질 평가

(1) 화학적 평가

① 화학가 $= \dfrac{\text{식품단백질 g당 제1제한아미노산의 함량(mg)}}{\text{기준단백질 g당 위의 제1제한아미노산(mg)}} \times 100$

② 아미노산가 $= \dfrac{\text{식품단백질 g당 제1제한아미노산의 함량(mg)}}{\text{WHO 기준단백질 g당 위의 제1제한아미노산(mg)}} \times 100$

(2) 생물학적 평가

① 단백질 효율(Protein Efficiency Ratio, PER) : 체중 증가에 대한 단백질의 기여율

- 단백질 효율(PER) $= \dfrac{\text{일정기간의 체중증가량(g)}}{\text{일정기간의 단백질 섭취량(g)}}$

② 생물가(Biological Value, BV) : 흡수된 질소의 체내 보유 정도

- 생물가(BV) $= \dfrac{\text{생체 내의 보유 질소량}}{\text{흡수 질소량}} \times 100$
- 생물가(BV) $= \dfrac{\text{(식품 질소량 − 대변 질소량) − 소변 질소량}}{\text{식품 질소량 − 대변 질소량}} \times 100$

③ 단백질 실이용률(Net Protein Utilization, NPU) : 생물가에 소화흡수율을 고려

- 단백질 실이용률(NPU) $= \dfrac{\text{보유 질소량}}{\text{섭취 질소량}} \times 100 = \text{생물가} \times \text{소화흡수율}$

4 아미노산 대사

1. 아미노산 풀(Pool)

(1) 아미노산 풀의 구성

① 식사단백질의 소화와 흡수로 생성된 아미노산
② 체조직 단백질의 분해로 생성된 아미노산
③ 체내에서 합성된 아미노산
④ 이들의 아미노산들은 간과 다른 조직의 세포에서 아미노산 풀을 이루면서 혈액을 통해 계속적인 교류가 있으며 필요에 따라 여러 용도로 이용

(2) 아미노산 풀의 용도

① 동화(합성) : 체조직 단백질, 혈장 단백질, 효소, 호르몬, 항체, 생리활성물질, 혈액과 세포막의 운반체 등을 형성
② 이화(분해) : 탈아미노산반응으로 생성된 α-케토산(α-keto acid)으로부터 비필수아미노산, 포도당, 지방 생성 또는 에너지를 공급

2. 단백질의 전환

① 단백질의 분해와 합성이 이루어지면서 동적평형을 유지하는 과정
② 전환율 : 각 부위마다 다름
- 혈액단백질은 1주일에 1/2, 근육단백질은 180일에 1/2이 새것으로 교체
- 체내에서 단백질이 합성·분해되는 양은 1일에 250~300g 정도

3. 아미노산 분해

(1) 개요

1) 식이 단백질의 분해

식이단백질이 위에서 위산과 펩신에 의해 분해 시작 → 췌장에서 트립신, 키모트립신 등 펩티드와 아미노산으로 분해 → 소장에서 아미노펩티다아제 등 아미노산으로 분해 → 간문맥 → 간으로 이동 → 아미노산 풀(Pool) 구성

2) 아미노산의 활용

① 체단백질 합성, 신경전달물질로 전환
② 아미노산에서 분리된 α-아미노기 → 소변으로 배출되거나 다른 아미노산 합성에 재사용
③ 아미노기가 떨어져 나간 후 남은 탄소 골격 → 글루코스, 케톤체, 지방산 합성에 이용

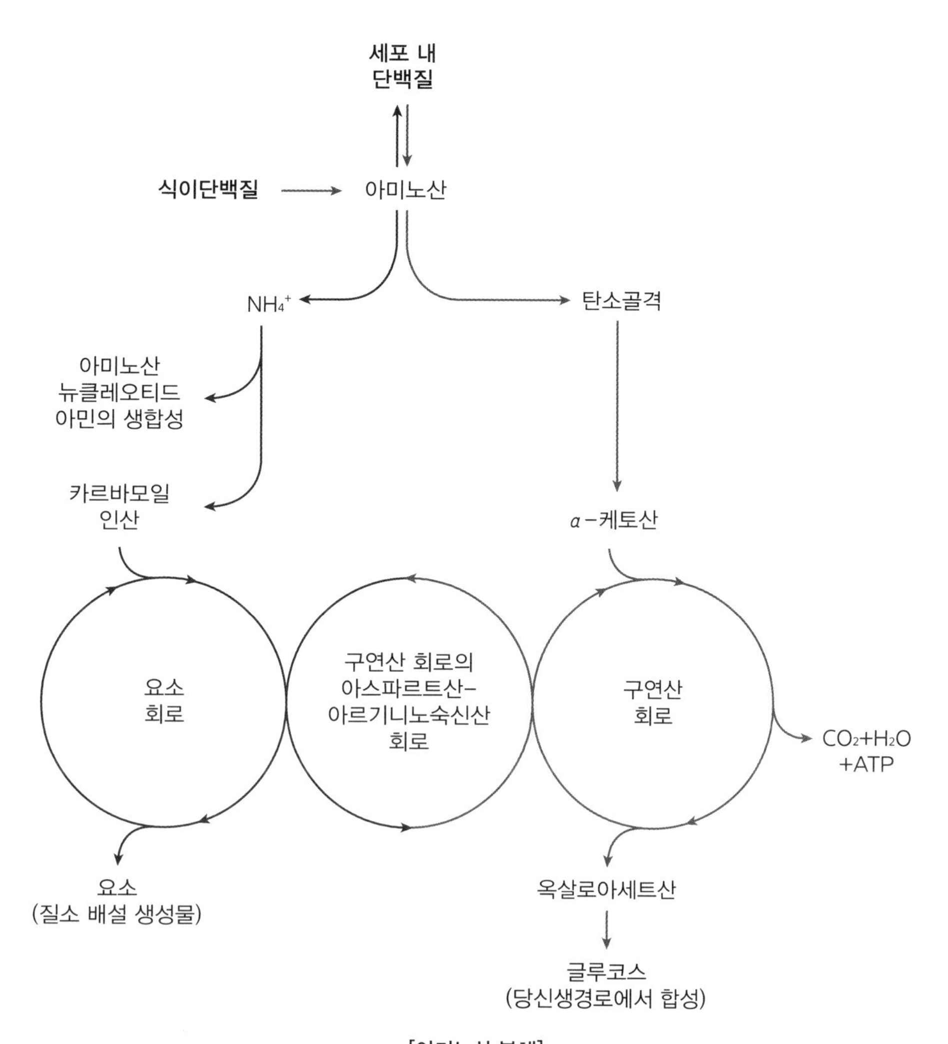

[아미노산 분해]

참고 아미노산 분해

- 탈아미노반응 후 아미노산의 탄소골격(α-케토산)이 구연산 회로로 들어가서 대사
- 아미노산에서 α-아미노기 제거되어 암모니아와 α-케토산 형성
- 유리암모니아는 일부 소변으로 배설되고 대부분은 요소(체내에서 질소를 처리하는 가장 중요한 대사산물)로 합성
- 생성된 α-케토산 탄소골격 탄수화물, 지방과 같이 에너지 생성대사 경로의 중간산물로 전환 → 이산화탄소와 물로 분해 또는 포도당, 지방산 및 케톤체로 전환

(2) 아미노산에서 질소 제거

1) 아미노기 전이반응 : 아미노산 분해과정 첫 단계

① 한 아미노산의 α-아미노기 → 아미노기전이효소(조효소 : PLP)에 의해 → α-케토산으로 전이→ 새로운 아미노산 형성 → 자신은 α-케토산이 됨

② 즉, 아미노산의 아미노기를 조효소의 피리독살 부위로 전이 → 피리독사민 생성 → 피로독사민은 α-케토산과 반응 → 아미노산을 생성(원래 알데히드 형태로 재생성)

③ 생성 아미노산

- α-케토글루타르산 → 글루탐산
- 옥살로아세트산 → 아스파르트산
- 피루브산 → 알라닌

2) 산화적 탈아미노반응

① 아미노기 전이반응에 의해 생성된 글루탐산 → 세포질에서 미토콘드리아로 운반 → 글루탐산탈수소효소(조효소 : NAD) → 산화적 탈아미노반응

② 세포에서 에너지 수준이 낮을 때 : 글루탐산탈수소효소(조효소 : NAD)에 의한 아미노산 분해 증가 → 아미노산의 탄소골격으로부터 에너지 생성 촉진

(3) 아미노산의 탄소골격(α-케토산) 대사

① 요소 회로 활성의 조절 장기 및 단기의 수준으로 조절

- 장기적 조절 : 간의 5개 효소의 합성속도에 의해 → 대부분의 단백질 식사에 의해 영향 받음
- 단기적 조절 : 요소 회로의 속도조절단계인 카르바모일 인산 합성효소에 의해 영향 받음

② α-아미노기 제거 후 → 아미노산의 탄소골격(α-케토산)의 분해 → 옥살로아세트산, α-케토글루타르산, 피루브산, 푸마르산, 숙시닐 CoA, 아세틸 CoA 및 아세토아세트산의 7가지 중간산물 생성

③ 중간산물들은 포도당과 지질의 합성에 이용

④ 구연산 회로를 통해 이산화탄소와 물로 산화되어 에너지 생성

생성 분류	아미노산
포도당 생성	알라닌, 세린, 글리신, 시스테인, 아스파르트산, 아스파라긴, 트레오닌, 글루탐산, 글루타민, 아르기닌, 히스티딘, 발린, 메티오닌, 프롤린
포도당, 케톤 생성	이소류신, 페닐알라닌, 티로신, 트립토판
케톤 생성(지방산 및 케톤체 생성)	류신, 라이신

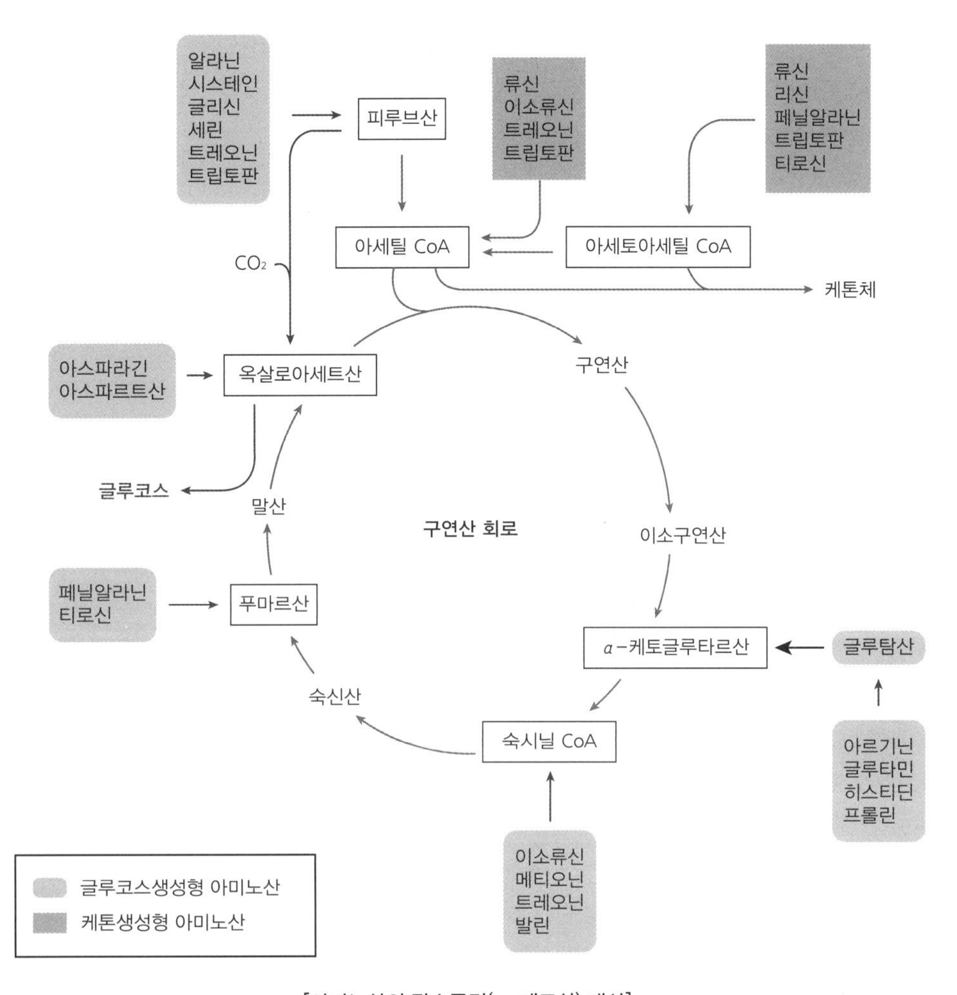

[아미노산의 탄소골격(α-케토산) 대사]

(4) 요소 회로

1) 암모니아를 간으로 운반 : 2가지 기전

① 글루타민 형태로 암모니아의 운반 : 대부분 조직에서 일어남

- 암모니아와 글루탐산 결합(글루타민 합성효소 작용) → 글루타민 형성 → 혈액을 통해 간으로 운반 → 글루탐산과 암모니아로 전환(글루타민 분해효소 작용)

② 글루코스-알라닌 회로 : 주로 근육에서 일어남

- 피루브산 → 알라닌 형성(아미노기 전이반응) → 피루브산으로 전환(아미노전이효소 작용) → 혈액 통해 간으로 운반 → 피루브산은 당신생 경로를 통해 포도당으로 합성된 후, 근육으로 이동되어 에너지원으로 이용

2) 재사용되지 않은 아미노기는 배설 최종산물 생성

3) 요소는 간에서 생성된 후 혈액을 통해 신장으로 운반 → 소변으로 배설

4) 요소 합성 : 처음 2개의 반응(카르바모일 인산 합성, 시트룰린 합성)은 미토콘드리아에서 일어나고, 나머지는 세포질에서 일어남

① 카르바모일 인산의 합성 : 미토콘드리아 기질에서 암모니아와 이산화탄소의 축합반응(2 ATP 소모)
② 시트룰린 합성 : 카르바모일 인산 → 오르니틴에 전달 → 시트룰린 형성, 인산 방출
- 오르니틴 카르바모일전이효소 촉매
- 생성된 시트룰린 : 미토콘드리아에서 세포질로 운반

③ 아르기니노숙신산의 합성
- 두 번째 아미노기는 미토콘드리아에서 아미노기 전이반응에 의해 생성되어 세포질로 운반된 아스파르트산 제공 → 아스파르트산의 아미노기와 시트룰린의 카르보닐의 축합반응 → 아르기니노숙신산 생성(2 ATP 소모) → 아르기니노숙신산 분해 → 아르기닌과 푸마르산 생성 → 푸마르산은 미토콘드리아 구연산 회로의 중간산물로 반응, 아르기닌은 요소와 오르니틴 생성

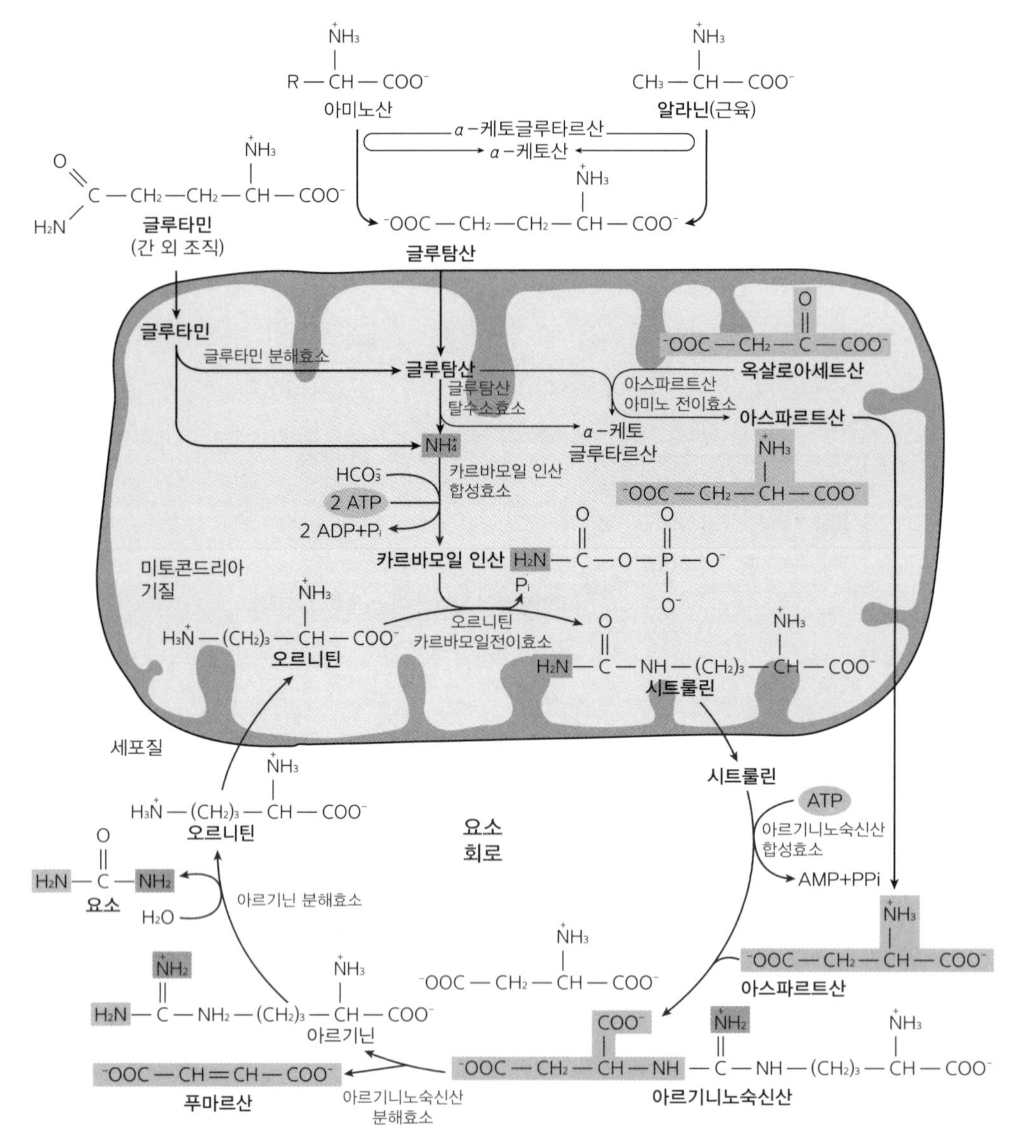

[요소 회로]

④ 요소 생성

- 1분자의 요소 합성 : 4분자의 ATP 필요(카르마모일인산 합성 : 2 ATP 소모, 아르기니노숙신산 합성 : 2 ATP 소모)
- 요소 분자 내 1개의 아미노기는 유리암모니아에 의해, 다른 1개의 아미노기는 아스파르트산에 의해 제공
- 글루탐산은 암모니아와 아스파르트산 질소의 직접적인 전구체
- 아르기니노숙신산 분해효소에 의해 구연산 회로의 중간산물인 푸마르산 생성 → 요소 회로와 구연산 회로가 2개 서로 연결되어서 크렙스 이회로(Krebs bicycle)라 함

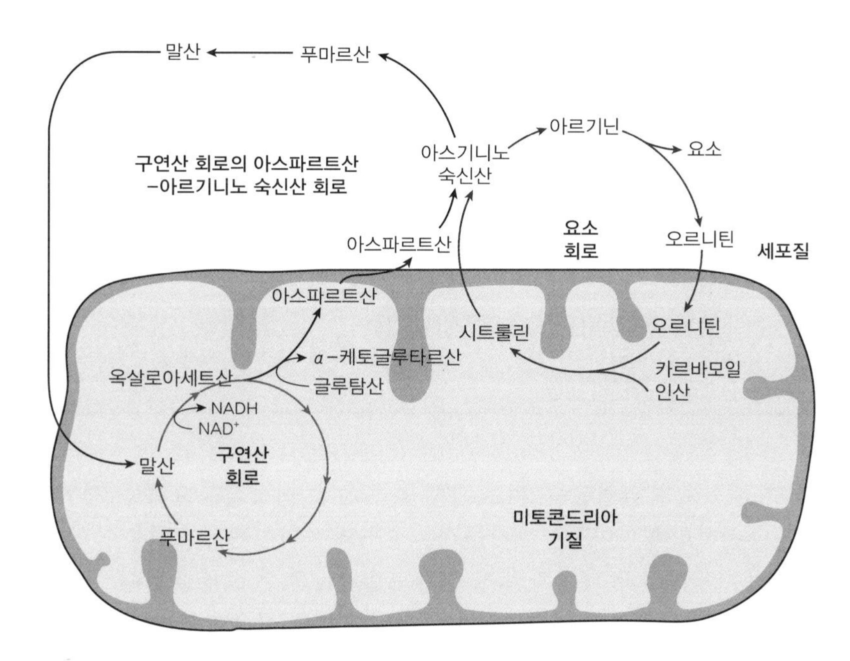

[크렙스 이회로(Krebs bicycle)]

⑤ 요산 생성 : 핵산의 염기인 퓨린의 탈아미노반응에 의해 요산(uric acid) 생성

⑥ 크레아틴과 크레아티딘 생성

- 크레아틴 : 신장에서 아르기닌, 글리신, 메티오닌 등에 의해 합성. 근육으로 운반된 크레아틴은 크레아틴인산의 형태로 근육에 저장되어 있다가 ADP를 인산화시켜 ATP로 만들어 근육수축에 이용
- 크레아티딘 : 크레아틴의 최종분해산물. 총 근육량이 비례하므로 요중 배설량이 일정

참고 분해대사 최종 생성물

- 단백질 분해대사 최종 생성물 : 요소
- 근육활동 분해대사 최종 생성물 : 크레아티딘

5 단백질 관련 질병

1. 단백질-에너지 영양불량

분류	콰시오커(kwashiorkor)	마라스무스(marasmus)
특징	혈장 알부민 부족 – 감염, 부종	에너지와 단백질 모두 부족
원인	에너지는 최소한으로 충족한 편이나 특히 단백질 부족이 심함	에너지 및 단백질이 모두 부족하나 특히 에너지 부족에 의한 단백질 부족
발생시기	12~48개월(이유 후 어린이)	6~18개월
혈청알부민	저하	정상
외모	약간 마름	피부와 뼈만 있음(노인의 얼굴)
머리카락	건조 변색	정상
부종	심함(둥글고 슬픈 얼굴)	없음
근육소모	흔함	약함
지방간	흔함	없음
체지방	정상	없음
식사요법	소화흡수에 장애를 보이므로 정맥을 통해 아미노산 공급하고 점차 구강으로 양질의 단백질을 충분히 공급	에너지와 단백질을 보충하되, 특히 에너지를 충분히 공급

2. 과잉증

① 대사항진, 체중증가, 혈압상승, 피로, 골다공증 유발, 신장질환 요독증, 간질환 간성혼수 유발
② 골다공증 : 산성의 황아미노산 대사물질이 중화되는 과정에서 소변을 통한 갈증의 손실 초래
③ 결장암 : 육류 단백질과 지방 가열 시 생기는 발암물질, 지방과잉 섭취 시 섬유소의 부족
④ 당뇨와 신장환자의 경우 주의 : 요소 배설을 많이 하여 신장에 부담 줌

3. 유전적인 아미노산 대사이상

① 페닐케톤증(PKU) : 페닐알라닌하이드록시화효소 결핍으로 페닐알라닌이 티로신으로 전환되지 못해 혈액이나 조직에 축적되어 케톤체 생성(성장장애, 경련, 지능장애, 혈당저하, 혈압저하, 백색피부, 금발)
② 알비니즘(백피증) : 티로신 분해효소 결핍으로 티로신이 멜라닌으로 전환 결함(흰 머리카락, 분홍피부)
③ 호모시스틴뇨증 : 시스타티온 생성 효소 결핍으로 메티오닌으로부터 시스테인 합성 결함(조기동맥경화)
④ 단풍당뇨증 : 류신, 이소류신, 발린의 곁가지 아미노산의 탈탄산화를 촉진시키는 효소의 결함(생후 1개월 이내에 발견하지 못하면 심한 신경장애와 지능발달에 영향 줌)

6 핵산(Nucleic acid) 대사

1. 핵산(Nucleic acid)

① 세포의 핵에서 발견
② 생명체의 발생, 증식, 재생에 필요한 유전정보 물질(DNA, RNA)
③ 핵단백질 형태로 존재

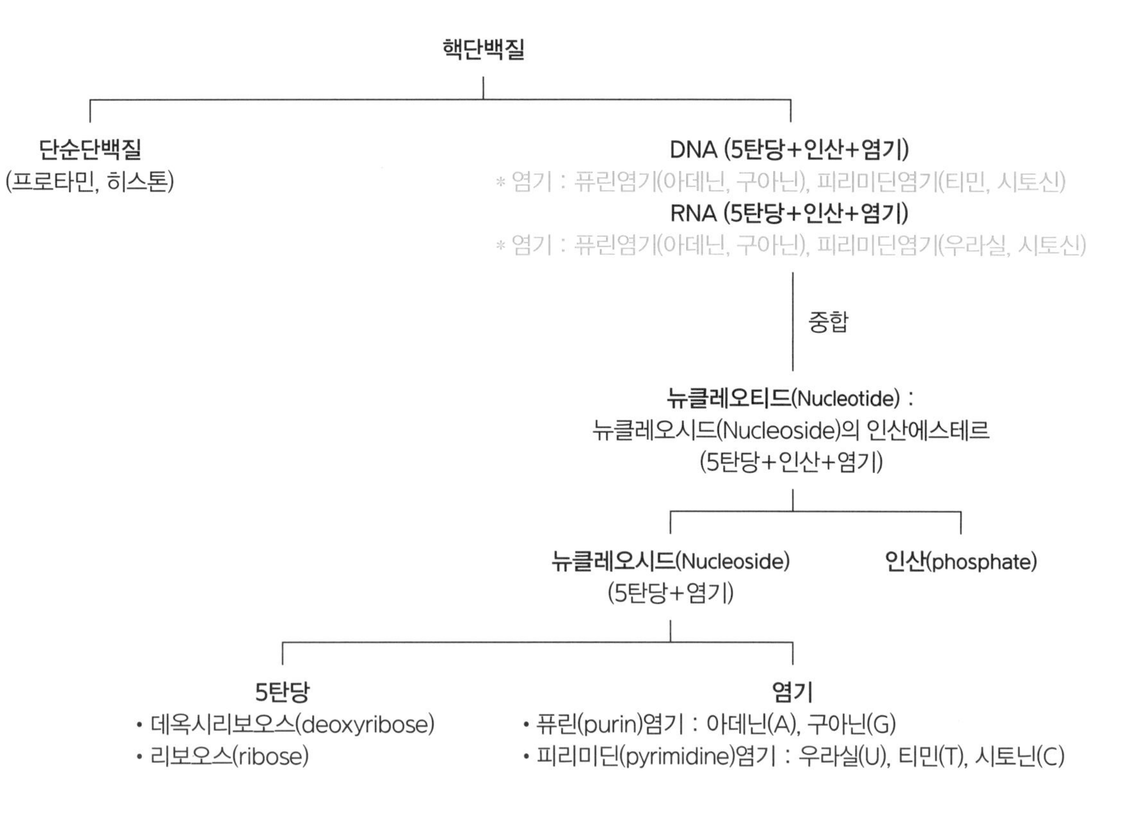

2. 핵산 구조

구분	DNA(deoxyribonucleic acid)	RNA(ribonucleic acid)
분포	세포핵	세포질
형태	백색의 실 형태	분말 형태
구조	2가닥의 사슬이 아데닌(A) = 티민(T), 구아닌(G) ≡ 시토신(C)의 수소결합으로 이중나선구조	1가닥, 부분적인 이중나선구조
기능	• 염색체 성분으로 단백질 합성 시 아미노산 배열순서 정보보유(유전자) • 뉴클레오티드 사이의 결합은 인산디에스테르 결합 : 3번 탄소의 OH기(3′말단)와 5번 탄소의 인산(5′말단)간의 결합(방향성: 5′ → 3′) • 이중나선구조 : α-helix 구조 • 역평행이중가닥 : 2가닥의 폴리뉴클레오티드는 3′, 5′말단이 서로 거꾸로 배치된 역평행 구조 • 염기 사이의 수소결합 : 상보적 관계 아데닌(A) = 티민(T), 구아닌(G) ≡ 시토신(C) • DNA의 유전자 구조는 여러 개의 액손(exon)과 인트론(intron)으로 구분 • 액손(exon) : 유전정보를 갖고 있는 부분으로 단백질의 아미노산 서열지정 • 인트론(intron) : 유전정보를 갖고 있지 않은 부분으로 RNA로 전산된 후 최종 RNA로 변형되는 과정에서 제거되는 부분	• mRNA(전령 RNA) : 주형역할, DNA에서 주형을 전사하여 유전정보를 간직, 단백질 합성에 관여, 불안정하며 종류 다양 • tRNA(운반 RNA) : 아미노산을 리보솜으로 운반(아미노산 운반체 역할), 평면구조가 클로버 모양이고 뉴클레오티드 잔기는 75~90개, 3′말단에 CCA로 되어 있고 마지막의 아데닌산에 아미노산을 결합시켜 운반, 변형 염기가 존재하며 자기가 운반하는 아미노산의 코돈(codon)에 반대되는 역코돈(anticodon)을 보유 • rRNA(리보솜 RNA) : 단백질의 합성장소(리보솜 구성성분) • hnRNA(이성질체 RNA) : 핵에 들어 있는 mRNA 전구체 • snRNA(소핵 RNA) : 인트론(intron)을 제거하고 액손(exon)만을 연결하여 RNA를 절단 가공 • 코돈(codon) : mRNA에서 20가지 아미노산을 의미하는 3개의 염기배열, 3개의 염기가 1개의 아미노산

참고 상보적인 염기서열

• DNA : 5′-CAGTTAGC-3′ → 5′-GCTAACTG-3′

3. 세포소기관

(1) 핵 : 이중막, 유전정보를 가지며 세포의 단백질 합성 통제, 염색체(DNA유전정보 함유), 핵인(rRNA합성)

(2) 미토콘드리아(사립체) : 이중막, 세포내 호흡기관, 에너지 생성(ATP 생성)

(3) 소포체

① 조면소포체 : 리보솜 부착으로 단백질 합성

② 활면소포체 : 리보솜 미부착이며 지방산, 인지질, 스테로이드 등의 지질 합성, 칼슘이온 저장

(4) 골지체 : 세포에서 합성된 물질 가공·포장하여 다른 세포소기관이나 세포 외로 분비

(5) 리소좀(용해소체) : 가수분해효소 함유, 세포 내 소화기관

(6) 리보솜 : RNA와 단백질로 구성된 복합체, 유전정보에 따라 단백질 합성

(7) 퍼옥시좀(과산화소체) : 다양한 과산화물 분해효소 함유, 카탈라아제 함유(과산화수소 분해)

4. 단백질 생합성

(1) 유전정보 흐름

DNA(유전정보) —(전사)→ mRNA —(번역)→ 단백질

(2) 단백질 생합성

mRNA를 주형으로 리보솜(rRNA, 합성장소)에서 tRNA에 의해 운반된 아미노산을 N말단에서부터 C말단으로 차례로 결합시켜 단백질 합성

(3) 단백질 합성 단계

① 아미노산의 활성화 : 아미노아실-tRNA 합성효소에 의해 mRNA 정보에 따른 아미노산을 tRNA가 리보솜으로 운반하기 위해 2 ATP 소모하여 결합

② 개시반응 : mRNA가 리보솜에 결합하고 합성개시 아미노산이 이를 운반할 tRNA와 결합하여 개시복합체를 형성하며, 이 개시복합체가 mRNA와 결합하여 단백질 합성을 개시(이때 GTP 소모)

- 중합개시 코돈 : AUG
- 합성개시 아미노산 : 메티오닌(진핵세포, 고등생물)

③ 신장반응 : 합성개시 아미노산에 펩티딜트랜스퍼라아제의 작용으로 아미노산이 연속적으로 펩티드결합하여 길이가 신장되며, 아미노산 1개가 증가할 때마다 2 GTP(= 2 ATP)가 소모됨

④ 종결반응 : 합성이 끝나면 종결코돈(UAA, UAG)을 식별하여 합성을 중지

- 종결코돈 : UAA, UAG, UGA

⑤ 변형(접힘과 처리과정) : 단백질의 N 말단 아미노산인 합성개시 아미노산(메티오닌)을 아미노펩티다아제로 가수분해하여 제거, 단백질은 접힘과정을 거치며 3차 구조 형성

(4) 단백질 합성의 조절

- 오페론(operon) : 전사수준에서의 단백질 합성의 조절, 즉, mRNA로 전사되는 속도를 조절함으로써 전체적인 단백질 생합성 반응속도 조절

7 효소

1. 효소

활성화 에너지를 감소시켜 반응 속도를 증가시키는 생물학적 촉매로 분자량이 1만~수백만의 구상단백질

(1) 구성

① 단순단백질 효소 : 단백질만으로 이루어진 효소

② 복합단백질 효소 : 단백질 부분(아포효소)과 비단백질 부분(조효소 또는 보조인자)

- 아포효소 + 조효소 ↔ 홀로효소(효소 활성을 가진 상태)(완전효소)
- 완전효소(holloenzyme) : 아포효소와 조효소(보조효소)가 결합한 형태, 효소 활성을 가진 상태
- 아포효소 : 효소의 특이성 결정(효소를 구성하는 단백질 부분), 효소 활성을 나타내지 못함(열에 불안정한 것 많음)
- 조효소(보조효소) : 효소가 활성을 나타내기 위해 아포효소와 결합해야 하는 부분(효소를 구성하는 비단백질 부분)으로 작은 유기물인 경우로 대부분 비타민에서 유래, 분자량 적고 열에 안정한 것 많음
- 보조인자 : 비단백질 분자가 금속이온인 경우
- 보결단 : 효소와 영구적으로 결합되어 있는 보조효소

(2) 특이성 : 특정기질과 반응, 효소-기질복합체 형성, 활성부위(기질에 꼭 들어맞는 효소의 활성부위)

2. 보조인자로 작용하는 금속이온

금속이온	종류
Fe^{2+} 또는 Fe^{3+}	시토크롬 산화효소, 카탈라아제, 과산화효소
Cu^{2+}	시토크롬 산화효소
Zn^{2+}	탄산무수화효소, 알코올 탈수소효소
Mg^{2+}	헥소키나아제, 글루코스 6-인산 가인산분해효소, 피루브산키나아제
Mn^{2+}	아르기닌 분해효소, 리보뉴클레오티드 환원효소
K^{+}	피루브산키나아제
Ni^{2+}	요소 분해효소
Mo	질산 환원효소
Se	글루타티온 과산화효소

3. 여러가지 조효소

조효소	전달되는 기능기	반응 유형	비타민
티아민피로인산(TPP)	알데히드	알데히드전이, 탈카르복실화반응	티아민(비타민 B_1)
피리독살인산(PLP)	아미노기	아미노기전이반응	피리독신(비타민 B_6)
플라빈 모노뉴클레오티드(FMN)	전자(electron)	산화-환원반응	리보플라빈(비타민 B_2)
플라빈 아마닌 다이뉴클레오티드(FAD)			
니코틴아미드 아데닌 다이뉴클레오티드(NAD)	수소음이온(:H^-)	산화-환원반응	나이아신(비타민 B_3)
니코틴아미드 아데닌 다이뉴클레오티드인산(NADP)			

조효소	전달되는 기능기	반응 유형	비타민
조효소 A(Coenzyme A)	아실기	아실기전이반응	판토텐산(비타민 B_5)
ACP(acyl carrier protein)	아포아실기	아실기운반	
5′-디옥시아데노실코발아민	H 원자, 알킬기	분자 내 재배열	코발아민(비타민 B_{12})
비오시틴	CO_2	카르복실화반응	비오틴(비타민 B_7)
테트라하이드로엽산(THF)	1-탄소기	1-탄소전이반응	엽산(비타민 B_9)
리포산	전자(electron), 아실기	아실기전이반응	리포산의 비타민작용

4. 효소 활성의 영향인자 : 기질 농도, 효소농도, 온도, pH, 금속이온, 반응 생성물, 반응속도

5. 효소 활성의 저해

(1) **가역적 저해제 :** 저해제가 효소와 비공유결합 후 가역적으로 제해제 제거되어 효소 원래 상태로 회복

① 경쟁적 저해제 : 효소의 활성 부위에 기질 유사체(저해제)가 결합함으로써 효소 활성이 감소되는 작용

② 비경쟁적 저해제 : 저해제가 효소의 활성 부위가 아닌 다른 부위에 결합하여 효소 활성 저해하는 작용

③ 불경쟁적 저해제 : 저해제가 효소기질 복합체에만 결합하여 효소 활성이 저해되는 작용

(2) **비가역적 저해제 :** 저해제가 효소와 결합하여 효소 활성이 없는 단백질을 생성하여 제거되지 않으므로 효소가 원래 상태로 회복 안 됨

구분	가역적 저해제			비가역적 저해제
	경쟁적 저해제	비경쟁적 저해제	불경쟁적 저해제	
저해방식	효소	효소, 효소-기질 복합체	효소-기질 복합체	• 효소 활성부위와 공유결합 또는 매우 안정한 비공유결합을 형성하여 촉매활성에 필요한 기능기를 영구적으로 불활성화시킴 • 보통 공유결합 형성이 흔함
K_m	증가	불변	감소	
V_{max}	불변	감소	감소	

* K_m(미카엘리스-멘텐상수) : 반응속도가 최대속도의 1/2이 될 때까지의 기질농도
* V_{max}(최대반응속도)

07 에너지 대사

1 에너지 대사

에너지 영양소로부터 에너지를 얻고 잉여 에너지를 체내에 저장하는 과정

① 이화작용 : 탄수화물, 지방, 단백질의 에너지를 ATP 형태로 바꾸는 작용

② 동화작용 : 남은 에너지원을 글리코겐, 중성지방, 단백질로 체내에 저장하는 것

2 식품에너지

① 단위 : 칼로리

② 물 1mL를 14.5℃에서 1℃ 올리는 데 필요한 열량

③ 식품열량가 : 식품 연소 시 발생하는 열량

④ 생리적 에너지가 : 체내에서 발생하는 열량

영양소	식품열량가(kcal)	생리적 열량가(kcal)	소화흡수율(%)	에너지 손실(kcal/g)
탄수화물	4.15	4	98	0
단백질	5.65	4	92	1.25(소변의 요소 손실 에너지)
지방	9.45	9	95	0
알코올	7.10	7	100	0.1(호흡 발산 에너지)

* 소화흡수율과 단백질의 경우 : 요소로 에너지 손실 포함
* 알코올의 경우 : 호흡으로 발산하는 에너지

3 인체의 에너지 소비

1. 기초대사량

① 인체의 생명유지를 위한 기본적인 생체 기능 수행을 위해 필요한 최소한의 에너지
② 식사 후 적어도 12시간이 지난 근육활동이 전혀 없는 완전한 휴식 상태(잠에서 깬 직후)에서 누운 상태로 측정
③ 인체가 하루에 소모하는 열량의 60~70%를 차지
④ 기초대사량의 약 70~80%가 제지방량에 의존함
⑤ 체표면적, 연령, 성별, 체온, 호르몬, 임신 및 수유, 영양상태, 수면, 정신상태, 기후 등 여러 요인 영향

요인	기초대사량
체표면적	클수록 기초대사량 증가
근육량	많을수록 기초대사량 증가
연령	생후 1~2년 기초대사량 가장 높고 점차 감소
성별	남자 > 여자
체온	1℃ 상승 시 기초대사량 13% 증가
기후	기온이 낮을수록 기초대사량 증가
호르몬	아드레날린·성장·성·갑상선 호르몬 기초대사량 증가
수면	기초대사량 감소

2. 신체활동대사량

① 개개인에 따라 차이가 나고, 동일인이라도 하루하루 차이가 남
② 성별, 연령, 신체 크기가 유사한 경우에 에너지 소비량의 차이는 주로 신체활동대사량에서 나타남
③ 1일 에너지 소모량 : 20~40%

3. 식사성 발열효과(thermic effect of food; TEF)

① 식품섭취에 따른 영양소의 소화와 흡수, 이동, 대사, 저장 및 이 과정에서의 자율신경계 활동 증진 등에 따른 식품 이용을 위한 에너지 소비량
② 지방은 0~5%, 탄수화물은 5~10%, 단백질은 20~30% 정도 : 지방은 흡수, 분해, 저장 과정이 비교적 쉽고, 단백질은 복잡한 대사과정에 에너지를 사용하기 때문임
③ 혼합식은 10% 정도

4. 적응대사량(adaptive thermogenesis)

① 큰 환경변화에 적응하는 데 요구되는 에너지

② 추운 환경 노출, 과식 창상, 기타 여러 스트레스 상황 하에서 열발생으로 에너지 소모

③ 갈색지방조직에 의한 열발생 관련

구분	특징
백색 지방조직	• 하나의 큰 지방구 • 혈관분포와 미토콘드리아 적음 • 지방조직 거의 대부분 차지 • ATP 합성효소 활성높아 ATP 생성 • 지방 저장 • 공복 시 글루카곤 호르몬 분비로 호르몬 민감성 리파아제 활성화되어 중성지방분해로 지방산의 에너지원으로 이용
갈색 지방조직	• 작은 지방구 여러 개, 혈관 분포와 미토콘드리아 많음 • 등, 견갑골, 겨드랑이에 많이 분포 • 미토콘드리아와 혈관에 많아 갈색 • 짝풀림 단백질은 인산화대신 열만 발생(미토콘드리아의 ATP 생성을 역행하도록 양성자 기울기 생성으로 ATP 생성 없이 열만 생성) • 신생아 체온유지 • 과식 후 체중유지 • 성인이 되면서 갈색지방세포 내의 대부분의 미토콘드리아 제거로 열 생성 기능 상실되고 골격근으로 사용

4 인체 에너지 필요량 추정

1. 에너지 필요 추정량(esteimated energy requirements; EER)

① 개인의 에너지 필요량은 에너지 소비량을 통해 추정

② 에너지 평형상태(에너지 섭취와 소비의 균형)의 성인 에너지 필요추정량 = 에너지 소비량

2. 에너지 소비량 측정방법

구분	내용
직접 에너지 측정법 (direct calorimetry)	• 단열된 밀폐공간에 사람이 들어가서 인체가 발생하는 열을 직접적으로 측정하는 방법 • 인체에 사용된 에너지가 궁극적으로 모두 열로 발산되므로 단열된 밀폐공간을 둘러싼 물의 온도를 상승시킨다는 원리 • 특수한 공간과 고가의 제작비용 등이 요구됨
간접 에너지 측정법 (indirect calorimetry)	• 인체가 영양소를 산화하여 에너지를 발생할 때 일정량의 산소를 소모하고 일정량의 이산화탄소를 배출한다는 사실에 기초한 방법 • 산소 소비 및 이산화탄소 생성을 측정하여 에너지 소비를 간접적으로 측정하는 방법 • 이중표식수법 • 호흡가스 분석법

영양소	탄수화물	단백질	지방	혼합식
호흡계수	1.0	0.8	0.7	0.85

5 알코올 대사

1. 대사

① 빈열량식품(7kcal/g)

② 위(20%), 소장(80%)에서 흡수되어 간에서 대사

③ 에탄올 → 아세트알데하이드(보조인자 아연) → 아세톤 → 아세틸 CoA → TCA 회로 또는 지방산 합성

2. 알코올 건강문제

① 통풍, 저혈당, 케토시스, 고지혈증, 부종(간 기능)
② 간에서 비타민 A 분해 촉진(비타민 A 저장량 감소), 지용성 비타민 흡수 불량
③ 장기음주 시 비타민 B_1(티아민) 결핍으로 베르니케-코르사코프증후군(알코올성 건망증후군)
④ 리보플라빈, 비타민 B_6, 엽산, 비타민 B_{12}, 결핍
⑤ 비타민 C 흡수불량, 마그네슘 결핍

08 비타민

1 비타민의 특성

특성	지용성	수용성
종류	A, D, E, K	B군, C * 조효소(B군)로 세포내 대사 진행
구성성분	C, H, O	C, H, O, N, S 등
성질	유기용매 녹음	물에 녹음
흡수 및 운반	유미관 → 림프관 → 혈액(지단백질 형태) * 일반 성인 흡수율 : 40~90%	모세혈관 → 문맥 → 간
저장 및 배설	간, 지방 저장	순환 및 소변 배설
결핍	천천히	빨리
과잉	독성 우려 있음	매일 섭취 필요

2 비타민의 분류

1. **지용성 비타민** : 물에 녹지 않고 지방과 지용성 용매에 용해

종류	기능 및 대사	결핍증	과잉증	급원식품
비타민 A (레티놀) 항안구 건조증	• 종류 : 레티노이드[레티놀, 레티날, 레티노산(활성형 비타민 A, 동물성)], 카로티노이드[α, β, γ-카로틴, 크립토잔틴(식물성, 체내에서 레티놀로 전환. 비타민 A 전구체)] • 열에 비교적 안정, 빛, 공기 중의 산소에 의해 산화 • 기능 : 암적응, 상피세포분화, 성장, 촉진, 항암, 면역, 레티놀, 항산화 및 시각관련 • 1 레티놀 활성당량(μgRAE) = 1μg(트랜스)레티놀 = 2μg(트랜스) β-카로틴보충제 = 12μg식이(트랜스) β-카로틴 = 24μg 기타 식이 프로비타민 A전구체(카로티노이드) • 대사 : 담즙의 도움으로 지방관 함께 림프관으로 흡수, 레티놀결합단백질로 이동, 간에 저장	야맹증, 각막연화증, 모낭각화증	임신초기유산, 기형아 출산, 탈모, 착색, 식욕상실 등	우유, 버터, 달걀노른자, 간, 녹황채소

종류	기능 및 대사	결핍증	과잉증	급원식품
비타민 D (칼시페롤) 항구루병	• 종류 – 비타민 D_2(에르고칼시페롤) : 버섯의 에르고스테롤로부터 자외선에 의해 합성 – 비타민 D_3(콜레칼시페롤) : 피부의 7-데하이드로콜레스테롤로부터 자외선에 의해 합성 • 열에 안정 • 기능 : 활성형[칼시트리올(1,25-$(OH)_2$-비타민 D_3]은 소장에서 칼슘과 인 흡수 증진, 석회화, 뼈 성장, 체내합성가능 • 대사 : 비타민 D가 부족해 혈중 칼슘이온 농도가 저하되면 혈중 부갑상선호르몬 증가	구루병, 골연화증, 골다공증, 근육경련	연조직 석회화, 식욕부진, 구토, 체중감소 등	난황, 우유, 버터, 생선, 간유, 효모, 버섯
비타민 E (토코페롤) 항산화제, 불임증	• 종류 : 메틸기 수와 위치에 따라 α, β, γ, δ-토코페롤과 α, β, γ, δ-토코트리엔 * α-토코페롤 : 천연에 풍부, 생리활성 가장 큼 • 산소·열에 안정, 불포화지방산과 공존 시 비타민 E 자신이 쉽게 산화되어 다른 물질 산화방지하며 비타민 C 또는 엽산에 의해 환원되어 재사용 • 항산화제(세포막과 단백질표면에 작용하여 세포막 손상방지, 불포화지방산에서 자유라디칼의 연쇄반응차단), 비타민 A, 카로틴, 유지산화 억제, 노화지연, 셀레늄(Se)과 관련(적혈구세포막보호)	용혈성 빈혈 (미숙아), 신경계 기능 저하, 망막증, 불임	지용성 비타민, 흡수방해, 소화기장애	식물성 기름, 어유
비타민 K (필로퀴논)	• 종류 – 비타민 K_1(필로퀴논) : 자연식물에 존재, 생리활성 가장 큼 – 비타민 K_2(메니퀴논) : 동물성급원으로 장내세균에 의해 합성 – 비타민 K_3(메나디온) : 인공합성제제 • 간에서 혈액응고(프로트롬빈 합성), 뼈기질단백질 합성, 뼈 발달(오스테오칼신의 카르복실화 관여하여 칼슘과 결합촉진) • 열·산에 안정, 알칼리·빛·산화제 불안정	지혈시간 지연, 신생아출혈	합성메나디온 의 경우 간독성	푸른잎 채소, 장내 미생물에 의해 합성

2. 수용성 비타민

종류	기능	결핍증	급원식품
비타민 B_1 (티아민)	• 당질대사의 보조효소[탈탄산조효소(TPP)], 에너지대사 • 신경전달물질 합성	각기병	돼지고기, 배아, 두류
비타민 B_2 (리보플라빈)	• 당질, 지질, 단백질 에너지 대사의 보효소[탈수소조효소(FAD, FMN)] • 전자전달계작용(대사과정의 산화환원반응)	설염, 구각염, 지루성피부염	유제품, 육류, 달걀
비타민 B_3 (니아신) 트립토판전구체	• 당질 산화, 지방산 합성, 스테로이드 합성, 전자전달계작용[탈수소조효소(NAD, NADP)] • 대사과정 산화환원반응 • 트립토판(60mg)이 니아신(1mg) 합성	펠라그라 * 과잉섭취 시 피부홍조, 간기능 이상	육류, 버섯, 콩류

종류	기능	결핍증	급원식품
비타민 B_5 (판토텐산)	• Coenzyme A 구성성분 • 에너지 대사, 지질 합성, 신경전달물질(아세틸콜린) 합성, 헤모글로빈의 햄에서 포르피린 고리생성 관여	잘 나타나지 않음	모든 식품
비타민 B_6 (피리독신)	• 아미노산 대사조효소(PLP) • 피리독신(PN), 피리독살(PL), 피리독사민(PM)의 3가지 형태 존재 • 비필수아미노산 합성, 신경전달물질 합성, 글리코겐분해, 포도당 신생, 적혈구 합성, 니아신 합성	피부염, 신경장애, 빈혈 * 과잉섭취 시 관절경직, 말초신경손상	육류, 생선류, 가금류
비타민 B_7 비타민 H (비오틴)	• 지방 합성, 당, 아미노산 대사 관여, 카르복실기 운반체로 카르복실화반응, 탈탄산반응의 조효소, 아미노산 분해	피부발진, 탈모 생난백 다량 섭취 시 아비딘이 비오틴 작용 방해	난황, 간, 육류, 생선류
비타민 B_9 비타민 M (엽산)	• THFA(테트라하이드로엽산)는 단일탄소(메틸기) 운반체로 새로운 물질합성 관여, 에탄올아민에서 콜린 합성, 글리신과 세린의 상호전환, 햄합성 관여(헤모글로빈 합성)	거대적아구성빈혈	푸른잎채소, 산, 육류
비타민 B_{12} (코발아민) Co 함유	• 엽산과 같이 핵산 대사 관여, 신경섬유 수초 합성, 항동맥경화성 인자	악성빈혈	간 등의 내장육, 쇠고기
비타민 C (아스코르브산)	• 활성형 : 환원형(L-아스코르브산)과 산화형 [L-디하이드로아스코르브산(환원형의 80% 활성가짐)]의 가역적 관계, 콜라겐 합성, 항산화작용, 해독작용, 철 흡수 촉진, 카르니틴 합성, 신경전달물질 합성	괴혈병 * 과잉섭취 시 위장관 증상, 신장결석, 철독성	채소, 과일

3. 비타민 유사물질

비타민 유사물질	특징
콜린(choline)	• 신경전달물질인 아세틸콜린과 세포막의 인지질, 지단백의 구성성분 • 결핍 : VLDL의 생산능력 손상으로 간에 지방 축적, 지방간 발생
카르니틴(carnitine)	• 지방산 대사 시 지방산이 미토콘드리아 막을 통과 시 필요
이노시톨(inositol)	• 체세포에서는 세포질, 세포막의 인지질 구성성분으로 존재
타우린(taurine)	• 시스테인과 메티오닌으로부터 합성 • 근육, 혈소판, 신경조직에 다량 함유 • 담즙산과 결합

09 무기질

1 무기질의 구성 및 특징

① 탄소, 수소, 산소, 질소를 제외한 모든 원소(재 또는 회분)
② 체내 합성이 불가능하여 반드시 식품을 통해 섭취
③ 체중의 약 4% 차지
④ 생체기능을 조절하는 조절 영양소
⑤ 효소의 성분이거나 효소의 활성에 관여
⑥ 삼투압 조절
⑦ 투과성 조절
⑧ 체액의 완충작용
⑨ 근육과 신경전달의 조절

2 무기질에 의한 식품 구분

알칼리성 식품	태운 후 잔존 무기질이 Na, K, Mg, Ca로 물과 작용하여 체액을 알칼리화하는 식품(채소, 과일, 우유, 굴)
산성식품	태운 후 잔존 무기질이 P, S로 물과 작용하여 체액을 산성화하는 식품(고기, 생선, 달걀)

3 무기질의 분류

1. 다량 무기질

① 1일 필요량이 100mg 이상이거나 체중의 0.01% 이상 존재하는 무기질
② 칼슘, 인, 칼륨, 나트륨, 염소, 마그네슘, 황 등
③ 신체의 구성성분
④ 체액의 산, 염기의 평형 유지
⑤ 삼투압 유지에 기여

종류	기능 및 대사	결핍증	과잉증	함유식품
칼슘 (Ca)	• 골격 및 치아 형성, 혈액응고, 근육수축이완, 신경자극 전달, 세포막 투과성 조절, 세포대사 • 흡수증진 : 소장의 산성환경, 유당, 비타민 D, 비타민 C, 체내 칼슘 요구량 증가, 식사 내 칼슘과 인의 비율 비슷(1:1), 아미노산(라이신, 아르기닌), 부갑상선호르몬(비타민 D 활성화 촉진) • 흡수 방해 : 소장의 알칼리성 환경, 수산, 피틴산, 지방, 식이섬유, 비타민 D 부족, 폐경, 과량의 인, 탄닌, 노령, 운동부족, 스트레스	골연하증, 골다공증, 태타니증, 내출혈증	변비, 신결석, 고칼슘혈증	우유 및 유제품, 뼈째 먹는 생선, 굴 및 해조류, 두부 등

종류	기능 및 대사	결핍증	과잉증	함유식품
인 (P)	• 골격 및 치아 형성, 비타민 효소 활성 조절, 영양소의 흡수와 운반, 에너지 대사 관여, 산-염기 조절 • 흡수증진 : 소장의 산성 환경, 식사 내 칼슘과 인의 비율 비슷(1:1), 비타민 D • 흡수 방해 : 마그네슘, 알루미늄 과량섭취, 부갑상선호르몬	성장지연, 골연화증, 골다공증, 제산제 남용	신장질환환자- 골격질환, 철, 구리, 아연 등 의 흡수 저하	동식품계에 널리 분포, 가공식품 및 탄산음료
마그 네슘 (Mg)	• 골격과 치아 형성, 근육이완, 신경자극전달, ATP 구조안정제, cAMP 형성 필수적, 다양한 효소 활성 보조인자, 글루타티온 합성관여, 칼슘과 길항작용	불규칙적인 심장박동, 경련, 정신착락	식사와 급원 또는 신장 질환 시 호흡부진	녹엽채소, 전곡, 대두, 견과류 등
나트륨 (Na)	• 삼투압 조절(수분평형조절), 산-염기 조절, 영양소 흡수, 신경자극전달 • 부신피질에서 알도스테론 분비촉진되면 신장에서 나트륨 재흡수 촉진으로 혈액량 증가	심한 설사, 구토, 부신피질 부전 시 상장 감소, 식욕부진, 근육경련, 두통, 혈압저하	고혈압, 부종	육류, 생선류, 유제품 등의 동물성 식품, 장류, 가공식품 및 화학조미료 등
염소 (Cl)	• 삼투압 조절(수분평형조절), 산-염기조절, 위산의 구성성분, 신경자극 전달	잦은 구토, 이뇨제 사용 시 저염소혈증, 소화불량, 성장부진, 발작	고혈압	소금을 함유한 식품
칼륨 (K)	• 삼투압 조절, 산-염기조절, 글리코겐, 단백질 대사, 근육의 수축, 이완, 신경자극전달	식욕부진, 근육경련, 구토, 설사 등	신장질환환자- 고칼륨혈증, 심장마비증	녹엽채소, 과일, 전곡, 서류, 육류 등
황 (S)	• 함황아미노산의 구성성분(메티오닌, 시스테인, 시스틴), 호르몬·효소·비타민 구성성분(CoA, 인슐린, 글루타티온, 콘드로이틴 황산염, 헤파린), 산-염기 조절, 해독작용 • 적절한 메티오닌과 시스틴 섭취로 황 공급 충족	성장지연	-	함황아미노산을 함유한 단백질 식품

2. 미량 무기질

1일 필요량이 100mg 미만이거나 체중의 0.01% 이하로 존재하는 무기질

종류	기능 및 대사	결핍증	과잉증	함유식품
철(Fe) • 헴철 : 동물성 식품 – 40% • 비헴철 : 식물성식품 – 100%	• 헴철(동물성 식품 : 40%), 비헴철(식물성 식품 : 100%) • 분포 : 혈액(적혈구내 헤모글로빈의 헴구성), 조직(근육의 미오글로빈, 전자전달계 효소의 시토크롬), 이동철(트랜스페린), 저장철(페리틴, 헤모시데린) • 산소의 이동과 저장, 효소성분, 면역기능, 신경전달물질 합성, 지방산 산화, 콜라겐 합성 • 흡수증진 : 햄철(흡수율 20~25%, 헤모글로빈, 미오글로빈 구성성분), 비타민 C·위산[식품 중의 제2철(Fe^{3+})을 제1철(Fe^{2+})로 전환], 구연산·젖산의 유기산(철과 킬레이트 형성), 체내 요구량 증가(성장기, 청소년, 임신부, 가임여성, 빈혈 경우) • 흡수방해 : 피틴산, 수산, 탄닌, 심이섬유, 다른 무기질 과잉섭취(칼슘, 아연, 망간 등), 체내 철 저장량 많을 시, 위액 분비저하, 감염·위장질환 등	소구성 적색소성 빈혈, 성장부진, 손톱·발톱 변형, 식욕부진, 피곤	혈색소증, 당뇨, 심부전	• 헴철 : 육류, 생선, 가금류 등 • 비헴철 : 난황, 채소, 곡류, 두류 등
구리 (Cu)	• 철의 흡수 및 이용 도움(간에서 세룰로플라스민은 철을 제1철(Fe^{2+})에서 제2철(Fe^{3+})로 산화시켜 철 이동 도움) • 금속효소 구성성분으로 결합조직 합성, 에너지방출, 신경전달물질 합성, 세포의 산화적 손상방지, 면역체계일부, 혈액응고와 콜레스테롤 대사 관여	소구성 적색소성 빈혈, 성장 부진, 골격질환, 심장순환계 장애	구토, 설사, 간세포 손상, 혈관질환, 혼수	동물의 내장, 어패류, 계란, 전곡, 두류
아연 (Zn)	• 금속 효소 성분, 핵산 합성, 생체막 구조와 기능 유지, 상처회복 및 면역 기능, 인슐린과 복합첼형성, 식욕, 미각, 비타민 A 이용, 생식기관과 뼈 발달 관여 • 대사 : 메탈로티오네인(소장점막존재, 황단백질, 아연과 구리가 경쟁적으로 결합)에 의해 흡수조절 • 흡수증진 : 동물성단백질, 시스테인, 히스티딘, 구연산 • 흡수방해 : 식이섬유, 피틴산, 칼슘, 인, 철, 구리	성장지연, 식욕부진, 미각, 후각 감퇴, 면역저하, 상처회복지연	소구성 적색소성 빈혈, 설사, 구토	육류, 생선류, 유제품 등의 동물성 식품
요오드 (I)	갑상선 호르몬(티로신에서 합성되고 요오드에 의해 활성화) 성분 : 트리요오드티로닌(T3), 테트라요오드티로닌(T2)	갑상선종, 크레틴종, 갑상샘기능 부진	갑상선기능 항진증	해조류, 생선
망간 (Mn)	금속효소 성분, 중추신경계 기능에 관여	성장지연, 생식부전	근육계 장애	밀배아, 콩, 간
셀레늄 (Se)	글루타티온 산화효소 성분, 비타민 E 절약작용	케산병(울혈성 심장병 일종), 카신백증(골관절질환)	피부발진, 구토, 설사, 신경계 손상, 간 경변	해산물, 내장육 등 곡류, 견과류
코발트 (Co)	비타민 B_{12} 성분, 조혈작용	악성빈혈	적혈구 증가, 심장근육 손상, 신경손상	동물성 단백질 식품
불소(F)	골격과 치아에서 무기질 용출 방지	충치, 골다공증	반상치, 위장장애	생선, 동물 뼈

10 수분

1 수분의 특성

1. 수분
체중의 약 50~70%를 차지하는 인체의 주요 구성성분
① 세포내액(intracellular fluid) : 체내 수분의 2/3
② 세포외액(extracellular fluid) : 나머지 1/3에 해당하는 수분, 간질액(세포 사이에 존재), 혈관내액(혈장)

2. 조직의 수분함량
① 근육 : 약 70% 이상의 수분 함유
② 지방조직 : 10~20% 가량의 수분 함유

3. 체내 수분함량
성별과 나이에 따라 변화함
① 남성 : 여성보다 근육량이 많기 때문에 여성보다 수분을 더 많이 보유
② 체중 대비 체내 수분비율 : 일반적으로 나이가 증가함에 따라 감소
③ 신생아 : 75% 가량의 수분 함유
④ 노인 : 50% 이하로 감소

4. 전해질
① 체액에 녹아 전하를 띤 이온의 형태로 존재하는 물질
② 나트륨(Na^+), 칼륨(K^+) : 양전하를 띤 대표적인 양이온
③ 염소(Cl^-), 인(HPO_4^{2-}) : 음전하를 띤 대표적인 음이온
④ 세포내액 : 칼륨, 인이 주된 전해질
⑤ 세포외액 : 나트륨, 염소가 주된 전해질

2 수분의 소화와 흡수·대사

1. 체수분 평형

(1) 신장에 의한 혈액량 및 혈압의 조절
① 혈액 용질의 농도 증가 : 항이뇨호르몬(ADH) 분비 → 소변 배설 감소와 신장의 수분 재흡수 증가 → 혈액량 증가로 혈압 상승
② 혈액량의 감소(혈압 감소) : 레닌(renin) 효소 분비 → 안지오텐시노겐의 활성화 → 안지오텐신Ⅱ(혈관 수축) → 알도스테론 분비 → 신장의 나트륨이온(Na^+), 염화이온(Cl^-)의 재흡수 증가 → 체내 수분 보유 → 소변 배설 감소

(2) 수분의 섭취
① 수분의 주요 급원(액체) : 우유, 차, 주스, 술 등
② 음식 : 식품재료와 국물
③ 대사수 : 섭취한 영양소가 대사되는 과정에서 생성되는 수분

(3) 수분의 손실(배설)
대부분 신장을 통해 소변으로 배설, 땀을 통한 발산, 피부로부터의 수분 증발, 폐호흡, 대변 손실

2. 수분의 기능

(1) 운반기능

① 영양소와 노폐물을 운반하는 역할
② 영양소 : 혈액과 림프액에 의해 필요한 조직으로 이동되어 사용되거나 저장
③ 노폐물(이산화탄소, 요소, 요산 등) : 혈액에 의해 이동되어 폐나 신장으로 배출
④ 호르몬 : 혈액을 통해 표적기관으로 이동하여 조절기능을 수행
⑤ 세포간질액 : 조직세포와 혈액 사이의 물질 교환이 일어나는 장소

(2) 용매기능

① 세포 내는 수용성 환경이므로 대사반응이 일어나려면 반응의 대상이 되는 물질이 물에 용해된 상태로 존재해야 함
② 물 분자 : 전기적으로 중성이나 전기음성도의 차이에 의해 극성을 띰
③ 용매로서 체내 생화학반응을 도움

(3) 체온조절기능

① 체온 유지 : 대사 및 활동 과정에서 발생하는 열을 체외로 발산시켜 유지함
② 체온 증가 시 : 혈관 확장(혈류량 증가) → 땀샘 자극 → 땀 증발로 열 발산
③ 체온 저하 시 : 혈관 수축(혈류량 감소) → 근육운동(몸 떨기) → 열 생성

(4) 전해질 평형기능

① 세포 내외의 전해질 평형
② 인체의 전해질 농도와 삼투압을 일정하게 유지시킴으로써 세포의 기능을 원활하게 함
③ 세포 내의 전해질 농도 증가 → 삼투압에 의해 수분이 세포 내로 이동
④ 혈액의 전해질 농도 증가 → 세포의 수분이 혈관으로 이동
⑤ 수분은 세포막을 빠르게 이동하여 전해질 평형을 조절함

(5) 윤활, 신체 보호, 분비물의 성분

① 타액과 위장액의 주성분 : 음식물의 삼킴 및 소화를 도움
② 타액 : 구강에서 저작 및 연하에 도움을 줌
③ 위액, 장액, 담즙, 췌장액 등 : 위와 장의 원활한 소화관 운동을 도움
④ 관절액 : 관절액은 뼈와 뼈 사이의 마찰을 줄여 움직임을 도움
⑤ 점액 : 눈, 코, 호흡기관의 점막을 부드럽게 해줌
⑥ 체내 조직의 보호기능 : 뇌척수액(뇌, 척수), 양수의 태아 보호(임신부)

3 수분과 영양문제

1. 탈수

① 체내 수분이 과도하게 손실되는 현상
② 출혈, 화상, 구토와 설사의 지속, 심한 운동으로 인한 땀 손실, 과다한 이뇨작용 시 발생할 수 있음
③ 체내 총 수분 소실량 : 2%(갈증), 4%(근육 강도와 지구력 저하, 근육 피로), 12%(고온에 대한 신체 적응능력 상실), 20% 이상(사망)
④ 노인 : 체내 보유수분량이 적고 갈증 유발 메커니즘이 덜 효율적임
⑤ 영아 : 소변의 배설이 빠르고 체표면적의 비율이 높아 체온조절에 더 많은 수분을 사용함

2. 부종

① 세포 간질액에 수분이 과도하게 축적된 상태
② 단백질 결핍에 의한 부종 : 장기간의 단백질 섭취 부족 → 혈중 알부민 농도 감소 → 혈장 삼투압 저하 → 수분이 간질액 쪽으로 이동 → 부종 발생
③ 과도한 염분 섭취로 인한 부종 : 체내의 나트륨 과다 보유 → 세포외액의 삼투압 증가 → 항이뇨호르몬 분비 → 체내 수분 보유작용 → 부종 발생

3. 수분 중독

① 과도한 수분섭취로 인하여 발생
② 신장 기능이 저하된 상태에서 단기간의 과잉 수분 섭취 시 발생
③ 전해질 섭취가 동반되지 않은 채 과량의 수분 섭취 시 발생
④ 세포내액의 수분 축적으로 인한 세포 팽창 : 두통, 메스꺼움, 구토 등이 발생
⑤ 칼륨의 세포 외액으로의 이동 : 근육경련, 발작 유발
⑥ 심한 경우 혼수 및 사망에 이름

11 생애주기별 영양

1 성장과 발달

1. 형태학적 성장 : 신체의 길이와 크기의 증대, 신장·체중, 단백질·지방의 축적

2. 발달 : 기능적 발달(호흡기능, 소화기능, 운동기능)과 정신 발달

3. 세포 성장의 단계

① 1단계 증식성 성장 : 세포분열이 왕성하게 일어나며 DNA의 함량 증가
② 2단계 증식성 비대형 성장 : 세포분열과 함께 세포의 크기도 증대되어 DNA와 단백질량 증가
③ 3단계 비대형 성장 : 세포분열-정지, 세포의 크기만 증대, DNA의 함량 불변, 단백질량만 증가
④ 성숙기 : 세포수와 크기에 의한 성장 정지, 효소의 구조 정교, 세포기능 통합발달

2 신체 각 기관의 성장과 발달

① 각 기관과 조직의 성장 발달의 결정적 시기가 다름 : 스캐몬의 성장 패턴
② 일반형(general type) : S자형 패턴 - 키, 체중, 근육, 골격, 순환계, 소화계
③ 신경계 : 뇌·척수·감각기관, 영유아 초기 발달, 10세경 성인과 유사
④ 생식기관 : 고환·부고환·난소·자궁 등, 사춘기에 급격히 성장
⑤ 림프조직 : 흉선·편도·림프절 등, 아동기(10~12세)에 성인의 2배, 그 후 감소
⑥ 성장기에 주로 작용하는 호르몬 : 성장·갑상선호르몬, 인슐린, 안드로겐, 성호르몬 영향 받음
⑦ 출생 후부터 유아기와 학동기 : 갑상선 호르몬, 성장 호르몬이 중요
⑧ 사춘기 이후 : 성호르몬, 안드로겐이 성장과 성숙에 관여

3 스캐몬의 신체기관별 성장 발달

① 성장·발달은 일정한 유전에 의해 정해진 순서대로 질서 있게 진행
② 성장·발달은 연속적이나 균일하게 연속되지는 않음 → 출생 후 성장은 영아기와 청소년기에 급속히 일어난다.
③ 성장은 수직적이며 각자 자신의 성장 패턴 지님
④ 체내의 어느 기관이나 기능의 성장·발달에 결정적 시기가 다름 → 만약 결정적 시기에 장애 요소 발생하면 영구적 결함이나 기능 장애 유발
⑤ 성장·발달은 개인차 매우 큼

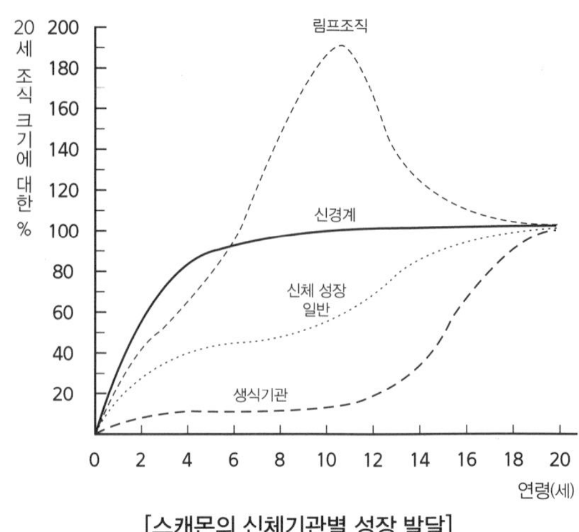

[스캐몬의 신체기관별 성장 발달]

구분	내용
뇌	성장·발달이 가장 일찍 일어남, 6세에 성인 뇌 무게의 90% 정도
간	늦게 발달하며 사춘기에 가장 많이 발달
림프조직 [흉선(가슴샘) 등]	아동기에 성인의 2배로 커졌다가 그 후 감소하는 패턴
폐	각 기관 중 가장 늦게 발달이 완료, 사춘기에 34%로 가장 늦게 발달
생식기관	서서히 증가하다가 사춘기 이후 급격히 성장
성장·발달에 영향을 주는 요인	영양(34%) 〉운동(29%) 〉 유전(28%) 〉 환경(9%)

4 연령별 영양

1. 임신부

(1) 임신 시 모체의 변화

① 모체의 혈액량 증가
② 모체의 영양소 축적량 증가
③ 태반의 무게 증가
④ 자궁으로의 혈액 유입량 증가
⑤ 태아 체중의 급격한 증가

(2) 태반

① 수정 후 6일경 수정란이 포배가 되며, 자궁내벽의 상피세포 안으로 침투하여 착상
- 포배 안쪽의 줄기세포 ⇒ 태아 형성
- 포배 바깥의 한 겹의 세포층 ⇒ 태반으로 분화, 모체와 태아조직이 합쳐져 만들어진 원반형 기관

② 모세혈관을 통해 모체와 대사물질 교환, 시간당 30L 혈액 유입, 출생 시 0.5~1kg 정도

(3) 태반의 기능

① 영양소 및 산소의 운반
② 장벽 기능
③ 노폐물 처리
④ 호르몬 분비

(4) 임신에 의한 호르몬 변화

종류	호르몬	특징	수유 관련	적용단계
태반	에스트로겐 (난포호르몬)	• 수정여건과 수정란의 이동을 돕고 자궁근의 흥분성 상승(옥시토신의 감수성 촉진, 자궁근육을 수축하여 분만 유리하게 작용), 유선 발육 촉진, 지질의 합성과 저장, 단백질 합성 증가, 자궁으로의 혈류 증가 • 결합조직 내 점액다당류 구성변화로 수분보유유도하여 임신 시 부종 유발	유관 성장	월경시작과 유선분화
	프로게스테론 (황체호르몬)	• 착상 유지 및 자궁내막의 성장 촉진, 배란 억제, 체온 상승 작용, 위장 운동 감소, 나트륨 배설 증가, 자궁의 혈류량 조절, 임신 유지(옥시토신 감수성 저하), 유선조직(세포)의 증식 촉진	유포 발달	초경이후와 임신 시
	융모성 생식선 자극호르몬(hCG)	• 황체를 자극하여 에스트로겐과 프로게스테론을 분비하게 하여 임신을 유지시키며, 자궁내막의 성장을 촉진, 혈중 hCG 농도가 증가하면 소변에도 검출(임신진단 키트 이용)	–	–
	태반락토겐	• 유즙 분비, 글리코겐 분해에 의한 혈당 증가	유포 발달	임신기
뇌하수체전엽	프로락틴	• 유즙 생성 촉진	유포 발달 유즙 생성	임신 후반부 ~ 이유기
뇌하수체후엽	옥시토신	• 유즙 분비 촉진	유즙 분비	유즙분비 ~이유기
부신피질	알도스테론	• 나트륨 보유, 칼륨 배설 촉진	–	–
갑상선	티록신	• 기초대사조절	–	–
췌장의 β-세포	인슐린	• 임신초기 : 인슐린 민감성 증가, 글리코겐과 지방 축적 • 임신말기 : 인슐린 저항성 증가, 당신생 증가, 모체 지방산 이용 증가	–	–

(5) 생리기능의 변화

① 체액 증가와 심혈관계 변화 : 모체의 혈장량 45% 증가(헤모글로빈 농도 감소), 양수 증가, 세포외액 증가로 부종발생 위험 증가, 심혈관계기능의 항진, 총 콜레스테롤과 중성지방이 증가하여 고지혈증이 되기 쉬움

② 비뇨기계 : 신장의 사구체여과량 증가(태아 노폐물 처리), 레닌/알도스테론의 활성 증가

③ 소화기계 : 프로게스테론 분비 증가로 위배출 속도지연, 소화기능 저하, 복부 팽만감, 식욕저하

④ 입덧과 식품기호 변화

(6) 영양소 대사 변화

① 임신전반부(10% 성장)에는 동화작용, 임신후반부(90% 성장)에는 이화작용

② 모체의 체중의 증가 요인 : 평균 11~16kg 증가, 총 체중 증가의 25% 태아, 5% 태반

③ 결정적 시기 : 특정 세포, 기관, 조직이 형성되어 서로 통합되고, 기능적으로 완성되는 시기

④ 체중 증가 구성성분 : 수분 62%, 단백질 8%, 지질 30% ＊수분 > 지질 > 단백질

(7) 임신부의 질병

<table>
<tr><td rowspan="3">감염성 질병
※ 태아에게 전염됨</td><td>매독</td><td>• 임신부의 태반을 통해 태아에게 70% 감염, 산모는 20~30세 연령이 80% 조산, 저체중아 출생, 태아 사망, 신생아 사망 위험성 증가</td></tr>
<tr><td>풍진</td><td>• 태반으로 신생아에게 80% 정도 감염, 임신 16주 이상 이후 감염 시 선천성 기형 유발, 선천성 심장기형, 청각 소실, 백내장, 태아발육부전, 기형아 위험성</td></tr>
<tr><td>면역결핍증
(AIDS)</td><td>• 태반을 통해 태아에 감염, 흉선에 기능적 손상과 습관적 유산이 일어남
• 임신 전 검사 : 매독, 풍진</td></tr>
<tr><td colspan="2">고혈압
※ 10%가 증상 경험, 태아 성장 발달에 악영향</td><td>• 임신성 고혈압 : 임신 중반부 이후 처음 진단, 단백뇨 없음, 산후 12주 이전에 정상화
• 단백뇨 있으면 자간전증으로 발전, 조기분만, 급성 신장기능 장애, 임신성 당뇨 위험 높음</td></tr>
<tr><td colspan="2">임신성 당뇨</td><td>• 임신으로 인한 인슐린의 혈당조절작용 감소, 고령·비만 임신부 발병 높음, 유산, 조산, 양수과다증, 임신중독증, 모체 이상체중 증가, 기형아 출산, 거대아 출산, 케토시스, 태아저혈당 증세</td></tr>
<tr><td colspan="2">임신중독증</td><td>• 임신후반기, 호르몬변화, 대사기구의 변조, 간장의 해독기능장애, 자율신경계 영향, 부종, 고혈압, 단백뇨, 자간(경련)
• 식사요법 : 저열량, 저탄수화물, 저나트륨식, 고단백식, 고비타민식</td></tr>
<tr><td colspan="2">임신빈혈</td><td>• 철 결핍(헤모글로빈 농도 11g/100ml 이하), 저체중아, 조산아, 산후 출혈
• 식사요법 : 고철, 고단백식, 비타민 B_6, 엽산, 비타민 B_{12}, 비타민 C 섭취</td></tr>
</table>

(8) 임신부의 영양소 섭취기준

<table>
<tr><td colspan="2">에너지</td><td>• 총에너지 섭취량의 65% 탄수화물, 15% 단백질, 20% 지질 권장
• 임신중기 하루에 340kcal, 말기에는 450kcal를 성인 여자의 권장량에 가산</td></tr>
<tr><td colspan="2">탄수화물</td><td>• 태아의 발달을 위해 175g의 탄수화물을 섭취해야 함</td></tr>
<tr><td colspan="2">지질</td><td>• 리놀레산, 리놀렌산과 같은 필수지방산과 함께 EPA, DHA 같은 n-3 지방산 반드시 필요</td></tr>
<tr><td colspan="2">단백질</td><td>• 임신 중기에는 +15g, 후기에는 +30g을 추가</td></tr>
<tr><td colspan="2">지용성 비타민</td><td>• 비타민 D(태아의 성장을 위해 칼슘이 축적되어야 하므로 비타민 D 필요량 증가)</td></tr>
<tr><td rowspan="4">수용성 비타민</td><td>비타민 C</td><td>• 임신부와 태아의 대사가 왕성한 임신 후반기에 필요량 증가</td></tr>
<tr><td>비타민 B_6</td><td>• 임신에 의한 단백질 필요량, 아미노산 교체율 증가
• 태아의 요구, 모체의 대사 요구량 등으로 필요량 증가</td></tr>
<tr><td>엽산</td><td>• 태반 형성을 위한 세포증식, 혈액량 증가에 필요한 적혈구 생성, 태아 성장 등으로 필요량 증가
• 임신 초기 세포분열이 빠르게 일어나므로 임신 전 적절한 엽산 영양상태 유지가 중요
• 임신 초기 엽산 결핍은 모체의 거대적아구성빈혈과 태아의 신경관 손상</td></tr>
<tr><td>비타민 B_{12}</td><td>• 채식 위주의 식사를 하는 임신부가 출산한 영아에서 B_{12} 결핍이 나타날 가능성 높음</td></tr>
<tr><td colspan="2">수분</td><td>• 임신기에는 혈액량, 세포외액량, 양수, 태아의 필요량 증가로 적절한 수분 섭취가 중요
• 음식물과 과일이나 채소 주스 등으로 섭취
• 카페인, 감미료, 알코올이 함유된 것은 피함</td></tr>
</table>

2. 수유부

(1) 수유 관련 호르몬 : 뇌에서 분비되는 호르몬에 의해 모유 생성과 배출 과정의 조절

① 프로락틴 : 뇌하수체전엽에서 유선소포의 모유분비세포를 자극 ⇒ 모유 생성 촉진

② 옥시토신 : 뇌하수체후엽에서 근상피세포 수축을 유발 ⇒ 모유 배출

(2) 모유가 영아에 미치는 영향

1) 영양학적 측면

① 모유는 영아가 성장 발달하는 데 필요한 가장 알맞은 양과 조성의 영양소를 함유하고 있음(다른 동물의 유즙이 모유를 대체할 수 없음)

② 모유의 삼투압 농도는 혈액과 같아서 추가적인 물 공급이 필요 없음

③ 모유의 단백질과 무기질 농도는 우유에 비해 상대적으로 낮음 : 영아의 신장 지능이 아직 미성숙 단계이므로 우유에 존재하는 고농도의 단백질과 무기질을 처리할 수 없다는 것과 부합

④ 모유에는 유청단백질이 풍부함 : 부드럽고 쉽게 소화할 수 있는 응유 형성

⑤ 모유는 성장 발달에 꼭 필요한 지질을 풍부하게 제공 : 필수지방산, 포화지방산, 중간 사슬 트리글리세라이드 및 콜레스테롤, DHA(중추신경계의 발달을 촉진) 등

2) 항감염성 인자

① 면역세포와 항체 : 특히 분비성 면역글로불린 A(sIgA)가 높은 농도로 존재 * 초유에 많음

- 분비성 면역글로불린 A(sIgA) : 영아의 장 속에서 다양한 항원으로부터 보호해주는 역할을 함

② 모유에 존재하는 비피더스 인자 : 체내 유익균 중 하나인 유산균의 성장을 지원함

- 라이소자임 : 장내 세균 및 기타 그람양성 세균으로부터 영아를 보호함

③ 락토페린(결합단백질) : 철분과 비타민 B_{12}를 결합, 영아의 위장관에서의 병원균 성장 억제

3) 초유

① 출산 후 1~3일 동안 분비되는 모유로 약간 노란색을 띤 진한 유즙

② 영아는 첫 2~3일 동안 1회 수유당 약 2~10mL의 초유를 섭취함 ⇒ 약 580~700kcal/L

③ 성숙유보다 단백질 함량이 높고 탄수화물과 지방이 적음

④ 면역을 담당하는 분비성 면역글로불린 A와 락토페린이 주요 단백질

⑤ 면역기능 성분이 다량 존재해 신생아를 감염으로부터 보호

⑥ 이행유(분만 후 7~10일) 단계를 거쳐 성숙유로 바뀌게 됨

4) 질병 발생 예방

모유 수유 영아들은 조제유 공급 영아들에 비해 다양한 질병발생률이 낮음

5) 영아의 인지적·심리적 발달 증진

① 모유의 지방산조성이 신경계 발달 ⇒ 인지능력 발달

② 수유 시 모자 간의 직접적인 신체적·정서적 접촉은 소속감, 안정감 및 친밀감을 주어 영아의 심리·정신 발달에 도움

(3) 수유부의 영양소 섭취기준

에너지		하루 340kcal 추가
단백질		하루 25g 추가
식이섬유		하루 5g 추가
수분		모유 중의 수분함량이 87%이므로, 하루 780mL의 모유 중 700mL의 수분이 체외로 배출되는 것으로 추정하여, 이를 추가 수분 섭취량으로 정함
무기질	칼슘	수유기 추가량 제시하지 않음 ⇒ 모유분비, 모체 골격 건강유지를 위해 요구량이 크게 증가
	철	수유기간 중 모유를 통해 매일 철이 손실되나 무월경을 통해 월경에 의한 철 손실이 방지됨 ⇒ 추가량 제시하지 않음
	아연	모유 분비 양과 아연 흡수율을 고려하여 추가량 산정 ⇒ 추가 권장섭취량 : 5mg/일
비타민	비타민 A, 비타민 E, 비타민 C	모유로 분비되는 양을 고려해 추가량 설정 ⇒ 비타민 A 추가 권장섭취량 : 490μgRE, 비타민 E 추가 충분섭취량 : 3mg α-TE, 비타민 C : 40mg
	비타민 B_6	모유로 분비되는 양과 수유기에 발생하는 추가 단백질 대사에 필요한 양을 고려해 추가량 설정 ⇒ 추가 권장섭취량 : 0.8mg
	엽산	모유로 분비되는 양과 식사 흡수율을 고려해 추가량 설정 ⇒ 추가 권장섭취량 : 150μg

3. 영아기(전기 0~5개월, 후기 6~11개월)

(1) 영아기의 특수성

① 일생 중 성장이 가장 왕성하게 일어남 ⇒ 4~6개월에 체중이 출생 시의 두 배가 되고, 1세 때 세 배가 됨

② 뇌의 성장과 발달이 현저하게 이루어지는 시기 ⇒ 뇌의 성장·발달의 기회를 놓치게 되면, 이후 영양 상태가 회복된다 하더라도 다시 정상적으로 복구될 수 없음

③ 인지, 운동, 사회적, 정서적 기능 발달의 토대가 확립되는 시기

(2) 신생아의 건강 판정 : 출생 시 체중 평균 2.5~3.8kg, 재태기간 37~42주

* 영아사망률(1000명의 출생아 중 1년 이내에 사망한 영아 수) : 한 나라의 건강관련지표로 사용

(3) 영아의 신체기능 발달(신체 조직의 성장)

① 뇌는 생후 1년간 2배 이상, 6세에 약 3배 이상 성장함

② 신생아의 뇌는 성인의 30%, 1세에 성인에 60%에 이름

③ 영양결핍이 심하면 뇌 발달이 지연되어 뇌에 돌이킬 수 없는 영향을 줄 수 있음

④ 심장, 폐, 간은 생후 1년간 2배, 신장과 위는 약 3배 발달함

⑤ 소화기능이 발달되고 간 기능은 사춘기까지 가장 많이 발달됨

⑥ 폐와 췌장은 가장 늦게 발달

(4) 이유의 필요성

① 영양소 보충(아이가 6개월 이상) : 모유만으로는 아기의 성장·발달에 필요한 에너지와 영양소를 충족하기 어려움 ⇒ 출생 시의 저장철이 생후 5~6개월에 고갈되므로 특히 철의 공급을 위해 이유가 필수(모유, 조제유는 철을 함유하지 않음)

② 소화기능 발달

③ 섭식기능 발달

④ 정신적·정서적 발달

⑤ 올바른 식습관 확립

(5) 영아기의 영양소 섭취기준

에너지	• 에너지 소비의 약 50%는 휴식대사(REE)로 이용 • 나머지는 성장발달로 이용됨
에너지 섭취기준	• 단위 체중당 에너지 필요추정량 : 성인의 2~3배 • 필요추정량 : 0~3개월(500kcal), 6~11개월(600kcal)
탄수화물	• 총열량섭취의 60% 정도를 뇌에서 소모(전기 60g/일, 후기 90g/일) • 체중당 포도당 대사량 성인의 4배 이상 높음 • 모유 내 탄수화물은 거의 대부분 유당
지질	• 섭취하는 에너지의 50% 차지 • 필수지방산인 리놀레산과 리놀렌산 중요
단백질	• 단위체중당 단백질 필요량은 일생에서 생후 1년간이 가장 높음(전기 10g/일, 후기 15g/일)
칼슘	• 충분섭취량 : 0~5개월(250mg), 6~11개월(300mg)
비타민	• 티아민, 리보플라빈, 니아신은 모유에 충분히 함유 • 단위체중당 단백질 필요량이 일생 중 가장 큰 시기이므로 성장기에 적절한 단백질 대사가 이루어지도록 충분한 비타민 B_6 섭취가 매우 중요 • 급속한 세포분화 과정에서 단백질과 핵산을 합성하기 위해서는 충분한 엽산과 비타민 B_{12} 필요
수분	• 피부와 폐를 통해 증발되는 불감수분손실량 많음 → 체중당 수분 필요량이 성인보다 높음 • 섭취권장량 : 전기 700mL, 후기 800mL

(6) 영아기의 영양 관련 문제

① 성장장애 : 영아의 철분결핍성 빈혈

② 설사 : 설사 시 수분 손실이 증가하여 탈수 초래, 심하면 생명에 영향 미침

③ 식품 알레르기와 아토피 피부염

- 아나필락시스 : 전신적이고 급작스러운 알레르기로 조기 응급처치 못하면 생명 위협
- 아이들의 경우 식품에 의한 아나필락시스 81%

④ 선천성 대사장애 : 페닐케톤뇨증, 단풍시럽뇨증, 호모시스틴뇨증, 갈락토오스혈증 등

4. 유아기(전기 1~2세, 후기 3~5세)

(1) 유아기의 특징

① 유아에 따라 성장속도, 활동양상 등 개인차가 큼

② 식품기호, 식습관, 식사예절이 형성되는 시기 : 부모가 식품섭취 상태에 큰 영향을 미침

③ 다양한 식품을 선택하여 소식, 식욕부진, 편식 등 문제가 생기지 않게 함

(2) 신체적 성장

① 신장 : 생후 1년 - 출생 시의 1.5배, 4세 - 출생 시의 2배

② 체중 : 생후 1년 - 출생 시의 3배, 2세 - 출생 시의 4배

③ 체구성의 변화 : 유아기는 체지방량이 지속적으로 감소하며 제지방량(지방을 제외)이 증가

(3) 생리기능 발달(신경계)

① 생후 1년 동안 뇌의 무게는 출생 시의 2배로 증가, 4세는 성인의 75%, 6세는 90%

② 2세까지 영양불균형이 중추신경계 발달에 큰 영향 미침, 이때 생긴 신경계 손상은 회복 불가

(4) 식행동과 섭식기능의 발달 : 개인 차이가 크다.

① 1세 : 음식을 집고, 손가락으로 먹을 수 있음

② 1~2세 : 숟가락으로 음식을 뜸, 식사하는 능력이 발달됨, 잘 흘림

③ 3세 : 스스로 컵을 손에 쥐고 음료를 잘 마심

④ 4세 : 식사도구를 모두 사용 가능, 음식에 대한 기호가 분명함

⑤ 5세 : 손과 손가락을 정교하게 움직임, 간단한 음식을 만들 수 있음, 익숙한 음식을 원함

(5) 유아기의 영양소 섭취기준

에너지 소비량	• 기초대사 > 활동 > 성장 > 식이성 발열효과 • 4세 유아의 경우 체중당 총에너지 필요량은 성인의 2배 ⇒ 에너지밀도가 높은 식품 많이 필요 • 필요추정량 : 1~2세(900kcal), 3~5세(1,400kcal)
에너지 적정 비율	• 탄수화물 : 55~65% • 단백질 : 7~20% • 지방 : 1~2세(20~35%), 3~5세(15~30%)
단백질	• 권장섭취량 : 1~2세(20g), 3~5세(25g)
비타민 D	• 햇빛 조사량과 식사섭취량은 구루병 예방과 유의적 관계
비타민 B_6	• 단백질과 아미노산 대사에 필요한 영양소
엽산과 비타민 B_{12}	• 조혈인자로 유아에게 중요한 영양소
비타민 C	• 항산화기능, 콜라겐 합성의 필수적 영양소
칼슘	• 골격 성장에 필요한 섭취량에 근거하여 추정 • 뼈 축적 칼슘량, 피부 손실량 감안
철	• 기본적 철 손실량, 헤모글로빈 철 증가량, 조직 철 증가량, 저장 철 증가량으로 추정
아연	• 성장과 면역기능에 중요한 역할 • 위장관·소변·기타 손실, 성장필요량을 고려

(6) 유아의 식행동

① 식욕부진 : 무리하게 먹이려고 하면 식욕부진이나 편식이 고정되기 쉬움

② 기타 원인 : 불규칙한 식사시간, 산만한 환경, 불규칙적이고 빈번한 간식, 부모의 지나친 관심·무관심, 식품 섭취 강요

- 개선방안 : 1회 식사는 먹든 안 먹든 상관없이 20~30분 정도로 끝내기, 운동, 다양한 식단, 다양한 식재료와 조리법, 예쁜 그릇, 식사 분위기의 변화, 또래와 함께 식사

편식의 원인	• 이유기에 아기가 싫은 촉감을 느끼는 식품 • 먹는 것을 강요당하거나 구토나 복통 등 불쾌한 경험, 동물에 대한 동정 등 심리적 요인 • 식품의 사용범위가 제한된 식생활 환경에서 성장 • 가정의 식사환경, 어머니 양육태도
편식의 교정과 예방	• 부모의 식습관을 먼저 고침, 유아가 좋아하는 조리법으로 조리하기 • 조리과정에 유아를 참여시키기, 친구들과 즐겁게 먹을 수 있는 식사 환경 조성하기 • 싫어하는 음식을 강제로 먹이지 않기 • 식사시간 전에는 적당한 공복상태가 되게 하기

(7) 유아기의 영양문제

① 철 결핍성 빈혈　② 유아비만
③ 유아충치　④ 식품알레르기

(8) 유아의 간식

① 세끼 식사만으로는 부족하기 쉬운 에너지와 영양소의 보충과 정서적인 만족을 주는 역할
② 유아에게 주는 간식의 양은 하루 에너지 필요량의 10~15%가 적합
- 1~2세 : 오전 10시, 오후 3시경으로 2회
- 3~6세 : 오후 3시경 1회

* 간식은 다음 식사까지 2시간 정도의 간격을 두어 식사량이 감소되지 않도록 주의

③ 유아의 성장과 식욕에 따라 알맞게 먹이기
- 일정한 장소에서 먹임
- 돌아다니며 억지로 먹이지 않음
- 한꺼번에 많이 먹이지 않음

④ 곡류, 과일, 채소, 생선, 고기, 유제품 등 다양한 식품 먹이기
- 과일, 채소, 우유 및 유제품 등의 간식을 매일 2~3회 규칙적으로 먹임
- 싱겁고 단백하게 조리
- 씹을 수 있는 크기와 형태로 조리

5. 아동기(전기 6~8세, 후기 9~11세)

(1) 아동기의 특징

① 신체적으로 완만한 성장, 골격 형성이 뚜렷해지는 특징
② 인지적 자아 효능감 발달
③ 제2의 급성장기인 청소년기를 준비하는 단계
④ 학교생활을 통한 왕성한 정서적·사회적 발달
⑤ 부모 외에 친구와 선생님의 존재도 중요한 시기
⑥ 부모가 식품섭취상태에 큰 영향

(2) 신체적 성장

1) 신장과 체중

남아와 여아의 급성장기에 차이 있음(여아의 급성장기가 남아보다 2~3년 빠름)

2) 신체구성

① 근육 : 꾸준한 증가(남아 > 여아) ⇒ 성장호르몬, 갑상선호르몬, 인슐린
② 피하지방 : 아동기 후반에 남녀 차이가 뚜렷해짐(여아 > 남아)
③ 체지방률 : 아동기 초기까지 감소(최저점) ⇒ 6세 이후부터 사춘기까지 증가
④ 사지와 골격이 현저하게 발달 시작, 머리 대비 몸통의 비율 증가
⑤ 소아비만 판정지표 : BMI 95백분위수 이상이거나 BMI 25kg/m^2 이상, 지방세포수와 크기 커짐

(3) 기관과 조직의 발달 : 신체적 성장은 비교적 완만하나 각 기관이나 조직의 크기와 기능 발달

① 내장기관이나 조직의 성장·발달 속도 다양함

② 각 조직의 성장속도가 다른 것은 발달의 결정적 시기가 다름을 의미

③ 두뇌 : 생후 2~3년 급속 성장, 6세는 성인의 약 90% 성장, 10세는 성인과 비슷하게 성장 ⇒ 심한 영양 결핍 시 뇌 발달 지연

④ 심장과 간(약 30%), 신장(약 60%), 폐(약 20%) ⇒ 일반형 S자형 성장 패턴

⑤ 신장, 심장, 폐, 췌장, 위 등 소화기능이 발달, 폐는 청소년기까지 가장 적게 발달

⑥ 림프조직(흉선, 림프절)은 학동기에 성인의 2배 정도 성장, 그 후 점차 감소(10~12세에 최고조)

⑦ 생식기관 : 사춘기(13세 전후) 현저히 발달, 각 조직은 유아기 이후 계속 발달

(4) 생리적 발달

호르몬	특징
성장 호르몬	• 가장 큰 영향 • 단백질 합성 촉진·세포 증식 유도, 연골조직과 골 단백질 합성 촉진, 골아세포의 세포분열속도 증가 ⇒ 뼈 성장 촉진, 영유아기·아동기에 가장 많이 분비, 수면시간 동안 분비
갑상선 호르몬	• 티록신(T4), 트리요오드티로닌(T3) : 신체 성장과 발달에 필수 • 에너지대사에 관여, 신체조직 산소 소모량 증가·단백질 합성에 관여 • 연골 골화, 치아 성장, 안면 윤곽과 신체비율에 영향 • 부족 시 크레틴증(왜소증, 유아적 체형)
인슐린	• 췌장의 β세포에서 분비, 혈당을 낮추는 호르몬 • 아미노산 체내 이용 증진, 단백질 합성 증진(성장 촉진) • 부족 시 단백질 합성 지연, 단백질 분해 촉진 • 간과 근육에서 포도당을 글리코겐으로 전환하여 저장
성 호르몬	• 아동 후기부터 성적 성숙이 일어남 * 테스토스테론, 에스트로겐, 프로게스테론 : 뇌와 생식선 사이의 일련의 작용에 의해 조절됨 * 제2차 성징(초경) : 결정적 체중(critical body weight) ⇒ 체지방 17~22%

(5) 인지발달

① 정서적으로 독립, 가족·학교·사회에서의 역할 인지, 친구와 관계 형성

② 자기효능감 형성

③ 식품·영양소·건강 등 영양지식에 대한 지적 호기심 가짐 ⇒ 영양교육 실시로 극대화 가능

(6) 아동기의 영양소 섭취기준

에너지	• 총에너지필요량 = 기초대사량 + 신체활동에너지 + 식품의 열량효과 • 신체 소비량 + 성장에 필요한 에너지 필요 : 6~8세(20kcal), 9~11세(25kcal)
단백질	• 전체 섭취에너지의 13~15% 정도를 단백질로 하는 것이 적절 • 조건적 필수아미노산(아르기닌, 글루타민, 시스테인) 공급 필요(에너지 부족 시 에너지 지원)
탄수화물	• 에너지 적정섭취비율 : 55~65% • 정상적인 배변과 관련 질환 예방을 위해 식이섬유 충분섭취량 설정 : 6~8세[(남/여) 25/20g], 9~11세[(남/여) 25/25mg]
지방	• 적정섭취비율 : 15~30%

지용성 비타민	비타민 A	• 권장섭취량 : 6~8세[(남/여) 450/400μgRAE], 9~11세[(남/여) 600/550μgRAE]
	비타민 D	• 칼슘흡수와 이용증대, 자외선을 받아 피부 내에서 생성 • 충분섭취량 : 5μg
수용성 비타민 (티아민, 리보플라빈, 니아신 에너지 대사의 조효소)	비타민 B_6	• 단백질·지방산대사에 필수적 • 뇌와 신경발달에 관여
	비타민 B_{12}, 엽산	• 결핍증 : 거대적아구성빈혈
	비타민 C	• 권장섭취량 : 6~8세(50mg), 9~11세(70mg)
무기질	칼슘	• 권장량 : 6~8세 700mg, 9~11세 800mg
	철	• 성장기가 성인기보다 중요 • 권장섭취량 : 6~8세[(남/여) 9/11mg], 9~11세[(남/여) 9/10mg] • 성장기와 임신 시 흡수율 현저히 증가 : 약 30~50%(12% 추정)
	아연	• 부족시 : 성장지연, 식욕감퇴, 설사, 염증, 면역기능 감소
	요오드	• 갑상선호르몬의 성분

(7) 아동기의 영양실태와 영양문제

1) 영양실태

대부분 권장섭취량을 상회 ⇒ 칼슘 섭취량 부족, 에너지·지방 섭취 과잉

2) 영양문제

① 철결핍성 빈혈 : 철분, 단백질, 비타민 B_{12}, 엽산, 비타민 C 등의 충분한 섭취 필요
- 동물성 단백질, 비타민 C 섭취를 증가시켜 철분 이용률 높임

② 과체중과 비만 : 과체중 85~95 미만, 비만 95백분위수 이상
- 소아비만 : 지방세포수와 크기 증가 ⇒ 성인비만, 만성질환으로 발전
- 원인 : 아침결식 및 편식, 인스턴트식품, 패스트푸드 섭취빈도 높음, 실내생활, TV 시청, PC 사용, 휴대폰 사용(스크린타임 증가), 잦은 간식, 빠른 음식 먹는 속도

③ 주의력결핍 과잉행동증(ADHD) : 과도한 활동성, 충동, 집중력 부족, 끈기 부족 등 특별한 진단 항목에 기초하여 임상적으로 진단

④ 영양불량과 성장장애 : 성조숙증
- 성장장애 정상 : 비정상 < 3백분위수~97백분위수

⑤ 충치

6. 청소년기(12~14세, 15~18세)

(1) 청소년기의 특징

① 아동기에서 성인기로 전환되는 과정

② 제2의 급성장기, 성적 성숙이 가속적으로 이루어져 성장이 완성되어 가는 시기

③ 사회·심리적인 변화가 나타나고 자기주관이 강해지고 반항심이 생김

④ 부모보다 친구가 중요해지는 시기이며 성인역할을 배워감

⑤ 성장과 성숙속도는 유전과 환경의 상호작용에 의해서 결정됨

(2) 성장과 발달

골격, 근육 발달 (남) ↔ (여) 피하지방, 유방, 골반 발달, 체지방이 축적되어 곡선형의 체형 가심

구분	항목		내용
신체적 성장	신장과 체중		• 신장 최대 성장 : 남 13~14세, 여 10~11세 • 남자 < 여자의 신체 최대 성장기는 약 2년 정도 빨리 일어나고 완성도 빠름
	가슴둘레와 앉은키		• 신장보다 1년쯤 늦게 발달 • 남 16세 이후, 여 11~16세에 급격히 증가 → 체중과 함께 청소년기 급성장 • 최고 증가량 : 4~5cm
기관과 조직의 발달	신체기관과 조직		• 신장과 심장 : 성인의 50~55% • 간 : 94% • 뇌 : 98% • 폐 : 34%(가장 늦게 발달)
	골반과 근육		• 여성은 골반 너비가 현저히 증가
	체지방		• 청소년기의 여자는 근육조직의 증가보다 체지방의 증가가 훨씬 큼 • 여자가 남자에 비하여 2배의 체지방을 가짐 • 사춘기 전에는 비지방조직과 지방조직 비율이 남녀 비슷하나 청소년기에는 여성이 남성의 2배 • 남성은 근육 발달, 여성은 체지방 축적되어 곡선형 체형 가짐
성적 성숙 (성장·성숙에 작용하는 호르몬 : 성호르몬, 안드로겐)	남성 호르몬	테스토스테론	• 기초대사율 5~15% 증가 • 질소, 나트륨, 칼륨을 체내 잔류시킴 • 골격기질의 단백질 함량을 증가시켜 신장의 성장에도 작용
	여성 호르몬	에스트로겐	• 월경주기에 따라 분비량이 감소되었거나 증가되는 주기가 있음 • 자궁, 나팔관, 질 및 외성기, 유방 등을 성장시키고 유지하는 역할 • 뼈의 골아세포의 작용을 증가시켜 사춘기 이후 몇 년 동안 급속히 신장을 증가시킴 • 그러나 테스토스테론과 같이 장골간과 골단을 빨리 통합하여 골격의 성장을 중지시킴
		프로게스테론	• 에스트로겐과 같은 작용하나 효과는 작음 • 유방과 난관 및 자궁의 연조직에 영향을 줌 • 질의 상피세포 형성에 영향을 줌(상피세포 조직으로 배란 여부를 알 수 있음)
	안드로겐		• 남녀 모두 부신피질에서 분비되는 호르몬, 체내 많은 기관에서 단백질 합성을 촉진하나 생식기관만 제외됨 • 남성의 근육량 증가(남성에게 안드로겐의 양이 더 많이 분비) • 뼈의 성장 촉진, 골단조직 골화시킴 → 성장 정지

(3) 청소년기의 영양소 섭취기준

에너지	• 열생산 작용 증가 : 체중당 6kcal • 청소년기 에너지 필요량 : 기초대사량 > 활동 > 성장 • 에너지 필요추정량 증가
단백질	• 섭취에너지 부족 시 섭취단백질이 에너지로 사용됨 • 여성은 초경 이후 단백질 필요량 증가 → 단백질의 질과 양 충분히 공급
지용성 비타민	• 비타민 A, D, E는 상한섭취량이 있음(독성이 나타남)
수용성 비타민	• 비타민 C : 콜라겐 합성에 필수적인 영양소로 성장과 흡연 시 필요량 증가[남/여(90/100mg)]
칼슘, 인	• 뼈 성장의 1/2이 이루어지는 시기, 급격한 골격성장으로 칼슘과 인 필요량 높음 • 일생 중 남녀의 칼슘 권장섭취량이 가장 높은 시기, 칼슘과 인의 섭취비율 1:1 권장
철	• 적혈구 및 혈액생성 증가, 미오글로빈 증가, 여성 월경손실 고려 • 권장섭취량 : 12~14세[(남/여) 14/16mg], 15~18[(남/여) 14mg]
아연	• 단백질 합성에 관여하므로 성장과 성적 성숙에 필수 • 근육과 골격에 저장

(4) 청소년기의 영양실태와 영양문제

1) 청소년기 영양실태 : 칼슘 섭취 54.6%, 비타민 C 68%로 부족, 잘못된 다이어트로 섭취 부족

2) 청소년기 영양문제

① 결식 및 불균형적 식사패턴

② 빈혈 : 식사의 섭취 부족(결식), 체중조절을 위한 섭취 감소(다이어트)

③ 섭식장애 : 외모에 대한 관심으로 무리한 다이어트로 발생

- 신경성 식욕부진증(거식증) : 사춘기 소녀, 성공적인 다이어트에 대해 자부심을 느껴 극도로 음식 섭취 제한
- 신경성 탐식증(폭식증) : 성인 초기, 폭식과 장 비우기를 교대로 반복
- 마구먹기 장애 : 다이어트에 실패를 거듭한 비만인, 문제가 발생할 때마다 끊임없이 먹거나 폭식

④ 비만과 체중 조절 : 신체활동 감소, 서구화된 식생활로 에너지 과잉 섭취

7. 성인기(19~29세, 30~49세, 50~64세)

(1) 성인기의 특징

① 아주 넓은 연령층

② 신체적·정신적 변화 끝남, 부분적인 노화가 시작되나 안정된 기간

③ 사회활동이 가장 왕성하고 최적의 건강유지기

④ 운동부족, 과다한 스트레스, 흡연, 음주 기회가 많음

⑤ 여성은 폐경이라는 큰 생리적 변화 경험

⑥ 성인기 건강 : 식습관, 운동 여부, 흡연 여부, 음주, 스트레스 관리방법에 따라 많이 좌우

생리적 측면	• 신체적 변화 적음 • 유지, 평형, 균형 • 조직기능 20~30세에 최대 기능 발휘 • 골질량 35세에 최대 • 성장 정지 후 제지방량 10년에 2~3% 감소 ↔ 체지방량 서서히 증가 • 여성의 경우 45~55세에 폐경으로 인한 갱년기 증상(안면홍조 등) 경험 • 에스트로겐의 분비 감소는 골다공증이나 심혈관질환의 위험 증가 • 건강증진 및 성인병 예방을 위한 영양 관리에 초점을 두어야 함
사회심리적 측면	• 신체적 변화보다 사회심리적 요인이 영양상태에 큰 영향을 미침 • 중년기는 무기력해지기 쉬운 시기 • 여성은 폐경 전후 갱년기 증상(심리적 불안, 우울증) • 조기퇴직 시 스트레스 심함
생활습관 측면	• 생활편리 누리나 운동 부족으로 질병위험 요인 증가 : 운동부족현상이 질병의 위험요인으로 작용 • 과열량 섭취로 체중 증가 우려 • 규칙적인 생활습관과 음주, 스트레스, 흡연 관리가 중요

(2) 성인기의 영양소 섭취기준

에너지		• 한국 성인 신체활동 대부분 저활동 상태 • 여성이 남성보다 에너지필요추정량 낮음 • 성인기 이후 근육량 10년에 2~3% 감소, 에너지필요추정량 감소 • 성인 남녀의 에너지필요추정량은 연령, 신체활동단계별계수, 체중과 신장을 알면 계산 가능 • 성인 남녀의 에너지필요추정량 19~29세 : 남자(2,600kcal), 여자(2,000kcal) 30~49세 : 남자(2,500kcal), 여자(1,900kcal) 50~60세 : 남자(2,200kcal), 여자(1,700kcal)
탄수화물과 지방		• 에너지적정비율(AMDR) 설정 ⇒ 만성질환 예방과 지질 및 단백질 섭취량과 연계하여 설정
단백질 및 아미노산		• 단백질의 합성과 근육량의 감소로 청소년보다 필요량이 적음
식이섬유 및 수분		• 에너지섭취량에 따라 달라지므로 연령이 증가할수록 감소
비타민	비타민 A	• 체내 비타민 A 풀을 유지하는 데 필요한 식사 중의 양을 기초로 계산
	비타민 D	• 최저필요량에 대한 근거 부족, 충분섭취량 설정(10㎍)
	비타민 E	• 한국인 섭취량과 혈청 농도 자료를 근거로 충분섭취량 설정
	비타민 K	• 근거 부족으로 유일하게 상한섭취량이 없음
	엽산	• 혈청·적혈구 엽산과 혈장 호모시스테인 적절 유지량, 상한섭취량 설정
	비타민 C	• 흡연자는 비흡연자만큼의 비타민 C 영양상태 유지를 위해 더 많은 양의 비타민 C를 섭취 • 권장섭취량 : 100mg (흡연자의 경우 130mg)
무기질	칼슘	• 35세 이전은 골격 형성, 35세 이후는 골격 유지 • 칼슘의 권장섭취량을 충족시키기 위해서는 유제품 섭취 필수
	철	• 가임기 여성은 월경에 의한 손실을 고려하여 추가, 50세 이후 여성은 폐경으로 필요량 감소 • 남자 19~64세(10mg), 여자 19~49세(14mg), 여자 50~64세(8mg)
	나트륨	• 만성질환의 예방 차원에서 목표섭취량을 제시 2.0g(소금 5g)
	셀레늄	• 글루타티온 과산화효소의 구성성분으로 항산화기능

(3) 성인기와 만성질환

심뇌혈관계 질환	• 고콜레스테롤혈증, 고혈압, 흡연, LDL-콜레스테롤 증가, 가족력, 연령 증가 등 • 한국인의 이상지질혈증 : 혈청콜레스테롤 증가 추세, 혈청 HDL-콜레스테롤 감소 추세, 혈청 중성지질 증가 추세(높은 당질 섭취로 인한 고중성지방혈증) • 엽산, 비타민 B_6, 비타민 B_{12} 부족 : 호모시스틴 혈중 농도가 높아져 동맥경화증 위험증가
고혈압	• 정상혈압(120/80mmHg 이하)보다 높은 140/90mmHg 이상, 뇌졸중·심부전·신장질환 및 눈질환 유발 • 주요 위험요인 : 비만, 음주(하루 3잔 이상), 노화, 고혈압의 가족력, 인종 등 * 저지방 유제품 식사(DASH Diet; Dietary Approaches to Stop Hypertension Diet) : 고혈압 예방과 관리를 위한 식사(저지방 단백질, 채소 및 과일 섭취)
당뇨병	• 제2형은 심혈관질환의 위험인자 ⇒ 식사요법으로 혈당과 정상체중 유지하여 합병증 발생지연 • 해결방안 : 적절한 열량 섭취, 균형 잡힌 영양소 섭취, 규칙적 식사 중요
체중과다와 비만	• 심혈관질환과 고혈압 등 성인병과 혈청 콜레스테롤을 상승시키는 위험요인 • 뼈의 유연성, 운동성을 감퇴시켜 관절염, 퇴행성 뼈관절 질병의 진행 촉진 • 성인 당뇨 발생의 주요 요인 • 복부비만은 관상심장질환, 당뇨, 고혈압의 위험도가 더욱 증가함
대사증후군	• 유당불내인성, 고혈압, 이상지질혈증 등 당뇨병 및 심혈관질환의 위험인자를 복합적으로 가지고 있는 상태 • 위험인자 : 복부비만, 고혈당증, 혈중 중성지방 증가, HDL-콜레스테롤 감소, 높은 혈압 * 아래의 5가지 중 3가지 이상 기준치 초과 : 대사증후군 진단 ① 공복혈당 : 100mg/dL 이상 ② 혈압 : 130/85mmHg 이상 ③ 허리둘레 : 남자 90cm 이상, 여자 85cm 이상 ④ 중성지방 : 150mg/dL 이상 ⑤ HDL-콜레스테롤 : 남자 40mg/dL 미만, 여자 50mg/dL 미만

(4) 갱년기 건강문제

갱년기 여성은 에스트로겐 부족으로 혈중 콜레스테롤이 증가하여 남성보다 심혈관질환 위험 증가

① 골다공증 : 에스트로겐 분비 감소하여 뼈 손실 보호효과 없어짐

② 심혈관계질환

- 사춘기 이후 남성은 안드로겐 혈중농도 증가 : HDL 수준 하강
- 폐경 이후 중년여성은 에스트로겐 분비 감소 : 혈중 LDL 농도 증가, HDL 농도 감소

8. 노인기(65~74세, 75세 이상)

(1) 노화이론

① 세포분열 제한설 : 세포분열 횟수를 결정하는 유전자 암호에 위해 세포분열 후 사멸하고 재생 반복하나 척수, 신경, 뇌세포들은 재생 불가

② 텔로미어설(유전시계이론) : 세포분열에 따라 텔로미어가 짧아져 쇠퇴, 염색체 복제 기능 상실

③ 산소라디칼 : 스트레스, 에너지 대사 시 발생하는 활성산소가 유리기(free radical)를 생성하여 세포막의 산화로 노화

④ 유해물질 축적설 : 대사과정 중의 생성된 독성물질이 체내 축적

⑤ 환경요인 자극설(실책설) : 방사선조사, 자외선, 환경오염물질 등은 DNA 변이를 일으켜 비정상적인 단백질 합성에 의한 노화

⑥ 가교설 : 나이가 들어감에 따라 콜라겐 같은 단백질 분자 사이에 비가역적인 가교결합이 생성되어 결체조직의 용해성, 탄력성 저하로 물질의 투과가 저하되면서 각 조직이나 기능 저하

(2) 노인기의 특징

구분			내용
신체조직의 변화			• 세포 수의 감소 : 노화에 수반되는 생리기능의 저하로 이어짐 (70세 : 20~30세 때의 2/3)
신체조성의 변화			• 체지방 증가 ↔ 체수분 감소, 근육량 감소, 골손실 등을 수반 • 운동은 제지방량을 증가, 피하지방 및 내장지방 모두 감소
생리기능의 변화	기초대사율		• 근육세포 수의 감소가 기초대사율 감소의 주된 원인
	심혈관계		• 박동력이 약화되어 심박출량 감소, 혈관의 노화, 혈압 상승
	폐 기능		• 여러 장기 중 기능의 감소율이 가장 큰 곳 • 고령에서는 각각 40%, 50%까지 저하됨
	신장기능		• 네프론 수의 감소에 따라 약화됨 • 쉽게 탈수가 일어날 수 있음 • 대사 소요시간 증가
	소화기능	간	• 간의 중량 감소 • 간 조직 크기 감소 • 혈류량 감소 • 지방 축적 증가
		구강	• 타액분비 감소 • 잇몸질환, 치아손실·탈락의 원인 • 저작 불편으로 영양불량·편식의 원인
		위장관	• 위산 분비가 감소하여 위 내 음식물 이동시간이 지연되고 소화율도 감소 • 위점막이 위축되어 내적인자 분비 감소 → 비타민 B_{12} 결핍의 원인, 육류·간 충분 섭취 • 락타아제의 분비량과 활성이 저하되므로 유당 함유 식품 섭취에 유의
	뇌·신경계		• 뇌세포의 수 감소, 뇌조직의 혈류량 감소 • 신경전달물질의 합성이 감소하여 뇌 신경전달속도가 둔화되어 자극에 대한 반응이 느려지고 뇌 기능이 저하
	감각기능		• 단맛과 짠맛의 예민도가 떨어져 이들 맛에 대한 역치가 증가 ⇒ 나트륨과 단순당의 과잉섭취 유의 • 갈증에 대한 예민도가 떨어짐 ⇒ 수분 섭취량 부족 ⇒ 변비나 탈수 주의
	내분비계		• 성호르몬, 성장호르몬, 멜라토닌 등의 혈중 농도가 고령에서 감소 • 멜라토닌 분비 감소 : 신체리듬에 변화를 가져와 노화를 촉진시키는 것으로 알려져 있음
	면역기능		• 항체 생산량 저하, 면역세포 작용의 약화 • 예방을 위해 비타민 C, E, B_6, 베타카로틴, 아연 등을 충분히 섭취

(3) 노인기의 영양소 섭취기준

구분	내용
에너지필요추정량	• 남자 2000kcal, 여자 1600kcal
단백질	• 권장섭취량 : 남자 60g, 여자 50g
탄수화물	• 지나치게 먹지 않도록 해야 함 • 식이섬유 : 심혈관계질환, 대장암, 당뇨병 등 만성질환의 위험을 낮춤
지질	• 담즙 및 리파아제 분비 저하로 인한 소화 흡수 지연
수분	• 탈수에 대한 감각 둔화로 수분 섭취 감소 • 적절한 수분 섭취 필요

무기질	칼슘 (음의 평형)	• 흡수율 감소 : 위산 분비, 신장에서의 비타민 D 활성화 감소 • 옥외 신체활동 부족, 칼슘 섭취 감소, 소변으로 칼슘 배설량 증가, 골다공증과 골절의 위험이 높음 • 칼슘 손실 야기 약물 : 코르티코스테로이드, Al을 함유한 제산제, 이소니아지드, 테트라사이클린
	철	• 손실량은 젊은 성인에 비해 낮음, 체내 철 저장량은 높음 • 위산 분비 감소 ⇒ 비헴철의 흡수율 저하 ⇒ 철의 체내 이용률 감소
	나트륨	• 미각 둔화에 따른 짜게 먹는 경향 증가 • 과잉 시 부종 및 고혈압, 동맥경화 위험 증가 • 만성질환 위험감소 섭취량 : 65~74세(2.1g 미만), 75세 이상(1.7g 미만)
비타민	비타민 A	• β-카로틴은 노화와 관련된 여러 질병의 발생을 지연 ⇒ 충분히 섭취
	비타민 D	• 활성형 비타민 D는 장에서의 칼슘 흡수를 돕는데, 비타민 D의 부족과 장의 노화로 인해 칼슘 흡수 기능의 감소 유발 가능 ⇒ 골다공증의 위험을 높이는 원인
	비타민 E	• 지용성 항산화 영양소 • 노인의 면역력 및 인지 기능 개선 • 백내장 예방
	비타민 B_{12}	• 식사량 감소, 내적 인자의 부족으로 인한 흡수율 저하 등으로 결핍되기 쉬움
	비타민 B_6	• 결핍은 면역기능을 낮춤. 엽산, 비타민 B_{12}와 함께 호모시스테인 대사에 관여 • 호모시스테인은 심장질환, 뇌졸중의 위험인자로 인식되고 있으며 이들 비타민의 섭취가 부족하면 호모시스테인이 메티오닌으로 전환되지 못하여 혈중 농도가 증가
	비타민 C	• 체조직의 형성, 체내에서의 산화환원반응, 페닐알라닌 대사와 치아 건강을 위해 필요

(4) 노인기의 질환

1) 질환

① 사망원인 : 암 > 심장질환 > 뇌혈관질환 > 폐렴 > 당뇨병
② 비만과 저체중
③ 고혈압 : 관상동맥질환, 뇌졸중, 만성 심부전 등의 위험요인(여자노인 > 남자노인)
④ 당뇨병 : 합병증 유발 ⇒ 당뇨병성 망막증, 신경병증, 동맥경화증
⑤ 골다공증의 원인 : 칼슘 섭취 및 흡수 부족, 활성형 비타민 D의 생성 감소, 골격형성 장애, 노인의 옥외 활동량이 감소로 인한 비타민 D 합성량 감소, 여성의 폐경
⑥ 노인성 치매 : 알츠하이머의 경우에는 명확한 원인이 아직 규명되지 않음

2) 예방 및 관리

① 채소 및 과일, 콩류, 견과류, 불포화지방산, 충분한 수분 섭취
② 금주 및 금연, 신체활동, 두뇌활동(퍼즐, 독서)
③ 비타민 B_6, B_{12}, E, C, 엽산, 리포익산, 코엔자임 Q_{10}, 은행잎 추출물, 오메가-3계 지방산 등의 섭취
④ 단백질급원으로 불포화지방산이 풍부한 생선과 콩류를 이용
⑤ 음식의 간은 싱겁게 하고 충분한 수분 섭취로 변비와 탈수를 예방, 균형식으로 적정체중을 유지

5 운동과 영양

1. 운동 시 에너지

ATP → 크레아틴인산(10초) → 혐기적 → 호기적 대사

(1) ATP

근육이 즉시 사용 가능한 에너지. 근육은 소량의 ATP를 가지고 있어 2~4초 정도 에너지 공급 가능

(2) 크레아틴인산

① 휴식 중인 근육 : 크레아틴과 ATP로부터 크레아틴인산 합성

② 근육 수축 시 크레아틴인산은 크레아틴과 인산으로 분해 → 생성된 인산은 ADP와 결합하여 ATP 공급, 크레아틴은 크레아티닌으로 더 분해되어 소변으로 배설되어 재사용 안 됨

(3) 포도당

혐기적 해당과정	• 근육에 산소 공급이 부족하거나 격렬한 운동 시 포도당의 혐기적 해당과정에서 생성된 피루브산이 젖산으로 전환되어 에너지 공급 • 크레아틴인산 다음으로 근육에 ATP를 공급하는 가장 빠른 운동(약 30초~2분 정도 지속할 에너지 공급) • 지속적으로 ATP을 공급할 수는 없고, 젖산의 빠른 축적으로 근육 피로 초래
TCA 회로 (유산소 반응)	• 근육에 충분한 산소 공급되고 중강도 또는 저강도의 운동을 할 경우(지구성 유형 : 마라톤) • 호기적 해당과정으로 생성된 피루브산이 미토콘드리아에서 TCA 회로를 통해 산화되어 에너지 발생(5분 이상~수 시간 동안 지속할 수 있는 많은 ATP 생성)

(4) 글리코겐

간(약 100g)과 근육(약 250g)에 저장, 2시간 이내로 지속되는 꽤 강력한 운동 시의 포도당 급원

(5) 지방

저강도 또는 중정도의 강도로 지속되는 운동의 주된 에너지원, 장기간 운동 시 혈중 유리지방산 농도 증가

(6) 단백질

① 지방산 또는 포도당의 공급이 부족할 때 이용

② 운동 중인 근육의 에너지 소모량의 10~15% 공급

③ 주요 에너지원은 근육에 함유된 측쇄아미노산(류신, 아이소류신, 발린)

1교시 2과목 영양교육·식사요법·생리학

01 영양교육

1 교육 개념 : 영양 지식 이해, 지식 식생활 실천 태도, 식행동 습득·개선·관리

2 교육 목표 : 지식 이해, 태도 및 행동 개선, 국민건강증진

3 교육 원칙

① 진단 : 정보수집, 직·간접 문제파악, 원인분석
② 계획 : 문제 선정, 계획 설계
③ 실행 : 실행 대상 선택 후 실시
④ 평가 : 타당성, 신뢰성, 실용성, 객관성 평가

4 교육 필요성

① 1차 예방(질병 발병 전) : 건강증진 단계
② 2차 예방(질병 발생) : 건강검진 단계
③ 3차 예방(합병증) : 질병 후 재활단계
④ 국가정책 : 의료비 절감, 식량수급
⑤ 인구사회적 : 고령화, 도시화, 소득 증가 등
⑥ 산업적 : 식품산업 발달 등

5 교육 방향 : 국민건강증진법을 기초로 하여 질병발생 전 건강증진 도모하기 위해 영양교육사업 진행

6 영양교육 이론

종류	특징
KAB 모델 (Knowledge Attitude Behavior)	• 개인이나 집단에서 영양지식이 증가하여 식태도가 변화하고 행동변화 일어남 • 행동변화단계 : 지식의 증가 → 태도변화 → 행동의 변화
건강신념모델	• 건강행동 실천여부는 개인의 신념, 건강관련 인식에 따라 정해짐 • 구성요소 : 민감성 및 심각성의 인식, 행동변화에 대한 인지된 이익 및 인지된 장애, 행동의 계기, 자아효능감
합리적, 계획적 행동이론	• 합리적 행동이론 : 행동의도가 있으면 행동이 가능하다는 전제로 행동에 대한 주관적 규범으로 행동의도나 행동 결정 • 계획적 행동이론 : 행동의도와 행동을 결정하는 세 번째 요인으로 인지된 행동통제력 추가
사회학습론	• 스스로 경험, 타인의 행동 및 그 행동 결과를 관찰하는 학습
사회인지론 모델	• 개인의 인지적 요인, 행동적 요인, 환경적 요인의 서로 상호작용으로 결정된다는 상호결정론

종류	특징
행동변화단계 모델	• 단계적 전략 사용 • 고려 전단계(인지 부족) → 고려단계(생각 중) → 준비단계(계획 세움) → 행동단계(행동 실천) → 유지단계(행동 계속) → 습관화
PRECEDE-PROCEDE 모델	• 계획, 실행, 평가로 포괄적 계획, 요구진단 과정에 중점으로 변화 위한 방법전략 미흡 • 1단계 : 사회적 진단(인식파악), 대상집단 인터뷰, 초점그룹 인터뷰, 설문조사 2단계 : 역학적 진단(보건상태, 질병 발생 양상 분석) 3단계 : 교육적, 생태학적 진단, 요구 진단의 핵심, 역학적 진단의 영향요인 탐색 4단계 : 행정정책적 진단 및 중재계획 5단계 : 실행 6단계 : 과정평가 7단계 : 효과평가 8단계 : 결과평가
개혁확산 모델	• 채택과정 : 지식 - 설득 - 결정 - 실행 - 확인 • 확산 조건 : 기술용이, 결과관찰 쉬움, 보상 큼, 가치관 일치
사회마케팅 모델	• 필요한 정보 직접 참여 • 4D : 제품, 가격, 장소, 판촉

7 영양교육 방법

1. 원칙 : 진단 → 계획 → 실행 → 평가

2. 교육 방법

(1) **유형** : 개인형(1:1), 강의형(다수), 토의형(상호작용), 실험형(견학, 역할연기, 시뮬레이션), 독립형

(2) 지도

① 면담자 태도 : 경청, 공감, 중립, 인내, 성실 등

② 종류 : 개인지도, 집단지도

개인지도	특징
가정방문	맞춤형 상담, 예약, 시간 등 필요
전화상담	편리, 간단한 정보교환만 가능
상담소 방문	시간, 경비, 노력 등이 가정방문보다 적으나 대상이 제한적임
서신	시간·경비 절감되나 효과 적음

집단지도		특징
강의형(강연)		많은 사람 지도 가능하나 높은 수준 및 집중 어려움
토의형	심포지엄	강단식으로 한 가지 주제에 대하여 전문가의 의견을 들은 후 질의응답
	패널토의	배석식으로 특정 주제에 대하여 토의, 청중이 강사로 선정 가능
	공론식	공청회로 한 가지 주제로 의견 제시, 청중의 질문에 대한 답변
	6.6	6명이 1그룹, 1명당 1분씩 토의, 참가자가 많을 때 제한 시간 내 의견 수렴

집단지도		특징
토의형	원탁식	10~20명 구성, 진행자 역할 중요
	강연식	강연 후 추가 토론 가능
	분단식	6.6과 동일하며, 각조별 주제 정하여 토의 후 결과보고
	워크숍	지도자 교육으로 적합(2~7일)
	두뇌충격	주제에 대한 아이디어 제시, 최선책 결정
	사례연구	사례 예시 제공
	시범교수	시청각 교육 가장 효과적
실험형		역할연기, 연극, 시뮬레이션, 견학

3. 교육자료 활용

① 매체 효과 : 신속, 쉬운 이해, 확실한 기억

② 매체 종류 : 인쇄매체(포스터, 팜플렛 등), 게시매체(사진, 도표 등), 전자매체(TV, 컴퓨터 등), 입체매체(인형, 모형 등), 영상매체(영화, 슬라이드 등)

8 영양상담

① 영양정보를 제공, 관리할 수 있도록 지도

② 이론 : 내담자중심요법, 합리적정서요법, 행동요법, 현실요법, 자기관리법, 가족치료

③ 원칙 : 기밀유지, 공감대 형성, 자유로운 의사소통

④ 과정 : 친밀관계 형성 → 자료수집 → 영양판정 → 목표 설정 → 실행 → 효과 평가

⑤ 기술 : 경청, 수용, 반영, 명료화, 질문, 해석, 요약, 조언 등

⑥ 도구 : 식생활지침, 식사구성안, 영양 섭취기준 등

9 인터넷과 영양교육

1. 인터넷 영양교육 특징

① 수용자 범위(광범위), 전달경로(컴퓨터와 인터넷), 전달방법(쌍방향 통신), 효과(빠른 전파력), 정보활용(즉각 상담, 의견 수렴 가능), 수용자 자세(이용자의 적극성 요구)

② 단점 : 정보 선택의 다양성, 적절한 영양정보 선택 어려움

2. 영양정보사이트

① 대한영양사협회, 대한지역사회영양학회 식생활정보센터, 한국영양학회, 보건복지부, 식품의약품안전처, 한국 건강증진재단 건강길라잡이, 대학, 보건소, 교육청

② 미국 FDA, 미국 USDA, 미국 DHHS, 영국 Dept. of Health, 일본 후생노동성

10 영양정책

국민건강영양조사 실시, 국민식생활지침 제정, 영양 섭취기준 제정, 영양사 제도, 국민건강증진법 제정, 영양사업실시, 영양표시제도 시행, 국민영양 관리법

02 식사요법

1 영양 관리과정(nutritional care process; NCP)

4단계(영양판정 → 영양진단 → 영양중재 → 영양모니터링 및 평가)

① 영양판정 : 환자 사회력, 병력, 신체계측, 생화학검사, 식사섭취조사, 임상조사
② 영양진단 : 영양진단문, 섭취, 임상, 식행동 등 진단
③ 영양중재 : 식품영양소 제공, 교육, 상담, 영양 관리 협의
④ 영양모니터링 및 평가 : 건강상태 결과물, 건강관리 유용성 등의 결과물

2 영양판정 방법

① 신체계측 방법 : 체위 및 체구성 성분을 측정하고 신체지수를 산출하여 표준치와 비교·평가함으로써 대상자의 영양상태를 쉽게 판정하는 방법
② 생화학적 방법 : 혈액, 소변, 대변 및 조직 내의 영양소 또는 그 대사물의 농도를 측정하거나, 효소 활성 등을 측정하고 기준치와 비교하여 영양상태를 판정하는 방법
③ 임상학적 방법 : 영양불량과 관련하여 나타나는 머리카락, 안색, 눈, 입, 피부 등에 나타난 신체징후를 시각적으로 평가하여 영양상태를 판정하는 방법(주관적 평가)
④ 식사조사 방법 : 식사내용이나 평소 식습관을 조사하여 영양섭취 실태를 분석하고 이에 따른 영양상태를 판정하거나 질병 발생 위험을 파악하는 방법

3 식사조사 방법

1. 24시간 회상법

① 하루동안 섭취한 식품의 종류 양을 기억하여 조사
② 간단하고 쉬우나 기억력에 의존하므로 섭취식품 빠뜨리기 쉬움

2. 식사기록법

① 주중 2일과 주말 1일 포함해 3일간 섭취 식품의 종류와 양을 먹을 때마다 스스로 기록
② 추정량 기록법(눈대중으로 추정)과 실측량 기록법(음식양 측정 기록)이 있음
③ 식사현장에서 섭취량 기록하고 양 추정 시 저울, 계량컵 사용하여 정확하게 조사가능하나 조사기간이 길수록 협조받기 어려움

3. 식품섭취빈도조사법

① 자주 섭취하는 식품을 식품군별로 골고루 포함시킨 목록에 섭취빈도를 함께 제시하여 조사
② 평소 식품섭취 패턴 알아보아 장기간 걸친 실습관과 질병과의 관계 파악하는 역학조사에 유용

4. 식습관조사법

① 비교적 장기간(1개월~1년)에 걸친 개인의 평소식사형태나 식품섭취실태 면접을 통해 조사
② 장기간의 식습관을 통해 영양문제 추정 및 질병과의 관계 파악 가능으로 영양상담이나 교육방향 설정 가능
③ 조사자가 비교적 가까운 과거만을 회상하고 조사자의 주관적 판단을 해야 하는 경우 많으므로 정확한 조사 어려움

4 병원식

1. 일반 병원식

① 상식 : 한국인 영양소 섭취기준 근거(균형식)

② 연식 : 소화되기 쉽게 부드럽게 조리(죽식)

③ 유동식 : 일시적 소화기능 저하에 처방(맑은 유동식, 일반유동식)

2. 치료식 : 질환에 맞게 특정 영양소 가감하거나 음식 점도 조절

3. 검사식 : 검사 목적

5 식품교환표(식품군별 1교환단위당 영양소 기준 및 대표식품)

식품군		열량(kcal)	탄수화물(g)	단백질(g)	지방(g)	대표 식품(g)
곡류군		100	23	2	–	쌀 30, 밥 70(1/3공기), 쌀죽 140(2/3공기), 식빵 35(1장), 삶은 국수 90(1/2공기), 감자 140(중 1개), 고구마 70(중1/2개)
어육류군	저지방	50	–	8	2	육류 40(소 1토막, 기름기 없는), 생선류 50(소 1토막, 흰살생선), 건어물 15, 게맛살 50, 어묵(찐 것) 50, 젓갈류 40
	중지방	75	–	8	5	육류(안심) 40, 생선류(갈치, 고등어) 50, 두부 80(420g 포장두부 1/5), 계란 55(중 1개)
	고지방	100	–	8	8	육류(돼지갈비, 베이컨, 소시지) 40, 생선류(고등어통조림, 뱀장어) 50, 치즈 30(1.5장)
채소군		20	3	2	–	채소류 70, 버섯류 50, 김치류 50
지방군		45	–	–	5	견과류 8, 식품성기름류 5, 드레싱류 10
우유군	일반 우유	125	10	6	7	우유 200(1컵), 전지분유 25(5Ts), 조제분유 25
	저지방 우유	80	10	6	2	저지방우유(2%) 200(1컵)
과일군		50	12	–	–	사과 80, 배 10, 바나나 50, 참외 150, 토마토 350, 포도주스 80, 사과주스 100

1. 식품교환표를 이용하여 식품을 교환할 경우

① 같은 군끼리 바꾸어 먹는다.

② 같은 교환단위량으로 바꾸어 먹는다.

③ 예시 : 밥(1/3공기) = 식빵 1장 ＊밥(1/3공기) ≠ 고기 40g, 밥(1/3공기) ≠ 식빵 2장

2. 1교환단위당 열량이 가장 높은 순서

일반우유군 > 곡류군, 고지방어육류군 > 저지방우유 > 중지방어육류군 > 저지방어육류군, 과일군 > 지방군 > 채소군

6 영양지원 분류

분류	세분류	특징
경장 영양	경구 보충 (경구 섭취)	• 구강을 통한 일상적 섭취
	경관 급식	• 관(tube) 통해 영양공급, 위장관 기능은 양호하나 구강으로 충분한 공급 어려움 • 단기 영양공급(4주 이내) : 비위관, 비장관으로 영양지원 • 장기 영양공급(4~6주 이상) : 위장조루술, 경피적 내시경적 위조루술 • 흡연자의 장기영양공급(4~6주 이상) : 공장조루술
정맥 영양	말초정맥영양	• 위장관을 통해 영양공급 불가 환자에게 말초 정맥으로 영양공급 • 2주 이내 단기 사용 권장
	중심정맥영양	• 위장관을 통해 영양공급 불가 환자에게 중심 정맥으로 영양공급 • 2주 이상 장기간의 정맥영양 필요 또는 수분제한 환자

7 질환별 식사요법

1. 소화기질환 영양 관리

소화기계
• 구강~인두~식도~위~소장~대장~항문 (약 9m의 소화관)
• 소장 : 십이지장~공장~회장
• 대장 : 맹장~결장~직장
• 타액선, 간, 담낭, 췌장 등 부속기관

(1) 식도질환

1) 구강 식도의 구조와 기능

① 음식물을 위로 보내기 위한 강한 연동작용
② 식도점막은 손상받기 쉬움
③ 음식물의 정체시간이 길거나 역류 위액에 접촉되기 쉬운 협착부에 식도염, 식도암의 발생빈도 높음

2) 영양 관리

식도질환	원인	증상	식사요법
연하 곤란증	• 음식물의 구강, 인두, 식도 및 위로 이동하는 연하장애(삼킴장애) • 기계적 원인 : 식도의 외관적 수술, 종양, 폐쇄 또는 식도암, 식도염 • 마비적 원인 : 뇌졸중, 머리손상, 신경계 질환	침 흘림, 기침 또는 질식, 만성적으로 후각 및 미각 저하, 식욕부진, 체중 감소	• 농축유동식, 연식 이용 • 섬유질 적은 식품 • 되직한 액체 음식으로 부드럽게 조리 • 흡인 및 폐렴위험 예방위해 식후 30분간 곧은 자세 유지
역류성 식도염 (바렛식도)	• 위액, 십이지장액 중에 함유되어 있는 위산, 펩신, 트립신, 담즙산염 등이 식도점막 자극해 염증 발생으로 식도점막에 궤양, 출혈질환 • 자극성 음식 만성적 섭취 • 과음으로 인한 구토로 위액 또는 십이지장액 식도 역류	식후 30~60분 후 속쓰림 증상, 식사 때마다 통증과 삼키기 힘든 불쾌감	• 식도점막 자극 최소화 • 위산 분비 억제 • 식도괄약근 강화 • 부드럽고 소화 잘 되는 음식 • 알코올, 카페인, 향신료 제한 • 과식 피하고 금연 • 식후에 바로 눕지 않음

(2) 위질환

1) 위의 구조와 기능

① 횡격막 바로 아래 좌편에 위치한 주머니 모양의 소화관으로 식도와 십이지장과 연결

② 분문부(식도와 연결), 위체부(위의 중간 부분), 유문부(십이지장과 연결, 유문괄약근 포함)로 구분

2) 영양 관리

위질환	원인	증상	식사요법
소화성 궤양	• 위벽 또는 십이지장벽의 점막 손상으로 위액의 펩신, 위산노출 • 헬리코박터 파일로리균의 감염, 스트레스, 자극성 강한 음식섭취, 급히 먹는 식습관, 과량 커피 및 과음, 흡연 등	식후 1~2시간 후 상복부 통증과 속쓰림, 팽만감, 신트림, 더부룩, 구토	• 출혈 있는 2~3일간 절대 안정 및 금식 후 3~5일간 유동식 • 자극성 음식, 조미료, 카페인, 알코올, 튀긴음식, 건조식품 및 고섬유식품 제한
급성위염	• 위점막 염증 • 식사성 원인 : 불규칙 식사, 과식, 과음, 식중독, 알레르기 반응 • 약물성 원인 : 진통제, 항생제, 해열제, 부신피질 호르몬제, 철분제제 등	위부위의 통증과 압박감, 구토, 트림, 하품, 속쓰림 등	• 통증 시 : 절식 및 수분 공급 • 통증 가라앉으면 : 맑은 유동식 → 무자극 연식 → 무자극 회복식 → 5~10일 전후에 일반식
만성위염	• 위점막 염증 장기화 • 약물 장기 복용	방치하면 위궤양, 위암	• 과산성위염 : 젊은 층 많음. 무자극 연식 → 일반식. 자극성 및 커피, 술, 고식이섬유 식품, 탄산음료 제한 • 무산성위염(위축성 위염, 저산증위염) : 노인에 흔히 발생. 위산분비촉진(무, 파, 생강 등), 철함유 식품 제공. 저섬유소식
위절제술 (덤핑증후군)	• 위절제 후 합병증	• 초기(식후 15~30분) : 위 저장 기능 상실 → 음식 소장으로 급속히 이동 → 구토, 설사, 빈맥, 어지러움, 발한 • 후기(식후 2시간) : 혈당 급격히 상승하여 인슐린 과다 분비 → 무기력, 공복, 불안 증세	• 식사 소량씩 6회 이상 제공 • 탄수화물 줄이고, 천천히 소화되는 단백질과 지방 늘림
위하수증	• 위의 위치가 배꼽 아래까지 길게 늘어져 소화능력 저하 • 활동부족, 과식, 폭식 등	더부룩, 팽만감, 식욕부진, 혈액순환저하, 두통, 현기증 등	• 위 부담주지 않도록 소량의 영양가 높은 식사

(3) 장질환

1) 소장의 구조와 기능

① 십이지장, 공장, 회장

② 소화관벽 : 점막층, 점막하조직, 근육층, 장막층

③ 소화관운동 : 음식물, 소화액(담즙, 췌액, 장액) 혼합, 분절운동, 연동운동

④ 오디괄약근 : 담즙(총담관), 췌액(췌관) 합류 조절

⑤ 회맹괄약근 : 대장 소화물 역류 방지

2) 대장의 구조와 기능

① 맹장(충수돌기 포함), 결장(상행, 횡행, 하행, S상결장), 직장(항문에 연결)
② 수분, 전해질, 일부 비타민 재흡수 및 대변 생성
③ 소장 흡수장애 시 결장 흡수능력 증가
④ 유미즙 : 회장 → 대장, 액상이며 결장 이동 시 수분 재흡수로 대변의 형태로 변화

3) 영양 관리

장질환		원인	증상	식사요법
변비	이완성 변비	부적절 식사, 운동 부족, 나쁜 배변 습관, 약물과다 복용	대장 내용물의 이동 비정상	• 고섬유식, 충분한 수분, 혼합잡곡밥, 탄닌 제거된 채소류, 우유, 유제품
	경련성 변비	대장조직 과민반응으로 경련성 수축	배변량 적고 변비와 설사가 번갈아 생기며 두통, 피로	• 식이섬유 제한 저섬유식 → 장운동의 항진 억제, 부드러운 채소, 과일주스, 자극성 강한 조미료 제한
설사	급성설사	바이러스 · 세균 · 기생충 감염, 약물 부작용 (2주 이내 회복)	덜 소화된 내용물이 대장에서 발효(탄수화물 소화불량) · 부패(단백질 소화장애) → 장점막 자극 → 복통, 팽만감	• 우선 절식 후 수분 공급 → 유동식, 연식, 회복식 → 일반식 • 발효성 설사 : 난소화성 다당류 제한 • 부패성 설사 : 단백질 급원식품 제한
	만성설사	소화기관 장애 또는 감염	장기간 영양소 흡수장애로 영양불량	필요한 영양소 섭취의 균형식 · 고영양식 → 신경과민으로 인한 식사부진 극복
염증성 장질환		소장, 대장의 만성적 염증	• 크론병 : 비정상적 면역반응으로 위장관 염증 • 궤양성 대장염 : 결장의 점막 염증	• 항염증제, 부신피질호르몬제, 면역억제제, 항생제 치료 • 크론병 : 식사요법 어려움 설사 → 흡수불량 → 경구섭취 감소 • 회복기 : 체단백과 근육량 회복 초점
과민성 대장증후군		대장근육의 과민한 수축 운동에 따른 기능장애	통증, 장기능부전(변비 및 설사), 가스 형성	• 식이섬유의 양 서서히 증가 • 식품불내증 적절한 대처 : 유당, 소르비톨 등 • FODMAP(fermentable oligosaccharide, disacchrides, monosaccharide and polyols, 발효성 올리고당, 이당류, 단당류 및 당알코올 총칭) → 체내 발효되므로 6~8주 섭취 제한
장염	급성장염	• 전염성 : 세균, 바이러스 등 • 비전염성 : 폭음, 폭식, 약물, 알레르기	장점막 염증 → 소화흡수장애 → 심한 설사, 복통, 구토, 발열, 탈수 → 전신쇠약	• 발병초기 1~2일 수분(보리차)과 염분(맑은 콩나물국)만 공급 • 연식 : 무자극, 저잔사식
	만성장염	급성장염의 만성화, 궤양성 대장염, 직장암, 결핵, 기생충 원인	반복되는 변비와 설사, 식욕부진, 복통, 복부팽만감, 흡수장애로 인한 빈혈 등	• 장점막에 기계적 · 화학적 자극을 주지 않도록 주의 • 소화 · 흡수가 잘되는 식품을 선택, 충분한 비타민, 무기질과 양질의 단백질을 공급

2. 간, 담낭, 췌장질환 영양 관리

(1) 간질환

1) 간의 구조와 기능

① 복강 내 횡격막 아래 오른쪽 상부 성인의 경우 0.9~1.5kg 체내에서 가장 큰 기관

② 간동맥으로부터 산소 공급, 문맥으로부터 소화관에서 흡수된 영양소 공급. 약 100만개의 간소엽(간조직 기본구조)

③ 10~20%만 정상적으로 기능해도 생명을 유지할 수 있고, 스스로 재생 가능

④ 탄수화물 대사 : 글리코겐의 합성과 분해, 당신생 등

⑤ 단백질 대사 : 혈청단백질·혈액응고인자의 합성, 아미노산의 분해 및 전환, 요소 전환 등

⑥ 지질 대사 : 지질 합성, 담즙산 합성, 지단백질 합성, 케톤체 생성 등

⑦ 비타민 대사 : 비타민 A, 아연, 철 수송단백질 합성, 비타민 D 활성화

⑧ 무기질 대사 : 철과 구리를 페리틴과 세룰로플라스민 형태로 저장

⑨ 담즙 생성 : 하루 0.5~1L 담즙을 콜산으로부터 생성

⑩ 해독작용 : 약물의 해독작용, 알코올 대사, 암모니아를 요소로 전환

⑪ 면역작용 : 쿠퍼세포의 식세포작용 → 바이러스나 이물질 제거

2) 영양 관리

간질환	원인	증상	식사요법
급성간염	• A형 간염 : 유행성 간염, 주로 경구로 감염 • B형 간염 : 혈액, 정액, 모유 등 통해 감염 대부분 회복되어 면역상태, 만성화(5~10%), 간경변증 • C형 간염 : 혈청 간염, 만성화되기 쉽고, 간경화, 간부전으로 발전 가능	• 식욕부진, 초기에는 발열, 관절염, 발진, 혈관부종 • 이후 근육통, 피로감, 식욕부진, 구토, 언어·미각장애 → 황달과 갈색뇨 → 회복기에 황달 등의 증상이 가라앉음	• 고열량, 고단백질, 고탄수화물, 중등지방, 고비타민, 저섬유질, 저염식 • 저혈당이 흔하므로 충분한 탄수화물 섭취 필요 양질의 단백질을 충분히 섭취 → 손상된 간세포 재생
만성간염	간염이 6개월 이상 지속, 바이러스성(C형), 자가면역성, 대사성, 약물독성	전신피로, 구역질, 권태감, 식욕부진, 헛배부름 등	• 간기능이 정상화될 때까지 장기간 동안 고열량, 고단백질, 고비타민 식사를 유지 • 탄수화물 : 1일 300~450g 정도 섭취(단백질 절약) • 단백질 - 알코올성 간경변 : 1.5~2g/kg의 고단백질 식사 - 간경변증 : 1g/kg의 중단백질 식사 - 간성 뇌병변증 : 혈중 암모니아 상승을 막기 위해 단백질을 1일 40g 이하로 제한 • 복수가 있는 경우 : 하루 1g 소금 또는 무염식 • 황달 시 : 지방 섭취량 제한, 적당량의 필수 지방산 공급
간경변증	• 염증의 장기간 지속 → 간세포가 퇴화 → 간의 섬유화 → 간기능부전 • 바이러스성 간경변증과 알코올성 간경변증 존재	식욕 저하, 소화불량, 전신권태감, 복부팽만감, 지방변 등이 나타나고 심해지면 복수, 황달, 부종, 출혈, 간성혼수	
알코올성 간경변증	알코올 대사과정의 중간산물인 아세트알데히드가 미토콘드리아 막 손상	-	

(2) 담낭질환

1) 담도계의 구조와 기능

① 담낭과 담관 포함, 간에서 생성된 담즙을 담낭에 저장, 필요한 경우 담관을 통해 십이지장으로 배출

② 음식물이 십이지장으로 이동 시 담즙이 십이지장으로 배출, 콜레시스토키닌이 관여

③ 담즙은 pH 7.8 가량의 약알칼리성으로 수분, 담즙산염, 담즙색소, 콜레스테롤이 주성분

④ 담즙은 대부분 소장에서 재흡수되어 간으로 되돌아감 (장간순환)

⑤ 소장에서 지방의 유화, 미셀 형성 및 지방 분해효소 작용 촉진 등의 기능을 가짐

2) 영양 관리

담낭질환	원인	증상	식사요법
담낭염	담낭이나 담관에 세균 감염	• 담석 동반 : 발열, 복통 • 담석 없는 급성 담낭염 : 패혈증, 쇼크, 화상, 암	• 저지방, 양질의 단백질 함유 식품 선택 : 흰살 생선, 두부, 달걀 흰자 등 • 발작·급성증상 시 하루 절식 → 탄수화물 위주의 전유동식 → 연식, 회복식, 일반식 • 조리 시 기름 사용 제한, 자극적인 식품 사용 자제
담석증	• 담즙 내 구성 성분이 담낭·담관에서 응결 및 침착 → 결정 형성 → 염증이나 폐쇄 • 콜레스테롤 수치 비정상적 증가 → 담즙 내 콜레스테롤의 과포화 → 침전 → 담석	염증, 담석	

(3) 췌장질환

1) 췌장의 구조와 기능

① 위의 후방에 좌우로 걸쳐 있는 회백색의 실질기관

② 담즙(총담관) + 췌액(췌관) → (오디) → 십이지장

③ 췌액을 분비하는 외분비조직(exocrine tissue)이면서 동시에 호르몬을 분비하는 내분비조직(endocrine tissue)

외분비조직	구조	• 선세포 : 소화효소 합성 • 췌관세포 : 물과 중탄산염 분비
	기능	• 췌액 분비(여러 소화효소와 중탄산염 함유) • 콜레시스토키닌(지방·단백질 십이지장 진입)과 세크레틴(산성소화물 십이지장 진입)에 의해 조절
내분비조직	구조	• 랑게르한스섬 α 세포 : 글루카곤 분비(세포의 20%) β 세포 : 인슐린 분비(세포의 60%) δ 세포 : 소마토스타틴(somatostatin) 분비(세포의 10%)
	기능	• 혈당 조절 호르몬 분비(인슐린과 글루카곤의 상호작용)

2) 영양 관리

췌장염질환	원인	증상	식사요법
급성췌장염	• 담석(오디괄약근 기능 장애 유발) 및 과도한 알코올 섭취가 가장 흔한 원인(60~80% 차지) • 췌장 선세포 손상 → 출혈 등 유발	복부 통증, 구역질 및 구토 동반, 경미한 발열	• 통증이 심한 경우 2~3일간 금식, 정맥영양 시행, 통증이 가라앉으면 탄수화물 위주의 무자극 전유동식 • 이후 연식(지방 10g, 열량 1,000kcal 제한) 이행 • 가능한 한 빨리 무자극 회복식과 일반식으로 전환(지방 20g 제한)
만성췌장염	• 췌장의 만성염증과 섬유화를 동반한 영구적이고 비가역적인 손상이 일어나는 질환 • 가장 흔한 것은 음주, 유전, 식사습관, 고지방 및 고단백식이, 항산화 물질이나 미량원소의 부족, 흡연 등	지속적·간헐적인 통증, 체중 감소, 비정상적인 변, 영양분의 흡수장애	• 급성췌장염 및 당뇨식에 준하여 실시 • 초기에는 탄수화물 위주의 식사 • 이후 단백질과 지방 제공 • 증세가 호전되면 단백질은 권장량 수준, 지방은 30~40g까지 허용 • 증세가 없어지면 고단백식 권장(100g)

3. 심혈관질환 영양 관리

혈압 생성과 조절기전

- 혈압의 생성 : 심장이 밀어낸 혈액이 동맥벽에 미치는 압력과 말초혈관의 저항력에 의해 생성됨
- 심실 수축 : 수축기 혈압 또는 최고혈압
  심실 이완 : 이완기 혈압 또는 최저혈압
- 혈압 조절
  - 물리적 요인 : 심박출량은 혈압과 비례. 혈관 직경은 혈압과 반비례
  - 신경성 요인 : 교감신경의 자극에 의함. 스트레스나 긴장 상황에서 혈압 상승
  - 체액성 요인 : 레닌-안지오텐신-알도스테론계 항이뇨호르몬의 작용에 영향을 받음
  - 정상혈압 : 80~120mmHg

(1) 고혈압

1) 심혈관계의 구성과 기능

① 구성 : 심장(2개의 심방, 2개의 심실), 동맥과 정맥, 조직 내 모세혈관으로 구성

② 기능

- 동맥 : 심장으로부터 박출된 혈액을 각 조직으로 이동
- 정맥 : 조직을 거쳐 나온 혈액이 심장으로 돌아가는 중의 저장고 역할
- 판막 : 심방, 심실, 동맥, 정맥의 각 연결부위 → 혈액의 역류 방지, 일방향 순환 가능
- 혈액의 흐름 : 심장의 수축·이완운동에 의해 발생
- 에피네프린과 노르에피네프린 : 심박동수와 심박출량 증가
- 관상동맥 : 심장에 산소와 영양을 공급하는 동맥 → 심장 운동에 필요한 에너지 공급(영양소, 산소)

2) 영양 관리

심혈관질환	원인	증상	식사요법
본태성 고혈압	전체 90% 원인 불분명, 가족력, 성별 중 남성, 노화, 비만, 운동 부족, 나트륨 섭취, 알코올 섭취, 흡연, 긴장, 불안 등의 감정, 스트레스	• 일반적으로 특별 증상 없음 • 두통, 현기증 등이 나타날 수 있음	• 에너지와 다량영양소 – 표준체중 유지 중요 : 1주일에 0.5~1.0kg의 속도로 서서히 감량 – 탄수화물 : 복합당질 위주 – 단백질 : 1일 1.0~1.5g/kg 정도로 총 에너지의 15~20% – 지방 : 불포화지방산 섭취 • 미량영양소 – 나트륨 섭취 1.2mg/kcal로 하루 2g을 초과하지 않도록 – 나트륨/칼륨 섭취의 비율을 1 이하로 유지 – 칼슘, 마그네슘 : 혈압강하 효과적 – 항산화 비타민 : 혈관 내막 기능 개선 – 수용성 식이섬유는 체내 나트륨과 콜레스테롤을 흡착, 배설하므로 효과적임 – 카페인 : 단기적으로 혈압을 상승시킬 수 있음. 카페인 150mg이 혈압을 5~15mmHg 상승시킴
이차성 고혈압	다른 질병으로 인해 발생하는 고혈압, 신장질환, 이상지질혈증, 동맥경화증, 대사증후군, 내분비질환 등		

(2) 이상지질혈증

1) 지단백질의 종류 및 특징

① 킬로미크론(chylomicron) : 소장에서 말초조직으로 식사성 중성지방과 콜레스테롤 운반

② 초저밀도지단백질(VLDL; Very Low Density Lipoprotein) : 간에서 합성 또는 간으로 흡수된 내인성 중성지방을 말초조직으로 운반

③ 저밀도지단백질(LDL; Low Density Lipoprotein) : 콜레스테롤을 간 및 말초조직으로 운반(LDL의 증가는 동맥경화의 위험인자)

④ 고밀도지단백질(HDL; High Density Lipoprotein) : 콜레스테롤 역운반(세포 사멸 또는 지단백질 대사로 생긴 콜레스테롤을 말초조직에서 간으로 운반, 세포에서 콜레스테롤을 제거하여 체외로 배설시키는데 기여, 항동맥경화성 지단백)

2) 영양 관리

심혈관질환	원인	증상	식사요법
이상지질혈증	• 유전적 이상 • 에너지, 단순당 등 탄수화물, 포화지방 및 알코올의 과다 섭취 • 운동 부족 • 당뇨병, 갑상샘 기능 저하증, 신증후군, 비만 등의 질병	비만 등	• 적정 수준의 열량 섭취 • 콜레스테롤 섭취는 1일 200mg 이내로 제한 • 포화지방산은 총 열량의 7% 이하 • 트랜스지방은 총 열량의 1% 이하 • 오메가-3 지방산은 2~4g/일 섭취 • 식이섬유가 많은 잡곡류, 채소, 과일, 해조류 섭취 • 탄수화물은 총 열량의 60% 이하로 제한

3) 고지혈증 분류별 식사요법

① I형 : 지단백(킬로미크론), 혈중지질(중성지방-고, 콜레스테롤-중), 지방·에너지·알코올 제한
② IIa형 : 지단백(LDL), 혈중지질(콜레스테롤-고), 포화지방산·콜레스테롤·총지방 제한, 불포화지방산·식이섬유 섭취
③ IIb형 : 지단백(LDL, VLDL), 혈중지질(콜레스테롤-중, 중성지방-중), 포화지방산·콜레스테롤·총지방 제한, 불포화지방산·식이섬유 섭취, 당류·에너지·알코올 제한
④ III형 : 지단백(IDL), 혈중지질(콜레스테롤-중, 중성지방-중), 지방·당질·에너지·알코올 제한
⑤ IV형 : 지단백(VLDL), 혈중지질(콜레스테롤-중, 중성지방-저), 당질·에너지·알코올 제한
⑥ V형 : 지단백(킬로미크론, VLDL), 혈중지질(중성지방-고, 콜레스테롤-저), 당질·에너지·알코올 제한

(3) 동맥경화, 관상동맥 심장질환

1) 혈관의 구조 및 특징

① 혈관 : 외막(결합조직, 혈관구조 형성), 중막(평활근, 수축·이완으로 혈류 조절), 내막(내피세포, 혈류와 물질교환)
② 동맥경화 : 동맥의 내경이 좁아지고 동맥벽이 굳어져 딱딱하게 되는 것
③ 관상동맥 심장질환 : 관상동맥의 경화에 의한 심장질환

2) 영양 관리

심혈관질환		원인	증상	식사요법
동맥경화		• 고LDL 콜레스테롤 → 플라크생성 및 혈관수축, 혈액응고 촉진 • 저HDL 콜레스테롤	비만	• 이상지질혈증에 준하여 시행 • 적정체중을 유지하고 양질의 단백질을 충분히 섭취하되 포화지방의 섭취를 줄이도록 함 • 복부비만의 경우 피브리노겐(fibrinogen) 등 혈액응고 인자의 수치와 혈액 점성을 증가시키고 혈소판을 활성화시켜 혈전 경향을 촉진하므로 주의하여야 함
관상동맥 심장질환	협심증	관상동맥경화증 환자가 과다한 운동이나 노동을 하여 심장근육에 산소 필요량이 증가될 때 산소가 일시적으로 부족하여 발생	• 심장발작 • 통증은 일반적으로 2~3분 후 사라짐(긴 경우 10~15분)	• 심근경색 심장발작 직후 → 6~24시간의 금식 → 유동식(2~3일간, 500~800 kcal) → 연식(약 2개월간) • 협심증 및 심근경색 재활기 – 심근경색으로 인한 심장발작 후 2개월이 경과하면 일상활동을 회복하고 일반식 공급 – 기본적으로 이상지질혈증과 고혈압의 영양치료 내용 적용
	심근경색	관상동맥의 일부가 막혀 그 아래 부위에 혈액 공급이 중단되면 심장근육이 손상되는 심장발작으로 심정지를 초래	통증이 30분 이상 지속, 심근경색 발생 후 10%는 1시간 이내에 사망	

(4) 울혈성 심부전

1) 심부전의 특징

① 심부전의 정의 : 심장이 약해지다가 결국 기능을 완전히 상실하는 말기 심장질환(심장 과부하 → 심장 기능상실 → 혈액박출 불가)
② 심부전 상태에서 혈액을 박출하지 못하면 정맥이나 그와 연결된 조직에 혈액이 축적되는 울혈이 나타남 → 울혈성 심부전

2) 영양 관리

심혈관질환	원인	증상	식사요법
급성 심부전	외상으로 인한 출혈, 대동맥류 파열, 소화관 출혈 → 심박출량 감소	• 좌심부전 : 폐순환계에 울혈이 발생하고 심한 호흡곤란 • 우심부전 : 체순환계에 울혈이 발생하고 부종이 심하게 나타남 (혈액 누적) • 심장 악액질 : 장벽에 발생한 부종으로 영양소 흡수능력 저하	• 비만, 과체중, 중증 심부전인 경우 에너지 제한 심장 악액질이나 저체중인 경우에는 에너지를 충분히 공급 • 체단백이 이화되므로 충분한 단백질 섭취 필요(1.2~1.5g/kg체중) • 이뇨제 사용 시 전해질 및 수용성 비타민이 손실되므로 충분히 공급하고, 나트륨은 엄격히 제한 • 수분은 하루 1.5~2L로 제한(갈증 시 입을 헹구거나 얼음 활용)
만성 심부전	관상동맥성 심장질환과 고혈압 → 심장근육의 기능을 점진적으로 손상		

(5) 뇌졸중

심혈관질환	원인	증상	식사요법
허혈성 뇌졸중	죽상종이 파열되어 생긴 혈전이나 색전이 뇌혈관을 막아 발생	동맥경화와 고혈압	연하곤란, 저작곤란, 안면근육 마비로 인해 식사 동작이 어려운 경우가 많으므로 환자의 상태에 따라 식사 공급방식 결정
출혈성 뇌졸중	동맥경화증과 고혈압으로 약해진 혈관이 터지면서 발생 → 뇌조직 손상 및 신체장애		

4. 체중 조절 영양 관리

종류	원인	식사요법
비만	• 유전적 원인 30%, 환경적 원인 70% 차지 • 고열량 식품의 과다 섭취, 과음, 잦은 외식, 결식 후 과식, 지나친 간식, 빠른 식사속도 등 • 신체활동 감소로 인한 체내 에너지 소모량과 기초대사량 감소 • 운동 부족 → 인슐린 저항성 증가 → 인슐린 과잉 분비 → 지방 축적 촉진 • 갑상선기능 저하 → 기초대사량 저하 → 에너지 소비 감소 → 비만 • 부신피질 호르몬의 만성적 과잉 분비 → 식욕 증가 → 비만	• 저열량식 : 1일 열량 필요량보다 500~1,000kcal 적게 섭취 → 일주일에 0.5~1kg을 감량하는 식사 • 초저열량식 : 1일 800kcal 미만으로 섭취하는 식사, 단백질은 0.8~1.5g/kg(담석, 탈모, 두통, 변비, 현기증, 탈수 등 부작용) • 행동수정요법 : 감량시 6개월 이상, 감량 후 유지시 1년 이상 수행 • 운동요법 - 유산소운동(중강도로 하루에 30~60분 또는 20~30분씩 2회 실시 주당 5회 이상) - 근력운동 : 8~12회 반복할 수 있는 중량 • 수술요법(체질량지수 35kg/m^2 이상) : 조절형 위밴드술, 위소매절제술, 루와이 우회술
저체중	• 열량 필요량보다 식품을 적게 섭취하였을 때 • 활동량이 과다할 때 • 섭취한 식품의 흡수 및 이용 불량 • 암이나 갑상선항진증과 같이 대사속도와 열량 필요량이 증가되는 소모성 질환 • 심리적 또는 감정적 스트레스 • 유전적 요인	• 최근의 1일 총 섭취열량에 500~1,000kcal를 더해 필요량을 책정 • 단백질 : 체중 1kg당 1.5g 정도 섭취 • 탄수화물 : 밥이나 빵, 감자, 고구마, 떡 등을 매끼 식사나 간식으로 섭취 • 지방 : 지방함량이 높은 식품을 조리에 적절히 이용 • 향신료·향채소 이용
대사 증후군	당뇨나 심혈관질환의 위험인자인 비만, 고혈압, 당뇨병, 이상지질혈증 등이 한 사람에게 동시 다발적으로 나타나는 증상	

5. 당뇨병 영양 관리

(1) 당뇨병의 분류

① 제1형 당뇨병(당뇨병 환자의 2% 미만) : 인슐린 생성능력의 절대적 감소 → 췌장 베타세포의 파괴 → 인슐린 보충치료 필수, 케톤산증 주의

② 제2형 당뇨병(당뇨병 환자의 90% 이상) : 인슐린 비의존형 당뇨병, 성인형 당뇨병 등으로 불림, 40대 이후에 자주 발생, 환자가 비만인 경우가 많음

(2) 당뇨병의 진단 및 기준

분류	기준
당뇨병	아래 4가지 기준 중 1가지라도 해당하는 경우 • 당뇨병의 전형적인 증상(다뇨, 다음, 설명되지 않는 체중 감소) 혈장혈당 ≥ 200mg/dL • 8시간 이상 공복 혈장혈당 ≥ 126mg/dL • 75g 경구포도당부하검사 2시간 후 혈장혈당 ≥ 200mg/dL • 당화혈색소 ≥ 6.5%
공복혈당 장애	• 공복혈당 100~125mg/dL
내당능 장애	• 75g 경구포도당부하검사 2시간 후 혈당 140~199mg/dL

(3) 당뇨병 환자의 대사

분류	작용
탄수화물 대사	• 식후 혈당 상승 시 인슐린이 분비 → 혈당이 간과 근육세포로 이동 • 인슐린이 없거나 기능 저하 시 → 글리코겐 합성 감소 → 말초조직의 포도당 이용률 감소 → 결국 포도당이 이용되지 못해 고혈당 유발
지방 대사	• 인슐린 결핍 시 → 지방 합성이 저하되고 지방산 분해 증가 • 당뇨병 환자의 경우 → 조직이 케톤체를 사용할 수 있는 능력보다 훨씬 초과하는 비율로 생성됨 → 케톤산혈증 발생
단백질 대사	• 인슐린 결핍 시 당신생반응으로 혈당 증가 • 혈당 조절이 잘 안되는 경우 근육단백질 이화 항진 → 아미노산의 분해 → 요소 합성 촉진 → 소변으로의 질소 배설량 증가

(4) 당뇨병 환자 식사요법

① 탄수화물 100g 미만은 문제(케톤산증) → 권장량의 범위 내에서 섭취, 식이섬유의 적정량 섭취(혈당·혈중 지방 저하)

② 혈당 조절에 문제있는 경우 근육량 감소, 면역력 저하 → 1~1.5g/체중1kg의 충분한 단백질 섭취(총 열량의 10~20%)

③ 포화지방산(7% 이내)·트랜스지방산 섭취 제한, 불포화지방산 적정량 섭취 권장

6. 신장질환 영양 관리

(1) 신장의 구조

① 기본 단위 : 네프론

② 네프론은 신소체와 세뇨관으로 구분

- 신소체 : 소변이 걸러지는 곳, 사구체와 보우만 주머니로 구성
- 세뇨관 : 재흡수와 재분비가 일어남. 근위세뇨관, 헨레고리, 원위세뇨관, 집합관으로 구성

(2) 요 생성과정

① 여과액 통과 순서 : 소동맥 → 사구체 → 보우만주머니 → 근위세뇨관 → 헨렌고리(상·하 행각) → 원위세뇨관 → 집합관 → 신우 → 수뇨관 → 방광 → 요도

② 사구체 여과 : 단백질, 혈구 등 거대물질은 여과불가하며 사구체 여과막보다 작은 저분자물질은 체내 필요 여부 관계없이 여과

- 사구체 여과율(GFR) : 110~120(mL/min/1.73m²)

③ 세뇨관 재흡수

- 능동적 재흡수과정 : Na^+, 포도당, 아미노산, K^+ 등
- 수동적 재흡수과정 : 물

④ 세뇨관 분비 : 능동적 분비(K^+의 분비), 수동적 분비(NH_3^+)

⑤ 배뇨 : 촉진(부교감신경), 억제(교감신경)

⑥ 요 성분 : 수분, Na, K, 요오드, 크레아틴, 암모니아, 중탄산염

(3) 신장의 기능

1) 배설기능 : 혈액을 걸러 요소와 크레아티닌 같은 대사산물과 약물·독성물질을 소변을 통해 배설

2) 수분, 전해질 및 산염기 평형조절

① 알도스테론(부신 분비호르몬) : 신장에서 나트륨과 수분의 재흡수 증가 유도

② 항이뇨호르몬(뇌하수체 후엽 분비 호르몬) : 수분의 재흡수를 촉진하여 소변량 감소

3) 혈압조절

① 레닌(신장 분비 효소) : 안지오텐신(혈관 수축 및 알도스테론 분비 촉진) 활성화에 관여

② 안지오텐시노겐 → 레닌에 의해 안지오텐신 I로 전환 → 이후 안지오텐신 II로 전환되어 활성화

4) 조혈작용

① 골수에서 적혈구 생성 → 에리트로포이에틴 필요

② 에리트로포이에틴 : 조혈호르몬, 신장에서 생성, 적혈구의 분화, 증식, 성숙 촉진

* 신장의 기능이 떨어지면 빈혈이 생기기 쉬움

5) 비타민 D와 칼슘 대사

신장에서 비타민 D가 활성형인 1,25-디하이드록시 비타민 D로 전환 → 활성화된 비타민 D → 소장에서 칼슘 흡수, 신장에서 재흡수 촉진 → 체내 칼슘평형 유지

(4) 신장 기능 저하 시의 문제

① 소변 배설량 감소, 질소 노폐물이 혈액 내에 축적, 그 외 여러 기능 저하

② 일반적 증상 : 단백뇨, 혈뇨, 부종, 고혈압, 빈혈, 핍뇨와 무뇨, 고질소혈증 등

* 핍뇨 : 1일 소변량이 500mL 미만인 경우

(5) 영양 관리

<table>
<tr><th colspan="2">신장질환</th><th>원인</th><th>증상</th><th>식사요법</th></tr>
<tr><td colspan="2" rowspan="3">급성신손상</td><td>신 전 요인(신장 내 급격한 혈류 감소)</td><td>심부전, 혈액손실</td><td rowspan="3">• 에너지 : 25~35kcal/kg표준체중
• 단백질 : 0.6~1.0g/kg표준체중
• 수분 : 소변 배설량 + 500mL 제한
• 무기질 : 칼륨(2,000mg), 인(8~12mg/kg표준체중), 나트륨(2,000mg) 제한</td></tr>
<tr><td>신 내 요인(신장조직 손상) : 감염, 독극물, 신장의 직접적인 외상, 허혈성 세뇨관 괴사, 약물에 의한 독성</td><td>혈관장애,
급성 사구체신염</td></tr>
<tr><td>신 후 요인(소변 배설 차단) : 요관 폐쇄를 유발</td><td>–</td></tr>
<tr><td rowspan="2">사구체 신염</td><td>급성</td><td>편도선염, 인두염, 감기, 중이염, 성홍열, 폐렴 앓은 후</td><td>부종, 핍뇨,
혈뇨, 단백뇨</td><td>• 단백질 : 제한
• 에너지 : 충분히 공급
• 나트륨 : 부종과 고혈압 시 제한(저염식, 소금 3g/일)
• 수분 : 핍뇨 시 전날 요량에 500ml 가산
• 칼륨 : 핍뇨 시 제한</td></tr>
<tr><td>만성</td><td>• 급성 사구체신염에서 이행
• 사구체 염증 장기화되면서 사구체의 섬유질화</td><td>두통, 야뇨증,
고혈압, 부종</td><td>• 단백질 : 1g/kg 단백질은 제한하지 않고, 보통 또는 충분히 공급(단백뇨)
• 에너지 : 충분히 공급, 당질 300~400g 충분한 양, 지방은 적정량
• 나트륨과 수분 상태 조절 : 부종시 무염식, 수분제한, 부종이 없는 경우 나트륨을 심하게 제한하지 않고, 수분은 전날 소변량 500ml 더해 공급</td></tr>
<tr><td colspan="2">신증후군
(네프로시스,
네프로제)</td><td>• 사구체장애, 당뇨성 신장질환(diabetic kidney disease), 면역성 유전질환, 감염, 약물 복용에 의한 손상, 일부 암 등
• 하루 평균 8g 혈장 단백질 손실 → 간에서 단백질 합성 증가 → 부종, 이상지질혈증, 혈액응고장애, 면역력 저하 등 → 신부전으로 발전 가능</td><td>단백뇨, 저단백혈증,
저알부민혈증,
심한 부종, 고지혈증,
기초대사율 저하</td><td>• 에너지 : 35kcal/kg, 충분히 공급
• 단백질 : 제한하지 않고, 보통 또는 충분히 공급
• 지질 : 포화지방(총 에너지의 7% 이내)
• 콜레스테롤 : 1일 200mg 이하로 제한
• 비타민 및 무기질 : 나트륨 하루 1,000~2,000mg(부종 치료), 칼슘 하루 1,000~1,500mg, 비타민 D 보충제 권장</td></tr>
<tr><td rowspan="2">신부전</td><td>급성</td><td>심한 탈수, 출혈, 화상, 심근경색, 폐혈증에서의 순환부진으로 인한 신혈류량 감소, 급성 사구체염, 급성세뇨관 괴사, 신경화 등으로 사구체 여과율 감소, 신결석, 요로 폐색 등</td><td>• 무뇨, 칩뇨증, 부종, 요독증
• 고칼륨혈증으로 심장마비
• 고인산혈증으로 골격 칼슘 방출
• 나트륨 축적과 소변감소로 부종</td><td>• 단백질 : 투석을 하지 않는 경우 제한
• 에너지 : 35kcal/kg, 충분히 공급
• 나트륨 : 제한
• 칼륨 : 고칼륨혈증 시 제한
• 인 : 고인산혈증 시 제한</td></tr>
<tr><td>만성</td><td>당뇨병, 고혈압, 사구체신염</td><td>요독증(크레아틴 상승), 고혈압부종, 고칼륨혈증, 신성골이영양증, 부갑선기능항진증, 빈혈, 산혈증, 동맥경화증, 위장관 장애</td><td>• 단백질 : 투석을 하지 않는 경우 제한
• 에너지 : 35kcal/kg, 충분히 공급
• 수분 : 소변량 감소하면 제한
• 나트륨 : 제한
• 칼륨 : 제한
• 칼슘 : 보충
• 인 : 혈중 수준에 따라 처방</td></tr>
</table>

신장질환	원인	증상	식사요법
신장결석	가족력, 식생활, 부갑상선기능 항진, 통풍, 비타민 D 과다 섭취	배뇨 시 통증, 신장·허리·방광의 통증, 혈뇨, 칼슘염, 요산, 시스틴 등이 결석 형성	• 수산길슘결석 – 수분 : 충분 섭취 – 칼슘 : 약간 적게 제한 – 수산 : 제한 – 비타민 C(소변의 수산 농도 증가) : 보충제 먹지 않음 • 인산칼슘결석 – 인 함량 적은 식사 – 식이섬유 충분히 • 요산결석 : 저퓨린 식사 • 시스틴결석 : 저단백식, 알칼리성 식사, 수분 섭취

7. 빈혈 영양 관리

(1) 혈액의 조성과 기능

① 혈액량 : 체중의 6~8%

② 혈액 → 원심분리 → 혈장(55%, 체액성분) + 혈구(45%, 세포성분–적혈구, 백혈구, 혈소판)

- 혈장(plasma) : 혈액 → 항응고제 첨가 → 원심분리 → 세포 성분 제거 → 담황색 액체(피브리노겐 함유)
- 혈청(serum) : 혈액 → 항응고제 무첨가 → 원심분리 → 응고가 일어난 후 얻은 액체(피브리노겐 제거된 액체)

③ 헤마토크릿(Het) : 전체 혈액량에 대한 적혈구량의 백분율

④ 혈액의 기능 : 운반작용(영양소, 가스, 노폐물, 호르몬), 조정작용(수분, 체온, pH조절), 방어식균작용, 지혈작용

(2) 빈혈의 원인에 따른 종류

① 출혈성빈혈

② 재생불량성빈혈

③ 용혈성빈혈(유전성 구성적혈구증, 겸상적혈구빈혈, 운동성빈혈, 비타민 E 결핍 빈혈)

④ 영양성 빈혈(철분결핍성빈혈, 거대적아구성빈혈)

(3) 영양성 빈혈의 관련 요인 : 단백질, 비타민 B_6, 비타민 B_{12}, 비타민 C, 철분, 엽산, 구리 등

(4) 철분 함유 식품

① 헴철 : 헤모글로빈, 미오글로빈, 시토크롬계 효소 성분 – MPF(육류, 가금류, 어류의 내장과 살코기)

② 비헴철 : 난황, 말린 과일, 말린 완두콩, 강낭콩, 땅콩

(5) 철 흡수 영향 요인

① 촉진 : 철 형태[Fe^{2+}(제1철) > Fe^{3+}(제2철)], 위산, 체내 철 저장량 감소 시 비타민 C와 유기산

② 방해 : 육류, 콩의 피틴산, 시금치의 옥살산, 다량 식이섬유, 커피 및 차의 탄닌

(6) 영양 관리

빈혈	원인	증상	식사요법
철 결핍성 빈혈	적혈구 크기 작고 헤모글로빈 양 감소, 철 부족	피로, 허약, 식욕감퇴, 면역 능력 감소, 근육기능 저하	고에너지, 고단백, 고철식, 고비타민(엽산, 비타민 B_{12}, 비타민 C)
거대적아구성 빈혈 (엽산과 비타민 B_{12} 결핍 빈혈)	• 엽산 : DNA 합성을 촉진하여 적혈구 합성과 성숙에 관여 • 비타민 B_{12} : 엽산 대사의 필수 성분, 신경세포 형성에도 관여	피로, 식욕부진, 숨차고 입과 혀가 쓰림, 설사, 체중 저하	고열량, 고단백, 엽산 보충, 비타민 B_{12}, 단백질, 비타민 C, 철 보충

8. 신경계 질환 영양 관리

(1) 신경계의 구조와 기능

① 신경계 : 중추신경계(뇌, 척수) + 말초신경계[체신경(뇌신경 12쌍, 척수신경 31쌍) + 자율신경(부교감신경, 교감신경)]

② 중추신경계 : 뇌[전뇌{대뇌 + 간뇌(시상, 시상상부, 시상하부)} + 중뇌 + 능뇌(뇌교 + 소뇌)] + 척수

③ 대뇌 : 전두엽, 두정엽, 측두엽, 후두엽

④ 간뇌 : 시상하부 → 자율신경의 최고위중추 및 내분비 조절

⑤ 중뇌 : 자세반사, 눈의 운동반사 중추, 동공반사

(2) 영양 관리

신경계 질환	원인	증상	식사요법
뇌전증 (간질)	중추신경계 장애, 뇌질환, 중독, 소아기에 발병(80~90%)	의식장애, 간질 발작의 경련과 동공확대	케톤체 식사(산독증이 뇌전증 치료에 도움이 됨) * 케톤체 식사 순서 : 절식 → 저당질식사 → 지방식사
치매	알츠하이머병(뇌 조직에 비정상적인 베타아밀로이드 축적), 대뇌피질 신경섬유의 퇴화, 뉴런 소실	실어증, 판단력, 감각, 인지능력, 운동능력 상실	영양조절(고열량식), 고단백질, 적절한 수분섭취, 항산화영양소 섭취, ω-3 지방산 풍부한 생선 섭취
파킨스병	신경계의 퇴행성 질환, 도파민 생성 세포 퇴화	체중 감소, 체지방 감소, 발작, 운동지연, 경직, 치매, 자세 불안정, 운동장애(변비, 거식증)	연하곤란식 실시, 저단백질(고단백질은 도파민 효과 감소. 1일 단백질을 저녁식사에 섭취하도록 권장)

9. 골격계 질환 영양 관리

(1) 골격 구조

① 골격 구성분 : 콜라겐, 무기질, 수분

② 골격 구조 : 골격기질(하이드록시 프롤린을 다량 함유한 콜라겐 단백질)에 무기염(칼슘과 인의 수산화물 = 하이드록시아파타이트)이 축적되어 이루어짐

(2) 혈중 칼슘 농도 조절

① 부갑상선호르몬 : 혈중 칼슘 농도 저하 시 분비 → 골격 칼슘 용출, 신장에서 칼슘 재흡수 촉진, 소장 칼슘 흡수 촉진(비타민 D 활성화) → 혈중 칼슘 농도 상승

② 칼시토닌 : 혈중 칼슘 농도 상승 시 분비 → 골격 칼슘 침착, 신장에서 칼슘 재흡수 감소

③ 비타민 D : 소장에서 칼슘 흡수 증가, 골 흡수와 형성 촉진, 칼슘 항상성 유지

(3) 영양 관리

골격계 질환		원인	증상	식사요법
골다공증		골질량 감소	허리굽어지고 신장 저하	고칼슘식, 비타민 D 공급, 단백질과 인을 적량 공급(고단백식사는 칼슘배설 촉진, 인과잉 섭취는 골격 칼슘 방출), 식이섬유 제한, 지방·나트륨 제한, 카페인과 알코올 제한
관절염	골 관절염 (퇴행성 관절염)	유전, 비만, 무리한 관절 사용	관절 뻣뻣해짐, 통증	저열량식, 단백질, 비타민, 철, 칼슘 공급
	류마티스 관절염 (염증성 관절염)	관절을 둘러싼 활막에 염증 생김	부종, 압통	에너지 조절, 양질의 단백질과 비타민 A, B 복합체, C 공급, 칼슘과 비타민 D 공급, ω-3 지방산 공급

10. 면역 및 알레르기의 영양 관리

(1) 면역

① 인체에 침입하여 손상을 입히는 요소에 대한 대응현상
② 세포성 면역 : 면역세포가 대상을 직접 공격
③ 체액성 면역 : 면역세포에서 분비되는 물질로 공격

(2) 선천성 면역

① 자연면역 또는 비특이적 면역이라고도 함
② 항원에 대해 비특이적으로 반응하기 때문에 특별한 기억작용은 없음
③ 외부방어 : 피부, 점막, 위산 등
④ 내부방어 : 호중구 등의 식균작용 등
* 후천성 면역에 비해 속도는 빠르나 효율은 떨어짐

(3) 후천성 면역

① 적응면역 또는 획득면역, 특이적 면역이라고도 함
② 항원의 특징을 파악한 후 그에 맞는 항체를 만들어 해당 병원체를 제거하거나 그 병원체에 감염된 세포를 파괴하는 면역반응
③ 대식세포 등 면역세포 → 보조 T세포(helper T-cell) 활성화 → B세포가 해당 항원에만 반응하는 항체 분비하게 함(체액성 면역)
④ 세포독성 T세포(cytotoxic T-cell)는 해당 항원에 감염된 세포를 찾아 파괴하는 역할을 수행(세포성 면역)

(4) 알레르기 반응

① 알레르기 : 우리 몸의 면역체계가 특정 알레르기 유발 항원에 의해 과도한 항원-항체반응을 일으켜 이에 따른 여러 가지 증상이 나타나는 것을 통칭(가려움, 두드러기 및 호흡곤란 등 증상, 알레르기성 천식, 알레르기성 결막염 등)
② 알레르기 기전 : 비만세포와 결합한 IgE가 비만세포(면역관련세포) 자극 → 세포 내 과립 파괴를 유도 → 항원-항체 반응 → 히스타민 등 화학물질방출 → 작용부위 혈관 확장, 발열작용 및 부어오름
③ 알레르기 일으키기 쉬운 음식 : 날걀, 돼지고기, 닭고기, 우유, 메밀, 밀가루, 토마토 등
* 학교급식 알레르기 표시 의무대상 : 난류, 우유, 메밀, 땅콩, 대두, 밀, 고등어, 게, 새우, 복숭아, 토마토, 아황산염, 호두, 닭고기, 소고기, 오징어, 조개류(굴, 홍합, 전복), 잣

11. 수술의 영양 관리

(1) 수술 전의 영양

① 수술 전 환자의 영양불량 위험이 높을 경우에는 열량과 단백질을 평소보다 30~50% 정도 증가, 단백질의 경우 수술 후 상처치유 및 면역기능에 중요
② 수술 후 가스 등을 방지 위해 저잔사식 시행 → 도정 곡류 사용

(2) 수술 후의 영양

① 수술 후 카테콜아민 계열 호르몬들의 농도 상승(부신수질 : 에피네프린, 노르에피네프린) → 체내 대사율 항진 → 간의 글리코겐 분해, 당신생과정 촉진 → 고혈당 유도
② 부신피질의 글루코코르티코이드 등 호르몬 → 단백질·지방을 분해하여 당질 만드는 작용을 도움
③ 단백질 : 소변으로 질소 배설이 증가되는 음(-)의 질소평형(하루 20g 정도) 유도 → 충분한 단백질 공급 필요(체중 1kg당 1.5~2.0g)
④ 열량 : 수술 후 에너지 대사의 항진에 따라 열량 요구량은 증가(10% 이상 증가 공급)
⑤ 무기질과 비타민 충분 공급 : 비타민 C(콜라겐 합성), 비타민 K(혈액응고), 비타민 A(세포 조직 구성)

12. 화상의 영양 관리

(1) 화상의 분류

① 1도 화상 : 표피에 국한된 손상
② 2도 화상 : 표피에서 진피까지 손상
③ 3도 화상 : 표피 전층과 피하조직까지 손상

(2) 화상 후의 생리적 변화

① 상처를 통해 많은 양의 체액과 전해질 손실 → 수분 및 전해질 공급 필요
② 회복기에는 혈액량이 호전되면서 카테콜아민 계열의 이화작용 호르몬 증가 → 영양소의 분해가 증가 → 대사율 항진

(3) 화상 후의 식사요법 : 열량 필요, 고단백질식

13. 호흡기질환 영양 관리

(1) 호흡기의 구조 및 특징

① 호흡기 : 코, 인후, 기관, 기관지와 폐로 구성
② 폐는 나뭇가지 모양의 기관지를 중심으로 모세혈관이 분포된 폐포가 무수히 연결되어 있는 형태
③ 호흡과정을 통해 폐포에 이른 산소는 혈액을 통해서 각 세포로 운반
④ 호흡운동 : 횡격막과 갈비뼈의 상하 운동으로 일어남

(2) 영양 관리

호흡기질환	원인	증상	식사요법
감기	상부 기도에 바이러스가 염증 유발	콧물, 인후통, 두통, 전신권태, 식욕감퇴, 발열	• 고열 등으로 인해 체내 영양소의 소모가 크므로 열량, 단백질, 비타민 등의 섭취를 늘리는 식사요법 필요 • 비타민 C의 섭취를 늘리고, 음식은 따뜻하게 제공

호흡기질환	원인	증상	식사요법
폐렴	• 폐의 염증으로 인해 폐포 등에 액체가 차서 구역질과 가래 등을 동반하는 질병 • 폐렴구균 또는 바이러스 등의 감염	• 1차적 증상 : 호흡기능에 문제가 생기는 폐 증상(기침, 가래, 호흡곤란 등) • 2차적 증상 : 신체 전반에 걸친 증상(구역, 구토, 설사, 두통, 피로감, 근육통 등)	• 충분한 열량, 단백질 등의 공급 • 식품 섭취가 어려운 경우 : 정맥주사로 영양분 및 수분, 전해질을 공급
폐결핵	결핵균에 의한 감염질환으로 주로 폐에 감염	• 1차성 폐결핵 : 어린이, 공기 중 결핵균에 의해 감염 • 2차성 폐결핵 : 성인, 수개월에서 수년 잠복 후 발병	• 약물요법 • 약물요법 시 부작용 : 비타민 B_6 결핍증 유발 • 항결핵제 복용 시 : 비타민 B_6 보충제를 함께 복용
만성 폐쇄성 폐질환	• 퇴행성 질환 중 하나로서 흡연자에게 자주 발생 • 만성기관지염과 폐기종 통칭	유해물질들이 기관지를 지속적으로 자극 → 염증 및 점액샘이 커짐 → 커진 점액샘이 가래 유발 → 담배의 화학성분들은 가래 배출 방해 → 결과적으로 배출되지 않은 가래로 인해 기관지가 막힘	금연, 고열량, 고단백질 식사로 신체쇠약 방지 필요

14. 선천성 대사장애 영양 관리

분류	원인 및 증상	식사요법
페닐케톤증	• 체내 축적된 페닐알라닌 → 뇌혈관장벽을 막음 → 뇌로 가는 아미노산 공급 감소 → 중추신경계 손상 → 경련 및 지능장애 • 멜라닌 : 티로신으로부터 합성 → 페닐케톤뇨 영아 : 비교적 모발 및 피부 색이 옅음	• 저페닐알라닌식 • 단백질 적은 이유식
단풍시럽뇨병	• 류신, 이소류신, 발린의 대사장애로 발생 → 땀과 소변 등에서 특유의 단 냄새가 나는 것이 특징 • 류신, 이소류신, 발린(아미노전이효소에 의해 α-케토산으로 전환) → α-케토산 분해효소 부족시 체내 축적 → 체조직 산도가 낮아져 심각한 신경조직 손상 유발	• 류신, 이소류신, 발린 제한 • 저단백식
티로신혈증	• 티로신(tyrosine) 분해효소의 결핍 → 혈중 티로신 및 그 대사산물들이 간, 중추신경계, 신장에 축적 → 여러 가지 증상을 일으키는 질환 • 1형, 2형, 3형 티로신혈증으로 구분(1형 가장 흔함)	저단백질식
호모시스틴뇨증	• 시스타티오닌 합성효소 결핍 → 호모시스테인이 시스타티오닌으로 전환되지 않아 발생 → 이 경우 혈액 중 메티오닌과 호모시스테인 축적 → 반면 시스테인과 시스틴은 합성이 되지 않아 결핍 • 지능장애, 경련, 골격이상, 안과적 이상, 혈전증 등	• 비타민 B_6 공급 • 저메티오닌 식사
갈락토오스혈증 (갈락토세미아)	• 탄수화물 대사 질환(갈락토오스 → 포도당 대사 이상) • 갈락토오스가 혈액과 신체조직에 급격히 축적 • 증상 : 식욕부진 및 구토, 황달, 간비대, 복수, 부종 등 • 신체발달과 정신발달 지체, 특히 유아기 또는 아동기에 백내장 발생	• 갈락토오스가 없는 우유나 우유 대체품 • 두유 또는 카제인 가수분해물 제품
과당불내증	• 유전적 과당불내증, 구토, 심한 저혈당증, 빈혈	과당, 설탕, 전화당, 솔비톨 제한, 비타민 C 보충
통풍	• 퓨린체 대사이상 → 요산 체내 축적 → 고요산혈증 → 관절염 증상	• 퓨린제한식(육류 등 제한) • 알코올 제한

15. 내분비 조절장애 영양 관리

(1) **내분비계** : 호르몬 분비 기관들의 모임

① 외분비선(도관선) : 분비된 후 도관을 따라 작용 부위로 이동(소화액)

② 내분비선(무도관선) : 도관 없이 혈액으로 분비 → 혈관 통과 → 표적 장기 수용체에 결합 → 세포기능 원격조절

참고 호르몬, 비타민 및 효소의 차이 비교

구분	호르몬	비타민	효소
공통점	신진대사 촉진	신진대사 관여	신진대사 관여
표적 장기	있음(혈류로 이동)	없음	합성세포 및 혈액
작용량	극미량(μg 이하)	미량(mg 단위)	다량
체내 합성	합성	합성능 없음	합성
화학적 성질	다양	수용성, 지용성	단백질

(2) 호르몬

1) 화학적 분류

① 펩티드계 호르몬 : 성장호르몬, 프로락틴, 부신피질자극호르몬, 항이뇨호르몬, 옥시토신, 칼시토닌, 부갑상선호르몬, 인슐린, 글루카곤

② 당단백계 호르몬 : 아포자극호르몬, 황체형성호르몬, 갑상선자극호르몬

③ 스테로이드계 호르몬 : 글루코코르티코이드, 알도스테론, 에스트로겐, 프로게스테론, 테스토스테론

④ 아미노산 유도계 : 티록신, 에피네프린

2) 호르몬 대사 : 간, 신장에서 호르몬 분해, 배출, 호르몬 작용을 한 세포 내에서 자체적으로 대사 분해

3) 호르몬 분비 조절 : 방출, 자극호르몬 등의 음성되먹이 기전에 의해 주로 조절

4) 호르몬의 종류 및 기능

내분비선	호르몬	기능	분비세포	결핍증	과잉증
뇌하수체전엽	성장호르몬	뼈·근육 성장, 전엽호르몬 중 종말호르몬	뇌하수체전엽	시몬즈병	거인증, 말단비대증
	갑상선자극호르몬	갑상선호르몬 분비·촉진	뇌하수체전엽	-	-
	부신피질자극호르몬	부신피질호르몬 분비·촉진	뇌하수체전엽	-	피부흑색화
뇌하수체전엽	난포자극호르몬	에스트로겐 분비, 배란	뇌하수체전엽	-	-
	황체자극호르몬	황체 형성, 프로게스테론 분비	뇌하수체전엽	-	-
	유즙분비호르몬(프로락틴)	유선조직 발육, 유즙분비촉진, 전엽호르몬 중 종말호르몬	뇌하수체전엽	-	-

내분비선	호르몬	기능	분비세포	결핍증	과잉증
뇌하수체중엽	멜라닌세포자극호르몬	피부 색소 침착	뇌하수체중업	–	–
뇌하수체후엽	항이뇨호르몬 (바소프레신)	수분재흡수, 혈압 상승	시상하부 시삭상핵	요붕증	–
	옥시토신	자궁수축, 유즙 분비	시상하부 실방핵	–	–
갑상선	티록신	기초대사 촉진	여포세포	난쟁이, 크레틴병, 백석, 점액수종	안구돌출, 바세도우병
	칼시토닌	칼슘 뼈에 침착	여포낭세포	골다공증	–
부갑상선	부갑상선 호르몬	혈액 칼슘 농도 유지	부갑상선	저칼슘혈증	고칼슘증, 골다공증, 연조직경화, 신장결석
부신피질	알도스테론	Na 재흡수	사구대	–	콘증후군
	코티솔	혈당 유지	속상대	에디슨병	쿠싱증후군
부신수질	에피네프린	혈당 상승	수질	–	–
	노르에피네프린	교감신경 흥분	수질	–	–
난소	에스트로겐	자궁발달	포상 난포	–	–
	프로게스테론	임신유지	황체	–	–
정소	에스트로겐		세르톨리 세포	–	–
	테스토스테론	남성	간질세포	–	–
췌장 (랑게르한스섬)	인슐린	혈당 강하	β–세포	당뇨병	–
	글루카곤	혈당 상승	α–세포	–	–
위	가스트린	위산 분비	위유문부	–	–
소장	세크레틴	췌액 분비	십이지장	–	–
	콜레시스토키닌	담낭 수축	십이지장		–
	엔테로가스트론	위운동 억제	십이지장		

정리

- 에디슨병 : 만성피로증후군, 구토, 체중 감소, 피부 검게 변하고 입점막갈색 반점
- 쿠싱증후군 : 많은 양의 당류코르티코이드호르몬 노출, 달덩이처럼 둥근 얼굴 모양, 목뒤·어깨 과도지방축적, 여드름, 고혈압, 가는 다리, 골다공증)
- 시몬즈병 : 결핵, 종양, 출혈 등에 의한 빈혈 또는 기질 변화 없이 나타나는 기능 저하
- 요붕증 : 비정상적으로 많은 양의 소변이 생성되고 과도한 갈증 동반

(3) 영양 관리

내분비 조절장애		원인	증상	식사요법
갑상선 질환	갑상선 기능 저하증	요오드 부족, 갑상선 위축, 갑상선 염증, 갑상선기능항진증 치료 부작용	• 크레틴병 : 태아기나 발육기의 갑상선 기능 저하, 성장장애(작고 뚱뚱한 소인), 지능장애, 저체온증 • 갑상선종 : 성인기의 기능 저하, 기초대사량 저하, 체중증가, 심장기능 저하, 부종	• 티록신 호르몬 복용 • 요오드 함량 많은 음식 섭취 • 동물성 단백질 섭취 증가
	갑상선 기능 항진증	요오드 과다, 그레이브병(갑상선 자극 항체 농도 높음), 자기면역에 의한 갑상선 조직 비대	신진대사 항진, 심장박동 항진, 식욕증가, 체중 감소, 갑상선종, 신경과민(바세도우병)	• 충분한 에너지 섭취 • 트립토판 제한(고기, 달걀, 치즈 제한) • 요오드 제한 • 비타민 A, B, C 공급 • 칼슘, 인 공급 • 알코올, 카페인 제한
부신피질 호르몬 질환	부신피질 호르몬 결핍증 (에디슨병)	부신에 감염, 종양, 부신 제거 시, 뇌하수체 또는 시상하부 이상	• 알도스테론의 감소로 나트륨 재흡수 감소(총 혈액량과 심박출량 감소) • 글루코코르티코이드의 감소로 당신생과정 저하 → 저혈당 • 만성 : 피부검게 변함, 불안증, 체중감소, 구토, 근육통, 메스꺼움 • 급성 : 저혈압, 저혈당, 혼수	• 고단백식 • 나트륨과 체액 보충 • 소량 식사 • 포도당 정맥주사(저혈당증 예방)
	부신피질 호르몬 과잉증 (쿠싱증후군)	뇌하수체 종양, 부신 종양, 부신피질 조직 비대	당뇨병, 고혈압, 우울증, 달처럼 둥근 얼굴(moon face), 근육 소모	부신절제, 저나트륨식
뇌하수체 질환	뇌하수체전엽 기능항진증 (성장호르몬 과잉증)	뇌하수체 종양에 의해 성장호르몬 과잉분비	• 거인증 : 어린이 • 말단비대증 : 성인	당뇨가 나타나기 쉬우므로 탄수화물 제한, 단백질 충분공급
	뇌하수체전엽 기능 저하증	뇌하수체호르몬 부족	• 소인증 : 어린이 • 시몬즈병(영양실조상태) : 성인	신진대사 저하, 고당질, 고단백식, 무기질과 비타민 보충
	뇌하수체 후엽 기능 저하증	뇌하수체 종양으로 인한 항이뇨호르몬 부족	요붕증(요 농축 능력 상실), 다뇨, 빈뇨, 갈증	수분보충, 나트륨 섭취제한, 고열량, 고당질, 고비타민식

16. 암 영양 관리

(1) 암

① 조절되지 않는 세포의 비정상적인 증식을 특징으로 하는 복합적인 질환군

② 세포 자체 조절 기능 문제 → 사멸해야 할 세포들의 비정상적 증식 → 주위 조직 및 장기에 침입 → 기존 구조 파괴·변형

③ 종양(tumor) : 세포 증식에 의한 비정상적인 덩어리 통칭

④ 양성종양 : 주위 조직 침범 및 다른 장기로 전이하지 않고 천천히 성장, 제거 시 재발 거의 없음

⑤ 악성종양(암) : 주위 조직 침범, 다른 장기로 전이하고 빠른 증식, 재발이 흔함

(2) 암 발생원인

① 숙주 요인(유전적, 면역, 호르몬, 감염), 환경적 요인(방사선·자외선으로 DNA 손상, 중금속 및 화학물질, 흡연), 식사 및 생활습관요인(과체중, 비만, 알코올 섭취, 식품 내 발암물질)

② 식품 내 발암물질 : 곰팡이균(아플라톡신), 육류 고온조리(헤테로사이클릭아민), 육류 및 생선 직화구이(다환방향족탄화수소), 육류훈제(니트로소화합물)

(3) 암 발생과 식생활 요인

분류	암 발생 위험 요인	암 억제 요인
구강, 인두, 후두암	소금에 절인 생선(구강·인두암), 음주	과일과 채소류
식도암	뜨거운 음식, 음주, 흡연	녹색채소, 과일, 양질의 단백질
폐암	흡연, 고용량의 베타카로틴 보충(흡연자), 비소	신선한 녹황색 채소, 비타민 A
위암	고염식, 뜨겁거나 차가운 음식, 훈제식품, 고질산함유식품	과일과 채소의 비타민 C, 우유 및 유제품
췌장암	체지방	저지방식
담낭암	체지방	저지방식
간암	곰팡이독소가 생긴 식품, 음주, 체지방	양질의 단백질, 비타민
대장, 직장암	고지방식, 고열량식	저지방식, 저열량식, 채소, 과일

(4) 암 악액질(Cancer cachexia)

암이 진전됨에 따라 나타나는 증상. 극심한 식욕부진으로 체중 감소, 근육 소모, 무기력증 등 육체적·정신적 기능이 모두 저하. 암세포에서 생성하는 사이토카인이 식욕부진, 체단백질 소모 유도

(5) 암 환자의 대사 변화 : 대사항진으로 이화작용 증가, 동화작용 감소

① 에너지 대사 : 기초대사율과 총 에너지 소비량 증가

② 탄수화물 대사 : 혐기적 대사율 상승 → 체중 감소 촉진, 인슐린 저항, 해당과정 촉진, 당신생 증가, 고혈당증 발생

③ 단백질 대사 : 체조직 합성 감소, 분해 증가 → 체중 감소

④ 지질 대사 : 지방조직 분해 → 체지방 감소

⑤ 비타민 결핍증

⑥ 수분과 전해질 손실

(6) 암수술 후 식사 관리 : 유동식 → 연식 → 상식으로 천천히 이행하면서 충분한 열량과 단백질 공급

(7) 암 예방식사

① 건강체중 유지 : 과식을 피하고 적절한 열량을 섭취

② 고열량 식품과 단순당질 함유 음료의 섭취 제한

③ 전곡류와 채소, 과일, 콩류를 자주 섭취, 붉은색 육류와 가공육 제한

④ 싱겁게 먹으며 술은 마시지 않음

⑤ 항산화 영양소나 섬유소를 충분히 섭취 : 보충제보다는 가급적 식품의 형태로 섭취

2교시 1과목 식품학·조리원리

01 수분

1 물의 구조

① 물분자 : 양극성을 띠는 극성분자, 공유결합
② 물분자 간 수소결합으로 분자량이 비슷한 메탄, 암모니아, 황화수소 등과 비교하여 융해열, 비등점, 표면장력, 열용량, 승화열 등이 높음
③ 얼음과 물의 열전도도는 다른 액체보다 큼
④ 0℃에서 얼음의 열전도도는 물의 4배, 열에너지 전달이 빠름
⑤ 순수한 얼음은 육각형 구조이며 온도에 따라 변화함

2 식품 내 분포하는 물의 형태

자유수	결합수
가용성 물질을 녹여 진용액 상태인 물 예 소금물 등	식품 중 구성성분인 탄수화물·단백질 등과 결합하여 존재하는 물
불용성 물질을 물에 분산시켜 콜로이드 상태를 이루는 물 예 밀가루 반죽 등	유동성 없는 물
용매로 작용	용매로 작용 못함
0℃ 이하(대기압)에서 어는 물	0℃ 이하(대기압)에서 얼지 않는 물
100℃ 이상(대기압)에서 가열 또는 건조로 쉽게 제거되는 물	100℃ 이상(대기압)에서 가열하거나 건조하여도 제거되지 않는 물
미생물의 생육, 증식에 이용	미생물의 생육, 증식에 이용 못함
끓는점, 녹는점이 매우 높음	자유수보다 밀도가 큼
비열, 표면장력, 점성이 큼	큰 압력으로 압착해도 제거 안 됨
화학반응에 이용	화학반응에 이용 안 됨

3 수분활성도(Water activity, Aw)

① 일정온도에서 식품 중에 함유된 물의 증기압(P)과 같은 온도에서의 순수 한 물의 증기압(P_0)의 비
② P(식품 중 물의 증기압)는 식품 중의 물에 녹아 있는 용질의 몰 수(Ns)에 따라 결정

$$Aw = \frac{P}{P_0} = \frac{Nw}{Nw + Ns}$$

P : 식품용액의 증기압, P_0 : 순수한 물의 증기압, Nw : 물의 몰수, Ns : 용질의 몰수

$P_0 > P \rightarrow Aw < 1$

③ 식품 중 수분에 가용성 물질이 많이 녹아 있을수록 수분활성은 낮아짐
④ 미생물 생육에 필요한 최저 수분활성도 : 세균(0.9~0.94), 효모(0.88), 곰팡이(0.80), 내건성곰팡이(0.65)

4 등온흡습(탈습)곡선

1. 식품과 습도

① 식품 중 수분함량은 대기 중 습도에 의해 영향 받음

② 대기습도 낮으면 식품의 수분 증발

③ 대기습도 높으면 식품으로 수분 흡수

2. 등온흡습곡선

① 등온흡습(탈습)곡선 : 일정 온도에서 식품의 평형수분함량(%)과 상대습도의 관계를 나타낸 그래프

② 등온흡습곡선 : 식품이 수분 흡수 시의 곡선

③ 등온탈습곡선 : 식품이 수분 방출 시의 곡선

④ 이력현상(히스테리시스 현상, hysteresis) : 등온흡습곡선과 등온탈습곡선이 일치하지 않는 현상으로 이력현상은 등온곡선의 굴곡점에서 가장 크며, 동일한 Aw에 도달할 때 탈습 시 수분함량이 더 높음

3. 등온흡습곡선 영역 및 특성

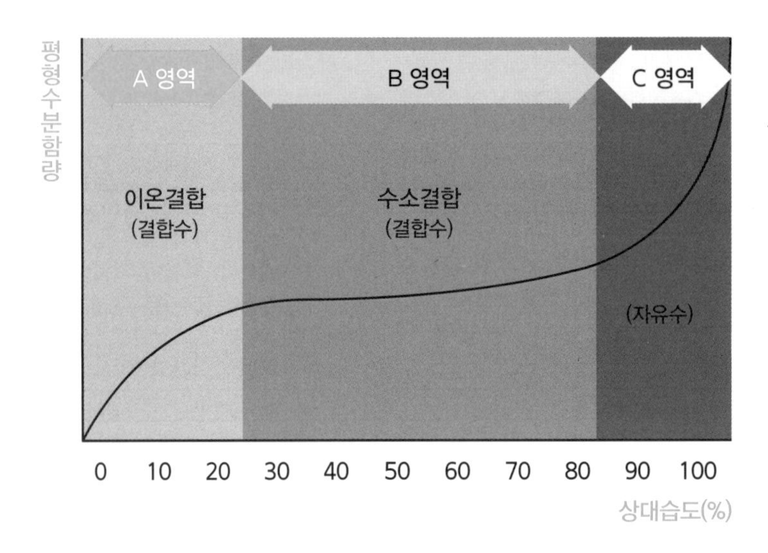

등온흡습곡선 영역	특성
A 영역	• 수분이 대단히 적은 곡선부분 • 수분이 식품구성성분과 단단히 결합 • 단분자층 형성 • 식품 중 물이 결합수로 존재 • 이온결합
B 영역	• 식품 중 물이 하이드록실기, 아마이드기 등과 결합하여 다분자층 형성 • 식품 중의 물이 결합수 형태로 존재 • 거의 용매로 작용하지 못함 • 안정성이나 저장성이 가장 좋은 최적수분함량을 나타내는 영역 • 결합수(준결합수) • 수소결합
C 영역	• 식품의 다공질 구조(모세관)에 물이 자유롭게 응결되는 영역 • 자유수 형태로 존재 • 미생물 생육, 화학반응 촉진 등 • 식품 중에 들어 있는 물의 95% 이상 차지

5 식품의 수분활성과 안정성

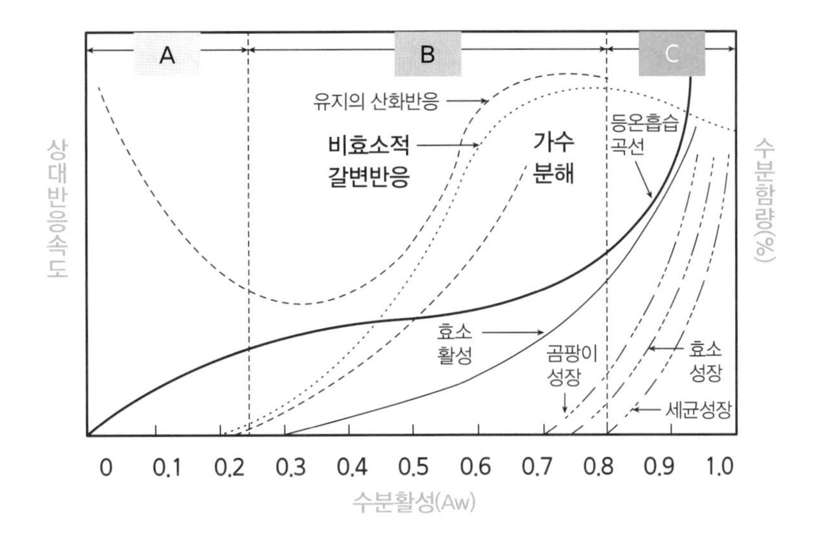

① 효소 : Aw 0.3 이하에서 억제 또는 정지

② 미생물 : Aw가 클수록 미생물 성장, 증식 활발. 건조, 냉동, 염장, 당장 등 가공시 Aw 낮추어 저장성 높임

③ 유지 산화 : Aw가 0에 가까울 때 가장 활발. Aw가 증가함에 따라 감소. 단분자층 영역인 Aw 0.2~0.3에서 가장 산화반응속도 감소

④ 비효소적 갈변반응 : 단분자층 형성 수분영역(Aw 0.2~0.3)에서 반응속도 낮음. Aw 0.6~0.7에서 가장 활발

02 탄수화물

1 탄수화물의 분류

1. 단당류

(1) 단당류의 분류

1) 탄소수에 따른 분류

① 3탄당 : 글리세르알데하이드(알도오스), 디하이드록시아세톤(케토스)

② 4탄당 : 에리트로오스(erythrose), 트레오스(threose)

③ 5탄당 : 5개 탄소로 구성(리보오스, 디옥시리보스)

④ 6탄당 : 6개 탄소로 구성(포도당, 과당, 갈락토오스)

2) 카보닐기에 따른 분류

① 알도오스 : 1번 탄소에 알데히드기(C-H-O)를 가짐 **예** 포도당

② 케토오스 : 2번 탄소에 케톤기(C = O)를 가짐 **예** 과당

3) 고리구조에 따른 분류

① 육각형 : 피라노오스(pyranose) **예** 포도당

② 오각형 : 퓨라노스(furanose) **예** 과당

(2) 단당류의 화학적 구조(사슬형, 고리형, 의자형)

① 이성질체 : 같은 화학식을 가지나 화학적 구조가 다른 화합물
② 부제탄소(비대칭탄소) : 4개의 서로 다른 원자 또는 원자단과 결합하고 있는 탄소원자
③ 에피머 : 부제탄소(비대칭탄소)에서 구조가 다른 부분입체 이성질체
④ 거울상 이성질체 : 알데히드기나 케톤기에서 가장 멀리 떨어진 부제탄소(비대칭탄소)에 결합한 하이드록시기(OH)의 위치에 따른 분류
- D형 : 하이드록시기(OH)가 오른쪽에 위치
- L형 : 하이드록시기(OH)가 왼쪽에 위치

⑤ 아노머 : 아노머탄소(환상구조에 의해 부제탄소가 된 탄소) 중심으로 구조만 다른 이성질체
⑥ 환상구조(고리구조)
- 알데히드기가 동일 단당류의 알코올기와 반응 : 헤미아세탈
- 케톤기가 동일 단당류의 알코올기와 반응 : 헤미케탈

⑦ 아노머탄소에 치환된 하이드록시기의 방향에 따른 분류
- α형 : 아노머탄소를 중심으로 하이드록시기가 아래쪽
- β형 : 아노머탄소를 중심으로 하이드록시기가 위쪽

(3) 단당류의 결합

하나의 단당류에 있는 하이드록시기(OH)가 다른 단당류의 아노머탄소와 반응하여 생성된 공유결합

1) 환원당

① 글리코시딕 OH기(아노메릭 OH기, anomeric OH기)가 유리(비결합상태)되어 있는 당
② 모든 단당류, 맥아당, 유당, 갈락토오스

2) 비환원당

① 글리코시딕 OH기(아노메릭 OH기, anomeric OH기)가 다른 당과 결합된 상태로 유리되어 있지 않은 당
② 펠링(Fehling) 시험에 반응하지 않음(적색 침전 없음)
③ 설탕, 트레할로스, 라피노오스, 겐티아노오스, 스타키오스, 다당류

(4) 단당류의 종류

종류		특징
오탄당	리보오스, 디옥시리보오스	• 핵산(DNA, RNA)과 ATP의 구성성분
	아라비노오스	• 아라반(아라비아검의 성분)의 구성성분
	자일노오스	• 저칼로리 감미료, 설탕의 60% 단맛
육탄당	포도당(글루코스, glucose)	• 육탄당, 혈당, 에너지 급원 • 소화과정 없이 소장에서 그대로 흡수 • 인체 내에서 당대사의 중심물질
	과당(프럭토오스, fructose)	• 과일, 꿀 등에 존재 • 단당류 중에서 가장 단맛 강함 • 소화과정 없이 소장에서 그대로 흡수
	갈락토오스(galactose)	• 유당 구성성분, 뇌에 함유되어 뇌 성장에 중요작용 • 단당류에서 단맛이 가장 약함

(5) 단당류의 유도체

① 데옥시당(deoxy sugar) : 당의 수산기(-OH) 1개가 수소(-H)로 환원된 것
- 데옥시리보오스(deoxyribose)

② 알돈산(aldonic acid) : 당의 C_1의 알데하이드기(-CHO)가 카르복실기(-COOH)로 산화된 것
- 글루콘산(gluconic acid)

③ 우론산(uronic acid) : 당의 C_6의 CH_2OH가 카르복실기(-COOH)로 산화된 것
- 글루쿠론산(glucuronic acid), 갈락투론산(galacturonic acid)

④ 당산(saccharic acid) : 당의 C_1의 알데하이드기(-CHO)와 C_6의 CH_2OH가 카르복실기(-COOH)로 치환된 것
- 포도당산(glucosaccharic acid)

⑤ 당알코올(sugar alcohols) : 단당류의 알데하이드기(-CHO)가 환원되어 알코올(CH_2OH)로 된 것
- 소비톨(sorbitol), 만니톨(mannitol)

⑥ 아미노당(amino sugar) : C_2의 수산기(-OH)가 아미노기($-NH_2$)로 치환된 것
- 글루코사민(glucosamine)

⑦ 유황당(thio sugar) : 카르보닐기의 수산기(-OH)가 -SH로 치환된 것
- 고추냉이 매운맛 성분의 시니그린

⑧ 배당체 : 당의 수산기(-OH)와 비당류의 수산기(-OH)가 글리코시드 결합을 한 화합물
- 안토시아닌, 루틴, 나린진, 솔라닌 등

2. 이당류 : 2개의 단당류를 탈수반응에 의해 합성한 화합물

① 맥아당(엿당, maltose) : 포도당 + 포도당

② 설탕(자당, 서당, sucrose) : 포도당 + 과당

③ 젖당(유당, lactose) : 포도당 + 갈락토오스

3. 올리고당(소당류) : 3개 이상의 단당류를 탈수반응에 의해 합성한 화합물

① 3당류 : 3개의 단당류를 탈수반응에 의해 합성한 화합물
- 라피노오스(raffinise) → 갈락토오스 + 포도당 + 과당

② 4당류 : 4개의 단당류를 탈수반응에 의해 합성한 화합물
- 스타키오스(stachyose) → 갈락토오스 + 갈락토오스 + 포도당 + 과당

4. 다당류

(1) 단순다당류 : 구성당이 1가지만으로 이루어진 다당류

1) 포도당으로 구성된 다당류

① 전분 : 아밀로스와 아밀로펙틴으로 구성

② 덱스트린 : 전분을 산, 효소, 열로 가수분해 할 때 맥아당이나 포도당으로 되기 전의 중간 생성물

③ 셀룰로오스
- β-1,4결합으로 직쇄상 구조
- 인체 내에 섬유소를 분해하는 효소 셀룰라아제가 없으므로 소화되지 않고 체외로 배설
- 장운동 자극, 변통 좋게 하고 혈청 콜레스테롤 낮춤

④ 글리코겐

- 동물성 저장 다당류
- 포도당이 α-1,4와 α-1,6 결합으로 연결
- 아밀로펙틴과 구조는 비슷하나 아밀로펙틴보다 가지가 많으며 사슬의 길이가 짧음
- 간, 근육, 조개류 등에 함유되어 있으며 요오드반응은 아밀로펙틴과 같은 적갈색

참고 아밀로스와 아밀로펙틴 비교

구분	아밀로스	아밀로펙틴
모양	사슬모양의 포도당 6개 단위로 나선형	나뭇가지 모양
결합방식	포도당 α-1,4 결합	포도당 α-1,4 결합 및 α-1,6 결합
요오드반응	청색	적갈색
수용액에서 안정도	노화됨	안정
용해도	녹기 쉬움	난용
x선 분석	고도의 결정성	무정형
호화반응	쉬움	어려움
노화반응	쉬움	어려움
포접화합물	형성	형성 안 함
대부분의 전분함량	20%	80~100%
찰전분함량	0%	100%

2) 과당으로 이루어진 다당류 : 이눌린(inulin)

3) 기타 : 키틴(chitin) N-acetylglucosamine의 β-1,4 글리코시드 결합

(2) **복합다당류 :** 구성당이 2가지 이상으로 이루어진 다당류

예 헤미셀룰로오스(hemicellulose), 펙틴(pectin), 알긴산(alginic acid), 황산콘드로이틴(chondroitin sulfate), 히알루론산(hyaluronic acid), 헤파린(heparin)

(3) 인체 소화유무에 따른 분류(인체 내 소화효소 존재 유무에 의함)

구분	설명
소화성 다당류	사람의 소화효소에 의해 분해되는 다당류. 전분, 덱스트린, 글리코겐
비소화성 다당류	인체 내 효소로는 분해되지 않고 장내 미생물에 의해 분해 되는 식이섬유
난소화성 다당류	인체 내에서 분해되기 어려운 동물성 식이섬유(키틴 등) 또는 식물성 식이섬유(셀룰로오스 등)

(4) **물과 친화력에 따른 식이섬유(dietary fiber) 분류 :** 식이섬유소는 수용성 식이섬유소와 불용성 식이섬유소로 분류한다.

수용성 식이섬유소	불용성 식이섬유소
• 물과 친화력이 커서 쉽게 젤 형성 • 구아검, 펙틴 등 • 사과, 귤, 오렌지 등의 과일, 해조류, 콩에 함유 • 드레싱, 아이스크림, 잼, 젤리 등에 첨가 • 대장 미생물에 의해 분해되어 에너지원으로 사용되므로 많이 섭취하면 가스 생성 • 인체 내에서 당, 콜레스테롤, 무기질 등의 영양성분 흡수 지연 또는 방해 작용 • 혈청콜레스테롤 농도 저하, 혈당 상승 지연, 공복감 지연 등의 생리 효과	• 물과 친화력이 적어 겔 형성력이 낮음 • 셀룰로오스, 헤미셀룰로오스, 리그닌 • 식물 줄기, 곡류 겨층, 과일 껍질, 현미 등에 함유 • 장내 미생물에 의해서도 분해되지 않음 • 배변량 증가 작용 • 배변 속도(장 통과 시간 단축) 증가 작용 • 대장암 예방 효과
• 식이섬유소 과잉 섭취 : 칼슘, 철 등 영양소 흡수 방해 • 식이섬유소 부족 : 이상지질혈증, 동맥경화, 대장암, 변비, 게실증, 당뇨병, 비만 • 성인의 식이섬유 충분 섭취량 : 남자(25g/일), 여자(20g/일)	

(5) **천연검질** : 적은 양의 용액으로 높은 점성을 나타내는 다당류 및 그 유도체

① 식물조직에서 추출되는 검질 : 아라비아검

② 식물종자에서 추출되는 검질 : 로커스트검, 구아검

③ 해조류에서 추출되는 검질

- 한천-홍조류(김, 우뭇가사리)와 녹조류에서 추출한 복합다당류
- 알긴산 : 미역, 다시마 등 갈조류의 세포벽 구성성분
- 카라기난 : 홍조류를 뜨거운 물이나 알칼리성 수용액으로 추출한 물질

④ 미생물이 생성하는 검질 : 덱스트란(dextran), 잔탄검(xanthan gum)

(6) **소화성 다당류와 난소화성 다당류**

① 소화성 다당류 : 사람의 소화효소에 의해 분해되는 다당류 **예** 전분, 덱스트린, 글리코겐

② 난소화성 다당류 : 사람의 소화효소에 의해 분해되지 않는 다당류 **예** 섬유소, 펙틴, 만난, 한천, 덱스트란, 이눌린, 키틴, 알긴산, 잔탄검

2 탄수화물의 성질

1. 결정성 : 무색 또는 백색의 결정 생성

2. 용해성 : 물에 잘 녹으나 알코올에 잘 녹지 않음

3. 발효성 : 일부 당을 제외하고, 효모에 의해 발효되어 에탄올과 이산화탄소 생성

4. 변선광

① α형 또는 β형의 환상구조를 갖는 당은 수용액을 만들어 놓으면 쇄상구조를 거쳐 α형과 β형의 이성체인 환상구조로 전환되면서 선광도가 변화하는 현상

② 단당류나 이당류에서 주로 일어남

③ 당은 부제탄소(탄소 4개의 서로 다른 원자나 원자단이 결합)를 함유하여 선광성이 있음

5. 환원성 : 단당류와 설탕, 트레할로스, 라피노오스 등을 제외한 소당류들은 자신은 산화하면서 다른 화합물을 환원

6. 광학이성질체 : n개의 부제탄소를 갖는 당은 2^n개의 광학이성질체가 존재

3 전분

1. 전분의 분해효소

(1) α-amylase

① 전분의 α-1,4 결합을 무작위로 가수분해하는 효소
② 전분을 용액상태로 만들기 때문에 액화효소라 함

(2) β-amylase

① 전분의 비환원성 말단으로부터 α-1,4 결합을 말토스 단위로 가수분해하는 효소
② 전분을 말토스와 글루코스의 함량을 증가시켜 단맛을 높이므로 당화효소라 함

(3) 글루코아밀레이스(γ-amylase, 말토스가수분해효소)

① α-1,4 및 α-1,6 결합을 비환원성 말단부터 글루코스 단위로 분해하는 효소
② 아밀로스는 모두 분해하며 아밀로펙틴은 80~90% 분해
③ 고순도의 결정글루코스 생산에 이용

(4) 이소아밀레이스

① 아밀로펙틴의 α-1,6 결합에 작용하는 효소
② 중합도가 4~5 이상의 α-1,6 결합은 분해하지만 중합도가 5개인 경우 작용하지 않음

2. 전분의 호화

(1) 특징

① 생전분(β-전분)에 물을 넣고 가열하였을 때 소화되기 쉬운 α 전분으로 되는 현상
② 물을 가해서 가열한 생전분은 60~70℃에서 팽윤하기 시작하면서 점성이 증가하고 반투명 콜로이드 물질이 되는 과정
③ 팽윤에 의한 부피 팽창
④ 방향부동성과 복굴절 현상 상실

(2) 전분의 호화에 영향을 미치는 요인

① 전분 종류 : 전분입자가 클수록 호화 빠름(아밀로오스가 많을수록 호화가 잘 일어남) ⇒ 고구마, 감자의 전분입자가 쌀의 전분입자보다 큼
② 수분 : 전분의 수분함량이 많을수록 호화 잘 일어남
③ 온도 : 호화최적온도(60℃ 전후), 온도가 높을수록 호화시간 빠름
④ pH : 알칼리성에서 팽윤과 호화 촉진
⑤ 염류 : 알칼리성 염류는 전분입자 팽윤을 촉진시켜 호화온도 낮추는 팽윤제 작용 강함(NaOH, KOH, KCNS 등) ⇒ $OH^- > CNS^- > Br^- > Cl^-$ [단, 황산염은 호화억제(노화촉진)]

3. 전분의 노화

(1) 특징

① 호화된 전분(α 전분)을 실온에 방치하면 굳어져 β 전분으로 되돌아가는 현상
② 호화로 인해 불규칙적인 배열을 했던 전분분자들이 실온에서 시간이 경과됨에 따라 부분적으로나마 규칙적인 분자배열을 한 미셀(micelle)구조로 되돌아가기 때문임
③ 떡, 밥, 빵이 굳어지는 것은 이러한 전분의 노화현상 때문임

(2) 전분의 노화에 영향을 미치는 요인

① 전분 종류 : 아밀로펙틴 함량이 높을수록 노화 억제(아밀로스가 많은 전분일수록 노화가 잘 일어남)
② 수분함량 : 30~60%에서 노화가 가장 잘 일어나고, 10% 이하 또는 60% 이상에서는 노화 억제
③ 온도 : 0~5℃에서 노화 촉진, 60℃ 이상 또는 0℃ 이하의 냉동으로 노화 억제
④ pH : 알칼리성일 때 노화가 억제됨
⑤ 염류 : 일반적으로 무기염류는 노화 억제하지만 황산염은 노화 촉진
⑥ 설탕 첨가 : 탈수작용에 의해 유효수분을 감소시켜 노화 억제
⑦ 유화제 사용 : 전분 콜로이드용액의 안정도를 증가시켜 노화 억제

03 지질

1 지질의 분류

1. 단순지질 : 글리세롤과 지방산의 결합체

중성지질	• 3가 알코올인 글리세롤과 3개의 유리지방산이 에스테르 결합된 트리아실글리세롤 • 식용유지, 체지방의 성분 • 산, 알코올, 소화효소에 의해서 글리세롤과 지방산으로 분해되어 흡수
왁스	• 고급 1가 알코올과 고급지방산의 에스테르 결합 • 밀랍, 경랍 • 피부, 모발, 식물 잎, 사과껍질에 함유

2. 복합지질 : 지방산과 알코올 외에 질소, 인, 당 등이 결합된 지방질(결합성분에 따라 인지질, 당지질, 지단백)

* 영양적으로 중요하며 간에서 합성

인지질	글리세롤, 지방산, 인산이 결합된 것으로 인산에 연결된 염기의 종류에 따라 분류	
	글리세로인지질 (글리세롤 + 지방산 + 인산 + 질소화합물)	• 레시틴 : 콜린이 결합, 세포의 구성성분으로 신경, 심장, 간, 골수에 많음(난황에 다량 함유) * 천연유화제 • 세팔린 : 에틴올아민이 결합, 뇌세포, 간, 부신에서 발견(동물 장기와 난황에 함유)
	스핑고인지질 (스핑고신 + 지방산 + 인산 + 콜린)	• 스핑고미엘린 : 세라미드에 인산과 염기가 결합된 인지질(스핑고지질), 뇌와 신경조직의 구성성분(미엘린에 많이 함유)
당지질	글리세로당지질 (글리세롤 + 지방산 + 당질)	• 식물의 엽록체에 존재(디갈락토-디글리세라이드)
	스핑고당지질 (스핑고신 + 지방산 + 당질)	• 동물의 세포막에 존재(세레브로시드, 강글리오시드)
단백지질 (지단백)	• 중성지방과 콜레스테롤(비극성)을 인지질과 단백질(극성)이 둘러싼 형태 • 지질 대사와 운반에 필수적인 작용을 함 • 밀도에 따라 분류 : 킬로미크론, VLDL, LDL, HDL	
황지질	지질 + 유황	

3. 유도지질 : 단순지질이나 복합지질이 가수분해되면서 생성되는 지질(고급지방산, 고급알코올, 탄화수소 등)

지방산	• 팔미트산, 스테아르산 등
고급알코올	• 스테롤 : 콜레스테롤, 피토스테롤, 에르고스테롤 • 고급 1가 알코올 : 왁스를 구성하는 알코올
탄화수소	• 스쿠알렌 : 심해상어 간유에 존재 • 지용성 비타민 : 비타민 A, D, E, K • 지용성 색소

참고 **스테로이드 : 4개의 탄화수소 고리구조를 갖는 지질**

콜레스테롤
- 동물조직에서 발견
- 세포막의 구성성분(뇌, 신경조직, 세포원형질)
- 생체 내에서 합성되며 식품에서도 흡수됨
- 섭취량에 따라 체내 합성량이 조절되어 체내 콜레스테롤을 일정 수준으로 조절
- 동물성 식품에서만 함유 : 달걀노른자, 쇠기름, 오징어, 새우 등에 함유

* 콜레스테롤의 체내작용
  - 세포의 구성성분
  - 성호르몬(테스토스테론, 에스트로겐, 프로게스테론), 코르티솔, 알도스테론 등의 호르몬의 전구체
  - 7-디히드로콜레스테롤은 피부에서 자외선을 받아 비타민 D 합성
  - 담즙산의 전구체

피토스테롤(파이토스테롤)
- 식물조직에서 발견
- 소장 내 콜레스테롤 흡수 저해

에르고스테롤
- 효모, 곰팡이, 버섯류, 어류에 함유된 스테롤
- 자외선의 작용으로 비타민 D_2로 전환

3 지방산

1. 특징
① 탄소, 수소, 산소로 구성
② 한쪽 끝은 카르복실기(COOH), 다른 한쪽 끝은 메틸기($-CH_3$)로 된 탄화수소 사슬
③ 생물계에 존재하는 대부분의 지방산은 짝수의 탄소를 가짐(이유: 지방산의 생합성이 탄소 2개의 단위로 결합)

2. 지방산 명명법
① 델타(Δ) 방식 ; 카르복실기에서부터 탄소수를 세는 방식
② 오메가(ω) 방식 : 메틸기에서부터 탄소수를 세는 방식

3. 지방산의 종류

(1) 탄화수소 사슬 길이에 따른 분류
① 생체 내 지방산은 12~24개(짝수)
② 탄소사슬의 길이가 길수록 융점이 높으며, 사슬길이에 따라 소화흡수 과정도 다름
③ 짧은 사슬(단쇄)지방산 : < C_6 예 부티르산(C_4)
④ 중간 사슬(중쇄)지방산 : C_6~C_{12} 예 라우르산(C_{12})

⑤ 긴 사슬(장쇄)지방산 : > C_{12} 예 팔미트산($C_{16:0}$), 스테아르산($C_{18:0}$), 올레산($C_{18:1}$), 리놀레산($C_{18:2}$), 리놀렌산($C_{18:3}$)

⑥ 매우 긴 사슬 지방산 : ≥ C_{22} 예 아라키돈산($C_{20:4}$), EPA(Eicosapentaenoic acid; $C_{20:5}$), DHA (docosahexaenoic acid; $C_{22:6}$)

* 중쇄지방산은 장쇄지방산에 비해 쉽게 흡수되고, 식품 지방산의 대부분은 장쇄지방산임

(2) 탄화수소 사슬의 포화정도에 따른 분류

1) 포화지방산

① 지방산을 구성하는 모든 탄소가 단일결합으로 연결된 지방산 예 스테아르산($C_{18:0}$)
② 탄소수가 증가함에 따라 물에 녹기 어렵고 융점이 상승
③ 쉽게 산화되지 않으며 수소첨가 안 됨
④ 동물성 식품, 코코넛유, 팜유에 많이 함유
⑤ 식품에 따라 다양하게 함유 : 동물성지방(40~55% 함유), 식물성지방(10~25% 함유)
⑥ 과다섭취는 동맥경화증과 관상심장병 유발 위험 요인

2) 불포화지방산

① 지방산을 구성하는 탄소 사이에 이중결합부위가 하나 이상 존재하는 지방산
② 탄소수가 같은 포화지방산에 비해 융점이 낮고, 소화 용이, 상온에서 액체상태
③ 단일불포화지방산(MUFA) : 이중결합이 하나인 지방산 예 올레산($C_{18:1}$)
④ 다가불포화지방산(PUFA) : 2개 이상의 이중결합 가진 지방산 예 리놀레산($C_{18:2}$), α-리놀렌산($C_{18:3}$), γ-리놀렌산($C_{18:3}$)

참고 ω-3계 지방산과 ω-6계 지방산

ω-3계 지방산	• 메틸기에서부터 3번째 탄소와 4번째 탄소사이에서 첫 번째 이중결합을 갖는 지방산 • α-리놀렌산($C_{18:3}$), EPA($C_{20:5}$), DHA($C_{22:6}$) • 심장순환계 질환 예방, 염증예방 및 면역기능, 두뇌성장 발달 및 시각 기능
ω-6계 지방산	• 메틸기에서부터 6번째 탄소와 7번째 탄소사이에서 첫 번째 이중결합을 갖는 지방산 • 리놀레산($C_{18:2}$), γ-리놀렌산($C_{18:3}$)

* 리놀레산[($C_{18:2}$), ω-6계 지방산], α-리놀렌산[($C_{18:3}$), ω-3계 지방산] : 체내에서 합성되지 않으며 더 긴 지방산 합성 근원

(3) 오메가(ω)지방산 : 오메가(ω) 체계는 지방산의 메틸기로부터 이중결합이 있는 위치까지 세어 표기하는 방식이다.

ω-3 지방산	α-리놀렌산 · EPA · DHA의 고도불포화지방산, 어유에 많다, 심근경색, 동맥경화, 혈전예방
ω-6 지방산	리놀레산, 아라키돈산, γ-리놀렌산, 식물성기름에 많다, 혈중콜레스테롤 낮춰줌

(4) 필수지방산 : 리놀렌산($C_{18:2}$), α-리놀렌산($C_{18:3}$), 아라키돈산($C_{20:4}$)

① 체내에서 합성되지 않거나 불충분하게 합성되어 식사로부터 매일 일정량 섭취해야 하는 지방산
② 신체의 성장과 유지 및 피부염 예방 등 생리기능 수행 : 세포막의 구조적 안정성 유지
③ 가장 중요한 필수지방산 : 리놀레산(총 열량의 1~2% 섭취해야 함, 혈청 콜레스테롤 농도 저하로 동맥경화증 예방)
④ 아이코사노이드(eicosanoid) 호르몬 유사물질 합성을 위한 전구체로 작용

참고 아이코사노이드(eicosanoid) : 호르몬 유사물질

- 인지질의 2번 탄소에 위치한 탄소수가 20개인 불포화지방산(EPA, 아라키돈산)으로부터 합성되는 물질로서 작용 부위와 가까운 조직에서 생성되어 짧은 기간 동안 작용하고 분해됨
- 프로스타글란딘(PG), 트롬복산(TB), 류코트리엔(LT), 프로스타사이클린(PC)
- 불안정한 구조의 지방산 유도체로 필요 시 빠르게 합성되어 합성된 장소 가까운 곳에서 국소호르몬처럼 작용
- ω-3계 지방산인 α-리놀렌산($C_{18:3}$)으로부터 EPA($C_{20:5}$), DHA($C_{22:6}$) 합성
- ω-6계 지방산인 리놀레산으로부터 γ-리놀렌산($C_{18:3}$), 아라키돈산($C_{20:4}$) 합성

아이코사노이드	기능	ω-3계 지방산		ω-6계 지방산	
		초기물질	합성물질	초기물질	합성물질
		α-리놀렌산 ($C_{18:3}$)	EPA ($C_{20:5}$) DHA ($C_{22:6}$)	리놀레산 ($C_{18:2}$)	γ-리놀렌산 ($C_{18:3}$) 아라키돈산 ($C_{20:4}$)
프로스타글란딘 (PG)	• 호르몬 유사물질 • 평활근 수축·이완 • 위궤양의 예방·치료 • 염증·고혈압·천식·비염 치료 • 수정란 착상 방지	-		-	
트롬복산 (TB)	혈소판 응집을 통한 혈액응고, 혈전 형성	트롬복산 A_3 : 작용 약함		트롬복산 A_2 : 작용 촉진	
	혈관 수축, 혈압상승	작용 약함		작용 촉진	
류코트리엔 (LT)	염증, 알레르기, 면역반응(대식세포, 백혈구, 혈소판)	작용 약함		작용 촉진 (관절염, 천식 악화)	
	평활근 수축				
프로스타사이클린 (PC)	혈액 응고 억제	비슷함			
	혈관 확장, 혈압 저하				

4 유지의 성질

1. 유지의 물리적 성질

(1) 용해성

① 극성용매에 불용, 에테르 등의 비극성 용매에 가용

② 탄소수가 많은 지방산을 갖는 유지일수록, 불포화지방산을 적게 갖고 있는 유지일수록 용해도 감소

(2) 융점

① 포화지방산은 불포화지방산보다 융점 높음

② 포화지방산 중에서도 탄소수가 많을수록 융점 높음

③ 불포화지방산이 많은 유지는 상온에서 액상

④ 저급지방산이나 불포화지방산이 많을수록 융점 낮음

⑤ 융점 낮을수록 소화흡수 잘됨

* 동질이상(polymorphism)현상 : 동일화합물이 2개 이상의 결정형을 갖는 현상

(3) 비중

① 유지는 물보다 가벼움(0.91~0.95)

② 저급지방산, 불포화지방산 함량이 증가할수록 비중 높아짐

③ 유리지방산이 많을수록 비중 낮아짐

(4) 굴절률

① 1.45~1.47

② 고급지방산, 불포화지방산이 증가할수록 굴절률 높아짐

(5) 점도

① 일반적으로 점도 높음

② 저급지방산, 불포화지방산이 증가할수록 점도 낮아짐

(6) 발연점

① 유지를 가열하면 유지의 표면에 푸른 연기가 발생할 때의 온도

② 식용유지의 발연점은 높을수록 좋음

③ 유리지방산의 함량이 증가할수록, 노출유지의 표면적이 증가할수록, 혼입물질이 증가할수록 발연점 낮아짐

(7) 인화점

① 유지를 발연점 이상으로 가열할 때 유지에서 발생하는 증기가 공기와 섞여 발화하는 온도

② 유지 중에 유리지방산이 함유되어 있으면 인화점은 낮아짐

(8) 연소점 : 유지가 인화되어 계속적으로 타는 온도

(9) 유화성(유화제) : 한 분자 내에 친수성기(극성기)와 소수성기(비극성기)를 모두 가지고 있으며 식품을 유화시키기 위하여 사용하는 물질로 기름과 물의 계면장력을 저하시킴

① 친수성기(극성기) : 물 분자와 결합하는 성질

예 $-COOH$, $-NH_2$, $-CH$, $-CHO$ 등

② 소수기(비극성기) : 물과 친화성이 적고 기름과의 친화성이 큰 무극성원자단

예 $-CH_3-CH_2-CH_3-CH_4$ $-CCl-CF$

③ HLB(Hydrophilie-Lipophile Balance) : 친수성·친유성의 상대적 세기

- HLB값 8~18 유화제 : 수중유적형(O/W) - 우유 아이스크림, 마요네즈
- HLB값 3.5~6 유화제 : 유중수적형(W/O) - 버터, 마가린

④ 유화제 종류 : 레시틴, 대두인지질, 모노글리세라이드, 글리세린지방산에스테르, 프로필렌글리콜지방산에스테르, 폴리소르베이트, 세팔린, 콜레스테롤, 담즙산

* 천연유화제는 복합지질들이 많다.

2. 유지의 화학적 성질

시험법	목적	측정방법	비고
산가	유리지방산량	유지 1g에 존재하는 유리지방산을 중화하는 데 소요되는 KOH의 mg수	신선유지에는 유리지방산 함량이 낮으나, 유지를 가열 또는 저장 시 가수분해로 유리지방산 형성
검화가	• 유리지방산의 양 • 지방산의 탄소 사슬 길이 추정 척도	유지 1g을 검화하는 데 소요되는 KOH의 mg수	• 지방산의 분자량에 반비례 → 버터, 야자유 검화가 큼 • 저급지방산 많이 함유 → 검화가 높음 • 고급지방산 많이 함유 → 검화가 낮음
요오드가	지방산 불포화도 측정	유지 100g에 첨가되는 요오드의 g수	• 건성유(들기름, 아마인유 등) : 130 이상 • 반건성유(대두유, 면실유, 참기름) : 100~130 • 불건성유(올리브유, 팜유, 땅콩유) : 100 이하
과산화물가	• 유지 산패 측정(초기 산패, 과산화물량) • 산패유도기간 측정	유지 1kg에 생성된 과산화물의 mg당량수	• 유지의 자동산화로 하이드로퍼옥시드 등의 과산화물 생성 • 산패가 진행되면 증가했다가 감소됨 • 신선유 : 10 이하
TBA가	유지 산패 측정 (말론알데하이드 함량)	티오바르비트르산 시약이 말론알데하이드와 반응하는 적색의 흡광도 측정	가열시간이 길수록 TBA가 높아짐
카르보닐가	유지 산패 측정 (전체 카보닐화합물)	유지 1kg에 포함되어 있는 카보닐화합물의 mg당량수	유지가 산화되어 생긴 과산화물의 분해에 의한 카보닐화합물의 2차 생성물 측정
활성산소법 (AOM)	산패 유도기간 측정	유지를 97℃의 물에 중탕하면서 공기를 일정한 속도로 불어넣어 인위적으로 산패 촉진시켜 일정간격으로 과산화물가 측정	유지의 산화 진행 정도 확인
아세틸가	유리수산기(-OH) 측정	무수초산으로 아세틸화한 유지 1g을 검화하여 생성된 초산을 중화하는 데 필요한 KOH mg수	• 순수한 중성지방 : 0 • 신선유지 : 낮음 • 산패유지 : 높음
폴렌스커가	불용성휘발성지방산량	5g의 유지 속의 휘발성의 불용성 지방산을 중화하는 데 필요한 KOH의 mL수	• 버터 중의 야자유 검사(야자유와 다른 유지의 구별) • 야자유 : 17.8~18.8 • 버터 : 1.9~3.5 • 일반 : 1.0 이하
라이케르트-마이슬가	수용성휘발성지방산량	5g의 유지를 검화하여 산성에서 증류로 얻은 휘발성의 수용성 지방산을 중화하는 데 필요한 0.1N KOH의 mL수	• 버터 위조 판정에 이용 • 버터 : 26~32 • 야자유 : 5~9 • 기타 신선유지 : 1 이하
커르슈너가	부티르산 함량	수용성휘발성지방산 중 부티르산-Ag염만 수용성이고, 다른 지방산들과 Ag염은 불용성이 되는 성질을 이용하여 측정	• 버터의 순도나 위조 여부 확인 • 유지방 : 19~20
헤너가	불용성지방산과 비비누화물의 함량을 나타내는 척도	유지속의 물에 녹지 않는 지방산량을 전체 유지의 양에 대한 퍼센트로 나타낸 값	• 유지의 헤너가 : 95% 내외 • 우유지방 : 87~90% • 코코넛유 : 80~90% • 우지 : 96~97% • 돈지 : 97%

5 유지의 산패

1. 유지 산패의 종류

(1) 가수분해에 의한 산패

산패 형태	유지 산패 특징
화학적 가수분해	트리아실글리세롤이 수분에 의해 글리세롤과 유리지방산으로 분해
효소적 가수분해	라이페이스의 지방효소에 의해 글리세롤과 유리지방산으로 분해

(2) 산화에 의한 산패

산패 형태	유지 산패 특징
자동산화에 의한 산패	• 공기 중 산소가 유지에 흡수 : 초기(개시)단계, 전파(연쇄반응)단계, 종결(반응)단계로 자동산화 일어남 • 초기단계(개시단계) – 유지에서 수소가 떨어져 나가 유리라디칼(Free radical, RO•) 형성 – 유리라디칼(RO•) 은 공기 중의 산소와 결합하여 퍼옥시라디칼(ROO•) • 전파(연쇄반응)단계 – 과산화물(hydroperoxide, ROOH) 생성 → 과산화물가 증가(초기산패화) • 종결(반응)단계 – 중합반응 : 고분자중합체 형성 – 분해반응 : 카보닐화합물(알데하이드, 케톤, 알코올, 산류, 산화물등) 생성 – 과산화물가 감소, 요오드가 감소, 이취 증가, 점도 증가, 산가 증가
가열에 의한 산패	• 유지 고온 가열 → 가열산화 → 자동산화과정의 가속화 → 가열분해, 가열중합반응 등이 일어남. 유지점도 증가, 기포생성
효소에 의한 산패	• 유지의 지방산화효소인 리폭시게네이스에 의해 불포화지방산을 촉진

참고 자동산화에 의한 산패

초기(개시)단계	전파(연쇄반응)단계	종결(반응)단계
RH → R• + H• R• + O_2 → ROO•	ROO• + R_1H → ROOH + R_1• ROOH → RO• + HO•	R• + R• → RR ROO• + ROO• → ROOR + O_2 RO• + R• → ROR ROO• + R• → ROOR 2RO• + 2ROO• → 2ROOR + O_2

(3) 변향에 의한 산패

① 정제된 유지에서 정제 전의 냄새가 발생하는 현상
② 변향취와 산패취가 다름

2. 유지 산패에 영향을 미치는 인자

① 빛, 특히 자외선에 의해 유지 산패 촉진
② 온도 높을수록 반응속도 발라져 유지 산패 촉진
③ Lipoxigenase는 이중결합을 가진 불포화지방산에 반응하여 hydroperoxide가 생성되어 산화 촉진
④ 지방산의 종류 : 불포화지방산의 이중결합이 많을수록 산패 촉진
⑤ 금속 : 코발트, 구리, 철. 니켈, 주석, 망간 등의 금속 또는 금속이온들 자동산화 촉진

⑥ 수분 : 금속의 촉매작용으로 자동산화 촉진
⑦ 산소 농도가 낮을 때 산화속도는 산소 농도에 비례함(산소 충분 시 산화속도는 산소 농도와 무관)
⑧ 헤모글로빈, 미오글로빈, 사이토크롬 C 등의 헴화합물과 클로로필 등의 감광물질들은 산화 촉진

3. 유지 가열 시 생기는 변화

① 유지의 가열에 의해 자동산화과정의 가속화, 가열분해, 가열중합반응이 일어남
② 열 산화 : 유지를 공기중에서 고온으로 가열 시 산화반응으로 유지의 품질 저하, 과산화물가 증가(초기 산패), 산가 증가(장기간 고온 가열)
③ 중합반응에 의해 중합체가 생성되면 요오드가 낮아지고, 분자량·점도 및 굴절률은 증가, 색이 진해지며, 향기가 나빠지고 소화율이 떨어짐
④ 유지의 불포화지방산은 이중결합 부분에서 중합이 일어남
⑤ 휘발성 향미성분 생성 : 하이드로과산화물, 알데히드, 케톤, 탄화수소, 락톤, 알코올, 지방산 등
⑥ 발연점 낮아짐
⑦ 거품생성 증가

04 단백질

1 아미노산

1. 아미노산의 구성 및 분류

① 한 분자 내에 아미노기($-NH_2$)와 카르복실기($-COOH$)를 동시에 갖는 화합물
② 자연계에 존재하는 아미노산 대부분은 α-L-형

분류	세분류	
	비극성(소수성) R기 아미노산	극성(친수성) R기 아미노산
중성아미노산	글리신, 알라닌, 발린, 루신, 이소루신, 페닐알라닌(방향족), 트립토판(방향족), 메티오닌(함황), 시스테인(함황) 프롤린	세린, 트레오닌, 티로신(방향족). 아스파라긴, 글루타민
산성아미노산	([−] 전하를 띤 R기 아미노산) 카르복실기 수 > 아미노기 수 아스파르트산, 글루탐산, 아스파라진, 글루타민	
염기성아미노산	([+] 전하를 띤 R기 아미노산) 카르복실기 수 < 아미노기 수 리신(라이신), 아르기닌, 히스티딘(방향족)	
필수지방산	류신, 이소류신, 리신, 메티오닌, 발린, 트레오닌, 트립토판, 페닐알라닌 (성장기 어린이와 회복기 환자 추가 : 아르기닌, 히스티딘)	

2. 아미노산의 성질

(1) **용해성** : 물과 같은 극성 용매와 묽은 산과 알칼리에 잘 녹으나 비극성 유기용매에 불용

(2) **양성전해질**

① 아미노산은 분자 내에 산으로 작용하는 카르복실기($-COOH$)와 알칼리로 작용하는 아미노기($-NH_2$)를 동시에 가지고 있으므로 양성물질

② 수용액 상태에서 카르복실기(-COOH)는 수소이온(H^+)을 방출하여 음이온($-COO^-$)으로, 아미노기 ($-NH_2$)는 수소이온을 받아들여 양이온($-NH_3^+$)으로 해리하여 양이온(+)과 음이온(-)의 양전하를 갖는 양성이온(zwitter ion)의 상태로 존재하므로 양성전해질(ampolyte)이라고 함

(3) 등전점

① 아미노산의 어떤 측정 pH에서 양전하와 음전하의 양이 같아서 하전이 0이 되고 양극으로도 음극으로도 이동하지 않을 때의 pH
② 침전, 흡착력, 기포력은 최대
③ 용해도, 점도, 삼투압은 최소

(4) 광학적 성질 : 천연단백질을 구성하는 아미노산은 모두 α-L-아미노산

2 단백질의 구성 및 기능

① 탄소(C), 수소(H), 산소(O), 질소(N, 16%)
② 아미노산의 펩티드결합으로 이루어진 고분자 화합물
③ 신체성장과 신체조직(피부, 손톱, 호르몬 등)의 구성에 중요작용
④ 항체 형성
⑤ 생리작용 조절에 관여
⑥ 가열 및 무기염류(Mg, Ca)에 응고하는 성질

3 단백질의 구조

1. 1차 구조

① 아미노산의 펩티드결합에 의해 직선형으로 연결된 구조
② 아미노산의 종류와 배열순서에 의해 이루어지는 구조
③ 공유결합(가열이나 묽은 산, 묽은 알칼리 용액으로는 분해되지 않을 정도로 견고)

2. 2차 구조

① 폴리펩티드 사슬의 구성요소 사이의 수소결합에 의한 입체구조
② α-나선(helix)구조, β-병풍구조의 입체구조, 랜덤코일 구조

3. 3차 구조

① 단백질의 기능 수행을 위한 3차원적 입체구조
② 이황화결합, 소수성 상호작용, 수소결합, 이온 상호작용에 의해 안정화
③ 섬유형(섬유상) 단백질 또는 구형(구상) 단백질의 복잡한 구조

4. 4차 구조

① 2개 이상의 3차 구조 폴리펩티드나 단백질이 수소결합과 같은 산화작용으로 연결되어 한 분자의 구조적 기능단위 형성
② 비공유결합(수소결합, 이온결합, 소수성 상호작용)에 의해 구조 유지

4 단백질의 분류(조성에 의한 분류)

1. 단백질 조성 및 용해도에 의한 분류

구분	내용
단순단백질	• 아미노산만으로 구성되어 있는 비교적 구조가 간단한 단백질 – 알부민 : 오브알부민(난백), 미오겐(근육–근장단백질) – 글로블린 : 글리시닌(대두), 미오신(근육–근원섬유단백질), 이포메인(고구마) – 글루텔린 : 글루테닌(밀), 오리제닌(쌀) – 프롤라민 : 호르데인(보리), 글리아딘(밀), 제인(옥수수) – 알부민노이드 : 콜라겐, 엘라스틴, 케라틴 – 히스톤 – 프로타민
복합단백질	• 단순단백질에 비단백질 물질(보결분자단)이 결합된 단백질 – 인단백질 : 카제인(우유), 오보비텔린(난황) – 당단백질 : 뮤신(동물의 점액, 타액, 소화액), 뮤코이드(혈청, 연골), 오보뮤코이드(난백) – 색소단백질 : 헤모글로빈(혈액). 미오글로빈(근육), 로돕신(시홍), 아스타잔틴프로테인(갑각류 껍질) – 금속단백질 : 페리틴(Fe), 티로시나아제, 폴리페놀옥시다아제 – 지단백질 : 리포비텔린(난황) – 핵단백질 : 단순단백질인 히스톤과 프로타민에 핵산(DNA. RNA) 결합
유도단백질	• 단순단백질 또는 복합단백질이 물리·화학적 작용에 의하여 변성된 단백질 – 제1차 유도단백질(변성단백질) : 응고단백질, 프로티안, 메타프로테인, 젤라틴, 파라카제인 – 제2차 유도단백질(분해단백질) : 프로테오스, 펩톤, 펩티드

2. 단백질 구조에 따른 분류

구분	내용
섬유상 단백질	• 폴리펩티드가 실타래의 섬유상 구조로 이황화결합, 수소결합에 의해 입체적 구조 이룸 • 콜라겐, 케라틴, 엘라스틴, 피브로인 등
구상 단백질	• 폴리펩티드가 공 모양 구조로 수소결합, 이온결합, 소수성결합 등에 의해 입체구조 이룸 • 알부민, 글로블린, 헤모글로빈, 미오글로빈 등

5 단백질 및 아미노산 정색반응

1. 뷰렛반응

① 단백질 정성분석

② 단백질에 뷰렛용액(청색)을 떨어뜨리면 청색에서 보라색이 됨

2. 닌히드린반응

① 단백질 용액에 1% 닌히드린 용액을 가한 후 중성 또는 약산성에서 가열하면 이산화탄소 발생 및 청색 발현

② α-아미노기 가진 화합물 정색반응

③ 아미노산이나 펩티드 검출 및 정량에 이용

3. 밀론반응 : 페놀성히드록시기가 있는 아미노산인 티록신 검출법

4. 사가구치반응 : 아르기닌의 구아니딘 정성

5. 홉킨스–콜반응 : 트립토판 정성

6 단백질의 변성

1. 원리 : 단백질의 물리적 화학적 작용에 의해 공유결합은 깨지지 않고 수소결합, 이온결합, SH 결합 등이 깨지면서 폴리펩티드 사슬이 풀어져 2차, 3차 구조가 변하고 분자구조가 변형된 비가역적 반응

2. 단백질 변성을 일으키는 요인

① 온도 : 60~70℃에서 일어남

② 수분 : 수분함량 많으면 낮은 온도에서도 열변성이 일어나고, 적으면 고온에서 변성 일어남

③ 전해질 : 단백질에 염화물, 황산염, 인산염, 젖산염 등 전해질 가하면 변성온도가 낮아질 뿐만 아니라 그 속도도 빨라짐

④ pH : 단백질 등전점에서 가장 잘 일어남(쉽게 응고)

⑤ 설탕 : 단백질 열 응고 방해

05 식품의 색, 맛, 냄새

1 식품의 색

<table>
<tr><th colspan="5">식품 색소 분류</th></tr>
<tr><td rowspan="3">식물성 색소</td><td rowspan="3">지용성 색소</td><td>클로로필</td><td colspan="2">• 클로로필 a(청록색), 클로로필 b(황록색), 클로로필 c 및 d(해조류)
• 4개의 피롤(pyrrole)핵이 메틸기에 의해 서로 결합된 포피린링(porphyrin ring)의 중심부에 Mg^{2+}원자를 가지며, 피톨(phytol)기와 에스테르 결합하는 거대분자
• 산 : 약산(페오피틴, 녹갈색, 지용성) → 강산(페오포비드, 갈색, 수용성)
• 알칼리 : 클로로필리드(청녹색, 수용성) → 클로로필린(청녹색, 수용성)
• 효소 : 클로로필리드(청녹색, 수용성)
• 금속 : Cu-클로로필, Zn-클로로필(청녹색, 선명한 녹색), Fe-클로로필(선명한 갈색)</td></tr>
<tr><td rowspan="2">카로티노이드</td><td>카로틴류
(탄소, 수소)</td><td>• 오렌지색, 황색, 등황색 색소. 비타민 A의 전구체로 작용
• 8개의 이소프렌단위가 결합하여 형성된 테트라테르펜 구조
• 트랜스형, 공액이중결합이 주요 발색단
• 이중결합 많을수록 적색 나타남
• 산소, 빛, 산화효소에 의한 산화에 불안정
• 프로비타민 A : β-이오논핵을 가진 카로티노이드(α, β, γ-carotene) 색소
• 카로틴류 종류
α-carotene → 1분자의 비타민 A 전환
β-carotene → 2분자의 비타민 A 전환
γ-carotene → 1분자의 비타민 A 전환
lycopens → 비타민 A 전환 안 됨</td></tr>
<tr><td>잔토필류
(탄소, 수소, 산소)</td><td>크립토산틴, 제아잔틴, 루테인, 캡산틴, 푸코잔틴 등</td></tr>
</table>

식품 색소 분류				
식물성 색소	수용성 색소	플라보노이드 (유리상태 또는 배당체 형태로 존재)	안토잔틴	• 백색, 담황색, 화황소 • 산에는 안정하여 백색, 산화 및 알칼리에 불안정 • 종류 : 플라본, 플라보놀, 플라보논, 플라바놀, 이소플라본
			안토시아닌	• 적색, 자색, 청색, 보라색, 화청소 • 열에 불안정 • pH에 불안정 : 산성(적색) → 중성(무색~자색) → 염기성(청색) • 금속과 반응하여 불용성 복합체 형성
		탄닌류 ※ 갈변 원인 (무색의 폴리페놀 화합물 총칭)		채소, 과일류, 무색투명 수렴성 물질 → 산화 → 불용성 갈변
동물성 색소	헤모 글로빈	동물의 혈색소, 철(Fe) 함유, 헴과 글로빈이 1:4로 결합, 산소운반체		
	미오 글로빈	• 동물의 근육색소, 헴과 글로빈이 1:1로 결합하고 Fe^{2+} 함유한 산소저장체 • 산화 및 환원 : 미오글로빈(Fe^{2+} 적자색) + 산소 → 옥시미오글로빈(Fe^{2+} 선홍색) → 산화 → 메트미오글로빈(Fe^{3+} 갈색) → 환원 → 미오글로빈 • 가열 : 미오글로빈(Fe^{2+} 적자색) → 가열 → 메트미오글로빈(Fe^{3+} 갈색) → 해마틴(회갈색) → 해민 • 육가공 : 미오글로빈 + 아질산염 → 니트로소미오글로빈(선홍색) → 가열(훈제) → 니트로실 헤모크롬(니트로소미오크로모겐, 선홍색) ※ 발색제 : 질산칼륨, 질산나트륨, 아질산나트륨		
	헤모 시아닌	• 오징어, 문어, 낙지 등의 연체류에 함유 • 가열에 의해 적자색으로 변함		
	카로티 노이드	잔토필류	루테인, 지아잔틴	달걀 노른자의 황색 (먹이사슬에 의해 식물에서 유입되어 축적)
			아스타잔틴 (청록색)	• 어류 붉은 근육색소 • 갑각류 껍데기 • 가열하면 산화되어 아스타신(홍색) 생성

2 식품의 갈변

1. 효소적 갈변

(1) 폴리페놀옥시레이스에 의한 갈변

① 페놀을 산화하여 퀴논을 생성하는 반응을 촉진하는 효소

② 페놀레이스, 폴리페놀산화효소라고도 함

③ 과일껍질을 벗기거나 자르면 식물조직 내 존재하는 기질인 폴리페놀 물질과 폴리페놀옥시레이스 효소가 반응하여 갈변

(2) 타이로시네이스에 의한 갈변

① 넓은 의미에서 폴리페놀옥시레이스에 속하나 기질이 아미노산인 타이로신에만 작용한다는 의미로 따로 분류하기도 함

② 감자에 존재하는 타이로신은 타이로시네이스에 의해 산화되어 다이히드록시 페닐알라닌(DOPA)을 생성하고 더 산화가 진행되면 도파퀴논을 거쳐 멜라닌 색소를 형성

2. 비효소적 갈변

(1) 마이야르 반응(Maillard reaction)

① 환원당과 아미노기를 갖는 화합물 사이에서 일어나는 반응
② 아미노-카보닐반응, 멜라노이딘 반응이라고도 함
③ 초기단계 : 당과 아미노산이 축합반응에 의해 질소배당체가 형성, 아마도리(amadori) 전위반응
- 색 변화 없음

④ 중간단계 : 아마도리(amadori) 전위에서 형성된 생산물이 산화, 탈수, 탈아미노반응 등에 의해 분해되어 오존(osone)류 생성, HMF(hydroxyl methyl furfural) 등을 생성하는 반응
- 무색 내지 담황색

⑤ 최종단계 : 알돌(aldol)축합반응, 스트렉커(strecker)분해반응
- 멜라노이딘(melanoidin) 색소 생성

(2) 아스코르브산 산화반응 : 식품 중의 아스코르브산은 비가역적으로 산화되어 항산화제로서의 기능을 상실하고 그 자체가 갈색화 반응을 수반

(3) 캐러멜 반응 : 당류의 가수분해물들 또는 가열산화물들에 의한 갈변반응

3 식품의 맛

1. 맛의 인식

식품의 맛 성분이 혀에 닿으면 혀 표면에 분포하는 유두(papilae) 속 미뢰(taste bud)의 미각수용체를 자극하여 미각신경을 통해 뇌에 정보 전달되어 맛을 감지

2. 맛의 수용체

(1) 단맛 : G 단백질 연관 수용체(GPCR. G-protein-coupled receptor)

① 천연감미료 : 포도당(과일, 벌꿀, 엿), 과당(과일 등, 당도 가장 높음), 맥아당(물엿), 유당
② 합성감미료 : 사카린, 아스파탐, 소르비톨 등

(2) 짠맛 : Na^+이온 예 염화나트륨, 염화칼륨

(3) 신맛

① 수용체 : 해리된 수소 이온(H^+)과 해리되지 않은 산의 염
② 신맛 성분 : 무기산, 유기산 및 산성염
③ 신맛의 강도는 pH와 반드시 정비례하지 않음
④ 동일한 pH에서도 무기산보다 유기산의 신맛이 더 강하게 느껴짐
⑤ 구연산 : 감귤류, 딸기
⑥ 식초산 : 식초
⑦ 사과산 : 사과

(4) 쓴맛

① G 단백질 연관 수용체(GPCR, G-protein-coupled receptor)
② 분자 내에 ≡N, -N≡N, -SH, -S-S-, -CS-, $-SO_2$, $-NO_2$ 등의 고미기에 의하여 형성되는 맛

알칼로이드	• 약리작용이 있는 함질소염기화합물 • 차, 커피 : 카페인 • 코코아, 초콜릿 : 테오브로민
배당체	• 당과 비당(아글리콘)이 결합한 화합물로 다양한 생리작용 갖는 물질 • 감귤류 껍질 : 나린진 • 오이꼭지부 : 쿠쿠르비타신 • 양파 껍질 : 케르세틴
케톤	• 홉 암꽃 : 후물론, 루푸론 • 고구마 흑반병 : 이포메아메론 • 쑥 : 튜존
무기염류 및 기타	• 간수 : 염화마그네슘, 염화칼슘 • 감귤류 : 리모넨 • 콩, 도토리, 인삼, 팥 : 사포닌

(5) 떫은 맛 : 알데하이드류, 페놀성 물질

① 탄닌류 : 차잎(카테킨, 몰식자산), 차류(테오갈린), 녹차(테아닌), 감(시부올, 디오스피린), 밤(엘라그산), 커피(클로로겐산)

② 유리지방산, 알데하이드류 : 산패로 인한 오래된 훈제품, 건어물

(6) 아린맛 : 죽순, 토란, 우엉(호모겐티스산)

(7) 매운맛

① 캡사이신 : 고추

② 차비신 : 후추

③ 알리신 : 마늘

④ 진저론, 쇼가올 : 생강

⑤ 시니그린 : 겨자, 고추냉이

⑥ 이소티오시아네이트 : 무, 겨자

(8) 감칠맛

① MSG, 다시마 : 글루탐산

② 김 : 글리신

③ 조개류, 새우, 게, 문어, 오징어 : 글리신, 베타인

④ 오징어, 문어 : 타우린

⑤ 조개류 : 호박산

⑥ 육류, 생선 : 이노신산, 크레아틴

⑦ 버섯 : 이보텐산, 트리콜믹산

3. 맛의 생리

(1) 한계값

① 역치 또는 역가

② 미각으로 비교 구분할 수 있는 최소농도

③ 절대한계값 : 맛을 인식하는 최저농도

④ 인지한계값 : 특정 맛을 구분할 수 있는 최저농도

* 인지한계값 > 절대한계값

(2) 맛의 순응(피로) : 특정 맛을 장기간 맛보면 미각의 강도가 약해져서 역치가 상승하고 감수성이 약해지는 현상

(3) 맛의 대비(강화)
① 서로 다른 맛이 혼합되었을 때 주된 맛이 강해지는 현상
② 단팥죽에 소금 조금 첨가 시 단맛 증가

(4) 맛의 억제
① 서로 다른 맛이 혼합되었을 때 주된 물질의 맛이 약화되는 현상
② 커피에 설탕 넣으면 쓴맛 감소

(5) 맛의 상승(시너지 효과)
① 동일한 맛의 2가지 물질을 혼합하였을 경우 각각의 맛보다 훨씬 강하게 느껴지는 현상
② 핵산계 조미료 + 아미노산계 조미료 → 감칠맛 상승

(6) 맛의 상쇄
① 서로 다른 맛을 내는 물질을 혼합했을 때 각각의 고유한 맛이 없어지는 현상
② 단맛과 신맛이 혼합하면 조화로운 맛이 남(청량음료)

(7) 맛의 상실
열대식품의 잎을 씹은 후 잎의 성분(gymneric acid) 때문에 일시적으로 단맛과 쓴맛을 느끼지 못하는 현상

(8) 맛의 변조
① 1가지 맛을 느낀 직후 다른 맛을 정상적으로 느끼지 못하는 현상
② 쓴 약을 먹은 후 물의 맛 → 단맛

4 식품의 냄새

1. 냄새 인식 : 식품의 휘발성 물질이 코 안의 후각세포를 자극함으로써 느끼게 되는 감각

2. 식물성 식품의 냄새
① 알코올류 : 주류, 양파, 계피 등
② 알데하이드류 : 찻잎 등
③ 에스테르류 : 사과, 파인애플 등
④ 유황화합물류 : 파, 마늘, 무 등

3. 동물성 식품의 냄새
① 암모니아류 : 신선도 저하된 생선류 및 육류
② 트리메틸아민 : 생선 비린내 성분
③ 메틸메르캅탄 : 어류의 단백질 부패 냄새 성분
④ 피페리닌 : 담수어 비린내 성분
⑤ 카르보닐화합물 : 신선 우유 냄새 성분
⑥ 아미노아세토페논 : 신선도 저하된 우유의 냄새 성분
⑦ 디아세틸 : 버터의 냄새성분

06 조리

1 조리 기초

1. 분산

① 분산계 : 성질이 다른 두 성분이 혼합된 상태, 분산상과 분산매로 구분
② 분산매 : 두 성분 중 연속상의 물질, 산포매개체, 용매
③ 분산상 : 두 성분 중 비연속상의 물질, 연속된 물질에 흩어져 있는 물질, 산포물질, 용질
예 소금물 : 물(분산매)에 소금(분산상)이 녹은 용액

2. 분산상의 크기에 따른 분류

액체 유형	분산된 입자 크기	분산액
진용액	1nm 이하	설탕물, 소금물
교질용액(콜로이드)	1~100nm	우유, 먹물
현탁액	100nm 이상	흙탕물, 된장국

(1) 교질용액(콜로이드용액)

1) 교질용액의 특징

① 반투성 : 콜로이드 입자가 반투막을 통과하지 못하는 성질
② 브라운 운동 : 콜로이드 입자의 불규칙 직선운동으로 콜로이드 입자와 분산매의 충돌에 의하며, 콜로이드 입자는 같은 전하는 서로 반발함
③ 틴들현상 : 어두운 곳에서 콜로이드 용액에 직사광선을 쪼이면 빛의 진로가 보이는 현상으로 틴들현상에 의해 콜로이드 용액이 탁하게 보이며 콜로이드 입자가 일정한 크기를 가지고 있을 때 혼탁도가 최대가 됨
④ 흡착 : 콜로이드 입자표면에 다른 액체, 기체분자나 이온이 달라붙어 이들의 농도가 증가되는 현상으로 콜로이드 입자의 표면적이 크기 때문에 발생
⑤ 전기이동 : 콜로이드 용액에 직류전류를 통하면 콜로이드 전하와 반대쪽 전극으로 콜로이드 입자가 이동하는 현상
⑥ 응결(엉김) : 소량의 전해질을 넣으면 콜로이드 입자가 반발력을 잃고 침강되는 현상
⑦ 염석 : 다량의 전해질을 가해서 엉김이 생기는 현상
⑧ 유화 : 분산질과 분산매가 다같이 액체로 섞이지 않는 두 액체가 섞여있는 현상으로 물(친수성)과 기름(친유성)의 혼합상태를 안정화시킴

2) 졸과 젤

① 분산상의 농도, 온도, pH, 전해질 함량에 따라 졸(sol)과 젤(gel) 형성
② 족탕, 생선조림국물 : 가열에 의해 콜라겐이 젤라틴 구조변화 식으면 반고체의 젤 형성
③ 녹두 전분, 도토리 전분 : 8% 전분용액 가열, 졸(sol) 식히면 젤(gel) 형성

(2) 식품에서의 콜로이드 상태

분산매	분산질	분산계	식품	
액체	액체	유화	수중유적형(O/W형) HLB : 8~18	우유, 아이스크림, 마요네즈
			유중수적형(W/O형) HLB : 3.5~6	버터, 마가린
	기체	거품	맥주 및 사이다 거품	
	고체	졸(sol, 현탁질)	된장국, 전분액, 스프, 난백, 흙탕물, 젤라틴용액	
고체	액체	젤(gel)	젤리, 양갱, 밥, 두부	
	기체	고체 거품	빵, 케이크	
	고체	고체 교질	사탕, 과자	
기체	액체	에어졸	향기부여 스모그	
	고체	분말	밀가루, 연기	

* HLB(Hydrophilie-Lipophile Balance) : 유화의 친수성·친유성의 상대적 세기

3. 식품의 점탄성(점성 유동과 탄성 변형이 동시에 일어나는 성질)

① 예사성 : 달걀흰자나 납두 등 점성이 높은 콜로이드 용액 등에 젓가락을 넣었다가 당겨 올리면 실을 뽑는 것과 같이 되는 성질

② 바이센베르그 효과 : 액체의 탄성으로 일어나는 것으로 연유에 젓가락을 세워 회전시키면 연유가 젓가락을 따라 올라가는 성질

③ 경점성 : 점탄성을 나타내는 식품에서의 경도를 의미하며, 밀가루 반죽 또는 떡의 경점성은 패리노그래프를 이용하여 측정

④ 신전성 : 국수 반죽과 같이 긴 끈 모양으로 늘어나는 성질

⑤ 팽윤성 : 건조한 식품을 물에 담그면 물을 흡수하여 팽창하는 성질

4. 가열조리법

분류		특징
습식조리법	삶기(simmering) 85℃	조미액을 열전달 매체로 조리 물의 대류현상에 의해 열이 식품 표면으로 전달 후 식품 내부로 전달
	끓이기(boiling) 97℃	조미성분 침투 용이, 가열시간 단축
	데치기(blenching) 80℃	효소 불활성
	찌기(steaming) 100℃	수증기 가열
	졸이기(poaching) 60℃	저온 조리
건식조리법	굽기	강한 불로 단시간 가열
	튀기기	기름을 열전달 매체로 160~190℃ 고온에서 단시간 조리하는 방법
	볶기	소량(5~10%)의 기름을 두르고 고온에서 단시간 조리하는 방법

5. 계량 단위

① 우리나라 표준 도량형 : 1컵(1 cup = 200mL), 1큰술(1 Ts = 15mL), 1작은술(1 ts = 5mL)

② 밀가루 : 아주 작은 입자로 운반 및 저장 중 눌리므로 체로 친 다음 계량. 계량컵(스푼)에 수북히 담은 후 스패출러 또는 칼로 밀어 수평하게 깎아 계량

③ 설탕

- 백설탕 : 덩어리를 부수어 담아 계량컵이나 계량스푼으로 계량
- 황설탕 : 입자 표면의 시럽막으로 밀착 성질이 있음. 계량기구로 잰 다음 옮겨 담아도 형태가 유지되도록 눌러 담아 수평으로 깎아 계량
- 파우더 슈가(powdered sugar, 고운 설탕) : 밀가루처럼 체로 쳐서 계량

④ 버터, 마가린 : 실온에서 부드럽게 한 후 공간이 없도록 계량컵에 꾹꾹 눌러 담은 후 컵의 위를 깎아 계량

⑤ 꿀, 기름, 점성 액체 : 할편 계량컵 사용

⑥ 액체식품 : 수평의 바닥에 용기 놓고 액체 표면의 밑선(메니스커스)의 아래선과 눈높이 맞추어 계량

⑦ 달걀 : 달걀을 깨뜨려 잘 섞은 다음 계량. 중간 크기 달걀 1개 = 4 Ts(60mL)

6. 온도 환산 : 섭씨와 화씨의 상호환산법

① $°F = \frac{9}{5}°C + 32 = (1.8 \times °C) + 32$

② $°C = \frac{5}{9}(°F - 32) = (°F - 32) \div 1.8$

7. 열의 전달

① 열이 열원으로부터 전도, 대류, 복사 등에 의해 식품으로 전달

② 열전달속도 : 복사 > 대류 > 전도

* 열전달속도가 빠르면 빨리 가열되나 보온성은 좋지 못함

열전달 방식	특성
복사(radiation)	• 열에너지를 중간매체 없이 직접 전달하는 방법 예 직화구이, 토스트 등 • 식품 표면에 복사열 흡수 후 전도에 의해 식품 내부로 이동 • 오븐 : 열전달량의 2/3~3/4는 복사열 전자레인지 : 일종의 복사열 이용 • 조리용기 선택 - 표면이 검고 거친 용기 : 복사열 잘 흡수하여 조리시간 짧음 - 표면이 희고 반질반질한 용기 : 복사열 반사로 조리시간 길어짐 - 파이렉스 용기 : 복사열의 좋은 전도체, 조리온도 낮출 것
대류(convection)	• 물, 기름, 공기 등을 통한 열전달 현상 • 가열로 아랫부분 부피 팽창으로 밀도 낮아지면 가벼워져 위로 이동 • 윗부분의 찬 기체나 액체는 아래로 이동
전도(conduction)	• 물질이동 없이 열이 물체의 고온부에서 저온부로 이동하는 현상 • 식품이 열원에 직접 접촉하여 가열 • 열전도율 : 열전달되는 속도로서 열전도율 클수록 열전달속도 빠르고 식는 속도도 빠름 • 금속물질은 대부분 양도체 물 > 공기 • 조리기구 선택 - 조리시간 단축 : 열전도율 높은 금속 용기 - 보온 유지 : 열전도율 낮은 용기

2 곡류·서류 및 당류

1. 쌀

(1) 구조

① 벼 : 왕겨(20%) + 현미(80%)
② 현미 : 쌀겨(과피, 종피, 호분층) + 배아(2~3%) + 배유(92%, 백미)
③ 배아 : 단백질, 지방, 무기질, 비타민 등 풍부
④ 배유 : 대부분 전분

(2) 쌀의 종류

① 멥쌀(아밀로오스:아밀로펙틴 = 2:8) : 요오드반응 청색
② 찹쌀(아밀로펙틴) : 요오드반응 적자색

(3) 주단백질

① 오리제닌
② 제1제한아미노산 : 라이신
- 쌀(라이신 부족) + 콩(라이신 많음, 메티오닌 적음) → 콩밥(아미노산 보완)

(4) 밥 지을 때 필요한 물의 양

① 끓이는 동안 증발하는 물의 양 + 전분 호화에 필요한 물의 양
② 씻은 쌀 부피 기준 1.2배(무게기준 1.5배)
③ 햅쌀(쌀과 동량), 찹쌀(0.9배), 채소밥(물량 줄임)

(5) 밥 짓기 : 강화(온도 상승기) → 중화(비등유지기, 5~10분) → 약화(고온 유지기 10~15분) → 뜸들이기(불 끄고 보온유지) → 호화(소화 잘됨)

2. 밀

(1) 주단백질

① 글루텐(밀가루 반죽 시 형성, 입체적 망상구조, 점탄성) = 글리아딘(둥근 모양, 점성) + 글루테닌(긴 막대모양, 탄성)
② 제1제한아미노산 : 라이신

(2) 단백질 함량에 따른 밀가루 분류

종류	단백질 함량	원료밀	용도	특성
세몰리나	13% 이상	듀럼밀	파스타	단백질과 회분함량 높음
강력분	11~13%	경질밀	식빵	강한 탄력성과 점성, 물과 흡착력 강함
중력분	9~10%	경질밀, 연질밀 혼합분	면류, 다목적	강력분과 박력분의 중간성질, 제면성, 퍼짐성 우수
박력분	7~9%	연질밀	케이크, 제과	탄력성, 점성, 물과 흡착력 약함

* 밀기울이 많을수록 무기질 함량이 높으며 품질이 좋지 않음(품질평가 시 무기질 함량 기준 : 0.5%)

(3) 글루텐 형성 영향 요인

구분		내용
밀가루 종류		• 강력분(단백질 함량 높아 단단하고 질겨짐. 반죽 시 많은 물과 시간 필요)
밀가루 입자 크기		• 입자 크기 작을수록 글루텐 형성 촉진
물		• 부드러운 반죽 형성, 굽는 동안 구조 형성
물 첨가		• 같은 양의 물이라도 소량씩 여러 번 나누어 첨가하면 글루텐 형성 촉진
반죽 물의 온도		• 높으면 단백질 수화 속도 증가, 글루텐 생성 촉진 • 낮으면 밀가루의 물 흡수량 감소로 글루텐 형성 억제, 냉수로 튀김옷 반죽하면 바삭한 질감 형성
반죽 치대는 정도		• 잘 치대어 글루텐 형성 촉진, 기계로 지나치게 치댈 경우 글루텐 끊어져 반죽 물러짐
소금		• 글리아딘의 점성, 신장성 증가, 글루텐 망상구조 형성 촉진, 질기고 단단한 반죽
유지		• 소량 첨가 : 글루텐 성장 방해, 부드러운 반죽 형성(케이크, 쿠키) • 다량 첨가 : 글루텐 사이에 막 형성, 쇼트닝작용, 켜 형성(파이)
설탕		• 이스트 빵 반죽 시 이스트 발효 촉진, 연화작용, 부드럽고 연한 식감 • 다량 첨가 : 글루텐 형성 방해, 반죽이 질겨짐 • 달걀 단백질의 열응고 억제(단백질 연화작용)
달걀		• 부드럽고 매끄러운 반죽, 가열 후 단단한 질감, 글루텐 구조 형성 기여, 노화지연
전분		• 글루텐 망상구조 형성 기여, 물 흡수, 부드러운 반죽 형성, 굽는 동안 구조 형성
팽창제	물리적 팽창제	• 공기 : 밀가루 체 치는 과정, 크리밍 과정(지방과 설탕 섞는 과정)으로 공기 부여하여 팽창 • 수증기 : 반죽의 수분에서 생기는 증기로 팽창(증편, 팝오버) • 탄산가스 : 기체가 가열하면 팽창
	생물학적 팽창제	• 효모(*Saccharomyces cerevisiae*) 이용 → 발효빵(식빵, 난)
	화학적 팽창제	• 밀가루에 탄산가스 생성가능 물질(중탄산소다, 중탄산암모늄, 베이킹파우더 등) 첨가

3. 보리

① 주단백질 : 호르데인
② 식이섬유 : 베타글루칸(β-glucan) 함유
③ 보리 종류 : 쌀보리(나맥) → 보리밥
겉보리(피맥) → 보리차, 엿기름
두줄보리(이조맥) → 맥주원료

4. 옥수수

① 주단백질 : 제인[트립토판 함량 적어 펠라그라(니아신 결핍증)에 걸리기 쉬움]

5. 메밀

① 메밀가루 : 단백질 11.5% 함유
② 곡물에 부족한 트립토판, 라이신 풍부
③ 루틴(혈관강화작용) 함유

6. 감자

① 단백질(튜베린), 비타민 C와 칼륨 풍부
② 감자싹 독성물질(솔라닌)

7. 고구마

① 단백질(이포메인), β-카로틴, 비타민 C 풍부, 쓴맛성분(이포메아메론), 점액성분(알라핀)
② 연부병 원인균(*Rhizopus nigricans*), 관수현상

8. 당류

① 결정 형성 : 농후한 설탕용액(과포화용액) → 가열 후 냉각 → 용해도 낮아져 과포화된 부분이 용액 안에서 핵 형성 → 핵 중심으로 결정
② 결정 방해물질 : 시럽, 꿀, 달걀흰자, 버터 등 설탕 이외의 모든 물질
③ 결정형 캔디 : 설탕 결정이 시럽 안에 존재(폰단트, 퍼지, 티비너티)
④ 비결정형 캔디 : 결정 방해물질 첨가로 결정이 없는 상태(캐러멜, 태피, 토퍼, 브리틀, 마시멜로, 누가)

3 두류

1. 대두 성분

① 단백질·아미노산 : 단백질 함량 약 40%, 11S, 7S 글로불린 80% 차지, 함황 아미노산 비율 높음
② 지질 : 약 20%, 불포화지방산 80% 이상(리놀레산 50% 이상, 리놀렌산 8%)
③ 탄수화물 : 당 약 28%, 섬유소 약 5%, 전분 약 1%
- 콩나물 : 비타민 C의 전구체인 올리고당(라피노스, 스타키오스)의 함량이 많은 것이 적합

④ 비타민·무기질 : 비타민 B군, E 상당량 함유
- 숙주나물, 콩나물 : 비타민 C, 무기질(K, P, S, Na, Ca, Fe) 함유

2. 대두 조리

(1) 흡수속도 영향인자

① 대두 > 팥
② 팥(신) > 팥(구)
③ 물의 온도가 높을수록 빨리 흡수

(2) 가열

① 트립신저해물질(trypsin inhibitor) : 생두에 있는 소화 저해물질
② 헤마글루티닌(hemagglutinin) : 적혈구 응집작용
③ 가열효과 : 트립신 저해물질, 헤마글루티닌 등 불활성화로 단백질의 소화성 증가, 단백질 분해효소 작용 용이

(3) 산화

① 리놀레산, 리놀렌산이 리폭시게네이스에 의한 산화로 비린내(헥산알) 생성
② 콩 비린내 억제법 : 뚜껑 닫고 삶을 것(산소 차단효과), 두유는 불린 콩을 살짝 삶아 마쇄할 것(리폭시게네이스 불활성)

(4) 콩나물 발아

① 갈락토스가 아스코르브산으로 전환, 재배 5~7일 비타민 최고, 그 후 감소
② 티아민·리보플라빈·아스파라긴산·섬유질 증가, 총 당량·총질소량 감소

3. 두부

① 대두(단백질 중 80~90% 글리시닌 등)를 물에 불려 마쇄하면 단백질이 용출되고 칼슘염, 마그네슘염에 의해 응고되는 성질을 이용하여 젤 형성한 음식

② 응고제 : 종류에 따라 텍스처 달라짐, 원료 대두의 2~4% 사용

- 황산칼슘, 염화칼슘, 염화마그네슘, 글루코노델타락톤황산칼슘 : 수율 우수, 부드러운 조직, 색 양호, 물에 잘 녹지 않음

4. 대두 발효식품

- 두류 및 곡류를 비교적 높은 소금 농도에서 곰팡이나 세균의 단백질 분해 능력을 이용하여 분해 및 발효시킨 식품
- 우리나라 전통적 식생활에서 중요한 아미노산 공급원
- 대두 발효식품 : 국내(간장, 된장, 청국장, 고추장 등), 외국(미소, 나토, 템페, 수푸, 이들리 등이 대표적임)

(1) 간장

제조법에 따른 분류	재래간장(메주 이용), 개량간장(*Aspergillus oryzae* 이용)
단백질분해법에 따른 분류	양조간장(미생물 효소), 산분해간장(산분해)

① 재래간장 제조 : 대두 → 삶아 마쇄·성형(메주 제조) → 자연미생물 번식 → 메주 + 소금물 → 담금 → 숙성 → 간장 뜨기(가르기) → 생간장 → 달이기 → 재래 간장

② 생간장 달이기 : 생간장을 개방상태에서 20~30분간 끓임(생간장에 있는 각종 효소, 미생물, 불필요한 냄새 등의 제거 → 저장성 증진, 풍미 개량 및 단백질 응고·제거로 청징효과)

③ 개량간장 : 대두 삶아 종국(*Aspergillus oryzae*, *Aspergillus sojae*) 첨가 → 코지 제조 → 소금물에 넣어 발효 숙성 → 압착 → 살균 → 개량간장

(2) 된장

① 재래식 된장 : 간장을 뜨고 난 메주덩이를 깨고 버무리거나 메주가루, 찹쌀풀, 소금을 넣고 잘 버무려 항아리에 다져 넣고 숙성 → 메주에 증식된 미생물 내의 프로테아제(단백질이 아미노산으로 분해)와 아밀레이스(전분 분해)의 작용

② 개량식 된장 : 메주 대신 코지를 이용하여 만드는 방법으로 코지는 주로 콩 코지나 쌀 코지를 이용함

(3) 고추장

① 재래식(가정식) 고추장 : 콩메주, 곡류, 소금, 물, 고춧가루 넣고 발효 제조

② 개량식 고추장 : 전분질 분해에 황국균(*Aspergillus oryzae*) 코지를 이용하여 제조

* 고추장의 맛 : 대두단백질 분해로 생긴 아미노산의 구수한 맛, 전분질 분해에 의한 단맛, 고추의 매운맛, 소금의 짠맛, 발효로 생성된 알코올과 유기산의 향미가 어우러짐

(4) 청국장 : 고초균(*Bacillus subtilis*)이나 납두균(*Bacillus natto*)을 자연적으로 콩에 증식시켜 제조한 풍미가 독특한 발효식품

(5) 외국의 대두 발효식품

① 미소(miso) : 일본식 된장이며 우리나라의 된장보다 단맛은 더 있고, 짠맛은 덜함

② 나토(natto) : 우리나라의 청국장처럼 세균(*Bacillus natto*)에 의해 발효시킨 일본음식

③ 수푸(sufu) : 콩치즈 또는 중국치즈, 발효 전을 토푸(tofu, 또는 두부)라 함

④ 템페(tempeh) : 인도네시아나 말레이시아의 발효두부

⑤ 이들리(idli) : 인도의 아침식사로 쌀과 검은 콩을 발효시켜 증기로 찐 것이며 팬케이크 모양으로 버터, 꿀, 잼 등에 발라먹음

4 채소류

1. 채소 조리에 따른 변화

① 신선도 변화 : 수확 후 동화작용(영양소 합성) 중단, 이화작용(영양소 분해) 진행

② 보관 중 당·비타민 등의 감소, 중량 감소, 변색, 채소 중의 효소·세균 등의 작용으로 신선도 저하

2. 조리에 의한 성분 변화

(1) 성분 변화

① 수용성 물질의 손실

② 휘발성 물질의 손실 : 황화합물은 저분자량의 휘발성 방향성분 생성 → 불쾌한 맛과 냄새

③ 클로로필·비타민 C의 변화 : 장시간 가열 시 클로로필 파괴(녹색 → 녹황색), 비타민 C 파괴

(2) 조리 시 성분 손실에의 영향 요인

① 녹색채소 : 산·알칼리, 효소, 금속에 의한 색 변화

② 등황색채소 : 주로 카로티노이드색소(지용성), 조리 시 거의 변화 없음

③ 적색채소 : 안토시아닌 색소(수용성, 세포액 내에 존재), 산에 안정(선명한 붉은색), 중성(보라색), 알칼리(청색)

④ 백색채소

- 안토잔틴, 폴리페놀 함유 : 갈변, 쓰고 떫은 맛을 가진 백색채소
- 안토잔틴만 함유 : 쓰고 떫은맛 없고 갈변도 일으키지 않는 백색채소

* 안토잔틴에 산 첨가하면 더 선명한 백색 : 무생채, 마늘장아찌, 김밥, 케이크 등

* 안토잔틴에 알칼리 첨가하면 황색~황갈색 : 식소다빵 등

⑤ 탄닌 함유 백색채소 : 갈변에는 기질(폴리페놀 물질), 효소(폴리페놀레이스), 산소 필요

* 탄닌 : 갈변을 일으키는 폴리페놀 화합물, 떫은맛 성분

3. 녹색채소 데치기

(1) 데치기 물

① 클로로필레이스의 불활성화, 용출된 유기산의 희석효과, 색 변화는 적으나 비타민 C 손실 많아짐

② 채소 무게의 5배 정도 조리수 사용하면 색, 비타민 C 모두 안정

(2) 끓이는 시간 : 가능한 한 단시간 가열, 색·비타민 C 안정

(3) 소금 첨가 : 클로로필의 안정으로 용출 감소, 비타민 C의 산화 억제

(4) 데친 후 주의 : 냉수에 헹구어 비타민 C의 자가분해 방지

4. 김치

(1) 용어 변천 : 침채 → 팀채 → 딤채 → 짐채 → 김채 → 김치(2000년 Codex(국제 식품 규격) 제정)

(2) 김치 숙성

① 젓갈 첨가로 감칠맛 증진 : 유리아미노산(글루탐산, 아스파트산, 라이신 등), 핵산(이노신, 하이포잔틴)

② 덱스트란 형성 : 설탕 많이 넣을수록 덱스트란 생성 증가, 국물 걸쭉해짐, 오래 버무릴수록 덱스트란 생성 증가

(3) 김치 산패 및 연부현상

① 산패현상 : 발효 동안 젖산균에 의한 지나친 유기산 생성, 먹기 힘든 상태가 되는 현상

② 연부현상 : 폴리갈락투로네이스(호기성 산막 형성균)의 작용으로 배추나 무의 펙틴질이 갈락투론산으로 분해, 조직 물러짐

③ 방지법 : 공기 차단, 충분한 국물에 꾹꾹 눌러 담아 저온에 보관

5 과일류

1. 펙틴질

① 식물조직의 세포벽이나 세포와 세포 사이를 연결해 주는 세포간질에 주로 존재하는 복합다당류로 세포들을 서로 결착시켜주는 물질로 작용

② 과일가공품의 점탁질의 원인물질로 알코올로 용해되지 않고 젤을 형성하는 성질 있음

③ 산과 당의 존재하에 젤을 형성(잼, 젤리, 마멀레이드)

④ 기본 단위 : α-D-갈락투론산으로 직선상 고분자 나선구조

펙틴질 종류	구조	성질
프로토펙틴 (protopectin)	• 펙틴의 모체	• 미숙과일, 불용성, 젤 형성능력 없음 • 식물이 숙성함에 따라 효소(프로토펙티네이스, 펙티네이스)에 의해 수용성 펙틴으로 가수분해 • 가열하면 수용성인 펙틴과 펙틴산으로 가수분해
펙틴산 (pectinic acid)	• 분자 내 카르복실기의 일부가 메틸에스터기를 가진 갈락투론산 중합체 • 메틸에스터화(10~20%)	• 익은 과일, 수용성, 젤 형성능력 있음
펙틴 (pectin)	• 분자 내 카르복실기의 상당수가 메틸에스터화된 폴리갈락투론산 • 메틸에스터화(60~80%)	• 익은 과일, 수용성, 적당의 당과 산 존재 시 젤 형성능력 있음 • 젤 형성 : 펙틴(1~1.5%), 산(0.3%, pH 3.0~3.5), 당(60~65%)
펙트산 (pectic acid)	• 분자 내 카복실기가 메틸에스터 형성하지 않은 갈락투론산 중합체 • 메틸에스터화(0%)	• 과숙 과일, 수용성, 찬물에 불용, 젤 형성능력 없음 • 산성(수용성), 칼슘형(침전)

2. 펙틴젤 형성 원리

① 펙틴 : 적당량의 산과 당이 존재하면 젤 형성(펙틴 분자량 클수록 단단한 젤)

② 산 : 펙틴의 음전하(-COO-) 중화시켜 침전

③ 당 : 콜로이드용액 내 수분 또는 펙틴 표면에 흡착된 수분 탈수로 침전(펙틴의 망상구조 형성)

3. 펙틴의 젤화

고메톡실펙틴(HMP)의 젤화(수소결합)	저메톡실펙틴(LMP)의 젤화(이온결합)
7% 이상의 메톡실기를 갖는 펙틴에 산을 가하여 pH 낮춤으로 펙틴이 가지고 있는 음전하를 중화시키고 당에 의하여 펙틴 분자에 수화되어 있는 물을 제거하면 펙틴분자끼지 결합하여 젤 형성	7% 미만의 메톡실기를 갖는 펙틴에 2가 이상의 다가 양이온(Ca^{2+})에 의한 이온결합으로 연결되어 젤 형성
펙틴 농도(1~1.5%), 산(0.3%, pH 3.0~3.5), 당(60~65%) 필요	일정 pH, 당 필요하지 않음

4. 완성 젤리 감별법 : 스푼테스트, 컵테스트, 온도(100~104℃), 당도(60% 이상)

6 해조류

1. 해조류의 분류

분류	함유 색소	서식처	함유 식품
녹조류	• 클로로필 풍부, 소량의 카로티노이드(카로틴, 잔토필) 함유	연안지역	파래, 청각, 청태, 클로렐라
갈조류	• 황갈색의 푸코잔틴 다량 함유, 소량의 클로로필, β-카로틴 함유 • 알긴산 추출	중간지역	미역, 다시마, 톳, 모자반
홍조류	• 홍색의 피코에리트린 풍부, 소량의 카로티노이드 함유 • 한천, 카라기난 추출	깊은지역	김, 우뭇가사리

2. 해조류의 조리

(1) 한천 : 우뭇가사리 등의 홍조류에서 추출되는 다당류이며 아가로스와 아가로펙틴(약 7:3)으로 구성, 젤 형성 관여

1) 한천 젤 형성능

① 보수성 커서 흡수·팽윤 용이, 가열 시 용해됨(농도가 낮을수록 쉽게 용해, 2% 이상 잘 안 녹음)

② 한천젤

- 시간 경과하면 이액현상 나타남(한천농도 1% 이상, 설탕농도 60% 이상이면 이액현상 나타나지 않음)
- 한천졸에 설탕 첨가 시 젤의 점성, 탄성, 투명도 증가

③ 한천젤 형성 영향 요인

- 설탕(농도가 높을수록 젤 강도 증가), 소금(3~5% 첨가 : 젤 강도 증가, 이액현상 억제)
- 과즙(유기산에 의한 한천의 가수분해로 젤 강도 감소, 60℃까지 식힌 후 과즙 첨가할 것)
- 우유(지방과 단백질이 젤 형성 저해)

2) 한천 용도

① 응고제(질감 향상, 양갱)

② 저열량식품 제조

③ 청량음식

④ 우무채, 우무장아찌 제조

⑤ 의약품 원료, 미생물배양 배지 제조

(2) 알긴산

① β-D-만뉴론산과 L-글루쿠론산이 중합된 고분자 복합다당류

② 갈조류의 세포막 구성 성분, 10~40% 들어있는 점질물(Ca염 또는 Na염으로 존재)

③ 식품에 점성 부여 : 안정제, 농화제, 유화제로 이용(치즈, 시럽, 아이스크림, 셔벗, 농축 오렌지주스, 푸딩, 맥주)

7 육류

1. 육류의 구조

구조	분류		특징
근육조직	횡문근(가로무늬근)	골격근(수의근)	• 수축과 이완에 의해 운동하는 기관, 뼈 주위에 붙어 있는 식육부분 • 골격근 → 근섬유다발 → 근섬유 → 근원섬유 • 근육의 주단백질 : 미오신과 액틴(근원섬유에 A대와 I대로 존재)
		심근(불수의근)	심장을 이루는 근육
	평활근(민무늬근)	내장근(불수의근)	내장, 혈관, 생식기 등
결합조직	• 근섬유를 둘러싸고 있는 막(콜라겐, 엘라스틴, 레티큐린) • 콜라겐 → 습열조리 → 젤라틴		
지방조직	• 근육 내의 지방 • 마블링(근육 내에 작은 백색반점같이 산재되어 있는 지방)		

2. 육류의 근육단백질에 의한 분류

육장단백질	근섬유단백질(염용성)	미오신(A대, 암대, 굵은 필라멘트), 액틴(I대, 명대, 가는 필라멘트), 트로포미오신
	근장단백질(수용성)	미오겐, 미오글로빈
유기질단백질(결합조직)		콜라겐, 엘라스틴, 레티큐린
비단백태 질소화합물(육추출물)		아미노산, 펩티드, 뉴클레오티드 등

3. 육류의 사후경직

① 도축된 고기가 시간이 지나면 효소 및 미생물에 의해 근육이 경직되고 보수성이 저하되는 현상

② 사후경직의 특성 : 근육의 글리코겐이 젖산으로 전환, pH 저하, ATP 감소, 액틴과 미오신이 액토미오신 생성, 보수성 감소

4. 육류의 숙성

(1) 정의

동물을 도살하여 사후경직 후 일정기간이 지나면 해당효소계는 불활성화되는 반면 근육 내의 단백질 분해효소에 의하여 단백질이 분해되어 연해지고 풍미가 좋아지는 현상

(2) 숙성의 특징

① 단백질의 자가소화로 유리아미노산 증가

② 핵산 분해물질의 생성 : 이노신산(IMP)

③ 콜라겐의 팽윤(젤라틴화)

④ 육색의 변화 : 미오글로빈(적자색) → 옥시미오글로빈(선홍색)

⑤ 보수성 증가 : 단백질의 분해로 육추출물량 증가

⑥ 감칠맛 생성

5. 육류의 조리

(1) 습열조리 : 결합조직이 많은 질긴 부위의 고기(양지머리, 사태 등)를 조리

① 편육, 수육 : 단백질은 생강의 누린내 제거를 방해하므로 생강은 고기가 익은 후 넣음
② 장조림 : 끓는 물에 고기를 넣어 단백질을 응고시킨 후 간장 넣어야 연함
③ 탕(국) : 추출물 용출 위해 고기를 찬물에 넣어 끓임
④ 찜 : 고기가 익은 후에 토마토나 토마토 주스 첨가하면 콜라겐의 젤라틴화 촉진으로 고기연화 및 불쾌한 적색화 예방

(2) 건열조리 : 구이, 불고기, 팬브로일, 튀김, 스테이크, 로스트 등

(3) 복합조리(습열조리+건열조리) : 브레이징(완자탕, 돼지갈비찜)

6. 닭고기

(1) 닭뼈 변색

① 냉동과 해동과정에서 닭뼈 골수의 적혈구 파괴 → 가열 → 짙은 갈색, 검은색 → 외관상 문제, 맛에 무관
② 변색 방지 : 냉동 닭을 해동하지 않고 바로 가열조리

(2) 닭고기 분홍색 반응

로스팅 과정에서 분홍색 변색(훈연 돼지고기의 햄이 분홍색으로 변하는 원리) → 육성분에서 일어나는 화학반응에 의함

8 수산물

1. 수산물의 선도판정

관능적 방법	• 외관, 색, 광택, 냄새, 조직감 등	
미생물학적 방법	• 어육에 부착된 세균 수 : 신선(10^5/g 이하), 초기부패($10^{5\sim6}$/g 이하), 부패(10^6/g 이상)	
물리적 방법	• 어육의 경도, 어체의 전기저항측정, 안구 수정체 혼탁도, 어육 압착즙의 점도 측정	
화학적 방법	k값	ATP 분해과정 생성물 중의 이노신과 히포크레산틴의 양을 ATP 분해 전 과정의 생성물 총량으로 나눈 값(K값이 낮을수록 선도 좋음)
	휘발성 염기질소	• 어육 선도 저하로 생성되는 암모니아, 트리메틸아민, 디메틸아민 등 • 휘발성 염기질소량 : 신선육(5~10mg%), 보통 어육(15~25mg%), 초기부패육(30~40mg%), 부패육(50mg% 이상)
	트리메틸아민	• 신선육에 거의 존재하지 않으나 사후 세균의 환원작용에 의해 TMAO (trimethylamineoxide)가 환원되어 생성 • TMA함량이 3~4mg%를 넘어서면 초기부패로 판정
	pH	• 어육 사후 pH가 내려갔다가 선도의 저하와 더불어 다시 상승 • 초기부패 : 붉은살 어류(pH 6.2~6.4), 흰살 어류(pH 6.7~6.8)

2. 수산물 사후 변화 : 수산물은 어획 후 해당작용, 사후경직, 경직해제, 자기소화, 부패로 변함

① 해당작용 : 사후 산소공급의 중단으로 글리코겐이 분해되어 젖산 생성
② 사후경직 : 근육의 투명감이 저하되고 수축하여 어체가 굳어지는 현상
③ 경직해제 : 사후경직이 지난 후 수축된 근육이 풀리는 현상
④ 자가소화 : 경직 후 시간이 경과하면 근육에 함유된 단백질 분해효소에 의해 근육단백질이 분해하는 현상으로 근육의 유연성 증가, 단백질이 분해되어 아미노산 생성
⑤ 부패 : 미생물 번식 왕성, 풍미 저하, 독성물질(요소, TMA, 암모니아 등), 악취 발생

3. 어취 제거방법

① 물로 세척

② 식초, 레몬즙 및 기타 산, 생강, 마늘, 파, 양파, 된장과 간장, 고추, 후추, 우유, 강한 향의 채소 첨가

9 난류

1. 난류의 주요 성분

구분	성분	특성
난백 (단백질)	오브알부민(54~57%)	난백의 주요 단백질, 열에 응고, 만노오스, 글루코사민을 소량 함유한 당단백질
	콘알부민(12~13%)	열에 응고, 금속이온과 결합 시 결정화 및 변색
	오브뮤코이드(11%)	당단백질, 트립신억제제(트립신 작용 저해제 → 70℃ 1시간 가열 시 파괴)
	오보글로불린(8~9%)	거품형성에 관여하는 글로불린(G_1, G_2, G_3) * 라이소자임(lysozyme, G_1) : 용균작용
	오보뮤신(2~4%)	거품 안정화, 내열성 강함, 냉동 시 활성소실
	아비딘(0.5% 내외)	비오틴 불활성화(항비오틴 인자)
난황	• 리포비텔린(지단백질), 레시틴(인지질, 유화성) • 난황의 녹변 : 달걀 가열 → 난백에서 생성된 황화수소 + 난황의 철분 → 황화 제1철(FeS) 형성 → 냉수침수 시 황화 제1철(FeS) 감소	

2. 달걀의 조리

열응고성	원리	• 구상단백질의 접힌 구조가 풀어져 서로 얽혀 다시 교차결합 형성 • 수분이 망상구조에 갇혀 이동 못하고 불투명한 난백 형성 • 난백 응고 : 약 60℃(응고 시작) → 62~65℃(유동성 상실, 젤화) → 70℃(거의 응고) → 80℃ 이상(단단한 질감) • 난황 응고 : 65℃(응고 시작, 걸쭉) → 70℃(끈기 있는 떡 모양, 거의 응고) → 70℃ 이상(광택 없어지고 부서지는 입상성)	
	영향요인	농도	물, 우유 희석 시 응고성 감소
		온도	저온(천천히 응고, 부드러운 질감), 고온(빨리 응고, 단단한 질감)
		가열속도	빠르면 더 고온에서 응고
		설탕	단백질 열변성 저해로 응고성 감소, 설탕 양에 비례하여 응고 온도 상승, 부드럽고 탄력 있는 젤 형성
		산	낮은 온도에서 응고 시작, 등전점 부근에서 응고
		염(소금)	물에서 해리되어 반대 이온의 흡착에 의한 전기적 중화로 쉽게 응고
		우유	우유 중의 칼슘이온에 의해 응고 촉진, 단단한 젤 형성
	이용	• 농후제(달걀찜, 커스터드, 푸딩) • 결합제(만두속, 전, 크로켓) • 청징제(맑은 국물, 콘소메)	

기포성	원리	• 난백기포(작은 기포 주위에 난백 단백질로 둘러싸인 콜로이드의 일종)	
	영향요인	소금	다량 첨가 시 기포 형성 저해, 안정성 감소. 일상 조리 시 소량 사용은 영향 없음
		설탕	• 액체 점성 증진, 광택 있고 안정성 있는 미세한 기포 형성 • 처음부터 첨가하면 단백질 구조 변성 방해로 기포 생성 지연(조리 시 어느 정도 교반 후 서서히 첨가할 것) • 가열 시 수분 증발 억제로 기포안정화, 부드럽고 단단한 식감
		산	• pH 4.8(등전점)되면 기포 형성력 최대, 안정성 증가 • 과량 사용시 단백질 응고되어 기포 형성력 저하
		지방	소량일지라도 기포성 저하
		온도	• 냉장(점도 증가로 기포 형성 어려움, 일단 생성되면 안정성 증가) • 상온(점도 감소, 표면장력 감소로 기포성 증진) • 고온(기포가 마르고 광택 상실, 안정성 감소, 액체 분리)
		거품기	• 기포 형성력은 전동식 비터가 수동식 비터보다 좋음 • 로터리 비터(날개가 좁고 두께가 얇을수록 기포 형성 촉진) • 와이어 힙(철사가 가늘수록 기포 형성 촉진)
		용기	밑바닥이 좁고 둥글며 윗부분이 넓으며 적당히 큰 것
	이용	• 팽창제(스폰지케이크, 머랭, 엔젤케이크)	
유화성		• 난황 : 약 30% 지질, 천연 유화제로 레시틴이 단백질과 결합한 레시토프로테인 형태로 존재 • 난백 : 난황의 25% 수준의 유화성(샐러드 드레싱 등에 사용) • 달걀의 유화성을 이용한 음식 : 마요네즈, 케이크, 아이스크림, 크림퍼프 등	

3. 달걀의 품질 평가

신선란 검사법				
분류		정상		불량
외부	외관법	표면 거칠고 광택 없음		표면 매끈하고 광택 있음
	비중법	11% 식염수에 가라앉음(신선란 비중 : 1.08~1.09)		11% 식염수에 부유
	진음법	흔들 때 소리가 나지 않음		약간 소리 남
내부	투시법	빛 투시 때 노른자와 흰자 구별 명확, 기실(공기집)의 크기 작은 것		빛 투시 때 흔혈점 보임
	할란검사	난황높이	0.45 정도	0.25 이하
		난백높이	0.16 정도	0.1 이하
		난황계수	0.361~0.442	0.3 이하
		수양난백의 부피(호우단위, Haugh unit) = $100\log(H + 7.75 - 1.7W^{0.37})$ H : 난백높이(mm), W : 달걀중량		

10 우유 및 유제품

1. 우유의 성분

우유 성분		특성
수분(87~88%)		Aw 0.993
단백질(2.7~4.4%)	카제인 (약 80%) (casein)	• 우유의 주단백질 • 아미노산과 칼슘의 급원, 불용성, 구형 콜로이드 입자 형성 • 콜로이드성 칼슘포스페이트(colloidal calcium phosphate, CCP)와 결합하여 칼슘포스포카세인네이트 형태로 존재 • 포스포카세인은 음전하로 전하간 반발로 우유 내 분산 • 종류 : α_s-카제인, β-카제인, κ-카제인, γ-카제인
	유청단백질 (약 20%) (whey protein)	• β-락토글로불린 : 가열에 변성, 구조가 풀리면서 황원자 노출, 황화수소 생성 • α-락트알부민 • 면역글로불린 • 혈청알부민
탄수화물(4.5~5.5%)	유당	
지질(3~4%)	• 지방구의 형태로 우유 내에 분산, 인지질과 단백질이 지방구막 형성, 포화지방산 60% 이상 • 부티르산($C_{4:0}$, butyric acid) : 우유 풍미	
무기질(0.5%~1%)	칼슘	

2. 우유의 조리

가열	단백질에 의한 피막 형성	• 카제인 : 칼슘 또는 마그네슘과 결합하여 콜로이드 상태로 분산, 열에 강하여 조리온도에서 응고되지 않음(100℃/12시간, 135℃/1시간, 155℃/ 3분 가열해야 응고) • 락트알부민·락토글로불린 : 유청(유장)단백질 중 약 80% 차지, 65.5℃ 전후에서 응고 시작, 온도 상승따라 응고율 증가(70℃/30분 : 33% 변성, 80℃/30분 : 80% 변성 → 피막형성)
	맛과 색	• 74℃ 이상 가열시 독특한 가열취 발생, 락토글로불린과 지방구막 단백질 변성으로 -SH기 노출 • 휘발성 황화물, 황화수소에 의한 가열취 생성, 마이야르 반응에 의한 갈변, 유당의 캐러멜화 • 유지방이 δ-데카락톤으로 분해(코코넛버터 유사한 냄새)
응고성	산에 의한 카제인 응고	• 칼슘포스포카세인네이트에서 칼슘은 양전하, 카제인은 음전하를 띠고 있어 산을 첨가하면 수소이온이 증가하면서 칼슘이온이 떨어져 나가고 수소이온이 카제인과 결합하여 카제인이 중화되고 덩어리 뭉쳐 침전
	레닌에 의한 카제인 응고	• κ-카세인 + 레닌 → 페닐알라닌, 메티오닌 결합되어 있는 펩티드 결합 분해 → 파라-κ-카세인(소수성) + 산성당펩티드(친수성) → 생성된 파라-κ-카세인은 소수성 결합으로 분자간 망상구조 형성 → 응고 → 칼슘 제거되지 않아 단단하고 질김
	염과 응고	• 우유에 염류(소금 등) 첨가하여 가열시 유청(유장)단백질과 염반응하여 젤 형성 • 염 종류와 농도에 따라 경도 차이 • 염화칼슘($CaCl_2$)이 염화나트륨(NaCl)보다 단단한 젤 형성 • 2가 양이온(Ca^{2+})이 1가 양이온(Na^+)보다 단백질과 강하게 결합
	폴리페놀과 응고	• 폴리페놀 : 벤젠 고리에 2개 이상의 수산기(-OH)를 가지는 화합물 • 폴리페놀 함유 물질에 우유 혼합 시 덩어리 형성(폴리페놀 수산기가 우유 단백질의 탈수현상 유도) • 아프파라거스 크림스프 : 아스파라거스의 폴리페놀 성분이 많아 덩어리 생성
기포성	우유거품	• 액체 상에 기포가 채워져 생성된 망상구조 • 음료에 우유 거품의 토핑 효과

3. 우유의 균질화

① 우유에 물리적 충격을 가하여 지방구 크기를 작게 분쇄하는 작업
② 목적 : 지방구의 미세화, 커드연화, 지방분리방지, 크림 생성방지, 조직균일, 우유 점도 상승, 소화용이, 지방산화방지

4. 유제품

(1) **버터** : 원유, 우유류 등에서 유지방분을 분리한 것 또는 발효시킨 것을 교반·연압한 것
원료유 → 크림 분리 → 크림 중화 → 살균·냉각 → 발효(숙성) → 착색 → 교동(교반) → 가염 및 연압 → 충전 → 포장 → 저장
* 교반(churning) : 우유의 크림층을 저어 지방입자를 깨뜨리는 과정

(2) **크림** : 원유에서 크림층 분리, 지방함량 30~40% 정도
① 하프 앤 하프 크림(half and half cream) : 지방함량 10~12%
② 라이트 크림(light cream, 생크림) : 지방함량 18~30%, 커피크림
③ 휘핑 크림(whipping cream) : 지방함량 30~36%
④ 헤비 크림(heavy cream) : 지방함량 36% 이상
⑤ 클로티드 크림(clotted cream) : 지방함량 60% 이상
⑥ 플라스틱 크림(plastic cream) : 지방함량 80% 이상, 무염버터와 유사

(3) **치즈** : 원유, 크림, 유가공품 등에 젖산균, 레닌(렌넷) 등의 단백질 응유효소, 유기산 등을 가하여 카제인을 응고시킨 후 유청을 제거한 다음 가염 및 가압처리를 하여 제조 가공한 유가공품

11 유지

1. 유지의 종류

식물성유	대두유	• 리놀레산($C_{18:2}$), 올레산($C_{18:1}$) 풍부 • 발연점 높아 튀김유로 사용 • 정제유로 산화, 가열에 안정성 높음
	올리브유	• 올레산($C_{18:1}$) 70% 이상 함유 • 정제 정도에 따라 버진 오일과 정제오일로 구분 • 엑스트라버진(열처리 없이 압착, 올리브 특유 풍미 유지, 샐러드용)
	팜유, 팜핵유, 코코넛유	• 포화지방산 함량 높아 상온에서 반고체 상태 • 마가린·쇼트닝의 원료, 포테이토칩·라면 제조
동물성유	라드와 우지	• 돼지나 소의 지방을 수증기 또는 건열로 추출, 정제 • 팔미트산($C_{16:0}$), 스테아르산($C_{18:0}$) 풍부 • 라드(돼지고기), 우지(소고기) : 조리용, 쇼트닝 생산에 이용
	버터	• 고지방우유가 교반에 의해 유리된 지방이 뭉쳐 덩어리가 되는 원리 이용 • 80% 유지방, 15% 수분으로 구성, 유중수적형의 유화체
	어유	• 다가 불포화지방산 함량 높아 상온에서 액체 • 총 지방 중 22~45% : ω-3 계열 지방산, DHA, EPA • 쉽게 산패되어 저장 시 주의 필요 • 등푸른 생선에 다량 함유

가공유지	마가린	• 부분적으로 수소화시켜 불포화지방산을 포화지방산으로 변형 • 천연버터의 대용으로 개발한 경화유, 지방함량 약 80% • 불포화지방산 비율 조절로 단단한 정도를 조절한 제품 판매
	쇼트닝	• 식물성유에 수소를 첨가하여 100% 지방으로 만든 라드 대용품 • 지방의 액체와 고체 비율을 적절히 배합 • 물성 좋은 쇼트닝 제조 : 질소나 공기를 10~15% 삽입하여 제조 • 무색, 무미, 무취이며 쇼트닝 작용과 크림성 우수 : 제과, 제빵에 이용

* 가공유지 : 동물성 지방이나 식물성 기름에 화학적, 물리적 처리로 만든 유지

2. 유지류의 조리 특성

(1) Flavor 증진, 부드러운 맛 부여

(2) 열전달 매개체

① 끓는점 높아 단시간 조리 가능 → 볶기, 지지기, 튀기기 등의 건열조리에 이용

② 지방의 발연점 이상의 온도에서 지방이 분해되어 푸른 연기 생성(자극적인 아크롤레인 생성) → 발연점 높은 유지 사용

③ 발연점 저하 : 이물질이 많을수록, 가열시간이 길수록, 가열횟수가 많을수록(10~15℃/1회), 유지의 표면적이 넓을수록

(3) 유화성

① 수중유적형(oil in water) : 물에 기름이 방울로 흩어져 있는 유화액 예 우유(3~4% 유지), 생크림, 마요네즈, 케이크반죽

② 유중수적형(water in oil) : 기름에 물방울이 흩어져 있는 유화액 예 버터(80% 유지), 마가린

* 유화액 : 분산상이 그것과 혼합될 수 없는 분산매 중에 작은 방울로 분산된 상태(유화제 첨가)

(4) 가소성

① 고체이지만 외부에서 일정한 크기 이상의 힘을 주면 변형이 일어나는 성질

② 버터, 마가린의 발림성 : 10℃(냉장보관버터, 단단, 고체지방비율 60%), 25℃(상온, 고체지방비율 10~15%)

(5) 쇼트닝 작용

① 유지가 글루텐 표면을 둘러싸서 글루텐의 형성과 성장을 방해하여 밀가루 제품을 부드럽게 하는 작용

② 밀가루 반죽 종류에 따라 첨가한 유지의 분포상태 다름

③ 케이크, 도넛, 쿠키 반죽 : 유지 소량 첨가, 작은 입자로 산포, 연한 질감

④ 파이, 크래커 반죽 : 유지 다량 첨가, 얇은 막 형성, 바삭바삭한 질감

참고 쇼트닝 작용에 영향을 미치는 요인

- 유지의 종류 : 불포화지방산 > 포화지방산(가소성 클수록 쇼트닝 파워 증가)
- 유지의 양 : 유지 양이 많을수록 쇼트닝 작용 증가(파이껍질, 크래커에 유지 다량 첨가하면 많은 켜 형성)
- 유지의 온도 : 저온(유동성 저하, 쇼트닝 파워 감소), 고온(유동성 증가, 쇼트닝 파워 증가)
- 반죽 정도 : 오랫동안 반죽하면 글루텐 형성 증가, 쇼트닝 파워 감소
- 첨가물질 : 난황(유화제 작용으로 쇼트닝 작용 감소)

07 식품미생물

1 생물계의 미생물 분류

1. 동물, 식물 : 조직분화 있음, 진핵세포

2. 원생생물 : 조직분화 없음

(1) 고등미생물(진핵세포)의 분류

원생동물(세포벽 없음, 짚신벌레 등), 지의류(세포벽 있음), 조류(세포벽 있음), 균류[점균류, 진균류(곰팡이, 효모, 버섯)]

참고 조류

- 원생생물(조직분화없음)이며 고등미생물(진핵세포)의 조류와 하등미생물(원핵세포)의 남조류가 있음
- 조류(단세포) : 녹조류(클로렐라), 갈조류(미역, 다시마), 홍조류(김, 우뭇가사리)
- 남조류 : 특정한 엽록체가 없고, 엽록소 a(클로로필 a)가 세포 전체에 분포(흔들말속, 염주말속 등)

(2) 하등미생물(원핵세포)의 분류

분열균류(세균, 방선균), 남조류(식물성플랑크톤), 바이러스(비세포성, 여과성병원체)[천연두, 인플루엔자, 인본뇌염, 광견병, 소아마비 등(동물바이러스, 식물바이러스, 박테리오파지)]

참고 방선균, 바이러스, 박테리오파지 비교

방선균
- 하등미생물로 원핵세포에 속함
- 주로 토양에 서식하여 흙냄새의 원인
- 대부분 항생물질 생성
- 0.3~1.0㎛ 크기로 무성적으로 균사가 절단되어 구균, 간균으로 증식 또한 균사의 선단에 분생포자를 형성하여 무성적으로 증식

바이러스
- 가장 작은 미생물이며 10~300nm의 크기로 전자현미경으로만 관찰
- 사람(인체바이러스), 식물(식품바이러스), 동물(동물바이러스), 세균(박테리오파지) 등이 있음
- DNA 또는 RNA 핵산이 단백질로 둘러싸인 형태로 존재
- 핵산은 DNA 또는 RNA 중 1가지만 존재하여 자가복제가 불가능하여 숙주에 기생하여 증식
- 식품과 물을 통해 사람에게 전파 가능

박테리오파지(bacteriophage)
세균에 기생하는 바이러스의 총칭

(3) 병원체의 분류

1) 리케차(발진열, 발진티푸스, 쯔쯔가무시병의 원인세균)

① 세균과 바이러스의 중간에 속함

② 2분법 증식, 그람음성세균

③ 운동성 없고, 살아있는 세포 속에서만 증식하는 세포 내 기생균

2) 바이러스 : 여과성 병원체

3) 스피로헤타(매독균, 재귀열, 서교증, 와일씨)

① 단세포식물과 다세포식물의 중간미생물로 원생동물에 가까운 특성 지님

② 가느다랗게 긴 나선형

③ 운동성 있음

2 원핵세포와 진핵세포의 특징 비교

특징	원핵세포	진핵세포
소기관	핵막, 미토콘드리아, 소포체, 골지체 없음	핵막 존재, DNA, 리보솜, 골지체, 소포체, 미토콘드리아 등의 구조 발달
세포분열	무사분열	유사분열
세포벽	• 세포벽 있음 • 성분 : Peptidoglycan, Polysaccharide, Lipopolysaccharide, Lipoproten, Techoic acid	• 세포벽 있음(식물, 조류, 곰팡이), 세포벽 없음(동물) • 성분 : Glucan, Mannan-protein복합체, Cellulose, Chitin
인	없음	있음
호흡계	원형질막 또는 메소좀	미토콘드리아 내에 존재
리보솜	70S	80S
원형질막	보통은 섬유소 없음	보통 스테롤 함유
염색체	단일, 환상	복수로 분할
DNA	단일분자	복수의 염색체 중에 존재, 히스톤과 결합
미생물	세균, 방선균	효모, 곰팡이, 조류, 원생동물

3 미생물의 생육곡선

① 유도기 : 세포적응기간, 균수 증가 없이 크기 커짐

② 대수기 : 급속한 세포분열, 대사산물 증가, 증식곡선 직선

③ 정상기(정지기) : 생균수 일정유지, 총균수 최대시기, 영양분 고갈, 대사산물 축적(산, 독성물질 등)

④ 사멸기 : 생균수 감소, 사멸균수 증가

4 미생물 세대시간 및 총균수

① 세대시간 : 세균이 1번 분열이 일어난 후, 다음 분열이 일어나는 데 걸리는 시간

② 세대수 : 시간 환산

• 예시 : 세대시간 20분, 2시간 후의 미생물수 → 120분(2시간) ÷ 20분(세대시간) = 6(세대수)

③ 총균수 $b = a \times 2^n$ (a : 초기균수, n : 세대수)

5 미생물 증식에 영향을 미치는 요인

1. 화학적 요인

(1) 수분 : 자유수(미생물이 이용할 수 있는 물)

(2) 산소

산소 요구 정도에 따라서

① 편성호기성균 : 산소가 있는 곳에서만 생육
② 통성호기성균 : 산소가 있거나 없거나 생육
③ 미호기성균 : 대기압보다 산소분압이 낮은 곳에서 잘 증식
④ 편성혐기성균 : 산소가 없어야 잘 생육

(3) 이산화탄소 : 독립영양균의 탄소원으로 이용, 대부분 미생물은 생육 저해물질로서 작용, 살균효과가 있음

(4) pH : 곰팡이와 효모는 pH 5.6 약산성에서 잘 발육, 세균과 방사선균은 pH 7.0~7.5 부근에서 잘 생육

(5) 식염(염류)

비호염균	소금 농도 2%이하에서 생육 양호	중등도호염균	5~20% 식염농도에서 생육 양호
호염균	소금농도 2%이상에서 생육 양호	고도호염균	20~30% 식염농도에서 생육 양호
미호염균	2~5% 식염농도에서 생육 양호	-	-

2. 물리적 요인

(1) 온도

미생물 생육온도	저온균	중온균	고온균
최저온도(℃)	0~10	0~15	25~45
최적온도(℃)	12~18	25~37	50~60
최고온도(℃)	25~35	35~45	70~80

(2) 압력

① 일반세균은 30℃, 300기압에서 생육 저해를 받고, 400기압에서 생육 거의 정지
② 심해세균은 600기압에서도 생육 가능

(3) 광선

① 태양광선 중에서 살균력을 가지는 것은 단파장의 자외선(2,000~3,000Å) 부분
② 자외선 중에서 가장 살균력이 강한 파장은 2,573Å 부근(핵산(DNA)의 흡수대 2,600~2650Å에 속하기 때문)

6 미생물의 분류

1. 곰팡이

(1) 곰팡이의 특징

① 진핵세포로 실모양(균사)으로 자라는 사상균
② 균사 조각이나 포자에 의해 증식
③ 다세포 미생물로 각각의 세포가 독립적인 성장 가능
④ 곰팡이의 균사는 단단한 세포벽으로 되어 있고 엽록소가 없음
⑤ 다른 미생물에 비해 비교적 건조한 환경에서 생육 가능
⑥ 포자의 생식 방법에 따라 구분
⑦ 균사의 격벽 유무로, 격벽 있는 순정균류와 격벽 없는 조상균류로 구분

(2) 곰팡이의 분류

1) 생식방법

① 무성생식 : 세포핵 융합없이 분열 또는 출아증식(포자낭포자, 분생포자, 후막포자, 분절포자)
② 유성생식 : 세포핵 융합, 감수분열로 증식하는 포자(접합포자, 자낭포자, 난포자, 담자포자)

2) 균사 격벽(격막) 존재여부

<table>
<tr><td rowspan="2">조상균류
(격벽 없음)</td><td colspan="2">• 무성번식 : 포자낭포자
• 유성번식 : 접합포자, 난포자</td></tr>
<tr><td colspan="2">• 거미줄곰팡이(Rhizopus)
– 포자낭 포자, 가근과 포복지를 가짐
– 포자낭병의 밑 부분에 가근 형성
– 전분당화력이 강하여 포도당 제조
– 당화효소 제조에 사용
• 털곰팡이(Mucor) : 균사에서 포자낭병이 공중으로 뻗어 공모양의 포자낭 형성
• 활털곰팡이(Absidia) : 균사의 끝에 중축이 생기고 여기에 포자낭을 형성하여 그 속에 포자낭포자를 내생</td></tr>
<tr><td rowspan="4">순정균류
(격벽 있음)</td><td rowspan="2">자낭균류</td><td>• 무성생식 : 분생포자
• 유성생식 : 자낭포자</td></tr>
<tr><td>• 누룩곰팡이(Aspergillus) : 자낭균류의 불완전균류, 병족세포 있음
• 푸른곰팡이(Penicillium) : 자낭균류의 불완전균류, 병족세포 없음
• 붉은곰팡이(Monascus)</td></tr>
<tr><td>담자균류</td><td>버섯</td></tr>
<tr><td>불완전균류</td><td>푸사리움</td></tr>
</table>

(3) 곰팡이 관련 식품

분류			관련 식품
조상균류	뮤코(*Mucor*)속	*M. mucedo*, *M. racemosus*	낙농유해균, 과실 부패
		M. pusillus	치즈 응유 효소 생성
		M. javanicus	전분 당화력, 알코올 발효력
	리조푸스(*Rhizopus*)속	*R. nigricans*	과일, 곡류, 빵에 발생, 고구마 연부병 원인
		R. japonicus, *R. javanicus*	강한 전분당화력으로 알코올 생산 이용
		R. delemar	글루코아밀레이스, 리파아제 생산
	압시디아(*Asidia*)속	*A. corymbitera*	누룩 분리
자낭균류	아스퍼질러스(*Aspergillus*)속	*A. oryzae*	황국균, 청주, 장류 제고
		A. sojae	간장 코지 제조
		A. niger	흑국균, 유기산 생산, 과일주스의 청징제
		A. flavus	아플라톡신 독소 생성
		A. kawachii	백국균, 막걸리 제조
	페니실리움(*Penicillium*)속	*P. roqueforti*, *P. camemberti*	로크포르 치즈, 까망베르 치즈, 고구마 연부
		P. chrysogenum	페니실린 생산
		P. citrinum	황변미 곰팡이독
	모나스커스(*Monascus*)속	*M. purpureus*	홍주 제조
		M. anka	홍유부 제조, 식용적색 색소
불완전균류	보트리티스(*Botrytis*)속	*B. cinerea*	귀부포도주
	지오트리컴(*Geotrichum*)속	*G. rubrum*	곰팡이의 오렌지 반점
	트리코더마(*Trichoderma*)속	*T. viride*	셀룰라아제 생산
	클라도스포리움(*Cladosporium*)속	*C. herbarum*	치즈 흑변
	푸사리움(*Fusarium*)속	*F. moniliforme*	벼키다리병

2. 효모

(1) 효모의 특징

① 진균류의 한 종류
② 포자가 아닌 영양세포가 단세포로 존재하는 시기가 있음
③ 형태는 구형, 난형, 타원형, 레몬형, 원통형, 삼각형, 균사모양의 위균사 등이 있음
④ 효모 증식 : 무성생식에 의한 출아법과 유성생식에 의한 자낭포자, 담자포자

(2) 효모 관련 식품

분류		관련 식품
유포자효모 (자낭균효모)	*Sccharomyces cerevisiae*	맥주상면발효, 제빵
	Sccharomyces carsbergensis	맥주하면발효
	Sccharomyces sake	청주 제조
	Sccharomyces ellipsoides	포도주 제조
	Sccharomyces rouxii	간장 제조
	*Schizosacharomyces*속	이분법, 당발효능 있고, 질산염 이용 못함
	*Debaryomyces*속	산막효모, 내염성
	*Hansenula*속	산막효모, 야생효모, 당발효능 거의 없고, 질산염 이용
	*Lipomyces*속	유지효모
	*Pichia*속	산막효모, 당발효능 거의 없고, 질산염 이용 못함
무포자효모 (자낭균효모)	*Candida albicans*	칸디다증 유발 병원균
	Candida utilis	핵산조미료원료, RNA 제조
	Candida tropicalis, Candida lipolytica	석유에서 단세포 단백질 생산
	Torulopsis versatilis	호염성, 간장발효 시 향기 생성
	Rhodotorula glutinis	유지 생성
	Thrichosporon cutaneum, *Thrichosporon pullulans*	전분 및 지질분해력

3. 세균

(1) 세균의 특징

① 세균은 하등미생물로 원핵세포에 속함
② 세균은 모양에 따라 구균, 간균, 나선균으로 구분
③ 세균의 편모는 운동성을 부여하는 기관으로 편모의 유무에 따라서도 구분
④ 세균의 그람염색, 산소 요구 여부에 따라서도 구분
⑤ 세균 증식 : 분열법으로 증식하나 일부는 세포내에 포자를 형성

(2) 그람염색에 의한 분류

특징	그람양성	그람음성
그람염색 반응 색깔	남청색	분홍색
세포벽의 펩티도글리칸	두껍다	얇다
구조	세포벽-세포막	외막-세포벽-세포막(이중막)
테이코산	있음	없음
페니실닌	세포벽 합성 저해	효과 없음
라이소자임 작용	세포벽의 펩티도글리칸 분해되어 용균	세포벽 분해 안 됨
대표균	구균, 포자형성균, 젖산균	장내세균, 초산균

(3) 그람양성균 관련 식품

분류			관련 식품
그람양성, 구균	락토코커스 (*Lactococcus*)속	*Lactococcus lactis*	치즈, 요구르트 제조
	류코노스톡 (*Leuconostoc*)속	*Leuconostoc mesenteroides*	김치 발효 초기
	페디오코커스 (*Pediococcus*)속	*Pediococcus halophilus*	내염성, 정상젖산발효균, 장류, 침채류숙성
	스트렙토코커스 (*Streptococcus*)속	*S. lactis*, *S.thermophilus*	유제품 발효
그람양성, 내생포자 간균	바실러스 (*Bacillus*)속	*B. subtilis*, *B. lichenitormis*	프로테아제, 아밀레이스 생산, 장류 발효
		B. coagulans, *B. stearothermophilus*	통조림 flat sour 원인균
		B. cereus	식중독균
	클로스트리듐 (*Clostridium*)속	*C. sporogens*	어류, 육류 부패, 통조림 팽창
		C. botulinum	신경독소 생성하는 식중독균
		C. butyricum	부티르산 생산
		C. acetobutyrium	아세톤, 부탄올 생산
그람양성, 무포자 간균	락토바실러스 (*Lactobacillus*) 속	*L. bulgaricus*	요구르트 제조
		L. acidophilus	유제품 제조
		L. casei	치즈 숙성
		L. plantarum	김치 발효
	코리네박테리움 (*Corynebacterium*)속	*C. glutamicum*	글루탐산 생산균
		C. diphtheria	디프테리아 원인균
	브레비박테리움 (*Brevibacterium*)속	*B. erythrogenes*	치즈의 적색색소 생성
		B. lactotermentum, *B. flavum*	글루탐산, 리신 생산
		B. ammoniagenes	핵산발효
	프로피오니박테리움 (*Propionibacterium*)속	*P. shermanii*	스위스 치즈 숙성, VB_{12} 생산
	비피도박테리움 (*Bifidobacterium*)속	*B. infantis*, *B. ibreve*, *B. bifidum*	요구르트 제조

(4) 그람음성균 관련 식품

분류			관련 식품
그람음성, 호기성 간균	아세토박터(*Acetobacter*)속	*A. aceti, A. oxidans*	식초양조
	글루코노박터(*Gluconobacter*)속	*G. oxidans*	식품부패, 과일의 신맛
	할로박테리움(*Halobacterium*)속	*H. salinarium*	염장 생선 적변
	슈도모나스(*Pseudomonas*)속	*P. fluorescens*	형광균, 호냉성 부패균
		P. aeruginosa	녹농균, 우유 청변 부패
그람음성, 통성혐기성 간균	에세리시아(*Escherichia*)속	*E. coli*	장내세균, 식품위생지표균
		E. coli 0157	장출혈성대장염 유발
	프로테우스(*Proteus*)속	*P. vulgaris*	단백질 분해, 부패취 생성
		P. morganii	히스타민 생성, 알레르기성 식중독
	비브리오(*Vibrio*)속	*V. parahaemoliticus*	장염비브리오 식중독
		V. cholerae	콜레라 감염병
	어위니아(*Erwinia*)속	*E. carotovera*	과실 부패
그람음성, 나선균	캠필로박터(*Camphylobacter*)속	*C. jejuni, C.coli*	식중독 유발
	헬리코박터(*Helicobacter*)속	*H. pylori*	위염, 위궤양 발병

7 식품가공에 관여하는 주요 미생물

1. 주류

(1) 청주

① *Aspergillus oryzae*(당화), *Saccharomyces sake*(발효), *Hansenula anomala*(방향 부여)
② 변패균 : *Lactobacillus heterohiochi*(화락균 : 백탁 및 산패 원인균)

(2) 맥주

① 상면발효효모(*Saccharomyces cerevisiae*) : 영국, 캐나다, 독일의 북부지방 등에 주로 생산
② 하면발효효모(*Saccharomyces carsbergensis*) : 한국, 일본, 미국 등에 주로 생산
③ 변패균 : *Pediococcus cerevisiae*(술이 흐려지고 pH를 강하시키며 좋지 않은 냄새 생성)

(3) 포도주 효모 : *Saccharomyces ellipsoides*

(4) 약주·탁주

① 곰팡이 : *Aspergillus kawachii, Aspergillus shirousami, Mucor, Rhizopus, Absidia, Monascus*

② 효모 : *Saccharomyces coreanus, Saccharomyces cerevisiae.*

③ 약주·탁주의 유해균 : 일반 젖산균류

2. 장류

(1) 된장

① 코지(koji) 곰팡이 : 황국균[*Aspergillus oryzae*(amylase와 protease 생산)]

② 풍미 증진시키는 효모 : *Saccharomyces*, *Zygosaccharomyces*, *Torulopsis*

③ 단백질 분해력 있는 세균 : *Bacillus subtilis*

④ 산 생성 능력 있는 세균 : *Bacillus mesentericus*

(2) 간장

① 코지(koji) 곰팡이 : 황국균[*Aspergillus oryzae*(amylase와 protease 생산), *Aspergillus sojae*]

② 숙성 중 내삼투압성 효모 : *Zygosaccharomyces major*, *Zygosaccharomyces sojae*

③ 단백질 분해력이 있는 세균 : *Bacillus subtilis*

④ 내염성 세균 : *Pediococcus sojae*

⑤ 젖산 생성 세균 : *Pediococcus halophilus*

⑥ 유해균 : 산막효모(*Pichia anomala*)

(3) 청국장 세균 : *Bacillus subtilis, Bacillus natto*

3. 유제품

(1) 버터 스타터 및 숙성균 : *Streptococcus lactis, Streptococcus cremoris*

(2) 치즈

① 세균 : *Streptococcus lactis, Streptococcus cremoris*

② 곰팡이 : *Penicillium camemberti, Penicillium roqueforti*

4. 기타

(1) 구연산(citric acid)

① 호기적 조건으로 당에서 구연산을 생성하는 발효

② 생산균 : 주로 *Aspergillus niger* 사용, 그 외 *Aspergillus saitoi*, *Aspergillus awamori* 등

(2) 말산(malic acid) : 푸마르산(fumaric acid)을 원료로 *Lactobacillus brevis*(fumarase 분비)에 의해 생산

(3) 푸마르산(fumaric acid) : 당을 원료로 하여 *Rhizopus*를 이용하여 생산

(4) 글루탐산(glutamic acid)

① *Corynebacterium*, *Brevibacterium*, *Micrococcus* 등에 의해 폐당밀과 녹말액화액 등으로부터 생산

② 생산조건으로 통기량이 충분해야 하고, 적절한 비오틴 함량과 pH는 중성 또는 약알칼리 유지

8 식품 부패 관련 미생물

식품	구분	관련 미생물
쌀밥		• *Bacillus*속(*B. subtilis, B. megatherium, B. cereus*)
빵		• 점질화 원인균 : *B. mesentericus* • 붉은 빵 원인균 : *Serratia marcescens*
과실류		• 감자, 양파 등 : 연부병 • 사과, 귤 : 푸른 곰팡이병 • 복숭아, 배 등 : 검은 곰팡이병
잼류		• 부패 원인균 : *Torulopsis bacillaris*
달걀		• 갈색 부패 : *Pseudomonas fluorescens* • 흑색 부패 : *Proteus melanogenes*
어패류		• 부패균 저온균 : *Micrococcus, Flavobacterium, Achromobacter, Pseudomonas*
침채류		• 카로티노이드 색소 생성 : *Rhodotorula*
통조림		• H_2S를 생성하여 검게 하는 균 : *Clostridium nigrificans* • 팽창 부패균 : *Clostridium thermosaccharolyticum* • 평면 산패(*flat sour*) : *Bacillus coagulans, Bacillus steothermophilus*
육류	호기적인 경우	• 고기 색소의 변색 : *Lactobacillus, Leuconostoc* • 유지의 산패 : *Pseudomonas, Achromobacter* • 표면의 착색 및 반점 생성 : *Serratia marcescens*(적색), *Flavobacterium*(황색) • 산취 : 젖산균, 효모
	혐기적인 경우	• 산패 : *Clostridium*
육제품		• 소시지 표면 점질물 : *Micrococcus* • 어육 소시지를 백색으로 탈색 : *Streptococcus*
우유		• 혐기성 : *Clostridium lentoputrecens* • 통성혐기성 : *E. coli* • 호기성 : *Bacterium lactis*(적색 변화) • 통성호기성 : *Proteus vulgaris*(불쾌한 냄새)

2교시 2과목 급식, 위생 및 관계법규

01 급식관리

1 급식산업(영리, 비영리)

1. 단체급식(집단급식소)

① 비영리, 계속 특정 다수인에게 제공

② 식품위생법에 따라 1회 50인 이상, 학교급식, 기숙사, 산업체, 병원 등

2. 외식업

① 영리, 계속 불특정 다수인에게 제공

② 일반음식점 등

2 집단급식소(단체급식)

1. 관리원칙(PDS)

① 계획(Plan) : 급식운영계획, 영양계획 등

② 실시(Do) : 식단작성, 식재료 구입 등

③ 평가(See) : 식단평가, 재고조사, 검식 등

2. 급식운영형태

① 직영급식 : 기관 자체에서 직접급식 운영, 인원·시설 필요(신속 원가 통제 가능)

② 위탁급식 : 급식업무 일부 또는 완전 위탁, 급식의 질 저하 가능, 식단가제 관리비제

3. 급식시스템

방법	특징
전통식	• 가장 오래된 형태(대부분 운영방식) • 생산, 분배, 서비스 장소 동일 • 적온급식 가능 • 인력관리 필요(노동비 등)
중앙공급식	• 공동조리식(조리 후 운반급식) • 생산, 소비 장소 분리 • 식재료비, 인건비 절감 • 운반문제(비용, 위생, 운반시간)
조리저장식	• 조리 후 냉장·냉동 저장 후 급식 • 생산, 소비 시간적 분리 • 초기투자비용, 표준 레시피 개발 필수
조합식	• 완전조리된 음식을 구매로 저장, 가열, 배식 정도의 기능만 필요 • 관리비, 인건비 등 절감 • 메뉴제공한계, 저장공간 확보 필요

4. 급식 대상별 유형

구분		특징
학교급식	단독조리 (각 개별급식소 급식생산 및 배식)	• 학생 건강 유지·증진, 올바른 식습관 형성 및 식사선택 능력을 배양 • 유치원에 급식제공(유치원 제외 인원 : 100명 미만 → 어린이급식관리지원센터 관할) • 초·중·고등학고에 급식제공(대학교 제외)
	공동조리방식 (일부학교에서 공동생산하여 단위학교 배송)	
	공동관리방식 (한명의 영양사가 인근 여러 급식소 순회관리)	
산업체 급식	공장급식 (식수는 일정하나 식단가는 낮음)	100인 이상 산업체급식 영양사 의무고용
	기업체 사무실 (식수의 변동 폭은 크고 식단가는 높음)	
	관공서 (주관부서와의 유기적 협조가 중요)	
	연수원 (식단가 높으나 지리적 여건으로 조리인력조달 어려움)	
병원급식	직원급식 (의료진 등 급식)	• 다양한 치료식 제공으로 생산성 낮음 • 매일, 병실까지 직접 배달 등으로 인건비 부담 • 매식마다 식수 및 식사내용을 확인 • 조리기기나 설비를 점검·수리할 시간이 충분하지 않음 • 더욱 위생적이고 안전한 음식 제공
	환자급식 (환자 대상 일반식, 치료식 등)	
영유아 시설급식	어린이집급식 (영유아보육법)	• 100인 이상 급식 영양사 고용 (2개시설까지 공동 관리 가능) • 어린이급식관리지원센터 운영 : 영양사 고용의 의무가 없는 100인 미만 어린이집 및 유치원
	유치원급식 (유아교육법)	
대학급식	학생식당, 기숙사식당	식단가가 낮은 반면, 소비 트렌드는 급속도로 변화하고 있어 기대와 요구 수준이 지속적으로 증가
사회복지 시설급식	노인복지시설	1회 급식인원 50인 이상 경우 집단급식소로 신고하여 영양사 배치 의무
	아동복지시설	취약계층 아동 필요한 영양 공급
	장애인복지시설	장애인 성과 연령, 장애유형 및 장애정도 고려
군대급식	군인(국방부 총괄급식관리)	군력증진, 위탁운영, 조리법 및 취사도구 표준화, 표준 취사장 운영
기타급식	선수촌 및 운동선수 급식	과학적 합리적 기준 설정, 적절한 식사 공급
	기내식	조리 냉장방식(cook-chill system)

3 급식경영관리

1. 급식경영 : 급식조직의 목표 달성 및 운영에 필요한 인적·물적 자원을 투입하여 계획, 조직화, 지휘, 조정 및 통제하는 일련의 과정

2. 급식경영의 6가지 자원요소(6M) : 사람(Man), 원료(Materials), 자본(Money), 방법(Methods), 기계(Machines), 시장(Market)

3. 급식경영관리 순환체계

① PDS 사이클(기본적 기능의 순화성) : 계획(Plan) → 실시(Do) → 평가(See)

② POC 사이클(관리기능의 동적개념) : 계획화(Planning) → 조직화(Organizing) → 통제화(Controlling)

4. 경영의 관리기능 : 계획수립 → 조직화 → 지휘 → 조정 → 통제

5. 급식경영관리자

(1) 급식경영관리자의 유형

기능적 관리자	조직 내 특정 부문이나 기능에 대해 책임과 전문화된 업무관리 예 임상영양사
일반 관리자	급식부서의 모든 활동에 책임, 전문화되지 않은 업무관리 예 매니저, 점장

1) 급식경영관리계층

① 상위(최고)경영층 : 조직경영 총괄, 조직의 전략적 정책 수립 및 방향 제시(전략적 의사결정)

② 중간관리층 : 세부업무 책임, 해당부서의 정책수행, 상하간 의사소통과 균형 유지(관리적 의사결정)

③ 하위관리층 : 종업원직업 관리, 일상 작업 활동 감독(업무적 의사결정)

2) TQM(Total Quality Management) 관리계층

① 종합적 품질경영(TQM)이 중요성 부각으로 새롭게 변화된 계층구조

② 피라미드 형태의 전통적 급식구조가 역삼각형 모양으로 역전되어 상위경영층을 지원하고 도와주는 촉진자 및 지도자로서의 역할 수행

③ 고객만족과 하급관리층의 위상 강조

(2) 급식경영관리자의 역할

1) 민츠버그의 경영자 역할

① 대인관계 역할

② 정보전달 역할

③ 의사결정 역할

2) 카츠의 경영관리 능력

① 기술적 능력(하위계층으로 갈수록 중요)

② 인력관리 능력(모든 계층에서 중요)

③ 개념적 능력(상위계층으로 갈수록 중요)

④ 관리계층에 따른 관리능력

6. 급식계획

(1) 계획수립 기법

① 벤치마킹 : 뛰어난 운영과정을 배우면서 자기혁신을 추구하는 경영기법

② SWOT분석 : 내부환경 분석으로 자사의 강점과 약점 도출, 외부환경 분석으로 환경의 기회와 위험요인 파악

③ 목표관리법(MBO) : 관리자와 작업자 스스로 명확한 목표 설정, 성과 객관적으로 평가하여 상응 보상

④ 아웃소싱 : 핵심능력이 없는 부분을 외부의 전문업체에게 주문 또는 일임

(2) 의사결정

의사결정유형	• 계층과 범위에 따라 : 전략적 의사결정(상위경영층), 관리적 의사결정(중간관리층), 업무적 의사결정(하급관리층) • 의사결정 내용에 따라 : 정형적 의사결정(일정절차나 규칙 정해짐. 하급관리층으로 갈수록 많아짐), 비정형적 의사결정(직관과 판단에 의존. 상위경영층으로 갈수록 많아짐)
의사결정과정	• 문제발견 → 대안적 해결책 제시 → 대안의 평가 → 최선의 대안 선택 → 선택된 대안 실행 → 평가 및 피드백
의사결정기법	• 의사결정나무 ; 연속된 의사결정 진행하는 분석방법 • 비용-효과분석 : 비용과 효과의 대안 비교분석, 비용최소화 목적 • 대기이론 : 작업라인에서 기다리는 것과 연관 서비스라인과 생산 라인 수 결정에 사용
집단의사결정	• 브레인스토밍(아이디어 창출), 델파이법(설문 후 전문가의 의견 평가), 명목집단법(브레인스토밍 수정확장기법), 포커스집단법(소규모 대상으로 문제점 집중적 토론)

7. 급식조직

(1) **경영조직 원칙** : 전문화 원칙, 명령일원화 원칙, 감독한계적정화 원칙, 권한위임 원칙, 계층단축화 원칙, 직능화 원칙, 권한과 책임원칙, 조정의 원칙

(2) **경영조직 유형** : 직계(라인)조직, 기능적 조직, 직계참모식 조직, 집권관리조직, 분권관리조직, 공식조직, 비공식조직, 사업부제조직, 위원회조직, 프로젝트조직, 행렬식(매트릭스)조직

4 식단관리

1. **식단계획** : 영양목표량 설정 → 식품구성결정 → 메뉴(식단) 구성 결정 → 1일 식단표 완성 → 1일 메뉴 영양량 확인·수정

(1) **영양목표량 설정** : 영양소 섭취기준 산출

① 열량 : 구성원의 연령, 성별, 생활(노동)강도에 따라 영양 섭취기준 산출

② 탄수화물 : 총 열량의 55~65% 권장

③ 단백질 : 총 열량의 7~20% 권장

④ 지방 : 총 열량의 15~30% 권장

2020년 한국인의 영양 섭취기준			
영양소	연령	남자	여자
에너지(열량) 필요추정량	19~29세	2,600	2,000
	30~49세	2,500	1,900
	50~64세	2,200	1,700

(2) 식품 구성 결정 : 6가지 식품군 활용, 식사구성안과 식품교환을 이용하여 결정

<table>
<tr><th colspan="4">식사구성안 영양목표</th></tr>
<tr><th colspan="2">섭취 허용</th><th colspan="2">섭취 주의</th></tr>
<tr><td>에너지</td><td>100% 에너지 필요추정량</td><td rowspan="3">지방</td><td rowspan="3">• 1~2세 : 총에너지의 20~35%
• 3세 이상 : 총에너지의 15~30%</td></tr>
<tr><td>단백질</td><td>총 에너지의 약 7~20%</td></tr>
<tr><td>탄수화물</td><td>총 에너지의 약 55~65%</td></tr>
<tr><td>비타민, 무기질</td><td>100% 권장섭취량 또는 충분섭취량, 상한섭취량 미만</td><td rowspan="2">당류</td><td rowspan="2">• 총 당류 섭취량 : 총 에너지 섭취량의 10~20% 제한, 특히 식품조리 및 가공 시 첨가당은 총 에너지 섭취량의 10% 이내로 섭취
• 첨가당의 주요 급원 : 설탕, 액상과당, 물엿, 당밀, 꿀, 시럽, 농축과일주스 등</td></tr>
<tr><td>식이섬유소</td><td>100% 충분섭취량</td></tr>
</table>

(3) 메뉴(식단) 구성 결정 : 급식 횟수, 품목 수 구성

- 메뉴(식단) 작성 순서 : 급여영양량 결정→ 3식의 영양량 배분→ 주식과 부식 결정 → 식품구성 결정 → 미량 영양소 보급 → 조리와 배합순

(4) 1일 식단표 작성

작업지시서, 식재료 종류와 양, 급식인원수, 열량 및 영양소 제공량, 원산지표시, 알러지유발식품 등 표시

2. 메뉴관리

(1) 메뉴 유형

① 메뉴 품목 변화에 따른 분류 : 고정메뉴(동일메뉴), 순환메뉴(주기메뉴), 변동메뉴(단체급식에서 많이 이용)

② 품목과 가격구성에 따른 분류: 알라카르트메뉴(일품메뉴, 레스토랑 사용), 타블도트메뉴(정식메뉴)

③ 선택성에 따른 분류 : 단일메뉴(1가지 메뉴), 부분선택식메뉴(일부품목선택), 선택식메뉴(복수메뉴, 카페테리아메뉴)

(2) 메뉴 개발 : 고객의 요구 및 기호도 반영, 급식의 생산성 및 수익성 제고 → 지속적인 메뉴 수정 보완

(3) 메뉴(식단) 평가

① 메뉴 평가기준 : 음식의 영양적 가치(영양소 함유, 영양소 균형), 사용된 식재료 등급(신선도, 품질), 맛(온도, 양념, 질감, 향기, 조리상태, 익은 정도 등), 외양(액, 농도와 끈기, 배열상태, 모양, 1인분량)

② 메뉴 평가방법 : 기호도조사, 고객만족도 조사, 잔반량 조사, 메뉴엔지니어링

참고 메뉴엔지니어링

<table>
<tr><th colspan="2" rowspan="2"></th><th colspan="2">선호도</th></tr>
<tr><th>높음</th><th>낮음</th></tr>
<tr><td rowspan="2">수익성</td><td>높음</td><td>stars
눈에 잘 띄는 위치에 세트메뉴 위치</td><td>puzzles
선호도 낮은 메뉴와 세트구성</td></tr>
<tr><td>낮음</td><td>plowhorses
가격인상, 원가인하</td><td>dogs
메뉴삭제, 가격인상으로 puzzles로 이동</td></tr>
</table>

5 구매관리

1. 구매

(1) 구매절차

구매조사(경제성, 적시성, 탄력성, 정확성, 계획성 원칙) → 구매명세서 및 구매청구서 작성 → 공급업체 선정[경쟁입찰계약(공식적 구매), 수의계약(비공식적 구매)] → 발주량 결정 및 발주서 작성 → 물품배달 및 검수 → 구매기록 보관 → 대금지불

(2) 구매서식

구매서식		특징
물품구매명세서	구입명세서, 물품명세서, 시방서, 물품사양서	• 구매하고자 하는 물품의 품질 및 특성기록양식
구매청구서	구매요청서, 요구서	• 구매하고자 하는 물품의 품목과 수량 기록 • 2부 작성(구매부서, 구매요구부서)
발주서	구매표, 발주전표, 주문서	• 주문하고자 하는 물품의 품목과 수량 기록 • 3부 작성(공급업자, 구매부서, 회계부서)
납품서	송장, 거래명세서	• 거래처에서 물품의 납품내역을 적어 납품 시 함께 가져오는 서식 • 검수 확인 서식

2. 발주

(1) 발주량 산출

① 1인분당의 중량(g) 결정

② 예상식수(식) 결정

③ 표준레시피로 얻은 식품의 폐기율을 고려하여 발주량 계산

- 재고량 없는 식품 발주량 : 1인분 중량 × 예상식수
- 재고량 있는 식품 발주량

1인분 중량 × 예상식수 × 출고계수

$$\frac{1인분\ 중량 \times 예상식수 \times 100}{가식부율}$$

$$\frac{1인분\ 중량 \times 예상식수 \times 100}{100 - 폐기율}$$

$$*출고계수 = \frac{100}{가식부율(100 - 폐기율)}$$

$$*가식부율 = \frac{구입\ 시\ 중량(A)}{폐기부분을\ 제외한\ 가식부\ 중량(E)} \times 100$$

*폐기율(%) = 100 − 가식부율

④ 산출된 발주량의 단위를 kg의 중량 단위나 구입단위(상자, 관 등)로 환산

(2) 적정발주량 결정

① 저장비용(유지비용) : 재고를 보유하기 위해 소요되는 비용(유지비, 보험비, 손실비 등)

② 주문비용 : 인건비, 업무처리비용, 교통통신비, 소모품비, 검수에 소요되는 비용

③ 경제적 발주량(EOQ) : 연간저장비용과 주문비용의 총합이 가장 적은 지점

(3) 발주방식의 결정

① 정량발주방식 : 계속실사방식, 발주점방식, 재고량이 발주점에 도달하면 일정량을 발주

- 저가품목, 재고 부담 적고, 항상 수요가 있어 일정한 양의 재고를 보유하는 품목, 수요예측 어려운 품목, 사장품 등

② 정기발주방식 : 정기실사방식, 정기적으로 일정 시기마다 적정발주량(최대재고량 - 현 재고량)을 발주
- 고가로 재고 부담이 큰 품목, 조달기간이 오래 걸리는 품목, 수요예측가능품목 등

3. 검수

(1) 검수절차 : 납품물품과 주문한 내용, 납품서의 대조 및 품질검사 → 물품의 인수 또는 반품 → 인수물품 입고 → 검수기록 및 문서정리

(2) 검수방법

① 전수검사 : 납품된 식재료를 전부 검사
- 고가품에 적합한 방법, 시간과 비용 많이 소요

② 발췌검사 : 일부 식재료 무작위 선별하여 검사
- 대량구입 경우, 검사항목 많은 경우, 검수비용과 시간 절약

4. 식재료 저장 원칙 : 품질보존, 분류저장(분류저장 체계화), 저장품 위치표식, 선입선출, 공간활용 극대화, 저장물품의 안전성 확보

5. 재고관리

(1) 재고관리유형

① 영구재고조사 : 계속적으로 적정재고량 유지

② 실사재고조사 : 주기적으로 보유 물품 수량과 목록 조사

(2) 재고관리기법

① ABC 관리방식 : 재고를 물품의 가치도에 따라 A(전체 재고량의 10~20%), B(전체 재고량의 20~40%), C(전체 재고량의 40~80%)의 세 등급으로 분류(파레토 분석 이용)

② 최소-최대 관리방식(급식소에서 많이 사용) : 적정량 주문하여 최대한의 재고량 보유

(3) 재고자산 평가방법

구분	내용
실제구매기법	• 마감 재고 조사 시에 남아 있는 물품들을 실제로 그 물품을 구입했던 단가로 계산 • 주로 소규모 급식소에서 많이 사용
총 평균법	• 특정기간 동안 구입된 물품의 총액을 전체 구입수량으로 나누어 평균단가를 계산한 후 이 단가를 이용하여 남아 있는 재고량의 가치 산출 • 물품이 대량으로 입·출고될 때 이용
선입선출법	• 가장 먼저 들어온 품목을 먼저 사용. 마감재고액은 가장 최근에 구입한 식품의 단가 반영, 재고회전원리 • 시간의 변동에 따라 물가가 인상되는 상황에서 재고가를 높게 책정하고 싶을 때 사용
후입선출법	• 최근에 구입한 식품부터 사용. 가장 오래된 물품이 재고로 남아있게 됨 • 인플레이션이나 물가상승 시에 소득세를 줄이기 위해 재무제표상의 이익을 최소화하고자 할 때 사용
최종구매기법	• 가장 최근의 단가를 이용 • 간단하고 빠른 방법으로 급식소에서 가장 많이 사용

(4) **재고회전율** : 재고관리 상태를 평가하기 위한 척도

① 현재 보유하고 있는 재고품목들의 주문 빈번도 및 주문 품목의 사용기간 계산

② 평균재고액 = $\frac{(초기재고액 + 마감재고액)}{2}$　　재고회전율 = $\frac{그\ 달의\ 식품액}{그\ 달의\ 평균재고액}$

③ 재고회전율이 표준보다 낮은 경우 : 재고 과잉, 현금이 재고로 묶여있는 상태

- 부정유출, 재고낭비 우려 있음

④ 재고회전율이 표준보다 높은 경우 : 재고 부족, 급식생산 지연, 급하게 품목발주 상황 발생

- 식재료비 증가, 작업자들의 스트레스 높아짐

6. 수요예측

(1) 수요예측 : 과거의 정보를 활용하여 미래를 예측

① 정확한 수요예측 : 생산 부족 또는 생산 과잉에 따른 문제해결, 최소생산으로 비용최소화, 고객만족도 및 직무만족도 증가, 정확한 운영

② 잘못된 수요예측 : 생산 초과의 경우(잔식 발생으로 비용 낭비, 음식품질 저하, 현금유동성 저하), 생산 부족의 경우(고객 불만, 추가발주로 인한 원가상승)

(2) 수요예측방법

① 객관적 예측법[시계열분석법(정량적 접근방법, 양적 접근방법)] : 시간경과에 따라 숫자변화로 추세나 경향분석, 과거의 매출이나 수량자료로 미래수요예측

구분	내용
이동평균법	• 가장 최근의 기록만으로 평균계산 • 3개월간의 단순이동평균법(최근 3개월 수요의 평균값 사용)
지수평활법	• 가장 최근의 기록에 가중치를 두어 계산(지수평활계수 $0 \le \alpha \le 1$) • 수요안정(α값 : 0에 가까움), 수요변동(α값 : 1에 가까움)
인과형 예측법 (원인과 결과로 예측)	• 식수 및 영향요인들 간의 인가모델 개발하여 수요예측 예 회귀분석 • 식수에 영향을 주는 요인 : 요일, 메뉴선호도, 특별행사, 날씨, 계절, 주변식당이용률, 식당좌석회전율

② 주관적 예측법(정성적 예측방법, 질적접근방법) : 최고경영자나 외부전문가의 의견이나 주관적 자료로 기술예측이나 신제품 출시에 활용(시장조사법, 델파이기법, 최고경영자기법, 외부의견조사법)

7. 대량조리

(1) 대량조리 기본

① 50인분 이상의 음식을 동시에 생산할 수 있는 시설에서 조리

② 대량조리기기 이용, 정해진 시간 내에 다수의 조리원 활동

③ 분산조리 활용(배식시간에 맞추어 일정량씩 나누어 조리)

(2) 대량조리 특징

① 작업일정에 따른 계획적인 생산통제 필요

② 조리기기를 활용해 한정된 시간 내에 대량생산

③ 급속한 음식의 맛, 질감, 품질 및 위생관리를 위해 제한된 조리법 사용과 조리시간·온도 통제 필요

6 생산 및 작업관리

1. 급식생산성 지표

① 노동 생산성 지표 : 1시간당 식수, 1식당 소요시간

- $1식당\ 노동시간 = \frac{일정기간\ 총\ 노동시간(분)}{일정기간\ 제공한\ 총\ 식수}$
- $노동시간당\ 식수 = \frac{일정기간\ 제공한\ 총\ 식수}{일정기간\ 총\ 노동시간}$
- $규정\ 근로시간당\ 식수 = \frac{일정기간\ 제공한\ 총\ 식수}{일정기간\ 총\ 규정근로시간}$

② 비용생산성 지표 : 1식당 인건비용, 1식당 총비용

7 위생안전관리

1. 위생관리

① 일반구역(검수, 전처리, 식재료 저장, 세정구역)과 청결구역(조리, 배선, 식기보관, 식품절임, 가열처리구역) 구분관리

② 기구용기 구분 사용(채소 → 육류 → 어류 → 가금류 순으로 사용)

③ 냉장저장(5℃ 이하), 냉동저장(-18℃ 이하), 건조저장(온도 : 15~25℃, 습도 : 50~60%)

④ 채소 및 과일 세척(0.15~0.25% 농도의 중성세제로 씻은 후 흐르는 물에 헹굼)

⑤ 채소 및 과일 소독(차아염소산나트륨 100ppm에 5분간 침지 후 흐르는 물에 3회 헹굼)

⑥ 벽과 바닥으로부터 15cm 이격관리, 식품취급 작업대는 바닥에서 60cm 이상

⑦ 음식중심온도는 75℃(패류 85℃) 1분 이상, 위험온도범위는 5~60℃

2. 세척제

① 1종 세척제(채소, 과일)

② 2종 세척제(식기용),

③ 3종 세척제(식품가공기구용, 조리기구용)

④ 용해상 세제(진한 기름때)

⑤ 일반세척(손 세척)

⑥ 산성제제(세제 찌꺼기 제거)

⑦ 연마성 세제(바닥, 천정 등)

3. 조리원 건강검진

① 정기적 건강진단 : 연 1회 실시(학교급식 : 1회 6개월마다 실시)

② 검사항목 : 장티푸스, 폐결핵, 전염성피부질환

③ 조리에 참여할 수 없는 질병을 가진 사람 : 감염병의 예방 및 관리에 관한 법률 제2조 제3호에 따른 제2급감염병(콜레라, 장티푸스, 파라티푸스, 세균성이질, 장출혈성대장균감염증, A형간염)과 결핵, 피부염 또는 그밖의 화농성질환

8 원가분석

1. 원가의 3요소 : (식)재료비, 인건비, 경비

2. 원가의 분류

(1) 제품 생산 관련성에 따른 분류

① 직접비 : 특정 제품에 사용이 확실한 비용(직접재료비, 직접노무비, 직접경비)(제조간접비 포함 전의 원가의 기초)

② 간접비 : 여러 제품에 공통 또는 간접으로 소비되는 비용(제조간접비, 판매비, 일반관리비)

(2) 생산량과 비용에 따른 분류

① 고정비 : 생산량 증감에 관계없이 항상 일정하게 발생하는 비용(임대료, 세금, 보험, 수선유지비, 수도광열비, 감가상각비 등)

② 변동비 : 생산량 증가로 비례적으로 증가(직접 식재료비, 직접노무비, 판매수수료 등)

③ 반변동비(준변동비) : 고정비와 변동비 성격 동시 가짐(일시고용인)

3. 원가의 계산 : 일정기간 동안 소비된 모든 원가를 그 기간 동안의 생산량으로 나누어 산출

(1) 목적 : 원가관리, 예산편성, 재무재표 작성, 가격 결정

(2) 원가의 구조

① 직접원가 : 재료비, 노무비, 경비로 제조간접비 포함 전의 원가의 기초

② 제조원가(생산원가) : 직접원가(기초원가) + 제조간접비

③ 총원가(판매원가) : 제조원가(생산원가) +판매비 + 일반관리비

④ 판매가격 : 이윤 + 총원가(판매원가)

4. 원가분석 : 식재료비, 인건비, 감가상각비

① 식재료비 비율(%) = $\frac{\text{식재료비}}{\text{매출액}} \times 100$

② 월식재료비 = 월초재고액 + 월구입액 – 월말재고액

③ 인건비 비율(%) = $\frac{\text{인건비}}{\text{매출액}} \times 100$

5. 재무관리

(1) 손익분기점 매출량

① 매출액 = 고정비 + 변동비 + 이익

② 손익분기점 매출액 = 고정비+ 변동비 * 손익분기점 : 매출액과 총비용 일치하는 점

③ 총 공헌마진 : 총 매출액에서 총 변동비를 뺀 값으로 고정원가를 회수하고 이익 창출에 공헌하면 순이익 증가를 의미

- 총 공헌마진 = 매출액 – 변동비 = 고정비
- 총 공헌마진 = 단위당 공헌마진 × 매출량(식수) * 공헌마진 = 객단가 – 단위당 변동비

④ 손익분기점 매출량 = $\frac{\text{고정비}}{\text{단위당 공헌마진}}$

(2) 손익분기점 매출액

① 공헌마진 비율 = 1 - 변동비율 * 변동비율 = $\frac{\text{변동비}}{\text{가격}}$

② 손익분기점 매출액 = $\frac{\text{고정비}}{\text{공헌마진 비율}}$

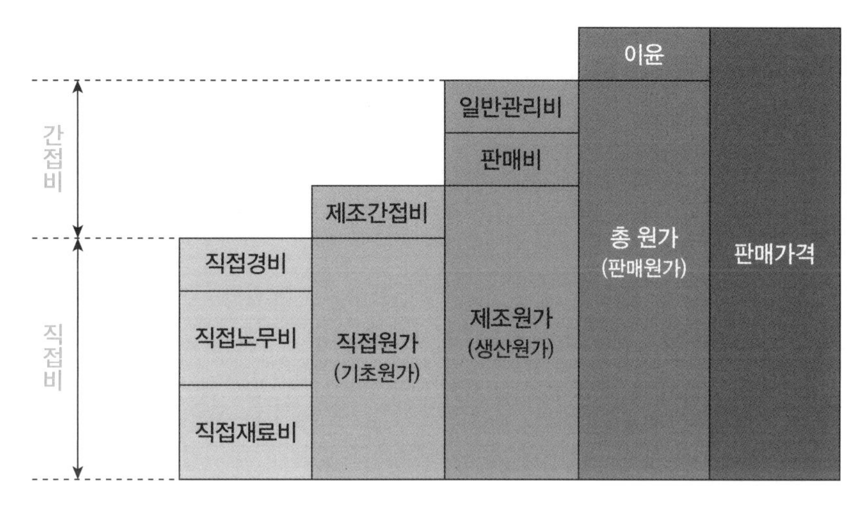

[원가의 구조]

9 경영관리

1. 인적자원관리

(1) 인적자원관리 업무기능

① 확보 : 조직에 필요한 인적자원의 종류와 인원수 확보(조직, 인력계획, 직무분석 및 직무연구 종업원의 모집 및 배치)

② 개발 : 훈련을 통한 기술향상(교육훈련, 경력개발, 조직문화개발)

③ 보상 : 직무수행 결과에 대한 적절한 대가(임금관리, 보상관리, 직무평가, 복리후생)

④ 유지 : 인적자원의 유능한 노동력 유지(인사이동, 인사고과, 징계관리, 안전관리, 보건관리, 스트레스 관리)

(2) 인적자원의 확보

1) 인적자원관리의 직무분석

① 직무의 내용, 특징, 자격요건을 분석하여 다른 직무와의 질적인 차이를 분명하게 하는 절차

② 직무기술서와 직무명세서를 작성하여 직무평가

- 직무기술서 : 특정 직무의 의무과 책임에 관한 조직적이고 사실적인 해설서로 직무수행의 내용, 방법, 사용장비, 작업환경 등 직무에 관한 개괄적인 정보 제공(직무명, 직무구분, 직무내용의 3영역으로 구성)
- 직무명세서 : 특정 직무수행을 위해 필요한 지식, 경험, 기술 능력, 인성 등의 인적요건 명시하고 신규 인력채용 시 사용되며 필요요건을 보다 명확히 제시

③ 직무분석방법 : 질문지법, 관찰법, 면담법, 자가기록법, 종합법

2) 인적자원관리의 직무설계 : 적재적소의 원칙에 따라 수행해야 할 과업의 책임과 범위를 정하는 과정

① 직무단순화 : 작업절차 표준화하여 전문화된 과업에 종업원 배치

② 직무확대 : 수행과업의 수적 증가, 다양성과 책임의 증가로 품질향상

③ 직무순환 : 여러 직무를 주기적으로 순환, 다양한 경험과 기회 제공

④ 직무충실화 : 과업의 수적 증가뿐만 아니라 직무에 대해 갖는 통제 범위를 증가시켜 수평적 업무추가와 수직적 책임부여

⑤ 직무특성 : 조직의 효율성 증진과 종업원의 직무만족을 유도

- 5가지 요소 구성 : 기술의 다양성, 업무의 정체성, 업무의 중요성, 자율성, 피드백

3) 인적자원 채용

종류	내부모집	외부모집
특성	현직 또는 전직 직원에서 적합한 인재 채용	새로운 경험과 능력 가진 외부인 채용
모집방법	사내공모, 내부승진, 배치전환, 재고용	매체 이용(인터넷, TV 등), 타기업 스타우트, 취업박람회
장점	비용 절감, 승진기회부여, 빠른 적응, 검증된 인재	새로운 지식 유입, 경력자 채용시 신규 교육비용 절감
단점	모집범위 한계, 내부이동으로 혼잡, 진급 누락 시 직원 근무의욕 상실	많은 시간과 비용 소모, 조직적응시간 필요, 내부직원 사기 저하

(3) 인적자원의 개발

① 수행장소 : 직장 내 훈련(직장상사, 전문가와 또는 외부강사에 의한 훈련), 직장 외 훈련(파견교육, 외부교육기관, 연수)

② 수행대상 : 신입사원교육[기초직무훈련(오리엔테이션), 실무교육훈련], 현직자교육(일반직원, 감독자, 관리자, 경영자 등)

참고 교육훈련 분류(장소에 의한 분류)

종류	직장 내 훈련 (On the Job Training; OJT)	직장 외 훈련 (Off the Job Training; OffJT)
특성	내부에서 직무와 연관된 지식과 기술을 상급자로부터 직접적으로 습득하는 방법	직무로부터 벗어나 일정기간 직장 외의 교육에만 열중하게 하는 방법
장점	경제적, 장소 이동 불필요, 실제적 교육훈련 가능, 상사 또는 동료와의 이해 증대	다수에게 통일적·조직적 훈련 가능, 전문적 지도 가능
단점	전문적 지식이나 기능은 직장 외 훈련과 병행해야 함, 기술훈련 어려움, 다수의 대상인 경우 수행불가	직무수행 지장, 작업시간 감소나 교육훈련에 따른 비용부담

(4) 인적자원의 보상

1) 직무평가 : 직무가 차지하는 상대적 가치를 결정하는 방법

① 서열법(직무간의 서열 결정)

② 분류법(등급에 따라 직무가치구분)

③ 점수법(평가요소 점수화)

④ 요소비교법(핵심직무의 평가요소를 기준으로 산정하여 기본 임금비율 결정)

2) 임금형태

① 기본급 : 기준임금으로 상여금, 퇴직금 산정기준

- 연공급(근속연구증가에 비례), 직무급(동일노동에 동일임금), 직능급(직무수행능력에 따라 임금 책정), 성과금(작업의 성과에 따라 임금지급)

② 부가급 : 기본임금에 부수적 수당 지급

③ 상여금 : 보너스, 인센티브

④ 퇴직금 : 일정기간 근무 후 퇴직자에게 지급

3) 법정 복리후생 : 의료보험, 연금보험, 산재보험, 고용보험

(5) 인적자원의 유지

1) 인사고과방법

① 서열법 : 수행능력에 따라 순위 매김

② 강제할당법 : 미리 정한 분포도에 따라 인원 할당

③ 대조법(체크리스트법) : 업무관련 표준을 제시하여 수행여부 점검

④ 평가척도법 : 정해진 척도에 따라 평가

⑤ 중요사진기법 : 성과 등의 중요한 사진을 중심으로 기록

⑥ 서술법 : 평가자가 피평가자에 대해 기술

2) 인사고과의 문제점

① 중심화 경향 : 중 또는 보통으로 평가하여 분포도가 중심에 집중하는 경향(확실한 평가기준이 없거나 평가대상자를 잘 알지 못할 때)

② 관대화 경향 : 실제 수행력보다 관다하게 평가되어 평가결과 분포가 위로 편중(평가자의 평가방법 훈련 부족)

③ 평가 표준의 차이 : 평가 척도에 사용되는 용어에 대한 지각과 이해의 차이로 생김(같은 평가대상자에 대해 결과가 다르게 나올 수 있음)

④ 현혹효과 : 평가대상자의 특징적 인상이 고관내용 전체 항목에 영향을 주는 현상(전반적인 인상이나 어느특정 고과요소사 다른 요소에 영향을 줌)

⑤ 논리오차 : 평가항목의 의미를 서로 연관시켜 해석하거나 적용할 때 발생(교과자가 논리적으로 상관관계가 있다고 생각하는 특정 사이에서 나타나는 오류)

⑥ 편견 : 성별, 연령, 출신학교, 지역, 직종, 정치 등의 요소에 의한 선입관을 가지고 평가

2. 리더십, 동기부여, 의사소통

(1) 리더십 이론

① 특성이론 : 리더의 인적특성 연구(성공하는 리더는 남과 다른 능력이 있다는 이론, 지적능력, 자신감, 업무관련특성, 대인관계 기술평가)

② 행동이론 : 리더의 다양한 행동이 종업원의 만족이나 업적에 영향을 준다는 이론(전제적 리더십, 민주적 리더십, 방임적 리더십)

③ 상황이론 : 작업의 결과는 리더십의 스타일과 상황변수의 상호작용에 의해 결정

④ 변형이론 : 변혁적 리더, 거래적 리더

참고 맥그리거 XY이론

- 작업자의 태도나 동기부여의 관계 설명
- X이론 : 부정적 견해, 근본적으로 일을 싫어하고 수동적, 지시받기를 원함
- Y이론 : 긍정적 견해, 목표달성 위해 스스로 노력하고 창조적

(2) 동기부여이론

① 매슬로우의 욕구계층이론 : 인간의 욕구는 계층화된 구조를 가지며 하위단계에서 상위단계로 진행(생리적, 안전, 사회적, 존경, 자아실현의 5단계 이론)

② 허즈버그의 2요인 이론 : 위생요인(불만족요인)과 동기부여요인(만족요인)

③ 알더퍼의 ERG 이론 : 생존욕구, 관계욕구, 성장욕구

④ 맥클리랜드의 성취동기이론 : 성취욕구, 권력욕구, 친화욕구

⑤ 브룸의 기대이론 : 보상에는 가치가 있어야 한다는 이론(동기유발을 위해서는 기대, 수단, 가치 필요)

⑥ 아담스의 공정성 이론: 자신의 업적에 대하여 조직으로 받은 보상을 다른 사람과 비교함으로써 인식된 공정성에 의하여 동기부여 정도가 달라진다고 보는 이론

(3) 공식적인 의사소통의 유형

수직적 의사소통	상향식 의사소통	조직하급자로부터 상사에게로 메시지가 전달되는 형태. 고충처리, 제안제도, 의견함, 설문지 등
	하향식 의사소통	조직상류층의 의사가 하부로 전달되는 형식. 명령, 지시, 게시판, 정책설명, 절차, 지침서, 전달 등
교차적 의사소통	수평적 의사소통	수평적 관계의 종업원에게 전달되는 형식, 서로 다른 부서나 직무단위가 다른 사람간의 의사소통
	대각선 의사소통	직무단위가 다르고 권한계층도 다른 사람들 간의 의사소통. 타부서의 사위, 하위자의 의사소통

3. 마케팅 관리

(1) 급식서비스의 기본적 특징

① 무형성 : 형태가 없음

② 비분리성(동시성) : 제공자에 의해 만들어짐과 동시에 고객에 의해 소비

③ 이질성(비일관성) : 같은 서비스도 전달자의 숙련도나 상황에 따라 차이

④ 소멸성(저장불능성) : 생산 후 바로 소비되어 재고나 저장 불가능

(2) 마케팅 관리 개념

① 생산 지향적 개념 : 생산과 유통을 통해 생산효율 증대

② 제품 지향적 개념 : 제품의 품질 중요

③ 판매 지향적 개념 : 기술의 발달과 혁신에 관심

④ 마케팅 지향적 개념 : 고객의 요구를 충족시켜 기업의 목표 달성

⑤ 사회지향적 개념 : 환경마케팅과 그린마케팅

⑥ 고속정보망 지향적 개념 : 정보통신 기술과 접목

(3) **시장 세분화 :** 잠재고객들로 이루어진 전체시장에서 유사한 소비자끼리 모으는 과정

(4) **시장 표적화 :** 시장을 세분화한 후 마케팅 전략을 펼칠 시장 선정

(5) **시장 포지셔닝 :** 고객의 마음속에 경쟁적 우위로 자리잡을 수 있도록 하는 것

4. 마케팅 믹스

① 표적시장에서 계획한 마케팅 목표를 효과적으로 달성하기 위하여 사용하는 통제가능한 요소(4P)
② 제품(Product), 가격(Price), 유통(Place), 촉진(promotion)

02 식품위생

1 식품의 정의 : 식품이란 모든 음식물(의약으로 섭취하는 것은 제외한다)을 말한다. (식품위생법 제2조)

2 식품위생의 정의 : 식품위생이란 식품, 식품첨가물, 기구 또는 용기·포장을 대상으로 하는 음식에 관한 위생을 말한다. (식품위생법 제2조)

3 식품위생의 목적 : 식품으로 인하여 생기는 위생상의 위해를 방지하고 식품영양의 질적 향상을 도모하며 식품에 관한 올바른 정보를 제공하여 국민보건의 증진에 이바지함을 목적으로 한다. (식품위생법 제1조)

4 식품위생의 범위

1. 위해요인

① 내인성 : 식물성 자연독, 동물성 자연독, 생리작용 성분(식이성 알레르기)
② 외인성 : 생물학적 요소(식중독균, 감염병균, 기생충 등), 의도적 첨가물(불허용 첨가물), 비의도적첨가물(잔류농약, 방사성물질, 환경오염물질, 기구·용기·포장 용출물, 항생물질 등), 가공과오(중금속 등)
③ 유기성 : 식품의 제조·가공·저장 등의 과정 중 생성(벤조피렌, 아크릴아마이드 등)

2. 식중독

(1) 세균성 식중독

① 감염형 식중독 : 살모넬라, 장염비브리오, 병원성대장균, 캄필로박터 제주니, 엔테로콜리티카, 리스테리아 모노사이토제네스
② 독소형 식중독 : 클로스트리듐 보튤리늄, 황색포도상구균, 바실러스 세레우스(구토형)
③ 중간형 식중독(생체 내 독소형) : 클로스트리듐 퍼프린젠스, 바실러스 세레우스(설사형)

(2) 바이러스성 식중독

노로바이러스, 로타바이러스, 아스트로바이러스, 장관아데노바이러스, 간염A바이러스, 간염E바이러스

(3) 자연독 식중독

① 식물성 식중독 : 감자독, 버섯독
② 동물성 식중독 : 복어독, 시구아테라독

(4) **곰팡이독소 :** 아플라톡신, 황변미독, 맥각독

(5) 화학적 식중독

의도적 첨가	• 식품의 제조, 가공, 보존 또는 유통 등의 과정에서 유해화학물질이 혼입되어 발생 • 유해감미료(둘신 등), 유해보존료(붕산 등), 유해착색제(아우라민 등), 유해표백제(롱갈리트 등)
비의도적 혼입	• 잔류농약(유기염소제, 유기인제 등), 공장폐수(알킬수은 등), 방사선물질(세슘 등), 환경오염물질(납, 카드뮴 등), 용기 및 포장재의 용출(비스페놀, 프탈레이트, 포름알데하이드 등)
제조·가공·저장 등 과정 생성	• 식품의 제조·가공에서 혼입될 수 있는 유독물질(유해보존료 등) • 식품 용기 및 포장재에 의한 유독물질(통조림의 주석 또는 땜납, 도자기와 법랑용기의 유약 및 안료, 플라스틱 용기의 가소제 등) • 실수로 혼입된 유독물질 : 유독성물질(PCB 등) • 제조, 가공, 저장 중에 생성 :지질의 산화생성물, 다환방향족탄화수소(벤조피 렌), 나이트로사민, 아크릴아마이드, 에틸카바메이트, 3-MCPD, 바이오제닉아민

3. 감염병

(1) 경구감염병

① 세균 : 콜레라, 이질, 성홍열, 디프테리아, 백일해, 페스트, 유행성뇌척수막염, 장티푸스, 파상풍, 결핵, 폐렴, 나병

② 바이러스 : 급성회백수염(소아마비-폴리오), 유행성이하선염, 광견병(공수병), 풍진, 인플루엔자, 천연두, 홍역, 일본뇌염

③ 리케차 : 발진티푸스, 발진열, 양충병 등

④ 스피로헤타 : 와일씨병, 매독, 서교증, 재귀열 등

⑤ 원충성 : 말라리라, 아메바성 이질, 수면병 등

(2) 인수공통감염병

① 세균 : 장출혈성대장균감염증(소), 브루셀라증(파상열)(소, 돼지, 양), 탄저(소, 돼지, 양), 결핵(소), 변종크로이츠펠트-야콥병(소), 돈단독(돼지), 렙토스피라(쥐, 소, 돼지, 개), 야토병(산토끼, 다람쥐)

② 바이러스 : 조류인플엔자(가금류, 야생조류), 일본뇌염(빨간집모기), 광견병(=공수병)(개, 고양이, 박쥐), 유행성출혈열(들쥐), 중증급성호흡기증후군(SARS)(낙타)

③ 리케차 : 발진열(쥐벼룩, 설치류, 야생동물), Q열(소, 양, 개, 고양이), 쯔쯔가무시병(진드기)

4. 기생충

식품	숙주	기생충 종류
야채	중간숙주 없음	회충, 요충, 편충, 구충(십이지장충), 동양모양선충
수육	중간숙주 1개	무구조충(소), 유구조충(갈고리촌충)(돼지), 선모충(돼지 등 다숙주성), 만소니열두조충(닭)
어패류	중간숙주 2개	간흡충, 폐흡충, 요코가와흡충, 광절열두조충, 유극악구충, 아니사키스충, 만손열두조충

식품	기생충 종류	제1중간숙주	제2중간숙주	종말숙주
어패류	간흡충(간디스토마)	왜우렁이	담수어(붕어, 잉어, 피라미 등)	사람, 개, 고양이
	폐흡충(폐디스토마)	다슬기	민물 게, 가재	사람의 폐, 개, 고양이
	요코가와흡충	다슬기	담수어(은어, 잉어, 붕어)	사람의 장
	광절열두조충(긴촌충)	물벼룩	반담수어(연어, 송어, 농어)	사람
	유극악구충	물벼룩	담수어(가물치, 메기, 뱀장어)	개, 고양이
	아니사키스충	해산갑각류(크릴새우)	해산어(오징어, 고등어, 대구, 청어)	고래
	만손열두조충	물벼룩	개구리, 뱀	개, 고양이, 닭

03 식품의 변질과 변질방지

1 식품의 변질

① 변질 : 물리적, 화학적, 생물학적인 요인에 의하여 식품의 관능적인 특징(맛, 향, 색, 조직감 등) 및 영양학적 특징(탄수화물, 단백질, 지방 등)이 나빠진 상태
② 부패 : 단백질성 식품이 미생물의 작용으로 분해되어 아민, 암모니아, 황화수소 등 각종 악취성분이나 유해물질이 생성되어 섭취할 수 없는 상태
③ 변패 : 주로 탄수화물성 식품이 미생물에 의해 분해, 변질되어 맛과 냄새 등이 변화되는 것
④ 산패 : 미생물이 아닌 산소, 햇빛, 금속 등에 의하여 지질이 산화, 변색, 분해되는 현상
⑤ 발효 : 미생물의 작용으로 식품 성분이 분해되어 유기산, 알코올 등 각종 유용한 물질이 생성되거나 유용하게 변화되는 것

2 식품의 부패 판정

1. 관능검사 : 시각, 후각, 미각, 촉각, 청각 등을 이용하여 판정

2. 물리적 검사 : 경도, 점도, 탄성, 색, 전기저항 등 측정

3. 화학적 검사

(1) 휘발성염기질소(VBN)

① 단백질성 식품 부패 시 생성되는 아민류, 암모니아와 같은 휘발성 염기질소량 측정
② 신선어육 : 5~10mg%
③ 초기부패 : 30~40mg%

(2) 트리메틸아민(TMA)

① 어육 중 트리메틸아민옥사이드가 환원되어 트리메틸아민이 생성, 비린내 성분
② 신선어육 : 3mg% 이하
③ 초기부패 : 3~4mg%

(3) 히스타민

① 어육의 부패과정 중 생성된 히스티딘의 탈탄산작용으로 생성
② 수산물(고등어, 꽁치 등)의 히스타민 기준 : 200mg/kg 이하
③ 초기부패 : 4~10mg%
④ 알레르기 증상 일으킴

(4) pH

① 정상 어육 : pH 7.0 부근
② 초기부패 : pH 6.2~6.5
③ 완전부패 : pH 8.0 정도

(5) K값

① ATP와 그 분해물 전량(ATP, ADP, AMP, IMP, 이노신산(I), 하이포잔틴(H))에 대한 I와 H의 합계 백분율
② 신선어육 : 20~30%
③ 초기부패 : 60~80%

4. 생물학적 검사

(1) 일반세균수

① 미생물학적인 안전한계 : 10^5CFU/g(ml)

② 초기부패 : 10^7~10^8CFU/g(ml)

3 대장균검사

1. 정성검사 : 대장균군 유무 검사

① 추정시험 : 액체배지-LB배지(유당배지)

② 확정시험 : 액체배지-BGLB배지
고체배지-EMB 한천배지, Endo 한천배지

③ 완전시험 : 액체배지-LB배지(유당배지)
고체배지-표준한천사면배지

2. 정량검사 : 대장균군의 수 산출

① MPN법(최확수법)

② 데옥시콜레이트유당한천배지법

③ 건조필름법

4 식품의 변질방지법

1. 가열살균법

① 저온장기간살균(LTLT) : 62~65℃, 20~30분

② 고온단기간살균(HTST) : 70~75℃, 10~20초

③ 초고온순간살균(UHT) : 130~150℃, 1~5초

④ 고압증기살균 : 121℃, 15~20분, 포자 멸균

⑤ 간헐살균 : 1일 1회 100℃, 30분, 3일 반복, 포자 발아시켜 멸균

⑥ 건열살균 : 160℃, 1시간 이상 등

2. 건조법

① 수분함량 : 14~15% 이하(최저 13% 이하)

② 수분활성도(Aw) : 0.7(최저 0.6 이하)

③ 고온, 열풍, 직화, 냉동, 분무, 감압진공동결건조, 박막건조(드럼건조) 등

3. 냉장·냉동법

① 신선냉장 : 5℃ 이하

② 냉동 : -18℃ 이하

③ 고구마, 감자 : 10℃ 정도(움저장)

4. 염장법

① 소금 농도 : 10% 정도, 부패균 증식억제

② 살포법 : 소금 10~15% 첨가

③ 삼투압에 의한 세포의 원형질 분리

④ 탈수작용으로 미생물 발육 억제

5. 당장법

① 삼투압 작용으로 미생물 발육 억제
② 분자량 작고 용해도 클수록 효과적
③ 일반 세균 : 당 농도 50% 이상에서 대부분 생육 억제
④ 잼, 젤리 제조시 당 함량 : 60~65%

6. 산 저장법

① 3~4%의 초산, 젖산, 구연산 등 이용
② pH 4.5 이하 : 미생물 증식 억제
③ pH 3~4 : 단백질 변성으로 미생물 사멸
④ 세균 : 최적 pH 7(중성), pH 4.5~5.0에서 거의 생육 못함
⑤ 곰팡이, 효모 : 최적 pH 5.0~6.0(약산성)
⑥ 곰팡이 포자 : pH 3~7에서 발아

7. 훈연법

① 수지가 적은 활엽 목재의 연기성분 이용
② 미생물의 증식 억제 및 살균
③ 식품의 효소 불활성화, 건조 등으로 저장기간 연장
④ 연기성분 : 아세트알데하이드, 포름알데하이드, 페놀, 아세톤, 각종 유기산 등

8. 자외선 조사법

① 자외선 260~280nm(2600Å) 부근의 파장에서 DNA 흡수가 최대가 되어 DNA 변성으로 살균 효과
② 균종에 따라 살균효과 다르고, 투과력 약하여 공기와 물·도마·작업대 등의 표면살균적합, 잔류효과 없음

9. 방사선 조사법

① Co^{60}, 감마선(γ) 이용 : 투과력 강하고, 균일한 조사, 열발생 없는 냉살균
② 미생물의 DNA와 단백질 분해, 세포성분 이온화 등에 의한 살균력
③ 식품의 발아 억제, 살충, 살균 및 숙도조절

10. 가스저장법

① 공기 중의 이산화탄소, 산소, 질소가스 등을 온도, 습도 등을 고려하여 저장(CA저장)
② CA저장 : 대기 공기조성(질소 78%, 산소 21%, 이산화탄소 0.03%)을 인위적으로 변화시켜 질소 92%, 산소 3%, 이산화탄소 5% 농도로 조절 및 0~4℃ 저온저장
③ 호흡작용, 산화작용 등 억제, 저장기간 연장(채소류, 과실류, 난류 등)

11. 밀봉법

① 통조림, 병조림, 레토르트 식품, 진공포장 등에 이용
② 탈기, 밀봉, 살균(중심온도 120℃ 4분, pH 4.6 미만 90℃에서 실시)
③ 미생물의 발육 억제, 장기저장 가능

12. 식품첨가물 사용 : 식품첨가물 기준 및 규격에 적합한 가공식품에 보존료, 산화방지제 등을 첨가하여 저장기간 연장

13. 발효 : 유용한 미생물 증식시켜 유해균 발육 억제, 저장기간 연장

5 살균과 소독

1. 살균과 소독의 정의

① 살균 : 세균, 효모, 곰팡이 등 미생물의 영양세포를 사멸시키는 것
② 멸균 : 세균과 포자 등 모든 미생물을 사멸시키는 것
③ 소독 : 병원성 미생물을 죽이거나 약화시켜 감염의 위험을 없애는 행위

2. 물리적 소독법

건열살균	• 160℃, 1시간이상 열처리. 유리 사기그릇, 금속제품 살균
화염살균	• 화염 중에 20초 이상 가열. 금속, 핀셋, 백금이 등
열탕살균	• 자비소독. 100℃ 끓는 물에 30분 이상 열처리
가열살균	• 열에 감수성이 큰 우유 살균에 이용, 결핵균 제거 - 저온장기간살균(LTLT) : 62 ~ 65℃, 20 ~ 30분 - 고온단기간살균(HTST) : 70 ~ 75℃, 10 ~ 20초 - 초고온순간살균(UHT) : 130 ~ 150℃, 1 ~ 5초
증기소독	• 수증기로 30~60분. 식품공장의 발효조와 배관 소독, 습열살균이 건열살균보다 효과적(미생물세포의 단백질 응고 및 -SH기 제거에 효과적)
고압증기멸균법	121℃, 15 ~ 20분. 포자 멸균.
자외선 조사	-
방사선 조사	-

3. 화학적 소독법

종류	사용농도 및 대상	작용 및 특징
승홍(염화제2수은, $HgCl_2$)	0.1% 수용액, 무균실	단백질 변성, 금속부식, 피부, 및 점막 독성
머큐로크롬	2% 수용액, 상처, 점막, 피부	단백질 변성, 살균력 크지 않음
요오드 용액	3~4%, 피부	단백질 변성, 균체단백질과 화합물 형성
염소(Cl_2)	음용수 잔류염소량 0.1~0.2ppm	균체 산화
생석회(CaO)	20~30%, 분뇨, 토사물, 토양 등	균체 산화, 포자 및 결핵균에 효과없음
차아염소산나트륨(NaOCl)	0.01~1%	균체 산화, 단백질 변성
과산화수소(H_2O_2)	3% 수용액, 상처	세포산화, 무포자균 쉽게 사멸
과망간산칼륨($KMnO_4$)	피부 0.1 ~0.5%, 포자형성균 4%	살균력 강함, 착색
오존(O_2)	3~4g/L(물 소독)	균체 산화, 물속에서 살균력 강함
붕산(H_2BO_3)	2~3%, 점막·눈세척	균체 산화
페놀(석탄산, C_6H_5OH)	3% 수용액, 소독제 효능 표시	균체 단백질 응고, 세포막 손상 석탄산 계수 = 소독액희석배수/석탄산희석배수
크레졸(C_7H_2O)	1~3% 수용액	단백질 응고, 세포막 손상, 지방 제거 효과
역성비누	10% 원액을 희석하여 사용	단백질 변성, 세포막 손상, 4급 암모늄염의 유도체
에탄올	70% 수용액	탈수, 단백질 응고, 영양세포에 효과적, 침투력 강함, 포자와 사상균에는 효과 적음

04 식중독

1 식중독의 정의

인체에 유해한 미생물 또는 유독물질이 흡인된 음식물을 경구적으로 섭취하여 일어나는 질병을 말한다.

2 세균성 식중독

1. 세균성 식중독의 특징

① 식품 중에서 번식
② 일반적으로 많은 양의 세균을 섭취하여 질병 유발(감염형)
③ 잠복기 짧음
④ 전염성이 없음(2차 감염 안 됨)
⑤ 항체 형성 안 됨(면역 없음)

2. 세균성 식중독의 종류

(1) 감염형 식중독

살모넬라 식중독	
원인균 및 특징	• *Salmolnella typhimurium, Salmolnella enteritidis* • 통성혐기성, 그람음성, 간균(막대균), 무포자형성균, 주모성편모 • 물, 토양 등 자연계에 널리 분포 • 사람, 돼지, 소, 닭, 쥐, 개, 고양이 등의 장내세균 • 최적온도 : 25~37℃ • 증식 가능온도 : 10~43℃ • 열에 비교적 약하여 62~65℃ 30분 가열하면 사멸 • 저온에서는 비교적 저항성 강함 • 병원성을 나타냄
오염원 및 원인식품	• 주로 5~9월 여름철 및 연중 발생 • 닭, 돼지, 소등의 주요 보균동물 및 환자로부터 오염 • 오염된 물, 하천수, 식품, 손, 식기류 등으로부터 2차 오염 • 달걀의 경우 난각을 통해 침입 후 난황부근에서 증식, 병아리에 수직 감염 • 생고기, 가금류, 육류가공품, 달걀, 유제품
전파 경로	• 식품의 교차오염과 위생동물에 의한 전파 • 몇 년 동안 만성적인 건강보균자도 존재
증상	• 잠복기 : 12~36시간(길다) • 심한 고열(38~40℃, 2~3일 지속), 구토, 복통, 설사(수양성, 점액 또는 점혈변) • 치사율은 낮음
예방법	• 보균자에 의한 식품오염도 주의 • 식품 완전히 조리 • 식품 62~65℃ 30분 가열

장염비브리오 식중독	
원인균 및 특징	• *Vibrio parahaemolyticus*(날것의 어패류를 섭취하여 감염되는 비브리오 패혈증의 원인균) • 통성혐기성, 그람음성, 간균, 무포자, 호염균, 3~5% 식염농도에서 잘 생육하는 해수세균 • 세대시간 짧음(약 10~12분) • 생육적온 30~37℃, 최적 pH 7.5~8.0 • 60℃, 5~15분 가열로 사멸. 열에 약함
오염원 및 원인식품	• 주로 7~9월, 19℃ 이상의 해수, 해안 흙, 플랑크톤 등에 분포 • 조리기구, 손을 통해 2차 오염 • 생선회, 어패류 및 그 가공품 등
증상	• 잠복기 : 8~20시간 • 설사, 위장장애 • 적혈구를 용혈시키는 카나가와 현상을 일으킴
예방법	• 충분한 가열 • 호염균이므로 수돗물로 철저히 세척하면 사멸됨

병원성대장균 식중독		
원인균 및 특징		• 사람이나 동물의 장내에 상재하는 비병원성과 구분되는 특정 혈청형 병원성대장균(*Escherichia coli*)에 의한 감염 • 호기성 또는 통성혐기성 그람음성, 무포자, 간균, 주모성 편모, 유당 분해하여 가스 생성 • 사람, 가축, 자연환경 등에 널리 분포 • 최적온도 37℃
분류	혈청형에 따라	• O항원(균체), K항원(협막), H항원(편모)
	발병양식에 따라	• 장출혈성 대장균 : 대장 점막 침입, 인체 내에서 베로독소(verotoxin) 생성, *E.coli* O157:H7이 생산, 용혈성 요독 증후군 유발, 치사율 3~5%, 제2급 법정감염병 • 장독소원성대장균 : 콜레라와 유사, 이열성 장독소(열에 민감, 60℃ 10분 가열로 불활성)와 내열성 장독소(열에 강함, 100℃ 10분) 생산, 설사증 • 장침투성대장균 : 대장점막 상피세포 괴사 일으켜 궤양과 혈액성 설사 • 장병원성대장균 : 대장점막 비침입성, 신생아 유아에게 급성위장염 발병, 복통, 설사 • 장응집성대장균 : 응집덩어리 형성하여 점막세포에 부착, 설사, 구토, 발열
오염원 및 원인식품		• 계절에 관계없이 발생 • 사람 사이 감염 가능 • 환자나 보균자 및 보균동물의 분변으로부터 직·간접 오염 • 완전 가열조리 되지 않은 간고기, 분쇄 쇠고기, 햄버거 등
증상		• 잠복기 : 10~30시간 • 주증상 : 복통, 설사, 구토, 발열
예방법		• 채소류 청결한 물로 세척 • 화장실 다녀온 후 손씻기 • 환자 보균동물에 의한 직간접 오염방지 • 육류보관, 칼, 도마 등 조리도구 사용 시 교차 오염 방지

캠필로박터 식중독	
원인균 및 특징	• *Campylobacter jejuni* • 미호기성(3~6% 산소농도), 그람음성, 무포자, 나선균, 긴 극모 • 세대시간 비교적 길어 약 45분~60분 • 발육온도 31~40℃, 최적온도 42~43℃, 25℃ 이하에서는 잘 생육하지 않음 • 저온저항성, −20℃ 이하의 동결상태나 진공포장 생육에서 1개월 이상 생존 • 70℃, 1분 가열로 쉽게 사멸

캠필로박터 식중독	
오염원 및 원인식품	• 주로 5~7월 사이에 많이 발생, 식중독 발생 점차 증가 추세 • 미량의 균(10^3 이하 CFU/g)으로도 발병 • 닭고기, 돼지고기 등 도살처리 후 불완전하게 가열되거나 또는 교차오염된 식육 및 생우유, 햄버거, 물, 어패류 등 • 돼지, 가금류, 소, 개, 고양이, 야생동물 등으로부터 오염된 식육, 취급자의 손 등이 오염원
증상	• 잠복기 : 8~20시간 • 심한 복통, 설사(수양성, 점혈액성), 발열(38~40℃), 구토, 두통 • 신경계 증상인 길랑-바레 증후군 일으킴
예방법	• 충분한 가열 • 보균 동물과의 접촉 및 취급자의 손, 조리기구, 보관 등 교차오염 방지 • 양계장 위생관리, 출하된 닭고기의 포장, 온도관리, 교차오염관리 철저

리스테리아 식중독	
원인균 및 특징	• *Listeria monocytogenes* • 그람양성, 통성혐기성, 무포자, 간균, 주도성 편모, 운동성 있음 • 소, 양, 돼지 등 가축과 가금류 및 사람에 리스테리아증 유발(인수공통감염병) • 최적온도 30~37℃, 발육범위 -0.4~50℃, 냉장온도에도 발육가능한 저온균 • pH 4.3~9.6 • 성장가능 염도 : 0.5~16%, 20%에도 생존 가능 • 65℃ 이상의 가열로 사멸, 비교적 열에 약함
오염원 및 원인식품	• 자연에 널리 분포 • 1000개 이하의 미량의 균으로도 발병 가능 • 특히 가축이 보균하므로 동물유래식품의 오염이 높고, 우유, 치즈, 식육을 통한 집단 발생
증상	• 잠복기 : 12시간~2,3개월 • 패혈증, 유산, 사산, 수막염, 발열, 두통, 오한 • 치사율 높음 : 감염된 환자의 30%
예방법	• 식육가공품 철저한 살균 처리, 채소류 세척, 냉동 및 냉장식품 저온관리 철저

여시니아 식중독	
원인균 및 특징	• *Yersinia enterocolitica* • 통성혐기성, 그람음성, 무포자, 간균, 주모성편모, 세대기간 약 40~45분 • 사람, 소, 돼지(주 보균동물 5~10%), 개, 고양이 등에서 검출 • 최적발육온도 25~30℃, 0~10℃의 저온에서도 증식 가능, 동결에 오래 생존 • 65℃에서 30분 가열처리로 쉽게 사멸
오염원 및 원인식품	• 봄, 가을 발생 가능성 큼 • 돼지고기가 주오염원, 생우유, 육류, 굴, 생선, 두부, 과일, 채소, 냉장식품 등 • 보균 동물 배설물, 도축장으로부터 오염된 하천수, 약수물, 우물물 등 • 저온세균으로 진공포장 된 냉장식품에서도 증식
증상	• 잠복기 : 2~3일 • 소장 말단부분에서 증식하여 장염 또는 패혈증 유발 • 복통, 설사(수양성, 혈변), 구토, 발열(39℃), 회장말단염, 충수염, 관절염 등 • 두통, 기침, 인후통 등 감기와 같은 증상을 보이기도 함
예방법	• 돼지의 보균율이 높아 돼지고기는 75℃에서 3분 이상 가열

(2) 독소형 식중독

황색포도상구균 식중독	
원인균 및 특징	• *Staphylococcus aureus* • 그람양성, 통성혐기성, 포도송이모양 구균, 무포자, 화농성균 • 사람과 동물의 피부, 모발, 후두 및 비강 점막, 장관 내 존재 • 생육범위 10~45℃, 최적온도 35~37℃, 내염성, 내건성, 저온저항성 • 65℃에서 30분, 80℃에서 10분 가열로 사멸 • 내열성 장독소(enterotoxin) 생성, 독소 생성 후 가열해서 먹어도 식중독 발생 가능
독소	• 장독소 : A, B, C, D, E, F, G, H, I형 • 단백질 : 단백질 분해효소로 분해되지 않음 • pH 2 이하에서 펩신으로 불활성화됨 • 100℃, 30~60분 가열에도 독소 파괴 안 됨(특히 B형) • 210℃ 30분 이상 가열해야 파괴되므로 조리방법으로 실활시킬 수 없음 • A형에 의해 식중독 주로 발생
오염원 및 원인식품	• 5~9월 발생률 높음 • 화농성 질환, 조리인의 화농 손, 유방염에 걸린 소 등 • 육제품, 유제품, 떡, 빵, 김밥, 도시락
증상	• 잠복기 : 0.5~6시간(매우 짧음) • 메스꺼움, 구토, 복통, 설사(수양성, 점혈액성), 발열 거의 없음
예방법	• 코, 목의 염증, 화농성 질환자의 식품취급 금지 • 독소는 보통의 가열로 파괴되지 않으므로 균 생육을 사전 방지 위생관리 실시

클로스트리듐 보툴리늄 식중독	
원인균 및 특징	• *Clostridium botulinum* • 그람양성, 편성혐기성, 간균, 포자형성, 주편모, 신경독소(neurotoxin) 생산 • 콜린 작동성의 신경접합부에서 아세틸콜린의 유리를 저해하여 신경을 마비 • 소시지 중독증의 원인균, A~G형의 7종류, 그 중 A, B, E, F 형이 식중독 유발 • 생육범위 4~50℃, 최적발육온도 28~29℃
독소	• 신경독(A~G형) • A, B, F형 : 최적 37~39℃, 최저 10℃, 내열성이 강한 포자 형성 • E형 : 최적 28~32℃, 최저 3℃(호냉성), 내열성이 약한 포자 형성 • 독소는 단순단백질로서 내생포자와 달리 열에 약해서 80℃ 30분 또는 100℃ 2~3분간 가열로 불활성화
오염원 및 원인식품	• 토양, 물 등 자연계로부터 농작물, 육류, 어패류 등이 오염됨 • 살균 불충분 통조림 및 채소, 과일 등의 병조림, 햄, 소시지, 벌꿀(1세 미만 영아)증상 • 육제품, 유제품, 떡, 빵, 김밥, 도시락
증상	• 잠복기 : 12~36시간 • 메스꺼움, 구토, 설사, 두통, 변비, 공공확대, 광선 무반응, 눈꺼풀 처짐, 복시, 호흡곤란, 연하곤란, 근육이완 마비, 중증 시 사망, 발열 없음 • 치사율 30~80% 내외로 높음
예방법	• 3℃ 이하 냉장 • 섭취 전 80℃ 30분 또는 100℃ 3분 이상 충분한 가열로 독소 파괴 • 통조림과 병조림 제조 기준 준수

바실러스 세레우스 식중독	
원인균 및 특징	• *Bacillus cereus* • 그람양성, 통성혐기성, 간균, 포자형성, 주편모 • 생육범위 5~50℃, 최적온도 28~35℃ • 포자 : 발육범위 1~59℃, 최적발아온도 30℃ 전후 • 장독소(enterotoxin) 생성
독소	• 단백질 • 구토독(독소형) : 저분자 펩티드, 내열성으로 126℃, 90분 가열해도 파괴되지 않음 • 설사독(생체내 독소형) : 고분자단백질, 트립신으로 분해됨. 60℃ 20분 가열로 파괴
오염원 및 원인식품	• 조리 후 실온에 장시간 방치하여 살아남은 포자 증식이 원인 • 구토형(독소형) : 쌀밥, 볶음밥 및 도시락, 떡, 빵류 등 주로 탄수화물 식품 • 설사형(생체내 독소형) : 수프, 소스, 푸딩 및 식육, 유제품, 어패류 가공품 등 다양
증상	• 구토형(독소형) : 잠복기 0.5~5시간(평균 3시간), 메스꺼움, 구토 • 설사형(생체내 독소형) : 잠복기 8~16시간, 복통과 설사 등
예방법	• 실온 방치 금지, 냉장 또는 60℃ 이상 보온 유지

(3) 중간형(생체내 독소형, 감염독소형) 식중독

클로스트리듐 퍼프린젠스 식중독(웰치균 식중독)	
원인균 및 특징	• *Clostridium perfringens* • 그람양성, 편성혐기성, 간균, 열성포자 형성, 운동성 없음, 생체내 독소 생산 • 발육범위 12~51℃, 최적온도 43~45℃, 세대시간 10~12분 • 균 대량 증식된 식품 섭취 후 장내에서 증식, 포자형성 중 독소 생성
독소	• 장독소(A, B, C, D, E, F형) • 대부분 A형에 의함 • 단순단백질(분자량 약 35,000) • 74℃ 10분 가열 및 pH 4 이하에서 파괴, 알칼리에 저항성
오염원 및 원인식품	• 단백질성 식품(쇠고기, 닭고기 등) • 학교 등 집단급식, 뷔페, 레스토랑 등 대량조리시설에서 발생 • 대량으로 가열조리된 후 실온(30~50℃)에 장시간 방치하여 살아남은 포자 발아, 대량 증식한 식품섭취
증상	• 잠복기 8~20시간 • 복통, 설사, 구토와 발열은 드묾 • 1~2일 정도로 회복
예방법	• 조리식품 빨리 섭취, 혐기적 상태 안 되도록 용기에 나눠 신속 냉각 보관, 섭취 전 74℃ 이상 충분 가열

3 바이러스성 식중독

1. 바이러스의 특징

① 바이러스 운반매체 : 식품, 물
② 건조, 저온, 냉동에 강함
③ 사람의 장내에 증식
④ 집단급식소에서 주로 발생
⑤ 1~100개 정도의 적은 양으로 식중독 유발
⑥ 사람 간의 2차 감염 가능

2. 바이러스성 식중독의 종류

노로바이러스 식중독	
원인균 및 특징	• *Norwalk virus*(소형구형 바이러스, RNA 바이러스, 밤송이 모양) • 60℃ 30분 가열, 10ppm 이하의 염소 소독으로 쉽게 사멸, -20℃ 이하에서 장시간 생존 가능 • 겨울철(11월~2월) 많이 발생
오염원	• 환자의 분변, 구토물, 물, 조리종사자 및 조리기구, 사람 간의 감염 등
원인식품	• 가열처리하지 않은 오염된 어패류나 식품(굴, 채소샐러드, 샌드위치, 빵, 케이크, 도시락 등)
증상	• 잠복기 4~77시간 • 메스꺼움, 구토, 두통, 복통, 설사, 미열, 피로감, 근육통, 2일~수일 회복
예방법	• 85℃ 1분 이상 충분한 가열 • 철저한 손씻기, 사람 간의 2차 감염 배제

• 기타 : 로타바이러스, 아스트로바이러스, 장관아데노바이러스, 간염A바이러스, 간염E바이러스

4 자연독 식중독

1. 식물성 식중독

식물	독성분	식물	독성분
독버섯	• 무스카린(Muscarine), 아마니타톡신(Amanitatoxin), 무수카리딘(Musxaridine)	독미나리	• 시큐톡신(cicutoxin)
감자싹	• 솔라닌(solanin)	독보리	• 테뮬린(temuline)
부패감자	• 셉신(sepsin)	피마자	• 리신(ricin), 리시닌(ricinin)
면실유	• 고시풀(gossypol)	바꽃	• 아코니틴(aconitine)
청색	• 아미그달린(amygdaline)	붓순나무	• 쉬키믹산(shikimic acid)
오색콩(버마콩)	• 파세오루나틴(phaseolunatin)	미치광이풀	• 히오스시아민(hyosyamine)
콩류	• 트립신저해제 : 단백질 분해효소 활성억제, 가열처리 시 불활성화 • 헤마글루티닌(hemaglutinine) : 적혈구 응고 촉진, 가열처리 시 불활성화 • 사포닌(saponin) : 용혈작용, 가열로 파괴되지 않으나 함량이 소량이므로 문제되지 않음	고사리	• 프타킬로사이드(ptaquiloside)
수수		-	-

2. 동물성 자연독

동물	독성분	동물	독성분
복어	테트로도톡신(tetrodotoxin) – 복어의 생식기(특히, 난소, 알), 청색증(cyanosis) 현상	**진주담치, 큰가리비, 백합**	오카다산(okadaic acid)
섭조개, 홍합, 대합조개	삭시톡신(saxitoxin)	**소라 고둥 등**	테트라민(tetramine)
모시조개, 바지락, 굴	베네루핀(venerupin)	**열대, 아열대 서식 독성 어류**	시구아톡신(ciguatoxin) – 가열조리로 파괴되지 않음

5 곰팡이독소

1. 곰팡이독소의 특징

① 곰팡이가 생산하는 유독 대사산물로 사람, 가축 등에 급성 또는 만성의 건강 장해를 유발하는 유독물질
② 원인식품 : 쌀, 보리 등 탄수화물 식품
③ 예방법 : 곡류 등 농산물의 건조(수분함량 13% 이하), 낮은 습도, 저온 저장

2. 대표 곰팡이독

곰팡이속	곰팡이	독성분	특징
Aspergillus	*A. flavus,* *A. parasticus*	아플라톡신(aflatoxin)	간장독, 강한 발암성, 내열성(270~280℃ 이상 가열 시 분해)
	A. ochraceus	오크라톡신(ochratoxin)	간장 및 신장 독성
Penicillium **(황변미독)**	*P. citreoviride*	시트레오비리딘(citreoviridin)	신경독
	P. citrinin	시트리닌(citrinin)	신장독
	P. islandicum	루테오스키린(luteoskyyrin) 아일란디톡신(islanditoxin) 사이클로클로로틴(cyclochlorotin)	간장독
Penicillium	*P. patulin* *P. expansum* *P. lapidosum*	파튤린(patulin)	신경독, 출혈성 폐부종, 뇌수종 등 보리, 쌀, 콩 등에서 검출
	P. rubrum	루브라톡신(rubratoxin)	간장독, 옥수수 중독 사고 발생
Fusarium	*F. graminearum*	제랄레논(Zearalenone)	옥수수·보리 등에 검출, 발정유발물질

6 화학적 식중독

1. 농약

(1) 유기염소제

① 유기인제에 비해 독성 낮음
② 지용성으로 인체의 지방조직에 축적으로 만성중독 일으킴
③ 잔류성 큼
④ 종류 : DDT, DDD, BHC, 알드린 등

(2) 유기인제

① 독성은 강하여 급성독성이나 체내분해 빨라 잔류성 적음

② 체내 흡수 시 콜린에스터레이스(Cholinesterase) 작용 억제로 아세틸콜린의 분해를 저해로 아세틸콜린 과잉축적으로 신경흥분전도 불가능, 신경자극 전달 억제

③ 종류 : 파라티온(Parathion), 말라티온(malathion), 다이아지논(diazinon) 등

(3) 카바마이트계

① 유기염소계 사용 금지에 따라 그 대용으로 사용

② 독성이 상대적으로 낮음

③ 콜린에스터라아제의 저해 작용

④ 종류 : NMC, BPMC, CPMC 등

2. 중금속

(1) 특징

① 비중 4.0 이상 되는 중금속으로 수은, 납, 카드뮴 등과 비금속인 비소 포함

② 단백질(-SH기 등)과 결합, 그 기능 상실 및 효소단백질의 활성 저해

(2) 종류

① 납 : 통조림의 땜납, 도자기(안료). 주로 뼈에 침착, 납통증(연산통), 빈혈

② 수은 : 유기수은-메틸수은, 미나마타병, 보행장애, 언어장애, 난청

③ 카드뮴 : 이타이이타이병, 신장의 칼슘 재흡수 억제, 만성 신장독성 유발

④ 비소 : 산분해간장 가수분해제인 염산이나 중화제인 탄산나트륨 중에 혼입되어 중독 증상

⑤ 구리 : 주방용기(놋그릇 등)의 염기성 녹청, 간의 색소 침착

⑥ 주석 : 통조림 탈기 불충분으로 공기와 장기간 접촉시 용출

⑦ 안티몬 : 법랑용기, 도자기 등의 착색제, 800℃ 이하 온도에서 소성 시 용출

⑧ 아연 : 아연도금 기구용기에 산성식품 담아 둘 때 용출

⑨ 크롬 : 피부암, 간장장애, 비중격천공(콧구멍에 구멍 뚫림)

3. 조리가공 중 생성 가능한 유해물질

(1) 나이트로사민

① 육류에 존재하는 아민과 아질산이온의 나이트로소화 반응에 의해 생성되는 발암물질

② 햄, 소시지의 식육제품의 발색제로 아질산염이 첨가되므로 나이트로사민 생성 가능성 높음

(2) 아크릴아마이드

① 탄수화물 식품 굽거나 튀길 때 생성(감자칩, 감자튀김, 비스킷 등)

② 발암유력물질

(3) 에틸카바메이트

① 우레탄으로도 부름

② 핵과류로 담근 주류를 장기간 발효할 때 씨에서 나오는 시안화합물과 에탄올이 결합하여 생성

③ 2A등급 발암물질

④ 알코올과 음료 발효식품에 함유

(4) 다환방향족탄화수소

① 음식을 고온으로 가열하면 지방, 탄수화물, 단백질이 탄화되어 생성
② 숯불고기, 훈연제품, 튀김유지 등 가열분해에 의해 생성
③ 대표물질 : 벤조피렌

(5) 바이오제닉아민

① 식품저장·발효과정에서 생성
② 유리아미노산이 존재하는 미생물의 탈탄산작용으로 생성
③ 종류 : 히스타민, 티라민, 퓨트리신, 아그마틴, 에틸아민, 메틸아민 등
④ 어류제품, 육류제품, 전통발효식품 등에 검출 가능

4. 유해첨가물

(1) 유해감미료

① 둘신(dulcin) : 설탕의 약 250배, 발암물질로 분해
② 에틸렌글리콜(ethylene glycol) : 점조성 액체, 팥앙금에 부정 사용, 엔진의 부동액
③ 페릴라틴(perillartine) : 설탕의 2,000배
④ 니트로톨루이딘(ρ-nitro-o-toluidine) : 설탕의 200배, 살인당
⑤ 시클라메이트(cyclamate) : 설탕의 20배, 발암성

(2) 유해표백제

① 롱갈리트(rongalite) : 연근에 부정 사용, 포름알데하이드 생성
② 형광표백제 : 한때 국수, 생선묵 등에 사용
③ 삼염화질소(NCl_3) : 밀가루 표백과 숙성에 부정 사용

(3) 유해보존료

① 붕산(H_2BO_3) : 살균 소독제
② 포름알데하이드(HCHO) : 강한 살균과 방부작용
③ 승홍($HgCl_2$) : 강한 살균력과 방부력, 식품에 부정 사용
④ 불소화합물 : 불화수소, 공업용 풀에 이용
⑤ 나프톨(β-naphthol) : 강한 살균 및 방부작용
⑥ 살리실리산(salicylic acid) : 유산균과 초산균에 강한 항균성

(4) 유해착색료

① 아우라민(auramine) : 황색의 염기성 색소, 한때 단무지에 사용
② 로다민B(rhodamine B) : 분홍색 염기성 색소, 전신 착색, 색소뇨 증상

5. 환경오염

(1) PCB(PolyChloroBiphenyls)

① 가공된 미강유를 먹는 사람들이 색소 침착, 발진. 종기 등의 증상을 나타내는 괴질
② 1968년 일본의 규슈를 중심으로 발생하여 112명 사망
③ 미강유 제조 시 탈취 공정에서 가열매체로 사용한 PCB가 누출되어 기름에 혼입되어 일어난 중독사고
④ 증상은 안질에 지방이 증가하고 손톱, 구강 점막에 갈색 내지 흑색의 색소 침착

(2) 다이옥신(Dioxin)

① 방향족 유기화합물로 가장 위험, 소각장에서 배출

② 면역계 및 생식계통에 치명적인 영향으로 선천적 기형 및 발암

③ 매우 낮은 농도로 독성 유발

(3) 식품에 문제되는 방사선 물질

① 생성율이 비교적 크고 반감기가 긴 방사선 물질 : Sr-90과 Cs-137

② 반감기가 짧으나 비교적 양이 많은 방사선 물질 : I-131

독성시험	
급성독성시험	저농도에서 고농도까지 일정 용량별로 1회 투여 후 1주간 관찰하여 50% 치사량(LD_{50})를 구하는 시험
아급성독성시험	• 실험동물 수명의 1/10기간(대략 1~3개월 정도)에서 치사량(LD_{50}) 이하의 여러 용량을 투여하여 생체에 미치는 영향을 관할하는 시험 • 만성독성시험의 투여량 결정을 위한 예비시험
만성독성시험	• 비교적 소량의 시험물질을 실험동물에 장기간(1~2년) 계속 투여하여 생체 내의 장애 또는 중독이 일어나는지 관찰하는 시험 • 최대무작용량 판정 목적 : 실험동물이 평생 동안 매일 투여해도 아무런 영향이 나타나지 않는 1일 투여 최대량(mg/동물체중kg)

05 식품영양관계법규

1 식품위생법

1. 집단급식소 정의(식품위생법 제2조)

① 영리를 목적으로 하지 아니하면서 특정 다수인에게 계속하여 음식물을 공급하는 곳의 급식시설

② 기숙사, 학교, 유치원, 어린이집, 병원, 사회복지시설, 산업체, 공공기관, 그 밖의 후생기관 등

2. 위해 식품 등의 판매금지(식품위생법 제4조)

해당하는 식품 등을 판매하거나 판매할 목적으로 채취·제조·수입·가공·사용·조리·저장·소분·운반 또는 진열하여서는 아니 된다.

① 썩거나 상하거나 설익어서 인체의 건강을 해칠 우려가 있는 것

② 유독·유해물질이 들어 있거나 묻어 있는 것 또는 그러할 염려가 있는 것. 다만, 식품의약품안전처장이 인체의 건강을 해칠 우려가 없다고 인정하는 것은 제외한다.

③ 병(病)을 일으키는 미생물에 오염되었거나 그러할 염려가 있어 인체의 건강을 해칠 우려가 있는 것

④ 불결하거나 다른 물질이 섞이거나 첨가(添加)된 것 또는 그 밖의 사유로 인체의 건강을 해칠 우려가 있는 것

⑤ 안전성 심사 대상인 농·축·수산물 등 가운데 안전성 심사를 받지 아니하였거나 안전성 심사에서 식용(食用)으로 부적합하다고 인정된 것

⑥ 수입이 금지된 것 또는 수입신고를 하지 아니하고 수입한 것

⑦ 영업자가 아닌 자가 제조·가공·소분한 것

3. 병든 동물 고기 등의 판매 등 금지(식품위생법 제5조, 시행규칙 제4조)

① 총리령에 정하는 질병에 걸렸거나 걸렸을 염려가 있는 동물이나 그 질병에 걸려 죽은 동물의 고기·뼈·젖·장기 또는 혈액을 식품으로 판매하거나 판매할 목적으로 채취·수입·가공·사용·조리·저장·소분 또는 운반하거나 진열하여서는 아니 된다.

② 총리령으로 정하는 질병 : 도축이 금지되는 가축전염병, 리스테리아병, 살모넬라병, 파스튜렐라병 및 선모충증

4. 건강진단(식품위생법 제40조)

(1) 건강진단대상자(시행규칙 제49조)

① 건강진단을 받아야 하는 사람은 식품 또는 식품첨가물(화학적 합성품 또는 기구등의 살균·소독제는 제외한다)을 채취·제조·가공·조리·저장·운반 또는 판매하는 일에 직접 종사하는 영업자 및 종업원으로 한다. 다만, 완전 포장된 식품 또는 식품첨가물을 운반하거나 판매하는 일에 종사하는 사람은 제외한다.

② 건강진단을 받아야 하는 영업자 및 그 종업원(매 1년마다)은 영업 시작 전 또는 영업에 종사하기 전에 미리 건강진단을 받아야 한다.

(2) 건강진단 결과 식품위생법상 영업에 종사하지 못하는 질병(시행규칙 제50조)

① 결핵(비감염성인 경우는 제외한다)

② 콜레라, 장티푸스, 파라티푸스, 세균성이질, 장출혈성대장균감염증, A형간염

③ 피부병 또는 그 밖의 고름형성(화농성) 질환

④ 후천성면역결핍증(성매개감염병에 관한 건강진단을 받아야 하는 영업에 종사하는 사람만 해당)

5. 식품위생교육(식품위생법 제41조)

구분	업종	시간
영업을 하려는 자가 받아야 하는 식품 교육	식품제조가공업, 식품첨가물제조업, 공유주방운영업	8시간
	식품운반업, 식품소분판매업, 식품보존업, 용기포장제조업	4시간
	즉석판매제조가공업, 식품접객업(휴게음식점영업, 일반음식점영업, 단란주점영업, 유흥주점영업, 위탁급식영업, 제과점영업)	6시간
	집단급식소를 설치운영하려는 자	6시간
영업자와 종업원이 받아야 하는 식품 교육	식품제조가공 등 관련 영업자(식용얼음판매업자와 식품자동판매기영업자 제외)	3시간
	유흥주점영업의 유흥종사자	2시간
	집단급식소를 설치운영하는 자	3시간

6. 식품안전관리인증기준(식품위생법 제48조, 시행령 제33조, 제34조, 시행규칙 제62조～제68조)

(1) 식품안전관리인증기준 대상식품

① 수산가공식품류의 어육가공품류 중 어묵·어육소시지

② 기타수산물가공품 중 냉동 어류·연체류·조미가공품

③ 냉동식품 중 피자류·만두류·면류

④ 과자류, 빵류 또는 떡류 중 과자·캔디류·빵류·떡류

⑤ 빙과류 중 빙과

⑥ 음료류[다류(茶類) 및 커피류는 제외한다]
⑦ 레토르트식품
⑧ 절임류 또는 조림류의 김치류 중 김치(배추를 주원료로 하여 절임, 양념혼합과정 등을 거쳐 이를 발효시킨 것이거나 발효시키지 아니한 것 또는 이를 가공한 것에 한한다)
⑨ 코코아가공품 또는 초콜릿류 중 초콜릿류
⑩ 면류 중 유탕면 또는 곡분, 전분, 전분질원료 등을 주원료로 반죽하여 손이나 기계 따위로 면을 뽑아내거나 자른 국수로서 생면·숙면·건면
⑪ 특수용도식품
⑫ 즉석섭취·편의식품류 중 즉석섭취식품
⑫의2. 즉석섭취·편의식품류의 즉석조리식품 중 순대
⑬ 식품제조·가공업의 영업소 중 전년도 총 매출액이 100억 원 이상인 영업소에서 제조·가공하는 식품

참고 [참고] HACCP(Hazard Analysis Critical Control Point) : "해썹" 또는 "식품 및 축산물 안전관리인증기준"

- 식품·축산물의 원료관리, 제조·가공·조리·선별·포장·소분·보관·유통·판매의 모든 과정에서 위해한 물질이 식품 또는 축산물에 섞이거나 식품 또는 축산물이 오염되는 것을 방지하기 위하여 각 과정의 위해요소를 확인·평가하여 중점적으로 관리하는 기준
- 7원칙 12절차

[준비단계 5절차]
절차 1 : HACCP팀 구성
절차 2 : 제품설명서 작성
절차 3 : 제품용도 확인
절차 4 : 공정흐름도 작성
절차 5 : 공정흐름도 현장 확인

[HACCP 7 원칙]
절차 6(원칙 1) : 위해요소 분석(HA)
절차 7(원칙 2) : 중요관리점(CCP) 결정
절차 8(원칙 3) : 한계기준(CL) 설정
절차 9(원칙 4) : 모니터링 체계 확립
절차10(원칙 5) : 개선조치 방법 수립
절차11(원칙 6) : 검증절차 및 방법 수립
절차12(원칙 7) : 문서화 및 기록유지 방법 설정

7. 조리사(식품위생법 제51조)

(1) 집단급식소 운영자와 식품접객업 중 복어독 제거가 필요한 복어를 조리·판매하는 영업을 하는 자는 조리사를 두어야 한다. 다만, 다음 각 호의 어느 하나에 해당하는 경우에는 조리사를 두지 아니하여도 된다.

① 집단급식소 운영자 또는 식품접객영업자 자신이 조리사로서 직접 음식물을 조리하는 경우
② 1회 급식인원 100명 미만의 산업체인 경우
③ 영양사가 조리사의 면허를 받은 경우

(2) 집단급식소에 근무하는 조리사 직무

① 집단급식소에서의 식단에 따른 조리업무[식재료의 전(前)처리에서부터 조리, 배식 등의 전 과정을 말한다]
② 구매식품의 검수 지원
③ 급식설비 및 기구의 위생·안전 실무
④ 그 밖에 조리실무에 관한 사항

8. 영양사(식품위생법 제52조)

(1) 집단급식소 운영자는 영양사를 두어야 한다. 다만, 다음 각 호의 어느 하나에 해당하는 경우에는 영양사를 두지 아니하여도 된다.

① 집단급식소 운영자 자신이 영양사로서 직접 영양 지도를 하는 경우
② 1회 급식인원 100명 미만의 산업체인 경우
③ 조리사가 영양사의 면허를 받은 경우

(2) 집단급식소에 근무하는 영양사 직무

① 집단급식소에서의 식단 작성, 검식(檢食) 및 배식관리
② 구매식품의 검수(檢受) 및 관리
③ 급식시설의 위생적 관리
④ 집단급식소의 운영일지 작성
⑤ 종업원에 대한 영양 지도 및 식품위생교육

9. 벌칙(식품위생법 제93조)

(1) 해당 질병에 걸린 동물을 사용하여 판매할 목적으로 식품 또는 식품첨가물을 제조·가공·수입 또는 조리한 자는 3년 이상의 징역 : 소해면상뇌증(狂牛病), 탄저병, 가금 인플루엔자

(2) 해당하는 원료 또는 성분 등을 사용하여 판매할 목적으로 식품 또는 식품첨가물을 제조·가공·수입 또는 조리한 자는 1년 이상의 징역 : 마황(麻黃), 부자(附子), 천오(川烏), 초오(草烏), 백부자(白附子), 섬수(蟾수), 백선피(白鮮皮), 사리풀

2 학교급식법

1. 위생·안전관리(학교급식법 제12조, 시행규칙 제6조)

(1) 학교급식은 식단작성, 식재료 구매·검수·보관·세척·조리, 운반, 배식, 급식기구 세척 및 소독 등 모든 과정에서 위해한 물질이 식품에 혼입되거나 식품이 오염되지 아니하도록 위생과 안전관리를 철저히 하여야 한다.

(2) 학교급식의 위생안전관리기준

개인위생	• 식품취급 및 조리작업자는 6개월에 1회 건강진단을 실시하고, 그 기록을 2년간 보관하여야 한다. • 다만, 폐결핵검사는 연1회 실시
작업위생	• 칼과 도마, 고무장갑 등 조리기구 및 용기는 원료나 조리과정에서 교차오염을 방지하기 위하여 용도별로 구분 사용하고 수시로 세척·소독 • 작업은 바닥으로부터 60㎝ 이상의 높이에서 실시 • 해동은 냉장해동(10℃ 이하), 전자레인지 해동 또는 흐르는 물(21℃ 이하)에서 실시 • 가열조리 식품은 중심부가 75℃(패류는 85℃) 이상에서 1분 이상으로 가열되고 있는지 온도계로 확인하고, 기록·유지
배식 및 검식	• 조리 후 2시간 이내에 배식 • 조리된 식품은 매회 1인분 분량을 섭씨 영하 18도 이하에서 144시간 이상 보관

2. 벌칙(학교급식법 제23조)

(1) **7년 이하의 징역 또는 1억 원 이하의 벌금 :** 원산지 표시를 거짓으로 적은 식재료, 유전자변형농수산물의 표시를 거짓으로 적은 식재료

(2) **5년 이하의 징역 또는 5천만 원 이하의 벌금 :** 축산물의 등급을 거짓으로 기재한 식재료

(3) **3년 이하의 징역 또는 3천만 원 이하의 벌금**

① 표준규격품의 표시, 품질인증의 표시 및 지리적표시를 거짓으로 적은 식재료 규정을 위반한 학교급식 공급업자

② 출입·검사·열람 또는 수거를 정당한 사유 없이 거부하거나 방해 또는 기피한 자

3 국민건강증진법

1. 국민영양조사(국민건강증진법 제16조, 시행령 제19조)

① 질병관리청장은 보건복지부장관과 협의하여 국민의 건강상태·식품섭취·식생활조사등 국민의 영양에 관한 조사(이하 "국민영양조사"라 한다)를 정기적으로 실시

② 특별시·광역시 및 도에는 국민영양조사와 영양에 관한 지도업무를 행하게 하기 위한 공무원을 두어야 한다.

③ 국민영양조사를 행하는 공무원은 그 권한을 나타내는 증표를 관계인에게 내보여야 한다.

④ 국민영양조사의 내용 및 방법 기타 국민영양조사와 영양에 관한 지도에 관하여 필요한 사항

⑤ 국민영양조사(이하 "영양조사"라 한다)는 매년 실시

2. 벌칙(국민건강증진법 제31조, 제32조)

① 3년 이하의 징역 또는 3천만 원 이하의 벌금 : 정당한 사유 없이 건강검진의 결과를 공개한 자

② 1년 이하의 징역 또는 1천만 원 이하의 벌금

- 정당한 사유 없이 광고내용의 변경 등 명령이나 광고의 금지 명령을 이행하지 아니한 자
- 경고문구를 표기하지 아니하거나 이와 다른 경고문구를 표기한 자
- 경고그림·경고문구·발암성물질·금연상담전화번호를 표기하지 아니하거나 이와 다른 경고그림·경고문구·발암성물질·금연상담전화번호를 표기한 자
- 담배에 관한 광고를 한 자
- 자격증을 빌려주거나 빌린 자
- 자격증을 빌려주거나 빌리는 것을 알선한 자

③ 100만 원 이하의 벌금 : 국민건강 의식을 잘못 이끄는 광고를 한 자에 대하여 그 내용의 변경 등 시정을 요구하거나 금지를 명했을 때, 정당한 사유 없이 광고의 내용 변경 또는 금지의 명령을 이행하지 아니한 자

4 국민영양 관리법

1. 국민영양 관리기본계획(국민영양 관리법 제7조)

(1) **기본계획 수립 :** 보건복지부장관은 관계 중앙행정기관의 장과 협의하고 국민건강증진정책심의위원회(이하 "위원회"라 한다)의 심의를 거쳐 국민영양 관리기본계획(이하 "기본계획"이라 한다)을 5년마다 수립

(2) 기본계획 내용

① 기본계획의 중장기적 목표와 추진방향
② 영양 관리사업 추진계획
- 영양·식생활 교육사업
- 영양취약계층 등의 영양 관리사업
- 영양 관리를 위한 영양 및 식생활 조사
- 그 밖에 대통령령으로 정하는 영양 관리사업

③ 연도별 주요 추진과제와 그 추진방법
④ 필요한 재원의 규모와 조달 및 관리 방안
⑤ 그 밖에 영양 관리정책수립에 필요한 사항

2. 영양 관리를 위한 영양 및 식생활 조사(국민영양 관리법 제13조, 시행령 제3조)

① 식품 및 영양소 섭취조사
② 식생활 행태 조사
③ 영양상태 조사
④ 그 밖에 영양문제에 필요한 조사로서 대통령령으로 정하는 사항
- 식품의 영양성분 실태조사
- 당·나트륨·트랜스지방 등 건강 위해가능 영양성분의 실태조사
- 음식별 식품재료량 조사
- 그 밖에 국민의 영양 관리와 관련하여 보건복지부장관, 질병관리청장 또는 지방자치단체의 장이 필요하다고 인정하는 조사

3. 영양사의 업무(국민영양 관리법 제17조)

① 건강증진 및 환자를 위한 영양·식생활 교육 및 상담
② 식품영양정보의 제공
③ 식단작성, 검식(檢食) 및 배식관리
④ 구매식품의 검수 및 관리
⑤ 급식시설의 위생적 관리
⑥ 집단급식소의 운영일지 작성
⑦ 종업원에 대한 영양지도 및 위생교육

4. 벌칙(국민영양 관리법 제28조)

① 1년 이하의 징역 또는 1천만 원 이하의 벌금
- 영양사의 면허증 또는 임상영양사의 자격증을 빌려주거나 빌린 자
- 영양사의 면허증 또는 임상영양사의 자격증을 빌려주거나 빌리는 것을 알선한 자

② 300만 원 이하의 벌금 : 영양사 면허를 받지 아니하였으나 영양사라는 명칭을 사용한 사람

5 농수산물의 원산지 표시 등에 관한 법률

1. 벌칙(농수산물의 원산지 표시 등에 관한 법률 제14조, 제16조)

(1) 7년 이하의 징역이나 1억 원 이하의 벌금에 처하거나 이를 병과(倂科)

① 누구든지 다음 행위를 하여서는 아니 된다.
- 원산지 표시를 거짓으로 하거나 이를 혼동하게 할 우려가 있는 표시를 하는 행위
- 원산지 표시를 혼동하게 할 목적으로 그 표시를 손상·변경하는 행위
- 원산지를 위장하여 판매하거나, 원산지 표시를 한 농수산물이나 그 가공품에 다른 농수산물이나 가공품을 혼합하여 판매하거나 판매할 목적으로 보관이나 진열하는 행위

② 농수산물이나 그 가공품을 조리하여 판매·제공하는 자는 다음 행위를 하여서는 아니 된다.
- 원산지 표시를 거짓으로 하거나 이를 혼동하게 할 우려가 있는 표시를 하는 행위
- 원산지를 위장하여 조리·판매·제공하거나, 조리하여 판매·제공할 목적으로 농수산물이나 그 가공품의 원산지 표시를 손상·변경하여 보관·진열하는 행위
- 원산지 표시를 한 농수산물이나 그 가공품에 원산지가 다른 동일 농수산물이나 그 가공품을 혼합하여 조리·판매·제공하는 행위

(2) 1년 이상 10년 이하의 징역 또는 500만 원 이상 1억 5천만원 이하의 벌금에 처하거나 이를 병과

① (1)의 죄로 형을 선고받고 그 형이 확정된 후 5년 이내에 다시 (1)을 위반한 자

(3) 1년 이하의 징역이나 1천만 원 이하의 벌금 : 아래의 처분을 이행하지 아니한 자

① 원산지 표시의 이행·변경·삭제 등 시정명령

② 위반 농수산물이나 그 가공품의 판매 등 거래행위 금지

6 식품 등의 표시·광고에 관한 법률

1. 영양표시(식품 등의 표시·광고에 관한 법률 시행규칙 제6조)

① 표시 대상 영양성분(다만, 건강기능식품의 경우에는 트랜스지방(Trans Fat), 포화지방(Saturated Fat), 콜레스테롤(Cholesterol)의 영양성분은 표시하지 않을 수 있다)
- 열량, 나트륨, 탄수화물, 당류[식품, 축산물, 건강기능식품에 존재하는 모든 단당류(單糖類)와 이당류(二糖類)를 말한다. 다만, 캡슐·정제·환·분말 형태의 건강기능식품은 제외한다], 지방, 트랜스지방(Trans Fat), 포화지방(Saturated Fat), 콜레스테롤(Cholesterol), 단백질, 영양표시나 영양강조표시를 하려는 경우에는 1일 영양성분 기준치에 명시된 영양성분

② 영양성분 표시 사항 : 영양성분의 명칭, 영양성분의 함량, 1일 영양성분 기준치에 대한 비율

2. 벌칙(식품 등의 표시·광고에 관한 법률 제26조~29조)

(1) 10년 이하의 징역 또는 1억 원 이하의 벌금에 처하거나 이를 병과(竝科) : 아래의 규정을 위반한 자

① 질병의 예방·치료에 효능이 있는 것으로 인식할 우려가 있는 표시 또는 광고

② 식품등을 의약품으로 인식할 우려가 있는 표시 또는 광고

③ 건강기능식품이 아닌 것을 건강기능식품으로 인식할 우려가 있는 표시 또는 광고

(2) 1년 이상 10년 이하의 징역 및 그 판매가격의 4배 이상 10배 이하에 해당하는 벌금 병과

① (1)의 죄로 형을 선고받고 그 형이 확정된 후 5년 이내에 다시 (1)을 위반한 자

(3) 5년 이하의 징역 또는 5천만 원 이하의 벌금에 처하거나 이를 병과

① 표시의 기준을 위반하여 건강기능식품을 판매하거나 판매할 목적으로 제조·가공·소분·수입·포장·보관·진열 또는 운반하거나 영업에 사용한 자
② 부당한 표시 또는 광고행위 금지의 규정을 위반하여 표시 또는 광고를 한 자
③ 위해 식품 등의 회수 또는 회수하는 데에 필요한 조치를 하지 아니한 자
④ 위해 식품 등의 회수 및 폐기처분의 명령을 위반한 자
⑤ (건강기능식품에 관한 법률) 영업허가를 받은 자로서 영업정지 명령을 위반하여 계속 영업한 자
⑥ (건강기능식품에 관한 법률) 영업신고를 한 자로서 영업정지 명령을 위반하여 계속 영업한 자
⑦ (식품위생법) 영업허가를 받은 자로서 영업정지 명령을 위반하여 계속 영업한 자

(4) 3년 이하의 징역 또는 3천만 원 이하의 벌금

① 표시의 기준을 위반하여 식품등(건강기능식품은 제외한다)을 판매하거나 판매할 목적으로 제조·가공·소분·수입·포장·보관·진열 또는 운반하거나 영업에 사용한 자
② 품목 또는 품목류 제조정지 명령을 위반한 자
③ (수입식품안전관리특별법) 영업등록을 한 자로서 영업정지 명령을 위반하여 계속 영업한 자
④ (식품위생법) 영업신고를 한 자로서 영업정지 명령 또는 영업소 폐쇄명령을 위반하여 계속 영업한 자
⑤ (식품위생법) 영업등록을 한 자로서 영업정지 명령을 위반하여 계속 영업한 자
⑥ (축산물위생관리법) 영업허가를 받은 자로서 영업정지 명령을 위반하여 계속 영업한 자
⑦ (축산물위생관리법) 영업신고를 한 자로서 영업정지 명령 또는 영업소 폐쇄명령을 위반하여 계속 영업한 자

(5) 1년 이하의 징역 또는 1천만 원 이하의 벌금에 처한다. 다만, 제1호의 경우 징역과 벌금을 병과

① 표시 또는 광고 내용의 실증자료를 제출하지 않아 광고 행위의 중지 명령을 위반하여 계속하여 표시 또는 광고를 한 자
② 위해 식품 등의 회수계획 보고를 하지 아니하거나 거짓으로 보고한 자

Part

II

예상문제 풀이

1교시 1과목 영양학·생화학

01

평균필요량에 대한 설명으로 적절한 것은?

① 영양소 필요량의 과학적 근거 부족 시 필요
② 1일 영양 필요량의 중앙값
③ 인체에 유해하지 않는 최대영양소
④ 대상 집단 약 97~98%를 충족시키는 값
⑤ 기존 실험연구 등으로 확인된 건강한 사람들 섭취기준

해설 ②

(1) **평균필요량**(Estimated Average Requirement; EAR)
- 대상 집단 절반에 해당하는 1일 영양 필요량을 충족시키는 값
- 건강한 사람들의 1일 영양 필요량의 중앙값(분포의 중앙값)
- 기능적 지표로 추정 가능(모든 영양소에 대해 설정되어 있지는 않음)

(2) **권장섭취량**(Recommended Nutrient Intake; RNI)
- 평균필요량에 표준편차 또는 변이계수의 2배
- 대상 집단 약 97~98%를 충족시키는 값
- 상당수의 사람에게는 필요량보다 높은 수치

(3) **충분섭취량**(Adequate Intake; AD)
- 영양소 필요량의 과학적 근거 부족 시 필요
- 기존의 실험연구 또는 관찰연구로 확인된 건강한 사람들의 영양소 섭취기준 중앙값으로 설정
- 권장섭취량과 상한섭취량 사이로 설정

(4) **상한섭취량**(Tolerable Upper Intake Level; UL)
- 인체에 유해영향이 나타나지 않는 최대영양소 섭취
- 과잉섭취 시 유해영향 가능(상한섭취량 미만 섭취)
- 평균필요량에 표준편차 또는 변이계수의 2배

02

식사구성안의 영양소에 관한 내용으로 옳은 것은?

① 지질 : 1~2세는 총 에너지의 15~30%
② 지질 : 3세 이상은 총 에너지의 20~35%
③ 당류 : 첨가당을 최대한으로 섭취
④ 단백질 : 총 에너지의 약 30%
⑤ 식이섬유 : 100% 충분섭취량

해설 ⑤

- 에너지 : 100% 에너지 필요추정량
- 단백질 : 총 에너지의 약 7~20%
- 비타민·무기질 : 100% 권장섭취량 또는 충분섭취량, 상한섭취량 미만
- 식이섬유 : 100% 충분섭취량
- 지질 : 1~2세는 총 에너지의 20~35%, 3세 이상은 총 에너지의 15~30%
- 당류 : 설탕, 물엿 등의 첨가당 최소한으로 섭취

03

위의 구조 및 기능을 바르게 설명한 것은?

① 위벽은 근육층으로 되어있다.
② 위의 위쪽은 유문괄약근으로 이루어져 있다.
③ 위의 아래쪽은 하부식도괄약근으로 이루어져 있다.
④ 위의 유문부에서 염산이 분비된다.
⑤ 위는 공복에 연동운동을 한다.

해설 ①

- 위벽 : 근육층으로 위쪽은 하부식도괄약근으로 아래쪽은 유문괄약근으로 이루어짐
- 구성 : 분문부, 위체부(점액, 펩시노겐, 염산분비), 유문부(점액, 펩시노겐, 가스트린 분비)
- 위 운동 : 공복(수축 운동), 연동운동(음식물의 기계적 소화작용)

04

음식물의 소화 흡수를 위한 체내 위의 작용을 바르게 설명한 것은?

① 위에 머무르는 시간이 가장 짧은 영양소는 지방이다.
② 위액은 타액아밀라제를 불활성화시킨다.
③ 음식물은 위에서 소장의 공장으로 배출된다.
④ 위산에 의해 펩신은 펩시노겐으로 전환되어 단백질을 소화한다.
⑤ 알코올은 위에서 흡수되지 않는다.

해설 ②

- 위벽 : 근육층으로 위쪽은 하부식도괄약근으로 아래쪽은 유문괄약근으로 이루어짐
- 구성 : 분문부, 위체부(점액, 펩시노겐, 염산분비), 유문부(점액, 펩시노겐, 가스트린 분비)
- 위 운동 : 공복수축, 연동운동, 위 배출(위 머무는 시간 : 지방 〉 단백질 〉 탄수화물)
- 위액 : 위산(타액아밀라제 불활성화), 펩시노겐(위산에 의해 펩신으로 전환시켜 단백질 소화 일어남), 점액(강한 산성에서 위 점막층 보호)
- 음식물 : 위에서 십이지장으로 배출
- 약간의 수분과 알코올 : 위에서 흡수

05

소장의 명칭과 위치 순서가 올바른 것은?

① 십이지장 → 공장 → 회장

② 공장 → 회장 → 십이지장

③ 회장 → 십이지장 → 공장

④ 상행결장 → 직장 → 공장

⑤ 상행결장 → 맹장 → 회장

해설 ①

소장 : 긴 관 형태(십이지장, 공장, 회장으로 구분)

- 십이지장 : 유문괄약근으로부터 소장상부, 오디괄약근
- 회장 : 회장 끝부분에 대장 소화물 역류방지 괄약근
- 소장의 내부 점막 : 융모, 미세융모(소화효소 분로)
- 소장의 운동 : 연동, 분절운동

06

소장에서 영양소 흡수과정과 흡수성분이 맞게 연결된 것은?

① 단순확산 – 아미노산

② 단순확산 – 과당

③ 촉진확산 – 갈락토오스

④ 촉진확산 – 지방산

⑤ 능동수송 – 포도당

해설 ⑤

소장에서의 영양소 흡수과정 및 흡수성분

(1) **확산** : 영양소 고농도(소장 내강) → 저농도(소장 점막세포)
- 단순확산(에너지 : 불필요, 운반체 : 불필요)
  자일로오스, 만노오스, 모노글리세리드, 지방산, 글리세롤, 대부분의 비타민·무기질
- 촉진확산(에너지 : 불필요, 운반체 : 필요)
  과당, 산성아미노산

(2) **능동수송** : 영양소 저농도(소장 내부) → 고농도(상피세포)
세포막에 있는 운반체의 도움을 받아 이루어짐(Na^{+}–K^{+}펌프, ATP 이용). 포도당, 갈락토오스, 중성아미노산, 염기성아미노산, 비타민 B_{12}, 칼슘, 철

(3) **음세포작용** : 세포막이 조그마한 주머니를 형성하여 함입하면서 물질을 삼켜 세포 안이나 밖으로 이동(어떤 물질이 소장 세포막의 구조적 장벽을 통과할 수 없을 때). 모유에 함유된 면역단백질 등

07

소장에서의 영양소 운반과정에 관한 설명으로 맞는 것은?

① 문맥순환은 지용성 영양소가 소장 융모 내 모세혈관으로 들어가 문맥을 통해 간으로 이동

② 문맥순환은 유미관을 통해 영양소 운반

③ 림프순환은 지용성 영양소가 소장 융모 내 림프관으로 들어가 흉관을 거쳐 대정맥을 통해 혈류로 들어가 운반

④ 아미노산은 림프순환에 의해 운반

⑤ 콜레스테롤은 소장 융모 내 모세혈관으로 들어가 문맥을 통해 간으로 이동

해설 ③

영양소의 운반

- 문맥순환(모세혈관) : 수용성 영양소가 소장 융모 내 모세혈관으로 들어가 문맥을 통해 간으로 이동(단당류, 아미노산, 무기질, 수용성 비타민)
- 림프순환(림프관, 유미관) : 지용성 영양소가 소장 융모 내 림프관으로 들어가 흉관을 거쳐 대정맥을 통해 혈류로 들어가 운반(중성지방, 콜레스테롤, 지용성 비타민)

08

대장에 관한 설명으로 틀린 것은?

① 회맹판으로부터 항문에 이르는 소화관
② 구성은 상행결장, 횡행결장, 하행결장, S상결장, 직장
③ 대장 점막에 소화효소가 있다.
④ 대장에서 일부 비타민 흡수
⑤ 난소화성 탄수화물은 세균에 의해 발효분해

해설 ③

대장(회맹판으로부터 항문에 이르는 소화관)

(1) **구성** : 상행결장, 횡행결장, 하행결장, S상결장, 직장
(2) **대장 점막** : 주름, 융모 미발달, 소화효소 없음
(3) **대장의 소화흡수**
- 난소화성 탄수화물(예 식이섬유) : 세균에 의한 발효분해
- 일부 비타민과 수분, 전해질 흡수
- 미생물에 의해 합성된 일부 비타민(비타민 K, 비타민 B_{12}, 판토텐산, 비오틴), 짧은사슬 지방산, 유기산 흡수
- 배변반사 : 고형화 노폐물 직장내압 높아지면 항문을 통해 배설

09

탄수화물의 소화에 대한 설명으로 틀린 것은?

① 탄수화물 소화는 구강에서부터 시작한다.
② 탄수화물은 위에서 소화가 일어난다.
③ 췌장에서 전분이 프티알린에 의해 이당류로 분해된다.
④ 맥아당은 소장 점막 미세융모 세포에서 말타아제에 의해 포도당으로 분해된다.
⑤ 소장에서 이당류는 이당류 분해효소에 의해 단당류로 분해된다.

해설 ②

탄수화물의 소화과정

- 구강 : 침샘에서 분비되는 타액 α-아밀레이스(프티알린)에 의해 전분은 덱스트린, 맥아당으로 분해
- 위 : 타액 아밀레이스 불활성화로 탄수화물 소화 중단
- 췌장 : α-아밀레이스(프티알린)에 의해 전분, 덱스트린이 맥아당으로 분해
- 소장 : 말타아제(맥아당 → 포도당 + 포도당), 수크라아제[설탕(자당·서당) → 포도당 + 과당]에 의해, 락타아제(유당 → 포도당 + 갈락토오스)가 작용

10

소화관 호르몬에 관한 설명으로 옳은 것은?

① 소화 관여 호르몬은 트립신, 가스트린, 세크레틴이다.
② 트립신은 췌장의 인슐린 분비를 촉진한다.
③ 가스트린은 산을 분비하여 위 운동을 억제한다.
④ 세크레틴은 알칼리성 췌장액 분비를 촉진한다.
⑤ 콜레시스토기닌은 위산 분비와 위 운동을 촉진한다.

해설 ④

위장관 호르몬 : 표적기관(위장관, 췌장 등)이나 표적세포에 도달하여 소화액 분비와 소화관 운동 자극·억제
- 가스트린(gastrin) : 위·십이지장에서 분비, 산 분비, 위 운동 촉진
- 세크레틴(secretin) : 십이지장에서 분비, 췌장 자극하여 알칼리성 췌장액 분비 촉진, 위에서 위 운동과 위산 분비 억제
- 콜레시스토기닌(cholecystokinin; CCK) : 십이지장에서 분비, 위산 분비와 위 운동 억제, 췌장의 소화효소 분비 촉진, 담즙 분비 촉진
- 위 억제 펩티드(gastric inhibitory peptide; GIP) : 십이지장에서 분비, 위의 운동성과 분비작용 억제, 췌장의 인슐린 분비 촉진

11

탄수화물 대사의 해당과정에 대한 설명으로 틀린 것은?

① 세포질에서 해당과정 시작
② 혈액 내의 포도당이 수송체를 통해 세포 안으로 이동
③ 미토콘드리아에서 해당과정 시작
④ 육탄당 포도당이 삼탄당 피루브산으로 전환
⑤ 글루코스에서 글루코스 6-인산으로 전환될 때 ATP 소모

해설 ③

해당과정
- 혈액 내의 포도당(글루코스)이 수송체를 통해 세포 안으로 이동 → 세포질에서 해당과정 시작
- 육탄당 포도당이 삼탄당 피루브산으로 전환
- 10단계로 진행 : 전반부[2 ATP 소모(글리세르알데히드 3-인산 생성)], 후반부[4 ATP 생성(2분자 피루브산 생성)]
- 총 2 ATP와 2 NADH 생성

12

탄수화물 대사의 호기적 해당과정에 관한 설명으로 옳은 것은?

① 피루브산에서 젖산이 생성된다.
② 비효율적인 대사이다.
③ 미토콘드리아가 없는 세포에서 에너지 공급 가능하다.
④ 포도당 1분자가 간에서 30 ATP가 생성된다.
⑤ 피루브산에서 아세틸 CoA 생성 후 구연산 회로로 이동한다.

해설 ⑤

(1) 호기적 해당과정(매우 효율적)
- 미토콘드리아가 있는 세포에서 산소가 충분히 공급
- 피루브산 → 아세틸 CoA → 구연산 회로 → 이산화탄소와 물
- 글루코스 1분자당 30 ATP(뇌, 골격근) 또는 32 ATP(간, 심장, 신장) 생성

(2) 혐기적 해당과정(비효율적)
- 산소 공급되지 않는 경우로, 피루브산 → 젖산
- 미토콘드리아가 없는 세포에서 에너지 공급 가능
- 효모와 일부 박테리아 : 피루브산의 알코올 발효

13

당신생과정에 관한 설명으로 틀린 것은?

① 글루코스가 아닌 물질로부터 글루코스를 합성
② 코리 회로는 호기적 조건에서의 해당과정
③ 알라닌 회로는 근육의 아미노산 분해
④ 저혈당 경우에 혈당치를 정상화하기 위한 반응
⑤ 주로 간과 신장에서 일어남

해설 ②

- 당신생과정 : 글루코스가 아닌 물질로부터 글루코스를 합성하는 것. 저혈당 경우(기아, 단식, 당뇨)와 피로회복 시(코리 회로) 혈당치를 정상화하기 위한 반응. 미토콘드리아와 세포질에서 일어남. 주로 간과 신장에서 일어남. 해당과정 역반응
- 코리 회로(젖산) : 혐기적 조건(격렬한 운동 등)에서의 해당과정. 근육의 젖산이 간으로 이동(혈액) → 피루브산 → 포도당
- 알라닌 회로(알라닌) : 근육의 곁가지 아미노산(발린, 류신, 이소류신) 분해. 탄소골격은 구연산 회로에 유입(아미노기는 피루브산과 결합) → 알라닌 형성 → 간으로 이동하여 다시 피루브산으로 전환 → 포도당 생성, 아미노기는 요소로 전환하여 배설

14

혈당 조절 호르몬에 관한 설명으로 옳은 것은?

① 혈당을 상승시키는 호르몬은 글루카곤, 노프에피네프린, 에피네프린, 글루코코르티코이드, 갑상선호르몬, 성장호르몬이다.
② 인슐린은 췌장의 α-세포에서 분비된다.
③ 글루카곤은 췌장의 β-세포에서 분비된다.
④ 부신수질에서 분비되는 글루코코르티코이드는 근육의 포도당 이용을 억제시킨다.
⑤ 인슐린은 글리코겐 합성을 저하시킨다.

해설 ①

(1) 혈당저하 호르몬
- 인슐린[췌장(β-세포)] : 간, 근육, 지방조직으로 혈당 유입 촉진 → 간, 근육글리코겐 합성 촉진 → 지방조직에서 지방 합성. 글리코겐합성 증가. 간의 포도당 신생합성 억제

(2) 혈당상승 호르몬
- 글루카곤[췌장(α-세포)], 노르에피네프린/에피네프린(부신수질), 글루코코르티코이드(코르티솔)(부신피질), 갑상선호르몬(갑상선), 성장호르몬(뇌하수체전엽) : 포도당 신생합성 증가

15

당류 대사에 관한 설명으로 틀린 것은?

① 과당은 속도조절단계반응(PFK-1)을 거치지 않아 포도당보다 신속하게 해당과정이나 당신생 경로로 합류한다.
② 오탄당인산 경로(HMP 경로)는 ATP를 생성한다.
③ 갈락토오스혈증(갈락토세미아)은 혈중 갈락토오스의 고농도에 따른 백내장 원인이다.
④ 과량의 포도당에 의해 글리코겐이 합성된다.
⑤ 급격한 운동에 의해 글리코겐이 분해된다.

해설 ②

오탄당인산 경로(HMP 경로)
- 해당과정과 유사 : 세포질에서 일어나는 포도당 분해과정
- 해당과정과 차이 : ATP를 생성하지 않음
- 오탄당인산 경로가 일어나는 조직 : 세포분열이 빈번한 조직(골수, 피부, 소장점막), 지방 합성이 왕성한 조직(지방조직, 유선, 간 등), 콜레스테롤, 스테로이드의 합성 왕성한 조직(부신피질), 유리라디칼 손상에 취약한 조직(적혈구, 수정체, 각막)

16

탄수화물 대사와 관련된 질병에 대한 설명으로 틀린 것은?

① 당뇨병은 인슐린 작용 미흡으로 체내에서 포도당을 사용하지 못하는 대사 장애이다.
② 유당불내증은 락타아제 결핍으로 유당이 소화되지 못하고 장내에서 발효하여 발생한다.
③ 식이섬유 과잉 섭취는 칼슘의 흡수를 방해한다.
④ 게실증은 식이섬유 과잉 섭취에 의한다.
⑤ 에너지 대사 감소로 저혈당증을 유발한다.

해설 ④

- 식이섬유소 과잉 섭취 : 칼슘, 철 등 영양소 흡수 방해
- 식이섬유소 부족 : 이상지질혈증, 동맥경화, 대장암, 변비, 게실증, 당뇨병, 비만

17

아이코사노이드(eicosanoid)에 관한 설명으로 옳은 것은?

① 아이코사노이드 호르몬에는 프로스타글란딘(PG), 트롬복산(TB), 류코트리엔(LT), 프로스타사이클린(PC)이 있다.
② ω-3계 지방산인 리놀레산($C_{18:2}$)으로부터 EPA($C_{20:5}$), DHA($C_{22:6}$)가 합성된다.
③ ω-6계 지방산인 α-리놀렌산($C_{18:3}$)으로부터 아라키돈산($C_{20:4}$)이 합성된다.
④ 프로스타글란딘(PG)은 혈액응고로 혈전을 형성한다.
⑤ 트롬복산(TB)은 면역반응(대식세포, 백혈구, 혈소판)에 작용한다.

해설 ①

아이코사노이드(eicosanoid) 호르몬 유사물질

- 탄소수가 20개인 불포화지방산(EPA, 아라키돈산)으로부터 합성되는 물질로서 작용부위와 가까운 조직에서 생성되어 짧은 기간 동안 작용하고 분해됨. 프로스타글란딘(PG), 트롬복산(TB), 류코트리엔(LT), 프로스타사이클린(PC)
- 불안정한 구조의 지방산 유도체로 필요 시 빠르게 합성되어 합성된 장소 가까운 곳에서 국소호르몬처럼 작용
- ω-3계 지방산인 α-리놀렌산($C_{18:3}$)으로부터 합성할 수 있는 EPA($C_{20:5}$), DHA($C_{22:6}$)
- ω-6계 지방산인 리놀레산($C_{18:2}$)으로부터 합성할 수 있는 γ-리놀렌산($C_{18:3}$), 아라키돈산($C_{20:4}$)

18

19세 이상 성인의 지질섭취기준에 관한 내용으로 틀린 것은?

① 다중불포화지방산(PUFA) : 단일불포화지방산(MUFA) : 포화지방산(SFA) = 1 : 1~1.5 : 1
② 포화지방산 : 7% 미만
③ 트랜스지방산 : 1% 미만
④ ω-6계 지방산 : ω-3계 지방산 = 4~10 : 1
⑤ 콜레스테롤 : 100mg 미만/일(목표섭취량)

해설 ⑤

19세 이상 성인의 지질섭취기준(하루 총 에너지 섭취기준)

- 지방 에너지 적정비율 : 15~30%
- 다중불포화지방산(PUFA) : 단일불포화지방산(MUFA) : 포화지방산(SFA) = 1 : 1~1.5 : 1
- 포화지방산 : 8% 미만(3~18세), 7% 미만(19세 이상)
- 트랜스지방산 : 1% 미만
- ω-6계 지방산 : ω-3계 지방산 = 4~10 : 1
- 콜레스테롤 : 300mg 미만/일(목표섭취량)

19

지방의 소화와 흡수에 관한 내용으로 옳은 것은?

① 구강과 위의 수용성 환경에서 지방의 리파아제 작용이 미미하다.
② 췌장 리파아제는 인지질을 분해한다.
③ 지방은 주로 대장에서 흡수된다.
④ 짧은 사슬의 지방산은 미셀형태로 흡수된다.
⑤ 긴 사슬의 지방산은 담즙과 미셀의 도움없이 소화된다.

해설 ①

(1) 지방의 소화

- 구강과 위(수용성 환경으로 지방의 리파아제 작용 미미), 소장(대부분의 지방 소화)에서 지질 소화의 최종분해산물 – 모노아실글리세롤(모노글리세리드), 지방산, 콜레스테롤, 인지질, 짧은 사슬 지방산, 중간사슬지방산, 글리세롤 등

(2) 지방의 흡수

- 긴 사슬 지방산 : 미셀 형태로 흡수된 후 소장 세포에서 다시 중성지방을 형성하여 킬로미크론에 포함됨
- 짧은 사슬과 중간 사슬 지방산 : 물에 잘 섞이므로 담즙과 미셀의 도움 없이 소화되어 장세포로 흡수

20

지단백질에 관한 내용으로 틀린 것은?

① 혈액 중의 소수성인 지질의 주요 이동 수단으로 간과 장에서 합성된다.

② 킬로미크론은 소장에서 말초조직으로 식사성 중성지방을 운반한다.

③ 초저밀도지단백질(VLDL)은 간에서 합성되거나 간으로 흡수된 내인성 중성지방을 말초조직으로 운반한다.

④ 저밀도지단백질(LDL)은 세포에서 콜레스테롤을 제거하여 체외로 배설시키는 데 기여한다.

⑤ 고밀도지단백질(HDL)은 항동맥경화성 지단백질이다.

해설 ④

지단백질의 종류

- 킬로미크론 : 소장에서 말초조직으로 식사성 중성지방 운반
- VLDL(초저밀도지단백질) : 간에서 합성되거나 간으로 흡수된 내인성 중성지방을 말초조직으로 운반
- LDL(저밀도지단백질) : 콜레스테롤을 간 및 말초조직으로 운반. LDL의 증가는 동맥경화의 위험인자
- HDL(고밀도지단백질) : 세포 사멸 또는 지단백질 대사로 생긴 콜레스테롤을 말초조직에서 간으로 운반. 세포에서 콜레스테롤을 제거하여 체외로 배설시키는 데 기여. 항동맥경화성 지단백

21

중성지방 대사의 특징으로 옳은 것은?

① 중성지방은 호르몬 민감성 리파아제에 의해 글리세롤과 지방산으로 분해되어 에너지원으로 이용된다.

② 지방산은 미토콘드리아에서 조효소 A(CoA)와 결합하여 아실 CoA(acyl CoA)로 활성화된다.

③ 지방산의 β-산화는 세포질에서 일어난다.

④ 지방산의 β-산화는 지방산의 탄소가 3개씩 짧아지면서 아실 CoA와 아세틸 CoA를 생성한다.

⑤ 지방산의 β-산화는 산화 → 수화 → 분해 → 산화 반응 단계를 거친다.

해설 ①

- 중성지방은 호르몬 민감성 리파아제의 활성화에 의해 지방산과 글리세롤로 분해되어 글리세롤은 간에서 포도당 신생에 이용되고 유리지방산은 산화과정을 통해 분해되어 에너지를 생성한다.
- 지방산은 세포질에서 조효소 A(CoA)와 결합하여 아실 CoA(acyl CoA)로 활성화가 된 후 β-산화과정을 거쳐 분해된다.
- 지방산의 β-산화는 지방산의 분해과정에서 β 위치에 있는 탄소에서 탈수소효소반응, 수화효소반응, 티올, 분해반응을 통해 지방산사슬의 카르복실기가 있는 쪽에서 2번째 탄소(β탄소)가 분해되어 원래의 아실 CoA보다 탄소수가 2개 적은 지방산 아실 CoA와 탄소수 2개의 아세틸 CoA가 생성된다.(산화 → 수화 → 산화 → 분해 반응 거침)

22

지방산 β-산화에 의한 ATP 생성과정에 대한 설명으로 옳은 것은?

① 지방산 활성화과정에서 4 ATP가 소모된다.

② 불포화지방산의 β-산화과정에서 생성되는 $FADH_2$ 수는 β-산화 반복횟수와 같다.

③ 불포화지방산의 β-산화과정에서 생성되는 NADH 수는 β-산화 반복횟수에서 이중결합수를 뺀 수이다.

④ 지방산 β-산화의 아세틸 CoA 생성수 = 지방산 탄소수 ÷ 2이다.

⑤ 스테아르산은 β-산화로 117개의 ATP를 생성한다.

해설 ④

- 지방산 활성화 : ATP → AMP(2 ATP 소모)
- 활성화된 포화지방산의 β-산화과정 : 생성 $FADH_2$수[(탄소수 ÷ 2) − 1], 생성 NADH수[(탄소수 ÷ 2) − 1], 아세틸 CoA 생성수(탄소수 ÷ 2), 구연산 회로대사[(아세틸 CoA 생성수 × 1개의 $FADH_2$ 생성) + (아세틸 CoA 생성수 × 3개의 NADH 생성) + (아세틸 CoA 생성수 × 1개의 GTP 생성)]
- 활성화된 불포화지방산의 β-산화과정 : 생성 $FADH_2$ 수(β-산화 반복횟수 − 이중결합수), 생성 NADH 수[(β-산화 반복횟수) + (생성 NADH 수 = β-산화 반복횟수], 아세틸 CoA 생성수(탄소수 ÷ 2), 구연산 회로대사[(아세틸 CoA 생성수 × 1개의 $FADH_2$ 생성) + (아세틸 CoA 생성수 × 3개의 NADH 생성) + (아세틸 CoA 생성수 × 1개의 GTP 생성)]

23

케톤체 생성에 관련된 내용으로 틀린 것은?

① 케톤체는 기아로 체내 포도당 농도가 낮은 경우에 생성된다.

② 케톤체는 아세토아세트산(acetoacetate), β-하이드록시부티르산(β-hydroxybutyrate), 아세톤(acetone)이다.

③ 골격근과 심장근육은 케톤체를 평소 에너지원으로 이용한다.

④ 아세토아세트산의 농도가 높을 경우 탈카르복실화 반응에 의해 아세톤이 비효소적으로 생성된다.

⑤ 케톤증은 아세틸 CoA 농도 감소에 의한다.

해설 ⑤

- 케톤증 : 과량의 아세틸 CoA 생성, 케톤체 생성의 증가

[핵심정리 p.29 참고]

24

지방산 생합성에 대한 설명으로 옳은 것은?

① 대사 장소 : 미토콘드리아

② 탄소 2개의 아세틸 CoA는 카르복실화효소(조효소 : 비오틴)에 의해 탄소 1개가 첨가되어 탄소 3개의 말로닐 CoA 생성

③ 아세틸 CoA와 말로닐 CoA는 결합하면서 탄소 6개의 부티르산 합성

④ 말로닐 CoA 추가와 CO_2 제거, 축합, 환원, 탈수, 환원반응을 반복하면서 탄소 3개씩 증가한 지방산 합성

⑤ 지방산 생합성의 전자전달 관여 조효소 : FAD

해설 ②

지방산 생합성

- 대사 장소 : 세포질
- 탄소 2개의 아세틸 CoA는 카르복실화효소(조효소 : 비오틴)에 의해 탄소 1개가 첨가되어 탄소 3개의 말로닐 CoA 생성
- 아세틸 CoA와 말로닐 CoA는 결합하면서 탄소 1개를 CO_2 형태로 제거하고 축합 → 환원 → 탈수 → 환원 과정 거쳐 탄소 4개의 부티르산 합성(이 과정에서 오탄당인산회로에서 생성된 NADPH와 지방산 합성 효소 필요)
- 동일 과정(말로닐 CoA 추가와 CO_2 제거, 축합, 환원, 탈수, 환원반응) 반복하면서 탄소 2개씩 증가한 지방산 합성
- 전자전달 관여 조효소 : NADPH

25

콜레스테롤 대사에 관한 설명으로 틀린 것은?

① 콜레스테롤 합성은 1~1.5g 정도가 매일 아세틸 CoA로부터 간세포에서 합성된다.

② 콜레스테롤 전구물질은 아세틸 CoA이다.

③ HMG CoA(β-하이드록시-β-메틸글루타릴 CoA)는 케톤체 및 콜레스테롤 합성과정의 중요한 중간물질이다.

④ 콜레스테롤 합성조절은 HMG CoA환원효소에 의한다.

⑤ 콜레스테롤 대부분이 담즙산으로 전환된다.

해설 ⑤

- 콜레스테롤 합성은 1~1.5g 정도가 매일 아세틸 CoA로부터 간세포에서 합성(간에서 50%, 소장에서 25%, 나머지는 그 외 조직에서 합성). 식사로 섭취되는 양은 0.3~0.5g 정도이며, 혈액 중에 콜레스테롤 농도는 간에서 합성을 조절하여 일정 유지
- 콜레스테롤 생합성 단계 : 아세틸 CoA → 아세토아세틸 CoA → HMG CoA(β-하이드록시-β-메틸글루타릴CoA) → 메발론산 → 이소펜테닐피로인산 → 스쿠알렌 → 라노스테롤(스테로이드 고리화 구조 형성) → 콜레스테롤
  - 콜레스테롤 전구물질 : 아세틸 CoA
  - HMG CoA : 케톤체 및 콜레스테롤 합성과정의 주요 중간물질
- 콜레스테롤의 30~60%가 담즙산으로 전환. 글리신이나 타우린과 결합하여 담즙산염 형성

26

아미노산에서 합성되는 생리활성물질이 바르게 연결된 것은?

① 글루탐산 - 카르니틴

② 글리신 - 글루타티온

③ 리신 - 타우린

④ 아르기닌 - 에탄올아민

⑤ 트립토판 - 도파민

해설 ②

아미노산	생성물질
글루탐산	γ-아미노브티르산(GABA)
글리신, 글루탐산, 시스테인	글루타티온
글리신, 아르기닌, 메티오닌	크레아틴
리신	카르니틴
메티오닌, 시스테인	타우린
아르기닌	일산화질소
세린	에탄올아민
트립토판	세로토닌, 니아신, 멜라토닌
티로신	도파민, 카테콜아민, 멜라닌
히스티딘	히스타민

27

소화기관별 단백질 분해효소에 대한 설명으로 옳은 것은?

① 위에는 불활성형 효소로 펩신이 있다.
② 췌장에는 활성형 효소로 트립시노겐이 있다.
③ 소장에는 불활성형 효소가 있다.
④ 소장의 디펩티다아제효소에 의해 아미노산이 생성된다.
⑤ 레닌은 췌장에 있는 활성형 효소이다.

해설 ④

소화기관	효소		
	불활성형	활성촉진물질	활성형
위	펩시노겐	위산	펩신
	–	–	레닌 (영유아의 위액)
췌장	트립시노겐	엔테로키나아제	트립신
	키모트립시노겐	트립신	키모트립신
	프로카르복시 펩티다아제	트립신	카르복시 펩티다아제
소장	–	–	아미노 펩티다아제
			디펩티다아제

28

식품별 제한아미노산을 바르게 연결한 것은?

① 곡류 : 라이신
② 견과류 : 메티오닌
③ 콩류 : 라이신
④ 채소류 : 트레오닌
⑤ 곡류 : 메티오닌

해설 ①

식품	제한아미노산	제한아미노산 급원
곡류	라이신, 트레오닌	콩류, 유제품
견과류	라이신	콩류
콩류	메티오닌	곡류, 견과류
채소류	메티오닌, 라이신, 트립토판	곡류, 콩류, 견과류

29

아미노산 대사에 대한 설명으로 틀린 것은?

① 식이단백질이 위에서 위산과 펩신에 의해 분해 시작
② 췌장에서 트립신, 키모트립신 등 펩티드와 아미노산으로 분해
③ 소장에서 아미노펩티다아제 등 아미노산으로 분해
④ 분해된 아미노산은 간문맥에서 간으로 이동하여 아미노산 풀(pool) 구성
⑤ 동화작용으로 단백질이 분해되어 아미노산을 생성

해설 ⑤

아미노산 풀(pool)의 용도

- 동화(합성)작용 : 체조직 단백질, 혈장 단백질, 효소, 호르몬, 항체, 생리활성물질, 혈액과 세포막의 운반체 등을 형성
- 이화(분해)작용 : 탈아미노산반응으로 생성된 α-케토산(α-keto acid)으로부터 비필수아미노산, 포도당, 지방 생성 또는 에너지를 공급

30

아미노산 분해에 대한 설명으로 옳은 것은?

① 아미노기 전이반응은 아미노산 분해과정 첫 단계이다.

② 옥살로아세트산에서 글루탐산이 생성된다.

③ 피루브산에서 아스파르트산이 생성된다.

④ 세포에서 에너지 수준이 낮을 때 글루탐산탈수소효소(조효소 : NAD)에 의한 아미노산 분해가 감소된다.

⑤ 아미노산 분해가 감소되면 아미노산의 탄소골격으로부터 에너지 생성이 촉진된다.

해설 ①

아미노산 분해

(1) 아미노기 전이반응 : 아미노산 분해과정 첫 단계

- 생성 아미노산 : α-케토글루타르산 → 글루탐산
  옥살로아세트산 → 아스파르트산
  피루브산 → 알라닌

(2) 산화적 탈아미노반응

- 아미노기 전이반응으로 생성된 글루탐산은 글루탐산탈수소효소(조효소 : NAD)에 의한 산화적 탈아미노반응 진행
- 세포에서 에너지 수준이 낮을 때 : 글루탐산탈수소효소(조효소 : NAD)에 의한 아미노산 분해 증가 → 아미노산의 탄소골격으로부터 에너지 생성 촉진

31

케톤을 생성하는 아미노산은?

① 류신

② 알라닌

③ 세린

④ 글리신

⑤ 아스파르트산

해설 ①

- 포도당 생성 : 알라닌, 세린, 글리신, 시스테인, 아스파르트산, 아스파라긴, 트레오닌, 글루탐산, 글루타민, 아르기닌, 히스티딘, 발린, 메티오닌, 프롤린
- 포도당, 케톤 생성 : 이소류신, 페닐알라닌, 티로신, 트립토판
- 케톤 생성 : 류신, 라이신

32

요소 합성에 관한 내용으로 틀린 것은?

① 요소는 간에서 생성된 후 혈액을 통해 신장으로 운반되어 소변으로 배설한다.

② 대부분의 조직에서는 글루타민 형태로 암모니아를 간으로 운반한다.

③ 주로 근육에서 글루코스-알라닌 회로로 암모니아를 간으로 운반한다.

④ 요소 합성에서 카르바모일 인산 합성, 시트룰린 합성은 세포질에서 일어난다.

⑤ 요소 합성에서 아르기니노숙신산의 합성으로 아르기닌은 요소와 오르니틴을 생성한다.

해설 ④

요소 합성 : 처음 2개의 반응(카르바모일 인산 합성, 시트룰린 합성)은 미토콘드리아에서 일어나고, 나머지는 세포질에서 일어남

[핵심정리 p.39~41 참고]

33

유전적인 아미노산 대사이상이 잘못 연결된 것은?

① 페닐케톤증(PKU) : 페닐알라닌하이드록시화효소 과잉

② 알비니즘 : 티로신 분해효소 결핍

③ 백피증 : 티로신이 멜라닌으로 전환 결함

④ 호모시스틴뇨증 : 시스타티온 생성 효소 결핍

⑤ 단풍당뇨증 : 류신, 이소류신, 발린의 곁가지 아미노산의 탈탄산화를 촉진시키는 효소의 결함

해설 ①

- 페닐케톤증(PKU) : 페닐알라닌하이드록시화효소 결핍으로 페닐알라닌이 티로신으로 전환되지 못해 혈액이나 조직에 축적되어 케톤체 생성. 성장장애, 경련, 지능장애, 혈당저하, 혈압저하, 백색피부, 금발
- 알비니즘(백피증) : 티로신 분해효소 결핍으로 티로신이 멜라닌으로 전환 결함. 흰 머리카락, 분홍피부
- 호모시스틴뇨증 : 시스타티온 생성 효소 결핍으로 메티오닌으로부터 시스테인 합성 결함. 조기동맥경화
- 단풍당뇨증 : 류신, 이소류신, 발린의 곁가지 아미노산의 탈탄산화를 촉진시키는 효소의 결함. 생후 1개월 이내에 발견하지 못하면 심한 신경장애와 지능발달에 영향 줌

34

핵산에 관한 설명으로 틀린 것은?

① DNA(deoxyribonucleic acid)는 2가닥의 사슬이 아데닌(A)=티민(T), 구아닌(G)≡시토신(C)의 수소결합으로 이중나선구조

② RNA(ribonucleic acid)는 한 가닥의 부분적인 이중나선구조

③ DNA의 염기는 퓨린의 아데닌, 구아닌이다.

④ DNA의 염기는 피리미딘의 우라실, 시토신이다.

⑤ 상보적인 염기서열은 DNA : 5′-CAGTTAGC-3′ → 3′-GCTAACTG-3′

해설 ④

- DNA(deoxyribonucleic acid) : 세포핵에 분포. 2가닥의 사슬이 아데닌(A)=티민(T), 구아닌(G)≡시토신(C)의 수소결합으로 이중나선구조
  5탄당 + 인산 + 염기(퓨린 : 아데닌, 구아닌)(피리미딘 : 티민, 시토신)
- RNA(ribonucleic acid) : 세포질에 분포. 1가닥, 부분적인 이중나선구조
  5탄당 + 인산 + 염기(퓨린 : 아데닌, 구아닌)(피리미딘 : 우라실, 시토신)

35

단백질 합성 단계를 바르게 설명한 것은?

① mRNA를 주형으로 리보솜(rRNA, 합성장소)에서 tRNA에 의해 운반된 아미노산을 N말단에서부터 C말단으로 차례로 결합시켜 단백질을 합성한다.

② 아미노산의 활성화 : mRNA 정보에 따른 아미노산을 tRNA가 리보솜으로 운반, ATP 소모는 없다.

③ 진핵세포에서 합성개시 아미노산은 시스테인이다.

④ 신장반응 : 아미노산 1개가 증가할 때마다 4 GTP(= 4 ATP)가 소모된다.

⑤ 합성이 끝나면 종결코돈(AUG)을 식별하여 합성을 중지한다.

해설 ①

- 단백질 생합성 : mRNA를 주형으로 리보솜(rRNA, 합성장소)에서 tRNA에 의해 운반된 아미노산을 N말단에서부터 C말단으로 차례로 결합시켜 단백질 합성
- 아미노산의 활성화 : 아미노아실-tRNA 합성효소에 의해 mRNA 정보에 따른 아미노산을 tRNA가 리보솜으로 운반하기 위해 2 ATP 소모하여 결합
- 개시반응 : mRNA가 리보솜에 결합하고 합성개시 아미노산이 이를 운반할 tRNA와 결합하여 개시복합체 형성. 이 개시복합체가 mRNA와 결합하여 단백질 합성을 개시(이때 GTP 소모). 중합개시 코돈(AUG), 합성개시 아미노산[메티오닌(진핵세포, 고등생물)]
- 신장반응 : 합성개시 아미노산에 펩티딜트랜스퍼라아제의 작용으로 아미노산이 연속적으로 펩티드결합하여 길이가 신장됨, 아미노산 1개가 증가할 때마다 2 GTP(= 2 ATP)가 소모됨
- 종결반응 : 합성이 끝나면 종결코돈(UAA, UAG)을 식별하여 합성을 중지. 종결코돈(UAA, UAG, UGA)

36

다음의 조효소와 관련이 있는 비타민으로 바르게 연결된 것은?

① 티아민피로인산(TPP) : 피리독신(비타민 B_6)

② 플라빈 모노뉴클레오티드(FMN) : 티아민(비타민 B_1)

③ 플라빈 아마닌 다이뉴클레오티드(FAD) : 리포신

④ 니코틴아미드 아데닌 다이뉴클레오티드(NAD) : 엽산(비타민 B_9)

⑤ 조효소 A(Coenzyme A) : 판토텐산(비타민 B_5)

해설 ⑤

조효소	전달되는 기능기	반응 유형	비타민
티아민피로인산(TPP)	알데히드	알데히드전이, 탈카르복실화반응	티아민 (비타민 B_1)
피리독살인산(PLP)	아미노기	아미노기전이반응	피리독신 (비타민 B_6)
플라빈 모노뉴클레오티드(FMN)	전자 (electron)	산화-환원반응	리보플라빈 (비타민 B_2)
플라빈 아마닌 다이뉴클레오티드(FAD)			
니코틴아미드 아데닌 다이뉴클레오티드 (NAD)	수소음이온 ($:H^-$)	산화-환원반응	나이아신 (비타민 B_3)
니코틴아미드 아데닌 다이뉴클레오티드인산 (NADP)			
조효소 A (Coenzyme A)	아실기	아실기전이반응	판토텐산 (비타민 B_5)
ACP(acyl carrier protein)	아포아실기	아실기운반	
5′-디옥시아데노실코발아민	H 원자, 알킬기	분자 내 재배열	코발아민 (비타민 B_{12})
비오시틴	CO_2	카르복실화반응	비오틴 (비타민 B_7)
테트라하이드로엽산 (THF)	1-탄소기	1-탄소전이반응	엽산 (비타민 B_9)
리포산	전자 (electron), 아실기	아실기전이 반응	리포산의 비타민작용

37

효소 활성의 저해에 대한 설명으로 틀린 것은?

① 가역적 저해제 : 저해제가 효소와 비공유결합 후 가역적으로 제해제 제거되어 효소가 원래 상태로 회복(경쟁적 저해제, 비경쟁적 저해제, 불경쟁적 저해제)
② 경쟁적 저해제 : 효소 저해, K_m 증가, V_{max} 불변
③ 비경쟁적 저해제 : 효소, 효소-기질 복합체의 저해, K_m 불변, V_{max} 감소
④ 불경쟁적 저해제 : 효소-기질 복합체의 저해, K_m 감소, V_{max} 감소
⑤ 비가역적 저해제 : 저해제가 효소와 결합하여 효소 활성이 없는 단백질을 생성하여 효소가 원래 상태로 회복

해설 ⑤

비가역적 저해제 : 저해제가 효소와 결합하여 효소 활성이 없는 단백질을 생성하여 제거되지 않으므로 효소가 원래 상태로 회복 안 됨. 효소 활성부위와 공유결합. 매우 안정한 비공유결합 형성. 촉매 활성에 필요한 기능기 영구적 불활성화

38

에너지 소비량 측정방법이 다른 하나는?

① 인체가 발생하는 열을 직접적으로 측정
② 산소 소비 및 이산화탄소 생성을 측정하여 에너지 소비 측정
③ 이중표식수법
④ 호흡가스 분석법
⑤ 간접 에너지 측정법

해설 ①

에너지 소비량 측정방법

구분	내용
직접 에너지 측정법 (direct calorimetry)	• 단열된 밀폐공간에 사람이 들어가서 인체가 발생하는 열을 직접적으로 측정하는 방법 • 특수 공간과 고가 제작비용
간접 에너지 측정법 (indirect calorimetry)	• 인체가 영양소를 산화하여 에너지를 발생할 때 일정량의 산소를 소모하고 일정량의 이산화탄소를 배출한다는 사실에 기초한 방법 • 산소 소비 및 이산화탄소 생성을 측정하여 에너지 소비를 간접적으로 측정하는 방법 • 이중표식수법, 호흡가스 분석법

39

비타민의 기능 및 결핍 증상에 관한 내용이 옳은 것은?

① 지용성 비타민 : 비타민 B군
② 비타민 A : 혈액응고
③ 비타민 E : 항산화제
④ 비타민 B_2(리보플라빈) : 펠라그라
⑤ 비타민 C(아스코르브산) : 악성빈혈

해설 ③

- 지용성 비타민 : 비타민 A, D, E, K
- 비타민 A : 암적응, 상피세포분화, 성장, 촉진, 항암, 면역. 레티놀, 항산화 및 시각관련
  - 결핍(야맹증, 각막연화증, 모낭각화증), 과잉(임신초기유산, 기형아 출산, 탈모, 착색)
- 비타민 E : 항산화제, 비타민 A, 카로틴, 유지산화 억제, 노화지연
  - 결핍(용혈성 빈혈[미숙아], 신경계 기능 저하, 망막증, 불임), 과잉(지용성 비타민, 흡수방해, 소화기장애)
- 비타민 B_2(리보플라빈) : 탈수소조효소(FAD, FMN), 대사과정의 산화환원반응
  - 결핍(설염, 구각염, 지루성피부염)
- 비타민 C(아스코르브산) : 콜라겐 합성, 항산화 작용, 해독작용, 철 흡수 촉진
  - 결핍(괴혈병), 과잉(위장관증상, 신장결석, 철독성)

[핵심정리 p.49~51 참고]

40

무기질에 대한 설명으로 옳은 것은?

① 다량 무기질은 1일 필요량이 100mg 이상이거나 체중의 0.01% 이상 존재한다.
② 다량 무기질에는 철, 구리, 아연, 요오드, 망간 등이 있다.
③ 미량 무기질에는 칼슘, 인, 마그네슘, 나트륨 등이 있다.
④ 삼투압조절에 관여하는 무기질은 철, 구리이다.
⑤ 요오드는 글루타티온 산화효소성분이다.

해설 ①

- 다량 무기질 : 1일 필요량이 100mg 이상이거나 체중의 0.01% 이상 존재하는 무기질. 칼슘, 인, 칼륨, 나트륨, 염소, 마그네슘, 황 등. 신체의 구성성분. 체액의 산·염기의 평형 유지. 삼투압 유지에 기여
- 미량 무기질 : 1일 필요량이 100mg 미만이거나 체중의 0.01% 이하로 존재하는 무기질. 철, 구리, 아연, 요오드, 망간, 셀레늄(글루타티온 산화효소성분, 비타민 E 절약작용), 코발트(비타민 B_{12} 성분), 불소(골격과 치아에서 무기질 용출 방지)

41

수분에 대한 설명으로 틀린 것은?

① 체중의 약 50~70%를 차지하는 인체의 주요 구성 성분
② 세포 내액(intracellular fluid) : 체내 수분의 2/3
③ 세포 외액(extracellular fluid) : 나머지 1/3에 해당하는 수분, 간질액(세포 사이에 존재), 혈관내액(혈장)
④ 근육 : 약 70% 이상의 수분 함유
⑤ 남성 : 여성보다 근육량이 많기 때문에 여성보다 수분을 더 적게 보유

해설 ⑤

체내 수분함량 : 남성이 여성보다 근육량이 많기 때문에 여성보다 수분을 더 많이 보유
- 체중 대비 체내 수분비율 : 일반적으로 나이가 증가함에 따라 감소
- 신생아 : 75%가량의 수분 함유
- 노인 : 50% 이하로 감소

42

수분의 대사에 대한 설명으로 옳은 것은?

① 혈액 용질의 농도가 증가하면 항이뇨호르몬(ADH)을 분비하여 소변 배설 감소와 신장의 수분 재흡수 감소
② 혈액 용질의 농도가 증가하면 소변 배설 증가
③ 혈액량이 감소(혈압 감소)하면 항이뇨호르몬(ADH) 분비
④ 혈액량이 감소하면 안지오텐시노겐의 불활성화
⑤ 체수분 평형은 신장에 의한 혈액량 및 혈압 조절

해설 ⑤

- 혈액 용질의 농도 증가 : 항이뇨호르몬(ADH) 분비 → 소변 배설 감소, 신장의 수분 재흡수 증가 → 혈액량 증가로 혈압 상승
- 혈액량의 감소(혈압 감소) : 레닌(renin) 효소 분비 → 안지오텐시노겐의 활성화 → 안지오텐신Ⅱ(혈관 수축) → 알도스테론 분비 → 신장의 나트륨이온(Na^+), 염화이온(Cl^-)의 재흡수 증가 → 체내 수분 보유 → 소변 배설 감소

43

태반호르몬에 대한 설명으로 옳은 것은?

① 융모성 생식선 자극호르몬은 에스트로겐과 프로게스테론을 분비
② 에스트로겐은 착상 유지 및 자궁내막의 성장 촉진
③ 프로게스테론은 유선(세포)의 발육을 촉진
④ 임신진단 키트는 에스트로겐 호르몬과 관련됨
⑤ 프로게스테론은 배란을 촉진

해설 ①

- 융모성 생식선 자극호르몬(hCG) : 에스트로겐과 프로게스테론을 분비하게 하여 임신을 유지시키며, 자궁내막의 성장을 촉진
  ※혈중 hCG 농도가 증가하면 소변에도 검출 ⇒ 소변 중 hCG는 임신진단 키트로 이용
- 에스트로겐 : 수정여건과 수정란의 이동을 돕고 자궁근의 흥분성 상승(옥시토신의 감수성 촉진, 자궁근육 수축으로 분만 유리), 유선조직(세포) 발육 촉진, 지질의 합성과 저장, 단백질 합성 증가, 자궁으로의 혈류 증가
- 프로게스테론 : 착상 유지 및 자궁내막의 성장 촉진, 자궁의 혈류량 조절, 임신 유지(옥시토신 감수성 저하), 유선조직(세포)의 증식 촉진, 배란 억제

44

체온 조절 기능에 대한 설명으로 틀린 것은?

① 체온 유지 : 대사 및 활동 과정에서 발생하는 열을 체외로 발산시켜 유지
② 체온 증가 시 : 혈관 확장(혈류량 증가)
③ 체온 저하 시 : 혈관 수축(혈류량 감소)
④ 체온 증가 시 : 혈관 확장(혈류량 증가)으로 땀샘이 자극되어 땀 증발로 열 발산
⑤ 체온 저하 시 : 혈관 확장으로 근육운동에 의한 열 생성

해설 ⑤

체온 저하 시 : 혈관 수축(혈류량 감소) → 근육운동(몸 떨기) → 열 생성

45

임신부의 영양소 섭취기준으로 틀린 내용은?

① 에너지 : 총에너지 섭취량의 65% 탄수화물, 15% 단백질, 20% 지질 권장
② 임신 중기 : 하루에 340kcal, 말기에는 450kcal를 성인 여자의 권장량에 가산
③ 탄수화물 : 태아의 발달을 위해 175g의 탄수화물을 섭취해야 함
④ 지질 : 리놀레산, 리놀렌산과 같은 필수지방산과 함께 EPA, DHA 같은 n-3 지방산 반드시 필요
⑤ 단백질 : 임신 중기에는 +5g, 후기에는 +10g을 추가

해설 ⑤

- 단백질 : 임신 중기에는 +15g, 후기에는 +30g을 추가

[핵심정리 p.60 참조]

46

수유부의 수유관련 및 영양에 대한 설명으로 옳은 것은?

① 프로락틴은 뇌하수체 후엽에서 근상피세포 수축을 유발하여 모유 배출
② 옥시토신은 뇌하수체전엽에서 유선소포의 모유분비세포를 자극하여 모유 생성 촉진
③ 모유의 삼투압 농도는 혈액과 같아서 추가적인 물 공급 필요
④ 모유에는 유청단백질이 적어 부드럽고 쉽게 소화 가능
⑤ 면역세포와 항체로 분비성 면역글로불린 A가 높은 농도로 존재하며 특히 초유에 많음

해설 ⑤

- 프로락틴 : 뇌하수체전엽에서 유선소포의 모유분비세포를 자극 ⇒ 모유 생성 촉진
- 옥시토신 : 뇌하수체 후엽에서 근상피세포 수축을 유발 ⇒ 모유 배출
- 모유의 삼투압 농도는 혈액과 같아서 추가적인 물 공급이 필요 없음
- 모유의 단백질과 무기질 농도는 우유에 비해 상대적으로 낮으며, 모유에는 유청단백질이 풍부함 : 부드럽고 쉽게 소화할 수 있는 응유 형성

[핵심정리 p.61~62 참조]

47

영아의 신체기능 발달에 관한 내용으로 틀린 것은?

① 뇌는 생후 1년간 2배 이상, 6세에 약 3배 이상 성장
② 심장, 폐, 간은 생후 1년간 2배 성장
③ 신장과 위는 약 3배 발달함
④ 간 기능은 사춘기까지 가장 많이 발달됨
⑤ 폐와 췌장은 가장 빠르게 발달

해설 ⑤

폐와 췌장은 가장 늦게 발달

48

수유부의 영양소 섭취기준에 관한 설명으로 적절한 것은?

① 추가 에너지 필요량은 340kcal/일이다.
② 철과 칼슘은 추가량이 필요하다.
③ 비타민 A와 비타민 C는 임산부의 추가량과 동일하다.
④ 요오드는 임산부보다 추가량이 적다.
⑤ 단백질은 약 15g 추가가 필요하다.

해설 ①

수유부 영양소 섭취기준

에너지 필요량	340kcal/일 추가
단백질 권장섭취량	• 1일 모유분비량(780mL)에 함유된 단백질 = 모유의 단백질 함량(12.2g/L) × 1일 모유 분비량(0.78L/일) = 9.5g/일 • 모체 단백질의 전환효율(47%), 개인변이계수(1.25) • 권장섭취량 = 9.5g/일 ÷ 0.47 × 1.25 = 25.2g/일(약 25g 추가)
철, 칼슘	수유기 추가량 제시하지 않음
요오드	임산부보다 추가량이 더 많음
비타민 A, B, C	추가량 많은 편임

49

영아기의 영양소 섭취기준에 관한 설명으로 옳은 것은?

① 에너지 섭취기준은 성인과 동일

② 모유 내 탄수화물은 거의 대부분 포도당

③ 단위체중당 단백질 필요량은 일생 중 최대

④ 리놀레산 함량은 모유보다 우유에 많음

⑤ 체중당 수분 필요량이 성인보다 적음

해설 ③

- 에너지 섭취기준 : 단위체중당 에너지 필요추정량 성인의 2~3배
  ※필요추정량 : 0~3개월(500kcal), 6~11개월(600kcal)
- 탄수화물 : 총열량 섭취의 60% 정도를 뇌에서 소모. 체중당 포도당 대사량 성인의 4배 이상 높음. 모유 내 탄수화물은 거의 대부분 유당
- 리놀레산 함량은 모유가 우유보다 많음
- 체중당 수분 필요량이 성인보다 높음

50

초유에 관한 설명으로 틀린 것은?

① 분만 후 1주일간 분비

② 면역물질 풍부

③ 태변 배출 도움

④ 단백질, 불포화지방산이 성숙유에 비해 풍부

⑤ 열량이 성숙유에 비해 많음

해설 ⑤

초유는 성숙유에 비해 지질, 탄수화물, 열량이 적음

51

모유의 면역 성분에 대한 설명으로 옳은 것은?

① 면역글로불린 : IgA-점막에서 항균작용

② 비피더스 인자 : 박테리아 용해

③ 라이소자임 : 병균 방어기능

④ 락토페록시다아제 : 대장균 성장 억제

⑤ 락토페린 : 인터페론 생성

해설 ①

모유의 면역 성분
- 비피더스 인자 : 다당류 일종, 병균의 방어기능
- 라이소자임 : 세포막파괴로 박테리아 용해
- 락토페록시다아제 : 연쇄상구균 방어
- 락토페린 : 철과 결합. 포도당구균, 대장균 성장 억제
- 프로스타글란딘 : 해로운 물질 장내 침입 방어
- 림프구와 식세포 : 모유의 림프구가 바이러스 억제물질인 인터페론 생성

52

유아기의 영양 섭취기준에 대한 내용으로 틀린 것은?

① 에너지 필요추정량 : 1~2세(900kcal), 3~5세(1,400kcal)

② 단백질 권장섭취량 : 1~2세(20g), 3~5세(25g)

③ 탄수화물 : 1~5세 총 에너지의 55~65%

④ 식이섬유 권장섭취량 : 1~2세(15g), 3~5세(20g)

⑤ 칼슘 권장섭취량 : 2,500mg

해설 ⑤

- 칼슘 권장섭취량 : 1~2세(500mg), 3~5세(600mg)
- 칼슘 상한섭취량 : 2,500mg

53

이유기 영양 관리에 관한 내용으로 틀린 것은?

① 이유의 시기는 출생 시 체중의 2배(6kg)가 되는 시기로 생후 5~6개월

② 이유 시기가 빠르면 영아비만, 알레르기 발생

③ 이유 시기가 늦으면 성장지연, 영양결핍, 빈혈 발생

④ 공복 시, 기분이 좋을 때 먼저 이유식을 주고 이후에 모유나 우유를 준다.

⑤ 당분 섭취를 위해 꿀은 이유 시작 때부터 공급한다.

해설 ⑤

- 이유의 시기와 준비 : 출생 시 체중의 2배 되는 시기(주로 생후 5~6개월). 이유 시기 빠르면 영아비만, 알레르기 발생, 이유 시기 늦으면 성장지연, 영양결핍, 빈혈, 모유의존으로 영양불량, 병에 대한 저항력과 치유력 약해짐, 정신적 의존 경향
- 이유 시 주의점 : 4시간 간격으로 6회의 규칙적인 식사 습관. 새로운 식품은 하루 1가지씩, 1tsp씩 증가시켜 거부감 및 알레르기 관찰. 공복 시 기분이 좋을 때 먼저 이유식을 주고 이후에 모유나 우유를 줌. 염분은 0.25% 이하(성인의 최적 염도 0.9%). 단순한 조리법(맑은 유동식 → 전유동식 → 연식 → 정상식). 자극성 식품이나 향신료 피함. 알레르기 위험 식품(등푸른 생선, 새우, 돼지고기, 토마토 등)은 1년 이후 공급. 꿀은 내열성이 강한 클로스트리디움 보툴리누스 포자로 인해 독성 유발 위험이 있으므로 1년 이후 공급

54

유아의 식사지도에 대한 내용으로 부적절한 것은?

① 음식을 강제로 주지 않는다.

② 씹기 싫어하는 습관을 갖지 않도록 한다.

③ 설탕, 지방함량이 높거나 짭짤한 간식을 피한다.

④ 1일 4~5회 정규식사를 공급한다.

⑤ 맛과 질감, 색의 다양성을 경험하게 하여 편식을 예방한다.

해설 ④

유아식사는 1일 4~5회 정규식사와 간식으로 나누어 공급한다.

55

아동기(학령기)의 영양 관리에 대한 내용으로 옳은 것은?

① 탄수화물 에너지 적정비율 : 55~65%

② 지방 적정섭취비율 : 15~35%

③ 소아비만은 지방세포수 증가에 의한다.

④ 주의력결핍과잉행동장애(ADHD)는 남아보다 여아에서 발생 비율이 높다.

⑤ 아동기에는 철 부족 증상이 나타나지 않는다.

해설 ①

- 아동기의 에너지 적정섭취비율 : 탄수화물(55~65%), 단백질(13~15%), 지방(15~30%)
- 소아비만은 지방세포수와 크기가 증가하여 성인비만, 만성질환으로 발전 가능
- 주의력결핍 과잉행동증(ADHD) : 5~10%의 아동기에 발생(남 > 여)
- 아동기의 철 결핍성 빈혈 가능 : 철분, 단백질, 비타민 B_{12}, 엽산, 비타민 C 등의 충분한 섭취 필요

56

청소년기의 생리적 특징에 관한 내용으로 틀린 것은?

① 제2의 급성장기

② 남자보다 여자가 현저하게 체지방 증가

③ 여성호르몬 : 에스트로겐 분비

④ 안드로겐 : 남성에서만 분비되는 호르몬

⑤ 남성호르몬 : 테스토스테론 분비

해설 ④

- 청소년기(12~14세, 15~18세) : 제2의 급성장기
- 남성호르몬 : 테스토스테론(고환에서 분비, 2차 성징 발현, 성장촉진)
- 여성호르몬 : 에스트로겐(난소에서 분비, 생식기관의 성장 및 유지, 골아세포 작용증가로 급속한 신장 증가), 프로게스테론(질의 상피세포 형성, 배란여부 확인가능)
- 안드로겐 : 남녀 모두 부신피질에서 분비되는 호르몬(남 > 여)

57

청소년기 섭식장애에 관한 내용으로 옳게 연결된 것은?

① 신경성 식욕부진증 : 폭식증

② 신경성 탐식증 : 거식증

③ 마구먹기 장애 : 다이어트에 실패를 거듭한 비만인

④ 신경성 식욕부진증 : 폭식과 장 비우기를 교대로 반복

⑤ 신경성 탐식증 : 극도로 음식 섭취 제한

해설 ③

- 신경성 식욕부진증(거식증) : 사춘기 소녀. 성공적인 다이어트에 대해 자부심을 느껴 극도로 음식 섭취 제한
- 신경성 탐식증(폭식증) : 성인 초기. 폭식과 장 비우기를 교대로 반복
- 마구먹기 장애 : 다이어트에 실패를 거듭한 비만인. 문제가 발생할 때마다 끊임없이 먹거나 폭식

58

성인기 영양 관리에 관한 내용으로 틀린 것은?

① 중년여성은 골다공증 예방을 위해 칼슘 섭취를 늘린다.
② 중년여성은 콩 섭취량을 줄인다.
③ 폐경 후기에 골다공증, 심혈관질환이 증가한다.
④ 폐경 이후 중년여성은 에스트로겐 분비감소로 혈중 LDL-콜레스테롤 농도가 증가한다.
⑤ 복부비만은 대사증후군의 위험인자이다.

해설 ②

중년여성 건강관리
- 골다공증 예방을 위해 칼슘, 콩(이소플라본) 섭취 증가
- 알코올, 카페인, 탄산음료 섭취 감소
- 복부비만은 관상심장질환, 당뇨, 고혈압의 위험도가 더욱 증가하므로 적절한 운동
- 폐경 이후 중년여성은 에스트로겐 분비감소로 혈중 LDL-콜레스테롤 농도는 증가하고 HDL-콜레스테롤 농도는 감소
- 호르몬 치료(에스트로겐 대체요법)

59

노인기의 영양 관련 내용으로 옳은 것은?

① 칼슘과 인의 섭취비율이 높은 경우 골다공증 발병
② 비타민 C 결핍에 의해 거대적아구성 빈혈증 발병
③ 비타민 B_{12} 흡수장애로 악성빈혈 발병
④ 남자 노인기의 에너지필요량은 1,600kcal
⑤ 65~74세 노인의 나트륨 섭취량은 1.7g 미만

해설 ③

- 골다공증 : 단백질, 칼슘, 비타민 D, 불소 섭취 및 칼슘:인(Ca:P) 섭취비가 낮은 경우
- 거대적아구성 빈혈증 : 엽산, 비타민 B_{12} 결핍
- 악성빈혈 : 위산 감소, 비타민 B_{12} 흡수장애
- 에너지필요추정량 : 남자(2,000kcal), 여자(1,600kcal)
- 나트륨의 만성질환위험감소 섭취량 : 65~74세(2.1g 미만), 75세 이상(1.7g 미만)

60

운동선수의 영양소 필요량에 관한 내용으로 틀린 것은?

① 개인의 체격, 체구성, 운동 종류, 운동량, 운동 수준에 따라 에너지 필요량 다름
② 과량의 단백질 섭취 시 여분의 아미노산은 지방으로 전환
③ 과량의 단백질 섭취로 과량의 질소대사물의 배설, 소변량 증가 및 아미노산 불균형 초래
④ 총 에너지 섭취량 증가에 따라 티아민, 리보플라빈, 니아신의 필요량 감소
⑤ 운동에 의한 탈수로 혈액량 감소

해설 ④

운동선수의 총 에너지 섭취량 증가에 따라 티아민, 리보플라빈, 니아신의 필요량 증가

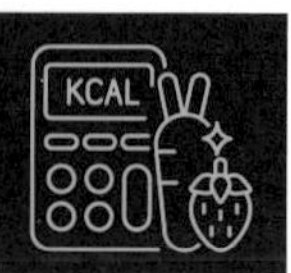

61

영양교육 목표에 관한 내용이 아닌 것은?

① 지식(Knowledge)의 이해 : 바람직한 식생활 실천을 위해 필요한 지식과 기술에 대한 이해
② 태도(Attitude)의 반응 : 현재의 식생활 개선에 대한 흥미유발과 개선·실천하려는 태도의 반응
③ 식행동(Practice behavior) 변화 : 실천을 통해 식생활을 적절하게 변화시키고 지속시켜 습관화
④ 영양교육 목표는 특히 지식이해가 중요하다.
⑤ 영양교육의 최종 목표는 국민의 건강증진이다.

해설 ④

영양교육의 목표는 식생활과 관련된 지식, 태도 및 행동의 개선을 의미하며 이 중에서도 특히 스스로 실천하는 식행동의 변화가 가장 중요함

62

영양교육의 일반원칙에 관한 내용으로 옳지 않은 것은?

① 대상 진단(요구도 진단) : 정보수집, 직·간접 문제파악
② 계획 : 문제 선정, 계획 설계
③ 실행 : 실행 대상 선택 후 실시
④ 평가 : 타당성, 신뢰성, 실용성, 객관성 평가
⑤ 피드백 : 대상 진단 → 계획 → 실행 → 평가 → 대상 진단

해설 ⑤

영양교육의 일반원칙은 교육대상을 진단하여 계획(Plan) → 실행(Do) → 평가(See)의 과정을 피드백(환류)하여 반복적으로 이루어짐

63

영양교육의 필요성에 관한 설명으로 옳은 것은?

① 1차 예방 : 건강검진단계
② 2차 예방 : 건강증진단계
③ 3차 예방 : 질병 합병증
④ 질병 발병 이전 단계 : 질병완화단계
⑤ 질병 발생 단계 : 재활단계

해설 ③

영양교육과 질병예방
- 1차 예방(발병 이전) : 건강증진단계
- 2차 예방(질병 발생) : 건강검진단계, 질병완화단계, 영양교육 필요단계
- 3차 예방(질병 합병증) : 질병 후 재활단계

64

영양교육이론에 관한 설명으로 틀린 것은?

① KAB 모델 : 영양지식의 증가로 식태도가 변하고 행동의 변화 일어남
② 건강신념 모델 : 건강행동 실천여부는 개인의 신념, 건강관련 인식에 따라 정해짐
③ 합리적·계획적 행동이론 : 행동의도, 행동에 대한 태도, 주관적 규범, 인지된 행동통제력
④ 사회인지론 모델 : 개인의 인지적 요인, 행동적 요인, 환경적 요인의 서로 상호작용으로 결정
⑤ 행동변화단계 모델 : 행동의 변화가 한 번에 이루어짐

해설 ⑤

행동변화단계 모델 : 행동변화가 단계적으로 일어남
고려전단계(인지부족) → 고려단계(생각 중) → 준비단계(계획 세움) → 행동단계(행동실천) → 유지단계(행동계속) → 습관화

65

사회적, 역학적, 교육적, 생태학적, 행정정책 진단 및 중재 계획 등의 프로그램의 계획, 실행, 평가(과정, 효과, 결과)에 이르는 모든 과정의 연속적인 단계 제공하는 포괄적인 건강증진 계획에 관한 영양교육이론 모형은?

① PRECEDE-PROCEDE 모델
② 개혁확산 모델
③ 사회마케팅 모델
④ KAB 모델
⑤ 건강신념 모델

해설 ①

- 개혁확산 모델 : 지식 → 설득 → 결정 → 실행 → 확인(확산 조건 : 기술용이, 결과관찰 쉬움, 보상 큼, 가치관 일치
- 사회마케팅 모델 : 필요한 정보 직접 참여, 4D(제품, 가격, 장소, 판촉)
- KAB 모델 : 개인이나 집단에서 영양지식이 증가하여 식태도가 변화하고 행동변화 일어남(행동변화단계 : 지식의 증가 → 태도변화 → 행동의 변화)
- 건강신념모델 : 건강행동 실천여부는 개인의 신념, 건강관련 인식에 따라 정해짐, 구성요소(민감성 및 심각성의 인식, 행동변화에 대한 인지된 이익 및 인지된 장애, 행동의 계기, 자아효능감)

66

영양교육 방법이 다른 하나는?

① 가정방문
② 전화상담
③ 상담소 방문
④ 심포지엄
⑤ 서신지도

해설 ④

- 개인지도 : 가정방문, 전화상담, 상담소 방문, 서신지도
- 집단지도 : 강의형(강의), 토의형(심포지엄, 패널토의, 공론식, 6.6식, 원탁식, 강연식, 분단식, 워크숍, 두뇌충격, 사례연구, 시범교수), 실험형(시뮬레이션, 역할연기, 인형극, 그림극, 견학, 동물사육실험), 기타(오리엔테이션, 캠페인, 지역사회조사)

67

영양상담 접근법으로 서로 바르게 연결된 것은?

① 내담자 중심요법 - 친밀관계 불필요
② 행동요법 - 주관적 측정
③ 합리적 정서요법 - 논리적인 사고방식 학습
④ 현실요법 - 내담자 행동 결과 무시
⑤ 자기관리법 - 단체관리의 지식 요구

해설 ③

영양상담 접근법(영양상담 이론)

- 내담자 중심요법 : 내담자 스스로 문제해결, 친밀관계 조성 중요
- 행동요법 : 내담자의 부적절한 행동 수정 및 강화, 상담성과를 객관적으로 평가
- 합리적 정서요법 : 논리적인 사고방식을 학습시켜 비합리적인 생각 변화
- 현실요법 : 내담자 스스로 현실 직면하여 각자의 행동 결과 수용하도록 책임성 강조
- 가족치료 : 가족 간의 친밀감 조성하고 의사소통 개선, 가족간의 상호작용
- 자기관리법 : 개인의 건강관리, 자기 상태와 그에 따른 치료방법, 대처법에 대한 충분한 지식 요구

68

영양 상담에 관한 내용으로 적절하지 않은 것은?

① 영양상담의 원칙은 기밀유지, 공감대 형성, 자유로운 의사소통 등이다.
② 영양상담 순서는 친밀관계 형성 → 자료수집 → 영양판정 → 목표 설정 → 실행 → 효과 평가이다.
③ 영양상담 기술은 경청, 수용, 반영, 명료화, 질문, 해석, 요약, 조언 등이다.
④ 영양상담 도구는 식생활지침, 식사구성안, 영양섭취기준 등이다.
⑤ 영양상담자의 숙련성은 영양상담 결과와 관련 없다.

해설 ⑤

영양상담 결과에 영향을 미치는 요인

- 내담자 : 상담에 대한 기대, 문제의 심각성, 상담에 대한 동기, 지능, 자발적인 참여도
- 상담자 : 경험과 숙련성, 성격, 지적능력, 내담자에 대한 호감도
- 내담자와 상담자 간의 상호작용 : 성격적인 측면, 공동협력, 의사소통양식

69

영양정책 진행 순서로 맞는 것은?

① 문제 확인 → 목표 설정 → 정책 선정 → 정책 실행 → 정책 평가 및 종결
② 목표 설정 → 정책 선정 → 정책 실행 → 정책 평가 → 문제 확인
③ 정책 선정 → 정책 실행 → 정책 평가 → 문제 확인 → 목표 설정
④ 정책 실행 → 문제 확인 → 정책 평가 → 목표 설정 → 종결
⑤ 정책 평가 → 문제 확인 → 목표 설정 → 정책 선정 → 정책 실행

해설 ①

영양정책의 입안 과정

- 문제 확인 : 과학적 증거 기초, 공론화 과정
- 목표 설정 : 문제해결을 위한 구체적 목표 설정, 영양정책의 잠재적인 효과와 부작용 고려
- 정책 선정 : 정책도구와 기구 활용하여 정책 작성, 토론을 통해 선정
- 정책 실행 : 선정된 정책 수정을 거친 후 수행기관에 의하여 실제 수행
- 정책 평가 및 종결 : 문제 확인 단계부터 평가, 정책수행의 목표 달성 여부 평가, 국민요구 충족 시 정책종결

70

영양교육의 수업설계 단계별 모형으로 올바르지 않은 것은?

① 계획단계 : 교재연구, 수업목표 설정, 학습과제 조직화
② 진단단계 : 진단평가, 교정
③ 지도단계 : 도입단계, 전개단계, 정리단계
④ 발전단계 : 수업정리
⑤ 평가단계 : 수업목표 달성도

해설 ④

영양교육의 수업설계 단계별 모형

- 계획단계 : 교재연구, 수업목표 설정, 학습과제 조직화
- 진단단계 : 진단평가, 교정
- 지도단계 : 도입단계, 전개단계, 정리단계
- 발전단계 : 학습정도 확인, 학습보충, 학습심화
- 평가단계 : 수업정리, 수업목표 달성도

71

영양 관리 과정의 4단계 순서가 맞는 것은?

① 영양진단 → 영양판정 → 영양중재 → 영양모니터링
② 영양판정 → 영양진단 → 영양중재 → 영양모니터링 및 평가
③ 영양중재 → 영양모니터링 및 평가 → 영양판정 → 영양진단
④ 영양모니터링 → 영양진단 → 영양판정 → 영양중재
⑤ 영양판정 → 영양진단 → 영양모니터링 및 평가 → 영양중재

해설 ②

- 영양판정 : 환자 사회력, 병력, 신체계측, 생화학검사, 식사섭취조사, 임상조사
- 영양진단 : 영양진단문, 섭취, 임상, 식행동 등 진단
- 영양중재 : 식품영양소 제공, 교육, 상담, 영양 관리 협의
- 영양모니터링 및 평가 : 건강상태 결과물, 건강관리 유용성 등의 결과물

72

영양판정 방법에 관한 내용으로 틀린 것은?

① 신체계측 방법 : 체위 및 체구성 성분 측정, 신체지수 산출하여 표준치와 비교·평가
② 생화학적 방법 : 혈액, 소변, 대변 및 조직 내의 영양소 또는 그 대사물의 농도를 측정하거나, 효소 활성 등을 측정하고 기준치와 비교
③ 임상학적 방법 : 신체징후를 시각적으로 평가하여 영양상태를 판정하는 방법
④ 식이섭취(식사) 조사 방법 : 식사내용이나 평소 식습관을 조사하여 영양섭취 실태를 분석
⑤ 임상학적 방법 : 객관적 평가

해설 ⑤

영양판정 방법 : 신체계측 방법, 생화학적 방법, 임상학적 방법(주관적 평가), 식이섭취(식사) 조사 방법(24시간 회상법, 식사기록법, 식품섭취빈도 조사법, 식습관 조사법)

73

식이섭취 조사 방법의 내용으로 틀린 것은?

① 24시간 회상법 : 하루동안 섭취한 식품의 종류 양을 기억하여 조사(양적 평가)
② 식사기록법 : 조사대상자 스스로 섭취한 음식의 양과 종류 기록(양적 평가-일상적 섭취상태)
③ 식사기록법 : 실측량 기록으로만 가능
④ 식품섭취빈도 조사법 : 자주 섭취하는 식품을 식품군별로 골고루 포함시킨 목록에 섭취빈도를 함께 제시하여 조사
⑤ 식습관(식사력) 조사법 : 과거에 섭취한 식품을 회상을 통해 기억 조사(질적 평가)

해설 ③

식사기록법 : 주중 2일과 주말 1일 포함해 3일간 섭취 식품의 종류와 양을 먹을 때마다 스스로 기록. 추정량 기록법(눈대중으로 추정)과 실측량 기록법(음식양 측정 기록)이 있음

74

신체계측 조사 방법의 단점은?

① 단기간 내에 영양상태 확인 어려움
② 정확하고 재현성 있음
③ 방법이 간단하고 안전
④ 조사대상자 부담 적음
⑤ 장기간의 영양 상태 변화 추적 가능

해설 ①

신체계측 조사 방법의 단점 : 예민도와 특이성 비교적 낮음. 단기간 동안의 영양상태 불균형 또는 영양소 결핍 등의 파악 어려움

75

단백질 영양상태를 나타내는 생화학적 지표로 맞게 연결된 것은?

① 요중 크레아티닌 배설량 : 근육량
② 크레아티닌-신장 지표 : 내장 단백질 영양상태
③ 3-메틸 히스티딘 배설량 : 체근육량
④ 소변 중의 요소 배설량 : 최근의 단백질 영양상태
⑤ 혈청단백질 농도 : 성인에서 장기적인 단백질 영양상태

해설 ④

- 요중 크레아티닌 배설량 : 체근육량
- 크레아티닌-신장 지표 : 성인에서 장기적인 단백질 영양상태
- 3-메틸 히스티딘 배설량 : 근육량
- 소변 중의 요소 배설량 : 최근의 단백질 영양상태
- 혈청단백질 농도 : 내장 단백질 영양상태

76

영양치료의 SOAP기록법에 대한 내용으로 틀린 것은?

① 주관적 정보(Subjective) : 식습관, 기호도, 식사요법 시행 여부
② 객관적 정보(Objective) : 생화학적 검사 결과, 신체계측 결과
③ 평가(Assessment) : 주관적 및 객관적 정보의 평가
④ 평가(Assessment) : 섭취량 조사 결과
⑤ 계획(Plan) : 계속적 치료를 위한 영양 관리계획, 교육

해설 ④

- 주관적 정보(Subjective) : 환자와의 대화 중 얻는 정보(식습관, 기호도, 식사요법 시행 여부 등)
- 객관적 정보(Objective) : 영양적 치료에 영향을 미칠 수 있는 객관적 자료(생화학적 검사 결과, 신체계측 결과, 섭취량 조사결과 등)
- 평가(Assessment) : 주관적 및 객관적 정보의 평가
- 계획(Plan) : 계속적 치료를 위한 영양 관리계획, 교육

77

병원에서 제공되는 일반병원식에 해당하지 않는 것은?

① 상식 : 한국인 영양소 섭취기준 근거, 균형식
② 연식 : 소화되기 쉽게 부드럽게 조리, 죽식
③ 유동식 : 일시적 소화기능 저하에 처방
④ 유동식 : 맑은 유동식, 일반유동식
⑤ 치료식 : 질환에 따라 영양소 가감 또는 음식점도 조절

해설 ⑤

병원식은 일반병원식, 치료식, 검사식으로 분류

78

식품군별 대표식품의 1인 1회 분량에 대한 내용으로 바르게 연결된 것은?

① 곡류(300kcal) : 쌀밥(70g)
② 고기, 생선, 달걀, 콩류(100kcal) : 고기(60g)
③ 채소류(15kcal) : 대부분의 야채(50g)
④ 과일류(50kcal) : 수박·참외·딸기(100g)
⑤ 우유·유제품류(125kcal) : 우유(100ml)

해설 ②

식품군별 대표식품의 1인 1회 분량

식품군	기준 영양소	1인 1회 분량
곡류 (300kcal)	탄수화물, 식이섬유	쌀밥(210g), 백미(90g), 떡(150g), 식빵(35g 0.3회), 감자(140g)
고기, 생선, 달걀, 콩류 (100kcal)	단백질, 지질, 비타민, 무기질	돼지고기, 쇠고기, 닭·오리고기(60g), 생선류(70g), 두부(80g), 콩(20g), 소시지(30g), 잣(10g)
채소류 (15kcal)	식이섬유, 비타민, 무기질	대부분 야채(70g), 김치(40g)
과일류 (50kcal)	식이섬유, 비타민, 무기질	수박·참외·딸기(150g), 기타 대부분과일(100g), 마른대추(15g)
우유·유제품류 (125kcal)	단백질, 비타민, 칼슘	우유(200ml), 액상요구르트(150ml), 호상요구르트(100g), 아이스크림(100g), 치즈(20g)
유지·당류 (45kcal)	지질, 당류	기름류(5g), 설탕·물엿·꿀(10g), 커피믹스(12g)

79

식품교환표에 의한 식품별 영양소 함량이 바르게 된 것은?

① 곡류군 1교환 단위당 100kcal이다.
② 채소류 1교환에 제공되는 탄수화물은 2g이다.
③ 견과류 1교환에 제공되는 지방은 3g이다.
④ 일반우유는 1교환 단위당 80kcal이다.
⑤ 과일류 1교환에 제공되는 탄수화물은 10g이다.

해설 ①

식품교환표(식품군별 1교환 단위당 영양소기준·대표식품)

식품군		열량 (kcal)	탄수화물 (g)	단백질 (g)	지방 (g)	대표 식품(g)
곡류군		100	23	2	–	쌀:30, 밥:70(1/3공기), 쌀죽:140(2/3공기), 식빵:35(1장), 삶은 국수:90(1/2공기), 감자:140(중 1개), 고구마:70(중1/2개)
어육류군	저지방	50	–	8	2	육류:40(소 1토막, 기름기 없는), 생선류:50(소 1토막, 흰살생선), 건어물:15, 게맛살:50, 어묵(찐 것);50, 젓갈류:40
	중지방	75	–	8	5	육류(안심):40, 생선류(갈치,고등어):50, 두부:80(420g 포장두부 1/5), 계란:55(중 1개)
	고지방	100	–	8	8	육류(돼지갈비, 베이컨, 소시지):40, 생선류(고등어통조림, 뱀장어):50, 치즈:30(1.5장)
채소군		20	3	2	–	채소류:70, 버섯류:50, 김치류:50
지방군		45	–	–	5	견과류:8, 식품성기름류:5, 드레싱류:10
우유군	일반	125	10	6	7	우유:200(1컵), 전지분유:25(5Ts), 조제분유:25
	저지방	80	10	6	2	저지방우유(2%):200(1컵)
과일군		50	12	–	–	사과:80, 배:10, 바나나:50, 참외:150, 토마토:350, 포도주스:80, 사과주스:100

80

식품교환표에서 어육류의 해당식품에 관한 내용으로 옳은 것은?

① 저지방 어육류군은 1교환 단위당 75kcal이다.
② 중지방 어육류 1교환에 제공되는 지방은 5g이다.
③ 쇠고기 안심은 고지방 어육류에 해당한다.
④ 어육류군 1교환에 제공되는 단백질은 7g이다.
⑤ 달걀은 저지방 어육류에 해당한다.

해설 ②

79번 해설 참고

81

식품교환표에서 1교환 단위당 열량이 가장 높은 순서대로 열거한 것은?

① 고지방 어육류군 > 중지방 어육류군 > 저지방 어육류군 > 곡류군 > 일반우유군
② 일반우유군 > 곡류군 > 저지방 우유 > 중지방 어육류 > 과일군
③ 곡류군 > 고지방 어육류군 > 중지방 어육류군 > 저지방 어육류군 > 채소군
④ 과일군 > 지방군 > 채소군 > 중지방 어육류군 > 저지방 어육류군
⑤ 일반우유군 > 곡류군 > 저지방 우유 > 중지방 어육류군 > 고지방 어육류군

해설 ②

79번 해설 참고

82

타액의 역할이 아닌 것은?

① 살균작용
② 배설작용(중금속의 배설)
③ 음식물에 수분을 부여하여 연하 도움
④ 단백질 소화
⑤ 발성 도움(구강의 수분 유지)

해설 ④

타액 : 탄수화물 소화[프티알린(α-아밀레이스)에 의함]

83

영양지원 방법으로 경장영양에 관한 내용으로 옳지 않은 것은?

① 경구보충은 경장 영양액을 경구로 제공
② 경관급식은 위장관 기능은 양호하나 경구로 충분한 영양공급이 어려운 경우 제공
③ 단기의 경관급식은 4주 이내로 비위관, 비장관으로 영양지원
④ 비위관은 코에서 위로, 흡인 위험이 높은 경우 적용
⑤ 비십이지장관은 코에서 십이지장으로, 흡인 위험이 높은 경우 적용

해설 ④

- 비위관 : 코 → 위(흡인 위험이 적은 경우)
- 비십이지장관 : 코 → 십이지장(흡인 위험이 높은 경우)
- 비공장관 : 코 → 공장(단기간 경관급식이 예상될 때)
- 위장조루술, 공장조루술 : 수술로서 위나 공장으로 관 삽입

84

구강에서의 소화에 관한 내용으로 틀린 것은?

① 구강에서 저작과 연하작용으로 소화
② 저작작용은 음식물의 기계적 파쇄 및 타액의 혼합에 의한 수분 부여로 연하 용이
③ 연하작용은 구강에서 식도로 음식물 이동
④ 타액선에는 이하선(귀밑샘), 설하선(점액선), 악하선(턱밑샘)이 있다.
⑤ 설하선은 장액선으로 타액량과 프티알린 함량이 많다.

해설 ⑤

타액선(1.5L/일, pH 6.8)

- 이하선(귀밑샘) : 장액선(타액량과 프티알린 함량 많음)
- 설하선(점액선) : 점액선(점액을 분비해 구강 보호)
- 악하선(턱밑샘) : 혼합선

85

식도질환에 관한 내용으로 옳은 것은?

① 연하곤란증은 자극성 음식의 만성적 섭취에 의한다.

② 연하곤란증의 식사요법은 섬유질 많은 식품을 섭취하는 것이다.

③ 연하곤란증을 바렛식도라고도 한다.

④ 역류성식도염의 식사요법은 위산 분비를 억제하는 것이다.

⑤ 역류성식도염 환자는 식후에 바로 눕는다.

해설 ④

- 연하곤란증 : 음식물의 구강, 인두, 식도 및 위로 이동하는 연하장애(삼킴장애). 식사요법(농축유동식, 연식 이용, 섬유질 적은 식품, 점성 없도록 부드럽게 조리, 흡인 및 폐렴 위험 예방 위해 식후 30분간 곧은 자세 유지)
- 역류성식도염(바렛식도) : 식도 점막에 궤양, 출혈질환. 자극성 음식 만성적 섭취 또는 과음으로 인한 구토로 위액 또는 십이지장액 식도 역류. 식사요법(식도점막 자극 최소화, 위산 분비 억제, 식도괄약근 강화, 부드럽고 소화 잘 되는 음식, 알코올, 카페인, 향신료 제한, 과식 피하고 금연, 식후에 바로 눕지 않음)

86

위의 소화과정으로 위선에 관한 내용으로 틀린 것은?

① 위선에는 벽세포, 주세포, 점액(경)세포, G-세포가 있다.

② 벽세포는 염산 및 비타민 B_{12} 흡수를 돕는 내적인자(IF)를 분비한다.

③ 주세포는 펩시노겐을 분비한다.

④ 점액세포는 가스트린을 분비한다.

⑤ 점경세포는 뮤신을 분비한다.

해설 ④

G-세포 : 가스트린(소화호르몬) 분비

87

위액의 분비조절에 관한 내용으로 틀린 것은?

① 아세틸콜린(부교감신경 전달물질) : 위액 분비 촉진

② 가스트린 : 유문부의 G세포에서 분비되어 위산 분비 촉진 호르몬

③ Ca^{2+} : 위산 분비 억제

④ 카페인 : 위산 분비 촉진

⑤ 카테콜아민(교감신경 전달물질) : 위액 분비 억제

해설 ③

Ca^{2+} : 위산 분비 촉진

88

위질환 영양 관리에 관한 내용으로 옳은 것은?

① 소화성궤양 : 출혈 있는 경우 자극성 음식 제한

② 급성위염 : 통증 시 맑은 유동식 제공

③ 만성위염 : 과산성위염은 자극성 연식 제공

④ 무산성위염 : 위산 분비 촉진 식품(무, 생강 등) 제공

⑤ 위 절제술(덤핑증후군) : 탄수화물 음식 많이 제공

해설 ④

위질환 식사요법

구분	내용
소화성궤양	• 출혈 있는 2~3일간 절대안정 및 금식 후 3~5일간 유동식 • 자극성 음식, 조미료, 카페인, 알코올, 튀긴음식, 건조식품 및 고섬유식품 제한
급성위염	• 통증 시 : 절식 및 수분 공급 • 통증 가라앉으면 : 맑은 유동식 → 무자극 연식 → 무자극 회복식 → 5~10일 전후에 일반식
만성위염	• 과산성위염 : 무자극 연식 → 일반식. 자극성 및 커피, 술, 탄산음료 제한 • 무산성위염 : 위산 분비 촉진 식품(무, 파, 생강 등), 철 함유 식품 제공
위 절제술(덤핑증후군)	• 식사 소량씩 6회 이상 제공 • 탄수화물 줄이고, 천천히 소화되는 단백질과 지방 늘림
위하수증(배꼽까지 위 늘어짐)	• 위 부담 주지 않도록 소량의 영양가 높은 식사

89

소장의 구조와 기능에 관한 내용으로 틀린 것은?

① 소장은 십이지장, 공장, 회장으로 구분한다.
② 십이지장은 췌액과 담즙이 유입된다.
③ 공장에서는 영양소의 소화흡수가 일어난다.
④ 회장에서는 비타민 B_{12}와 담즙을 흡수한다.
⑤ 회맹판은 공장과 회장 사이에서 영양분 흡수를 돕는다.

해설 ⑤

회맹판 : 소장의 회장과 대장의 맹장 사이에 위치. 회장의 내용물이 맹장으로 들어가는 속도를 지연시켜 영양분 흡수를 완전하게 함

90

소장의 운동에 관한 설명으로 옳은 것은?

① 소장 운동은 부교감신경에 의해 억제된다.
② 소장의 분절운동은 음식물의 하강 작용이다.
③ 소장의 연동운동으로 소화액과 장 내용물을 혼합한다.
④ 소장의 융모운동은 장 내용물과 융모의 접촉면적을 넓혀 영양소 흡수를 돕는다.
⑤ 소장의 운동은 교감신경에 의해 촉진된다.

해설 ④

- 소장 운동 : 부교감신경에 의해 촉진, 교감신경에 의해 억제
- 분절운동 : 소화액과 장 내용물을 혼합
- 연동운동 : 장 길이변화(음식물 하강)
- 융모(진자)운동 : 장 내용물과 융모의 접촉면적을 넓혀 영양소 흡수

91

소장에서 철의 흡수에 관한 설명으로 틀린 것은?

① 능동수송으로 흡수된다.
② 주로 소장 상부에서 흡수된다.
③ 헴철은 흡수율이 높다.
④ 비타민 C는 Fe^{3}(제2철)에서 Fe^{2+}(제1철)의 전환을 돕는다.
⑤ 트랜스페린은 철을 저장하는 단백질이다.

해설 ⑤

- 트랜스페린은 철 운반 단백질, 페리틴은 철 저장 단백질
- 철 결핍 상태에서는 트랜스페린이 철과 결합하여 혈액으로 이동하고, 철 충분한 영양상태에서는 철이 페리틴에 결합하여 소장에 머묾

92

소화기계 호르몬의 분비장소와 작용이 바르게 연결된 것은?

① 가스트린 : 위 분문부 – 위산 분비
② 가스트린 : 위 유문부 – 위 운동 억제
③ 엔테로가스트린 : 십이지장 – 위 배출 억제
④ 세크레틴 : 십이지장 – 산성 췌액의 분비 촉진
⑤ 콜레시스토키닌 : 십이지장 – 담즙액 분비 억제

해설 ③

호르몬	분비장소	분비자극물질	작용
가스트린	위 유문부	미주신경 및 위내용물	위벽세포 자극으로 위산 분비 및 위 운동 촉진
엔테로 가스트린	십이지장	위내용물 (지질과 단백)	위 배출 억제 (위연동 억제)
세크레틴	십이지장	단백질 및 산	알칼리성 췌액(중탄산염)의 분비 촉진
콜레시 스토키닌 (CCK)	십이지장	단백질 소화산물 및 지방	담낭을 수축하여 담즙 분비 및 효소가 다량 함유된 췌액 분비 촉진
위 억제 펩티드 (GIP)	십이지장	분비물 감소	위의 운동성과 분비작용 억제, 췌장의 인슐린 분비촉진

93

변비 증상의 영양 관리에 대한 설명으로 틀린 것은?

① 변비는 이완성 변비와 경련성 변비로 구분
② 이완성 변비는 부적절한 식사 또는 운동부족에 의함
③ 이완성 변비에는 고섬유식, 충분한 수분 제공
④ 경련성 변비는 대장 조직의 과민반응에 의함
⑤ 경련성 변비에는 고섬유식 식사 제공

해설 ⑤

- 이완성 변비 : 부적절한 식사, 운동부족, 나쁜 배변 습관, 약물과다복용에 의함. 식사요법(고섬유식, 충분한 수분, 혼합잡곡밥, 탄닌 제거된 채소류, 우유 유제품)
- 경련성 변비 : 대장조직 과민반응으로 경련성 수축에 의함. 식사요법(식이섬유 제한 저섬유식 → 장운동의 항진억제, 부드러운 채소, 과일주스, 자극성 강한 조미료 제한)

94

설사 환자의 영양 관리에 관한 설명으로 옳은 것은?

① 급성설사는 먼저 절식 후 수분 공급
② 발효성 급성설사는 단백질 급원식품 제한
③ 부패성 급성설사는 난소화성 다당류 제한
④ 만성설사는 저영양식으로 식사 제공
⑤ 급성설사는 장기간의 영양소 흡수 장애에 의함

해설 ①

(1) 급성설사
- 덜 소화된 내용물이 대장에서 발효(탄수화물 소화불량)·부패(단백질 소화장애) → 장 점막 자극 → 복통, 팽만감
- 식사요법 : 우선 절식 후 수분 공급 → 유동식, 연식, 회복식 → 일반식. 발효성 설사(난소화성 다당류 제한), 부패성 설사(단백질 급원식품 제한)

(2) 만성설사
- 장기간 영양소 흡수장애로 영양불량
- 식사요법 : 필요한 영양소 섭취의 균형식·고영양식 → 신경과민으로 인한 식사부진 극복

95

염증성 장질환에 관한 설명으로 옳지 않은 것은?

① 소장, 대장의 만성적 염증에 의함
② 크론병은 비정상적 면역반응에 의한 위장관 염증
③ 궤양성 대장염은 결장의 점막 염증에 의함
④ 크론병은 적절한 식사요법으로 치료 가능
⑤ 회복기에는 체단백과 근육량 회복이 중요

해설 ④

크론병(회장염) : 소화관 어느 부위에서나 발생가능하나 소장 끝부분의 회장에서 주로 발생하는 비정상적 면역반응에 의한 위장관 염증으로 식사요법 어려움

96

간의 구조와 기능에 관한 설명으로 옳지 않은 것은?

① 간은 간실질 조직(약 70%), 혈관조직, 담도조직 및 결체조직으로 구성
② 간세포 → 간소엽(간조직 기본단위) → 간엽 → 간(4엽으로 구성)
③ 간소엽의 모세혈관망인 시누소이드가 영양소와 노폐물 운반
④ 혈관벽에 쿠퍼세포에 의한 포식작용(대식작용)
⑤ 간조직의 혈액공급은 간동맥으로만 운반

해설 ⑤

간	• 체중의 2.5~3%(약 1.5kg)
간소엽 (육각기둥 모양, 간의 기능적 단위)	• 중심에 중심정맥, 문맥, 간동맥, 담관으로 구성 • 모세혈관망의 시누소이드가 영양소와 노폐물 운반 • 혈관벽에 쿠퍼세포가 빌리루빈 생성과 대식작용으로 방어기능 수행
간조직의 혈액공급	• 간동맥, 간문맥
간의 기능	• 영양소 대사(합성, 분해, 저장, 운반), 담즙 생성, 해독과 면역작용, 식균작용, 혈액저장, 태아시절 조혈작용

97

간질환의 일반적인 식사요법으로 옳은 것은?

① 저열량식
② 저탄수화물식
③ 저단백식
④ 저섬유식
⑤ 저비타민식

해설 ④

간질환의 일반적인 식사요법 : 고열량, 고단백, 고탄수화물(고당질), 중등지방, 충분한 비타민과 무기질, 저섬유질, 저염식(복수, 부종 시), 기타(간세포 재생 역점, 금주)

98

알코올성 간질환에 대한 설명으로 옳지 않은 것은?

① 알코올 대사과정의 중간산물인 아세트알데히드가 미토콘드리아 막 손상에 의함
② 알코올은 에너지 이외의 영양소가 없고 위장, 췌장, 소장에 염증 유발 가능
③ 마그네슘 요구량 증가
④ 알코올 대사로 간 글리코겐 저장 저하 및 포도당 이용 저하
⑤ 알코올 섭취에 의한 티아민 흡수 촉진

해설 ⑤

알코올성 간질환의 영양결핍 : 위장, 췌장, 소장에 염증을 일으켜 티아민, 비타민 B_{12}, 엽산, 비타민 C의 흡수 저해(마그네슘 요구량 증가, 혈중 25-OH-D_3 감소)

99

담낭과 담즙의 기능에 관한 설명으로 옳지 않은 것은?

① 담낭은 담즙(간에서 합성하여 분비)을 농축·저장·분비
② 담즙의 조성은 수분, 담즙산염, 빌리루빈, 콜레스테롤, 레시틴 등으로 구성
③ 담즙산(염) : 간에서 콜레스테롤을 원료로 합성(콜산, 데옥시콜산)
④ 담즙의 분비조절은 오디괄약근 수축에 의함
⑤ 담즙은 지방유화, 리파아제 작용 및 미셀형성 촉진

해설 ④

담즙의 분비조절 : 부교감신경(미주신경)은 담낭 수축 및 오디괄약근 이완

100

담낭질환의 식사요법에 관한 설명으로 틀린 것은?

① 담낭염은 담낭이나 담관에 세균 감염에 의한다.
② 담석증은 담즙 내 구성 성분이 담낭과 담관에 응결 및 침착으로 결정이 형성되어 염증이 발생된다.
③ 담낭질환자에게는 저지방 양질의 단백질을 공급한다.
④ 담낭질환자용 음식 조리 시 충분한 기름을 사용한다.
⑤ 담낭질환에 의한 발작 또는 급성증상 시 하루는 절식한다.

해설 ④

담낭질환 식사요법
- 저지방, 양질의 단백질 함유 식품 선택 : 흰살 생선, 두부, 달걀 흰자 등
- 발작/급성증상 시 하루 절식 → 탄수화물 위주의 전유동식 → 연식, 회복식, 일반식
- 조리 시 기름 사용 제한, 자극적인 식품 사용 자제

101

급성 췌장염질환의 식사관리방법이 아닌 것은?

① 통증이 심한 경우 2~3일간 금식하고 수분과 전해질 공급
② 통증이 가라앉으면 탄수화물 위주의 무자극 전유동식, 연식, 일반식으로 이행
③ 지질은 제한하고 중쇄중성지방이나 유화형태로 공급
④ 지용성 비타민 제한
⑤ 자극이 적은 식품을 소량씩 공급

해설 ④

급성 췌장염질환
- 단백질 : 초기에는 제한하고 회복기에 서서히 양을 늘림
- 지용성 비타민 공급

102

췌장의 구조와 기능에 관한 설명으로 옳은 것은?

① 췌액을 분비하는 외분비조직이면서 동시에 호르몬을 분비하는 내분비조직이다.

② 췌장의 외분비조직은 소화효소를 활성형태로 분비한다.

③ 췌장의 내분비선으로는 트립시노겐, 키모트립시노겐 등이 있다.

④ 췌장의 외분비선으로는 인슐린, 글루카곤 등이 있다.

⑤ 췌장의 활성형 효소는 펩신이다.

해설 ①

췌장의 구조와 기능

- 위의 후방에 좌우로 걸쳐 있음. 회백색의 실질기관[담즙(총담관) + 췌액(췌관) → (오디) → 십이지장]
- 췌액을 분비하는 외분비조직(exocrine tissue)이면서 동시에 호르몬을 분비하는 내분비조직(endocrine tissue)
- 외분비조직[선세포(소화효소 합성), 췌관세포(물과 중탄산염 분비)] : 췌액 분비(여러 소화효소와 중탄산염 함유), 콜레시스토키닌(지방·단백질 십이지장 진입)과 세크레틴(산성 소화물 십이지장 진입)에 의해 조절
- 내분비조직[랑게르한스섬(α세포 : 글루카곤 분비, β세포 : 인슐린 분비, δ세포 : 소마토스타틴 분비)] : 혈당 조절 호르몬 분비

※위 : 펩시노겐이 위산에 의해 펩신으로 활성화

103

심장의 구조와 기능에 관한 설명으로 옳지 않은 것은?

① 심장의 구조는 2심방 2심실로 판막(방실판막과 반월판막)으로 이루어져 있다.

② 심방은 정맥과 연결되어 혈액을 받아들인다.

③ 심실은 동맥과 연결되어 혈액을 전신으로 내보낸다.

④ 체(전신)순환은 좌심실에서 시작하여 대동맥을 거쳐 전신순환 후 대정맥을 거쳐 우심방으로 유입된다.

⑤ 폐(소)순환은 우심방에서 시작하여 폐동맥을 통해 폐를 거쳐 폐정맥을 통해 좌심실로 유입된다.

해설 ⑤

- 심장 : 2심방 2심실
- 판막 : 방실판막[이첨판(승모판), 삼첨판)], 반월판막(대동맥판막, 폐동맥판막), 정맥판막(정맥에 존재)
- 체(전신)순환 : 좌심실 → 대동맥 → 전신순환 → 대정맥 → 우심방
- 폐(소)순환 : 우심실 → 폐동맥 → 폐 → 폐정맥 → 좌심방

104

심장의 운동에 관한 설명으로 틀린 것은?

① 심박동수 : 60~80회/분

② 체온 상승 시 심박동 증가

③ 에피네프린과 노르에피네프린은 심박동수 증가

④ 아세틸콜린은 심박동수 감소

⑤ 이산화탄소 증가 : 심박동수 억제

해설 ⑤

심장의 운동에 영향을 미치는 인자

- 온도 : 체온(또는 외계온도) 상승 → 심박동 증가
- 에피네프린과 노르에피네프린 : 심박동수와 심박출량 증가
- 아세틸콜린 : 심박동수 및 심박출량 감소
- 이산화탄소 증가 : 심박동수 촉진

105

심장에서의 스틸링법칙에 관한 설명으로 틀린 것은?

① 심장근의 섬유가 유입되는 혈액량에 의한다.

② 심근의 길이가 길어질수록 심근의 수축력은 증가된다.

③ 심실 내의 혈액이 남김없이 동맥 내로 나가는 원리이다.

④ 심근의 길이가 길어질수록 심근의 수축력은 감소된다.

⑤ 심장의 혈액 박출량과 관련 있다.

해설 ④

스틸링법칙 : 심장근의 섬유가 유입되는 혈액량에 의하여 어느 한도까지 늘어나게 되면 섬유의 길이가 늘어난 만큼 비례하여 수축량이 증대되어 심실 내에 있던 혈액이 남김없이 동맥 내로 나가는 것으로 심장의 혈액 박출량에 관련이 된다.

106

심장의 자동조절에 관여하는 동방결절에 대한 내용으로 옳은 것은?

① 활동전압 발생빈도가 가장 높은 곳으로 박동원으로 작용
② 우심방과 우심실 사이의 심장벽의 근육 세포군
③ 심실의 심근섬유에 전기적 신호 보냄
④ 심장 심실 안쪽 벽에 위치
⑤ 심실근 세포 탈분극에 위한 심실근 수축

해설 ①

- 심장의 조절(자극전도계) : 심방 및 심실근은 기능적으로 1개의 세포처럼 수축하는 현상. 펌프기능
- 동방결절(SA node) : 우심방과 상대정맥이 만나는 곳. 활동전압 발생빈도가 가장 높은 곳으로 박동원으로 작용. 심방근을 탈분극시켜 심방근 수축 유도 → 활동전압(흥분)을 방실결절에 전도
- 방실결절(AV node) : 우심방과 우심실 사이의 심장벽에 있는 근육세포군
- 방실속(히스속) : 심실의 심근섬유에 전기적 신호 보냄
- 방실가지(히스가지) : 전기적 신호 → 좌우의 히스가지로 나뉨 → 각 심실로 이동 → 푸르킨예 섬유
- 푸르킨예 섬유 : 심장 심실 안쪽 벽에 위치. 심장전도계를 통해 수축
- 심근세포 : 심실근 세포 탈분극에 위한 심실근 수축

107

신경과 심장의 기능에 관한 설명으로 바르게 연결된 것은?

① 연수 – 심장 운동 중추
② 교감신경 – 심장운동 억제
③ 교감신경 – 심방근에 많이 분포
④ 부교감신경(미주신경) – 심실근에 많이 분포
⑤ 부교감신경(미주신경) – 심장 운동 촉진

해설 ①

- **심장의 신경지배** : 연수(심장운동중추), 대뇌(고위중추)
- **교감신경** : 주로 심실근에 분포, 심장 운동 촉진
- **부교감신경** : 주로 심방근에 분포, 심장 운동 억제

108

혈압조절의 기전에 관한 설명으로 옳은 것은?

① 혈압은 혈관직경에 비례
② 혈관 수축 시 혈압 저하
③ 교감신경 자극에 의해 카테콜아민 분비로 혈압 상승
④ 혈액량이 많으면 신장에서 레닌 분비
⑤ 항이뇨호르몬(바소프레신)은 신장에서 수분 재흡수 감소

해설 ③

혈압조절기전

물리적 요인	• 혈액의 점성, 혈류량, 심박출량에 비례 • 혈관직경에 반비례 • 혈관 수축, 동맥경화 시 혈압 상승
신경성 요인	스트레스, 흥분, 긴장, 불안 → 교감신경 자극 → 카테콜아민(에피네프린, 노르에피네프린) 분비 → 심박항진, 심박출량 증가, 혈관 수축 → 혈압 상승
체액성 요인	• 레닌–안지오텐신–알도스테론계 : 혈액량 저하 시 신장에서 레닌 분비 → 안지오텐시노겐 → 안지오텐신 I (안지오텐신 전환효소ACE) → 안지오텐신 II → 혈관 수축, 알도스테론 분비 촉진 → 혈압 상승 • 항이뇨호르몬(바소프레신) → 신장에서 수분 재흡수 증가 → 혈압 상승

109

고혈압 식사요법에 관한 설명으로 옳은 것은?

① 단순당 위주의 탄수화물 섭취
② 지방은 포화지방산 위주로 섭취
③ 나트륨 섭취는 하루 2g 이하로 섭취
④ 단백질은 식물성을 급원으로 섭취
⑤ 카페인 다량 섭취

해설 ③

고혈압 식사요법 : 탄수화물(복합당질 위주), 단백질(1일 1.0~1.5g/kg 정도로 총 에너지의 15~20%), 지방(불포화지방산 섭취, 나트륨(1.2mg/kcal로 하루 2g 이하), 카페인(혈압상승 우려)

110

동맥경화증의 식사관리로 옳은 것은?

① 단백질 공급을 위해 난황 섭취를 늘린다.
② 식이섬유가 많은 잡곡류를 섭취한다.
③ 기름진 육류 음식을 섭취한다.
④ 열량은 제한하지 않는다.
⑤ 당질 섭취량을 늘린다.

해설 ②

동맥경화증 식사요법

- 적정체중을 유지하고 양질의 단백질을 충분히 섭취하되 포화지방의 섭취를 줄임
- 적정 수준의 열량 섭취
- 콜레스테롤 섭취(1일 200mg 이내로 제한), 포화지방산(총 열량의 7% 이하), 트랜스지방(총 열량의 1% 이하), 오메가-3 지방산(2~4g/일 섭취)
- 식이섬유가 많은 잡곡류, 채소, 과일, 해조류 섭취
- 탄수화물(총 열량의 60% 이하)

111

비만증의 식사 관리에 관한 설명으로 옳지 않은 것은?

① 성장기 비만은 주로 지방 세포수가 증가하고, 성인 비만은 지방세포의 크기가 증가한다.
② 비만자가 저당질 식사를 장기간하면 케톤증이 유발될 수 있다.
③ 단백질 섭취를 제한한다.
④ 동일한 열량을 하루에 여러 번 나누어 섭취한다.
⑤ 비만은 일반적으로 에너지 과잉섭취에 의한다.

해설 ③

비만증의 제한 영양소는 열량, 나트륨, 탄수화물, 지방이며 단백질은 체세포 소모를 방지하기 위해 충분한 양을 섭취한다.

112

당뇨병 환자의 영양소 대사에 대한 내용으로 옳지 않은 것은?

① 다량의 탄수화물 섭취는 인슐린의 혈당 조절 기능을 저하시킨다.
② 지방대사과정에서 인슐린 결핍 시 지방 합성이 저하되고 지방산 분해가 증가된다.
③ 체내에 글리코겐 합성이 감소되면 말초조직의 포도당 이용률이 감소된다.
④ 혈당 조절이 잘 안 되는 경우에 소변으로 질소 배설량이 감소된다.
⑤ 당뇨 환자는 혈액 포도당이 세포 내로 이동이 감소되어 혈당이 증가된다.

해설 ④

당뇨병 환자의 대사

- 탄수화물 대사 : 인슐린이 없거나 기능 저하 시 → 글리코겐 합성 감소 → 말초조직의 포도당 이용률 감소 → 결국 포도당이 이용되지 못해 고혈당 유발
- 지방 대사 : 인슐린 결핍 시에 지방 합성이 저하되고 지방산 분해 증가로 다량의 케톤체 생성(아세틸 CoA 생성 많아짐) → 케톤산혈증 발생
- 단백질 대사 : 혈당 조절이 잘 안 되는 경우 근육단백질 이화 항진 → 아미노산의 분해 → 요소 합성 촉진 → 소변으로의 질소 배설량 증가

113

신장 기능에 대한 설명으로 틀린 것은?

① 배설기능
② 산염기 평형조절
③ 요소 합성
④ 혈압조절
⑤ 조혈작용

해설 ③

신장의 기능 : 배설 기능, 수분·전해질 및 산염기 평형조절, 혈압조절, 조혈작용, 비타민 D와 칼슘 대사

※간 : 요소 합성

[핵심정리 p.90 참고]

114

급성사구체신염에 대한 설명으로 옳은 것은?

① 부종, 핍뇨, 혈뇨, 단백뇨 등의 증상이 나타난다.
② 사구체신염 환자는 충분한 단백질을 섭취한다.
③ 당질과 수분 섭취를 제한한다.
④ 무기질과 비타민을 제한한다.
⑤ 염분을 충분히 섭취한다.

해설 ①

- 급성사구체신염 : 단백질(제한), 에너지(충분히 공급), 나트륨(부종과 고혈압 시 제한-저염식, 소금 3g/일), 수분(핍뇨 시 전날 소변량에 500ml 가산), 칼륨(핍뇨 시 제한)
- 만성사구체신염 : 단백질(충분히 공급), 에너지(충분히 공급), 당질(충분한 양), 지방(적정량), 나트륨과 수분(상태 조절-부종 시 무염식, 수분 제한. 부종이 없는 경우 나트륨을 심하게 제한하지 않고, 수분은 전날 소변량에 500ml 더해 공급)

115

신장결석에 대한 설명으로 옳지 않은 것은?

① 수산칼슘결석은 수산을 제한하고 수분을 충분히 섭취한다.
② 비타민 C의 섭취로 소변의 수산 농도가 증가한다.
③ 인산칼슘결석은 식이섬유를 제한한다.
④ 요산결석은 저퓨린 식사를 제공한다.
⑤ 시스틴결석은 저단백식, 알칼리성식사, 충분한 수분을 섭취한다.

해설 ③

인산칼슘결석 : 인 함량 적은 식사, 충분한 식이섬유식

116

빈혈에 대한 설명으로 옳지 않은 것은?

① 철 결핍성 빈혈은 적혈구 크기가 작고 헤모글로빈 양 감소에 의한다.
② 철 결핍성 빈혈은 고에너지, 고단백, 고철식, 고비타민(엽산, 비타민 B_{12}, 비타민 C)을 섭취한다.
③ 철 흡수 방해 식품으로는 육류, 콩의 피틴산, 시금치의 옥살산, 다량 식이섬유, 커피 및 차의 탄닌 등이 있다.
④ 거대적아구성 빈혈은 비타민 B_2의 결핍에 의한다.
⑤ 용혈성빈혈에는 아연과 비타민 E를 보충한다.

해설 ④

거대적아구성 빈혈(엽산과 비타민 B_{12} 결핍 빈혈) : 고열량, 고단백, 엽산 보충, 비타민 B_{12}, 단백질, 비타민 C, 철 보충

117

신경계 질환의 영양 관리에 관한 설명으로 옳지 않은 것은?

① 뇌전증(간질) 환자에게는 케톤체 식사를 제공한다.
② 뇌전증(간질) 환자 식사는 산 형성 식사로 저당질, 고지방식사를 제공한다.
③ 치매환자는 고열량식, 고단백질, 적절한 수분, 항산화영양소 섭취, ω-3 지방산 풍부한 생선을 섭취한다.
④ 파킨스병 환자는 고단백질 식사를 제공한다.
⑤ 파킨스병은 도파민의 생성 세포의 활성화에 의한다.

해설 ④

파킨스병 : 신경계의 퇴행성 질환, 도파민 생성 세포 퇴화, 연하곤란식 실시, 저단백질(고단백질은 도파민 효과 감소, 1일 단백질을 저녁식사에 섭취하고도 권장)

118

내분비 조절장애와 질환이 바르게 연결된 것은?

① 부신피질호르몬 결핍 - 쿠싱증후군

② 부신피질호르몬 과잉 - 에디슨병

③ 뇌하수체전엽 기능항진증 - 거인증(어린이)

④ 뇌하수체전엽 기능 저하증 - 말단비대증

⑤ 뇌하수체 후엽 기능 저하증 - 시몬즈병

해설 ③

- 부신피질호르몬 결핍증 : 에디슨병(만성피로증후군, 구토, 체중 감소, 피부가 검게 변하고 입점막갈색 반점)
- 부신피질호르몬 과잉증 : 쿠싱증후군(많은 양의 당류코르티코이드 호르몬 노출에 의한 질환, 달덩이처럼 둥근 얼굴모양, 목 뒤 어깨 과도지방축적, 여드름, 고혈압, 가늘어진 팔다리, 골다공증)
- 뇌하수체전엽 기능항진증(성장호르몬 과잉증) : 거인증(어린이), 말단비대증(성인)
- 뇌하수체전엽 기능저하증: 시몬즈병(결핵, 종양, 출혈 등에 의한 빈혈 또는 기질변화 없이 나타나는 기능저하)

119

골다골증에 관한 내용으로 옳지 않은 것은?

① 골질량 감소로 골절되기 쉽다.

② 고칼슘식 및 비타민 D를 공급한다.

③ 단백질과 인을 충분히 섭취한다.

④ 카페인 섭취를 제한한다.

⑤ 식이섬유를 제한한다.

해설 ③

골다공증 : 고칼슘식, 비타민 D 공급, 단백질과 인을 적량 공급(고단백식사는 칼슘 배설 촉진, 인 과잉섭취는 골격 칼슘 방출), 식이섬유 제한, 지방, 나트륨 제한, 카페인과 알코올 제한

120

선천성대사장애와 식사요법을 바르게 연결한 것은?

① 페닐케톤증 - 단백질 적은 이유식

② 단풍시럽뇨병 - 고단백질

③ 호모시스틴뇨증 - 고메티오닌 식사

④ 갈락토오스혈증(갈락토세미아) - 비타민 C 공급

⑤ 통풍 - 고퓨린 식사

해설 ①

선천성 대사장애 영양 관리

- 페닐케톤증(페닐알라닌 축적) : 저페닐알라닌식, 단백질 적은 이유식
- 단풍시럽뇨병(류신, 이소류신, 발린 대사장애) : 류신, 이소류신, 발린 제한, 저단백식
- 티로신혈증(티로신분해효소 결핍) : 저단백식
- 호모시스틴뇨증(시스타티오닌합성효소 결핍으로 호모시스테인이시스타티오닌으로 전환 안 됨) : 비타민 B_6 공급, 저메티오닌식
- 갈락토오스혈증(갈락토세미아) : 탄수화물 대사 질환(갈락토오스 과잉축적), 갈락토오스가 없는 우유나 우유 대체품, 두유 또는 카제인 가수분해물 제품
- 과당불내증(과당분해 못하는 유전성) : 과당, 설탕, 전화당, 솔비톨 제한, 비타민 C 보충
- 통풍(퓨린체 대사이상) : 퓨린제한식(육류 등 제한), 알코올 제한

2교시 1과목 식품학·조리원리

01

자유수에 관한 설명으로 옳은 것은?

① 수증기압이 낮다.

② 밀도가 크다.

③ 압착, 건조 등에 의해 쉽게 제거되지 않는다.

④ 미생물 생육 증식에 이용된다.

⑤ 용매로 작용하지 않는다.

해설 ④

식품 내 분포하는 물	
자유수	결합수
• 가용성 물질을 녹여 진용액 상태인 물, 소금물 등 • 불용성 물질을 물에 분산시켜 콜로이드 상태를 이루는 물, 밀가루반죽 등 • 용매로 작용 • 0℃ 이하(대기압)에 어는 물 • 100℃ 이상(대기압) 가열 또는 건조로 쉽게 제거 • 미생물 생육, 증식에 이용 • 끓는점, 녹는점 매우 높음 • 비열, 표면장력, 점성이 큼 • 화학반응에 이용	• 식품성분인 탄수화물·단백질 등과 결합된 물 • 유동성 없는 물 • 용매로 작용 못함 • 0℃ 이하(대기압)에 얼지 않음 • 100℃ 이상(대기압) 가열하거나 건조하여도 제거되지 않음 • 미생물의 생육, 증식에 이용 못함 • 자유수보다 밀도가 큼 • 큰 압력으로 압착해도 제거 안 됨 • 화학반응에 이용 안 됨

02

식품의 수분활성도에 관한 설명으로 옳지 않은 것은?

① 임의온도에서 식품이 나타내는 수증기압과 그 온도에서의 순수한 물의 수증기압의 비

② 식품 중의 수분은 환경조건에 따라서 항상 변동되므로 수분활성도로 표시한다.

③ 용질의 몰수가 클수록 수분활성도는 높다.

④ 수분활성과 효소작용은 비례한다.

⑤ 세균 생육의 최저수분활성은 0.90~0.94이다.

해설 ③

• 용질의 몰수가 클수록 수분활성도는 낮다.
• 최저수분활성도 : 세균(0.90~0.94), 효모(0.88~0.90), 곰팡이(0.7~0.75)

$$Aw=\frac{P}{P_0}=\frac{Nw}{Nw+Ns}$$

Aw : 수분활성도
P : 식품 수증기압
P_0 : 동일온도에서의 순수한 물의 수증기압
Nw : 물의 몰분율
Ns : 수용성 용질의 몰분율

03

등온흡습(탈습)곡선에 관한 내용으로 옳지 않은 것은?

① 일정온도에서 식품의 평형수분함량(%)과 상대습도의 관계를 나타낸 그래프이다.

② 수분활성도 0.25 이하 영역은 자유수로 존재한다.

③ 수분활성도 0.25~0.80 영역은 물분자가 수소결합하여 (준)결합수로 존재한다.

④ 같은 수분활성에서 수분함량이 흡습보다는 탈습에서 더 높게 나타난다.

⑤ 수분활성도 0.80 이상은 모세관응축영역으로 자유수가 존재한다.

해설 ②

• 이력현상(히스테리시스 현상) : 등온흡습곡선과 등온탈습곡선이 일치하지 않는 현상. 등온곡선의 굴곡점에서 가장 큼. 동일한 A_w에 도달할 때 탈습 시 수분함량이 더 높음
• 수분활성도 0.25 이하 : 결합수(이온결합, 단분자층)
• 수분활성도 0.25~0.80 : (준)결합수(수소결합, 다분자층)
• 수분활성도 0.80 이상 : 자유수(모세관응축영역)

04

단당류의 화학적 구조에 관한 설명으로 옳은 것은?

① 포도당은 케톤기(=CO)를 함유한 케토오스이다.

② 과당은 알데히드기(-CHO)를 함유한 알도오스이다.

③ 부제탄소는 4개의 서로 다른 원자 또는 원자단과 결합하고 있는 탄소원자이다.

④ 포도당과 갈락토오스는 2번째 탄소에서 에피머 관계이다.

⑤ 아노머는 같은 당의 D와 L의 이성질체 관계이다.

해설 ③

- 포도당 : 알도오스-1번 탄소에 알데히드기(-CHO) 가짐
- 과당 : 케토오스-2번 탄소에 케톤기(C=O)를 가짐
- 에피머 : 부제탄소에 의해 생기는 입체이성질체 중에서 1개의 탄소 원자에만 원자단이 다르게 배치되어 있는 2개의 당. 포도당과 갈락토오스(C_4), 포도당과 만노오스(C_2)
- 아노머: 단당류의 고리형태의 헤미아세탈 형성. α와 β의 이성질체

05

다음 중 탄수화물의 다당류 분류가 다른 것은?

① 전분

② 글리코겐

③ 셀룰로오스

④ 펙틴

⑤ 이눌린

해설 ④

탄수화물의 다당류 분류

구분	내용
단순다당류	• 구성당이 1가지만으로 이루어진 다당류 - 포도당으로 구성된 다당류 : 전분, 덱스트린, 셀룰로오스, 글리코겐 - 과당으로 구성된 다당류 : 이눌린 - N-acetylglucosamine의 β-1,4 글리코시드 결합 : 키틴
복합다당류	• 구성당이 2가지 이상으로 이루어진 다당류 - 헤미셀룰로오스(hemicellulose), 펙틴(pectin), 알긴산(alginic acid), 황산콘드로이틴(chondroitin sulfate), 히알루론산(hyaluronic acid), 헤파린(heparin)

06

식이섬유에 관한 설명으로 틀린 것은?

① 인체의 소화효소로 분해되지 않는 난소화성 다당류

② 물과의 친화력에 따라 수용성 또는 불용성 식이섬유소

③ 구아검은 수용성 식이섬유소

④ 펙틴은 불용성 식이섬유소

⑤ 식이섬유소 과잉 섭취는 칼슘과 철 흡수 방해

해설 ④

식이섬유소(dietary fiber)

- 난소화성 다당류(인체의 소화효소로 분해되지 않음)
- 물과의 친화력에 따라 수용성 또는 불용성 식이섬유소
- 식이섬유소 과잉 섭취 : 칼슘, 철 등 영양소 흡수 방해
- 식이섬유소 부족 시 이상지질혈증, 동맥경화, 대장암, 변비, 게실증, 당뇨병, 비만
- 성인의 식이섬유 충분 섭취량 : 남자(25g/일), 여자(20g/일)

구분	내용
수용성 식이섬유소	물과 친화력이 커서 쉽게 겔 형성. 구아검, 펙틴, 과일과 해조류, 콩에 함유. 인체 내에서 당, 콜레스테롤, 무기질 등의 영양성분 흡수 지연 또는 방해 작용. 혈청콜레스테롤 농도 저하. 혈당 상승 지연, 공복감 지연 등의 생리효과. 대장미생물에 의해 발효되어 에너지원으로 사용되므로 많이 섭취하면 가스 생성
불용성 식이섬유소	물과 친화력이 적어 겔 형성력 낮음. 셀룰로오스, 헤미셀룰로오스, 리그닌, 채소 줄기, 현미 등에 함유. 장내 미생물에 의해서도 분해되지 않음. 배변량 증가 작용. 장 통과 시간 단축으로 배변 속도 증가. 대장암 예방

07

단당류 유도체에 관한 설명으로 틀린 것은?

① 데옥시당(deoxy sugar) : 당의 수산기(-OH) 1개가 수소(-H)로 환원된 것 - 데옥시리보오스(deoxyribose)

② 알돈산(aldonic acid) : 당의 C_1의 알데하이드기(-CHO)가 카르복실기(-COOH)로 산화된 것 - 글루콘산(gluconic acid)

③ 우론산(uronic acid) : 당의 C_6의 CH_2OH가 카르복실기(-COOH)로 산화된 것 - 글루쿠론산(glucuronic acid), 갈락투론산(galacturonic acid)

④ 당알코올(sugar alcohols) : 단당류의 알데하이드기(-CHO)가 환원되어 알코올(CH_2OH)로 된 것 - 소비톨(sorbitol), 만니톨(mannitol)

⑤ 당산(saccharic acid) : C_2의 수산기(-OH)가 아미노기(-NH_2)로 치환된 것 - 글루코사민(glucosamine)

해설 ⑤

- 당산(saccharic acid) : 당의 C_1의 알데하이드기(-CHO)와 C_6의 CH_2OH가 카르복실기(-COOH)로 치환된 것 - 포도당산(glucosaccharic acid)
- 아미노당(amino sugar) : C_2의 수산기(-OH)가 아미노기(-NH_2)로 치환된 것 - 글루코사민(glucosamine)

08

전분의 호화에 관한 설명으로 옳지 않은 것은?

① 전분에 물을 넣고 가열하면 점도가 있는 콜로이드용액을 형성한다.

② 호화가 시작되는 온도는 60~65℃이다.

③ 전분의 입자가 작을수록 호화가 빠르다.

④ 아밀로스 함량이 많을수록 호화가 빠르다.

⑤ 알칼리성, 염류(황산염 제외) 상태에서 호화가 빠르다.

해설 ③

전분의 입자가 클수록, 수분함량이 많을수록 호화가 빠르다.

09

펙틴의 종류와 특성을 바르게 연결한 것은?

① 프로토펙틴(protopectin) : 미숙과일, 불용성

② 펙틴산(pectinic acid) : 익은 과일, 불용성

③ 펙틴(pectin) : 익은 과일, 젤 형성능력 없음

④ 펙틴(pectin) : 불용성

⑤ 펙트산(pectic acid) : 젤 형성능력 있음

해설 ①

펙틴의 종류

- 프로토펙틴(protopectin) : 미숙과일, 불용성, 젤 형성능력 없음
- 펙틴산(pectinic acid) : 익은 과일, 수용성, 젤 형성능력 있음
- 펙틴(pectin) : 익은 과일, 수용성, 적당의 당과 산 존재 시 젤 형성능력 있음
- 펙트산(pectic acid) : 과숙과일, 수용성, 찬물에 불용, 젤 형성능력 없음

10

지질의 분류에서 단순지질에 해당하지 않는 것은?

① 중성지질

② 왁스

③ 스테롤에스테르

④ 밀랍

⑤ 스쿠알렌

해설 ⑤

- 단순지질 : 지방산과 여러 알코올류와의 에스테르 화합물. 유지, 중성지질, 왁스류, 스테롤에스테르
- 복합지질 : 단순지질 + 다른 원자단(가수분해에 의하여 글리세롤과 지방산 외에 인산, 질소화합물, 당류 등과 결합). 인지질, 당지질, 단백지질
- 유도지질 : 단순지질이나 복합지질의 가수분해물. 유리지방산, 고급알코올(스테롤, 고급1가알코올), 탄화수소(스쿠알렌, 지용성 비타민, 지용성 색소), 스핑고신

11
지질의 지방산에 관한 설명으로 옳지 않은 것은?

① 포화지방산은 탄소수가 증가할수록 융점이 높아지고 물에 녹기 어렵다.
② 포화지방산은 동물성 지방에 많이 함유되어있다.
③ 포화지방산은 상온에서 대부분 액체이다.
④ 불포화지방산의 이중결합수가 증가할수록 산화속도가 빨라지고 융점이 낮아진다.
⑤ 불포화지방산의 이중결합수가 동일한 경우는 시스형이 트랜스형보다 융점이 낮다.

해설 ③

포화지방산
- 이중결합이 없는 지방산. 상온에서 대부분 고체
- 탄소수가 증가할수록 융점이 높아지고 물에 녹기 어려움
- 동물성 지방에 많이 함유
- 천연유지 중에는 팔미트산(C_{16})과 스테아르산(C_{18})이 가장 많음

12
유지의 화학적 분석법과 분석목적이 바르게 연결된 것은?

① 산가 – 저급지방산 또는 고급지방산 함유 정도
② 검화가 – 유지의 신선도 확인
③ 요오드가 – 지방산의 불포화도
④ 과산화물가 – 수용성 휘발성 지방산 확인
⑤ 아세틸가 – 불용성 휘발성 지방산 확인

해설 ③

유지의 화학적 시험법
- 산가 – 유리지방산량
- 검화가 – 검화에 의해 생기는 유리지방산의 양
- 요오드가 – 불포화지방산량
- 과산화물가 – 과산화물량
- 아세틸가 – 유리된 –OH기 측정
- 폴렌스커가 – 불용성휘발성지방산량
- 라이케르트–마이슬가 – 수용성휘발성지방산

[핵심정리 p.114 참고]

13
유지의 물리적 성질에 대한 설명으로 옳지 않은 것은?

① 탄소수가 많은 지방산을 갖는 유지일수록 용해도는 감소한다.
② 불포화지방산을 적게 갖고 있는 유지일수록 용해도는 감소한다.
③ 포화지방산은 불포화지방산보다 융점이 높다.
④ 저급지방산이나 불포화지방산이 많을수록 융점이 낮다.
⑤ 유리지방산이 많을수록 비중이 높아진다.

해설 ⑤

유지의 물리적 성질 – 비중
- 유지는 물보다 가볍다.
- 저급지방산, 불포화지방산 함량이 증가할수록 비중이 높아진다.
- 유리지방산이 많을수록 비중이 낮아진다.

[핵심정리 p.112~113 참고]

14
유지의 자동산화에 의한 산패 기전과 특성을 바르게 연결한 것은?

① 초기반응 – 과산화물 형성
② 전파연쇄반응 – 유리라디칼 형성
③ 종결반응 – 고분자중합체 형성
④ 종결반응 – 과산화물가 증가
⑤ 종결반응 – 산가 감소

해설 ③

유지의 자동산화에 의한 산패
- 초기반응단계 : 유리라디칼(Free radical) 형성
- 전파연쇄반응단계 : 과산화물(hydroperoxide) 생성
- 종결반응단계 : 중합반응(고분자중합체 형성), 분해반응[카보닐 화합물(알데하이드, 케톤, 알코올, 산류, 산화물 등) 생성], 과산화물가와 요오드가 감소, 이취, 점도 및 산가 증가

15

아미노산의 분류가 바르게 된 것은?

① 중성아미노산 - 아르기닌

② 비극성(소수성)의 중성아미노산 - 트레오닌

③ 극성(친수성)의 중성아미노산 - 글리신

④ 산성아미노산 - 글루탐산

⑤ 염기성아미노산 - 시스테인

해설 ④

아미노산의 분류

분류	세분류	
중성 아미노산	비극성(소수성)R기 아미노산	극성(친수성) R기 아미노산
	글리신, 알라닌, 발린, 루신, 이소루신, 페닐알라닌(방향족), 트립토판(방향족), 메티오닌(함황), 시스테인(함황) 프롤린	세린, 트레오닌, 티로신(방향족), 아스파라긴, 글루타민
산성 아미노산	(− 전하를 띤 R기 아미노산) 카르복실기 수 〉 아미노기 수 − 아스파르트산, 글루탐산	
염기성 아미노산	(+ 전하를 띤 R기 아미노산) 카르복실기 수 〈 아미노기 수 − 리신(라이신), 아르기닌, 히스티딘	
필수 지방산	류신, 이소류신, 리신, 메티오닌, 발린, 트레오닌, 트립토판, 페닐알라닌 (성장기 어린이와 회복기 환자 추가 : 아르기닌, 히스티딘)	

16

아미노산의 성질에 관한 설명으로 옳지 않은 것은?

① 아미노산은 분자 내에 알칼리로 작용하는 카르복실기(-COOH)와 산으로 작용하는 아미노기($-NH_2$)를 동시에 가지는 양성물질이다.

② 아미노산의 양전하와 음전하의 양이 같아서 하전이 0이 되는 pH을 등전점이라 한다.

③ 아미노산의 등전점에서는 침전, 흡착력, 기포력이 최대가 된다.

④ 아미노산의 등전점에서는 용해도, 점도, 삼투압이 최소가 된다.

⑤ 천연단백질을 구성하는 아미노산은 모두 α-L-아미노산이다.

해설 ①

아미노산은 분자 내에 산으로 작용하는 카르복실기(-COOH)와 알칼리로 작용하는 아미노기($-NH_2$)를 동시에 가지고 있으므로 양성전해질이다.

17

단백질 구조와 관련된 내용으로 옳은 것은?

① 1차 구조 : 수소결합

② 2차 구조 : 공유결합

③ 3차 구조 : 섬유상 단백질 구조

④ 4차 구조 : α-나선(helix)구조

⑤ 3차 구조 : β-병풍구조

해설 ③

단백질의 구조

- 1차 구조 : 펩티드결합, 공유결합
- 2차 구조 : 수소결합, α-나선(helix)구조, β-병풍구조, 랜덤코일 구조
- 3차 구조 : 3차원적 입체구조, 이황화결합, 소수성 상호작용, 수소결합, 이온 상호작용에 의해 안정화. 섬유형(섬유상) 단백질 또는 구형(구상) 단백질의 복잡한 구조
- 4차 구조 : 2개 이상의 3차 구조 폴리펩티드. 한 분자의 구조적 기능단위 형성. 비공유결합(수소결합, 이온결합, 소수성 상호작용)에 의해 구조 유지

18

단백질의 분류에 관한 내용으로 서로 바르게 연결된 것은?

① 단순단백질 – 알부민 – 미오신

② 복합단백질 – 인단백질 – 뮤코이드

③ 1차 유도단백질 – 분해단백질 – 프로테오스

④ 2차 유도단백질 – 변성단백질 – 젤라틴

⑤ 복합단백질 – 색소단백질 – 헤모글로빈

해설 ⑤

(1) **단순단백질** : 아미노산만으로 구성
- 알부민 : 오브알부민(난백), 미오겐(근육–근장단백질)
- 글로불린 : 글리시닌(대두), 미오신(근육–근원섬유단백질), 이포메인(고구마)
- 글루텔린 : 글루테닌(밀), 오리제닌(쌀)
- 프롤라민 : 호르데인(보리), 글리아딘(밀), 제인(옥수수)
- 알부민노이드 : 콜라겐, 엘라스틴, 케라틴
- 히스톤
- 프로타민

(2) **복합단백질** : 단순단백질에 비단백질 물질(보결분자단) 결합
- 인단백질 : 카제인(우유), 오보비텔린(난황)
- 당단백질 : 뮤신(동물의 점액, 타액, 소화액), 뮤코이드(혈청, 연골), 오보뮤코이드(난백)
- 색소단백질 : 헤모글로빈(혈액), 미오글로빈(근육), 로돕신(시홍), 아스타잔틴프로테인(갑각류 껍질)
- 금속단백질 : 페리틴(Fe), 티로시나아제, 폴리페놀옥시다아제
- 지단백질 : 리포비텔린(난황)
- 핵단백질 : 단순단백질인 히스톤과 프로타민에 핵산(DNA, RNA) 결합

(3) **유도단백질** : 단순단백질 또는 복합단백질이 물리·화학적 작용에 의하여 변성된 단백질
- 제1차 유도단백질(변성단백질) : 응고단백질, 프로티안, 메타프로테인, 젤라틴, 파라카제인
- 제2차 유도단백질(분해단백질) : 프로테오스, 펩톤, 펩티드

19

단백질의 변성에 관한 설명으로 옳지 않은 것은?

① 단백질의 물리적·화학적 작용으로 공유결합이 깨진다.

② 수소결합, 이온결합, SH 결합 등이 깨지면서 폴리펩티드 사슬이 풀어진다.

③ 단백질의 2차, 3차 구조가 변한다.

④ 분자구조가 변형된다.

⑤ 비가역적 반응이다.

해설 ①

단백질의 변성 : 단백질의 물리적·화학적 작용에 의해 공유결합은 깨지지 않고, 수소결합, 이온결합, SH 결합 등이 깨지면서 폴리펩티드 사슬이 풀어져 2차, 3차 구조가 변하고, 분자구조가 변형된 비가역적 반응

20

단백질 및 아미노산의 정색반응에 관한 내용으로 옳지 않은 것은?

① 뷰렛 반응 : 펩티드 결합 확인

② 닌히드린 반응 : α-아미노기 가진 화합물 정색반응

③ 밀론반응 : 티록신 검출

④ 사가구치반응 : 함황아미노산 확인

⑤ 홉킨스–콜 반응 : 트립토판 정성

해설 ④

- 사가구치반응 : 아르기닌의 구아니딘 정성
- 유황반응 : 함황아미노산 확인

21

식물성 색소에 관한 설명으로 옳지 않은 것은?

① 클로로필은 약산에서 페오피틴(녹갈색, 지용성)이, 강산에서는 페오포비드(갈색, 수용성)이 생성된다.

② 클로로필은 알칼리에서는 클로로필리드(청녹색, 수용성)에서 클로로필린(청녹색, 수용성)이 된다.

③ 카로티노이드는 카로틴류와 잔토필류로 구분된다.

④ 카로틴류의 β-carotene은 2분자의 비타민 A로 전환된다.

⑤ 리코펜은 β-이오논핵을 가진다.

해설 ⑤

식물성 카로티노이드

(1) **카로틴류(탄소, 수소)** : 프로비타민 A(β-이오논핵 가짐)
- α-carotene → 1분자의 비타민 A 전환
- β-carotene → 2분자의 비타민 A 전환
- γ-carotene → 1분자의 비타민 A 전환
- lycopens → 비타민 A 전환 안 됨

(2) **잔토필류(탄소, 수소, 산소)** : 크립토산틴, 제아잔틴, 루테인, 갭산틴, 푸코잔틴 등

22

동물성 색소에 관한 설명으로 옳지 않은 것은?

① 헤모글로빈 : 동물의 혈색소, 철(Fe) 함유, 헴과 글로빈이 1:4로 결합, 산소운반체
② 미오글로빈 : 동물의 근육색소, 헴과 글로빈이 1:1로 결합하고 Fe^{2+} 함유한 산소 저장체
③ 미오글로빈에 산소가 결합되면 옥시미오글로빈(Fe^{2+} 선홍색)이 된다.
④ 갈색의 메트미오글로빈에 질산염을 반응하면 니트로실헤모크롬이 된다.
⑤ 육류를 가열하면 메트미오글로빈의 단백질 부분인 글로빈이 변성을 일으켜 헤마틴이 된다.

해설 ④

육가공에 발색제(질산칼륨, 질산나트륨, 아질산나트륨) 사용
미오글로빈 + 아질산염 → 니트로소미오글로빈(선홍색) → 가열(훈제) → 니트로실헤모크롬(니트로소미오크로모겐, 선홍색)

23

식품의 갈변에 관한 내용으로 옳지 않은 것은?

① 사과껍질을 벗기면 갈변으로 변하는 것은 비효소적 갈변이다.
② 비효소적 갈변 반응에는 마이야르 반응, 아스코르브산 산화반응, 캐러멜 반응이 있다.
③ 마이야르 반응은 환원당과 아미노기를 갖는 화합물 사이에서 일어난다.
④ 식품 중의 아스코르브산은 비가역적으로 산화되어 항산화제로서의 기능을 상실하고 그 자체가 갈색화 반응을 수반한다.
⑤ 캐러멜 반응은 당류의 가수분해물들 또는 가열 산화물들에 의한 갈변 반응이다.

해설 ①

효소적 갈변
- 폴리페놀옥시레이스에 의한 갈변 : 과일껍질을 벗기거나 자르면 식물조직 내에 존재하는 기질인 폴리페놀 물질과 폴리페놀옥시레이스 효소가 반응하여 갈변
- 타이로시네이스에 의한 갈변 : 감자에 존재하는 타이로신은 타이로시네이스에 의해 산화되어 다이히드록시 페닐알라닌(DOPA)을 생성하고 더 산화가 진행되면 도파퀴논을 거쳐 멜라닌 색소를 형성

24

식품의 매운맛 성분과 식품이 바르게 연결된 것은?

① 캡사이신 – 후추
② 차비신 – 고추
③ 시니그린 – 마늘
④ 진저론 – 겨자
⑤ 이소티오시아네이트 – 무

해설 ⑤

캡사이신(고추), 차비신(후추), 알리신(마늘), 진저론·쇼가올(생강), 시니그린(겨자, 고추냉이), 이소티오시아네이트(무, 겨자)

25

다음에서 가열조리방법이 다른 것은?

① 삶기
② 끓이기
③ 데치기
④ 굽기
⑤ 찌기

해설 ④

- 습식조리법 : 삶기, 끓이기, 데치기, 찌기, 졸이기
- 건식조리법 : 굽기, 튀기기, 볶기

26

식품별 계량 방법으로 올바르지 않은 것은?

① 밀가루는 체로 친 다음 계량컵(스푼)에 수북히 담은 후 스패출러 또는 칼로 밀어 수평으로 깎아 계량
② 황설탕은 입자 표면의 시럽막으로 밀착 성질이 있으므로 계량기구로 잰 다음 옮겨 담아도 형태가 유지되도록 눌러 담아 수평으로 깎아 계량
③ 백설탕은 덩어리를 부수어 담아 계량컵이나 계량스푼으로 계량
④ 고운설탕(파우더슈거)은 밀가루처럼 체로 쳐서 계량
⑤ 버터, 마가린은 냉장온도에서 계량컵에 꾹꾹 눌러 담아 계량

해설 ⑤

- 버터, 마가린 : 실온에서 부드럽게 한 후 공간이 없도록 계량컵에 꾹꾹 눌러 담은 후 컵의 위를 깎아 계량
- 꿀, 기름, 점성 액체 : 할편 계량컵 사용
- 액체식품 : 수평의 바닥에 용기를 놓고 액체 표면의 밑선(메니스커스)의 아래선과 눈높이 맞추어 계량
- 달걀 : 달걀을 깨뜨려 잘 섞은 다음 계량. 중간크기 달걀 1개 = 4Ts (60mL)

27

밀단백질에 관한 내용으로 옳지 않은 것은?

① 글루텐은 밀가루 반죽 시 형성되고 점탄성이 있으며 입체적 망상구조를 가진다.
② 글루텐은 탄성이 있는 글리아딘과 점성이 있는 글루테닌으로 구성된다.
③ 밀의 제1 제한 아미노산은 라이신이다.
④ 듀럼밀은 단백질과 회분함량이 높아 파스타 제조에 사용된다.
⑤ 강력분은 밀단백질 함량이 높아 단단하고 질기다.

해설 ②

밀단백질 : 글루텐(밀가루 반죽 시 형성, 입체적 망상구조, 점탄성) = 글리아딘(둥근 모양, 점성) + 글루테닌(긴 막대 모양, 탄성)

28

대두 조리에 관한 내용으로 옳지 않은 것은?

① 대두를 가열조리하면 트립신 저해 물질, 헤마글루티닌(적혈구 응집작용)의 불활성화로 단백질의 소화성이 증가된다.
② 콩 비린내 억제를 위해 콩을 삶을 때 뚜껑을 덮는다.
③ 콩 비린내에 관여하는 효소는 리폭시게네이스이다.
④ 콩나물은 콩에 함유된 갈락토오스가 아스코르브산으로 전환된다.
⑤ 대두의 주요 단백질인 글리시닌의 열에 불안정하고 금속염에 안정한 성질을 이용한 것이 두부이다.

해설 ⑤

두부 : 대두의 주요 단백질인 글리시닌이 열에 안정하고 금속염과 산에는 불안정하여 응고 침전되는 성질 이용. 대두(단백질 중 80~90% 글리시닌 등)를 물에 불려 마쇄하면 단백질이 용출되고 칼슘염, 마그네슘염에 의해 응고되는 성질을 이용하여 젤 형성한 음식

29

해조류와 함유 식품이 바르게 연결된 것은?

① 녹조류 - 파래
② 갈조류 - 청각
③ 홍조류 - 미역
④ 갈조류 - 한천 추출
⑤ 홍조류 - 알긴산 추출

해설 ①

해조류	함유 색소	함유 식품
녹조류	• 클로로필 풍부 • 소량의 카로티노이드(카로틴, 잔토필) 함유	파래, 청각, 클로렐라
갈조류	• 황갈색의 푸코잔틴 다량 함유 • 소량의 클로로필, β-카로틴 함유 • 알긴산 추출	미역, 다시마, 톳, 모자반
홍조류	• 홍색의 피코에리트린 풍부 • 소량의 카로티노이드 함유 • 한천, 카라기난 추출	김, 우뭇가사리

30

한천젤 형성의 영향요인에 관한 내용으로 옳지 않은 것은?

① 한천젤을 방치하면 조직 내의 액체가 빠져나오는 이장현상이 일어난다.
② 한천젤의 설탕 농도가 높을수록 젤 강도가 증가된다.
③ 가열시간이 길면 젤의 강도가 커져 이장량이 적다.
④ 과즙은 한천의 젤 강도를 증가시킨다.
⑤ 우유의 지방과 단백질이 젤 형성을 저해한다.

해설 ④

한천젤 형성 영향 요인

• 설탕 : 농도가 높을수록 젤 강도 증가
• 소금(3~5% 첨가) : 젤 강도 증가, 이액현상 억제
• 과즙 : 유기산에 의한 한천의 가수분해로 젤 강도 감소
• 우유 : 지방과 단백질이 젤 형성 저해

31

육류의 근육 단백질 분류와 특징이 바르게 연결되지 않은 것은?

① 근섬유단백질 - 염용성 - 미오신, 액틴
② 근장단백질 - 불용성 - 미오겐, 미오글로빈
③ 유기질단백질 - 결합조직 - 콜라겐, 엘라스틴, 레티큐린
④ 비단백태 질소화합물 - 육추출물 - 아미노산, 펩티드 등
⑤ 근육조직 - 황문근(가로무늬근) - 골격근(수의근), 심근(불수의근)

해설 ②

육류의 근육 단백질에 의한 분류

(1) **육장단백질**
- 근섬유단백질(염용성) : 미오신(A대, 암대, 굵은 필라멘트), 액틴(I대, 명대, 가는 필라멘트), 트로포미오신
- 근장단백질(수용성) : 미오겐, 미오글로빈

(2) **유기질단백질(결합조직)** : 콜라겐, 엘라스틴, 레티큐린
(3) **비단백태 질소화합물(육추출물)** : 아미노산, 펩티드, 뉴클레오티드 등

32

육류의 사후경직의 특성이 아닌 것은?

① 도축된 고기가 시간이 지나면 효소 및 미생물에 의해 근육이 경직되고 보수성이 저하되는 현상
② 육류 근육의 글리코겐이 젖산으로 전환되어 pH 저하
③ 액틴과 미오신이 액토미오신 생성
④ 단백질의 분해로 육추출물량 증가
⑤ ATP 감소

해설 ④

(1) **육류의 사후경직의 특징** : 도축된 고기가 시간이 지나면 효소 및 미생물에 의해 근육이 경직되고 보수성이 저하되는 현상. 근육의 글리코겐이 젖산으로 전환, pH 저하, ATP 감소, 액틴과 미오신이 액토미오신 생성, 보수성 감소

(2) **육류의 숙성의 특징**
- 단백질의 자가소화로 유리아미노산 증가
- 핵산분해물질의 생성 : 이노신산(IMP)
- 콜라겐의 팽윤(젤라틴화)
- 육색 변화 : 미오글로빈(적자색) → 옥시미오글로빈(선홍색)
- 보수성 증가(단백질의 분해로 육추출물량 증가, 감칠맛 생성)

33

육류의 조리방법으로 적절하지 않은 것은?

① 결합조직이 많은 질긴 부위의 양지머리, 사태를 습열 조리용으로 사용한다.
② 편육, 수육의 습열 조리 시 생강은 고기가 익은 후 넣는다.
③ 장조림은 찬물에 고기를 넣어 단백질을 응고시킨 후 간장을 넣어야 연하다.
④ 탕은 추출물 용출을 위해 고기를 찬물에 넣어 끓인다.
⑤ 찜 조리 시 고기가 익은 후에 토마토나 토마토 주스를 첨가하면 콜라겐의 젤라틴화 촉진으로 고기 연화 및 불쾌한 적색화를 예방할 수 있다.

해설 ③

장조림 : 끓는 물에 고기를 넣어 단백질을 응고시킨 후 간장을 넣어야 연함

34

난백 단백질에 관한 설명으로 옳지 않은 것은?

① 오브알부민 : 난백의 주요 단백질, 열에 응고
② 오브뮤코이드 : 트립신억제제
③ 오보글로불린 : 거품형성에 관여하는 글로불린
④ 오보뮤신 : 라이소자임(lysozyme, G_1)
⑤ 아비딘 : 비오틴 불활성화(항비오틴 인자)

해설 ④

난백 단백질
- 오브알부민(54~57%) : 난백의 주요 단백질, 열에 응고, 만노오스, 글루코사민을 소량 함유한 당단백질
- 콘알부민(12~13%) : 열에 응고, 금속이온과 결합 시 결정화 및 변색
- 오브뮤코이드(11%) : 당단백질, 트립신억제제(트립신 작용 저해제 → 70℃ 1시간 가열 시 파괴)
- 오보글로불린(8~9%) : 거품형성에 관여하는 글로불린(G_1, G_2, G_3)
※라이소자임(lysozyme, G_1) : 용균작용
- 오보뮤신(2~4%) : 거품 안정화, 내열성 강함, 냉동 시 활성소실
- 아비딘(0.5% 내외) : 비오틴 불활성화(항비오틴 인자)

35

달걀의 열 응고성에 관한 설명으로 옳은 것은?

① 설탕은 단백질 열변성 저해로 응고성이 감소된다.
② 고온에서는 천천히 응고, 부드러운 질감이다.
③ 염(소금) : 물에서 해리되어 반대 이온의 흡착에 의한 전기적 중화로 응고 억제
④ 우유 중의 칼슘이온에 의해 응고가 저하된다.
⑤ 달걀의 열 응고성 이용 조리 : 케이크

해설 ①

(1) 달걀의 열응고성 영향요인

- 농도(물, 우유 희석 시 응고성 감소)
- 온도 : 저온(천천히 응고, 부드러운 질감), 고온(빨리 응고, 단단한 질감)
- 가열 속도 : 빠르면 더 고온에서 응고
- 설탕 : 단백질 열변성 저해로 응고성 감소, 설탕 양에 비례하여 응고 온도 상승, 부드럽고 탄력 있는 젤 형성
- 산 : 낮은 온도에서 응고 시작, 등전점 부근에서 응고
- 염(소금) : 물에서 해리되어 반대 이온의 흡착에 의한 전기적 중화로 쉽게 응고
- 우유 : 우유 중의 칼슘이온에 의해 응고 촉진, 단단한 젤 형성

(2) 이용

- 농후제(달걀찜, 커스터드, 푸딩)
- 결합제(만두속, 전, 크로켓)
- 청징제(맑은 국물, 콘소메)
- 팽창제(머랭, 케이크류)

36

달걀의 기포성에 관한 설명으로 옳지 않은 것은?

① 설탕 : 액체 점성 증진, 광택 있고 안정성 있는 미세한 기포 형성
② 산 : pH 4.8(등전점)가 되면 기포 형성력 최대
③ 지방 : 소량일지라도 기포성 저하
④ 상온 : 점도 증가로 기포 형성 어려움
⑤ 기포 형성력은 전동식 비터가 수동식 비터보다 좋음

해설 ④

난백의 기포성 영향요인 중 온도

- 냉장 : 점도 증가로 기포 형성 어려움, 일단 생성되면 안정성 증가
- 상온 : 점도 감소, 표면장력 감소로 기포성 증진
- 고온 : 기포가 마르고 광택 상실, 안정성 감소, 액체 분리

[핵심정리 p.137 참고]

37

우유의 성분에 관한 내용으로 옳지 않은 것은?

① 우유단백질은 카제인과 유청단백질로 분류한다.
② 우유의 주단백질인 카제인은 콜로이드성 칼슘포스페이트(colloidal calcium phosphate, CCP)와 결합하여 칼슘포스포카세이네이트 형태로 존재한다.
③ 유청단백질에는 β-락토글로불린, α-락트알부민 면역글로불린, 면역글로불린, 혈청알부민이 있다.
④ 당질은 유당이다.
⑤ 지질은 지방구의 형태로 우유 내에 분산되고 불포화지방산이 60% 이상이다.

해설 ⑤

- 우유의 지질은 지방구의 형태로 우유 내에 분산, 인지질과 단백질이 지방구막 형성, 포화지방산 60% 이상
- 우유 풍미 관여 지방산 : 부티르산($C_{4:0}$, butyric acid)

38

우유의 응고 기전과 관련한 내용으로 옳지 않은 것은?

① 산에 의한 카제인 응고
② 레닌에 의한 카제인 응고
③ 염과 응고
④ 폴리페놀과 응고
⑤ 알칼리에 의한 응고

해설 ⑤

우유의 응고성

- 산에 의한 카제인 응고
- 레닌에 의한 카제인 응고
- 염과 응고
- 폴리페놀과 응고

[핵심정리 p.138 참고]

39

우유의 균질화 목적이 아닌 것은?

① 지방구의 미세화　② 커드 연화
③ 지방 분리 방지　④ 소화 용이
⑤ 지방 산화

해설 ⑤

- 우유의 균질화 : 우유에 물리적 충격을 가하여 지방구 크기를 작게 분쇄하는 작업
- 목적 : 지방구의 미세화, 커드 연화, 지방 분리 방지, 크림 생성 방지, 조직 균일, 우유 점도 상승, 소화 용이, 지방 산화 방지

40

쇼트닝작용에 관한 설명으로 옳지 않은 것은?

① 유지가 글루텐 표면을 둘러싸서 글루텐의 형성과 성장을 방해하여 밀가루 제품을 부드럽게 하는 작용
② 유지 양이 많을수록 쇼트닝 작용 증가
③ 고온은 유동성 증가, 쇼트닝 파워 증가
④ 오랫동안 반죽하면 쇼트닝 파워 증가
⑤ 첨가물로 난황, 유화제 작용으로 쇼트닝 작용 감소

해설 ④

쇼트닝 작용

- 유지가 글루텐 표면을 둘러싸서 글루텐의 형성과 성장을 방해하여 밀가루 제품을 부드럽게 하는 작용
- 밀가루 반죽 종류에 따라 첨가한 유지의 분포상태 다름
- 케이크, 도넛, 쿠키 반죽 : 유지 소량 첨가, 작은 입자로 산포, 연한 질감
- 파이, 크래커 반죽 : 유지 다량 첨가, 얇은 막 형성, 바삭바삭한 질감
- 쇼트닝 작용에 영향을 미치는 요인

유지의 종류	• 불포화지방산 > 포화지방산 • 가소성 클수록 쇼트닝 파워 증가
유지의 양	• 유지 양이 많을수록 쇼트닝 작용 증가 • 파이껍질, 크래커에 유지 다량 첨가하면 많은 켜 형성
유지의 온도	• 저온(유동성 저하, 쇼트닝 파워 감소) • 고온(유동성 증가, 쇼트닝 파워 증가)
반죽 정도	오랫동안 반죽하면 글루텐 형성 증가, 쇼트닝 파워 감소
첨가물질	• 난황 : 유화제 작용으로 쇼트닝 작용 감소

2교시 2과목 급식, 위생 및 관계법규

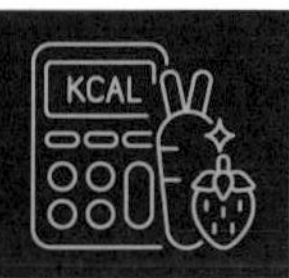

41

산업체 급식에 관한 설명으로 옳은 것은?

① 1회 급식인원이 100인 이상인 경우 영양사를 의무 고용한다.
② 1회 급식인원이 50인 이상인 경우 영양사를 의무 고용한다.
③ 다양한 치료식 제공으로 생산성이 낮다.
④ 식단가는 낮은 반면 급식제공의 기대와 요구수준이 지속적으로 증가되고 있다.
⑤ 올바른 식습관 형성 및 식사선택 능력을 배양한다.

해설 ①

- 학교급식
  - 학생 건강 유지·증진, 올바른 식습관 형성 및 식사선택 능력을 배양
  - 유치원에 급식 제공(1회 급식 유아100명 이상 영양사 의무배치-2개 시설까지 공동 관리 가능)
  - 초·중·고등학교에 급식 제공
- 산업체 급식 : 1회 급식 100인 이상-영양사 의무고용
- 병원급식 : 다양한 치료식 제공으로 생산성 낮음
- 어린이급식관리지원센터 운영 : 영양사 고용의 의무가 없는 100인 미만 어린이집 및 유치원
- 대학급식 : 식단가가 낮은 반면, 소비 트렌드는 급속도로 변화하고 있어 기대와 요구 수준이 지속적으로 증가
- 노인복지시설 : 1회 급식인원 50인 이상 경우 집단급식소로 신고하여 영양사 배치 의무

42

급식경영 관리계층에 관한 설명으로 옳은 것은?

① 상위경영층 - 관리적 의사결정
② 최고경영층 - 조직의 전략적 정책 수립
③ 중간관리층 - 일상 작업활동 감독
④ 하위관리층 - 세부 업무 책임
⑤ 중간관리층 - 업무적 의사결정

해설 ②

- 상위(최고)경영층 : 조직경영 총괄, 조직의 전략적 정책 수립 및 방향제시. 전략적 의사결정
- 중간관리층 : 세부업무 책임, 해당부서의 정책수행, 상하간 의사소통과 균형 유지. 관리적 의사결정
- 하위관리층 : 종업원직업 관리, 일상 작업 활동 감독. 업무적 의사결정

43

급식시스템과 특성이 바르게 연결된 것은?

① 전통식 급식시스템 : 조리 후 운반 급식
② 중앙공급식 급식시스템 : 완전조리된 음식 구매 후 저장, 가열, 배식의 기능만 필요
③ 조리저장식 급식시스템 : 조리 후 냉장, 냉동 저장 후 급식
④ 조합식 급식시스템 : 동일 장소에서 생산, 분배, 서비스 운영
⑤ 편이식 급식시스템 : 인력 관리 필요

해설 ③

급식시스템

- 전통식 : 가장 오래된 형태(대부분 운영방식). 생산, 분배, 서비스 같은 장소. 적온급식 가능. 인력관리 필요
- 중앙공급식(공동조리장) : 조리 후 운반급식. 생산, 소비 장소가 분리. 식재료비 및 인건비 절감. 운반문제(비용, 위생, 운반시간)
- 조리저장식(예비저장식) : 조리 후 냉장, 냉동 저장 후 급식. 생산, 소비 시간적 분리. 초기 투자비용, 표준 레시피 개발 필수
- 조합식(편이식) : 완전조리된 음식 구매로 저장, 가열, 배식 정도의 기능만 필요. 관리비, 인건비 등 절감. 메뉴제공 한계, 저장공간 확보 필요

44

급식경영관리의 의사결정기법에 관한 설명으로 옳은 것은?

① 의사결정나무 : 비용최소화 목적
② 비용-효과분석 : 비용과 효과의 대안 비교분석
③ 대기이론 : 연속된 의사결정
④ 브레인스토밍 : 전문가 의견 평가
⑤ 포커스집단법 : 브레인스토밍 수정확장기법

해설 ②

(1) 의사결정기법

- 의사결정나무 : 연속된 의사결정 진행하는 분석방법
- 비용-효과분석 : 비용과 효과의 대안 비교분석, 비용최소화 목적
- 대기이론 : 작업라인에서 기다리는 것과 연관 서비스라인과 생산라인 수 결정에 사용

(2) 집단의사결정 : 브레인스토밍(아이디어 창출), 델파이법(설문 후 전문가의 의견 평가), 명목집단법(브레인스토밍 수정확장기법), 포커스집단법(소규모 대상으로 문제점 집중적 토론)

45

식단(메뉴) 계획 시 급식관리 측면에서 고려해야 할 사항이 아닌 것은?

① 조직의 목표와 목적
② 시장조건
③ 조리원의 숙련도
④ 식습관과 기호도
⑤ 위생급식체계

해설 ④

식단(메뉴) 계획 시 고려사항
- 고객측면 : 영양요구량, 식습관과 기호도, 음식의 관능적 요인
- 급식관리측면 : 조직의 목표와 목적, 예산, 시장조건, 시설·설비·기기, 조리원의 숙련도, 위생, 급식체계

46

식단계획 절차로 옳은 것은?

① 영양목표량 설정 → 식품구성 결정 → 메뉴(식단) 구성 결정 → 1일 식단표 완성 → 1일 메뉴 영양량 확인·수정
② 식품구성 결정 → 메뉴(식단) 구성 결정 → 1일 식단표 완성 → 1일 메뉴 영양량 확인·수정 → 영양목표량 설정
③ 메뉴(식단) 구성 결정 → 1일 식단표 완성 → 1일 메뉴 영양량 확인·수정 → 영양목표량 설정 → 식품구성 결정
④ 1일 식단표 완성 → 1일 메뉴 영양량 확인·수정 → 영양목표량 설정 → 식품구성 결정 → 메뉴(식단) 구성 결정
⑤ 1일 메뉴 영양량 확인·수정 → 영양목표량 설정 → 식품구성 결정 → 메뉴(식단) 구성 결정 → 1일 식단표 완성

해설 ①

식단계획 절차 : 영양목표량 설정 → 식품구성 결정 → 메뉴(식단) 구성 결정 → 1일 식단표 완성 → 1일 메뉴 영양량 확인·수정

47

식단(메뉴) 평가 방법으로 메뉴엔지니어링에 관한 설명으로 옳은 것은?

① 메뉴엔지니어링은 마케팅 접근에 의해 메뉴의 인기도와 수익성을 평가하는 기법이다.
② 선호도 높음 수익성 높음(stars) : 가격인상, 원가인하
③ 선호도 낮음 수익성 높음(puzzles) : 눈에 잘 띄는 위치에 세트메뉴 위치
④ 선호도 높음 수익성 낮음(plowhorses) : 메뉴삭제
⑤ 선호도 낮음 수익성 낮음(dogs) : 선호도 낮은 메뉴와 세트구성

해설 ①

메뉴엔지니어링
- 선호도 높음 수익성 높음(stars) : 눈에 잘 띄는 위치에 세트메뉴 위치
- 선호도 낮음 수익성 높음(puzzles) : 선호도 낮은 메뉴와 세트구성
- 선호도 높음 수익성 낮음(plowhorses) : 가격인상, 원가인하
- 선호도 낮음 수익성 낮음(dogs) : 메뉴삭제, 가격인상으로 puzzles로 이동

48

식사구성안 영양목표의 내용으로 옳지 않은 것은?

① 에너지 : 100% 에너지 필요추정량 섭취허용
② 단백질 : 총 에너지의 약 7~20% 권장
③ 지방 : 총 열량의 15~30% 권장
④ 식이섬유소 : 100% 충분섭취량
⑤ 첨가당 : 총 에너지의 20% 이내로 섭취

해설 ⑤

총 당류 섭취량 : 총 에너지 섭취량의 10~20% 제한, 특히 식품조리 및 가공 시 첨가당은 총 에너지 섭취량의 10% 이내로 섭취

49

구매시장 조사 원칙에 해당하지 않는 것은?

① 경제성의 원칙
② 적시성의 원칙
③ 탄력성의 원칙
④ 정확성의 원칙
⑤ 보편성의 원칙

해설 ⑤

구매시장 조사 원칙 : 경제성, 적시성, 탄력성, 정확성, 계획성의 원칙

50

식재료 구매에 필요한 장표를 옳게 설명한 것은?

① 물품구매명세서 : 구매하고자 하는 물품의 품질 및 특성기록 양식

② 구매청구서 : 주문하고자 하는 물품의 품목과 수량 기록

③ 발주서 : 구매하고자 하는 물품의 품목과 수량 기록

④ 납품서 : 물품사양서

⑤ 구입명세서 : 거래명세서

해설 ①

- 물품구매명세서(구입명세서, 물품명세서, 시방서, 물품사양서) : 구매하고자 하는 물품의 품질 및 특성기록 양식
- 구매청구서(구매요청서, 요구서) : 구매하고자 하는 물품의 품목과 수량 기록. 2부 작성(구매부서, 구매요구부서)
- 발주서(구매표, 발주전표) : 주문하고자 하는 물품의 품목과 수량 기록. 3부 작성(공급업자, 구매부서, 회계부서)
- 납품서(송장, 거래명세서) : 거래처에서 물품의 납품내역을 적어 납품 시 함께 가져오는 서식. 검수확인 서식

51

식재료 발주량 산출 시 필요한 항목이 아닌 것은?

① 1인분 중량(g) ② 영양가

③ 예상식수 ④ 폐기율

⑤ 가식부

해설 ②

식재료 발주량 산출 시 필요한 항목 : 1인분당 중량(g), 예상식수, 표준레시피로 얻은 식품 폐기율, 출고계수, 가식부율

52

발주방식에 관한 설명으로 옳은 것은?

① 정량발주방식은 계속실사방식이다.

② 정량발주방식에 적합한 품목은 수요예측이 가능한 것이다.

③ 정량발주방식은 정기실사방식이다.

④ 정기발주방식은 저가로 재고 부담이 적은 품목 발주에 적합하다.

⑤ 정기발주방식은 발주점방식이다.

해설 ①

발주 방식	특성	적합품목
정량 발주 방식	계속실사방식, 발주점 방식, 재고량이 발주점에 도달하면 일정량 발주	저가품목으로 재고부담 적고 항상 수요가 있어 일정량의 재고를 보유해야 하는 품목, 수요예측 어려운 것, 사장품(死藏品)이 될 우려가 적은 것
정기 발주 방식	정기실사방식, 정기적으로 일정시기마다 적정발주량(최대재고량-현 재고량) 발주	고가여서 재고부담이 큰 것, 조달기간이 오래 걸리는 것, 수요예측이 가능한 것 등

53

원가분석에서 간접비에 해당하는 것은?

① 재료비 ② 노무비

③ 기초원가 ④ 직접경비

⑤ 판매비

해설 ⑤

[핵심정리 p.160 참고]

54

급식생산성 지표에 관한 설명으로 옳은 것은?

① 노동생산성 지표와 비용생산성 지표가 있다.

② 노동생산성 지표에는 1식당 인건비용이 있다.

③ 노동생산성 지표에는 1식당 총비용이 있다.

④ 비용생산성 지표에는 1시간당 식수가 있다.

⑤ 비용생산성 지표에는 1식당 소요시간이 있다.

해설 ①

급식생산성 지표	
노동생산성 지표	비용생산성 지표
작업시간당 식수, 1식당 작업시간, 작업시간당 식사량, 작업시간당 서빙수	1식당 인건비용, 1식당 총비용

55

검수에 대한 설명으로 옳은 것은?

① 검수 절차는 납품물품과 주문한 내용, 납품서의 대조 및 품질검사 → 인수물품 입고 → 물품의 인수 또는 반품 → 검수 기록 및 문서정리
② 식품 검수 시 재고량을 확인한다.
③ 검수 절차는 물품의 인수 또는 반품 → 납품물품과 주문한 내용, 납품서의 대조 및 품질검사 → 인수물품 입고 → 검수 기록 및 문서정리
④ 검수란 납품된 식재료와 물품의 품질, 선도, 위생, 수량, 규격이 주문내용과 일치하는지 검사하여 수령여부를 판단하는 과정이다.
⑤ 고가품에 적합한 검수방법은 발췌검사이다.

해설 ④

(1) **검수** : 납품된 식재료와 물품의 품질, 선도, 위생, 수량, 규격이 주문내용과 일치하는지 검사하여 수령여부를 판단하는 과정
(2) **검수절차** : 납품물품과 주문한 내용, 납품서의 대조 및 품질검사 → 물품의 인수 또는 반품 → 인수물품 입고 → 검수 기록 및 문서정리
(3) **검수방법**
- 전수검사 : 납품된 식재료를 전부 검사. 고가품에 적합, 시간과 비용 많이 소요
- 발췌검사 : 일부 식재료를 무작위로 검사. 대량구입 경우, 검사항목이 많은 경우, 검수비용과 시간을 절약해야 하는 경우, 납품된 식재료 중에서 일부 시료를 뽑아서 검사한 후 그 결과를 판정기준과 비교하여 합격여부를 결정하는 방법

56

재고관리에 관한 설명으로 옳은 것은?

① 영구재고조사는 주기적으로 보유물품 수량과 목록 조사이다.
② 실시재고조사는 계속적으로 적정재고량의 유지관리이다.
③ 최소-최대 관리방식은 재고물품의 가치도로 분류한다.
④ ABC 관리방식은 급식소에서 많이 사용한다.
⑤ ABC 관리방식의 등급분류는 전체재고량에 대해 A(10~20%), B(20~40%), C(40~80%)로 구분한다.

해설 ⑤

재고관리기법
- ABC 관리방식 : 재고를 물품의 가치도에 따라 A(전체 재고량의 10~20%), B(전체 재고량의 20~40%), C(전체 재고량의 40~80%)의 세 등급으로 분류(파레토 분석 이용)
- 최소-최대 관리방식(급식소에서 많이 사용) : 적정량 주문하여 최대한의 재고량 보유

57

건조창고 관리에 관한 내용으로 옳은 것은?

① 적정온도 : 30~35℃
② 적정습도 : 50~60%
③ 식품과 비식품을 함께 보관한다.
④ 식품보관실에 소독액을 함께 보관한다.
⑤ 생선류를 보관한다.

해설 ②

건조창고 관리
- 적정온도(15~25℃), 적정습도(50~60%), 온도계와 습도계 비치
- 선입선출, 식품과 비식품 분리보관, 유통기간 짧은 순으로 진열
- 물품 명표 부착(입고일자, 품명, 포장내용량, 수량 등)
- 곡류, 조미료, 건물류, 통조림, 병조림, 채소류, 침채류 등 보관
- 바닥과 벽에서 식품의 이격보관(15m 이상)
- 직사광선 피하고, 방풍·통기·환기·방충·방서관리
- 실온 유지대용량 제품 소분 시 제품명과 유통기한 표시

58

표준레시피의 구성요소가 아닌 것은?

① 식재료 이름 ② 재료량
③ 재고량 ④ 조리법
⑤ 배식방법

해설 ③

표준레시피의 구성요소 : 식재료 이름, 재료량, 조리법, 총생산량과 1인분량, 배식방법

59

표준레시피 사용의 장점은?

① 생산량 예측 및 균일한 음식의 질 유지
② 표준화 작업에 시간 소요
③ 종업원 훈련 필요
④ 종업원의 부정적 태도
⑤ 인건비 감소 어려움

해설 ①

표준레시피 사용	
장점	단점
• 생산량 예측 및 균일한 음식의 질 유지 • 인건비 감소와 감독편리 • 효율적 생산계획 가능	• 표준화 작업에 시간 소요 • 종업원 훈련 필요 • 종업원들의 부정적 태도

60

배식의 적온급식에 관한 설명으로 옳은 것은?

① 조리 후 3시간 이내에 배식한다.
② 뜨거운 음식은 뜨겁게 배식 : 57℃ 이상
③ 찬 음식은 차갑게 배식 : 10℃ 이하
④ 뜨거운 음식은 상차림 후에 조리한다.
⑤ 찬 음식은 배식 전까지 보냉한다.

해설 ②

배식의 적온급식
• 뜨거운 음식은 뜨겁게(57℃ 이상) – 상차림 직전에 조리완료
• 찬 음식은 차갑게(5℃ 이하) – 배식까지 보냉
• 조리 후 2시간 이내 공급
• 조리에서 배식까지 시간 단축
• 음식의 중심온도 관리

61

보존식에 대한 설명으로 옳지 않은 것은?

① 보존식은 식중독 사고의 원인 규명을 위한 검체용으로 냉동보관하는 음식이다.
② 배식 직전에 소독된 보존식 전용용기나 멸균봉투(일반 지퍼백 허용)에 1인분량씩 담아 냉동보관
③ 보존식 냉동온도 : -18℃
④ 보존식 냉동보관 시간 : 144시간 이상
⑤ 보존식 냉동보관 시간 : 72시간 이상

해설 ⑤

보존식 보관온도 및 시간 : -18℃에서 144시간 이상

62

작업공정별 위생관리로 청결작업구역에 해당하는 조리공정은?

① 검수 ② 전처리
③ 식재료 저장 ④ 가열처리
⑤ 세정구역

해설 ④

• 일반작업구역 : 검수, 전처리, 식재료, 저장, 제정구역
• 청결작업구역 : 조리, 배선, 식기보관, 식품절임, 가열처리

63

조리종사자의 위생관리에 관한 설명으로 옳지 않은 것은?

① 건강검진은 1년 1회 실시
② 학교급식 조리종사자의 건강검진은 6개월 1회 실시
③ 매주 조리작업 전에 건강상태 체크
④ 조리종사자의 손, 얼굴에 화농성 상처나 종기가 있을 때에 조리작업에서 제외
⑤ 건강검진으로 장티푸스, 폐결핵 및 전염성 피부질환 검진

해설 ③

매일 조리작업 전 건강상태를 체크한다(발열, 설사, 복통, 구토, 화농성 상처 등).

64

조도가 가장 밝은 조리구역은?

① 주조리구역 ② 전처리구역
③ 식품저장구역 ④ 배선구역
⑤ 검수구역

해설 ⑤

조리구역의 조도
- 주조리구역(300~400 Lux 이상)
- 전처리, 식품저장구역(220 Lux 이상)
- 배선구역(300 Lux 이상)
- 검수구역(540 Lux 이상)

65

원가에 대한 설명으로 옳은 것은?

① 원가의 3요소는 재료비(식재료비), 인건비, 경비이다.
② 간접비는 특정제품에 사용되는 확실한 비용이다.
③ 직접비는 여러 제품에 공통으로 사용되는 비용이다.
④ 임대료는 변동비이다.
⑤ 판매수수료는 고정비이다.

해설 ①

(1) 원가의 3요소 : (식)재료비, 인건비, 경비

(2) 원가의 분류

① 제품 생산 관련성에 따른 분류 ; 직접비, 간접비

직접비	특정 제품에 사용이 확실한 비용. 직접재료비, 직접노무비, 직접경비(제조간접비 포함 전의 원가의 기초)
간접비	여러제품에 공통 또는 간접으로 소비되는 비용(제조간접비, 판매비, 일반관리비)

② 생산량과 비용에 따른 분류

고정비	생산량 증감에 관계없이 항상 일정하게 발생하는 비용(임대료, 세금, 보험, 수선유지비, 수도광열비, 감가상각비 등)
변동비	생산량 증가로 비례적으로 증가(직접 식재료비, 직접 노무비, 판매수수료 등)
반변동비 (준변동비)	고정비와 변동비 성격 동시 가짐(일시고용인)

66

다음 중 식품위생법에 명시된 식품 등에 해당하지 않는 것은?

① 식품 ② 식품첨가물
③ 기구 ④ 용기
⑤ 약품

해설 ⑤

- 식품이란 모든 음식물(의약으로 섭취하는 것은 제외한다)을 말한다.(식품위생법 제2조)
- 식품 등 : 식품, 식품첨가물, 기구, 용기, 포장

67

식품위생범위에서 내인성 위해요인에 해당하는 것은?

① 식물성 자연독 ② 식중독균
③ 불허용 첨가물 ④ 잔류농약
⑤ 중금속

해설 ①

- 내인성 위해요인 : 식물성 자연독, 동물성 자연독, 생리작용 성분(식이성 알레르기)
- 외인성 위해요인 : 생물학적 요소(식중독균, 감염병균, 기생충 등), 의도적 첨가물(불허용 첨가물), 비의도적 첨가물(잔류농약, 방사성물질, 환경오염물질, 기구·용기·포장 용출물, 항생물질 등), 가공과오(중금속 등)
- 유기성 위해요인 : 식품의 제조·가공·저장 등의 과정 중 생성

68

세균에 의한 경구감염병은?

① 급성회백수염(소아마비-폴리오)
② 콜레라
③ 유행성이하선염
④ 와일씨병
⑤ 말라리아

해설 ②

경구감염병
- 세균 : 콜레라, 이질, 성홍열, 디프테리아, 백일해, 페스트, 유행성뇌척수막염, 장티푸스, 파상풍, 결핵, 폐렴, 나병
- 바이러스 : 급성회백수염(소아마비-폴리오), 유행성이하선염, 광견병(공수병), 풍진, 인플루엔자, 천연두, 홍역, 일본뇌염
- 리케차 : 발진티푸스, 발진열, 양충병 등
- 스피로헤타 : 와일씨병, 매독, 서교증, 재귀열 등
- 원충성 : 말라리아, 아메바성 이질, 수면병 등

69

세균성 식중독으로 감염형 식중독에 해당하는 것은?

① 클로스트리듐 보튤리늄
② 황색포도상구균
③ 바실러스 세레우스
④ 노로바이러스
⑤ 리스테리아 모노사이토제네스

해설 ⑤

(1) 세균성 식중독
- 감염형 식중독 : 살모넬라, 장염비브리오, 병원성대장균, 캄필로박터 제주니, 엔테로콜리티카, 리스테리아 모노사이토제네스
- 독소형 식중독 : 클로스트리듐 보튤리늄, 황색포도상구균, 바실러스 세레우스(구토형)
- 중간형 식중독(생체 내 독소형) : 클로스트리듐 퍼프린젠스, 바실러스 세레우스(설사형)

(2) 바이러스성 식중독
- 노로바이러스, 로타바이러스, 아스트로바이러스, 장관아데노바이러스, 간염A바이러스, 간염E바이러스

70

바이러스에 의한 인수공통감염병은?

① 장출혈성대장균감염증(소)
② 결핵(소)
③ 조류인플루엔자(가금류, 야생조류)
④ 야토병(산토끼, 다람쥐)
⑤ 쯔쯔가무시병(진드기)

해설 ③

인수공통감염병
- 세균 : 장출혈성대장균감염증(소), 브루셀라증(파상열)(소, 돼지, 양), 탄저(소, 돼지, 양), 결핵(소), 변종크로이츠펠트-야콥병(소), 돈단독(돼지), 렙토스피라(쥐, 소, 돼지, 개), 야토병(산토끼, 다람쥐)
- 바이러스 : 조류인플루엔자(가금류, 야생조류), 일본뇌염(빨간집모기), 광견병(=공수병)(개, 고양이, 박쥐), 유행성출혈열(들쥐), 중증급성호흡기증후군(SARS)(낙타)
- 리케차 : 발진열(쥐벼룩, 설치류, 야생동물), Q열(소, 양, 개, 고양이), 쯔쯔가무시병(진드기)

71

식품의 부패 판정에서 화학적 검사에 해당하는 것은?

① 외관검사
② 경도 측정
③ 휘발성염기질소량 측정
④ 색도 측정
⑤ 일반세균수

해설 ③

식품의 부패 판정
- 관능검사 : 시각, 후각, 미각, 촉각, 청각 등을 이용하여 판정
- 물리적 검사 : 경도, 점도, 탄성, 색, 전기저항 등 측정
- 화학적 검사 : 휘발성염기질소(VBN), 트리메틸아민(TMA), 히스타민, pH, K값
- 생물학적 검사 : 일반세균수

72

기생충에 대한 설명으로 옳은 것은?

① 야채에서 검출되는 기생충은 회충이다.
② 육류에서 검출되는 기생충은 구충이다.
③ 야채에서 검출되는 기생충은 중간숙주가 하나 있다.
④ 어패류에서 검출되는 기생충은 요충이다.
⑤ 어패류는 중간숙주가 없다.

해설 ①

기생충의 분류

식품	숙주	기생충
야채	중간숙주 없음	회충, 요충, 편충, 구충(십이지장충), 동양모양선충
수육	중간숙주 1개	무구조충(소), 유구조충(갈고리촌충)(돼지), 선모충(돼지 등 다숙주성), 만손열두조충(닭)
어패류	중간숙주 2개	간흡충, 폐흡충, 요코가와흡충, 광절열두조충, 유극악구충, 아니사키스충, 만손열두조충

73

식품의 변질에 대한 용어 정의로 틀린 것은?

① 변질 : 물리적, 화학적, 생물학적인 요인에 의하여 식품의 관능적인 특징(맛, 향, 색, 조직감 등) 및 영양학적 특징(탄수화물, 단백질, 지방 등)이 나빠진 상태

② 부패 : 단백질성 식품이 미생물의 작용으로 분해되어 아민, 암모니아, 황화수소 등 각종 악취성분이나 유해물질이 생성되어 섭취할 수 없는 상태

③ 변패 : 주로 지방에 많이 함유된 식품이 미생물에 의해 분해, 변질되어 맛과 냄새 등이 변화되는 것

④ 산패 : 미생물이 아닌 산소, 햇빛, 금속 등에 의하여 지질이 산화, 변색, 분해되는 현상

⑤ 발효 : 미생물의 작용으로 식품 성분이 분해되어 유기산, 알코올 등 각종 유용한 물질이 생성되거나 유용하게 변화되는 것

해설 ③

변패 : 주로 탄수화물성 식품이 미생물에 의해 분해, 변질되어 맛과 냄새 등이 변화되는 것

74

가스저장법에 관한 설명으로 옳지 않은 것은?

① 공기 중의 이산화탄소, 산소, 질소가스 등을 온도, 습도 등을 고려하여 저장(CA저장)

② 대기 공기조성(질소 78%, 산소 21%, 이산화탄소 0.03%)을 인위적으로 변화

③ 질소 92%, 산소 3%, 이산화탄소 5% 농도로 조절 및 0~4℃ 저온저장

④ 야채류의 호흡작용, 산화작용 등을 억제하여 저장기간 연장

⑤ 가스저장법은 미생물을 살균하는 저장법

해설 ⑤

가스저장법은 미생물의 살균이 아닌 야채류의 호흡작용, 산화작용 등을 억제하여 저장기간을 연장시키는 방법이다.

75

초고온순간살균법의 살균온도와 시간은?

① 62~65℃, 20~30분

② 70~75℃, 10~20초

③ 130~150℃, 1~5초

④ 121℃, 15~20분

⑤ 160℃, 1시간 이상

해설 ③

- 저온장기간살균(LTLT) : 62~65℃, 20~30분
- 고온단기간살균(HTST) : 70~75℃, 10~20초
- 초고온순간살균(UHT) : 130~150℃, 1~5초

76

다음에 열거한 화학적 소독제의 사용농도가 맞게 연결된 것은?

① 승홍(염화제2수은, $HgCl_2$) : 0.3%

② 페놀(석탄산) : 1% 수용액

③ 차아염소산나트륨(NaOCl) : 2%

④ 에탄올 : 70% 수용액

⑤ 과산화수소(H_2O_2) : 0.3% 수용액

해설 ④

종류	사용농도 및 대상
승홍(염화제2수은, $HgCl_2$)	0.1% 수용액. 무균실
머큐로크롬	2% 수용액. 상처, 점막, 피부
요오드 용액	3~4%. 피부
염소(Cl_2)	음용수 잔류염소량 0.1~0.2ppm
생석회(CaO)	20~30%. 분뇨, 토사물, 토양 등
차아염소산나트륨(NaOCl)	0.01~1%
과산화수소(H_2O_2)	3% 수용액. 상처
과망간산칼륨($KMnO_4$)	피부 0.1 ~0.5%. 포자형성균 4%
오존(O_2)	3~4g/L(물 소독)
붕산(H_2BO_3)	2~3%. 점막, 눈세척
페놀(석탄산, C_6H_5OH)	3% 수용액. 소독제 효능 표시
크레졸(C_7H_2O)	1~3% 수용액
역성비누	10% 원액을 희석하여 사용
에탄올	70% 수용액

77

살모넬라 식중독에 대한 설명으로 옳은 것은?

① 원인균 : *Salmolnella typhimurium, Salmolnella enteritidis*

② 그람양성

③ 열에 비교적 강하여 62~65℃ 30분 가열해도 사멸하지 않음

④ 원인 식품 : 어패류

⑤ 나선균

해설 ①

살모넬라 식중독

원인균	• *Salmolnella typhimurium, Salmolnella enteritidis* • 통성혐기성, 그람 음성, 간균(막대균), 무포자형성균, 주모성편모
오염원 및 원인식품	• 주로 5~9월 여름철 및 연중 발생 • 닭, 돼지, 소등의 주요 보균동물 및 환자로부터 오염 • 달걀의 경우 난각을 통해 침입 후 난황부근에서 증식, 병아리에 수직 감염 • 생고기, 가금류, 육류가공품, 달걀, 유제품
증상	• 잠복기 : 12~36시간(길다) • 심한 고열(38~40℃, 2~3일 지속), 구토, 복통, 설사(수양성, 점액 또는 점혈변) • 치사율은 낮다.
예방법	• 보균자에 의한 식품오염도 주의 • 식품 완전히 조리 • 식품 62~65℃ 30분 가열

78

내열성 장독소를 생성하고 생성된 독소는 고온에서도 파괴되지 않는 세균성 식중독균은?

① 여시니아 식중독 ② 황색포도상구균 식중독

③ 장염비브리오 식중독 ④ 캠필로박터 식중독

⑤ 리스테리아 식중독

해설 ②

황색포도상구균 식중독의 원인균

- *Staphylococcus aureus*
- 그람양성, 통성혐기성, 포도송이모양 구균, 무포자, 화농성균
- 사람과 동물의 피부, 모발, 후두 및 비강 점막, 장관 내 존재
- 생육범위 10~45℃, 최적온도는 35~37℃, 내염성, 내건성, 저온저항성
- 65℃에서 30분, 80℃에서 10분 가열로 사멸
- 내열성 장독소(enterotoxin) 생성, 독소 생성 후 가열해서 먹어도 식중독 발생 가능

79

식물성 식중독으로 식물과 독성분이 맞게 연결된 것은?

① 독버섯 : 솔라닌(solanin)

② 부패감자 : 무스카린(Muscarine)

③ 면실유 : 고시폴(gossypol)

④ 청매 : 셉신(sepsin)

⑤ 오색콩(버마콩) : 아미그달린(amygdaline)

해설 ③

식물성 식중독

(식물 : 독성분)

- 독버섯 : 무스카린(Muscarine), 아마니타톡신(Amanitatoxin), 무스카리딘(Muscaridine)
- 감자싹 : 솔라닌(solanin)
- 부패감자 : 셉신(sepsin)
- 면실유 : 고시폴(gossypol)
- 청매 : 아미그달린(amygdaline)
- 오색콩(버마콩) : 파세오루나틴(phaseolunatin)

80

동물성 식중독으로 동물과 독성분이 맞게 연결된 것은?

① 복어 : 테트로도톡신(tetrodotoxin)

② 섭조개 : 베네루핀(venerupin)

③ 바지락 : 삭시톡신(saxitoxin)

④ 소라 : 오카다산(okadaic acid)

⑤ 아열대 서식 독성 어류 : 테트라민(tetramine)

해설 ①

동물성 자연독

동물	독성분
복어	복어 : 테트로도톡신(tetrodotoxin) – 복어의 생식기(특히, 난소, 알), 청색증(cyanosis) 현상
섭조개, 홍합, 대합조개	삭시톡신(saxitoxin)
모시조개, 바지락, 굴	베네루핀(venerupin)
진주담치, 큰가리비, 백합	오카다산(okadaic acid)
소라 고둥 등	테트라민(tetramine)
열대, 아열대 서식 독성 어류	시구아톡신(ciguatoxin) – 가열조리로 파괴되지 않음

81

신장독을 생성하는 곰팡이독소는?

① 아플라톡신(aflatoxin)

② 파튤린(patulin)

③ 시트레오비리딘(citreoviridin)

④ 시트리닌(citrinin)

⑤ 사이클로클로로틴(cyclochlorotin)

해설 ④

곰팡이독소

- 간장독 : 아플라톡신(aflatoxin), 오크라톡신(ochratoxin), 사이클로클로로틴(cyclochlorotin), 루브라톡신(rubratoxin)
- 신장독 : 오크라톡신(ochratoxin), 시트리닌(citrinin)
- 신경독 : 파튤린(patulin), 시트레오비리딘(citreoviridin)

82

화학적 식중독으로 지용성이며 인체의 지방조직에 축적하여 만성중독을 일으키고 잔류성이 큰 농약은?

① 유기염소제 ② 유기인제

③ 카바마이트계 ④ 파라티온(Parathion)

⑤ 말라티온(malathion)

해설 ①

(1) 유기염소제

- 유기인제에 비해 독성 낮음
- 지용성, 인체의 지방조직에 축적으로 만성중독 일으킴
- 잔류성 큼
- 종류 : DDT, DDD, BHC, 알드린 등

(2) 유기인제

- 독성이 강하여 급성독성이나 체내 분해 빨라 잔류성 적음
- 체내 흡수 시 콜린에스터레이스(Cholinesterase) 작용 억제로 아세틸콜린의 분해를 저해로 아세틸콜린 과잉축적으로 신경흥분 전도 불가능. 신경자극 전달 억제
- 종류 : 파라티온(Parathion), 말라티온(malathion), 다이아지논(diazinon) 등

(3) 카바마이트계

- 유기염소계 사용 금지에 따라 그 대용으로 사용
- 독성이 상대적으로 낮음
- 콜린에스터라아제의 저해 작용
- 종류 : NMC, BPMC, CPMC 등

83

중금속에 의한 질환으로 맞게 연결된 것은?

① 납 : 난청

② 수은 : 연산통

③ 카드뮴 : 이타이이타이병

④ 구리 : 비중격천공

⑤ 크롬 : 간 색소 침착

해설 ③

- 납 : 통조림의 땜납, 도자기(안료). 주로 뼈에 침착, 납통증(연산통), 빈혈
- 수은 : 유기수은-메틸수은, 미나마타병, 보행장애, 언어장애, 난청
- 카드뮴 : 이타이이타이병, 신장의 칼슘 재흡수 억제, 만성 신장독성 유발
- 구리 : 주방용기(놋그릇 등)의 염기성 녹청, 간의 색소 침착
- 크롬 : 피부암, 간장장애, 비중격천공(콧구멍에 구멍 뚫림)

84

음식을 고온으로 가열하면 지방, 탄수화물, 단백질이 탄화되어 생성하는 물질로 숯불고기, 훈연제품, 튀김유지 등 가열분해에 의해 생성되는 유해성분은?

① 나이트로사민 ② 아크릴아마이드

③ 에틸카바메이트 ④ 다환방향족탄화수소

⑤ 바이오제닉아민

해설 ④

[핵심정리 p.179 참고]

85

유해감미료에 해당하는 것은?

① 둘신(dulcin) ② 롱갈리트(rongalite)

③ 붕산(H_2BO_3) ④ 아우라민(auramine)

⑤ 삼염화질소(NCl_3)

해설 ①

- 유해감미료 : 둘신(dulcin), 에틸렌글리콜(ethylene glycol), 페릴라틴(perillartine), 니트로톨루이딘(ρ-nitro-o-toluidine), 시클라메이트(cyclamate)
- 유해표백제 : 롱갈리트, 형광표백제, 삼염화질소
- 유해보존료 : 붕산, 포름알데하이드, 승홍, 불소화합물, 나프톨, 살리실리산
- 유해착색료 : 아우라민, 로다민B

86

방향족 유기화합물로 가장 위험하고 주로 소각장에서 배출되어 매우 낮은 농도로 독성을 유발하여 면역계 및 생식계통에 치명적인 영향으로 선천적 기형 및 발암의 원인이 되는 환경오염물질은?

① PCB(PolyChloroBiphenyls)

② 다이옥신(Dioxin)

③ 포름알데하이드(HCHO)

④ 살리실리산(salicylic acid)

⑤ 페릴라틴(perillartine)

해설 ②

- PCB(PolyChloroBiphenyls) : 가공된 미강유를 먹는 사람들이 색소침착, 발진, 종기 등의 증상을 나타내는 괴질
- 포름알데하이드(HCHO) : 강한 살균과 방부작용
- 살리실리산(salicylic acid) : 유산균과 초산균에 강한 항균성
- 페릴라틴(perillartine) : 유해감미료

87

저농도에서 고농도까지 일정 용량별로 1회 투여 후 1주간 관찰하여 50% 치사량(LD_{50})을 구하는 독성시험은?

① 급성독성시험 ② 아급성독성시험

③ 만성독성시험 ④ 아만성독성시험

⑤ 장기독성시험

해설 ①

독성시험

- 급성독성시험 : 저농도에서 고농도까지 일정 용량별로 1회 투여 후 1주간 관찰하여 50% 치사량(LD_{50})을 구하는 시험
- 아급성독성시험 : 실험동물 수명의 1/10기간(대략 1~3개월 정도)에서 치사량(LD_{50}) 이하의 여러 용량을 투여하여 생체에 미치는 영향을 관찰하는 시험. 만성독성 시험의 투여량 결정을 위한 예비시험
- 만성독성시험 : 비교적 소량의 시험물질을 실험동물에 장기간(1~2년) 계속 투여하여 생체 내의 장애 또는 중독이 일어나는지 관찰하는 시험
- 최대무작용량 판정 목적 : 실험동물이 평생 동안 매일 투여해도 아무런 영향이 나타나지 않는 1일 투여 최대량(mg/동물체중kg)

88

집단급식소의 정의에 해당하지 않는 것은?

① 영리 목적

② 특정다수인 대상

③ 계속하여 음식물 공급

④ 1회 50인 이상

⑤ 기숙사, 학교 등

해설 ①

집단급식소 정의(식품위생법 제2조)

- 영리를 목적으로 하지 아니하면서 특정 다수인에게 계속하여 음식물을 공급하는 곳의 급식시설
- 1회 50인 이상 식사 제공
- 기숙사, 학교, 유치원, 어린이집, 병원, 사회복지시설, 산업체, 공공기관, 그 밖의 후생기관 등

89

식품위생법상 영업에 종사하지 못하는 질병이 아닌 것은?

① 결핵(비감염성인 경우는 제외한다)

② 콜레라

③ 장티푸스

④ 피부병 또는 그 밖의 고름형성(화농성) 질환

⑤ 신장염

해설 ⑤

식품위생법상 영업에 종사하지 못하는 질병(시행규칙 제50조)

- 결핵(비감염성인 경우는 제외한다)
- 콜레라, 장티푸스, 파라티푸스, 세균성이질, 장출혈성대장균감염증, A형간염
- 피부병 또는 그 밖의 고름형성(화농성) 질환
- 후천성면역결핍증(성매개감염병에 관한 건강진단을 받아야 하는 영업에 종사하는 사람만 해당)

90

집단급식소를 설치 운영하려는 자(A)와 집단급식소를 설치 운영하는 자(B)의 식품 위생 교육 시간이 옳게 연결된 것은?

① A: 4 B : 1
② A: 5 B : 2
③ A: 6 B : 3
④ A: 7 B : 4
⑤ A: 8 B : 5

해설 ③

식품위생교육(식품위생법 제41조)

구분	업종	시간
영업을 하려는 자가 받아야 하는 식품 교육	식품제조가공업, 식품첨가물제조업, 공유주방운영업	8시간
	식품운반업, 식품소분판매업, 식품보존업, 용기포장제조업	4시간
	즉석판매제조가공업, 식품접객업(휴게음식점영업, 일반음식점영업, 단란주점영업, 유흥주점영업, 위탁급식영업, 제과점영업)	6시간
	집단급식소를 설치운영하려는 자	6시간
영업자와 종업원이 받아야 하는 식품 교육	식품제조가공 등 관련 영업자(식용얼음판매업자와 식품자동판매기영업자 제외)	3시간
	유흥주점영업의 유흥종사자	2시간
	집단급식소를 설치운영하는 자	3시간

91

HACCP(Hazard Analysis Critical Control Point) : "해썹" 또는 "식품 및 축산물 안전관리인증기준"에서 준비단계 5절차에 해당하지 않는 것은?

① HACCP팀 구성
② 제품설명서 작성
③ 제품 용도 확인
④ 공정흐름도 작성
⑤ 위해요소 분석

해설 ⑤

HACCP 7원칙 12절차

- 준비단계 5절차

절차 1	HACCP팀 구성
절차 2	제품설명서 작성
절차 3	제품용도 확인
절차 4	공정흐름도 작성
절차 5	공정흐름도 현장 확인

- HACCP 7원칙

절차 6(원칙 1)	위해요소 분석(HA)
절차 7(원칙 2)	중요관리점(CCP) 결정
절차 8(원칙 3)	한계기준(CL) 설정
절차 9(원칙 4)	모니터링 체계 확립
절차10(원칙 5)	개선조치 방법 수립
절차11(원칙 6)	검증절차 및 방법 수립
절차12(원칙 7)	문서화 및 기록유지 방법 설정

92

조리사에 관한 법적 규정으로 옳지 않은 것은?

① 집단급식소 운영자와 식품접객업 중 복어독 제거가 필요한 복어를 조리·판매하는 영업을 하는 자는 조리사를 두어야 한다.

② 집단급식소 운영자 또는 식품접객영업자 자신이 조리사로서 직접 음식물을 조리하는 경우 조리사를 두지 아니하여도 된다.

③ 1회 급식인원 100명 미만의 산업체인 경우는 조리사를 두지 아니하여도 된다.

④ 영양사가 조리사의 면허를 받은 경우 조리사를 두지 아니하여도 된다.

⑤ 1회 급식인원 50명 이상에서 조리사를 두어야 한다.

해설 ⑤

조리사(식품위생법 제51조)

집단급식소 운영자와 식품접객업 중 복어독 제거가 필요한 복어를 조리·판매하는 영업을 하는 자는 조리사를 두어야 한다.

다만, 다음 각 호의 어느 하나에 해당하는 경우에는 조리사를 두지 아니하여도 된다.

- 집단급식소 운영자 또는 식품접객영업자 자신이 조리사로서 직접 음식물을 조리하는 경우
- 1회 급식인원 100명 미만의 산업체인 경우
- 영양사가 조리사의 면허를 받은 경우

93

집단급식소에 근무하는 영양사의 직무가 아닌 것은?

① 구매식품의 검수(檢受) 및 관리

② 구매식품의 검수 지원

③ 급식시설의 위생적 관리

④ 집단급식소의 운영일지 작성

⑤ 종업원에 대한 영양 지도 및 식품위생교육

해설 ②

집단급식소에 근무하는 영양사 직무

- 집단급식소에서의 식단 작성, 검식(檢食) 및 배식관리
- 구매식품의 검수(檢受) 및 관리
- 급식시설의 위생적 관리
- 집단급식소의 운영일지 작성
- 종업원에 대한 영양 지도 및 식품위생교육

94

다음의 벌칙에 대한 내용으로 옳은 것은?

① 소해면상뇌증(狂牛病)에 걸린 동물을 사용하여 판매할 목적으로 식품 또는 식품첨가물을 제조·가공·수입 또는 조리한 자는 3년 이상의 징역

② 탄저병에 걸린 동물을 사용하여 판매할 목적으로 식품 또는 식품첨가물을 제조·가공·수입 또는 조리한 자는 2년 이상의 징역

③ 가금 인플루엔자에 걸린 동물을 사용하여 판매할 목적으로 식품 또는 식품첨가물을 제조·가공·수입 또는 조리한 자는 1년 이상의 징역

④ 해당하는 원료 또는 성분 등을 사용하여 판매할 목적으로 식품 또는 식품첨가물을 제조·가공·수입 또는 조리한 자는 2년 이상의 징역 : 마황(麻黃), 부자(附子), 천오(川烏), 초오(草烏), 백부자(白附子), 섬수(蟾수), 백선피(白鮮皮), 사리풀

⑤ 해당하는 원료 또는 성분 등을 사용하여 판매할 목적으로 식품 또는 식품첨가물을 제조·가공·수입 또는 조리한 자는 3년 이상의 징역 : 마황(麻黃), 부자(附子), 천오(川烏), 초오(草烏), 백부자(白附子), 섬수(蟾수), 백선피(白鮮皮), 사리풀

해설 ①

벌칙(식품위생법 제93조~98조)

① 해당 질병에 걸린 동물을 사용하여 판매할 목적으로 식품 또는 식품첨가물을 제조·가공·수입 또는 조리한 자는 3년 이상의 징역 : 소해면상뇌증(狂牛病), 탄저병, 가금 인플루엔자

② 해당하는 원료 또는 성분 등을 사용하여 판매할 목적으로 식품 또는 식품첨가물을 제조·가공·수입 또는 조리한 자는 1년 이상의 징역 : 마황(麻黃), 부자(附子), 천오(川烏), 초오(草烏), 백부자(白附子), 섬수(蟾수), 백선피(白鮮皮), 사리풀

95

학교급식의 위생안전관리기준으로 건강검진 기록보관기간은?

① 1년　② 2년
③ 3년　④ 4년
⑤ 5년

해설 ②

식품취급 및 조리작업자는 6개월에 1회 건강진단을 실시하고, 그 기록을 2년간 보관하여야 한다.(다만, 폐결핵검사는 연1회 실시)

96

학교급식법에 따라 원산지 표시를 거짓으로 적은 식재료를 사용하는 경우의 벌칙은?

① 3년 이하의 징역
② 5년 이하의 징역
③ 7년 이하의 징역
④ 5천만 원 이하의 벌금
⑤ 3천만원 이하의 벌금

해설 ③

벌칙(학교급식법 제23조)

① 7년 이하의 징역 또는 1억원 이하의 벌금
- 원산지 표시를 거짓으로 적은 식재료, 유전자변형농수산물의 표시를 거짓으로 적은 식재료

② 5년 이하의 징역 또는 5천만원 이하의 벌금 : 축산물의 등급을 거짓으로 기재한 식재료

③ 3년 이하의 징역 또는 3천만원 이하의 벌금
- 표준규격품의 표시, 품질인증의 표시 및 지리적표시를 거짓으로 적은 식재료 규정을 위반한 학교급식공급업자
- 출입·검사·열람 또는 수거를 정당한 사유 없이 거부하거나 방해 또는 기피한 자

97

국민건강증진법에 따라 정당한 사유 없이 건강검진의 결과를 공개한 자의 벌칙은?

① 3년 이하의 징역
② 1년 이하의 징역
③ 1천만 원 이하의 벌금
④ 100만 원 이하의 벌금
⑤ 없음

해설 ①

벌칙(국민건강증진법 제31조, 제32조)

① 3년 이하의 징역 또는 3천만원 이하의 벌금 : 정당한 사유 없이 건강검진의 결과를 공개한 자

② 1년 이하의 징역 또는 1천만원 이하의 벌금
- 광고내용의 변경 등 명령이나 광고의 금지 명령을 이행하지 아니한 자
- 경고문구를 표기하지 아니하거나 이와 다른 경고문구를 표기한 자
- 경고그림·경고문구·발암성물질·금연상담전화번호를 표기하지 아니하거나 이와 다른 경고그림·경고문구·발암성물질·금연상담전화번호를 표기한 자
- 담배에 관한 광고를 한 자
- 자격증을 빌려주거나 빌린 자
- 자격증을 빌려주거나 빌리는 것을 알선한 자

③ 100만원 이하의 벌금 : 정당한 사유없이 광고의 내용변경 또는 금지의 명령을 이행하지 아니한 자

98

보건복지부장관이 관계 중앙행정기관의 장과 협의하고 국민건강증진정책심의위원회의 심의를 거치는 국민영양 관리기본계획의 정기적인 수립기간은?

① 1년　② 2년
③ 3년　④ 4년
⑤ 5년

해설 ⑤

보건복지부장관은 관계 중앙행정기관의 장과 협의하고 국민건강증진정책심의위원회의 심의를 거쳐 국민영양 관리기본계획을 5년마다 수립한다.

99

영양사의 면허증 또는 임상영양사의 자격증을 빌려주거나 빌린 자의 벌칙은?

① 1년 이하의 징역
② 2년 이하의 징역
③ 3년 이하의 징역
④ 500만원 이하의 벌금
⑤ 300만원 이하의 벌금

해설 ①

벌칙(국민영양 관리법 제28조)

① 1년 이하의 징역 또는 1천만원 이하의 벌금
- 영양사의 면허증 또는 임상영양사의 자격증을 빌려주거나 빌린 자
- 영양사의 면허증 또는 임상영양사의 자격증을 빌려주거나 빌리는 것을 알선한 자

② 300만원 이하의 벌금 : 영양사 면허를 받지 아니한 사람이 영양사라는 명칭을 사용한 사람

100

영양사 보수교육은 몇 년마다 실시하는가?

① 1년 ② 2년
③ 3년 ④ 4년
⑤ 5년

해설 ②

영양사 보수교육은 2년마다 실시한다.

Part

III

실전 모의고사

실전모의고사 1회 1교시

1과목 영양학·생화학

01

다음은 영양밀도에 대한 설명으로 옳은 것은?

① 동량의 식품에서 칼로리가 높을수록 영양밀도는 높다.
② 동량의 식품에서 영양소가 적을수록 영양밀도가 높다.
③ 동일한 칼로리의 식품에는 영양밀도가 같다.
④ 탄산음료는 우유보다 영양밀도가 높다.
⑤ 영양밀도는 각 식품의 공급에너지에 대한 영양소 함량을 의미한다.

02

영양소의 에너지 적정비율이 바르게 연결된 것은?

① 탄수화물 : 50~60%
② 탄수화물 : 55~65%
③ 단백질 : 10~25%
④ 지질 : 15~30%(1~2세)
⑤ 지질 : 20~35%(3세 이상)

03

세포막을 통한 물질의 이동에서 운반체와 에너지가 필요한 흡수과정은?

① 단순확산 ② 촉진확산
③ 능동수송 ④ 삼투
⑤ 음세포작용

04

유당불내증과 관련이 있는 효소는?

① 아밀레이스 ② 말타아제
③ 락타아제 ④ 셀룰라아제
⑤ 수크라아제

05

십이지장에서 분비되고 췌장을 자극하여 알칼리성 췌장액 분비 촉진과 위 운동과 위산 분비를 억제하는 소화관 호르몬은?

① 위장관 호르몬 ② 가스트린
③ 세크레틴 ④ 콜레시스토키닌
⑤ 위 억제 펩티드

06

혈당을 저하시키는 혈당 조절 호르몬은?

① 인슐린 ② 글루카론
③ 에피네프린 ④ 갑상선호르몬
⑤ 성장호르몬

07

다음 중 수용성 식이섬유소에 해당하는 섬유소는?

① 셀룰로오스 ② 펙틴
③ 헤미셀룰로오스 ④ 리그닌
⑤ 채소 줄기에 함유

08

소장에서 흡수속도가 가장 빠른 당질은?

① 갈락토오스 ② 포도당
③ 과당 ④ 만노오스
⑤ 자일로오스

09

탄수화물 대사의 해당과정에 관한 내용으로 옳지 않은 것은?

① 미토콘드리아에서 해당과정이 시작된다.
② 육탄당 포도당이 삼탄당 피루브산으로 전환된다.
③ 호기적 해당과정은 미토콘드리아가 있는 세포에서 산소가 충분히 공급된다.
④ 혐기적 해당과정은 산소가 공급되지 않는 경우이다.
⑤ 혐기적 해당과정은 비효율적이지만 미토콘드리아가 없는 세포에서 에너지 공급이 가능하다.

10

유당이 소화·흡수 후 갈락토오스를 포도당으로 전환하는 갈락타아제가 간에서 합성되지 못하여 발생하는 유전적 질환은?

① 당뇨병
② 유당불내증
③ 갈락토세미아
④ 게실증
⑤ 저혈당증

11

다음 중에서 혈당지수(GI)가 가장 낮은 식품은?

① 떡
② 흰밥
③ 수박
④ 우유
⑤ 대두

12

올리고당에 대한 설명으로 옳지 않은 것은?

① 3~10개의 단당류로 구성
② 에너지를 거의 생성하지 않음
③ 비피더스균의 증식 자극
④ 변비 예방
⑤ 설탕보다 감미도가 높음

13

콜레스테롤에 대한 설명으로 옳지 않은 것은?

① 동물조직에서 발견
② 세포막의 구성성분(뇌, 신경조직, 세포원형질)
③ 생체 내에서는 합성되지 않고 식품에서 흡수됨
④ 성호르몬의 전구체
⑤ 담즙산의 전구체

14

ω-3계 지방산인 α-리놀렌산($C_{18:3}$)으로부터 합성할 수 있는 지방산은?

① EPA($C_{20:5}$)
② 리놀레산($C_{18:2}$)
③ γ-리놀렌산($C_{18:3}$)
④ 아라키돈산($C_{20:4}$)
⑤ 올레산($C_{18:1}$)

15

다음의 지단백질 종류와 특성이 바르게 연결된 것은?

① 킬로미크론 : 간에서 생성
② 초저밀도지단백질(VLDL) : 식사성 중성지방
③ 저밀도지단백질(LDL) : 내인성 중성지방
④ 저밀도지단백질(LDL) : 항동맥경화성 지단백
⑤ 고밀도지단백질(HDL) : 콜레스테롤을 말초조직에서 간으로 운반

16

근육에서 생성된 젖산이 간에서 포도당으로 재순환하는 경로는?

① 코리 회로
② 알라닌 회로
③ 해당작용
④ TCA 회로
⑤ 구연산 회로

17

세포질에서 일어나는 반응은?

① TCA 회로
② 지방산 합성
③ 지방산 분해
④ 요소 회로
⑤ 당신생

18

뇌에서 1분자의 포도당이 완전 산화할 때 생성하는 총 ATP 수는?

① 2
② 5
③ 7
④ 30
⑤ 32

19

심장에서 피루브산 2분자가 완전 산화할 때 생성하는 총 ATP 수는?

① 10
② 12.5
③ 20
④ 25
⑤ 30

20

주로 체내의 피하조직에 존재하는 저장지질은?

① 중성지질
② 인지질
③ 당지질
④ 지단백
⑤ 콜레스테롤

21

ω-6:ω-3 지방산의 에너지 적정비율은?

① 1 : 10~15
② 2 : 15~20
③ 3 : 15~20
④ 4~10 : 1
⑤ 10~15 : 1

22

세포막을 구성하는 주요 지질은?

① 중성지질
② 왁스
③ 레시틴
④ 세레브로이드
⑤ 스테롤

23

간에서 합성되며 지방의 소화흡수에 관여하는 물질은?

① 가스트린
② 콜레시스토키닌
③ 담즙
④ 리파아제
⑤ 콜레스테롤

24

스테아르산의 β-산화에 의한 ATP 생성수는?

① 117
② 118
③ 119
④ 120
⑤ 121

25

리놀레산의 β-산화에 의한 ATP 생성수는?

① 117
② 118
③ 119
④ 120
⑤ 121

26

섬유상 단백질에 해당하는 것은?

① 콜라겐
② 알부민
③ 글로불린
④ 헤모글로빈
⑤ 미오글로빈

27

생리활성물질인 카르니틴을 생성하는 아미노산은?

① 글루탐산 ② 글리신
③ 아르기닌 ④ 리신
⑤ 트립토판

28

혈장 단백질 합성에 관여하는 단백질과 기능이 바르게 연결된 것은?

① 알부민 : 지방산 운반
② 알부민 : 혈액 응고
③ α-글로불린 : 면역
④ β-글로불린 : 구리 운반
⑤ γ-글로불린 : 철 운반

29

다음 중 단순단백질의 특성이 다른 하나는?

① 글로불린 ② 미오신
③ 피브리노겐 ④ 글리시닌
⑤ 글루테닌

30

위에서 작용하는 단백질 활성형 효소는?

① 펩시노겐 ② 위산
③ 펩신 ④ 트립신
⑤ 키모트립신

31

양의 질소평형 상태가 아닌 것은?

① 성장기 ② 임신기
③ 화상 ④ 질환 후 회복기
⑤ 운동 후

32

아미노산 분해과정의 첫 단계는?

① 아미노기 전이반응
② 산화적 탈아미노반응
③ 아미노산의 탄소골격 분해
④ α-케토산 분해
⑤ 요소 합성

33

티로신 분해효소 결핍으로 티로신이 멜라닌으로 전환되지 않아 흰머리카락, 분홍피부의 유전적인 아미노산 대사 이상증상은?

① 페닐케톤증(PKU) ② 알비니즘(백피증)
③ 호모시스틴뇨증 ④ 단풍당뇨증
⑤ 마라스무스

34

유전정보물질로 RNA에서만 가지고 있는 피리미딘 염기는?

① 아데닌 ② 구아닌
③ 티민 ④ 시토신
⑤ 우라실

35

리보솜이 부착되어 있고 단백질 합성을 하는 세포소기관은?

① 핵 ② 미토콘드리아
③ 조면소포체 ④ 활면소포체
⑤ 골지체

36

효소 활성을 저해하는 가역적 저해제에 관한 내용으로 옳지 않은 것은?

① 가역적 저해제 : 저해제가 효소와 비공유결합 후 가역적으로 제해제 제거되어 효소를 원래 상태로 회복
② 가역적 저해제 : 경쟁적, 비경쟁적, 불경쟁적 저해제가 있음
③ 경쟁적 저해제 : 효소 저해방식, K_m는 증가, V_{max}는 불변
④ 비경쟁적 저해제 : 효소와 효소-기질 복합체 저해방식
⑤ 불경쟁적 저해제 : K_m는 증가, V_{max}는 불변

37

다음 중 비타민 특성이 다른 하나는?

① 비타민 A
② 비타민 B_1
③ 비타민 D
④ 비타민 E
⑤ 비타민 K

38

체내에서 레티놀로 전환하는 비타민 A의 전구체는?

① 레티노이드
② 레티날
③ 카로티노이드
④ 레티노산
⑤ 필로퀴논

39

비타민 E에 대한 설명으로 옳지 않은 것은?

① 메틸기 수와 위치에 따라 α, β, γ, δ-토코페롤과 α, β, γ, δ-토코트리엔으로 구분된다.
② 불포화지방산과 공존 시 쉽게 산화된다.
③ 항산화제 작용을 한다.
④ 생리활성은 β-토코페롤이 가장 크다.
⑤ 비타민 E는 자신이 쉽게 산화되어 다른 물질을 산화방지한다.

40

탈탄산조효소(TPP), 에너지대사 및 신경전달물질 합성에 관여하는 비타민은?

① 비타민 B_1(티아민)
② 비타민 B_2(리보플라빈)
③ 비타민 B_3(니아신)
④ 비타민 B_6(피리독신)
⑤ 비타민 C(아스코르브산)

41

Coenzyme A의 형태로 아세틸기를 운반하는 운반체로 신경전달물질인 아세틸콜린 합성에 관여하는 비타민은?

① 비타민 B_1(티아민)
② 비타민 B_2(리보플라빈)
③ 비타민 B_3(니아신)
④ 비타민 B_5(판토텐산)
⑤ 비타민 B_6(피리독신)

42

비타민 C의 특성이 아닌 것은?

① 사람, 원숭이의 일부 동물은 포도당으로부터 비타민 C를 합성한다.
② 사람은 글로노락톤 산화효소결핍으로 비타민 C를 합성하지 못하므로 반드시 섭취해야 한다.
③ 활성형은 환원형의 L-아스코르브산과 산화형의 L-디하이드로아스코르브산이다.
④ 2개의 활성형은 서로 가역적이다.
⑤ 신경전달물질을 합성한다.

43

빈혈과 관련되는 비타민이 아닌 것은?

① 비타민 E
② 비타민 B_6
③ 비타민 B_9
④ 비타민 B_{12}
⑤ 비타민 C

44

단일탄소(메틸기) 운반체로 헴 합성에 관여하는 비타민은?

① 비타민 B_2(리보플라빈)
② 비타민 B_5(판토텐산)
③ 비타민 B_6(피리독신)
④ 비타민 B_9(엽산)
⑤ 비타민 B_{12}(코발아민)

45

근육 수축·이완에 관여하는 무기질은?

① 염소　② 나트륨
③ 인　④ 칼슘
⑤ 황

46

글루타티온 산화효소성분이며 비타민 E 절약작용을 하는 무기질은?

① 철(Fe)　② 구리(Cu)
③ 아연(Zn)　④ 망간(Mn)
⑤ 셀레늄(Se)

47

cAMP 형성 필수적, 다양한 효소 활성 보조인자, 글루타티온 합성관여, 칼슘과 길항작용을 하는 무기질은?

① 칼슘　② 마그네슘
③ 나트륨　④ 칼륨
⑤ 황

48

세포외액의 주된 양이온 전해질은?

① 칼륨　② 인
③ 나트륨　④ 염소
⑤ 황

49

아동기에 성인의 2배로 커졌다가 그 후 감소하는 경향을 보이는 신체기관은?

① 뇌　② 간
③ 림프조직　④ 폐
⑤ 생식기관

50

월경주기에 따른 호르몬 분비과정의 설명으로 옳지 않은 것은?

① 뇌하수체전엽에서 난포자극호르몬(FSH) 분비되어 난소의 원시난포세포를 자극하여 성숙난포세포로 발육
② 에스트로겐 분비로 자궁내막 증식
③ 뇌하수체전엽에서 황체형성호르몬(LH) 분비로 성숙난포세포 파열시켜 배란(생리주기 14일경)되어 황체 형성
④ 프로게스테론 분비하여 자궁내막이 더욱 두꺼워지고 분비기능 시작으로 형성된 황체 퇴화
⑤ 황체 퇴화로 에스트로겐과 프로게스테론 분비 증가하여 월경시작

51

과잉섭취 시 임신초기에 유산, 기형아 출산 가능성이 있는 비타민은?

① 비타민 A　② 비타민 B_1
③ 비타민 B_3　④ 비타민 B_6
⑤ 비타민 C

52

다음 중 태반에서 분비되는 호르몬은?

① 옥시토신　② 프로락틴
③ 티록신　④ 알도스테론
⑤ 프로게스테론

53

뇌하수체전엽에서 분비되는 유즙생성을 촉진시키는 호르몬은?

① 프로게스테론
② 에스트로겐
③ 융모성 생식선자극호르몬(hCG)
④ 태반락토겐
⑤ 프로락틴

54

임신기 변비의 원인이 되는 호르몬은?

① 프로게스테론
② 에스트로겐
③ 융모성 생식선자극호르몬(hCG)
④ 태반락토겐
⑤ 프로락틴

55

철분과 비타민 B_{12}를 결합하고 영아의 위장관에서의 병원균 성장을 억제하는 모유 내 항감염성 인자는?

① 분비성 면역글로불린 A(sIgA)
② 락토페린
③ 라이소자임
④ 림프구
⑤ 비피더스 인자

56

적절한 이유식 시작 시기는?

① 3~4개월 ② 5~6개월
③ 7~8개월 ④ 9~10개월
⑤ 11~12개월

57

유아기의 충치 예방에 대한 설명으로 옳지 않은 것은?

① 치아 표면이 pH 5.5 이하이면 충치박테리아가 치아를 공격한다.
② 치아 표면 플라그의 pH 변화에 영향을 주지 않는 영양소를 섭취한다.
③ 단백질 음식을 섭취한다.
④ 칼슘과 인 함유식품을 섭취한다.
⑤ pH 5.5 이하로 저하시키는 식품(초콜릿, 당류 등)을 섭취한다.

58

집중력 부족, 과격한 행동 또는 충동적 증상으로 5~10%의 학령기 아동에서 발생하는 증상은?

① 비만
② 충치
③ 주의력결핍과잉행동장애(ADHD)
④ 빈혈
⑤ 편식

59

청소년기, 사춘기 소녀의 극심한 다이어트로 발생되는 섭식장애 증상은?

① 거식증
② 폭식증
③ 마구먹기 장애
④ 신경성 탐식증
⑤ 폭식과 장 비우기를 교대로 반복

60

장시간 운동 후의 생리적 변화는?

① 혈당 증가 ② 글리코겐 저장 증가
③ 티아민 요구량 감소 ④ 근육 젖산 증가
⑤ 호흡계수 증가

2과목 영양교육·식사요법·생리학

61

영양교육의 의의에 해당하는 것은?

① 질병 예방
② 질병 치료
③ 의료비 절감
④ 습득한 지식에 의한 태도 전환 및 실천
⑤ 영양지식 습득

62

영양교육의 효과로 판단되지 않는 것은?

① 국민의 질병예방에 의한 건강증진
② 정신적 도덕성 저하
③ 개인 체력 향상
④ 식생활 향상에 의한 국민복지 기여
⑤ 질병감소

63

개인이나 집단에서 영양지식이 증가하여 식태도가 변하여 행동의 변화가 일어난다는 영양교육이론은?

① KAB 모델
② 건강신념 모델
③ 사회인지론 모델
④ 행동변화단계 모델
⑤ 개혁확산 모델

64

영양교육의 요구진단 과정으로 건강문제 파악방법이 다른 하나는?

① 질병발생률
② 유병률
③ 질병별 사망률
④ 대상자 인터뷰
⑤ 역학자료

65

영양교육이론으로 행동변화단계 모델의 교육단계가 바르게 나열된 것은?

① 인지부족 → 생각 중 → 계획 세움 → 행동실천 → 행동유지 → 습관화
② 생각 중 → 인지부족 → 계획 세움 → 행동실천 → 행동유지 → 습관화
③ 계획 세움 → 생각 중 → 인지부족 → 행동실천 → 행동유지 → 습관화
④ 인지부족 → 생각 중 → 계획 세움 → 행동실천 → 습관화 → 행동유지
⑤ 생각 중 → 계획 세움 → 행동실천 → 인지부족 → 행동유지 → 습관화

66

영양문제 선정 기준으로 거리가 먼 것은?

① 영양문제의 중요도
② 영양문제 발생빈도
③ 영양교육의 효과성
④ 대상자의 행동변화 의지
⑤ 관련기관의 정책적 지원

67

영양교육 계획에 대한 내용으로 옳지 않은 것은?

① 영양교육의 전체 목적은 단기간에 이룰 수 있게 설정
② 영양교육의 목표는 전체 목적을 위해 구체적으로 설정
③ 영양 중재 방법 선택
④ 영양교육의 내용 및 방법 구성
⑤ 영양교육의 홍보전략 마련

68

영양교육의 수업설계 단계로 바르게 나열된 것은?

① 도구 개발 → 목표설정 → 수업분석 → 수업전략 개발 → 수업자료 선택 및 개발 → 형성평가 설계 및 실시
② 수업분석 → 목표설정 → 도구 개발 → 수업전략 개발 → 수업자료 선택 및 개발 → 형성평가 설계 및 실시
③ 목표설정 → 수업분석 → 도구 개발 → 수업전략 개발 → 수업자료 선택 및 개발 → 형성평가 설계 및 실시
④ 수업전략 개발 → 목표설정 → 수업분석 → 도구 개발 → 수업자료 선택 및 개발 → 형성평가 설계 및 실시
⑤ 수업자료 선택 및 개발 → 목표설정 → 수업분석 → 도구 개발 → 수업전략 개발 → 형성평가 설계 및 실시

69

영양교육의 개인지도 방법이 아닌 것은?

① 가정 방문 ② 상담소 방문
③ 임상 방문 ④ 전화상담
⑤ 역할연기

70

지역영양개선활동과 연계된 가정지도 시 유의점에 해당하지 않는 것은?

① 방문 일정 미리 파악
② 인내력으로 반복 지도
③ 가족 구성 및 생활실태 파악 가능
④ 반드시 가정 모든 구성원을 교육
⑤ 지도 대상은 되도록 그 가정의 실권자 및 주부대상

71

영양교육 방법으로 집단지도에 해당하는 강의의 장점은?

① 대상자가 소극적이거나 수동적일 수 있다.
② 높은 수준의 목표보다는 낮은 수준의 목표달성에 효과적이다.
③ 교육대상자가 강의내용을 쉽게 잊어버려 교육효과가 떨어질 수 있다.
④ 교육내용이 획일적이다.
⑤ 대상자 개개인의 지식, 행동 및 행동변화유도가 쉽지 않다.

72

집단지도의 영양교육 방법으로 브레인스토밍과 관련하여 옳지 않은 것은?

① 기발한 아이디어가 필요할 때 이용
② 최선책 결정
③ 단시간에 많은 아이디어 도출
④ 실천 가능성 희박
⑤ 독창력 향상

73

영양교육 매체 활용의 기능에 관한 내용으로 거리가 먼 것은?

① 동일한 메시지 전달
② 강의 내용에 대한 동기유발
③ 학습의 질 향상
④ 교육에 소요되는 시간 단축
⑤ 제한된 교육장소

74

영양교육의 전시자료 일종으로 실제장면과 사물을 축소하여 입체감 있게 제시하여 실제상황을 재현하는 것으로 새도박스형, 탑뷰형 및 원형 방식의 입체매체는?

① 실물 ② 표본
③ 모형 ④ 디오라마
⑤ 인형

75
영양상담 접근법으로 내담자가 스스로 문제해결능력을 키우도록 심리적 분위기를 만들어 강한 신뢰를 바탕으로 상담을 진행하는 영양상담은?

① 내담자중심요법 ② 행동요법
③ 합리적 정서요법 ④ 현실요법
⑤ 자기관리법

76
영양상담 기술로써 내담자가 내면에 지닌 자신에 대한 그릇된 감정을 인지하도록 하는 것은?

① 요약 ② 명료화
③ 조언 ④ 해석
⑤ 직면

77
가장 핵심적인 역할을 하는 영양행정기관으로 국민영양사업을 기획 및 총괄하는 중앙기관은?

① 질병관리청 ② 식품의약품안전처
③ 보건복지부 ④ 농림축산식품부
⑤ 교육부

78
식사요법의 목적이 아닌 것은?

① 적절한 영양공급으로 영양상태 개선
② 질병치료를 위해 중심적 또는 보조적 역할
③ 질병 재발 방지
④ 환자의 영양상태 증진
⑤ 식품과 약물처방

79
영양판정 방법으로 신체징후를 시각적으로 평가하여 영양상태를 판정하는 주관적 평가방법은?

① 신체계측법 ② 생화학적방법
③ 임상학적방법 ④ 식사기록법
⑤ 식품섭취빈도조사법

80
식사조사방법의 종류에 해당하지 않는 것은?

① 24시간 회상법
② 식사기록법
③ 식품섭취빈도조사법
④ 식습관조사법
⑤ 혈액 내의 영양소 농도 측정

81
식품교환표에 관한 설명으로 옳지 않은 것은?

① 일상적 주요 식품을 비슷한 영양소끼리 구분
② 곡류군, 어육류군, 채소군, 지방군, 우유군, 과일군 구성
③ 동일 식품군 내에서는 식품간의 선택 자유로움
④ 식품군별 같은 교환단위량으로 교체 가능
⑤ 같은 교환단위량으로 식품군 간의 상호전환 가능

82
식품교환표의 어육류군 분류와 식품이 바르게 연결된 것은?

① 저지방군 : 두류
② 저지방군 : 젓갈류
③ 중지방군 : 치즈
④ 중지방군 : 건어물
⑤ 고지방군 : 게맛살

83
식품교환표의 1교환단위당 열량이 가장 적은 식품은?

① 곡류군 ② 저지방 어육류군
③ 채소군 ④ 지방군
⑤ 저지방 우유군

84
식품교환표를 이용한 식단 작성 시 영양기준량 결정에 대한 설명으로 옳지 않은 것은?

① 표준 체중을 결정한다.
② 비만도를 판정한다.
③ 비만도와 활동도를 고려한 단위체중당 열량을 선택한다.
④ 3대 영양소의 기준량을 결정한다.
⑤ 3대 영양소의 비율 합이 90%가 되도록 설정한다.

85
하루에 1800kcal 필요한 성인을 대상으로 에너지 적정비율을 탄수화물 60%, 단백질 20%, 지방 20%로 선택할 때 각 영양소의 기준량 산출이 잘못된 것은?

① 탄수화물 : 300g
② 탄수화물 : 270g
③ 단백질 : 90g
④ 지방 : 40g
⑤ 단백질 + 지방 : 130g

86
병원식의 종류로 일반식에 해당하지 않는 것은?

① 정상식
② 회복식
③ 연식
④ 열량조절식
⑤ 유동식

87
질환에 따라 조절이 필요한 치료식 종류로 옳게 나열된 것은?

① 에너지 조절식 : 당뇨식
② 단백질 조절식 : 저섬유식
③ 지방 조절식 : 간질환식
④ 위장질환식 : 무지방식
⑤ 염분조절식 : 고단백식

88
신장결석 여부를 진단하기 위해서 검사 전에 처방되는 식사는?

① 지방변 검사식
② 칼슘 검사식
③ 레닌 검사식
④ 위배출능 검사식
⑤ 내당능 검사식

89
입으로 충분한 영양공급이 어려운 환자를 대상으로 관을 통해 영양성분을 공급하는 영양지원은?

① 경구영양
② 경관영양
③ 말초정맥영양
④ 중심정맥영양
⑤ 피하정맥영양

90
경장급식의 경장영양액으로 적절한 것은?

① 삼투농도는 등장액 농도(약 300mOsm/kg)이다.
② 에너지는 5.0kcal/ml이다.
③ 액은 점성이 있어야 한다.
④ 체온보다 차게 공급한다.
⑤ 탄수화물은 총 에너지의 20%를 공급한다.

91
경장영양액의 종류와 특징이 바르게 연결된 것은?

① 일반영양액 : 수분 제한이 요구되는 환자에게 사용
② 농축영양액 : 소화 흡수 기능이 저하된 환자에게 사용
③ 일반영양액 : 식품 단백질 공급
④ 가수분해 영양액 : 특수한 영양필요량 공급
⑤ 특수질환용 영양액 : 단백질과 탄수화물의 완전 또는 부분적 가수분해로 만든 영양액

92

연하, 타액 분비, 구토 등을 담당하는 중추기관은?

① 척수 ② 연수
③ 시상하부 ④ 뇌간
⑤ 대뇌수질

93

타액의 역할에 대한 설명으로 옳지 않은 것은?

① 살균작용 ② 배설작용
③ 연하 도움 ④ 탄수화물 소화
⑤ 발성 무관

94

연하곤란의 식사요법은?

① 농축유동식 ② 섬유질 많은 식품
③ 찬 음식 ④ 뜨거운 음식
⑤ 우유제품

95

위의 주요 기능으로 옳은 것은?

① 적당량의 음식물을 공장으로 배출
② 주로 탄수화물 소화가 시작되는 장소
③ 섭취한 음식물을 화학적·기계적으로 소화
④ 유문괄약근은 담즙과 췌장액 유입조절
⑤ 위 운동은 십이지장 방향으로 오디괄약근 수축으로 역류

96

다음의 분해효소에서 기질이 다른 하나는?

① 트립신 ② 키모트립신
③ 펩신 ④ 아밀레이스
⑤ 엘라스타아제

97

위의 위치가 배꼽아래까지 길게 늘어져 소화능력이 저하되는 증상으로 위 부담을 주지 않도록 소량의 영양가 높은 식사 섭취가 필요한 위질환은?

① 소화성 궤양 ② 급성위염
③ 과산성위염 ④ 무산성위염
⑤ 위하수증

98

소장의 구조로 관련성이 없는 것은?

① 십이지장 ② 공장
③ 회장 ④ 오디괄약근
⑤ 결장

99

부적절한 식사, 운동 부족, 나쁜 배변 습관 등으로 대장 내용물의 이동이 비정상인 증상은?

① 변비 ② 설사
③ 염증성 장질환 ④ 장염
⑤ 과민성 대장증후군

100

급성설사의 식사방법으로 옳은 것은?

① 우선 절식 후 수분 공급
② 고영양식
③ 발효성 설사 : 단백질 급원식품 제한
④ 부패성 설사 : 난소화성 다당류 제한
⑤ 우선 유동식부터 공급

101

소장 내의 기계적 소화가 아닌 것은?

① 췌장액 분비 ② 분절운동
③ 연동운동 ④ 위회맹 반사
⑤ 역연동운동

102
간경변에 의해 부종이나 복수 증상이 있을 때 제한해야 하는 음식은?

① 단백질 ② 열량
③ 나트륨 ④ 지방
⑤ 당질

103
담즙을 생성하는 소화기관은?

① 담낭 ② 췌장
③ 소장 ④ 간
⑤ 대장

104
다음 중 부속 소화기관에 해당하는 것은?

① 췌장 ② 위
③ 소장 ④ 대장
⑤ 직장

105
담즙산에 대한 설명으로 옳지 않은 것은?

① 콜레스테롤의 유도체
② 주요성분은 콜산
③ 담즙산염을 미셀형성 작용
④ 담즙산의 대부분은 대장에서 흡수
⑤ 담즙색소는 빌리루빈

106
담즙 분비를 촉진시키는 식품은?

① 감자 ② 백미
③ 고등어 ④ 고구마
⑤ 죽

107
급성췌장염에 관한 설명으로 옳지 않은 것은?

① 오디괄약근의 기능장애 ② 과도한 알코올 섭취
③ 췌장 선세포 손상 ④ 고지방 단백식
⑤ 당질 위주 식사

108
세포를 저장액에 넣었을 때 세포상태는?

① 팽창 ② 수축
③ 활성화 ④ 항상성 유지
⑤ 분리

109
체내의 생리식염수의 농도는?

① 100mOsm/L ② 200mOsm/L
③ 300mOsm/L ④ 400mOsm/L
⑤ 500mOsm/L

110
심장의 구조에 대한 설명으로 옳은 것은?

① 방실판 : 혈액이 심실에서 심방 방향으로만 흐름
② 이첨판 : 우심방과 우심실 사이
③ 삼첨판 : 좌심방과 좌심실 사이
④ 반월판 : 폐동맥과 대동맥이 각각 심실에서 갈라지는 지점에 있는 판막
⑤ 심근 : 수의근

111
소장에서 말초조직으로 식사성 중성지방과 콜레스테롤을 운반하는 지단백질은?

① 킬로미크론(Chylomicron)
② VLDL(Very Low Density Lipoprotein)
③ MDL(Medium Density Lipoprotein):
④ LDL(Low Density Lipoprotein)
⑤ HDL(High Density Lipoprotein)

112
고혈압 환자에게 제한해야 하는 영양소는?

① 단백질 ② 비타민
③ 칼슘 ④ 동물성지방
⑤ 수용성식이섬유

113
동맥경화를 일으킬 수 있는 가능성이 높은 혈장지단백은?

① 킬로미크론(Chylomicron)
② VLDL(Very Low Density Lipoprotein)
③ MDL(Medium Density Lipoprotein)
④ LDL(Low Density Lipoprotein)
⑤ HDL(High Density Lipoprotein)

114
심장질환 유발 가능성의 식사 요인은?

① 포화지방산 과잉 섭취
② 수용성비타민 과잉 섭취
③ 수분 과잉 섭취
④ 당질 섭취 부족
⑤ 열량 섭취 부족

115
비만의 식사요법으로 바르게 설명된 것은?

① 저단백식
② 음(-)의 질소평형
③ 양(+)의 질소평형
④ 양질의 단백질 섭취
⑤ 고지방식

116
당뇨병 환자의 대사 작용으로 옳지 않은 것은?

① 인슐린 기능 저하
② 글리코겐 합성 감소
③ 말초조직의 포도당 이용률 감소
④ 케톤혈증 발생
⑤ 지방합성 증가하고 지방분해 감소

117
신경계의 기능에 해당하지 않는 것은?

① 자극 수용 ② 정보 수용
③ 정보평가 ④ 반응전달
⑤ 호르몬 작용

118
모유 분비로 자궁의 운동성 촉진에 관여하는 호르몬은?

① 옥시토신 ② 프로락틴
③ 칼시토닌 ④ 에스트로겐
⑤ 멜라토닌

119
혈장의 칼슘농도가 낮을 때 정상으로 칼슘농도를 유지하는 작용에 해당하지 않는 것은?

① 부갑상선호르몬의 분비 촉진
② 뼈에서 칼슘 방출 촉진
③ 신장에서 칼슘 재흡수 촉진
④ 소장에서 칼슘 흡수 증가
⑤ 갑상선에서 칼시토닌 분비 촉진

120
신증후군(네프로시스) 질환에 대한 식사요법은?

① 충분한 수분 공급
② 양질의 단백질 공급
③ 콜레스테롤 섭취량 증가
④ 포화지방산 증가
⑤ 에너지 제한

실전모의고사 1회 2교시

1과목 식품학·조리원리

01

다음 중 분산상의 크기에 따라 분류한 것으로 진용액에 해당하는 것은?

① 우유 ② 흙탕물
③ 먹물 ④ 된장국
⑤ 설탕물

02

조리의 목적으로 옳지 않은 것은?

① 영양 효율성 증가 ② 소화율 증진
③ 기호성 향상 ④ 위생 개선
⑤ 영양가 향상

03

다음 중 조리과정에서 나타나는 특성의 설명이 옳지 않은 것은?

① 확산에 의해 조리수의 양이 많을수록 수용성물질의 손실량이 많음
② 반투막 양쪽 압력차이의 삼투압으로 배추가 절여짐
③ 용해도에 의해 캔디 제조
④ 온도가 높을수록 점성 증가
⑤ 온도가 높을수록 표면장력 감소

04

다음 중 열전달방식이 다른 조리법은?

① 브로일링 ② 숯불구이
③ 로스팅 ④ 토스트
⑤ 찌기

05

식품에 따라 계량하는 방법으로 옳지 않은 것은?

① 밀가루 : 체로 친 다음 계량컵에 가득 담고 컵 위를 수평하게 깎아 계량
② 식용유 : 할편 계량컵 사용
③ 백설탕 : 덩어리를 부수어 담아 계량컵으로 계량
④ 액체식품 : 투명한 유리 계량컵의 매니스커스 윗선을 눈높이에 맞추어 계량
⑤ 버터 : 실온에서 부드럽게 한 후 계량컵에 꾹꾹 눌러 담고 컵 위를 깎아 계량

06

다음 중 식품의 성분 분류에서 특징이 다른 것은?

① 색소 성분 ② 수분
③ 탄수화물 ④ 지방
⑤ 단백질

07

물에 대한 설명으로 옳은 것은?

① 물 분자는 두 개의 수소와 한 개의 산소가 수소결합
② 수많은 물 분자가 서로 끌어당겨 공유결합
③ 물 분자는 극성분자
④ 물은 고체와 액체로만 존재
⑤ 물이 얼음이 되면 물 분자 간의 인력 감소

08

다음 중 생육에 필요한 최저 수분활성도가 가장 높은 미생물은?

① 내건성 곰팡이 ② 곰팡이
③ 효모 ④ 내건성 세균
⑤ 세균

09
글루코스의 2번 탄소와 에피머 관계인 단당류는?

① 갈락토오스 ② 만노스
③ 프럭토오스 ④ 셀룰로오스
⑤ 리보오스

10
다음 중 단당류의 구조가 다른 하나는?

① 리보오스 ② 자일로스
③ 아라비노스 ④ 글루코스
⑤ 데옥시리보오스

11
전분의 α-1,4 결합을 말토스 단위로 분해하는 당화 효소는?

① α-아밀레이스
② β-아밀레이스
③ γ-아밀레이스
④ 글루코아밀레이스
⑤ 액화효소

12
환원당과 비환원당으로 구분하는 설명으로 옳지 않은 것은?

① 환원당은 글리코시딕 OH기가 비결합상태의 당
② 모든 단당류는 환원당
③ 비환원당은 펠링(Fehling) 시험에 반응하여 적색 침전
④ 설탕은 비환원당
⑤ 맥아당은 환원당

13
전분의 호화에 영향을 미치는 요인에 대한 설명으로 옳은 것은?

① 전분 입자가 작을수록 호화가 잘됨
② 아밀로펙틴 함량이 높을수록 호화가 촉진됨
③ 수분함량이 낮을수록 호화가 촉진됨
④ 대부분의 알칼리 염류는 호화가 촉진됨
⑤ 황산염은 호화 촉진

14
펙틴의 젤 형성에 관한 내용으로 옳은 것은?

① 고메톡실펙틴 : 유기산과 당 적당량 존재 시 젤 형성
② 고메톡실펙틴 : 2가 양이온에 의해 젤 형성
③ 고메톡실펙틴 : 당 필요하지 않음
④ 저메톡실펙틴 : 당 필요함
⑤ 저메톡실펙틴 : 고당도 고칼로리 잼 제조

15
단순지질에 해당하는 것은?

① 인지질 ② 스테롤
③ 중성지질 ④ 탄화수소류
⑤ 당지질

16
동질이상현상에 관한 설명으로 옳은 것은?

① 동일한 화학적 조성을 가진 물질이 온도, 압력 등에 의해 물질의 결정구조가 달라지는 것이다.
② 유지의 결정형 α형이 밀도가 가장 높다.
③ 유지의 결정형 β형이 밀도가 가장 낮다.
④ 동일 중성지질에서 녹는점은 $\alpha > \beta > \beta'$ 순으로 높다.
⑤ 동일 중성지질에서 녹는점은 $\beta' > \beta > \alpha$ 순으로 높다.

17

유지 자동산화의 개시단계에서 생성되는 물질은?

① 라디칼 ② 과산화물
③ 알데히드 ④ 케톤
⑤ 알코올

18

다음 중에서 필수아미노산에 해당하는 것은?

① 알라닌 ② 류신
③ 글루타민 ④ 세린
⑤ 프롤린

19

아미노산의 성질에 대한 설명으로 옳지 않은 것은?

① 일반적으로 극성용매에 잘 녹음
② 양성전해질
③ 아미노산 한 분자 내에 아미노기와 카르복실기 가짐
④ 비극성 유기용매에 잘 녹음
⑤ 특정의 자외선 흡수 파장

20

다음 중 단백질 1차 구조와 관련이 있는 결합은?

① 공유결합 ② 수소결합
③ 이온결합 ④ 이황화결합
⑤ 소수성결합

21

물에 녹는 단순단백질은?

① 알부미노이드 ② 프롤라민
③ 글루텔린 ④ 글로불린
⑤ 알부민

22

변성 단백질의 성질로 옳지 않은 것은?

① 용해도 감소
② 점도 증가
③ 소화율 낮아짐
④ 생물학적 활성 소실
⑤ 결정성 소실

23

다음 중 용해도가 다른 비타민은?

① 비타민 A ② 비타민 C
③ 비타민 D ④ 비타민 E
⑤ 비타민 K

24

클로로필 색소에 관한 설명으로 옳지 않은 것은?

① 포피린 고리 중앙에 철이 결합된 구조이다.
② 클로로필 a는 청록색이다.
③ 약산에서 페오피틴이 생성된다.
④ 강산에서는 페오포비드가 생성된다.
⑤ 알칼리에서는 클로로필린이 생성된다.

25

다음 중 플라보노이드 색소와 관련성이 없는 것은?

① 지용성 색소
② 배당체 형태로 존재
③ 안토잔틴은 산에 안정하며 화황소
④ 안토시아닌은 pH에 불안정하며 화청소
⑤ 안토시아닌은 산성용액에서 적색 유지

26

신맛 성분에 관한 설명으로 옳지 않은 것은?

① 동일 pH에서 무기산보다 유기산의 신맛이 더 강하다.
② 신맛의 강도는 pH에 정비례하지 않는다.
③ 신맛은 H^+이온이 내는 맛이다.
④ 유기산은 해리상수가 무기산보다 더 작다.
⑤ 무기산에서 해리된 음이온은 상쾌한 감칠맛을 준다.

27

전분의 젤화 식품은?

① 루
② 뻥튀기
③ 누룽지
④ 미숫가루
⑤ 도토리묵

28

밀가루 반죽의 글루텐 형성 영향 요인에 대한 설명으로 옳은 것은?

① 강력분이 밀단백질 함량이 낮다.
② 밀가루 입자가 작을수록 글루텐 형성이 잘 안 된다.
③ 지나치게 반죽을 치댈 경우 글루텐이 끊어진다.
④ 달걀은 노화를 촉진한다.
⑤ 설탕은 효모빵 반죽 시 효모 발효를 억제한다.

29

다음 중 옥수수의 섭취와 관련성으로 거리가 먼 것은?

① 제인
② 트립토판
③ 펠라그라
④ 니아신
⑤ 루틴

30

대두에 대한 설명으로 옳은 것은?

① 대두의 주요 단백질은 글루테닌이다.
② 대두의 주요 지방산은 리놀렌산이다.
③ 콩 비린내에 관여하는 것은 리폭시게나아제에 의한다.
④ 제1제한아미노산은 글루탐산이다.
⑤ 헤마글루티닌의 활성화로 대두 단백질 소화를 높인다.

31

대두를 이용한 된장의 숙성과정의 설명으로 옳지 않은 것은?

① 단백질 분해
② 전분의 당화
③ 알코올 발효
④ 아미노카보닐 반응
⑤ 캐러멜화 반응

32

육류의 최대 사후강직시기까지의 변화에 대한 설명으로 옳지 않은 것은?

① 도살 후 산소 공급 제한
② 글리코겐이 젖산으로 분해
③ 근육의 pH 저하
④ 액틴과 미오신으로 분해
⑤ 최대 사후강직 시기에는 젖산 생성 정지

33

수산물의 부패에 대한 설명으로 옳은 것은?

① 미생물 번식 감소
② K값이 높을수록 수산물 선도 좋음
③ 트리메틸아민 생성량 증가
④ pH 감소
⑤ 어체의 경도 증가

34

달걀 품질을 판정하는 방법에 대한 설명으로 옳은 것은?

① 신선한 난황의 pH는 알칼리성이다.
② 신선한 난황의 pH는 산성이다.
③ 난황계수가 클수록 신선한 달걀이다.
④ 신선한 달걀은 흔들면 소리가 난다.
⑤ 신선한 달걀은 표면에 광택이 있다.

35

우유의 성분에 관한 설명으로 옳지 않은 것은?

① 우유의 주단백질은 카제인
② 우유의 단백질은 카제인과 유청단백질로 구성
③ 카제인은 칼슘 또는 마그네슘과 결합하여 콜로이드 상태로 분산
④ 락토알부민·락토글로불린은 가열에 의한 우유 피막형성
⑤ 유지방은 고급지방산 함량이 높음

36

팜유를 라면 튀김유로 사용하는 이유에 해당하지 않는 것은?

① 포화지방산 함량이 높다.
② 불포화지방산 함량이 낮다.
③ 유지 산패의 유도기간이 길다.
④ 저급지방산이 많다.
⑤ 상온에서 액체이다.

37

과일이 갈변되는 것을 억제하기 위한 방법으로 옳지 않은 것은?

① 폴리페놀옥시다아제 활성화
② 진공포장
③ 물에 담그기
④ 비타민 C 사용
⑤ 아황산가스 처리

38

비타민 D의 전구체인 에르고스테롤을 많이 함유한 것은?

① 오이 ② 호박
③ 상추 ④ 다시마
⑤ 표고버섯

39

원핵세포에 관한 설명으로 옳은 것은?

① 효모, 곰팡이에 해당
② 세균, 방선균에 해당
③ 핵막이 있음
④ 유사분열
⑤ 미토콘드리아 내에 호흡계 존재

40

식품가공에 관여하는 미생물에 대한 설명으로 옳은 것은?

① 김치 후기 발효 – *Leuconostoc mesenteroides*
② 맥주상면 효모 – *Saccharomyces carsbergensis*
③ 황국균 – *Bacillus subtilis*
④ 식초제조 – *Acetobacter aceti*
⑤ 청국장 – *Aspergillus oryzae*

2과목 급식, 위생 및 관계법규

41

단체급식의 범위에 포함되지 않는 것은?

① 비영리 ② 특정 다수인
③ 1회 50인 이상 급식 ④ 간헐적
⑤ 학교급식

42
학교급식의 특징에 대한 설명으로 옳지 않은 것은?

① 초·중·고등학교 대상의 급식제공
② 유치원 대상의 급식제공
③ 원아 100명 미만의 유치원 급식제공
④ 단독조리, 공동조리방식 또는 공동관리방식 운영
⑤ 학교급식으로 학생건강 유지 증진, 올바른 식습관 및 식사선택 능력 배양

43
다음 중 급식경영 운영방법에 관한 내용으로 운영형태가 다른 하나는?

① 기관 자체에서 직접 급식 운영
② 급식에 대한 부담 경감
③ 노사문제로부터 해방
④ 투자자본 회수 압박 가능
⑤ 급식 품질 저하 가능

44
급식경영자원 6요소(6M) 중 급식서비스 대상인 고객이 해당되는 것은?

① 사람 ② 원료
③ 자본 ④ 방법
⑤ 시장

45
급식경영관리 계층별 특징이 바르게 연결된 것은?

① 상위경영층 – 관리적 의사결정
② 최고경영층 – 운영계획
③ 중간관리층 – 세부 업무 책임
④ 중간관리층 – 업무적 의사결정
⑤ 하위관리층 – 전략적 의사결정

46
급식계획수립 기법에 대한 특징을 바르게 설명한 것은?

① 벤치마킹 – 내부환경 분석으로 자사의 강점과 약점 도출
② SWOT 분석 – 뛰어난 운영과정 배워 자기혁신 추구
③ 목표관리법(MBO) – 외부 전문업체에 일임
④ SWOT 분석 – 외부의 환경기회와 위험요인 파악
⑤ 아웃소싱 – 관리자와 작업자 스스로 명확한 목표 설정

47
다음의 급식경영조직 원칙 종류와 특성이 바르게 연결된 것은?

① 감독한계적정화 원칙 – 권한, 의무, 책임의 기본 원칙
② 삼면등가의 원칙 – 전문화, 부분화에서 담당직무 종류 범위를 합리적으로 결정
③ 권한위임의 원칙 – 한 사람의 관리자가 직접 통제
④ 계층단축화의 원칙 – 권한을 가진 상위자가 하위자에게 직무 위임 및 일정 권한 부여
⑤ 직능화의 원칙 – 직능 중심으로 조직 형성

48
식단 작성에서 급식경영관리로 고려해야 할 사항은?

① 영양 요구량 ② 식습관
③ 조리원의 숙련도 ④ 기호도
⑤ 음식의 관능적 특성

49
2020년 한국인의 영양섭취 기준에서 열량으로 사용되는 섭취량 유형은?

① 필요추정량 ② 권장섭취량
③ 충분섭취량 ④ 상한섭취량
⑤ 한계섭취량

50

식단관리에서 식품구성 결정에 필요한 요소로 적합하지 않은 것은?

① 식사구성안 ② 5가지 식품군
③ 식품교환 ④ 대표식품 섭취횟수
⑤ 1회 분량

51

식단표의 용도를 바르게 설명한 것은?

① 영양배분표 ② 모니터링보고서
③ 식품분석표 ④ 조리작업지시서
⑤ 기호도분석표

52

식품군별로 식품의 양을 표시한 것으로 식품의 배합을 적절히 하여 제공할 영양권장량을 충족시키기 위해 사용되는 표는?

① 식품분석표 ② 영양가산출표
③ 식품가격표 ④ 식품구성표
⑤ 계절식품표

53

급식기관별 식재료 비율을 바르게 연결한 것은?

① 병원 : 40~50%
② 산업체 : 50~60%
③ 학교 : 60~70%
④ 군대급식 : 70~80%
⑤ 복지시설 : 90~100%

54

구매유형에 대한 설명으로 바르게 연결된 것은?

① 독립구매 - 본사구매
② 중앙구매 - 분산구매
③ 공동구매 - 원가 절감 효과
④ 일괄위탁구매 - 현장구매
⑤ JIT(Just In Time)구매 - 집중구매

55

물품구매명세서에 관한 설명으로 옳지 않은 것은?

① 구매하고자 하는 물품의 품질 및 특성을 기록한 양식
② 구입명세서
③ 발주서
④ 물품명세서
⑤ 물품사양서

56

발주서와 관련성이 없는 것은?

① 구매표
② 발주전표
③ 구매요구서에 의해 작성
④ 2부 작성
⑤ 거래업체에서 공급한 물품의 명세와 대금 기록

57

정기발주방식에 적합한 품목은?

① 저가 품목
② 일정한 양의 재고를 보유해야 하는 품목
③ 수요예측 어려운 품목
④ 조달기간이 오래 걸리는 것
⑤ 계속실사방식

58

거래처에서 물품의 납품내역을 적어 납품 시 함께 가져오는 서식으로 검수 시 사용되는 장표는?

① 구매명세서 ② 구매청구서
③ 발주서 ④ 납품서
⑤ 시방서

59

식재료 저장 원칙으로 바르지 않은 것은?

① 품질보전의 원칙
② 분류저장 체계화의 원칙
③ 저장품 위치 표식의 원칙
④ 선입선출 원칙
⑤ 공간활용 최소화 원칙

60

급식제공에 대한 정확한 수요예측의 효과라고 할 수 있는 것은?

① 비용 최소화　② 잔식량 증가
③ 원가 상승　④ 생산 초과
⑤ 현금 유동성

61

다음 중 대량조리에 관한 설명으로 옳은 것은?

① 관리자의 주관적 판단으로 생산량 산출
② 작업일정에 따른 계획적인 생산통제 필요
③ 조리시간 제한 없이 대량생산
④ 조리법에 대한 제약 없음
⑤ 집중조리 필요

62

배식 시 고려해야 할 사항으로 옳지 않은 것은?

① 음식의 중심온도를 철저히 관리한다.
② 조리에서 배식까지의 시간단축을 위해 집중조리 한다.
③ 정해진 배식도구로 일정량 배분한다.
④ 조리 후 2시간 내에 배식한다.
⑤ 뜨거운 음식은 57℃ 이상으로 뜨겁게 배식한다.

63

완성된 음식별 적정온도로 옳지 않은 것은?

① 찌개 : 85℃　② 밥 : 80℃
③ 국 : 65℃　④ 조림 : 50℃
⑤ 찬 음식 : 10℃

64

작업원별 출·퇴근 시간과 근무시간대별 주요 담당업무내용을 정리한 표는?

① 작업공정표　② 작업일정표
③ 작업배치표　④ 생산성지표
⑤ 직무표

65

급식의 생산성은 다양한 자원의 투입량과 생산활동의 산출량의 비율로 나타난다. 이때 산출량에 해당하는 항목은?

① 인력　② 식재료
③ 기기　④ 종업원 직무만족
⑤ 설비

66

조리작업 효율화를 위한 작업개선원칙에 해당하지 않는 것은?

① 전문적으로 작업체계화
② 유사작업 분산의 다양화
③ 기계 도구 사용의 기계화
④ 작업처리의 표준화
⑤ 기기 설비의 자동화

67

가열조리에서 패류 식품의 중심 온도 및 시간은?

① 70℃에서 1분 이상　② 75℃에서 1분 이상
③ 80℃에서 1분 이상　④ 85℃에서 1분 이상
⑤ 90℃에서 1분 이상

68
교차오염 관리를 위한 식재료의 세척 순서는?

① 육류 → 가금류 → 채소류 → 어류
② 가금류 → 채소류 → 육류 → 어류
③ 어류 → 육류 → 가금류 → 채소류
④ 채소류 → 육류 → 어류 → 가금류
⑤ 채소류 → 어류 → 육류 → 가금류

69
단체급식소에서 식중독 예방을 위한 식재료의 냉장고 보관방법의 설명이 옳은 것은?

① 저장용량은 70% 이상으로 한다.
② 조리 후 바로 냉장보관한다.
③ 가금류는 냉장고 상단위치에 보관한다.
④ 채소와 가공식품은 냉장고 하단위치에 보관한다.
⑤ 식재료의 외포장재를 제거한 후 냉장고에 보관한다.

70
조리기기 배치의 기본원칙에 해당하지 않는 것은?

① 작업의 순서에 따라 배치
② 작업원의 보행거리나 보행횟수 절감
③ 동선 교차되지 않는 최단거리
④ 작업면의 높이는 작업원의 신장 고려
⑤ 조리구역에 채소절단기 배치

71
급식시설의 작업대 시설·설비에 관한 내용으로 옳은 것은?

① 앞면과 모서리는 각이 지게 처리
② 좁은 공간의 작업대는 U자형 유리
③ 넓은 공간의 작업대는 L자형 유리
④ 부식 방지를 위해 나무재질로 설치
⑤ 스테인리스로 설치

72
원가관리의 목적이 아닌 것은?

① 효율적인 손익관리
② 판매가격 조정
③ 급식운영 예산수립
④ 영양적인 식단작성
⑤ 실제 발생한 원가에 대한 표준과 비교하여 차이 분석

73
일정기간 동안의 영업활동에 대한 경영성과를 나타내는 회계자료로 수익, 비용, 순이익의 관계를 보여주는 장표는?

① 손익계산서
② 재무상태표
③ 자본변동표
④ 감가상각표
⑤ 매출표

74
전표에 관한 설명으로 옳은 것은?

① 고정성
② 집합성
③ 현상의 표시
④ 급식일지
⑤ 발주서

75
인적지원관리에서 개발의 기능에 해당하는 것은?

① 종업원 모집
② 교육 훈련
③ 임금관리
④ 직무평가
⑤ 보건관리

76
인적자원 보상으로 직무가 차지하는 상대적 가치를 결정하는 방법은?

① 직무평가
② 직종평가
③ 임금평가
④ 직무계획
⑤ 직무전략

77
직장 내 훈련(OJT)에 대한 설명으로 옳은 것은?
① 직무로부터 벗어나 일정기간 직장 외의 교육에만 열중하게 하는 방법
② 다수에게 통일적
③ 실제적 교육훈련 가능
④ 조직적 훈련가능
⑤ 전문적 지도 가능

78
식품 중 식품에서의 위해요인의 종류와 특징이 바르게 연결된 것은?
① 내인성 : 감염병균
② 외인성 : 버섯독
③ 유기성 : 벤조피렌
④ 내인성 : 잔류농약
⑤ 외인성 : 항히스타민 물질

79
살균·소독에 대한 설명으로 옳지 않은 것은?
① 열탕 또는 증기소독 후 살균된 용기를 충분히 건조해야 그 효과가 유지된다.
② 우유의 저온살균은 결핵균 살균을 목적으로 한다.
③ 자외선 살균은 대부분의 물질을 투과하지 않는다.
④ 방사선은 발아 억제 효과만 있고 살균효과는 없다.
⑤ 방사선조사는 발아억제, 숙도조절, 살균 등에 사용 가능하다.

80
식품 내에 존재하는 미생물에 대한 설명으로 틀린 것은?
① 곰팡이는 일반적으로 세균보다 더 빨리 생육한다.
② 수분활성도가 높은 식품에는 세균이 잘 번식한다.
③ 수분활성도 0.6 이하의 식품에서는 거의 모든 미생물의 생육이 저지된다.
④ 당을 함유하는 산성식품에는 유산균이 잘 번식한다.
⑤ 세균의 최적 수분활성도(Aw)는 0.90이다.

81
대장균군 정성시험 절차를 바르게 연결한 것은?
① 추정시험 – 확정시험 – 완전시험
② 추정시험 – 완전시험 – 확정시험
③ 확정시험 – 완전시험 – 추정시험
④ 확정시험 – 추정시험 – 완전시험
⑤ 완전시험 – 추정시험 – 확정시험

82
독소형의 세균성 식중독균은?
① 살모넬라
② 장염비브리오
③ 클로스트리듐 보툴리늄
④ 캄필로박터균 제주니
⑤ 리스테리아 모노사이토제네스

83
여시니아 엔테로콜리티카균에 대한 설명으로 틀린 것은?
① 그람음성의 단간균이다.
② 냉장보관을 통해 예방할 수 있다.
③ 진공포장에서도 증식할 수 있다.
④ 쥐가 균을 매개하기도 한다.
⑤ 통성혐기성, 그람음성이다.

84
그람양성균이며 냉장온도에서 증식이 가능한 저온균의 감염형 식중독으로 임신부에게 유산 또는 사산을 일으키는 식중독균은?
① *Campylobacter jejuni*
② *Listeria monocytogenes*
③ *Yersinia enterocolitica*
④ *Staphylococcus aureus*
⑤ *Clostridium botulinum*

85

민물고기를 생식한 일이 없는데도 간흡충에 감염될 수 있는 경우는 무엇인가?

① 익힌 돼지고기 섭취
② 민물고기 조리에 사용한 도마를 통한 감염
③ 매운탕 섭취
④ 공기 전파
⑤ 제1중간숙주는 다슬기에 의함

86

자연독 식중독의 유해성분과 유래식품의 연결이 잘못된 것은 무엇인가?

① Solanine – 감자
② Tetrodotoxin – 복어
③ Venerupin – 섭조개
④ Amygdalin – 청매
⑤ Venerupin – 감자

87

오크라톡신(Ochratoxin)은 무엇에 의해 생성되는 독소인가?

① 진균(곰팡이) ② 세균
③ 바이러스 ④ 복어의 일종
⑤ 방선균

88

독성이 강하여 급성독성이나, 체내 분해가 빨라 잔류성이 적고, 체내 흡수 시 콜린에스터레이스(Cholinesterase) 작용 억제로 아세틸콜린의 분해가 저해되어 아세틸콜린이 체내에서 과잉축적으로 신경흥분전도가 불가능하게 되는 농약은?

① 유기염소제 ② 유기인제
③ 카바마이트계 ④ 유기불소제
⑤ 비소제

89

식품의 원재료에는 존재하지 않으나 가공 처리공정 중 유입 또는 생성되는 위해인자와 거리가 먼 것은?

① 트리코테신(Trichothecene)
② 다핵방향족탄화수소(Polynuclear Aromatic Hydrocarbons, PAHs)
③ 아크릴아마이드(Acrylamide)
④ 모노클로로프로판디올(Monochloropropandiol, MCPD)
⑤ 바이오제닉아민

90

소각장에서 배출되는 방향족 유기화합물로 가장 위험한 환경오염물질은?

① PCB(PolyChloroBiphenyls)
② 다이옥신(Dioxin)
③ Sr-90
④ 스티렌
⑤ I-131

91

식품위생법에 근거한 하위법령은?

① 식품 및 축산물 안전관리인증기준
② 원산지표시법
③ 식품의 기준 및 규격
④ 먹는물 수질기준 및 검사
⑤ 학교급식의 영양 관리기준

92

식품위생법에서 말하는 '식품'의 정의는?

① 모든 음식물
② 음식물과 식품첨가물
③ 의약품을 제외한 모든 음식물
④ 식품첨가물을 제외한 모든 음식물
⑤ 약품

93

작업장에서 칼, 도마를 각각 구분하여 사용하지 아니한 경우의 과태료 금액이 바르게 연결된 것은?

① 1차 위반 : 30만 원
② 2차 위반 : 50만 원
③ 3차 위반 : 100만 원
④ 1차 위반 : 50만 원
⑤ 2차 위반 : 150만 원

94

집단급식소를 설치·운영하려는 자(A)와 집단급식소를 설치·운영하고 있는 자(B)의 식품위생교육시간은?

① A : 3시간 B : 2시간
② A : 5시간 B : 3시간
③ A : 6시간 B : 3시간
④ A : 7시간 B : 4시간
⑤ A : 8시간 B : 4시간

95

조리사를 두어야 하나 두지 않은 식품접객영업자 또는 집단급식소 운영자에 대한 벌칙은?

① 1천만 원의 과태료
② 2천만 원의 과태료
③ 1년 이하의 징역 또는 1천만 원 이하의 벌금에 처하거나 이를 병과한다.
④ 2년 이하의 징역 또는 2천만 원 이하의 벌금에 처하거나 이를 병과한다.
⑤ 3년 이하의 징역 또는 3천만 원 이하의 벌금에 처하거나 이를 병과한다.

96

집단급식소에 근무하는 영양사의 직무는?

① 식단작성 및 검식관리
② 구매식품의 검수지원
③ 종업원의 조리 지도
④ 식단 조리업무
⑤ 급식기구 안전관리 실무

97

영양상담과 지도가 필요하지 않은 대상은?

① 저체중 학생
② 성장부진 학생
③ 빈혈 학생
④ 과체중 학생
⑤ 정서불안 학생

98

학교급식공급업자의 벌칙 중 다음의 표시를 거짓으로 기재한 식재료를 사용한 경우의 벌칙에 관한 내용으로 옳은 것은?

① 농산물의 원산지표시를 거짓으로 기재한 식재료를 사용 : 5년 이하의 징역 또는 5천만 원 이하의 벌금
② 유전자변형농산물 표시를 거짓으로 기재한 식재료를 사용 : 5년 이하의 징역 또는 3천만 원 이하의 벌금
③ 축산물의 등급을 거짓으로 기재한 경우 : 5년 이하의 징역 또는 5천만 원 이하의 벌금
④ 지리적 표시를 거짓으로 기재한 식재료를 사용 : 5년 이하의 징역 또는 5천만 원 이하의 벌금
⑤ 수산물 품질인증표시를 거짓으로 기재한 식재료를 사용 : 7년 이하의 징역 또는 1억 원 이하의 벌금

99

영양조사원의 자격을 갖춘 사람은?

① 약사, 영양사
② 영양사, 조리사
③ 영양사, 식품학 과정 이수자
④ 약사, 조리사
⑤ 약사, 영양학 과정 이수자

100

영양사가 면허정지처분 기간 중 영양사의 업무를 하였을 때 1차 위반 행정처분은?

① 면허정지 1개월
② 면허정지 2개월
③ 면허정지 3개월
④ 면허정지 4개월
⑤ 면허취소

실전모의고사 2회 1교시

1과목 영양학·생화학

01

식품구성자전거 뒷바퀴에서 가장 적은 면적을 차지하는 식품군은?

① 곡류 ② 채소류
③ 과일류 ④ 우유, 유제품
⑤ 유지, 당류

02

「2020 한국인 영양소 섭취기준」 중 충분섭취량만 설정된 무기질은?

① 칼슘 ② 인
③ 철 ④ 나트륨
⑤ 구리

03

인체 구성성분으로 체내 함유율이 많은 순서대로 제시한 것은?

① 단백질 > 지방 > 수분 > 탄수화물 > 무기질
② 수분 > 단백질 > 지방 > 무기질 > 탄수화물
③ 지방 > 수분 > 탄수화물 > 무기질 > 단백질
④ 탄수화물 > 단백질 > 지방 > 수분 > 무기질
⑤ 무기질 > 수분 > 탄수화물 > 단백질 > 지방

04

글리코겐과 지방의 형태로 체내에서 저장되는 영양적으로 가장 중요한 단당류?

① 포도당 ② 과당
③ 갈락토오스 ④ 만노스
⑤ 리보오스

05

불용성 식이섬유소에 대한 설명으로 옳은 것은?

① 장내 미생물에 의해 발효되어 에너지원으로 사용된다.
② 장내 미생물에 의해서도 분해되지 않는다.
③ 물과 친화력이 크다.
④ 쉽게 겔을 형성한다.
⑤ 펙틴 성분이다.

06

갈락토오스의 소장에서의 흡수과정은?

① 단순확산 ② 촉진확산
③ Na^{+}-K^{+}펌프(ATP이용) ④ 삼투
⑤ 여과

07

해당과정 반응에서 전체 경로의 속도를 결정하는 단계는?

① 글루코스 → 글루코스 6-인산
② 글루코스 6-인산 → 프럭토오스 6-인산
③ 프럭토오스 6-인산 → 프럭토오스 1,6-이인산
④ 프럭토오스 1,6-이인산의 분할 → 글리세르알데히드 3-인산, 디하이드록시아세톤인산
⑤ 디하이드록시아세톤인산 → 글리세르알데히드 3-인산

08

간, 심장, 신장에서 포도당 한 분자가 해당과정의 완전산화과정에 의해 생성되는 총 ATP수는?

① 2 ② 3
③ 4 ④ 5
⑤ 7

09

구연산 회로과정에서 피루브산 탈수소효소 복합체와 조효소가 맞게 연결된 것은?

① E_1(피루브산 탈수소효소) : 리포산
② E_1(피루브산 탈수소효소) : 조효소 A(CoASH)
③ E_2(디하이드로리포일 아세틸 전이효소) : 티아민 피로인산(TPP)
④ E_2(디하이드로리포일 아세틸 전이효소) : 플라빈 아데닌디뉴클레오티드(FAD)
⑤ E_3(디하이드로리포일 탈수소효소) : 니코틴아미드아데닌디뉴클레오티드(NAD)

10

미토콘드리아에서 2분자의 피루브산으로부터 아세틸 CoA가 생성될 때의 ATP수는?

① 2　② 3
③ 4　④ 5
⑤ 7

11

전자전달계에서 $FADH_2$ 1분자로부터 생성되는 ATP 수는?

① 1　② 1.5
③ 2　④ 2.5
⑤ 3

12

해당과정의 비가역반응에 관여하는 효소로만 나열된 것은?

① 헥소키나아제 – 포스포글루코스이성질화효소
② 포스포프럭토키나아제-1(PFK-1) – 알돌라아제
③ 헥소키나아제 – 포스포프럭토키나아제-1(PFK-1)
④ 글리세르알데히드 3-인산탈수소효소 – 에놀라아제
⑤ 에놀라아제 – 피루브산키나아제

13

근육에서 생성된 젖산이 간에서 포도당으로 재순환되는 당신생 경로는?

① 코리 회로(Lactate-Glucose회로)
② 알라닌 회로
③ 오탄당인산 경로
④ HMP
⑤ 글리세롤대사

14

갈락토세미아를 일으키는 주요 원인 효소는?

① 락타아제
② 갈락토오스-1-인산우리딜전이효소
③ 에놀라아제
④ 헥소키나아제
⑤ 피루브산키나아제

15

유당불내증에 관여하는 효소는?

① 리파아제　② 슈크라아제
③ 아밀레이스　④ 락타아제
⑤ 프로테아제

16

식이섬유소 부족으로 나타나는 증상이 아닌 것은?

① 게실증　② 대장암
③ 이상지질혈증　④ 변비
⑤ 칼슘 흡수 방해

17

다음 중 지질 분류로 특성이 다른 지질은?

① 중성지질　② 레시틴
③ 세팔린　④ 스핑고미엘린
⑤ 세레브로시드

18

영양소가 소장 융모 내 림프관으로 들어가 흉관을 거쳐 대정맥을 통해 혈류로 들어가 운반되는 영양소는?

① 단당류
② 중성지방
③ 아미노산
④ 무기질
⑤ 수용성비타민

19

다음 중 아이코사노이드에 관한 내용으로 옳은 것은?

① 호르몬 물질이다.
② 저급지방산으로부터 합성된다.
③ 불안정한 구조의 지방산 유도체이다.
④ α-리놀렌산($C_{18:3}$)으로부터 γ-리놀렌산을 합성한다.
⑤ 리놀레산으로부터 DHA를 합성한다.

20

지방산의 산화과정에서 탄소수 10개 이상의 지방산은 세포질에서 조효소 A(CoA)와 결합하여 아실 CoA(acyl CoA)로 활성화하여 미토콘드리아 내막을 통과하는 데 도움을 주는 운반체는?

① 아세틸 CoA
② 카르니틴
③ 글루타티온
④ 아세토아세트산
⑤ β-하이드록시부티르산

21

다음 중 당지질에 해당하는 것은?

① 스핑고미엘린
② 레시틴
③ 세팔린
④ 스쿠알렌
⑤ 강글리오시드

22

식사성과 내인성콜레스테롤을 함유한 지단백질은?

① 킬로미크론
② VLDL
③ LDL
④ MDL
⑤ HDL

23

지방산의 기능기는?

① 메틸기, 카르복실기
② 아미노기, 카르복실기
③ 메틸기, 페놀기
④ 아미노기, 페놀기
⑤ 메틸기, 아미노기

24

콜레스테롤 기능에 관한 설명으로 옳지 않은 것은?

① 식물조직에 존재
② 세포막의 구성성분
③ 호르몬의 전구체
④ 담즙산의 전구체
⑤ 자외선에 의한 비타민 D 합성

25

케톤체 생성장소는?

① 간
② 심장
③ 근육
④ 신장
⑤ 뇌

26

지방산 생합성에서 아세틸 CoA가 카르복실화효소에 의해 말로닐 CoA를 생성할 때 필요한 조효소는?

① FAD
② NADP
③ 비오틴
④ 니아신
⑤ 티아민

27

메티오닌, 시스테인으로부터 생성되며 태아 뇌 조직 성분, 근육, 혈소판, 신경조직에 다량 함유되어 담즙산과 결합, 혈구 내의 항산화 기능을 하는 물질은?

① 글루타티온
② 크레아틴
③ 카르니틴
④ 타우린
⑤ 세로토닌

28
도파민, 카테콜아민, 멜라닌의 생리활성물질을 합성하는 아미노산은?

① 티로신 ② 아르기닌
③ 리신 ④ 세린
⑤ 트립토판

29
마그네슘 함유단백질은?

① 페리틴 ② 헤모시아닌
③ 인슐린 ④ 클로로필
⑤ 미오글로빈

30
식품 100g 기준으로 질소가 10g 함유된 식품의 단백질량은?

① 30g ② 50g
③ 52.5g ④ 60g
⑤ 62.5g

31
아미노산 분해과정 중 아미노기 전이반응에서 옥살로아세트산으로부터 생성되는 아미노산은?

① α-케토글루타르산 ② 글루탐산
③ 아스파르트산 ④ 피루브산
⑤ 알라닌

32
아미노산의 탄소골격(α-케토산) 대사에서 케톤 생성에만 이용되는 아미노산은?

① 알라닌 ② 류신
③ 글리신 ④ 이소류신
④ 트립토판

33
단백질 분해대사의 최종생성물은?

① 요소 ② 요산
③ 크레아틴 ④ 크레아티닌
⑤ 아르기닌

34
트립토판의 과잉섭취에 따라 생성량이 많아지는 신경전달물질은?

① 타우린 ② 카르니틴
③ 도파민 ④ 세로토닌
⑤ 히스타민

35
글루타티온 과산화효소의 보조인자로 작용하는 금속이온은?

① Mg^{2+} ② Se
③ K^{+} ④ Cu^{2+}
⑤ Mn^{2+}

36
불경쟁적 저해제에 관한 설명으로 옳지 않은 것은?

① 저해방식은 효소-기질 복합체이다.
② K_m(미카엘리스-멘텐상수)는 감소한다.
③ V_{max}(최대반응속도)는 불변한다.
④ 가역적 저해제이다.
⑤ 효소-기질 복합체에만 결합하여 효소 활성이 저해되는 작용이다.

37
다음 중 체조직의 수분에 대한 설명으로 옳지 않은 것은?

① 연령이 낮을수록 체내 수분함량은 높다.
② 신체 중에서 근육조직의 수분함량이 높다.
③ 신체에 지방량이 증가하면 체내 수분비율은 감소한다.
④ 비만인은 체내 수분비율이 높다.
⑤ 노인은 상대적으로 체내 수분비율이 낮다.

38
수분의 체내 기능에 해당하지 않는 것은?

① 영양소 운반 ② 노폐물 운반
③ 체온 조절 ④ 에너지 생성
⑤ 전해질 평형 유지

39
칼슘 흡수 증진인자는?

① 수산 ② 피틴산
③ 비타민 D ④ 식이섬유
⑤ 지방

40
철의 형태에 관한 설명으로 옳지 않은 것은?

① 식물성 식품은 모두 비헴철
② 동물성 식품의 철은 60%가 비헴철
③ 비타민 C, 위산은 식품 중의 제2철(Fe^{3+})을 제1철(Fe^{2+})로 전환
④ 구연산, 젖산의 유기산은 철과 킬레이트를 형성하여 제2철(Fe^{3+}) 안정화
⑤ 헴철은 시토크롬계 효소

41
소장 점막세포 내에 존재하는 황단백질로 아연이나 구리와 결합하여 아연과 구리의 흡수를 조절하는 물질은?

① 페리틴 ② 헤모글로빈
③ 메탈로티오네인 ④ 트리요오드치로닌
⑤ 세룰로플라스민

42
철분과 관련이 없는 물질은?

① 헤모글로빈 ② 사이토크롬
③ 카탈라아제 ④ 시스테인
⑤ 미오글로빈

43
인에 대한 설명으로 옳지 않은 것은?

① DNA 구성성분
② 골격 형성
③ ATP 합성
④ 비타민 B_{12} 구성성분
⑤ 마그네슘 흡수 촉진

44
비타민 D_3의 활성화 과정으로 비타민 D_3가 25-OH-비타민 D_3로 전환되는 기관(㉠)과 1, 25-$(OH)_2$-비타민 D_3로 전환되는 기관(㉡)이 바르게 제시된 것은?

① ㉠ 간 - ㉡ 위 ② ㉠ 위 - ㉡ 부신
③ ㉠ 부신 - ㉡ 신장 ④ ㉠ 신장 - ㉡ 간
⑤ ㉠ 간 - ㉡ 신장

45
비타민과 관련된 조효소가 바르게 연결된 것은?

① 티아민(VB_1) - PLP
② 리보플라빈(VB_2) - TPP
③ 나이아신(VB_3) - NAD
④ 판토텐산(VB_5) - FMN
⑤ 피리독신(VB_6) - CoA

46
트립토판 60mg으로부터 니아신 1mg이 합성되는 과정에서 필요한 비타민은?

① 티아민, 리보플라빈
② 리보플라빈, 피리독신
③ 피리독신, 판토텐산
④ 판토텐산, 비오틴
⑤ 비오틴, 엽산

47

갈색지방조직에 관련한 내용으로 옳은 것은?

① 지방조직의 대부분을 차지
② 에너지원으로 사용
③ ATP 생성 없이 열만 생성
④ 지방 저장
⑤ 중성지방 분해

48

생애주기가 바르게 연결되지 않은 것은?

① 태아기 : 임신기
② 영아기(수유기) : 신생아기 + 영아기
③ 신생아기 : 생후 3개월
④ 영아기 : 생후 12개월 미만
⑤ 유아기 : 1~5세

49

출생 후 성장속도가 가장 빠른 시기는?

① 영아기 ② 유아기
③ 아동기 ④ 청소년기
⑤ 성인기

50

임신 중독증상으로 체중이 임신 전 대비 20kg 증가, 혈압상승, 단백뇨, 두통 증상의 질환은?

① 임신성 빈혈 ② 임신성 고협압
③ 자간전증 ④ 갑상선기능항진증
⑤ 임신성 당뇨병

51

임신전기의 대사변화로 옳지 않은 것은?

① 모체의 동화작용 ② 모체의 단백질 합성
③ 모체의 글리코겐 합성 ④ 모체의 이화작용
⑤ 태아의 동화작용

52

모유 수유 시 분비되는 뇌하수체후엽의 유즙 분비 촉진 호르몬은?

① 프로게스테론
② 융모성 생식선자극호르몬
③ 프로락틴
④ 에스트로겐
⑤ 옥시토신

53

임신부보다 수유부에게 추가량이 더 많은 무기질은?

① 칼슘 ② 인
③ 나트륨 ④ 요오드
⑤ 철

54

초유에 대한 설명으로 옳지 않은 것은?

① 분만 후 1주일간 분비된다.
② 배변 배출에 도움을 준다.
③ 성숙유에 비해 탄수화물이 많다.
④ 면역물질이 풍부하다.
⑤ 성숙유에 비해 단백질이 많다.

55

이유의 단계에 따른 적절한 이유식 식품이 바르게 연결된 것은?

① 이유준비기(4~5개월) : 으깬 과일
② 이유초기(5~6개월) : 된죽
③ 이유중기(7~8개월) : 연두부
④ 이유후기(9~10개월) : 감자
⑤ 이유완료기(10개월 이후) : 연식

56
유아기 영양문제로 가장 거리가 먼 것은?

① 비만 ② 충치
③ 식품알레르기 ④ 섭식장애
⑤ 편식

57
청소년기에 분비되어 단백질 합성을 증가시켜 신체성장에 관여하고 남성의 근육량을 증가시키는 호르몬은?

① 글루카곤 ② 인슐린
③ 성장호르몬 ④ 안드로겐
⑤ 갑상선호르몬

58
노인들의 위점막 위축으로 인하여 내인성 인자 분비 감소로 결핍되기 쉬운 비타민은?

① 비타민 A
② 비타민 D
③ 비타민 E
④ 비타민 B_{12}
⑤ 비타민 C

59
운동 시 에너지 필요량이 증가됨에 따라 필요한 비타민으로 연결된 것은?

① 티아민, 리보플라빈
② 티아민, 비타민 C
③ 비타민 C, 비타민 D
④ 비타민 D, 비타민 K
⑤ 비타민 K, 니아신

60
운동 시 에너지 사용 순서를 바르게 나열한 것은?

① ATP → 크레아틴인산 → 글리코겐과 포도당 → 지방산
② 글리코겐 → ATP → 포도당 → 지방산 → 크레아틴인산
③ 글리코겐과 포도당 → 지방산 → ATP → 크레아틴인산
④ 지방산 → ATP → 크레아틴인산 → 글리코겐과 포도당
⑤ 지방산 → 크레아틴인산 → ATP → 글리코겐과 포도당

2과목 영양교육·식사요법·생리학

61
영양교육의 방향은?

① 질환 조기 진단
② 영양의 최신 정보 제공
③ 건강증진 도모
④ 영양 가치 평가
⑤ 최근 식생활 이해

62
영양교육 실시 과정에서 어려운 점의 원인에 해당하지 않는 것은?

① 대상자의 식습관 또는 기호의 차이
② 대상자의 경제 수준 차이
③ 식품과 영양 결함에 의한 질병위험이 단시간 내 판정됨
④ 영양에 관한 지식 부족
⑤ 교육대상 계층의 다양성

63
영양교육이론으로 건강신념모델의 구성요소로 볼 수 없는 것은?

① 민감성의 인식
② 심각성의 인식
③ 행동변화에 대한 인지된 이익
④ 행동의 계기
⑤ 타인의 강요

64
영양교육이론의 개혁확산모델에서 확산조건에 해당하지 않는 것은?

① 기술적 용이성
② 쉬운 결과 관찰
③ 채택에 대한 보상관리
④ 즉흥적 행동 유발
⑤ 현재의 가치관과 일치

65
영양교육 실시 시 필수요소에 해당하지 않는 것은?

① 영양교육 주체자
② 영양교육 내용
③ 영양교육 부대시설
④ 영양교육 방법
⑤ 영양교육 대상

66
영양교육의 요구진단에서 영양문제에 영향을 미치는 요인 파악으로 주요 고려사항에 해당하지 않는 것은?

① 동기 부여
② 행동가능 요인
③ 기술가능 요인
④ 행동강화 요인
⑤ 교육주체 경제적 요인

67
영양교육 평가 중에서 과정평가에 해당하는 내용으로 옳은 것은?

① 영양관련 인식 변화
② 영양지식 이해
③ 신체 계측치
④ 건강관련 인식 변화
⑤ 관찰을 통한 평가

68
영양교육의 수업설계 원리에 포함되지 않는 것은?

① 학습목표 제시
② 교육대상자의 동기 유발
③ 학습 결손의 발견과 처치
④ 수준별 학습 내용 제시
⑤ 암기 위주 학습 유도

69
영양교육 방법으로 개인면담의 단점은?

① 개인적인 문제 해결 용이
② 특별한 영양문제 지도 가능
③ 많은 시간 소요
④ 전문적인 입장에서 개별적 해결방안 제시
⑤ 직접지도로 교육효과 좋음

70
가족의 공통적인 영양문제의 가정지도 내용에 해당하는 것은?

① 생애주기별 영양 관리
② 식생활에 대한 가치관
③ 질환별 식사요법
④ 음주
⑤ 흡연

71
1~2명의 강사가 교육대상자에게 강의를 한 다음 질문을 받고 참가자들과 토의하며 지도하는 교육방법은?

① 강의식 토의
② 강단식 토의
③ 배심 토의
④ 배석식 토의
⑤ 공론식 토의

72

비교적 전문가 집단을 대상으로 공통적인 문제에 대하여 연구하는 교육활동으로 보통 2~7일이 소요되는 교육방법은?

① 연구집회
② 강단식 토의
③ 배심 토의
④ 배석식 토의
⑤ 공론식 토의

73

영양교육 매체로 활용되는 종류가 옳게 구분된 것은?

① 인쇄매체 : 사진, 모형
② 전시·게시매체 : 표본, 녹음
③ 입체매체 : 모형, 인형
④ 영사매체 : 영화, 사진
⑤ 전자매체 : 인터넷, 벽신문

74

교육이론인 데일(Edger Dale)의 경험원추이론에 따라 원추의 가장 아래쪽에 위치할 수 있는 교육 매체는?

① 시각기호
② 전시
③ 견학
④ 직접 경험
⑤ 각색 경험

75

영양상담의 기본원칙에 해당하지 않는 것은?

① 기밀 유지
② 공감대 형성
③ 신중한 태도
④ 직접적 권고
⑤ 자유로운 의사소통

76

상담관계의 출발을 안정시키고 내담자의 정보 욕구를 충족시켜주는 영양상담 기술은?

① 질문
② 요약
③ 조언
④ 직면
⑤ 해석

77

대사증후군 관리의 식사교육, 지역사회주민의 생애주기별 영양교육, 방문건강관리사업 등이 수행 가능한 영양사는?

① 산업체 영양사
② 병원임상영양사
③ 보건소 영양사
④ 요양기관 영양사
⑤ 고등학교 영양사

78

영양 관리과정(Nutritional Care Process)에 해당하지 않는 것은?

① 영양판정
② 영양진단
③ 영양중재
④ 영양계획
⑤ 영양모니터링

79

혈액, 소변, 대변 및 조직 내의 영양소 또는 그 대사물의 농도를 측정하거나, 효소 활성 등을 측정하고 기준치와 비교하는 영양판정 방법은?

① 임상학적 방법
② 신체계측법
③ 식사기록법
④ 생화학적 방법
⑤ 영양모니터링

80

평소 식품섭취 패턴을 알아보고 장기간에 걸친 실습관과 질병과의 관계를 파악하는 역학조사에 유용한 식사조사방법은?

① 24시간 회상법
② 식사기록법
③ 식품섭취빈도조사법
④ 식습관조사법
⑤ 실측법

81

식품교환표의 1교환단위당 식품의 무게로 맞게 나열된 것은?

① 밥 : 70g
② 고지방 육류 : 50g
③ 채소류 : 60g
④ 견과류 : 10g
⑤ 치즈 : 20g

82

식품교환표의 어육류군별 열량 및 영양소 함량이 맞게 연결된 것은?

① 저지방군 : 60kcal
② 저지방군 : 지방(5g)
③ 중지방군 : 70kcal
④ 중지방군 : 단백질(10g)
⑤ 고지방군 : 100kcal

83

식품교환표에서 일반우유의 1교환단위의 열량 및 영양가로 맞는 것은?

① 열량(85kcal), 탄수화물(8g), 단백질(4g), 지방(5g)
② 열량(95kcal), 탄수화물(9g), 단백질(5g), 지방(6g)
③ 열량(105kcal), 탄수화물(9g), 단백질(4g), 지방(5g)
④ 열량(115kcal), 탄수화물(10g), 단백질(5g), 지방(7g)
⑤ 열량(125kcal), 탄수화물(10g), 단백질(6g), 지방(7g)

84

키가 160cm이고 체중이 55kg 여성의 체질량지수(Body Mass Index, BMI)를 이용한 비만도는?

① 저체중 ② 정상
③ 비만 전 단계 ④ 비만
⑤ 과체중

85

하루 열량 1800kcal 식단에서 우유, 채소, 과일군의 교환단위수를 다음과 같이 산정할 때 빈칸에 들어갈 열량 또는 영양소 함량이 바르게 된 것은?

식품군		교환 단위수	열량 (kcal)	탄수화물 (g)	단백질 (g)	지방 (g)
우유	일반	1	①	10	6	7
	저지방	1	80	②	6	2
채소군		7	140	21	③	0
과일군		2	④	24	0	⑤

① 120 ② 10
③ 10 ④ 110
⑤ 2

86

다음 중 병원식의 연식에 대한 내용으로 옳은 것은?

① 쌀의 도정도가 적은 것
② 지방함량 많은 것
③ 섬유소가 많은 식품
④ 위 안에 머무르는 시간이 긴 식품
⑤ 부드러우며 영양소가 충족되는 액체와 반고체 형태

87

통풍요법에 사용되는 치료식 또는 제공 음식으로 옳지 않은 것은?

① 저퓨린식 ② 계란
③ 고등어 ④ 우유
⑤ 과일식

88

레닌검사식에서 제한하는 무기질 성분은?

① 나트륨 ② 칼슘
③ 철 ④ 요오드
⑤ 인

89

경장영양으로 경관급식 형태가 아닌 것은?

① 비위관 ② 비십이지장관
③ 비공장관 ④ 위장조루술
⑤ 말초정맥영양

90

경관급식 합병증의 일반적 증상인 설사의 원인이 아닌 것은?

① 유당불내증
② 영양액의 삼투 농도 높음
③ 영양액 오염
④ 저산소증
⑤ 실온의 영양액

91

경관급식으로 설사가 계속되는 경우 제공 가능한 식품으로 적합하지 않은 것은?

① 대두 다당류 섬유소 ② 사과즙
③ 분말 형태의 펙틴 ④ 우유
⑤ 식이섬유

92

다음 중 소화기계의 작용으로 기능이 다른 하나는?

① 저작 ② 연하
③ 소화효소 ④ 연동
⑤ 분절

93

입과 인두에서 반사적으로 일어나는 움직임 작용은?

① 저작 ② 분비
③ 연하 ④ 분해
⑤ 연동

94

역류성 식도염 식사의 제한식품은?

① 저지방단백질 ② 저지방당질식품
③ 감귤류 ④ 두부
⑤ 부드러운 음식

95

위액 성분에 대한 설명으로 옳지 않은 것은?

① 염산 : pH 6~7
② 뮤신 : 위장의 점막보호
③ 레닌 : 모유 응고
④ 가스트린 : 위액 분비 촉진 호르몬
⑤ 리파아제 : 분비는 되지만 작용 미비

96

다음 중 위액 분비를 억제하는 물질은?

① 아세틸콜린 ② 가스트린
③ 카테콜아민 ④ 카페인
⑤ Ca^{2+}

97

위장관 수술에 의한 위의 저장기능 상실로 나타나는 덤핑증후군의 식사요법으로 옳은 것은?

① 농축 단순 당질 식품 공급
② 소량씩 자주 공급
③ 간식은 당분 많은 것 이용
④ 우유
⑤ 저단백질 식품 제공

98

대장의 결장 부분에 해당하지 않는 것은?

① 맹장 ② 상행
③ 횡행 ④ 하행
⑤ S상

99

이완성 변비의 식사로 제한해야 하는 식품은?

① 충분한 수분 ② 해조류
③ 고섬유식 ④ 저섬유식
⑤ 우유

100

염증성 장질환에 관한 설명으로 옳은 것은?

① 크론병 : 결장의 점막 염증
② 소장 대장의 만성적 염증
③ 궤양성 대장염 : 비정상적 면역반응으로 위장관 염증
④ 장쇄지방식 제공
⑤ 저단백식 제공

101

간의 소화작용에 대한 설명으로 옳은 것은?

① 활성형 엽산을 엽산으로 전환
② 프로트롬빈을 비타민 K로 전환
③ 철과 구리를 페리틴관 세룰로플라스민으로 저장
④ 지방산 합성
⑤ 요소를 암모니아로 전환

102

간질환의 식사요법으로 바르게 연결된 것은?

① 급성간염 : 고열량
② 만성간염 : 저열량
③ 알코올성 간경변 : 저단백식
④ 간성 뇌병변증 : 탄수화물 제한
⑤ 황달 증상 시 고지방식

103

혈당 저하와 동화작용에 관여하는 호르몬은?

① 글루카곤 ② 인슐린
③ 성장호르몬 ④ 가스트린
⑤ 알도스테론

104

오디괄약근이 위치하는 곳은?

① 대장 ② 십이지장
③ 공장 ④ 회장
⑤ 직장

105

인슐린에 의한 탄수화물대사 조절작용으로 옳지 않은 것은?

① 글리코겐 합성 증가 ② 글리코겐 분해 감소
③ 포도당 신생 증가 ④ 포도당 신생 감소
⑤ 포도당 이용 증가

106

담낭질환 및 식사요법에 대한 설명으로 옳지 않은 것은?

① 간에서 생성된 담즙을 담낭에 저장
② 담즙은 담관을 통해 십이지장으로 배출
③ 담낭염은 담낭이나 담관에 세균 감염
④ 담낭염은 고지방 저단백식 제공
⑤ 담석증의 식사로 두부 제공

107

췌장염 환자의 제한 영양소는?

① 탄수화물 ② 단백질
③ 지방 ④ 비타민
⑤ 무기질

108

체액의 기능에 대한 설명으로 틀린 것은?

① 신체의 구조와 형태 유지
② 세포대사에 필요한 환경 제공
③ 물질수송의 매체
④ 세포 내 화학반응의 용질로 작용
⑤ 체온 유지

109

혈관운동의 중추작용을 하고, 뇌신경기능을 담당하며 호흡, 순환, 운동을 조절하는 곳은?

① 대뇌 ② 중뇌
③ 간뇌 ④ 연수
⑤ 척수

110

혈압을 높이는 요인에 해당하는 것은?

① 혈관 수축 ② 혈관 이완
③ 부교감신경 흥분 ④ 혈액점성 감소
⑤ 혈관직경 증가

111

고혈압 심혈관질환의 식사요법으로 옳은 것은?

① 다당질 위주
② 포화지방산 위주
③ 카페인 제공
④ 불용성 식이섬유 제공
⑤ 나트륨 위주

112

고혈압 환자의 미량영양소 섭취에 관한 설명으로 옳지 않은 것은?

① 나트륨과 칼륨 섭취의 비율을 1 이하로 유지
② 혈압강하에 칼슘과 마그네슘 효과적
③ 항산화 비타민은 혈관 내막 기능 개선
④ 수용성식이섬유는 나트륨과 콜레스테롤 배설에 효과적임
⑤ 카페인은 단기적 혈압 저하

113

이상지질혈증에 제공 가능한 식품은?

① 식이섬유 ② 단순당
③ 고탄수화물식 ④ 적색육
⑤ 고열량식

114

나트륨 섭취를 줄여야 하는 질환은?

① 뇌전증 ② 빈혈
③ 이상지질혈증 ④ 울혈성심부전
⑤ 췌장염

115

비만의 원인으로 볼 수 없는 것은?

① HDL 콜레스테롤 감소
② 기초대사량 감소
③ 갑상선 기능 저하
④ 부신피질 호르몬의 과잉분비
⑤ 인슐린 저항성 감소

116

당뇨병 환자를 위한 적절한 식사요법은?

① 과량의 식이섬유식
② 단순당식
③ 다량의 채소 섭취
④ 포화지방산(7% 이내) 제한
⑤ 당지수 높은 식품 제공

117

항상성 조절계의 특성으로 옳지 않은 것은?

① 음성 피드백 고리
② 변화와 반대 방향 반응
③ 설정점으로 되돌아가는 방향
④ 우선순위작용
⑤ 변화와 같은 방향 반응

118

유즙의 생성을 촉진하는 뇌하수체전엽호르몬은?

① 옥시토신 ② 프로락틴
③ 칼시토닌 ④ 에스트로겐
⑤ 멜라토닌

119

다음 중 항응고제가 아닌 것은?

① 아스피린 ② 쿠마린
③ 헤파린 ④ 구연산염
⑤ 비타민 K

120

암환자의 대사이상에 관한 설명으로 옳지 않은 것은?

① 에너지 소비 증가 ② 체중 감소
③ 기초대사량 감소 ④ 저장지방 고갈
⑤ 당신생 활발

실전모의고사 2회 2교시

1과목 식품학·조리원리

01
교질용액의 상태가 아닌 것은?

① 된장국 ② 전분액
③ 우유 ④ 젤리
⑤ 족탕

02
가열조리 방법이 다른 하나는?

① 브레이징 ② 삶기
③ 끓이기 ④ 데치기
⑤ 포우칭

03
조리에서 썰기 목적이 아닌 것은?

① 가식부 이용률 상승 ② 열전달 상승
③ 식품 부패 방지 ④ 양념 침투 향상
⑤ 표면적 커짐

04
다음 중 식품별 계량기구 사용 방법으로 옳지 않은 것은?

① 꿀 : 부피보다 무게를 측정
② 마가린 : 실온에서 부드럽게 한 후 계량컵에 꾹꾹 눌러 담고 컵 위를 수평으로 깎아 계량
③ 밀가루 : 체로 친 후 계량컵에 가득 담고 컵 위를 수평으로 깎아 계량
④ 치즈 간 것 : 계량컵에 누르지 말고 가볍게 담아 계량
⑤ 베이킹소다 : 덩어리지지 않게 저은 후 수북하게 채워 수평으로 깎아 계량

05
조리의 열전달 방법에 대한 설명으로 옳은 것은?

① 전도는 열전달 속도가 가장 빠르다.
② 열전달 속도가 빠르면 빨리 가열되고 보온성도 좋다.
③ 표면이 검고 거친 용기는 복사열을 잘 흡수하여 조리시간이 단축된다.
④ 대류는 윗부분의 뜨거운 기체나 액체가 아래로 이동한다.
⑤ 복사는 열전달 속도가 가장 느리다.

06
식품구성자전거에서 전달하고자 하는 지침사항의 설명으로 틀린 것은?

① 앞바퀴는 물을 제시하여 충분한 수분 섭취 지침 전달
② 뒷바퀴는 5가지 식품군을 제시하여 균형있는 식사
③ 휠 간격은 식품군별 적절한 섭취 비율
④ 균형있는 식사 지침 전달
⑤ 규칙적인 운동 및 식사의 균형 유지

07
식품 중의 수분인 자유수에 대한 설명으로 옳은 것은?

① 용매로 작용할 수 없음
② 미생물 생육에 이용
③ 화학반응에 관여하지 않음
④ 0℃ 이하에서 얼지 않음
⑤ 100℃ 이상 가열해도 제거되지 않음

08

수분활성도에 대한 설명으로 옳지 않은 것은?

① 일정온도에서 식품 중에 함유된 물의 증기압(P)과 같은 온도에서의 순수한 물의 증기압(P_0)의 비이다.

② 식품 중 물의 증기압은 식품 중의 물에 녹아 있는 용질의 몰수에 따라 결정된다.

③ 수분활성도는 평형상대습도와 관련성이 있다.

④ 식품의 수분활성도는 1보다 작다.

⑤ 식품 중 수분에 가용성 물질이 많이 녹아 있을수록 수분활성도는 높아진다.

09

포도당의 이성질체수는?

① 8개 ② 10개
③ 12개 ④ 14개
⑤ 16개

10

탄수화물 종류가 바르게 연결된 것은?

① 3탄당 : 포도당

② 이당류 : 라피노오스

③ 이당류 : 트레할로스

④ 단순다당류 : 펙틴

⑤ 삼당류 : 스타키오스

11

단맛의 강도가 강한 순서대로 나열한 것은?

① 과당 > 전화당 > 포도당

② 포도당 > 설탕 > 과당

③ 과당 > 유당 > 말토스

④ 포도당 > 사카린 > 둘신

⑤ 포도당 > 과당 > 전화당

12

설탕과 전화당에 대한 설명으로 옳지 않은 것은?

① 설탕은 α, β 이성질체가 없어 온도에 안정하다.

② 설탕은 전화당을 생성한다.

③ 전화당이 설탕보다 더 달다.

④ 전화당은 순수한 설탕보다 용해도가 낮다.

⑤ 전화당은 설탕을 인버타아제로 분해하여 생성된다.

13

전분의 호화와 관련성이 없는 것은?

① α화 ② 교질화
③ 겔 상태 ④ 콜로이드
⑤ 졸 상태

14

유지의 융점에 대한 설명으로 틀린 것은?

① 포화지방산이 불포화지방산보다 융점(녹는점)이 높다.

② 포화지방산 중에서도 탄소수가 많을수록 융점이 높다.

③ 융점이 낮을수록 소화흡수가 잘 된다.

④ 불포화지방산이 많을수록 융점이 높다.

⑤ 탄소 사슬이 짧은 지방산일수록 융점이 낮다.

15

스핑고당지질에 해당하는 것은?

① 레시틴 ② 세레브로시드
③ 세팔린 ④ 스핑고미엘린
⑤ 킬로미크론

16

다음 중에서 친수성과 친유성의 상대적 세기[HLB (Hydrophilie-Lipophile Balance)] 수치가 낮은 유지는?

① 우유 ② 아이스크림
③ 마요네즈 ④ 버터
⑤ 요구르트

17
다음 중 유지 산패를 촉진하는 요인으로 옳은 것은?
① 온도가 낮을수록
② 포화지방산이 많을수록
③ 금속이온이 많을수록
④ 자외선량이 적을수록
⑤ 수소가 첨가될수록

18
다음 중 친수성 중성아미노산은?
① 트레오닌 ② 알라닌
③ 발린 ④ 류신
⑤ 시스테인

19
아미노산의 양전하의 합과 음전하의 합이 같아 전하의 합이 0이 되는 상태로 전기장 내에서 어느 전극으로도 이동하지 않는 전기적으로 중성이 되는 pH를 무엇이라 하는가?
① 유화점 ② 수화점
③ 등전점 ④ 광분해점
⑤ 교질형성점

20
섬유상 단백질에 해당하는 것은?
① 알부민 ② 글로불린
③ 콜라겐 ④ 헤모글로빈
⑤ 인슐린

21
대두 단백질은?
① 오리제닌 ② 글루테닌
③ 제인 ④ 락트알부민
⑤ 글리시닌

22
단백질이 변성될 때 나타나는 변화는?
① 단백질 1차 구조가 변한다.
② 소화율이 감소된다.
③ 대부분 비가역적으로 변성된다.
④ 효소작용을 받기 어렵다.
⑤ 단백질 4차 구조가 변화되지 않는다.

23
다음 중 항산화제 기능과 관련 없는 물질은?
① 비타민 A ② 비타민 C
③ 비타민 D ④ 비타민 E
⑤ 셀레늄

24
비타민 D의 전구체인 에르고스테롤을 많이 함유한 것은?
① 오이 ② 호박
③ 상추 ④ 다시마
⑤ 표고버섯

25
다음 중 알칼리성 식품은?
① 백미 ② 소고기
③ 돼지고기 ④ 어패류
⑤ 감자

26
클로로필 색소에 관한 설명으로 옳지 않은 것은?
① 포피린 고리 중앙에 철이 결합된 구조이다.
② 클로로필 a는 청록색이다.
③ 약산에서 페오피틴이 생성된다.
④ 강산에서는 페오포비드가 생성된다.
⑤ 알칼리에서는 클로로필린이 생성된다.

27

카로틴류의 색소에 관한 설명으로 옳지 않은 것은?

① 8개의 이소프렌단위 결합
② 공액이중결합이 중요 발색단
③ 산소에 불안정
④ β-이오논핵을 가진 비타민 A의 전구체
⑤ 리코펜은 비타민 A로 전환

28

다음 중 갈변의 특성이 다른 하나는?

① 감자의 갈변
② 설탕의 캐러멜화
③ 오렌지주스 갈변
④ 감귤류 가공품 갈변
⑤ 고추장 갈변

29

식품의 냄새성분으로 옳은 것은?

① 우유 : 에스테르유
② 해조류 : 디아세틸
③ 담수어 : 피페리딘
④ 정유 : 인돌
⑤ 버터 : 멘톨

30

다음 중 전분의 조리 공정이 다른 하나는?

① 식혜
② 조청
③ 물엿
④ 미숫가루
⑤ 고추장

31

다음 중 팽창제 특성이 다른 하나는?

① 밀가루 체 치는 과정
② 지방과 설탕을 섞는 과정
③ 반죽의 수분을 수증기화
④ 탄산가스의 기체 가열
⑤ 효모에 의한 발효빵

32

서류에 함유된 단백질 성분이 바르게 연결된 것은?

① 감자 - 튜베린
② 고구마 - 알라핀
③ 토란 - 갈락탄
④ 곤약 - 글루코만난
⑤ 돼지감자 - 이눌린

33

대두를 이용한 두부 제조의 성분 변화 설명으로 옳지 않은 것은?

① 헤마글루티닌 불활성화
② 가열에 의한 소화성 증가
③ 트립신 저해물질 기능 저하
④ 대두에 리놀레산 다량 함유
⑤ 단백질 분해효소 억제

34

대두를 이용한 식품으로 제조공정이 다른 하나는?

① 미소
② 나토
③ 두부
④ 수푸
⑤ 템페

35

육류의 숙성과정에서 일어나는 변화에 대한 설명으로 옳은 것은?

① 유리아미노산 증가
② 보수성 감소
③ 단백질 분해효소 불활성화
④ 적색으로 육색 변화
⑤ 액토미오신 생성

36
연제품의 고기갈이 공정에 대한 설명으로 옳지 않은 것은?

① 생선살에 소금을 넣어서 고기갈이
② 염용성 단백질 액토미오신 용해
③ 근원섬유조직 파괴
④ 소금 첨가로 어육단백 수화
⑤ 미오신 함량 적은 흰살 생선 사용

37
달걀의 성분에 관한 설명으로 옳은 것은?

① 난백의 주요 단백질은 오브알부민이다.
② 난황에 함유된 아비딘은 비오틴의 활성화 작용을 한다.
③ 난황의 리포비텔린은 당단백질이다.
④ 난백의 오브뮤코이드는 트립신 작용을 촉진한다.
⑤ 난황의 녹변은 난백에서 생성된 철분과 난황의 황화수소에 의한다.

38
우유를 균질화하는 이유가 아닌 것은?

① 지방구의 미세화 ② 커드 연화
③ 지방 분리 방지 ④ 우유 점도 저하
⑤ 소화 용이

39
어유, 고래 기름, 대두유, 면실유 등의 정제유에 수소를 첨가하여 100% 지방으로 만든 라드 대용품은?

① 버터 ② 마가린
③ 쇼트닝 ④ 어유
⑤ 대두유

40
홍색의 피코에리트린이 풍부하고 소량의 카로티노이드가 함유된 것으로 한천 또는 카라기난을 추출하는 해조류는?

① 파래 ② 미역
③ 김 ④ 모자반
⑤ 클로렐라

2과목 급식, 위생 및 관계법규

41
학교급식의 목적은?

① 효율적인 생산성 향상
② 학생들의 건강유지 및 올바른 식습관 형성
③ 가정적인 분위기의 식사 제공
④ 질환 회복 촉진
⑤ 신체적·정신적 발달과정 아동의 건전 육성

42
산업체 급식에 관한 설명으로 옳지 않은 것은?

① 단체급식 시장 중 가장 큰 규모
② 공장, 사무실, 관공서, 연수원 등에서 제공되는 급식
③ 1회 50인 이상 산업체 급식인 경우 영양사 의무 고용
④ 산업체 공장급식은 식수는 일정하나 식단가는 낮음
⑤ 산업체 관공서급식은 주관부서와의 유기적 협조가 중요

43
조리 후 운반급식하며 생산, 소비 장소가 분리되어 있고 식재료비 및 인건비는 절감되나 운반비용과 시간이 소요되는 급식체계 방법은?

① 전통식 급식 방법 ② 중앙공급 급식 방법
③ 조리저장식 급식 방법 ④ 조합식 급식 방법
⑤ 복합적 급식 방법

44

급식경영관리의 순환적 기능과 특징을 바르게 연결한 것은?

① 계획 – 식재료 구매
② 실시 – 영양 계획
③ 평가 – 위생 점검
④ 계획 – 재고조사
⑤ 실시 – 식재료 구매 계획

45

카츠의 경영관리 능력에 관한 설명으로 옳지 않은 것은?

① 기술적 능력은 하위계층으로 갈수록 중요
② 인력관리 능력은 모든 계층에서 중요
③ 개념적 능력은 상위계층으로 갈수록 중요
④ 관리계층에 따른 관리능력 중요
⑤ 의사결정 역할 중요

46

급식계획의 의사결정에 대한 설명으로 옳은 것은?

① 정형적 의사결정은 직관과 판단에 의존한다.
② 정형적 의사결정은 상위경영층으로 갈수록 많아진다.
③ 의사결정 유형의 계층 범위에 따라 정형적과 비정형적 의사결정으로 구분된다.
④ 의사결정 내용에 따라 정형적과 비정형적 의사결정으로 구분된다.
⑤ 비정형적 의사결정은 일정절차나 규칙을 정한다.

47

경영조직유형과 조직구조에 관한 설명으로 옳지 않은 것은?

① 공식적 조직 : 조직의 목표 달성을 위해 상호유기적 협력
② 비공식적 조직 : 인간관계 중심의 조직
③ 라인조직 : 명령 계통의 일원화
④ 매트릭스 구조 : 팀이 의사결정하고 책임 권한
⑤ 전통적 구조 : 프로세스별 부분화

48

식단 작성에서 열량 설정의 기준이 아닌 것은?

① 구성원 연령
② 성별
③ 노동 강도
④ 건강상태
⑤ 기호식품

49

식단 작성에서 영양소에 대한 에너지 적정비율이 올바르게 나열된 것은?

① 탄수화물 : 총 에너지의 약 50~60%
② 단백질 : 총 에너지의 약 7~20%
③ 식이섬유소 : 100% 권장섭취량
④ 지방(3세 이상) : 총 에너지의 20~35%
⑤ 비타민 : 필요추정량

50

유사한 영양가의 식품군별 대표식품을 기준으로 1인 1회 분량을 설정하고 권장섭취 횟수를 제시하는 것은?

① 식품성분표
② 식품교환표
③ 단가구성표
④ 메뉴표
⑤ 식사구성안

51

1식을 제공하는 경우 1일 영양 섭취기준으로 정하는 비율은?

① 1/6
② 1/5
③ 1/4
④ 1/3
⑤ 1/2

52

메뉴 작성에서 가장 먼저 고려해야 할 사항은?

① 급여 영양량 결정
② 3식의 영양량 배분
③ 주식과 부식 결정
④ 식품구성 결정
⑤ 미량 영양소 보급

53
메뉴 품목 변화에 따른 분류로 메뉴 종류와 특징이 바르게 연결된 것은?
① 고정메뉴 : 병원 급식에서 자주 사용
② 동일메뉴 : 재고관리 용이
③ 순환메뉴 : 외식업소에서 주로 사용
④ 주기메뉴 : 식단 작성 때마다 새로운 메뉴 작성
⑤ 변동메뉴 : 작업통제 용이

54
구매시장 조사 목적이 아닌 것은?
① 시장 가격 파악
② 식재료 수급 상황 파악
③ 구매 예정 가격 결정
④ 구매 방법 개선
⑤ 식품 특성 인지

55
구매청구서와 관련성이 없는 것은?
① 구매요청서
② 요구서
③ 3부 작성
④ 원재료 사용 부서에서 작성
⑤ 구매부서로 청구하는 장표

56
검수가 끝나면 공급자로부터 받아야 할 필수 서류는?
① 납품서
② 구매청구서
③ 구매표
④ 발주서
⑤ 구매요청서

57
발주량 산출에 대한 설명으로 옳지 않은 것은?
① g단위의 1인 분량 결정
② 예상 식수 결정
③ 표준 레시피에서 식품 폐기율 고려
④ 산출된 발주량 단위를 kg 중량 또는 구입 단위로 환산
⑤ 발주량 = 1인 분량 × 가식부율 × 예정식수

58
식재료 검수 과정에서 필요한 장표로 연결된 것은?
① 발주서, 구매청구서
② 납품서, 식품사용일지
③ 구매명세서, 급식일지
④ 구매청구서, 구매명세서
⑤ 송장, 주문서

59
재고자산 평가 방법과 특징을 바르게 연결한 것은?
① 실제구매기법 : 대규모 급식소에서 많이 이용
② 총 평균법 : 물품이 소량으로 입·출고될 때 이용
③ 선입선출법 : 최근에 구입한 식품부터 사용
④ 최종구매기법 : 가장 최근의 단가를 이용
⑤ 후입선출법 : 가장 먼저 들어온 품목을 먼저 사용

60
다음의 수요예측방법 중 특성이 다른 하나는?
① 정량적 접근방법
② 시계열분석법
③ 질적 접근방법
④ 기수평활법
⑤ 인과형 예측법

61

대량조리 산출량 조정에 관한 설명으로 옳지 않은 것은?

① 단체급식 표준레시피는 대개 50인분 또는 100인분으로 작성한다.

② 변환계수방법에는 식재료 양에 변화계수를 곱한다.

③ 백분율 조정은 제과 및 제빵 레시피 산출 시 많이 사용한다.

④ 간접계측표를 사용한다.

⑤ 식수에 따른 중량 및 부피를 미리 표로 작성했다가 찾아서 사용한다.

62

급식소에서 사용되는 서비스 형태와 특성이 맞게 연결된 것은?

① 셀프서비스 : 중앙조리실에서 조리하여 1인분씩 배분한 식사를 고객이 있는 장소로 가져다 줌

② 트레이서비스 : 원하는 음식을 고객이 직접 선택하여 식탁으로 가져와 먹는 형식

③ 셀프서비스 : 카페테리아, 뷔페

④ 테이블서비스 : 종업원이 주문부터 상차림 업무까지 담당

⑤ 카운터서비스 : 직원이 주문받고 고객테이블까지 음식 가져다 줌

63

다음 중 맛성분의 혼합효과를 설명한 것으로 옳지 않은 것은?

① 강한 설탕액 + 약한 식염액 : 단맛이 강해진다.

② 강한 식염액 + 약한 산액 : 짠맛이 강해진다.

③ 강한 쓴맛 + 약한 설탕액 : 쓴맛이 약해진다.

④ 강한 산액 + 약한 설탕액 : 신맛이 강해진다.

⑤ 강한 설탕액 + 약한 알코올액 : 단맛이 강해진다.

64

작업방법 연구에 관한 ERCS 설명으로 옳지 않은 것은?

① 불필요한 기능제거(Elimination)

② 중복기능 결합(Combination)

③ 기기 재배치(Rearrangement)

④ 작업 시수 변경(Change)

⑤ 시간노력 단순화(Simplofication)

65

1일 800식을 제공하는 단체급식에서 5명의 작업자가 매일 8시간씩 작업을 한다면 1식당 노동시간은?

① 2분/식 ② 3분/식

③ 4분/식 ④ 5분/식

⑤ 6분/식

66

미생물 생육 가능한 식품의 위험온도 범위는?

① 0~5℃ ② 0~10℃

③ 5~30℃ ④ 5~60℃

⑤ 10~30℃

67

잠재적 위해식품에 해당하지 않는 것은?

① 단백질 함유식품

② 중성식품

③ 알칼리성 식품

④ 수분활성도 0.85 이상

⑤ 시간과 온도 관리가 필요한 식품

68

냉동식품의 올바른 해동방법이 아닌 것은?

① 냉장고에서 해동 ② 흐르는 물에 해동

③ 상온에서 해동 ④ 전자레인지 해동

⑤ 가열 조리 해동

69
다음의 건강상태에서 단체급식의 조리업무를 할 수 있는 종사자는?

① 화농성질환자　② 발열
③ 당뇨병　④ 설사
⑤ 구토

70
급식소의 시설 설비에 대한 설명으로 옳은 것은?

① 고가의 건축설비로 피로도를 감소시킨다.
② 작업 동선에 따라 기기를 배치한다.
③ 작업 동선을 넓게 하여 작업 활동을 편하게 한다.
④ 가열기기와 물 사용기기를 분산 배치한다.
⑤ 급식소는 지상층보다는 지하층이 좋다.

71
학생수 500명, 좌석수 200석으로 1좌석당 바닥면적이 $1.5m^2$일 때 필요한 식당면적은?

① $100m^2$　② $200m^2$
③ $300m^2$　④ $400m^2$
⑤ $500m^2$

72
원가구조에서 직접원가에 대한 설명으로 옳은 것은?

① 직접노무비　② 제조간접비
③ 판매비　④ 일반관리비
⑤ 판매가격

73
급식비가 4000원이고 1일 고정비가 600000원, 1식당 변동비가 2000원이라면 손익분기점의 매출량(A)과 매출액(B)은?

① A : 100식　B : 1,000,000
② A : 200식　B : 1,100,000
③ A : 300식　B : 1,200,000
④ A : 400식　B : 1,300,000
⑤ A : 500식　B : 1,400,000

74
급식업무에 가장 중심적인 기능을 담당하는 장표로 급식사무의 기본계획표로서 급식담당자가 작성하는 장표는?

① 급식일지　② 식단표
③ 식품사용일계표　④ 식수표
⑤ 식사처방전

75
특정 직무의 의무와 책임에 관한 조직적이고 사실적인 해설서로 직무 수행의 내용, 방법, 사용 장비, 작업환경 등 직무에 관한 개괄적인 정보가 제공되는 자료는?

① 직무평가서　② 직무명세서
③ 직무기술서　④ 직무분석서
⑤ 인적관리서

76
인사고과를 할 때 근무시간보다 항상 일찍 출근하는 조리원은 성실하여 모든 작업능력도 뛰어나다고 평가하는 오류는?

① 중심화 경향　② 관대화 경향
③ 평가 표준의 차이　④ 현혹효과
⑤ 논리오차

77
자신의 업적에 대하여 조직으로 받은 보상을 다른 사람과 비교함으로써 인식된 공정성에 의하여 동기부여 정도가 달라진다고 보는 동기부여의 이론은?

① 매슬로우의 욕구계층이론
② 허즈버그의 2요인 이론
③ 알더퍼 ERG 이론
④ 맥클리랜드의 성취동기이론
⑤ 아담스의 공정성 이론

78

식품의 부패초기에서 1g당 세균수(CFU/g)는?

① $10 \sim 10^2$
② $10^3 \sim 10^4$
③ $10^5 \sim 10^6$
④ $10^7 \sim 10^8$
⑤ $10^9 \sim 10^{10}$

79

소독제의 살균력 평가 기준물질은?

① 에탄올
② 역성비누
③ 과산화수소
④ 석탄산(페놀)
⑤ 승홍

80

식품의 초기부패 판정으로 바르게 연결된 것은?

① 휘발성염기질소(VBN) : 5~10mg%
② 트리메틸아민(TMA) : 3~4mg%
③ 히스타민 : 1~2mg%
④ 어육 : pH 7.0 부근
⑤ K값 : 20~30%

81

대장균군 검사에 이용되는 배지들로 올바르게 구성된 것은?

① 표준한천배지, BGLB배지, 포도당부용배지
② 젖당부용배지, BGLB배지, EMB배지
③ EMB배지, 포도당부용배지
④ 젖당부용배지, EMB배지
⑤ 표준한천배지, BGLB배지

82

그람음성, 비아포성, 통성혐기성 간균으로 생육 적정 온도가 37℃이며, 파라티푸스를 일으키는 티푸스형과 급성 위장염을 일으키는 감염형으로 달걀껍질에서 오염되는 경우가 많은 균은?

① 살모넬라균
② 리스테리아균
③ 황색포도상구균
④ 보툴리늄균
⑤ 대장균

83

다음 중 호염성 식중독균에 해당하는 것은?

① 병원성대장균
② 장염비브리오
③ 살모넬라균
④ 캠필로박터균
⑤ 리스테리아균

84

학교 등 집단급식, 뷔페, 레스토랑 등 대량조리시설에서 주로 발생하고 원인식품이 단백질성 식품(쇠고기, 닭고기 등)에 의한 식중독균은?

① *Yersinia enterocolitica*
② *Staphylococcus aureus*
③ *Clostridium botulinum*
④ *Clostridium perfringens*
⑤ *Bacillus cereus*

85

연어나 송어를 생식함으로써 감염되는 기생충은?

① 무구조충
② 광절열두조충
③ 스파르가눔충
④ 선모충
⑤ 유구조충

86
식물성 자연독 식중독의 원인성분이 바르게 연결된 것은?
① 수수 : 솔라닌(solanin)
② 독미나리 : 시큐톡신(cicutoxin)
③ 면실유 : 리신(ricin)
④ 청매 : 아코니틴(aconitine)
⑤ 부패감자 : 프타킬로사이드(ptaquiloside)

87
다음 중 신장독을 일으키는 곰팡이독소는?
① 아플라톡신(aflatoxin)
② 시트레오비리딘(citreoviridin)
③ 시트리닌(citrinin)
④ 파튤린(patulin)
⑤ 루브라톡신(rubratoxin)

88
신장의 칼슘 재흡수 억제, 만성 신장독성이 나타나며 이타이이타이병을 유발하는 중금속은?
① 납 ② 수은
③ 카드뮴 ④ 비소
⑤ 주석

89
조리가공 중 생성 가능한 유해물질과 원인식품을 바르게 연결한 것은?
① 나이트로사민 : 감자칩
② 아크릴아마이드 : 숯불고기
③ 에틸카바메이트 : 과실주
④ 다환방향족탄화수소 : 전통발효식품
⑤ 바이오제닉아민 : 햄, 소시지

90
인수공통감염병에 해당하는 것은?
① 콜레라 ② 장티푸스
③ 유행성이하선염 ④ 발진티푸스
⑤ 결핵

91
식품위생법의 목적으로 옳은 것은?
① 고열량저영양식품의 관리, 먹는물에 대한 위생관리
② 식품영양의 질적 향상 도모, 먹는물에 대한 위생관리
③ 감염병의 발생과 유행방지, 식품영양의 질적 향상 도모
④ 식품에 의한 위생상 위해방지, 식품영양 질적 향상 도모
⑤ 감염병의 발생 억제

92
집단급식소에 대한 설명 중 옳은 것은?
① 영리를 목적으로 함
② 불특정 다수인을 대상으로 함
③ 상시 1회 100명 이상에게 식사 제공
④ 기숙사, 학교, 병원 내의 급식소
⑤ 특정 소수인

93
위탁급식영업자의 영업신고를 받는 자는?
① 식품의약품안전처장
② 질병관리청장
③ 보건복지부장관
④ 시·도지사
⑤ 특별자치시장·특별자치도지사·시장·군수·구청장

94

1회 급식인원이 80명인 다음의 집단급식소에서 영양사를 두지 않아도 되는 곳은?

① 학교　　② 병원
③ 산업체　　④ 학교
⑤ 사회복지시설

95

건강진단을 받지 않거나 건강진단 결과 해를 끼칠 우려가 있는 자를 영업에 종사시켰을 경우 벌칙은?

① 100만 원 이하의 과태료
② 200만 원 이하의 과태료
③ 300만 원 이하의 과태료
④ 1년 이하의 징역 또는 1천만 원 이하의 벌금에 처하거나 이를 병과한다.
⑤ 2년 이하의 징역 또는 2천만 원 이하의 벌금에 처하거나 이를 병과한다.

96

학교급식의 대상이 아닌 것은?

① 중학교, 고등학교
② 산업체부설 중·고등학교
③ 100명 미만의 유치원
④ 대안학교
⑤ 고등기술학교

97

학교급식의 위생·안전관리기준 이행여부를 확인·지도하기 위한 출입검사 횟수는?

① 매년 3개월마다　　② 매년 1회 이상
③ 매년 2회 이상　　④ 매년 3회 이상
⑤ 2년마다 1회

98

국민영양조사의 주기는?

① 3개월마다　　② 6개월마다
③ 1년마다　　④ 2년마다
⑤ 3년마다

99

보건복지부장관의 국민영양 관리기본계획의 수립기간(A)과 시장·군수·구청장의 국민영양 관리기본계획 수립·시행 기간(B)은?

① A : 매년　B : 매년
② A : 2년　B : 2년
③ A : 3년　B : 2년
④ A : 5년　B : 매년
⑤ A : 10년　B : 2년

100

위탁급식영업을 하는 영업소 및 집단급식소에서의 원산지 표시 방법이 아닌 것은?

① 식당이나 취식장소에 표시한다.
② 월간 메뉴표에 표시한다.
③ 메뉴판에 표시한다.
④ 국내산 농산물원산지만 표시한다.
⑤ 게시판 또는 푯말에 표시한다.

실전모의고사 3회 1교시

1과목 영양학·생화학

01
영양밀도에 대한 설명으로 옳지 않은 것은?

① 식품의 공급에너지에 대한 영양소 함량을 의미한다.
② 영양소가 많을수록 영양밀도가 높아진다.
③ 칼로리가 많을수록 영양밀도가 높아진다.
④ 영양소가 적을수록 영양밀도가 낮아진다.
⑤ 칼로리가 적을수록 영양밀도가 낮아진다.

02
영양소 필요량의 과학적 근거가 부족할 경우 기존의 실험연구 또는 관찰연구로 확인된 건강한 사람들의 영양소 섭취기준 중앙값으로 설정하는 섭취량은?

① 평균필요량(Estimated Average Requirement; EAR)
② 권장섭취량(Recommended Nutrient Intake; RNI)
③ 충분섭취량(Adequate Intake; AD)
④ 상한섭취량(Tolerable Upper Intake Level; UL)
⑤ 일반섭취량(General Intake; GE)

03
인체 조직에 대한 수분함유 비율이 맞게 연결된 것은?

① 혈장 : 70% 이상　② 신장 : 90% 이상
③ 뼈 : 20%　④ 신경조직 : 60%
⑤ 지방조직 : 50%

04
글리코겐에 대한 설명으로 옳지 않은 것은?

① 동물의 간(1/3)과 근육(2/3)에 저장된 다당류
② 전분과 비슷하지만 가지의 간격과 길이가 짧은 구조
③ 전분보다 더 느리게 포도당으로 전환
④ 간에 저장된 글리코겐은 분해되어 혈당 유지
⑤ 근육에 저장된 글리코겐은 근육 운동 시 분해되어 열량으로 사용

05
소장융모의 영양소 흡수에서 흡수과정이 다른 성분은?

① 포도당　② 과당
③ 갈락토오스　④ 중성아미노산
⑤ 칼슘

06
해당과정 10단계에서 비가역단계의 3곳은?

① 1단계, 2단계, 3단계
② 3단계, 4단계, 5단계
③ 6단계, 7단계, 8단계
④ 1단계, 8단계, 9단계
⑤ 1단계, 3단계, 10단계

07
뇌, 골격근에서 포도당 한 분자가 해당과정의 완전산화과정에 의해 생성되는 총 ATP수는?

① 2　② 3
③ 4　④ 5
⑤ 7

08

해당과정에서 뇌와 골격근의 ATP 생성을 위해 거쳐야 할 경로는?

① 말산-아스파르트산셔틀
② 글리세롤인산셔틀
③ 말산이동경로
④ 아세틸 CoA 경로
⑤ 구연산 회로

09

구연산 회로에서 1분자의 피루브산으로부터 생성되는 ATP수는?

① 5
② 10
③ 15
④ 20
⑤ 30

10

골격근에서 포도당 1분자가 해당과정의 혐기적 조건과 호기적 조건에서 생성되는 ATP 수 비율은?

① 1 : 5
② 1 : 10
③ 1 : 15
④ 1 : 16
⑤ 1 : 18

11

오탄당인산회로(HMP)에 대한 설명으로 옳지 않은 것은?

① 간과 지방세포의 세포질에서 일어나 지방산에 필요한 환원력을 제공하는 경로
② 포도당으로부터 리보오스와 NADPH를 생성하는 과정
③ 해당과정 및 당신생과정의 중간체 생성
④ 주로 피하지방조직에서 활발히 진행
⑤ ATP 생성

12

세포 내로 유입할 때 인슐린이 필요 없고, 포스포프럭토키나아제-1(PFK-1)에 의한 속도조절단계반응을 거치지 않고 신속하게 해당과정이나 당신생 경로로 합류하여 중성지방 합성에 직접적으로 작용하는 당대사는?

① 포도당
② 과당
③ 갈락토오스
④ 리보오스
⑤ 만노오스

13

근육에서 곁가지 아미노산인 발린, 류신, 이소류신을 분해하여 아미노기와 결합해 알라닌을 생성하고 간으로 운반되어 다시 피루브산으로 전환된 후 포도당을 생성하고 아미노기는 요소로 전환하여 배설하는 경로는?

① 코리 회로
② 알라닌 회로
③ 오탄당인산 경로
④ 해당과정
⑤ HMP

14

혈당이 저하되었을 때 탄수화물 대사로 바르게 연결된 것은?

① 인슐린 분비, 글리코겐 분해
② 포도당 신생합성, 글리코겐 분해
③ 인슐린 분비, 글리카곤 분비
④ 포도당 신생합성, 글리코겐 합성
⑤ 인슐린 분비, 노르에피네프린 분비

15

아이코사노이드 물질인 트롬복산의 작용(혈관수축, 혈압상승)을 촉진시키는 데 관여하는 지방산은?

① α-리놀렌산($C_{18:3}$)
② EPA($C_{20:5}$)
③ DHA($C_{22:6}$)
④ 리놀레산($C_{18:2}$)
⑤ 올레산($C_{18:1}$)

16

체내의 탄수화물 소화에 관한 설명으로 옳지 않은 것은?

① 구강의 침샘에서 분비되는 타액에는 전분분해효소가 있다.
② 타액의 전분분해효소는 프티알린이다.
③ 위에서는 타액의 효소 활성을 촉진시킨다.
④ 소장에서 말타아제에 의해 맥아당이 포도당으로 분해된다.
⑤ 소장에서 수크라아제에 의해 설탕이 포도당과 과당으로 분해된다.

17

체내의 지질 소화에 관한 설명으로 옳지 않은 것은?

① 지질의 소화는 구강 리파아제에 의해 시작된다.
② 위는 췌장 기능이 발달하지 않은 영아의 지방소화에 중요하다.
③ 소장에서 대부분의 지방이 소화된다.
④ 췌장에서 분비되는 트립신에 의해 중성지방이 유리지방산과 모노아실글리세롤로 분해된다.
⑤ 췌장 포스포리파아제는 인지질을 분해한다.

18

체내의 지질 흡수에 관한 내용으로 옳은 것은?

① 지질 흡수는 소장 상부에서 흡수
② 긴 사슬 지방산은 미셀 형태로 흡수된 후 소장 세포에서 다시 중성지방을 형성하여 킬로미크론에 포함됨
③ 친수성이 낮은 지방산은 담즙과 미셀의 도움없이 소화되어 장세포로 흡수
④ 미셀은 중심부에 수용성 물질이 모이고 바깥쪽에 담즙산이 둘러싸고 있는 형태
⑤ 짧은 사슬 지방산은 담즙의 도움으로 소화흡수

19

19세 이상 성인의 일일 콜레스테롤 목표섭취량은?

① 100mg 미만　② 200mg 미만
③ 300mg 미만　④ 400mg 미만
⑤ 500mg 미만

20

혈당을 저하시키는 호르몬은?

① 인슐린　② 글루카곤
③ 글루코코르티코이드　④ 노르에피네프린
⑤ 갑상선호르몬

21

다음 중에서 가장 밀도가 작은 지단백질은?

① 킬로미크론　② VLDL
③ LDL　④ MDL
⑤ HDL

22

콜레스테롤 수치가 가장 높은 지단백질은?

① 킬로미크론
② VLDL(초저밀도지단백질)
③ LDL(저밀도지단백질)
④ MDL(중밀도지단백질)
⑤ HDL(고밀도지단백질)

23

팔미트산의 지방산 β-산화 반복횟수와 아세틸 CoA 생성수는?

① 7회 지방산 β-산화, 6개 아세틸 CoA 생성
② 7회 지방산 β-산화, 7개 아세틸 CoA 생성
③ 7회 지방산 β-산화, 8개 아세틸 CoA 생성
④ 8회 지방산 β-산화, 8개 아세틸 CoA 생성
⑤ 8회 지방산 β-산화, 9개 아세틸 CoA 생성

24

케톤체의 생성경로에서 처음 생성되는 물질은?

① 아세톤
② 아세토아세틸 CoA
③ 아세틸 CoA
④ β-하이드록시-β-메틸글루타릴CoA(HMG CoA)
⑤ β-하이드록시부티르산

25

중성지방 합성에 관한 설명으로 옳지 않은 것은?

① 세포질(주로 간, 지방조직)에서 일어난다.
② 체내에 과잉의 에너지가 있으면 에너지를 공급하고 남은 아세틸 CoA는 지방산 합성에 이용한다.
③ 아세틸 CoA는 옥살로아세트산과 결합하여 시트르산의 형태로 미토콘드리아로부터 세포질로 이동한다.
④ 세포질에서 다시 아세틸 CoA로 전환되어 지방산을 합성한다.
⑤ 체내에 에너지가 부족할 때 지방산을 합성한다.

26

케톤체 및 콜레스테롤 합성과정의 중요한 중간물질은?

① 아세틸 CoA
② 아세토아세틸 CoA
③ HMG CoA(β-하이드록시-β-메틸글루타릴 CoA)
④ 메발론산
⑤ 이소펜테닐 피로인산

27

세로토닌, 니아신, 멜라토닌의 전구물질은?

① 글루탐산 ② 글리신
③ 리신 ④ 메티오닌
⑤ 트립토판

28

위에 있는 활성형 단백질 소화효소는?

① 펩시노겐 ② 펩신
③ 트립신 ④ 키모트립신
⑤ 트립시노겐

29

제한아미노산에 대한 설명으로 옳은 것은?

① 식품에 함유되어 있는 비필수아미노산 중에서 그 함량이 체내 요구량에 비해 적은 것이다.
② 제한아미노산으로 인해 체조직 단백질 합성이 제한되므로 이들이 단백질의 질을 결정한다.
③ 단백질 효율(Protein Efficiency Ratio; PER)은 체중 증가에 대한 제한아미노산 기여율이다.
④ 단백질 효율은 제한아미노산을 이용하여 단백질 질을 평가하는 방법이다.
⑤ 화학가와 아미노산가는 제한아미노산과 무관하다.

30

아미노산의 분해에서 아미노기 전이반응에 이용되는 조효소는?

① NAD ② PLP
③ TPP ④ 아세틸 CoA
⑤ FAD

31

아미노산의 탄소골격(α-케토산) 대사에서 포도당 생성에만 이용되는 아미노산은?

① 알라닌 ② 류신
③ 라이신 ④ 이소류신
⑤ 트립토판

32
아미노산 풀을 이루는 아미노산에서 이화작용에 해당하는 것은?

① 체조직 단백질 형성 ② 호르몬 형성
③ 포도당 형성 ④ 생리활성물질 형성
⑤ 세포막 운반체 형성

33
고등생물에서 단백질 합성을 개시하는 아미노산은?

① 글루타민 ② 아르기닌
③ 메티오닌 ④ 티로신
⑤ 페닐알라닌

34
다음 중 전자운반체로 작용하는 탈수소반응의 조효소로만 짝지어진 것은?

① NAD^+, FAD ② $NADP^+$, CoA
③ FAD, THF ④ FMN, PLP
⑤ TPP, 리포산

35
다음의 효소 활성 저해제의 특성이 다른 하나는?

① 가역적 저해제 ② 비가역적 저해제
③ 경쟁적 저해제 ④ 비경쟁적 저해제
⑤ 불경쟁적 저해제

36
기초대사량이 저하되는 경우는?

① 체온 상승 ② 임신
③ 갑상선기능 항진 ④ 수면
⑤ 근육량 증가

37
체내 수분 분포에 관한 내용으로 옳지 않은 것은?

① 체내의 수분은 여러 가지 물질을 함유하는 체액을 이루고 있다.
② 체내 수분의 2/3는 세포내액이다.
③ 혈장은 세포내액에 속한다.
④ 세포내액이 세포외액보다 체내 수분량이 많다.
⑤ 세포외액은 나트륨, 염소가 주된 전해질이다.

38
무기질의 화학적 특성이 아닌 것은?

① 무기 원소로서 용액 내에서 이온화 가능
② 쉽게 흡수되어 각 조직으로 이동 가능
③ 염의 형태로도 존재
④ 산화에 의해 파괴됨
⑤ 음식을 태워도 무기질은 그대로 존재

39
다음 중 체내에 미량으로 존재하는 무기질은?

① 칼슘 ② 인
③ 나트륨 ④ 철
⑤ 칼륨

40
다음 중 무기질 기능이 바르게 연결된 것은?

① 칼슘 : 골격 및 치아 형성
② 인 : 근육 이완
③ 마그네슘 : 삼투압 조절
④ 나트륨 : 골격 및 치아 형성
⑤ 칼륨 : 위산 구성 성분

41

간에서 철을 제1철(Fe^{2+})에서 제2철(Fe^{3+})로 산화시켜 이동철(트랜스페린)과의 결합을 촉진하는 물질은?

① 페리틴 ② 헤모글로빈
③ 메탈로티오네인 ④ 트리요오드치로닌
⑤ 세룰로플라스민

42

각 무기질에 대한 함유식품이 바르게 연결된 것은?

① 칼슘 : 미역 ② 인 : 녹엽채소
③ 칼륨 : 해산물 ④ 철 : 육류
⑤ 구리 : 미역

43

비타민 A에 대한 설명으로 옳지 않은 것은?

① 비타민 A의 종류는 레티노이드와 카로티노이드로 구분한다.
② 레티노이드에는 레티놀, 레티날, 레티노산이 있다.
③ 레티노이드는 활성형 비타민 A로 식물성 식품에 존재한다.
④ 카로티노이드에는 α, β, γ-카로틴, 크립토잔틴이 있다.
⑤ 카로티노이드는 비타민 A 전구체이다.

44

인체의 장내 미생물에 의해 합성될 수 있는 비타민은?

① 비타민 A ② 비타민 C
③ 비타민 D ④ 비타민 E
⑤ 비타민 K

45

비오틴에 대한 설명으로 옳지 않은 것은?

① 황을 함유한 비타민
② 비오틴과 비오시틴(비오틴+라이신 결합 형태)이 있음
③ 상당량이 장내 박테리아에 의해 합성
④ 결핍 시 거대적아구성빈혈
⑤ 생난백 다량 섭취 시 아비딘이 비오틴 작용 방해

46

기초대사량의 요인에 대한 설명으로 옳은 것은?

① 체표면적 작을수록 기초대사량 증가
② 근육량 적을수록 기초대사량 증가
③ 나이가 많아질수록 기초대사량 증가
④ 온도 상승 시 기초대사량 증가
⑤ 수면 시 기초대사량 증가

47

알코올 대사에서 독성 원인물질은?

① 아세틸 CoA ② 아세톤
③ 아세토아세트산 ④ 아세트알데히드
⑤ 지방산

48

생애 중 평생 건강의 기초를 형성하는 가장 중요한 시기는?

① 태아기 : 임신기
② 영아기(수유기) : 신생아기+영아기
③ 신생아기 : 생후 3개월
④ 영아기 : 생후 12개월 미만
⑤ 유아기 : 1~5세

49

임신 중 생리기능 변화의 설명으로 옳은 것은?

① 콜레스테롤 농도 감소
② 헤모글로빈 농도 감소
③ 프로게스테론 분비 감소
④ 사구체 여과량 감소
⑤ 알도스테론 활성 감소

50

태반에서 분비되어 유즙분비와 글리코겐 분해에 의한 혈당 증가를 돕는 호르몬은?

① 프로게스테론
② 융모성생식선자극호르몬
③ 에스트로겐
④ 태반락토겐
⑤ 프로락틴

51

임신 중 태반 형성을 위한 세포증식, 적혈구 생성 및 태아성장에 영향을 주며 결핍 시 모체의 거대적아구성빈혈과 태아의 신경관 손상을 주는 비타민은?

① 비타민 A　② 비타민 K
③ 비타민 C　④ 엽산
⑤ 니아신

52

모유분비가 부족한 이유에 해당하지 않는 것은?

① 수유 후 유방을 완전히 비우지 않은 경우
② 영아의 흡유력이 불완전한 경우
③ 적절한 조제유 영양 병행
④ 수유부의 스트레스
⑤ 수유부의 영양 불량

53

임신부보다 수유부에게 추가량이 더 많은 비타민으로 바르게 연결된 것은?

① 비타민 A, 비타민 D　② 비타민 D, 비타민 E
③ 비타민 A, 비타민 C　④ 비타민 E, 티아민
⑤ 티아민, 리보플라빈

54

이유기의 영양 관리로 이유시기가 빠르면 발생하는 문제는?

① 영양결핍
② 빈혈
③ 알레르기
④ 정신력 의존하려는 경향
⑤ 병에 대한 저항력 약해짐

55

영아기에서 설사 증상이 있는 경우 제한해야 하는 음식은?

① 보리차　② 포도당액
③ 요구르트　④ 따뜻한 물
⑤ 수유 중단

56

아동기의 충치예방에 필요한 영양소가 아닌 것은?

① 불소　② 칼슘
③ 인　④ 비타민 D
⑤ 탄수화물

57

갱년기 여성의 에스트로겐 분비 부족 및 칼슘과 관련하여 나타날 수 있는 증상은?

① 심혈관계질환　② 구루병
③ 골다공증　④ 척추디스크
⑤ 류마티즘

58

근육에 산소 공급이 부족하거나 격렬한 운동 시 생성되어 에너지 공급에 이용되는 유기산은?

① 피루브산
② 젖산
③ 구연산
④ 숙신산
⑤ 말산

59

단시간 고강도의 운동에서 사용되는 에너지로 사용되는 영양소는?

① 탄수화물
② 단백질
③ 지방
④ 비타민
⑤ 수분

60

장시간 운동에 의한 생리적 변화로 옳은 것은?

① 혈당 상승
② 근육 젖산 감소
③ 호흡계수 증가
④ 글리코겐 저장 감소
⑤ 헤모글로빈 양 증가

2과목 영양교육·식사요법·생리학

61

영양교육 원칙의 절차로 바르게 나열한 것은?

① 계획 → 진단 → 실행 → 평가
② 진단 → 실행 → 평가 → 계획
③ 실행 → 평가 → 계획 → 진단
④ 평가 → 계획 → 진단 → 실행
⑤ 진단 → 계획 → 실행 → 평가

62

영양교육 목표에 해당하지 않는 것은?

① 영양지식 습득
② 식태도 변화
③ 식행동 변화
④ 질병 발견
⑤ 식습관 변화

63

청소년 비만에 대한 영양교육으로 청소년 비만을 예방할 수 있는 올바른 식습관을 교육하여 청소년의 행동의도와 행동을 결정하는 행동조절력을 증대시키는 영양교육이론은?

① 건강신념 모델
② 합리적 행동이론
③ 계획적 행동이론
④ 사회인지론 모델
⑤ 행동변화단계 모델

64

노인급식제공업체에서 어르신들의 단백질 섭취 향상을 위한 건강식 프로그램을 제공하여 필요한 정보에 직업 참여하도록 하는 교육이론은?

① KAB 모델
② 사회마케팅 모델
③ 사회인지론 모델
④ 개혁확산 모델
⑤ 행동변화단계 모델

65

영양교육 프로그램 계획에서 교육과정의 설계에 포함되어야 할 사항으로 거리가 먼 것은?

① 대상자의 특성을 고려한다.
② 교육내용으로 요구진단을 결정한다.
③ 교육내용에는 타당성, 정확성, 신뢰성 등에 근거한다.
④ 교육내용을 체계화한다.
⑤ 적절한 교육방법을 선택한다.

66

영양교육의 요구진단에서 영양문제에 영향을 미치는 요인 파악 시 유의사항에 대한 설명으로 옳은 것은?

① 행동변화가 일어나려면 가능요인, 강화요인이 수반되도록 한다.
② 영양교육은 동기부여 위주로 식행동 변화를 유도한다.
③ 주관적인 요인을 파악한다.
④ 객관적인 요인을 파악한다.
⑤ 행동변화 위주에 집중한다.

67

영양교육 평가 중에서 효과평가에 관한 내용으로 옳은 것은?

① 영양교육 전·후 영양지식, 식태도 등의 변화 측정
② 교육자료 평가
③ 영양교육 이용에 관한 평가
④ 관찰을 통한 평가
⑤ 영양교육 방법별 이용도

68

영양교육 학습의 지도 원리로 거리가 먼 것은?

① 학습자의 경험과 자발적 학습동기
② 학습자의 개인차이 이해의 개별화
③ 사회적인 인격 형성 도모
④ 간접경험의 학습
⑤ 포괄적으로 다루는 학습의 통합화

69

영양교육의 개인면담 시 면담자가 갖추어야 할 태도로 올바르지 않은 것은?

① 경청 자세　② 객관성
③ 중립성　④ 신뢰감
⑤ 충고와 지시

70

업체에서 코로나-19 진단을 받은 직원이 영양사에게 영양상담을 받고자 하는 경우 영양사의 영양교육 방법은?

① 관찰활동　② 패널 토의
③ 가정지도　④ 개인지도
⑤ 워크숍

71

공정회 형식의 영양교육 방법으로 한 가지 주제에 대해 서로 다른 의견을 가진 몇 사람의 강사가 먼저 자기들의 의견을 발표한 후 청중의 질문에 답하는 방법은?

① 배석식 토의　② 공론식 토의
③ 강연식 토의　④ 강단식 토의
⑤ 원탁식 토의

72

집단지도 영양교육 방법 특성이 아닌 것은?

① 집단의 공통적인 영양문제 교육
② 많은 사람들에게 교육내용 전달
③ 능률적이고 경비, 시간 절약
④ 개인적 맞춤 지도 가능
⑤ 소속집단의 연대감 부여

73

영양교육 매체 선택의 기준으로 바르게 나열된 것은?

① 적절성, 조직과 균형, 신뢰성
② 구체성, 다양성, 적절성, 가격
③ 대량성, 편리성, 효율성
④ 반복성, 기술적인 질, 흥미
⑤ 간접성, 구성과 균형, 구체성

74

메스미디어를 영양교육 매체로 활용 시 장점은?

① 지속적인 정보 제공으로 행동변화 유도
② 주의산만
③ 과다정보의 선택
④ 주관적 정보
⑤ 시간과 공간 제약

75

영양상담 실시 과정을 바르게 나열한 것은?

① 자료수집 → 친밀관계 형성 → 영양판정 → 목표 설정 → 실행 → 효과 평가
② 자료수집 → 영양판정 → 친밀관계 형성 → 목표 설정 → 실행 → 효과 평가
③ 친밀관계 형성 → 자료수집 → 영양판정 → 목표 설정 → 실행 → 효과 평가
④ 영양판정 → 친밀관계 형성 → 자료수집 → 목표 설정 → 실행 → 효과 평가
⑤ 목표 설정 → 친밀관계 형성 → 자료수집 → 영양 판정 → 실행 → 효과 평가

76

영양상담 결과에 영향을 미치는 상담자의 요인에 해당하는 것은?

① 상담에 대한 동기 ② 경험과 숙련성
③ 문제의 심각성 ④ 공동협력
⑤ 의사소통 양식

77

시설별 영양교육의 주요 목표로 옳은 것은?

① 유아보육시설 - 건강에 좋은 식습관과 태도 양성
② 학교 - 질환발생률 감소
③ 산업체 - 만성질환에 맞춘 식단 제공
④ 노인복지시설 - 산업질병 예방
⑤ 병원 - 환자의 기호 존중

78

영양 관리과정(NCP)에서 영양중재 영역에 해당하는 것은?

① 영양소와 관련된 식사력 ② 생화학적 자료
③ 영양소 제공 영역 ④ 섭취영역
⑤ 신체 계측

79

영양판정 방법에 대한 종류와 특성이 바르게 연결된 것은?

① 신체계측 방법 : 혈액 농도 측정
② 생화학적 방법 : 피부색 확인
③ 임상학적 방법 : 영양섭취실태 분석
④ 식사조사 방법 : 식습관 조사
⑤ 임상학적 방법 : 신체지수 측정

80

식습관조사법에 대한 설명으로 거리가 먼 것은?

① 장기간 조사
② 영양 상담 또는 교육방향 설정 가능
③ 단기간 조사
④ 조사자의 주관적 판단 가능
⑤ 개인면접조사

81

식품교환표에서 식품군별 1교환단위당 열량을 맞게 나열한 것은?

① 곡류군 : 80kcal
② 저지방어육류 : 75kcal
③ 채소군 : 20kcal
④ 지방군 : 35kcal
⑤ 과일군 : 40kcal

82

식품교환표를 환산하여 흰밥 2/3공기(140g), 고등어 50g, 배추김치 50g, 오렌지주스 100ml을 먹었을 때 섭취열량은?

① 300kcal ② 330kcal
③ 340kcal ④ 345kcal
⑤ 350kcal

83

식품교환표를 이용한 식단작성 순서로 옳은 것은?

① 1일 에너지 필요량 산출 → 3대 영양소 필요량 결정 → 식품군별 교환단위수 결정 → 끼니별 교환단위수 배분
② 3대 영양소 필요량 결정 → 1일 에너지 필요량 산출 → 식품군별 교환단위수 결정 → 끼니별 교환단위수 배분
③ 식품군별 교환단위수 결정 → 1일 에너지 필요량 산출 → 3대 영양소 필요량 결정 → 끼니별 교환단위수 배분
④ 식품군별 교환단위수 결정 → 끼니별 교환단위수 배분 → 1일 에너지 필요량 산출 → 3대 영양소 필요량 결정
⑤ 끼니별 교환단위수 배분 → 1일 에너지 필요량 산출 → 3대 영양소 필요량 결정 → 식품군별 교환단위수 결정

84

비만도 판정에서 정상인 55kg 체중 여성이 심한 활동을 하는 경우 필요한 총열량은?

① 1650kcal ② 1925kcal
③ 2100kcal ④ 2200kcal
⑤ 2475kcal

85

1일 필요 탄수화물이 270g일 때 먼저 우유, 채소군, 과일군에서 탄수화물을 65g로 산정한다면 곡류군에서의 교환단위수는?

① 3 ② 5
③ 7 ④ 9
⑤ 11

86

다음 중 병원일반식의 종류와 음식이 바르게 연결되지 않은 것은?

① 회복식 : 진밥 ② 연식 : 달걀찜
③ 전유동식 : 우유 ④ 정상식 : 고지방 음식
⑤ 맑은 유동식 : 보리차

87

영양소 급원의 주요 식품이 바르게 연결된 것은?

① 칼슘 급원 : 오렌지 ② 퓨린 급원 : 우유
③ 칼륨 급원 : 바나나 ④ 철분 급원 : 밀
⑤ 글루텐 급원 : 멸치

88

저잔사식과 관련이 없는 내용은?

① 대변의 양과 빈도를 줄여 장에 대한 자극 감소시킴
② 섬유소 제한 : 8~10g 이하/일
③ 우유 제한 : 장관 내 자극과 운동 감소
④ 장기간 저잔사식은 변비 예방
⑤ 견과류 제한

89

4주 이상의 경관급식 형태는?

① 비위관 ② 비십이지장관
③ 비공장관 ④ 위장조루술
⑤ 말초정맥영양

90

경관급식제공의 경장영양액 성분으로 적절하지 않은 것은?

① 단백질 급원 : 원형단백질, 부분가수분해단백질, 아미노산
② 당질 급원 : 말토덱스트린, 이당류, 단당류
③ 지방 급원 : 식물성유, 중쇄중성지방유(MCT oil)
④ 대부분의 경장영양액은 유당 함유
⑤ 대두에 함유된 식유섬유 공급

91

정맥영양의 구성으로 옳은 것은?

① 당질 : 덱스트로오스(포도당 일수화물)
② 단백질 : 필수아미노산만 제공
③ 지질 : 총 에너지의 40%
④ 무기질 : 소화흡수과정 거치는 간접흡수
⑤ 단백질 : 2% 이하로 제공

92

타액선에 관한 내용으로 옳지 않은 것은?

① 타액 : pH 6.8
② 타액선 : 이하선, 설하선, 악하선
③ 설하선 : 장액선
④ 교감신경 : 타액량 적으나 점액 많은 진한 타액 분비
⑤ 부교감신경 : 타액량 많고 프티알린 함량 많은 묽은 타액

93

구강과 식도의 기능으로 옳지 않은 것은?

① 구강 : 씹고 삼키는 작용
② 구강 : 음식물이 인두점막에 닿으면 연하운동
③ 식도 : 근육질 관
④ 식도 : 유문괄약근으로 연결
⑤ 구강과 식도 : 음식물을 위로 보내기 위한 연동작용

94

다음 중 식도질환의 식사요법으로 바르게 연결된 것은?

① 지방 : 위산 분비 억제하여 소화지연
② 알코올 : 비타민 흡수 촉진
③ 자극적 음식 : 위 운동 억제
④ 구운 고기 : 위액 분비 억제
⑤ 반숙달걀 : 위액 분비 촉진

95

소장의 운동기능이 다른 하나는?

① 연동운동 ② 분절운동
③ 융모운동 ④ 소장반사
⑤ 췌장액 분비

96

위액 분비를 촉진하는 식품은?

① 흰살 생선 ② 정제 곡류
③ 반숙달걀 ④ 고기국물
⑤ 두부

97

위질환별 영양 관리 식사요법이 바르게 연결된 것은?

① 급성위염 : 금식 후 맑은 유동식 제공
② 만성위염의 과산성 위염 : 저섬유식 제공
③ 만성위염의 무산성 위염 : 고섬유식 제공
④ 소화성 궤양 : 건조식품 제공
⑤ 위절제술(덤핑증후군) : 저단백식 제공

98
대장의 운동과 기능에 대한 설명으로 옳은 것은?

① 팽기수축 : 소장의 연동운동과 유사
② 팽기수축 : 장 내용물을 S상 및 직장으로 이행
③ 집단운동 : 소장의 분절운동과 유사
④ 집단운동 : 물 및 비타민의 흡수
⑤ 배변운동 : 직장 내압 상승으로 직장 내벽의 수용기 자극에 의함

99
변비의 식사요법으로 제공 가능한 음식이 바르게 연결된 것은?

① 이완성 변비 : 저잔사식
② 이완성 변비 : 저섬유식
③ 이완성 변비 : 고섬유식
④ 경련성 변비 : 우유
⑤ 경련성 변비 : 견과류

100
장질환 식사요법으로 제공 가능한 음식이 바르게 연결된 것은?

① 이완성 변비 – 저섬유식
② 급성설사 – 난소화성 다당류
③ 크론병 – 고섬유식
④ 과민성대장증후군 – 우유
⑤ 급성장염 – 저잔사식

101
급성간염의 식사로 적절한 것은?

① 잡곡밥 ② 달걀찜
③ 당근 ④ 감자전
⑤ 건포도

102
알코올성 간질환 환자에게 제공하는 식사요법으로 적절하지 않은 것은?

① 충분한 비타민 섭취 ② 단백질 제한
③ 고열량식 섭취 ④ 알코올 제한
⑤ 필수지방산 섭취

103
공복상태에서 간의 생리적 기능으로 적절하지 않은 것은?

① 글로코겐 합성 ② 글리코겐 분해
③ 포도당 신생 ④ 체단백 분해
⑤ 글리세롤 이용

104
췌장의 내분비조직에 해당하는 것은?

① 글루카곤 ② 가스트린
③ 세크레틴 ④ 콜레시스토기닌
⑤ 에피네프린

105
급성췌장염 환자에게 제공하는 식사요법 단계로 옳은 것은?

① 1단계 : 절식 ② 2단계 : 단백질
③ 3단계 : 전해질 공급 ④ 4단계 : 지방
⑤ 5단계 : 수분

106
담석증 환자의 식사로 적절한 것은?

① 식욕촉진을 위해 자극적인 식품 제공
② 조리 시 기름사용을 제한
③ 탄수화물 섭취를 제한
④ 섬유질 식품 제공
⑤ 고단백질식 제공

107
만성췌장염에 관한 설명으로 옳지 않은 것은?

① 췌장의 만성염증과 섬유화 동반
② 비만
③ 지방변
④ 고지방식
⑤ 고단백식

108
체액의 구획 설명으로 옳은 것은?

① 세포내액에는 혈장과 세포간질액이 있다.
② 세포내액은 총 체액의 1/3이다.
③ 세포내액은 생화학반응이 일어나는 장소이다.
④ 세포외액은 총 체액의 2/3이다.
⑤ 세포외액은 칼륨이온이 있다.

109
순환계의 체순환과 폐순환 과정으로 옳은 것은?

① 체순환 : 우심실 → 대동맥 → 소동맥 → 모세혈관 → 소정맥 → 대정맥 → 우심방
② 폐순환 : 우심실 → 폐동맥 → 폐 → 폐정맥 → 좌심방
③ 체순환 : 좌심실 → 대동맥 → 소동맥 → 모세혈관 → 소정맥 → 대정맥 → 좌심방
④ 체순환 : 좌심방 → 대동맥 → 소동맥 → 모세혈관 → 소정맥 → 대정맥 → 우심실
⑤ 폐순환 : 좌심실 → 폐동맥 → 폐 → 폐정맥 → 우심방

110
혈압상승과 관련성이 없는 것은?

① 교감신경 흥분
② 에피네프린 증가
③ 안지오테신 활성화
④ 알도스테론 분비 촉진
⑤ 혈관 이완

111
심혈관질환의 원인에 해당하지 않는 것은?

① 고LDL 콜레스테롤
② 비만
③ 심근경색
④ 과다한 운동의 산소부족
⑤ 적절한 수분 공급

112
이상지질혈증 특징으로 바르게 설명한 것은?

① 중성지방의 농도가 정상보다 많은 경우
② 혈중 LDL 농도가 정상보다 적은 경우
③ 혈중 HDL 농도가 정상보다 많은 경우
④ 혈중 콜레스테롤이 적은 경우
⑤ 혈중 유리지방산 농도가 적은 경우

113
동맥경화증의 환자를 위한 식사요법은?

① 달걀노른자를 섭취한다.
② 코코넛기름을 사용한다.
③ 탄수화물을 권장한다.
④ 새우를 섭취한다.
⑤ 들기름을 사용한다.

114
심혈관질환의 식사요법에 해당하지 않는 것은?

① 과도한 음주 제한
② 금연
③ 동물성 지방 위주 식사
④ 과일과 채소 섭취 권장
⑤ 적절한 운동

115
식사장애의 신경성 식욕부진증에 대한 설명으로 옳은 것은?

① 성인 초기에 많음
② 사춘기 소녀에 많음
③ 폭식과 장 비우기 반복
④ 다이어트에 실패한 비만인
⑤ 생리적으로 배고플 때만 먹도록 권장

116
저혈당 쇼크 발생 시 제공가능한 식품은?

① 떡 ② 통밀빵
③ 꿀물 ④ 우유
⑤ 고기국물

117
전기적 신호를 생성하고 전파하는 신경세포로 신경계를 구성하는 최소단위는?

① 신경세포체 ② 뉴런
③ 신경전달물질 ④ 자율신경계
⑤ 시냅스

118
국소호르몬에 대한 설명으로 옳지 않은 것은?

① 국소호르몬에는 자가분비물질과 측분비물질이 있다.
② 자가분비물질은 생성된 장소에서 바로 작용된다.
③ 측분비물질은 생성장소의 인접부위에서 작용된다.
④ 국소호르몬의 종류는 아이코사이드, 사이토카인이다.
⑤ 사이토카인에 프로스타글란딘, 트롬복산이 포함된다.

119
특이적 면역(후천성 면역)의 설명으로 옳은 것은?

① 특이적 면역은 출생 시 없었던 면역이 출생 후 질병이나 예방접종으로 얻어지는 방어기전이다.
② 체액성 면역은 T림프구가 관여한다.
③ 세포성 면역은 B림프구가 관여한다.
④ 항원은 형질세포에서 분비되는 면역글로불린이다.
⑤ 항체는 병원체, 독소 또는 이물질이다.

120
신증후군(네프로시스) 질환에 대한 식사요법은?

① 충분한 수분 공급
② 양질의 단백질 공급
③ 콜레스테롤 섭취량 증가
④ 포화지방산 증가
⑤ 에너지 제한

실전모의고사 3회 2교시

1과목 식품학·조리원리

01
분산상의 농도, 온도, pH, 전해질 함량에 따라 졸(sol)과 젤(gel)을 형성하는 액체의 특성이 아닌 것은?

① 분산된 입자 크기가 1~100nm
② 염석
③ 유화
④ 반투막 통과
⑤ 브라운 운동

02
다음의 조리법 중에서 조리온도가 가장 높은 것은?

① 졸이기 ② 데치기
③ 삶기 ④ 끓이기
⑤ 찌기

03
식품에 따라 나타나는 점탄성 종류와 특징이 바르게 연결된 것은?

① 예사성은 액체의 탄성으로 연유가 젓가락을 따라 올라가는 성질
② 바이센베르그 효과는 점성 높은 교질용액 등으로 납두에 젓가락을 넣어당기면 실을 뽑는 것과 같이 되는 성질
③ 경점성은 국수반죽 같이 긴 끈 모양으로 늘어나는 성질
④ 신전성은 식품의 경도
⑤ 팽윤성은 식품을 물에 담그면 물을 흡수 팽창하는 성질

04
다음 중 건조식품별 계량 방법으로 옳은 것은?

① 건포도 : 계량컵에 꾹꾹 눌러 담아 수평으로 깎아 계량
② 파우더슈거 : 체로 쳐서 계량
③ 황설탕 : 덩어리를 부수어 담아 계량
④ 밀가루 : 할편 계량컵 사용
⑤ 백설탕 : 꾹꾹 눌러 담아 계량

05
전자레인지의 조리 특징으로 옳은 것은?

① 용기보다 식품이 먼저 가열된다.
② 식품중량 변화가 없다.
③ 식품의 크기와 상관없이 익는 정도가 같다.
④ 다량의 식품조리에 적합하다.
⑤ 금속용기를 사용한다.

06
조리조작에 관련된 내용으로 옳은 것은?

① 씻기에 사용되는 세제는 저농도로 장기간 세척한다.
② 썰기는 식품의 표면적을 좁혀 신속하게 열전달한다.
③ 찌기는 수증기의 기화열을 이용하는 조리법이다.
④ 튀기기는 발연점이 낮은 기름을 사용한다.
⑤ 볶음용기 용량은 크고 용기 두께는 얇은 것이 좋다.

07
등온흡습곡선에 관한 내용으로 옳은 것은?

① I 영역 : 자유수
② II 영역 : 결합수
③ III 영역 : 모세관수
④ 단분자층 : Aw 0.80 이상
⑤ II 영역 : 단분자층

08

등온흡습(탈습)곡선의 설명으로 틀린 것은?

① 다분자층에서는 건조식품의 저장성이 최적이다.
② 단분자층에서는 효소의 활성이 나타나지 않는다.
③ 유지의 산화는 수분활성도 0.2~0.3에서 최저이다.
④ 세균의 최저수분활성도는 0.90~0.94이다.
⑤ 같은 수분활성도에서 탈습의 수분함량이 흡습의 수분함량보다 적다.

09

과당의 이성질체수는?

① 8개 ② 10개
③ 12개 ④ 14개
⑤ 16개

10

전분을 산이나 효소로 가수분해할 때 포도당이나 맥아당이 되기 전에 생성되는 전분의 가수분해 중간산물은?

① 유당 ② 설탕
③ 맥아당 ④ 덱스트린
⑤ 검류

11

단당류에서 히드록시기의 산소 원자 하나가 제거된 당유도체는?

① 티오당 ② 아미노당
③ 배당체 ④ 데옥시당
⑤ 알돈산

12

다음 중 전분의 변화가 다른 하나는?

① 밥 ② 죽
③ 스프 ④ 뻥튀기
⑤ 떡

13

전분의 노화에 영향을 미치는 요인으로 옳지 않은 것은?

① 수분함량 30~60%에서 노화 촉진
② 아밀로스가 많은 전분일수록 노화 촉진
③ 황산염은 노화 촉진
④ 설탕첨가는 노화 억제
⑤ 0~5℃에서는 노화 억제

14

과실이 숙성됨에 따라 성분 변화의 특성을 바르게 설명한 것은?

① 전분 함량이 감소된다.
② 수용성펙틴이 불용성 펙틴으로 변한다.
③ 유기산 함량이 감소된다.
④ 탄닌이 불용성에서 수용성으로 변한다.
⑤ 젤 형성력이 있는 펙트산이 생성된다.

15

다음 중 지방산의 구조가 다른 하나는?

① 스테아르산 ② 올레산
③ 리놀레산 ④ 리놀렌산
⑤ 아라키돈산

16

다음 중 지방산에 대한 설명으로 옳은 것은?

① 오메가 지방산 : 지방산의 카르복실기부터 이중결합이 있는 위치까지 세어 표기
② ω-3 지방산 : γ-리놀렌산
③ ω-6 지방산 : α-리놀렌산
④ 필수지방산 : 리놀렌산
⑤ 이중결합이 동일한 불포화지방산의 시스형이 트랜스형보다 융점이 높음

17

유지 산패 여부를 측정하는 화학적 시험법에 관한 설명으로 옳은 것은?

① 과산화물가 : 유지의 산패가 진행될수록 증가
② 카르보닐가 : 유지 산패의 초기 생성물 측정
③ 활성산소법(AOM) : 산패 유도기간 측정
④ 아세틸가 : 유리지방산량 측정
⑤ 산가 : 유리수산기(OH) 측정

18

아미노산의 반응기에서 카르복실기 수보다 아미노기 수가 많은 아미노산은?

① 알라닌 ② 글리신
③ 트레오닌 ④ 글루탐산
⑤ 아르기닌

19

단백질의 등전점 특징에 대한 설명으로 옳지 않은 것은?

① 점도 최소 ② 용해도 최소
③ 흡착성 최소 ④ 기포력 최대
⑤ 침전 최대

20

다음의 유도단백질 중에서 물리화학적 특성이 다른 것은?

① 젤라틴 ② 파라카제인
③ 응고단백질 ④ 프로테오스
⑤ 메타프로테인

21

밀단백질과 관련성이 없는 것은?

① 글루텔린 ② 글루테닌
③ 글로불린 ④ 글리아딘
⑤ 프롤라민

22

단백질 수용액에 산성용액을 가하면 일어나는 현상은?

① 아미노기가 음이온이 된다.
② 카르복실기가 양이온이 된다.
③ 양이온이 되어 전기장 내에서 음극으로 이동한다.
④ 음이온이 되어 전기장 내에서 양극으로 이동한다.
⑤ 전기장 내에서 어느 전극으로도 이동하지 않는다.

23

다음 중 알칼리성 식품은?

① 백미 ② 소고기
③ 돼지고기 ④ 어패류
⑤ 감자

24

다음 중 동물성 색소와 식품이 바르게 연결된 것은?

① 카로티노이드 – 잔토필류 – 루테인 – 달걀노른자 황색
② 카로티노이드 – 잔토필류 – 아스타잔틴 – 갑각류 적색
③ 헤모시아닌 – 육류 적색
④ 미오글로빈 – 혈색소 – Fe^{2+} 함유한 산소 운반체
⑤ 헤모글로빈 – 근육색소 – 헴과 글로빈이 1:4로 결합

25

마이야르 반응의 단계별 반응과 생성물질 특성이 바르게 연결된 것은?

① 초기단계 : 질소배당체 형성, 색변화 일어남
② 초기단계 : 스트렉커 분해반응
③ 중간단계 : HMF(Hydroxy Methyl Furfural) 생성반응
④ 중간단계 : 알돌축합반응
⑤ 최종단계 : 아마도리 전위반응

26

채소의 맛 성분이 바르게 연결된 것은?

① 오이의 쓴맛 – 쿠쿠르비타신
② 감의 떫은맛 – 투존
③ 죽순의 아린맛 – 캡사이신
④ 고추의 매운맛 – 차비신
⑤ 양파의 매운맛 – 클로로겐산

27

밀단백질에 관한 설명으로 옳은 것은?

① 점탄성의 글루텐은 글루테닌의 점성과 글리아딘의 탄성으로 생성
② 라이신은 밀의 제1제한아미노산
③ 글루테닌은 둥근 모양 구조
④ 글리아딘은 긴 막대 모양 구조
⑤ 밀기울이 많을수록 무기질 함량이 낮음

28

보리를 이용한 식품 조리에 대한 설명으로 옳지 않은 것은?

① 주 단백질은 호르데인
② 식이섬유인 베타글루칸(β-glucan) 함유
③ 쌀보리(나맥)는 보리차 제조에 이용
④ 겉보리(피맥)는 엿기름으로 이용
⑤ 비타민 B군이 많음

29

당류 제품에 대한 설명으로 옳은 것은?

① 결정형 캔디는 캐러멜이다.
② 비결정형 캔디는 퍼지이다.
③ 미세한 결정을 만들기 위해 전분을 첨가한다.
④ 설탕의 농도가 높을수록 결정이 많이 생긴다.
⑤ 결정화를 위해 고농도의 과포화 용액을 사용한다.

30

두부 응고 원리와 관련성이 없는 것은?

① 음이온 금속염 ② 글리시닌
③ 마그네슘 ④ 산에 의한 응고
⑤ 효소

31

콩이 발아하여 콩나물이 되면서 비타민 C 함량이 증가되는 원인과 관련이 있는 성분은?

① 과당 ② 포도당
③ 갈락토오스 ④ 칼슘
⑤ 티아민

32

육류의 성분에 대한 설명으로 옳지 않은 것은?

① 근육의 주 단백질은 미오신과 액틴이다.
② 육류의 결합조직은 레티큐린이다.
③ 마블링은 근육 내에 작은 백색 반점같이 산재된 지방이다.
④ 젤라틴을 가열하면 콜라겐이 된다.
⑤ 식용부위는 골격근이다.

33

육류의 가열조리에 의한 변화로 옳지 않은 것은?

① 부피 감소
② 갈색의 메트미오글로빈
③ 콜라겐의 젤라틴화
④ 엘라스틴의 파괴
⑤ 발색제에 의한 선홍색의 니트로소미오글로빈

34

신선한 수산물을 선별하는 방법으로 옳은 것은?

① 생선 비늘이 미끈한 것을 고른다.
② 아가미는 적갈색이 좋다.
③ 생선의 복부를 눌렀을 때 물렁한 것이 좋다.
④ 살이 뼈에서 잘 떨어지지 않아야 좋다.
⑤ 안구는 불투명한 것이 좋다.

35

다음 중 달걀의 조리 특성과 식품이 바르게 연결된 것은?

① 기포성 - 스폰지케이크
② 유화성 - 맑은 국물
③ 청징제 - 달걀찜
④ 결합체 - 푸딩
⑤ 농후제 - 전

36

다음 중에서 요오드가가 높은 유지는?

① 참기름
② 올리브유
③ 대두유
④ 아마인유
⑤ 팜유

37

유지류의 조리 특성에 관한 설명으로 옳지 않은 것은?

① 튀김용 유지에 이물질이 많을수록 발연점 높아짐
② 건열조리에 이용
③ 버터, 마가린의 가소성
④ 유지의 온도가 높을수록 쇼트닝파워 증가
⑤ 글루텐 형성 증가할수록 쇼트닝파워 감소

38

과일류에 함유된 천연 항산화제는?

① 토코페롤
② 세사몰
③ 고시폴
④ 폴리페놀성화합물
⑤ 레시틴

39

어떤 세균을 80℃에서 3분간 가열했을 때 10000CFU/ml에서 100CFU/ml로 감소되었다. 이때의 $D_{80℃}$ 값은?

① 1분
② 1.5분
③ 10분
④ 15분
⑤ 20분

40

미생물이 1회 분열하는 미생물의 세대시간이 20분이고, 초기균수가 2마리일 경우 2시간 후의 미생물 수는?

① 4마리
② 8마리
③ 16마리
④ 128마리
⑤ 1024마리

2과목 급식, 위생 및 관계법규

41

다음 중 단체급식의 특성이 다른 하나는?

① 산업체 급식
② 병원급식
③ 노인복지시설 급식
④ 학교급식
⑤ 유람선 내의 급식

42

병원급식의 특징에 대한 설명으로 옳은 것은?

① 높은 생산성
② 낮은 인건비
③ 식수 및 식사 내용 확인 용이
④ 위생적, 안전한 식사제공
⑤ 충분한 조리기기 설비의 점검수리

43

급식체계 방법과 특징이 바르게 연결된 것은?

① 전통식 급식 방법 – 생산, 분배, 서비스 같은 장소
② 중앙공급 급식 방법 – 조리 후 냉장·냉동 후 급식
③ 조리저장식 급식 방법 – 완전조리된 음식 구매
④ 조합식 급식 방법 – 표준 레시피 개발 필수
⑤ 전통식 급식 방법 – 인건비 절감

44

급식경영관리의 기능적 절차가 올바르게 나열된 것은?

① 계획수립 → 조직화 → 지휘 → 조정 → 통제
② 조직화 → 지휘 → 계획수립 → 조정 → 통제
③ 계획수립 → 지휘 → 조직화 → 조정 → 통제
④ 조정 → 조직화 → 통제 → 계획수립 → 지휘
⑤ 계획수립 → 조정 → 조직화 → 지휘 → 통제

45

급식경영관리에 대한 설명으로 옳지 않은 것은?

① 일반관리자 : 전문화된 업무관리
② 종합적 품질경영(TQM) : 전통적 급식구조의 역삼각형
③ 민츠버그의 경영자 : 대인관계 역할 강조
④ 카츠의 경영관리 능력 : 하위계층으로 갈수록 기술적 능력 중요
⑤ 기능적 관리자 : 임상영양사

46

급식경영에서 조직의 각 구성원이 전문적으로 업무 담당하여 전문화, 부분화 및 담당직무의 종류와 범위가 합리적으로 정해지는 경영조직 원칙은?

① 전문화 원칙(분업의 원칙)
② 명령일원화 원칙
③ 감독한계적정화 원칙
④ 삼면등가의 원칙
⑤ 권한위임의 원칙

47

다음의 집단의사 결정 방법과 특징이 바르게 연결된 것은?

① 브레인스토밍 – 전문가 의견 평가
② 명목집단법 – 비용효과분석
③ 델파이법 – 아이디어 창출
④ 포커스집단법 – 소규모 대상으로 문제점 집중 토론
⑤ 목표관리법 – 설문조사

48

2020년 한국인의 영양섭취 기준으로 성별 및 연령별 열량(kcsl/일)을 바르게 연결한 것은?

① 남자(19~29세) : 2,700
② 남자(30~49세) : 2,600
③ 남자(50~64세) : 2,300
④ 여성(19~29세) : 2,000
⑤ 여성(30~49세) : 1,700

49

식단 작성 시 식사구성안의 영양목표에 해당하지 않는 것은?

① 총 당류 섭취량 : 총 에너지 섭취량의 20~30% 제한
② 100% 에너지 필요추정량
③ 식품조리 및 가공 시의 첨가당 : 총 에너지 섭취량의 10% 이내로 섭취
④ 첨가당의 주요 급원 : 설탕, 액상 과당
⑤ 지방 : 3세 이상(총 에너지의 15~30%)

50

식사구성안의 기능 및 특징에 대해 설명한 것으로 옳은 것은?

① 식사구성안의 식품의 중량은 비가식부분을 포함한다.
② 5가지 식품군으로 구성되어 있다.
③ 질병 예방 목적으로 사용한다.
④ 실생활에 유용하게 사용하도록 고안되었다.
⑤ 생활습관에 따라 변화대처가 어렵다.

51

1일 식단표 작성을 할 때 표시해야 하는 내용이 아닌 것은?

① 식재료의 종류와 양　② 급식인원수
③ 열량 및 영양소 제공량　④ 기호식품
⑤ 알러지 유발 식품

52

메뉴(식단)평가에서 가장 중요한 것은?

① 작업자의 능력　② 식재료 가치
③ 식재료 가격　④ 충분한 영양소 함유
⑤ 음식의 맛

53

다음 중 단체급식의 메뉴 개발에서 고려할 사항이 아닌 것은?

① 고객의 요구　② 기호도
③ 급식 생산성　④ 수익성
⑤ 개발 메뉴 지속 유지

54

다음 중 구매 절차 단계가 바르게 나열된 것은?

① 공급업체 선정 → 구매명세서 및 구매청구서 작성 → 발주량 결정 및 발주처 작성 → 물품배달 및 접수 → 구매기록 보관 → 대금 지불
② 발주량 결정 및 발주처 작성 → 구매명세서 및 구매청구서 작성 → 공급업체 선정 → 물품배달 및 접수 → 구매기록 보관 → 대금 지불
③ 공급업체 선정 → 발주량 결정 및 발주처 작성 → 구매명세서 및 구매청구서 작성 → 물품배달 및 접수 → 구매기록 보관 → 대금 지불
④ 구매명세서 및 구매청구서 작성 → 공급업체 선정 → 발주량 결정 및 발주처 작성 → 물품배달 및 접수 → 구매기록 보관 → 대금 지불
⑤ 구매명세서 및 구매청구서 작성 → 발수량 결정 및 발주처 작성 → 공급업체 선정 → 물품 배달 및 접수 → 구매기록 보관 → 대금 지불

55

물품구매명세서의 용도와 작성방법에 대한 설명으로 옳지 않은 것은?

① 영양사, 조리사, 구매부서장, 구매담당자 팀으로 작성
② 구매부분, 납품업자, 검수부분에서 사용
③ 간단명료하게 작성
④ 주관적, 현실적인 품질 기준 제시
⑤ 제품명, 가격, 단위중량, 포장단위 개수, 구매품목 규격 및 등급 등 기록

56

적정발주량과 비용에 대한 설명으로 옳은 것은?

① 경제적 발주량은 연간 저장비용과 주문비용의 총합이 가장 적은 지점이다.
② 저장비용은 검수에 소요되는 비용이다.
③ 주문비용은 유지비용이다.
④ 1회 발주량이 적으면 저장비용은 증가한다.
⑤ 1회 발주량이 많으면 주문비용이 증가된다.

57

급식인원이 1000명인 단체급식소에서 가자미구이를 하려고 한다. 가자미의 1인분 급식분량은 120g이고 가자미 폐기율이 40%일 때의 발주량은?

① 100kg　② 150kg
③ 200kg　④ 250kg
⑤ 300kg

58

다음 중 적절한 검수 관리로 옳은 것은?

① 축산물 : 등급판정확인서 확인
② 냉장식품 : 15℃ 온도 유지
③ 냉동식품 : -15℃ 이하 온도 유지
④ 작업장 바닥에서 물품 검수
⑤ 검수 후 모든 식재료는 조리장으로 입고

59
재고회전율에 관한 설명으로 옳지 않은 것은?
① 재고관리 상태를 평가하기 위한 척도
② 현재 보유하고 있는 재고품목들의 주문 빈번도 및 주문 품목의 사용기간 계산
③ 재고회전율 = 그 달의 식품액 / 그 달의 평균재고액
④ 재고가 부족하면 재고회전율이 표준보다 낮음
⑤ 식재료비가 증가하면 재고회전율이 표준보다 높음

60
다음의 급식에서 1월에서 5월까지의 식수를 참고하여 3개월 간의 단순이동평균법으로 6월 식수에 대한 수요예측은?

월	1월	2월	3월	4월	5월	6월
식수(명)	1,015	1,010	1,020	1,010	1,030	

① 1,000명 ② 1,010명
③ 1,015명 ④ 1,020명
⑤ 1,025명

61
학교급식소에서 학생 500명에게 콩밥을 제공할 때 멥쌀의 표준 레시피 100인분의 중량이 9kg이면 변환계수로 계산한 대량조리 산출량은?
① 35kg ② 40kg
③ 45kg ④ 50kg
⑤ 55kg

62
6월 5일(월)의 점심식사메뉴를 당일 11:30에 보존식 용기에 담아 보존식 냉동고에 넣었을 때 보존식의 폐기일과 시간은?
① 6월 11일(일) 11:30 ② 6월 12일(월) 11:30
③ 6월 13일(화) 11:30 ④ 6월 14일(수) 11:30
⑤ 6월 15일(목) 11:30

63
고등학교 급식소에서 1주일동안 밥류는 1500식, 스낵류는 1000식 제공하였다. 1주간 총 작업(노동)시간이 500시간이라면, 1주일간의 작업(노동)시간당 식사량은?(스낵류의 1식은 1/2 식당량에 해당)
① 3식당량/시간 ② 4식당량/시간
③ 5식당량/시간 ④ 6식당량/시간
⑤ 7식당량/시간

64
작업방법으로 길브레스(Gilbreth)가 고안한 동작연구 방법에 관한 내용으로 옳은 것은?
① 작업공정의 단위조작 통합
② 좌우 눈 움직임을 기록
③ 필요한 동작 추가
④ 비대칭성
⑤ 학습한 동작 기록

65
표준화된 작업에 대하여 그 작업을 수행하는 데 필요한 표준시간을 설정하는 작업측정방법과 특징이 바르게 연결된 것은?
① 시간연구법 : 통계적 방법, 작업자의 업무내용과 시간 관측기록 후 표준시간 설정
② 워크샘플링법 : 작업의 기본요소를 분할한 후 작업에 소요되는 정미시간 측정 기록
③ PTS(Predetermined Time Standard)법 : 기본요소로 분류된 작업동작을 이미 정해진 기준 시간 중의 유사한 동작을 찾아 이를 수행시간으로 간주하는 방법
④ 실적기록법 : 과거의 자료를 분석하여 작업동작에 영향을 미치는 요인들과 작업을 위해 정미시간사이에 함수식을 도출하여 표준시간 구하는 방법
⑤ 표준자료법 : 과거 경험이나 일정기간의 실적자료를 이용하여 작업단위에 대한 시간을 산출하는 방법

66

단체급식소에서 총 노동시간이 주당 200시간이고 주당 40시간의 조리원 법정 근로시간이 준수되는 경우 필요한 조리원의 수는?

① 2명 ② 3명
③ 4명 ④ 5명
⑤ 6명

67

시간과 온도관리가 필요한 취급주의식품(Time/temperature Control for Safety Food; TCS Food)은?

① 우유 ② 딸기잼
③ 국수면 ④ 멸균두유
⑤ 초고추장

68

과실류를 소독하기 위해 4% 염소계 소독액을 사용하여 100ppm 소독액 10L를 제조하려고 한다. 이때 필요한 4% 염소계 소독액의 양(A)과 희석할 물의 양(B)은?

① A : 15mL, B : 9985mL
② A : 20mL, B : 9980mL
③ A : 25mL, B : 9975mL
④ A : 30mL, B : 9970mL
⑤ A : 35mL, B : 9965mL

69

급식 작업에서 과실류의 세척제 사용방법에 대한 설명으로 옳은 것은?

① 세척제에 30초간 담갔다가 반드시 식수로 세척한다.
② 3종 세척제를 사용한다.
③ 5분 이상 세척제에 과실류를 담가둔다.
④ 효소가 함유된 1종 세척제가 좋다.
⑤ 2종 세척제를 사용한다.

70

급식시설에 대한 설명으로 옳지 않은 것은?

① 일반적인 식당과 조리장의 비율은 60 : 40
② 조리장의 가로와 세로 비율은 3 : 2
③ 조리장의 가로와 세로 비율은 2 : 1
④ 조리장은 정사각형 형태가 유리
⑤ 환기와 배수가 원활한 곳

71

급식시설의 배수에 관한 설명으로 옳은 것은?

① 그리스트랩은 기름기가 많은 오수 제거에 효과적
② 배수관의 너비는 10cm 이상
③ 배수관 깊이는 10cm 이상
④ 배수로의 구배(경사도)는 1/200
⑤ 곡선형 배수로는 관트랩

72

고정자산의 소모, 손상에 대한 가치의 감소를 연도에 따라 할당해 자산 가치를 감소시켜 나가는 비용은?

① 운영비 ② 소모품비
③ 감가상각비 ④ 손익분기 매출액
⑤ 판매원가

73

5월초 식재료 재고액이 3,000,000원, 5월에 구매한 식재료액이 12,000,000원, 5월말 재고액이 2,500,000원이었다. 월매출액이 25,000,000일 때의 식재료비 비율은?

① 30% ② 35%
③ 40% ④ 50%
⑤ 60%

74

급식업무에 따른 자료가 바르게 연결된 것은?

① 메뉴관리 - 식품구매명세서
② 구매관리 - 식단표
③ 생산관리 - 급식일지
④ 작업관리 - 보존식 기록지
⑤ 정보관리 - 재무상태표

75

인적자원관리의 직무설계 과정과 특성을 바르게 연결한 것은?

① 직무단순화 : 수행과업의 수적 증가
② 직무확대 : 작업 절차 표준화
③ 직무순환 : 다양한 경험과 기회 제공
④ 직무충실화 : 조직의 효율성 증진
⑤ 직무특성 : 수평적 업무 추가

76

핵심직무의 평가요소를 기준으로 산정하여 기본 임금 비율을 결정하는 직무평가 방법은?

① 서열법 ② 분류법
③ 점수법 ④ 요소비교법
⑤ 강제할당법

77

조리 후 배식된 학교 점심식사는 바로 소비하고 배식 후 남은 식사량은 저장이 불가능한 급식서비스 특징은?

① 무형성 ② 비분리성
③ 이질성 ④ 소멸성
⑤ 동시성

78

자외선 조사 살균에 대한 설명으로 옳은 것은?

① 공기, 물, 식기류의 표면살균에 이용한다.
② 투과력이 높다.
③ 잔류효과가 크다.
④ 살균력이 강한 파장은 500nm 부근이다.
⑤ 조사대상물의 품온이 상승한다.

79

소독액의 희석배수가 900이고 석탄산의 희석배수가 30일 때의 석탄산계수는?

① 1 ② 2
③ 3 ④ 4
⑤ 5

80

과실류 및 식기류 등의 소독에 적합한 살균제는?

① 석탄산 ② 승홍
③ 크레졸 ④ 차아염소산나트륨
⑤ 역성비누

81

식품에 대한 대장균 검사에서 최확수법(MPN법)에 의한 정량시험 때 쓰이는 배지는?

① EMB배지 ② Endo배지
③ BGLB배지 ④ SS배지
⑤ LB배지

82

황색포도상구균 식중독의 특징이 아닌 것은?

① 장내독소인 Enterotoxin에 의한 독소형이다.
② 잠복기는 2~6시간으로 급격히 발병한다.
③ 사망률이 다른 식중독에 비해 비교적 낮다.
④ 열이 39℃ 이상으로 지속된다.
⑤ 그람양성, 무포자 구균, 통성혐기성이다.

83

병원성대장균 식중독의 발병양식에 따라 분류한 것으로 바르게 연결된 것은?

① 장출혈성대장균 : 베로독소(verotoxin) 생성, *E.coli* O157:H7이 생산
② 장독소원성대장균 : 대장점막 상피세포 괴사
③ 장침투성대장균 : 대장점막 비침입성, 신생아 유아에게 급성위장염 발병
④ 장병원성대장균 : 응집덩어리 형성, 점막세포에 부착
⑤ 장응집성대장균 : 콜레라와 유사, 이열성 장독소, 내열성 장독소

84

지하수를 사용하거나 어패류 섭취에 의하며 겨울철에도 발생가능한 식중독 원인은?

① *Bacillus cereus* ② Norovirus
③ *E.coli* O157:H7 ④ *Vibrio*
⑤ *Salmolnella*

85

식품을 매개로 하여 전파될 수 있는 바이러스성 질환이 아닌 것은?

① A형 간염 ② 파라티푸스
③ 노로바이러스 식중독 ④ 소아마비
⑤ 리스테리아

86

동물성의 자연독 식중독의 원인성분이 바르게 연결된 것은?

① 복어 : 삭시톡신(saxitoxin)
② 섭조개 : 베네루핀(venerupin)
③ 모시조개 : 오카다산(okadaic acid)
④ 소라 : 테트라민(tetramine)
⑤ 아열대 독성어류 : 테트로도톡신(tetrodotoxin)

87

곰팡이독소 생성균주와 곰팡이독 성분을 바르게 연결한 것은?

① *A. flavus* : 오크라톡신(ochratoxin)
② *A. parasticus* : 아플라톡신(aflatoxin)
③ *P. islandicum* : 시트리닌(citrinin)
④ *P. citreoviride* : 파튤린(patulin)
⑤ *F. graminearum* : 루브라톡신(rubratoxin)

88

중금속의 유해특성에 대한 설명으로 옳은 것은?

① 납 : 미나마타병
② 수은 : 이타이이타이병
③ 구리 : 연산통
④ 크롬 : 비중격천공
⑤ 주석 : 간의 색소 침착

89

유해첨가물과 성분이 바르게 연결된 것은?

① 유해감미료 : 롱갈리트(rongalite)
② 유해표백제 : 둘신(dulcin)
③ 유해보존제 : 포름알데하이드(HCHO)
④ 유해착색료 : 살리실리산(salicylic acid)
⑤ 유해감미료 : 아우라민(auramine)

90

HACCP의 7원칙에 해당하지 않는 것은 무엇인가?

① 위해요소 분석 ② 문서화 및 기록유지
③ 모니터링 방법 설정 ④ 작업공정도 작성
⑤ 중요관리점 결정

91

식품과 식품첨가물의 기준과 규격을 정하여 고시할 수 있는 사람은?

① 국립보건원장 ② 시·도지사
③ 식품의약품안전처장 ④ 보건복지부장관
⑤ 군수

92

식품위생법에서 명시된 식품의 기준 및 규격에 대해 명시한 내용으로 옳지 않은 것은?

① 식품의 규격 : 성분
② 식품의 규격 : 사용
③ 식품의 기준 : 제조
④ 식품의 기준 : 가공
⑤ 식품의 기준 : 조리

93

집단급식소 종사자의 정기건강검진 횟수는?

① 1개월마다
② 3개월마다
③ 6개월마다
④ 12개월마다
⑤ 2년마다

94

집단급식소에 종사하는 영양사와 조리사의 교육시간은?

① 매년 3시간
② 매년 4시간
③ 매년 5시간
④ 매년 6시간
⑤ 매년 7시간

95

집단급식소 설치·운영자가 특별자치시장·특별차지도지사·시장·군수·구청장에게 신고를 하지 아니하거나 허위신고를 한 때에 대한 벌칙은?

① 500만 원 이하의 과태료
② 1천만 원 이하의 과태료
③ 2천만 원 이하의 과태료
④ 1년 이하의 징역 또는 1천만 원 이하의 벌금
⑤ 2년 이하의 징역 또는 2천만 원 이하의 벌금

96

학교급식 공급용 쇠고기와 돼지고기의 육질등급은?

① 쇠고기 : 1등급 이상, 돼지고기 : 1등급 이상
② 쇠고기 : 1등급 이상, 돼지고기 : 2등급 이상
③ 쇠고기 : 2등급 이상, 돼지고기 : 1등급 이상
④ 쇠고기 : 2등급 이상, 돼지고기 : 2등급 이상
⑤ 쇠고기 : 3등급 이상, 돼지고기 : 2등급 이상

97

학교급식공급업자가 농수산물의 원산지 표시나 유전자변형농산물의 표시를 거짓으로 기재한 식재료를 사용한 경우의 벌칙은?

① 7년 이하의 징역 또는 1억 원 이하의 벌칙
② 6년 이하의 징역 또는 6천만 원 이하의 벌칙
③ 5년 이하의 징역 또는 5천만 원 이하의 벌칙
④ 4년 이하의 징역 또는 4천만 원 이하의 벌칙
⑤ 3년 이하의 징역 또는 3천만 원 이하의 벌칙

98

국민영양조사 항목과 조사항목 내용이 올바르게 연결된 것은?

① 건강상태조사 : 조사가구의 일반사항
② 식품섭취조사 : 일정한 기간의 식사상황
③ 식생활조사 : 영양관계 증후
④ 건강상태조사 : 가구원의 식사 일반사항
⑤ 식품섭취조사 : 일정한 기간에 사용한 식품의 가격 및 조달 방법

99

영양사 보수교육 실시기간과 시간은?

① 1년마다 3시간
② 2년마다 5시간
③ 3년마다 3시간
④ 1년마다 4시간
⑤ 2년마다 6시간

100

나트륨 함량비교표시를 하여야 하는 식품은?

① 단팥빵
② 샌드위치
③ 도시락
④ 떡볶이
⑤ 감자튀김

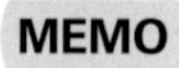
MEMO

MEMO

PASS
원큐패스는 수험생들이 한번에 합격하기를 응원합니다.
영양사 시험
모의고사 문제집

영양사 시험

모의고사 문제집

김문숙 저

정답과 해설

다락원

김문숙 저

정답과 해설

다락원

실전모의고사 1회

1교시

01	⑤	02	②	03	③	04	③	05	③
06	①	07	②	08	①	09	①	10	③
11	⑤	12	⑤	13	③	14	①	15	⑤
16	①	17	②	18	④	19	④	20	①
21	④	22	③	23	③	24	④	25	①
26	①	27	④	28	①	29	⑤	30	③
31	③	32	①	33	②	34	⑤	35	③
36	⑤	37	②	38	③	39	④	40	①
41	④	42	①	43	⑤	44	④	45	④
46	⑤	47	②	48	③	49	③	50	⑤
51	①	52	⑤	53	⑤	54	①	55	②
56	②	57	⑤	58	③	59	①	60	④
61	④	62	②	63	①	64	④	65	①
66	④	67	①	68	③	69	⑤	70	④
71	②	72	④	73	⑤	74	④	75	①
76	⑤	77	③	78	⑤	79	③	80	⑤
81	⑤	82	②	83	③	84	⑤	85	①
86	④	87	①	88	②	89	②	90	①
91	③	92	②	93	⑤	94	①	95	③
96	④	97	⑤	98	⑤	99	①	100	①
101	①	102	③	103	④	104	①	105	④
106	③	107	⑤	108	①	109	③	110	④
111	①	112	④	113	④	114	①	115	④
116	⑤	117	⑤	118	①	119	⑤	120	②

2교시

01	⑤	02	⑤	03	④	04	⑤	05	④
06	①	07	③	08	⑤	09	②	10	④
11	②	12	③	13	④	14	①	15	③
16	①	17	①	18	②	19	④	20	①
21	⑤	22	③	23	②	24	①	25	①
26	⑤	27	⑤	28	③	29	⑤	30	③
31	⑤	32	④	33	③	34	③	35	⑤
36	⑤	37	①	38	⑤	39	②	40	④
41	④	42	③	43	①	44	⑤	45	③
46	④	47	⑤	48	③	49	①	50	②
51	④	52	④	53	③	54	③	55	③
56	④	57	④	58	④	59	⑤	60	①
61	②	62	②	63	⑤	64	②	65	④
66	②	67	④	68	④	69	⑤	70	⑤
71	⑤	72	④	73	①	74	⑤	75	②
76	①	77	③	78	③	79	④	80	①
81	①	82	③	83	②	84	②	85	②
86	③	87	①	88	②	89	①	90	②
91	①	92	③	93	④	94	③	95	⑤
96	①	97	⑤	98	③	99	③	100	⑤

[1교시]

1과목 영양학·생화학

01 영양밀도
- 각 식품의 공급에너지에 대한 영양소 함량을 의미
- 동량의 식품에서 영양소가 많을수록 칼로리가 적을수록 영양밀도는 높아짐
- 필수영양소(단백질, 비타민, 무기질 등) 비율에 중요한 개념으로 사용함
- 동일한 칼로리를 제공하는 식품이라도 영양소 없이 칼로리만 제공하는 식품은 영양밀도가 낮음
  예) 영양밀도 : 탄산음료(125kcal) 〈 우유(125kcal)

02 영양소의 에너지 적정비율
- 탄수화물 : 55~65%
- 단백질 : 7~20%
- 지질 : 20~35%(1~2세), 15~30%(3세 이상)

03 세포막을 통한 물질의 이동
- 수동수송 : 단순확산(운반체 : 불필요, 에너지 : 불필요), 촉진확산(운반체 : 필요, 에너지 : 불필요), 삼투, 여과
- 능동수송 : 영양소 농도차 역행(운반체와 에너지 필요)
- 음세포작용 : 세포막이 주머니 형성하여 함몰하면서 물질 이동

04 유당불내증
유당을 분해하는 락타아제의 부족으로 소장에서 분해되지 못한 유당이 박테리아에 의해 발효되어 산과 함께 가스를 생성하여 헛배부름, 복통, 설사 등의 증상

05
- 위장관 호르몬 : 표적기관(위장관, 췌장 등)이나 표적세포에 도달하여 소화액 분비와 소화관 운동 자극·억제
- 가스트린(gastrin) : 위·십이지장에서 분비, 산 분비, 위 운동 촉진
- 세크레틴(secretin) : 십이지장에서 분비, 췌장 자극하여 알칼리성 췌장액 분비 촉진, 위에서 위 운동과 위산 분비 억제
- 콜레시스토기닌(cholecystokinin; CCK) : 십이지장에서 분비, 위산 분비와 위 운동 억제, 췌장의 소화효소 분비 촉진, 담즙 분비 촉진
- 위 억제 펩티드(gastric inhibitory peptide; GIP) : 십이지장에서 분비, 위의 운동성과 분비작용 억제, 췌장의 인슐린 분비 촉진

06

혈당 조절	호르몬	분비기관
혈당저하	인슐린	췌장(β-세포)
혈당상승	글루카곤	췌장(α-세포)
	노르에피네프린, 에피네프린	부신수질
	글루코코르티코이드(코르티솔)	부신피질
	갑상선호르몬	갑상선
	성장호르몬	뇌하수체전엽

07
- 수용성 식이섬유소 : 펙틴, 검, 알긴산, 과일과 해조류, 콩에 함유
- 불용성 식이섬유소 : 셀룰로오스, 헤미셀룰로오스, 리그닌, 채소 줄기, 현미 등에 함유

08 당질의 흡수 속도
갈락토오스(120) > 포도당(100) > 과당(48) > 만노오스(19) > 자일로오스(15)

09
해당과정은 혈액 내의 포도당(글루코스)이 수송체를 통해 세포 안으로 이동되어 세포질에서 시작됨

10 갈락토세미아
- 유당이 소화·흡수 후 갈락토오스를 포도당으로 전환하는 갈락타아제가 간에서 합성되지 못하여 발생하는 유전적 질환
- 체내 갈락토오스가 축적되어 간조직 손상, 췌장의 비대, 정신지체, 신생아기에 사망 등
- 우유, 유제품 섭취 금지

11 혈당지수(Glycemic Index; GI)
- 섭취한 식품의 혈당 상승정도와 인슐린 반응을 유도하는 정도를 나타내며 순수한 포도당 100을 기준으로 비교
- 떡(91), 흰밥(86), 수박(72), 우유(27), 대두(18)

12
올리고당은 설탕보다 감미도가 적고 인슐린 분비를 촉진하지 않아 혈당치를 개선하며 혈청콜레스테롤 수준을 저하시켜 당뇨병 환자에게 도움 줌

13

(1) 콜레스테롤

- 동물조직에서 발견
- 세포막의 구성성분(뇌, 신경조직, 세포원형질)
- 생체 내에서 합성되며 식품에서도 흡수됨
- 섭취량에 따라 체내 합성량이 조절되어 체내 콜레스테롤을 일정 수준으로 조절
- 동물성 식품에서만 함유 : 달걀노른자, 쇠기름, 오징어, 새우 등

(2) 콜레스테롤의 체내작용

- 세포의 구성성분
- 성호르몬(테스토스테론, 에스트로겐, 프로게스테론), 코르티솔, 알도스테론 등의 호르몬의 전구체
- 7-디히드로콜레스테롤은 피부에서 자외선을 받아 비타민 D 합성
- 담즙산의 전구체

14

- ω-3계 지방산인 α-리놀렌산($C_{18:3}$)으로부터 합성 : EPA($C_{20:5}$), DHA($C_{22:6}$)
- ω-6계 지방산인 리놀레산으로부터 합성 : γ-리놀렌산($C_{18:3}$), 아라키돈산($C_{20:4}$)

15

- 킬로미크론 : 소장에서 생성
- 초저밀도지단백질(VLDL) : 내인성 중성지방
- 저밀도지단백질(LDL) : 식사성 + 내인성 콜레스테롤, 콜레스테롤을 간 및 말초조직으로 운반

[핵심정리 p.26~27 참고]

16

- 코리 회로 : 근육에서 생성된 젖산이 간에서 포도당으로 재순환하는 경로
- 알라닌 회로 : 근육에서 피루브산은 아미노산 대사에서 나온 아미노기와 결합하여 알라닌 생성 → 간으로 운반 → 아미노기 제거(요소 합성하여 소변으로 배설) → 피루브산 → 포도당으로 전환
- 해당작용 : 산소가 없는 세포질에서 이루어지는 혐기적 과정으로 1분자의 포도당이 2분자의 피루브산으로 분해되면서 ATP 2분자와 NADH 2분자 생성
- TCA회로(구연산 회로) : 미토콘드리아 기질(호기적 조건)에서 일어나며 탄수화물, 지방, 단백질과 같은 연료분자를 산화시키는 경로. 모든 연료분자는 아세틸 CoA 형태로 구연산 회로에 들어가 완전산화

17 반응시작 장소

- 세포질 : 해당과정, 지방산 합성
- 미토콘드리아 : TCA회로, 지방산 분해
- 세포질과 미토콘드리아 : 요소회로, 당신생

18

[핵심정리 p.19 참고]

19

[핵심정리 p.19 참고]

20

- 중성지질 : 피하조직에 존재하는 저장지질
- 인지질, 당지질, 콜레스테롤 : 세포막에 존재하는 구성지질
- 지단백 : 혈액에 존재하는 운반지질

21

ω-6 : ω-3 지방산 = 4~10 : 1

22 인지질

- 세포막 구성, 물질 수송, 지단백질 형성으로 지질 운반
- 레시틴, 세팔린, 스핑고미엘린

23 담즙

간에서 합성되어 담낭에 저장되었다가 분비, 지질유화, 지질 소화효소작용

24

[핵심정리 p.28~29 참고]

25

[핵심정리 p.28~29 참고]

26

- 섬유상 단백질 : 폴리펩티드가 실타래의 섬유상 구조로 이황화결합, 수소결합에 의해 입체적 구조 이룸(콜라겐, 케라틴, 엘라스틴, 피브로인 등)
- 구상 단백질 : 폴리펩티드가 공 모양 구조로 수소결합, 이온결합, 소수성결합 등에 의해 입체적 구조 이룸(알부민, 글로불린, 헤모글로빈, 미오글로빈 등)

27 리신

지방산 대사에서 지방산이 미토콘드리아막 통과 시 필요한 카르니틴 생성

28 혈장 단백질 합성

- 간에서 혈장 알부민, 글로불린, 피브리노겐 등을 합성
- 알부민(레티놀, 지방산 운반), 글로불린(α : 구리 운반, β : 철 운반, γ : 면역), 피브리노겐(혈액응고)

29 단순단백질

- 알부민 : 물에 녹고 열에 응고. 달걀흰자, 혈청, 우유에 존재. 오브알부민(난백), 락트알부민(우유), 미오겐(근육)
- 글로불린 : 물에 녹지 않고 열에 응고
  - 동물성 글로불린 : 미오신(근육), 락토글로불린(우유), 오보글로불린(난백) 피브리노겐(혈장)
  - 식물성 글로불린 : 글리시닌(대두), 투베린(감자)
- 글루텔린 : 글루테닌(밀), 오리제닌(쌀), 호르데닌(보리)
- 프롤라민 : 글리아딘(밀), 제인(옥수수), 호르데인(보리)
- 알부민노이드 : 콜라겐(결합조직, 피부), 엘라스틴(결합조직, 힘줄), 케라틴(모발)
- 히스톤 : 글로빈(적혈구), 흉선 히스톤(흉선)
- 프로타민 : 연어(살민), 클루페인(정어리)

30 단백질 소화효소

- 위 : 불활성(펩시노겐), 활성촉진(위산), 활성(펩신, 레닌)
- 췌장 : 불활성(트립시노겐, 키모트립시노겐, 프로카르복시펩티다아제), 활성촉진(엔테로키나아제, 트립신), 활성(트립신, 키모트립신, 카르복시펩티다아제)

31

(1) 양(+)의 질소평형

- 단백질을 배설량보다 더 많이 섭취
- 성장기, 임신기, 질병 상태, 상해로부터의 회복기, 운동으로 근육 증가 시 단백질 섭취

(2) 음(-)의 질소평형

- 단백질 필요량보다 적게 섭취
- 고열, 화상, 감염 등으로 인한 단백질과 에너지 소모가 증가한 상황

32 아미노산의 분해

① 아미노산에서 질소 제거 : 아미노기 전이반응 → 산화적 탈아미노반응
② 아미노산의 탄소골격(α-케토산) 대사
③ 요소회로 : 요소, 요산, 크레아틴과 크레아티딘 생성

33

(1) 유전적인 아미노산 대사 이상

- 페닐케톤증(PKU) : 페닐알라닌하이드록시화효소 결핍으로 페닐알라닌이 티로신으로 전환되지 못해 혈액이나 조직에 축적되어 케톤체 생성(성장장애, 경련, 지능장애, 혈당저하, 혈압저하, 백색피부, 금발)
- 알비니즘(백피증) : 티로신 분해효소 결핍으로 티로신이 멜라닌으로 전환 결함(흰머리카락, 분홍피부)
- 호모시스틴뇨증 : 시스타티온 생성 효소 결핍으로 메티오닌으로부터 시스테인 합성 결함(조기동맥경화)
- 단풍당뇨증 : 류신, 이소류신, 발린의 곁가지 아미노산의 탈탄산화를 촉진시키는 효소의 결함(생후 1개월 이내에 발견하지 못하면 심한 신경장애와 지능발달에 영향 줌)

(2) 단백질-에너지 영양불량

- 콰시오커(kwashiorkor) : 혈장알부민 부족, 단백질 부족
- 마라스무스(marasmus) : 에너지와 단백질 모두 부족

34

(1) DNA : 5탄당 + 인산 + 염기
- 퓨린 : 아데닌, 구아닌
- 피리미딘 : 티민, 시토신

(2) RNA : 5탄당 + 인산 + 염기
- 퓨린 : 아데닌, 구아닌
- 피리미딘 : 우라실, 시토신

35 세포소기관

- 핵 : 이중막, 유전정보를 가지며 세포의 단백질 합성 통제, 염색체(DNA 유전정보 함유), 핵인(rRNA 합성)
- 미토콘드리아(사립체) : 이중막, 세포 내 호흡기관. 에너지 생성(ATP 생성)
- 소포체
  - 조면소포체 : 리보솜 부착으로 단백질 합성
  - 활면소포체 : 리보솜 미부착. 지방산, 인지질, 스테로이드 등의 지질 합성, 칼슘이온 저장
- 골지체 : 세포에서 합성된 물질을 가공·포장하여 다른 세포소기관이나 세포 외로 분비
- 리소좀(용해소체) : 가수분해효소 함유, 세포 내 소화기관
- 리보솜 : RNA와 단백질로 구성된 복합체. 유전정보에 따라 단백질 합성
- 퍼옥시좀(과산화소체) : 다양한 과산화물 분해효소 함유. 카탈라아제 함유(과산화수소 분해)

36

- 가역적 저해제 : 저해제가 효소와 비공유결합 후 가역적으로 제거되어 효소가 원래 상태로 회복. 경쟁적, 비경쟁적, 불경쟁적 저해제가 있음
- 비가역적 저해제 : 저해제가 효소와 결합하여 효소활성이 없는 단백질을 생성하여 제거되지 않아 효소가 원래 상태로 회복 안 됨

구분	가역적 저해제			비가역적 저해제
	경쟁적	비경쟁적	불경쟁적	
저해 방식	효소	효소, 효소-기질 복합체	효소-기질 복합체	• 효소활성부위와 공유결합 • 촉매 활성기능기 영구적 불활성화
K_m	증가	불변	감소	
V_{max}	불변	감소	감소	

37
- 지용성비타민 : 비타민 A, 비타민 D, 비타민 E, 비타민 K
- 수용성비타민 : 비타민 B군, 비타민 C

38 비타민 A의 종류
- 레티노이드 : 레티놀, 레티날, 레티노산(동물성, 활성형 비타민 A)
- 카로티노이드 : α, β, γ-카로틴, 크립토잔틴(식물성, 체내에서 레티놀로 전환, 비타민 A 전구체)

39 비타민 E(메틸기 수와 위치에 따른 종류)
(1) α, β, γ, δ-**토코페롤** : α-토코페롤은 천연에 풍부, 생리활성 가장 큼

(2) α, β, γ, δ-**토코트리엔**
- 산소, 열에 안정. 불포화지방산과 공존 시 비타민 E 자신이 쉽게 산화되어 다른 물질을 산화방지하며 비타민 C 또는 엽산에 의해 환원되어 재사용
- 항산화제 작용(세포막과 단백질표면에 작용하여 세포막 손상방지, 불포화지방산에서 자유라디칼의 연쇄반응차단)
- 비타민 A, 카로틴, 유지산화 억제, 노화지연, 셀레늄(Se)과 관련(적혈구 세포막 보호)

40
- 비타민 B_1(티아민) : 당질대사의 보조효소[탈탄산조효소(TPP)], 에너지대사, 신경전달물질 합성
- 비타민 B_2(리보플라빈) : 당질, 지질, 단백질 에너지 대사의 보효소[탈수소조효소(FAD, FMN)], 전자전달계작용(대사과정의 산화환원반응)
- 비타민 B_3(니아신) : 당질산화, 지방산 합성, 스테로이드 합성, 전자전달계작용[탈수소조효소(NAD, NADP)], 대사과정 산화환원반응, 트립토판(60mg)이 니아신(1mg)합성
- 비타민 B_6(피리독신) : 아미노산 대사조효소(PLP)[피리독신(PN), 피리독살(PL), 피리독사민(PM)의 3가지 형태 존재], 비필수아미노산 합성, 신경전달물질 합성, 글리코겐 분해, 포도당 신생, 적혈구 합성, 니아신 합성
- 비타민 C(아스코르브산)(활성형) : 환원형(L-아스코르브산)과 산화형[L-디하이드로아스코르브산(환원형의 80% 활성가짐)]이 서로 가역적, 콜라겐합성, 항산화작용, 해독작용, 철 흡수 촉진, 카르니틴 합성, 신경전달물질 합성

41 비타민 B_5(판토텐산)
Coenzyme A 구성성분. 에너지대사, 지질합성, 신경전달물질(아세틸콜린) 합성, 헤모글로빈의 헴에서 포르피린 고리 생성 관여

42 비타민 C(아스코르브산)
- 사람, 원숭이를 포함한 일부 동물은 글로노락톤 산화효소 결핍으로 비타민 C를 합성 못하므로 반드시 섭취 필요
- 활성형 : 환원형(L-아스코르브산)과 산화형[L-디하이드로아스코르브산(환원형의 80% 활성가짐)]이 서로 가역적
- 콜라겐 합성, 항산화작용, 해독작용, 철 흡수 촉진, 카르니틴 합성
- 신경전달물질 합성 : 도파민으로부터 노르에피네프린, 트립토판으로부터 세로토닌 합성반응에 관여

43
- 비타민 E : 용혈성 빈혈(미숙아)
- 비타민 B_6 : 빈혈
- 비타민 B_9 : 거대적아구성빈혈
- 비타민 B_{12} : 악성빈혈

44 비타민 B_9(엽산)
THFA(테트라하이드로엽산)는 단일탄소(메틸기) 운반체로 새로운 물질합성 관여, 에탄올아민에서 콜린 합성, 글리신과 세린의 상호전환, 헴 합성 관여(헤모글로빈 합성)

45 근육 수축·이완 관여 다량 무기질
칼슘(Ca), 마그네슘(Mg), 칼륨(K)

46
- 철(Fe) : 산소의 이동과 저장(헤모글로빈, 미오글로빈), 효소 성분, 면역기능, 신경전달물질 합성 등
- 구리(Cu) : 철의 흡수 및 이용, 금속 효소 성분
- 아연(Zn) : 금속 효소 성분, 생체막 구조와 기능 유지, 상처 회복 및 면역 기능
- 망간(Mn) : 금속 효소 성분, 중추신경계 기능에 관여
- 셀레늄(Se) : 글루타티온 산화효소성분, 비타민 E 절약작용

47 마그네슘(Mg)
골격과 치아 형성, 근육이완, 신경자극전달, ATP구조안정제, cAMP 형성 필수적, 다양한 효소활성 보조인자, 글루타티온 합성관여, 칼슘과 길항작용

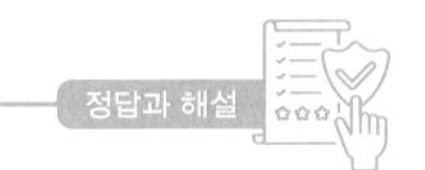

48 전해질
- 체액에 녹아 전하를 띤 이온의 형태로 존재하는 물질
- 나트륨(Na^+), 칼륨(K^+) : 양전하를 띤 대표적인 양이온
- 염소(Cl^-), 인(HPO_4^{2-}) : 음전하를 띤 대표적인 음이온
- 세포내액 : 칼륨, 인이 주된 전해질
- 세포외액 : 나트륨, 염소가 주된 전해질

49
- 뇌 : 성장·발달이 가장 일찍 일어남, 6세에 성인 뇌 무게의 90% 정도
- 간 : 늦게 발달하며 사춘기에 가장 많이 발달
- 림프조직[흉선(가슴샘) 등] : 아동기에 성인의 2배로 커졌다가 그 후 감소하는 패턴
- 폐 : 각 기관 중 가장 늦게 발달 완료, 사춘기에 34%로 가장 늦게 발달
- 생식기관 : 서서히 증가하다가 사춘기 이후 급격히 성장

50
- 월경주기 : 난포기(난포성숙) → 배란 → 황체기(황체 형성) → 황체 퇴화 → 월경(28~30일 주기)
- 황체 퇴화되면 에스트로겐과 프로게스테론 분비 저하로 자궁 내막 탈락의 월경 시작

51 비타민 A 과잉증
임신초기 유산, 기형아 출산, 탈모, 착색, 식욕상실 등

52 태반에서 분비되는 호르몬
프로게스테론, 에스트로겐, 융모성 생식선자극호르몬(hCG), 태반락토겐

53 임신관련 호르몬
태반(프로게스테론, 에스트로겐, 융모성 생식선자극호르몬(hCG), 태반락토겐), 뇌하수체전엽(프로락틴), 뇌하수체후엽(옥시토신), 부신피질(알도스테론), 갑상선(티록신), 췌장의 β-세포(인슐린)

54
프로게스테론에 의한 장 근육의 이완과 자궁의 압박으로 대장 운동성 저하에 따른 장내 음식물 체류기간 길어짐

55 모유 내 항감염성 인자
- 면역세포와 항체 : 특히 분비성 면역글로불린 A(sIgA)가 높은 농도로 존재(초유에 많음)
- 락토페린(결합단백질) : 철분과 비타민 B_{12}를 결합, 영아의 위장관에서의 병원균 성장 억제
- 라이소자임 : 장내 세균 및 기타 그람양성 세균으로부터 영아 보호
- 림프구 : 분비성 면역글로불린 A(sIgA) 합성
- 비피더스 인자 : 체내 유익균 유산균의 성장 지원

56 이유식 시기
출생 시 체중의 2배 되는 시기. 생후 5~6개월

57 충치 예방
불소(1ppm), 치아표면 플라그의 pH 변화에 영향을 주지 않는 영양소 섭취(단백질, 지질, 칼슘, 인), pH 5.5 이하로 저하시키는 식품(초콜릿, 당류 등) 제한

58 주의력결핍과잉행동장애(ADHD)
집중력 부족, 과격한 행동 또는 충동적 증상으로 5~10%의 학령기 아동에서 발생하며 여아보다 남아에서 많이 나타남

59 섭식장애
외모에 대한 관심으로 무리한 다이어트로 발생
- 신경성 식욕부진증(거식증) : 사춘기 소녀. 성공적인 다이어트에 대해 자부심을 느껴 극도로 음식 섭취 제한
- 신경성 탐식증(폭식증) : 성인 초기. 폭식과 장 비우기를 교대로 반복
- 마구먹기 장애 : 다이어트에 실패를 거듭한 비만인. 문제가 발생할 때마다 끊임없이 먹거나 폭식

60 장시간 운동 후의 생리적 변화
혈당 감소, 글리코겐 저장 감소, 티아민 요구량 증가, 근육 젖산 증가, 호흡계수 감소

2과목 영양교육·식사요법·생리학

61
영양교육은 지식과 태도를 변화시키고 건강의 변화를 도와주는 일련의 계획된 교육과정임

62 영양교육 효과
건강향상, 체질개선, 치료 촉진, 질병감소, 사망률 저하, 식량정책(식량의 생산소비, 식품의 강화 관여), 사회정책(노동임금 안정, 생계비 합리화, 능률증진), 정신적 도덕성 높아짐

63
- 건강신념 모델 : 건강행동 실천여부는 개인의 신념. 건강 관련 인식에 따라 정해짐
- 사회인지론 모델 : 개인의 인지적 요인, 행동적 요인, 환경적 요인의 상호작용으로 결정

- 행동변화단계 모델 : 고려 전 단계(인지부족) → 고려단계(생각 중) → 준비단계(계획 세움) → 행동단계(행동실천) → 유지단계(행동계속) → 습관화
- 개혁확산 모델 : 채택과정(지식-설득-결정-실행-확인), 확산 조건(기술용이, 결과관찰 쉬움, 보상 큼, 가치관 일치)

64 영양교육 요구진단의 건강문제 파악

- 객관적 방법 : 질병의 발생률, 유병률, 질병별 사망률 등 역학자료 및 통계자료
- 주관적 방법 : 대상자와의 인터뷰, 설문조사로 파악

65 행동변화단계 모델(단계적 전략 사용)

고려 전 단계(인지부족) → 고려단계(생각 중) → 준비단계(계획 세움) → 행동단계(행동실천) → 유지단계(행동계속) → 습관화

66

영양교육 대상자의 행동변화 의지는 영양교육과정에서 고려되어야 할 사항임

67 영양교육의 전체 목적, 목표 설정

- 전체 목적 : 대상집단의 건강문제, 영양문제 해결을 위한 것으로 장기간에 이룰 수 있는 것으로 설정
- 목표 : 영양교육의 전체 목적을 위해 이루어져야 할 구체적인 교육목표로 비교적 단기간에 이룰 수 있는 것으로 설정

68 영양교육의 수업설계 단계

교육대상자 목표설정 → 수업분석 → 교육대상자 환경 분석 → 수행목표 진술 → 도구 개발 → 수업전략 개발 → 수업자료 선택 및 개발 → 형성평가 설계 및 실시 → 총괄평가

69

(1) **영양교육 개인지도** : 가정 방문, 상담소 방문, 임상 방문, 전화상담, 서신지도, 인터넷 상담

(2) **영양교육 집단지도**

- 강의형 : 강연
- 토의형 : 강의식 토의, 강단식 통의, 배석식 토의, 공론식 토의, 원탁토의, 브레인스토밍, 연구집회, 대화식 토의, 6.6토의, 시범교수법
- 실험형 : 역할연기, 연극, 시뮬레이션, 견학

70

지역영양개선활동의 공통된 내용을 각 가정을 대상으로 지도, 지도 대상은 되도록 그 가정의 실권자 및 주부대상

71

- 강의 장점 : 시간, 비용, 노력 면에서 경제적인 교육. 높은 수준의 목표보다는 낮은 수준의 목표달성에 효과적
- 강의 단점 : 대상자가 소극적이거나 수동적일 가능성, 교육대상자가 강의내용을 쉽게 잊어버려 교육효과 저하 가능, 교육내용이 획일적이고 일률적으로 진행되므로 대상자 개개인의 지식, 행동 및 행동변화유도가 쉽지 않음

72 브레인스토밍(brainstorming)

- 기발한 아이디어가 필요할 때나 특정문제의 해결방안을 찾으려 할 때 이용, 최선책 결정
- 보통 12~15명이 한 그룹을 이루어 10~15분 정도 토의
- 효과 : 단시간에 많은 아이디어 도출, 독창력 향상, 발언 활발, 실천을 잘 할 수 있어 사기 향상, 단결 잘 됨

73

영양교육 매체 활용은 강의실 외의 장소에서도 사용할 수 있으므로 개개인의 편리한 시간과 장소에서 학습가능

74 디오라마

실제상황을 재현하므로 강한 현실감 제공

75 영양상담 이론

- 내담자중심요법 : 내담자 중심으로 상담 진행
- 행동요법 : 내담자의 부적절한 행동을 수정하고 바람직한 행동 강화 유지 목적
- 합리적 정서요법 : 논리적인 사고방식을 학습시켜 비합리적인 생각들을 변화시키고 제거
- 현실요법 : 내담자의 현재 행동에 초점을 두고 상담, 직면한 현실에서 기본적 목표 달성으로 책임성 강조
- 가족치료 : 가족의 참여로 문제해결과 극복을 위해 가족 간의 새로운 상호작용 방법 터득
- 자기관리법 : 자기 스스로 실천하는 업무라고 설정하며 자기 상태, 치료방법, 대체법 등 충분한 지식 요구

76 영양상담 기술

- 경청 : 내담자의 말 흐름을 잘 따라가며 듣는 것
- 수용 : 내담자의 이야기를 이해하고 받아들이고 있다는 상담자의 태도를 나타내는 것
- 반영 : 내담자의 말과 행동에서 표현되는 감정, 생각, 태도를 상담자가 다른 참신한 말로 부연해 주는 것
- 명료화 : 내담자의 말 속에 내포되어 있는 것을 명확하게 해주는 것
- 질문 : 내담자의 생각이나 감정을 보다 명확하게 탐색하도록 하는 질문의 기술
- 요약 : 내담자의 여러 생각과 감정을 매회의 상담이 끝날 무렵 하나로 묶어 정리하는 것

• 조언 : 상담관계의 출발을 안정시키고 내담자의 정보 욕구를 충족시켜주는 것으로 내담자가 소화할 수 있는 정도의 조언
• 직면 : 내담자 내면에 지닌 자신에 대한 그릇된 감정 등을 인지하도록 하는 것
• 해석 : 내담자가 직접 진술하지 않은 내용을 그의 과거 경험이나 진술을 토대로 추론해서 말하는 것

77
• 질병관리청 : 보건복지부 산하기관(국민건강영양조사 실시)
• 식품의약품안전처 : 국무총리실 산하기관(영양안전정책, 건강기능식품정책, 식생활안전 등 관장)
• 농림축산식품부 : 농산축산, 식품산업 진흥 등 관장
• 교육부 : 학교급식법 관장, 학교급식의 제도적 관리 등

78
식사요법의 원칙은 질병취약군의 질병 예방임

79
• 신체계측방법 : 체위 및 체구성 성분을 측정하고 신체지수를 산출하여 표준치와 비교·평가함으로써 대상자의 영양상태를 쉽게 판정하는 방법
• 생화학적방법 : 혈액, 소변, 대변 및 조직 내의 영양소 또는 그 대사물의 농도를 측정하거나, 효소 활성 등을 측정하고 기준치와 비교하여 영양상태를 판정하는 방법
• 식사조사방법 : 식사내용이나 평소 식습관을 조사하여 영양섭취 실태를 분석하고 이에 따른 영양상태를 판정하거나 질병발생 위험을 파악하는 방법

80
혈액 내의 영양소 농도 측정은 영양판정 방법에서 생화학적 방법임

81
• 식품교환표를 이용하여 식품을 교환할 경우 동일 식품군끼리 바꾸고, 같은 교환단위량으로 변경 가능
  ㉠ 밥(1/3공기, 70g) = 식빵 1장(35g)
  밥(1/3공기, 70g) ≠ 고기(40g)
  밥(1/3공기,70g) ≠ 식빵 2장(70g)
• 곡류군 1교환단위량 : 쌀 30g, 밥 70g(1/3공기), 쌀죽 140g(2/3공기), 식빵 35g(1장), 삶은국수 90g(1/2공기), 감자 140g(중 1개), 고구마 70g(중1/2개)

82

식품군		열량(kcal)	대표 식품(g)
어육류군	저지방	50	육류 : 40(소 1토막, 기름기 없는), 생선류 : 50(소 1토막, 흰살생선), 건어물 : 15, 게맛살 : 50, 어묵(찐것) : 50, 젓갈류 : 40
	중지방	75	육류(안심) : 40, 생선류(갈치, 고등어) : 50, 두부 : 80(420g 포장두부 1/5), 계란 : 55(중 1개)
	고지방	100	육류(돼지갈비, 베이컨, 소시지) : 40, 생선류(고등어통조림, 뱀장어) : 50, 치즈 : 30(1.5장)

83 식품교환표의 1교환단위당 열량
곡류군(100kcal), 저지방 어육류군(50kcal), 채소군(20kcal), 지방군(45kcal), 저지방 우유군(80kcal)

84
3대 영양소의 비율 합이 100%가 되도록 설정한다.

85
• 탄수화물(4kcal/g) : 1,800kcal × 0.6 ÷ 4kcal/g = 270g
• 단백질(4kcal/g) : 1,800kcal × 0.2 ÷ 4kcal/g = 90g
• 지방(9kcal/g) : 1,800kcal × 0.2 ÷ 9kcal/g = 40g

86 병원식

일반식	정상식, 회복식, 연식, 유동식
치료식	열량조절식, 단백질조절식, 지방조절식, 위장관질환식, 염분조절식, 기타조절식
검사식	지방변검사식, 레닌검사식, 칼슘검사식, 위배출능검사식, 경구내당능검사식

87
• 에너지 조절식 : 당뇨식, 체중조절식
• 단백질 조절식 : 신장질환식, 간질환식, 고단백식
• 지방 조절식 : 무지방식, 저지방식, MCT보충식, 저콜레스테롤식
• 위장질환식 : 궤양식, 저섬유소식, 고섬유소식, 저잔사식
• 기타치료식 : 고칼슘식, 저퓨린식, 요오드제한식, 알레르기식, 케톤식

88 칼슘 검사식
고칼슘 식사 후 고칼슘뇨증 여부를 조사하여 신장결석 여부 진단

89
- 경장영양 : 경구영양, 경관영양(비위관, 비장관, 위장조루술, 공장조루술)
- 정맥영양 : 말초정맥영양, 중심정맥영양

90 경장영양액
- 삼투농도 : 약 300mOsm/kg
- 에너지 : 1.0~1.2kcal/ml, 고에너지 : 2kcal/ml
- 총에너지 기준 영양소 함량 : 탄수화물(40~90%), 단백질(4~32%), 지방(10~50%)
- 체온과 동일한 온도로 충분한 영양공급하고 소화흡수 좋고 투여하기 쉬운 액체로 충분한 수분 공급하고 구토나 설사 주의

91 경장영양액 종류
- 일반영양액 : 소화 흡수 어려움 없는 환자, 단백질 부분가수분해물 또는 식품단백질 공급
- 농축영양액 : 수분 제한 요구되는 환자(심부전, 복수), 농도 1.5~2kcal/ml, 분말경장영양제 또는 단일 영양보충 성분을 일반영양제에 첨가
- 가수분해 영양액 : 소화 흡수 기능 저하된 환자, 단백질과 탄수화물을 완전 또는 가수분해하여 만든 영양액
- 특수질환용 영양액 : 특정 질환의 환자에게 특수한 영양필요량 공급(간질환, 신장질환, 당뇨병, 대사질환용 영양액 등)

92 중추기관 역할
- 연수 : 연하, 타액 분비, 구토
- 척수 : 배변
- 시상하부 : 식욕조절

93 타액
발성 관여(구강의 수분을 유지해 소리가 나게 도움)

94 연하곤란 식사요법
- 섬유질 적은 식품
- 밀도 균일, 적당한 점도, 되직한 액체음식
- 끈끈하여 입안에 달라붙지 않아야 함
- 너무 뜨거운 음식 또는 찬 음식 피함
- 단 음식, 우유제품 및 감귤류 등의 타액이 증가하는 식품 피함
- 흡인 및 폐렴위험 예방 위해 식후 30분간 곧은 자세 유지

95
- 적당량의 음식물을 십이지장으로 배출
- 주로 단백질 소화가 시작되는 장소
- 오디괄약근은 담즙과 췌장액 유입조절
- 위 운동은 십이지장 방향으로 유문괄약근 수축으로 역류

96
- 단백질 분해효소 : 위액(트립신), 췌장액(트립신, 키모트립신, 엘라스타아제)
- 탄수화물 분해효소 : 타액[프티알린(α-아밀레이스)]

97
- 과산성위염, 무산성위염 : 만성위염(위점막 염증 장기화)

98
- 소장 : 십이지장 → 공장 → 회장
  - 오디괄약근 : 췌액과 담즙의 십이지장 내로의 분비조절, 십이지장 내용물의 담도 및 췌관으로의 역류방지
  - 회맹괄약근 : 대장노폐물의 소장역류 방지
- 대장 : 맹장(충수돌기 포함), 결장(상행, 회행, 하행, S상결정), 직장(항문과 연결), 항문

99 변비
- 부적절한 식사, 운동 부족, 나쁜 배변 습관 등으로 대장 내용물의 이동이 비정상인 증상
- 종류 : 이완성변비, 경련성 변비

100 급성설사
- 2~3일간 금식 후 수분 공급 → 유동식, 연식 회복식 → 일반식
- 발효성 설사 : 난소화성 다당류 제한
- 부패성 설사 : 단백질 급원식품 제한

101
췌장액 분비는 화학적 소화

102
간경변의 부종이나 복수 증상에는 저나트륨식

103 간의 기능
탄수화물, 단백질, 지질, 비타민과 무기질 대사, 해독작용, 담즙 생성

104 소화기관
위, 소장, 대장, 직장

105
담즙산의 대부분은 회장에서 흡수

106
담즙은 지방의 유화작용을 하므로 지방을 함유한 식품은 담즙 분비 촉진

107 급성췌장염

- 담석(오디괄약근 기능 장애 유발) 및 과도한 알코올 섭취가 가장 흔한 원인(60~80% 차지), 췌장 선세포 손상으로 출혈 등 유발
- 통증이 심한 경우 2~3일간 금식, 정맥영양 시행, 통증이 가라앉으면 탄수화물 위주의 무자극 전유동식

108

- 세포 고장액 : 수축
- 세포 저장액 : 팽창

109

체내의 생리식염수 농도는 300mOsm/L

110

- 방실판 : 방과 실 사이로 심방에서 심실로 흐름. 삼첨판(우심방–우심실), 이첨판(좌심방–좌심실)
- 반월판 : 방 또는 실과 혈관 사이. 폐동맥반월판(우심실–폐동맥), 대동맥반월판(좌심실–대동맥)
- 심근 : 불수의근

111

- VLDL(Very Low Density Lipoprotein) : 간에서 합성 또는 간으로 흡수된 내인성 중성지방을 말초조직으로 운반
- LDL(Low Density Lipoprotein) : 콜레스테롤을 간 및 말초조직으로 운반(LDL의 증가는 동맥경화의 위험인자)
- HDL(High Density Lipoprotein) : 콜레스테롤 역운반(세포 사멸 또는 지단백질 대사로 생긴 콜레스테롤을 말초조직에서 간으로 운반, 세포에서 콜레스테롤을 제거하여 체외로 배설시키는 데 기여, 항동맥경화성 지단백)

112

고혈압 환자는 나트륨, 동물성 지방 제한

113 LDL(Low Density Lipoprotein)

- 콜레스테롤을 간 및 말초조직으로 운반
- LDL의 증가는 동맥경화의 위험인자

114 심장질환 유발 가능 식사

염분, 콜레스테롤, 포화지방산 과잉 섭취

115 비만의 식사요법

열량 제한에도 양질의 단백질 섭취

116

- 지방 대사 : 인슐린 결핍 시 → 지방 합성이 저하되고 지방산 분해 증가, 케톤혈증 발생
- 단백질 대사 : 혈당 조절이 잘 안 되는 경우 근육단백질 이화 항진 → 아미노산의 분해 → 요소 합성 촉진 → 소변으로의 질소 배설량 증가
- 탄수화물 대사 : 인슐린이 없거나 기능 저하 시 → 글리코겐 합성 감소 → 말초조직의 포도당 이용률 감소 → 고혈당 유발

117 신경계의 기능

자극 수용, 정보 수용, 정보평가, 반응전달

118 옥시토신

뇌하수체후엽 호르몬으로 모유분비(자궁의 운동성 촉진)

119

혈장의 칼슘농도가 높을 때 갑상선에서 칼시토닌 분비 촉진, 칼슘 방출 억제, 칼슘 재흡수 억제

120 신증후군(네프로시스) 질환의 식사요법

- 양질의 단백질 공급
- 부종 시 나트륨, 수분 제한하고 콜레스테롤과 포화지방산 조절

[2교시]

1과목 식품학·조리원리

01 분산상의 크기에 따른 분류

액체 유형	분산된 입자 크기	분산액
진용액	1nm 이하	설탕물, 소금물
교질용액 (콜로이드)	1~100nm	우유, 먹물
현탁액	100nm 이상	흙탕물, 된장국

02

영양성분의 흡수를 도와 효용성 증가

03

농도가 높을수록, 온도가 낮을수록 점성 증가

04 복사

- 열에너지를 직접 전달하는 방법(브로일링, 숯불구이, 로스팅, 토스트)으로 복사에너지는 식품표면에 흡수하여 전도에 의해 식품내부로 이동

• 표면이 검고 거친 용기 : 복사열 잘 흡수하여 조리 시간 단축
• 표면이 희고 반질반질한 용기 : 복사열 반사로 조리시간 길어짐
• 파이렉스 용기 : 복사열의 좋은 전도체, 조리온도 낮출 것

05

• 액체식품 : 투명한 유리 계량컵의 매니스커스 아랫선을 눈높이에 맞추어 계량
• 점성이 있는 액체(꿀, 기름) : 할편 계량컵 사용

06

• 식품의 일반성분 : 수분, 탄수화물, 단백질, 지방, 비타민, 무기질
• 식품의 특수성분 : 색소, 냄새, 맛, 효소, 독소 등

07

• 물 분자는 양극성을 띠는 극성분자로 공유결합이고 물 분자와 물 분자 사이에는 수소결합으로 분자량이 비슷한 메탄, 암모니아, 황화수소 등과 비교하여 융해열, 비등점, 표면장력, 열용량, 승화열 등이 높음
• 얼음과 물의 열전도도는 다른 액체보다 큼
• 0℃에서 얼음의 열전도도는 물의 4배, 열에너지 전달이 빠름

08 미생물 생육에 필요한 최저 수분활성도(Aw)

내건성 곰팡이(0.65), 곰팡이(0.80), 효모(0.88), 세균(0.90~0.94)

09 에피머

• 부제탄소(비대칭탄소)에서 구조가 다른 부분입체 이성질체
• 글루코스(포도당)와 만노스(2번째 탄소와의 에피머 관계)
• 글루코스와 갈락토오스(4번째 탄소와의 에피머 관계)

10

단당류의 탄소수에 따라 5탄당(리보오스, 데옥시리보오스, 자일로스, 아라비노스), 6탄당(포도당, 과당, 갈락토오스)

11 전분 분해효소

α-아밀레이스(액화효소, 무작위 분해), β-아밀레이스(당화효소, 말토스 단위로 분해), γ-아밀레이스(글루코아밀레이스, 포도당 단위로 분해)

12 비환원당

글리코시딕 OH기(아노메릭 OH기, anomeric OH기)가 다른 당과 결합된 상태로 유리되어 있지 않은 당, 펠링(Fehling) 시험에 반응하지 않음(적색 침전 없음) ㉠ 설탕, 트레할로스

13 전분의 호화에 영향을 미치는 요인

• 전분 종류(전분입자가 클수록 호화 빠름, 아밀로오스가 많을수록 호화 빠름, 고구마·감자의 전분입자가 쌀의 전분입자보다 커서 호화 빠름)
• 수분(수분함량이 많을수록 호화 잘 일어남)
• 온도(60℃ 전후로 온도가 높을수록 호화시간 빠름)
• pH(알칼리성에서 팽윤과 호화 촉진)
• 염류[알칼리성 염류는 전분입자 팽윤을 촉진시켜 호화온도 낮추는 팽윤제 작용 강함($NaOH$, KOH, $KCNS$ 등, $OH^- > CNS^- > Br^- > Cl^-$. 단, 황산염은 호화억제(노화촉진)]

14

저메톡실펙틴은 2가 양이온(Ca)으로 젤 형성, 당 불필요

15

• 단순지질 : 중성지질, 왁스
• 복합지질 : 인지질, 스테롤
• 유도지질 : 탄화수소류

16 동질이상현상

유지는 주로 3개의 결정형(α, β', β)이 존재하며, 밀도는 α형이 가장 낮고 β형이 가장 높다. 중성지질에서 녹는점은 $\beta > \beta' > \alpha$ 순으로 높다.

17 유지의 자동산화

(1) **초기반응단계** : 유지에서 수소가 떨어져 나가 유리라디칼(Free radical, RO•) 형성. 유리라디칼(RO•)은 공기 중의 산소와 결합하여 퍼옥시라디칼(ROO•) 생성
(2) **전파연쇄반응단계** : 과산화물(hydroperoxide, ROOH) 생성
(3) **종결반응단계**
• 중합반응 : 고분자중합체 형성
• 분해반응 : 카보닐 화합물(알데하이드, 케톤, 알코올, 산류, 산화물 등) 생성
• 과산화물가와 요오드가 감소, 이취, 점도 및 산가 증가

18 필수아미노산

트레오닌, 이소류신, 류신, 리신, 트립토판, 발린, 페닐알라닌, 메티오닌(성장기 어린이와 회복기 환자 추가 : 아르기닌, 히스티딘)

19

아미노산은 비극성 유기용매에 녹지 않음

20 단백질 구조

- 1차 구조 : 펩티드결합, 공유결합
- 2차 구조 : 수소결합, α-나선(helix)구조, β-병풍구조의 입체구조, 랜덤코일 구조
- 3차 구조 : 단백질의 기능 수행을 위한 3차원적 입체구조
- 4차 구조 : 한 분자의 구조적 기능단위 형성

21 물에 녹는 단순단백질

알부민, 히스톤, 프로타민

22

단백질 변성으로 단백질 2, 3, 4차 구조의 사슬이 풀어져 소화율 높아짐 예 날달걀이나 완숙보다 반숙 달걀의 소화율이 더 높음, 지나친 변성은 응고물의 구조가 빽빽해져서 소화율이 낮아짐

23

- 수용성 비타민 : 비타민 B군, C
- 지용성 비타민 : 비타민 A, D, E, K

24 클로로필 색소

- 클로로필 a(청록색), 클로로필 b(황록색)
- 클로로필 c, d : 해조류
- 4개의 피롤(pyrrole)핵이 메틸기에 의해 서로 결합된 포피린링(porphyrin ring)의 중심부에 Mg^{2+} 원자를 가지며, 피톨(phytol)기와 에스테르 결합하는 거대분자
- 산 : 약산(페오피틴, 녹갈색, 지용성) → 강산(페오포비드, 갈색, 수용성)
- 알칼리 : 클로로필리드(청녹색, 수용성) → 클로로필린(청녹색, 수용성)
- 효소 : 클로로필리드(청녹색, 수용성)
- 금속 : Cu-클로로필, Zn-클로로필(청녹색, 선명한 녹색), Fe-클로로필(선명한 갈색)

25 플라보노이드(유리상태 또는 배당체 형태로 존재)

- 안토잔틴 : 백색, 담황색, 화황소
  - 산에는 안정하여 백색, 산화 및 알칼리에 불안정
  - 종류 : 플라본, 플라보놀, 플라보논, 플라바놀, 이소플라본
- 안토시아닌 : 적색, 자색, 청색, 보라색, 화청소
  - 열에 불안정, pH에 불안정하여 산성(적색) → 중성(무색~자색) → 염기성(청색)
  - 금속과 반응하여 불용성 복합체 형성

26

유기산에서 해리된 음이온은 상쾌한 감칠맛, 무기산의 음이온은 쓴맛, 떫은맛을 낸다.

27

전분의 젤화 식품은 묵류이다.

28 글루텐 형성 영향 요인

- 밀가루 종류 : 강력분-단백질 함량 높아 단단하고 질겨짐, 반죽 시 많은 물과 시간 필요
- 밀가루 입자 크기가 작을수록 글루텐 형성 촉진
- 물은 부드러운 반죽 형성, 굽는 동안 구조를 형성하므로 같은 양의 물이라도 소량씩 여러 번 나누어 첨가하면 글루텐 형성 촉진
- 반죽 물의 온도 : 높으면 단백질 수화 속도 증가, 글루텐 생성 촉진
- 반죽 치대는 정도 : 잘 치대어 글루텐 형성 촉진, 기계로 지나치게 치댈 경우 글루텐 끊어져 반죽 물러짐
- 소금 : 글리아딘의 점성, 신장성 증가, 글루텐 망상구조 형성 촉진, 질기고 단단한 반죽
- 유지 : 소량 첨가(글루텐 성장 방해, 부드러운 반죽 형성, 케이크, 쿠키), 다량 첨가(글루텐 사이에 막 형성, 쇼트닝 작용, 켜 형성, 파이)
- 설탕 : 이스트 빵 반죽 시 이스트 발효 촉진, 연화작용, 부드럽고 연한 식감, 다량 첨가(글루텐 형성 방해, 반죽이 질겨짐), 달걀 단백질의 열응고 억제(단백질 연화작용)
- 달걀 : 부드럽고 매끄러운 반죽, 가열 후 단단한 질감, 글루텐 구조 형성기여, 노화지연
- 전분 : 글루텐 망상구조 형성기여, 물 흡수, 부드러운 반죽 형성, 굽는 동안 구조 형성

29 메밀

루틴(혈관 강화작용), 트립토판, 라이신 풍부

30

대두의 주요 단백질은 글리시닌, 주요 지방산은 리놀레산, 제1제한아미노산은 메티오닌이며, 헤마글루티닌은 적혈구 응집에 관여

31 된장 숙성

단맛(탄수화물 → 당분 생성), 구수한맛(단백질 → 아미노산), 알코올향(알코올발효로 알코올과 탄산가스 생성), 신맛(유기산 발효), 특유한 향과 맛(알코올과 유기산 결합), 갈색화 및 특유풍미(아미노카르보닐작용), 짠맛(소금)

32

- 육류 도살 후 신장력 및 보수력 저하, 산소공급 제한으로 글리코겐이 젖산으로 분해되어 근육 pH 저하 시작
- 근육의 pH가 6.6 이하로 저하되면 포스파타아제 작용으로 ATP 분해되고 근육은 액토미오신 상태로 수축되고 pH 5.4까지 내려가면 해당효소의 젖산 생성이 정지되는

최대사후경직시기가 되고 이 시기를 지나면 pH 다시 상승하여 단백질 분해효소가 활성화되고 근육 분해하여 맛 성분 생성

33 수산물의 부패

- 미생물 번식 증가
- K값(ATP 분해과정 생성물 중의 이노신과 히포크레산틴의 양을 ATP 분해 전 과정의 생성물 총량으로 나눈 값)이 낮을수록 선도 좋음
- 어체의 세균증식으로 TMAO(trimethylamineoxide)가 환원되어 트리메틸아민 생성 증가
- pH 증가
- 자기소화에 의해 근육의 유연성 증가

34 신선란 검사법

분류			정상	불량
외부	외관법		표면거칠, 광택 없음	표면매끈, 광택
	비중법		• 11% 식염수에 침전 • 신선란 : 1.08~1.09	11% 식염수에 부유
	진음법		흔들 때 소리 안남	약간 소리 남
내부	투시법		• 빛 투시 때 노른자와 흰자 구별 명확 • 기실(공기집) 크기 작은 것	빛 투시 때 흔혈점 보임
	할란검사	난황높이	0.45 정도	0.25 이하
		난백높이	0.16 정도	0.1 이하
		난황계수	0.442~0.361	0.3 이하
		수양난백의 부피(호우단위, Haugh unit) $= 100\log(H + 7.75 - 1.7W^{0.37})$ [H : 난백높이(mm) W : 달걀중량]		

35 유지방

- 지방구의 형태로 우유 내에 분산, 인지질과 단백질이 지방구막 형성, 포화지방산 60% 이상
- 우유 풍미 : 부티르산($C_{4:0}$, butyric acid)

36

팜유는 포화지방산 함량이 높으면서 저급지방산으로 불포화지방산 함량이 낮아 유지 산패의 유도기간이 길고 상온에서 반고체이다.

37 과일의 갈변 억제

- 효소불활성화(pH 저하, 가열, 냉장, 냉동, 염소이온 또는 아황산가스의 효소작용 저해)
- 산소 차단(물, 설탕물 또는 소금물에 담그기, 탄산가스나 질소가스로 산소 대체)
- 기질(아황산가스 처리, SH화합물 사용, 비타민 C와 주석이온 사용하여 지질 환원시킴)

38

버섯류에 함유된 에르고스테롤에서 비타민 D 생성

39 원핵세포

- 핵을 가지고 있으나 DNA를 싸고 있는 핵막이 없음
- 세포소기관 및 핵 구조가 발달되지 않은 원시적 형태로 세균, 방선균의 하등미생물에 존재

40

- 김치 발효 초기, 중기 : *Leuconostoc mesenteroides*
- 김치 발효 후기 : *Lactobacillus plantarum, L. brevis*
- 상면발효효모 : *Saccharomyces cerevisiae.* 영국, 캐나다, 독일의 북부지방 등에 주로 생산
- 하면발효효모 : *Saccharomyces carsbergensis.* 한국, 일본, 미국 등에 주로 생산
- 황국균 : *Aspergillus oryzae*
- 청국장 : *Bacillus subtilis*

2과목 급식, 위생 및 관계법규

41 단체급식(집단급식소)

비영리, 계속 특정 다수인에게 제공, 식품위생법에 따라 1회 50인 이상, 학교급식, 기숙사, 산업체, 병원 등

42 유치원 제외 인원

100명 미만은 어린이급식관리지원센터 관할

43 급식경영 운영방법

- 직영방법 : 기관자체에서 직접 급식 운영. 인원, 시설 필요, 신속 원가 통제 가능
- 위탁방법 : 급식업무 일부 또는 완전 위탁, 급식에 대한 부담 경감, 노사문제로부터 해방, 투자자본 회수 압박 가능, 급식의 질 저하 가능

44 급식경영자원 6요소(6M)

- 사람(Man) : 급식소의 노동력, 기술, 경영자
- 원료(Materials) : 식재료, 공산품
- 자본(Money) : 급식운영 예산
- 방법(Methods) : 표준화된 조리법, 품질통제관리법
- 기계(Machines) : 급식기기 설비
- 시장(Market) : 급식서비스 대상, 고객

45 급식 경영관리 계층
- 상위(최고)경영층 : 조직경영 총괄, 조직의 전략적 정책 수립 및 방향 제시(전략계획, 장기계획, 전략적 의사결정)
- 중간관리층 : 세부 업무 책임, 해당 부서의 정책 수행, 상하간 의사소통과 균형 유지(전술 계획, 중기계획, 관리적 의사결정)
- 하위관리층 : 종업원직업 관리, 일상 작업 활동 감독(운영계획, 단기계획, 업무적 의사결정)

46 계획수립 기법
- 벤치마킹 : 뛰어난 운영과정을 배우면서 자기혁신을 추구하는 경영기법
- SWOT 분석 : 내부환경 분석으로 자사의 강점과 약점 도출, 외부환경 분석으로 환경의 기회와 위험요인 파악
- 목표관리법(MBO) : 관리자와 작업자 스스로 명확한 목표 설정, 성과 객관적으로 평가하여 상응 보상
- 아웃소싱 : 핵심능력이 없는 부분을 외부의 전문업체에게 주문 또는 일임

47
- 감독한계적정화 원칙(감독범위 적정화 원칙) : 한 사람의 관리자가 직접 통제하는 하위자의 수를 적정하게 제한(광범위한 의사전달 곤란, 능률 저하)
- 삼면등가의 원칙 : 권한, 의무, 책임의 기본 원칙 형성
- 권한위임의 원칙 : 권한을 가지고 있는 상위자가 하위자에게 직무를 위임하는 경우 그 직무수행에 관한 일정 권한 부여(신속 의사결정 및 직무 신속처리, 조직원 동기부여, 관리자 부담 경감, 부하의 잠재능력 발견가능, 인재육성 가능)
- 계층단축화의 원칙 : 조직의 계층을 단순화하여 업무효율화 권한을 가진 상위자가 하위자에게 직무 위임
- 직능화의 원칙 : 구성원 직능 능력 고려

48 식단 작성
- 고객관리 : 영양요구량, 식습관과 기호도, 음식의 관능적 특성
- 급식 경영관리 : 조직의 목표와 목적, 예산, 시장조건, 시설 및 설비기기, 조리원의 숙련도, 위생급식체계 등

49
영양 섭취기준의 에너지(열량)는 필요추정량을 기준으로 함

50 식품구성 결정
6가지 식품군 활용, 식사구성안과 식품교환을 이용하여 결정

51
식단표는 급식업무의 계획표로 급식담당자가 작성하여 관리자의 승인을 받고 급식작업 후 조리작업지시서로 보존

52
영양권장량이 충족된 식품구성을 위해 적절한 식품 배합을 위한 식품구성표 이용

53 식재료 비율
- 학교, 병원, 산업체 등 단체급식 : 60~70%
- 군대급식 : 90~100%

54
- 독립구매 : 분산구매, 현장구매, 각 부서에서 필요한 물품을 독립적으로 단독구매. 구매절차 간단신속하나 소규모일 경우 구입단가 높아짐
- 중앙구매 : 집중구매, 본사구매, 규모가 큰 위탁급식업체나 대규모 체인음식점에서 필요한 물품을 본사의 구매부서에서 집중하여 구매. 일괄계획 가능 및 구매가격 저렴하나 비능률적이고 절차 복잡
- 공동구매 : 동일지역 내 급식소에서 공동으로 거래처를 설정하여 보다 유리한 가격에 구매가능. 원가 절감 효과
- 일괄위탁구매 : 소량의 물품을 다양하게 구매할 때 특정업자에게 일괄 위탁하여 구매
- JIT(Just In Time) 구매 : 특정기간의 급식생산에 필요한 식품의 양을 정확히 파악하여 필요량만을 구입하는 방법. 불필요한 재고 감소, 효율적 공간 사용, 원가 절감. 학교급식에 활용

55 물품구매명세서(구입명세서, 물품명세서, 시방서, 물품사양서)
구매하고자 하는 물품의 품질 및 특성을 기록한 양식. 발주서와 함께 공급업체에 송부하여 명세서에 적힌 품질에 맞는 물품이 공급되도록 하고 검수 때도 필요함

56 발주서(구매표, 발주전표, 주문서)
- 구매부서의 발주전표로 구매요구서에 의해 작성
- 3부 작성(공급업자, 구매부서, 회계부서)
- 급식소명과 주소, 공급업체명과 주소, 식재료명과 발주량, 납품일자, 구매자 서명 포함된 거래업체에서 공급한 물품의 명세와 대금 기록

57

발주방식	특성	적합품목
정량 발주 방식	• 계속실사방식, 발주점방식 • 재고량이 발주점에 도달하면 일정량 발주	저가품목으로 재고부담 적고 항상 수요가 있어 일정량의 재고를 보유해야하는 품목, 수요예측 어려운 것, 사장품(死藏品)이 될 우려가 적은 것

발주방식	특성	적합품목
정기 발주 방식	• 정기실사방식 • 정기적으로 일정시기마다 적정발주량(최대 재고량-현 재고량) 발주	고가여서 재고부담이 큰 것, 조달기간이 오래 걸리는 것, 수요예측이 가능한 것 등

58 납품서(송장, 거래명세서)

거래처에서 물품의 납품내역을 적어 납품 시 함께 가져오는 서식(검수확인 서식)

59 식재료 저장 원칙

품질보전의 원칙, 분류저장 체계화의 원칙, 저장품 위치 표식의 원칙, 선입선출 원칙, 공간활용 최대화 원칙, 저장물품의 안전성 확보

60

- 수요예측 : 체계적인 방법으로 과거의 정보 이용
- 정확한 수요예측 : 생산부족 또는 생산과잉에 따른 문제해결, 최소생산으로 비용 최소화, 고객만족도 및 직무만족도 증가, 정확한 운영
- 잘못된 수요예측 : 생산초과의 경우(잔식 발생으로 비용낭비, 음식품질 저하, 현금유동성 저하), 생산부족의 경우(고객 불만, 추가발주로 인한 원가상승)

61

- 대량조리 기본 : 50인분 이상의 음식을 동시에 생산할 수 있는 시설에서 조리. 대량조리기기 이용, 정해진 시간 내에 다수의 조리원 활동. 분산조리활용(배식시간에 맞추어 일정량씩 나누어 조리)
- 대량조리특징 : 작업일정에 따른 계획적인 생산통제 필요. 조리기기를 활용해 한정된 시간 내에 대량생산. 급속한 음식의 맛, 질감, 품질 및 위생 관리를 위해 제한된 조리법 사용과 조리시간·온도 통제 필요. 정확한 생산량 산출을 위해 관리자의 객관적 판단 필요

62

조리에서 배식까지의 시간단축을 위해 분산조리한다.

63

차가운 음식은 5℃ 이하로 차갑게 배식한다.

64

- 작업공정표 : 작업내용의 시간적 배열 및 기기의 작업공정 정리표
- 생산성지표 : 시스템 내 인적·물적 자원을 얼마나 최대한 활용하고 있는지를 평가하는 지표

65

- 투입 : 인력, 기술, 비용, 자본, 식재료, 기기, 설비
- 산출 : 음식, 고객만족, 종업원의 직무만족, 재정적 수익성

66

유사작업을 통합하여 조리작업의 단순화

67

가열조리 식품은 중심부가 75℃(패류는 85℃) 이상에서 1분 이상으로 가열되고 있는지 온도계로 확인하고 기록·유지

68 식중독 예방을 위한 식재료 처리

- 싱크대 사용 전 또는 식재료가 바뀔 때마다 세척 소독
- 세척 순서 : 채소류 → 육류 → 어류 → 가금류

69 식재료의 냉장고 보관방법

- 냉장고 저장용량 : 70% 이하
- 냉장온도 : 0~5℃, 냉동온도 : -18℃ 이하
- 조리된 음식은 충분히 식힌 후 덮개 덮어 냉장보관
- 냉장고 상단보관음식 : 익힌 음식, 채소와 가공식품
- 냉장고 하단보관음식 : 날 음식, 생선, 육류, 가금류

70

- 전처리구역 배치기기 : 싱크대, 작업대, 탈피기, 채소절단기, 세미기, 분쇄기, 골절기기
- 조리구역 배치기기 : 취반기, 싱크대, 이동식 작업대, 회전식 국솥

71 작업대 시설·설비

- 스테인리스로 설치
- 앞면과 모서리는 각이 지지 않게 처리
- 작업대 아랫부분에 서랍을 부착하여 소도구 보관
- 작업대 배치 : 일괄형, 평행형, 이중붙임형, L자형(좁은 공간에서 편리하게 사용), U자형(작업면을 넓게 사용, 많은 종업원이 동시에 작업가능)

72 원가관리

식재료비, 인건비 및 제반 운영경비를 파악하여 원가관리계획을 세우고 손익관리를 효율적으로 수행

73 손익계산서

회기동안의 영업실적에 대한 비교자료의 기초

74
- 장부 : 일정한 장소에 비치되어 동종의 기록이 계속적, 반복적으로 기입되는 서식. 특성(고정성, 집합성), 기능(기록, 현상표시, 대상의 통제), 종류(식품수불부, 영양출납부, 검식부, 급식일지)
- 전표 : 의사전달이 필요할 때마다 작성되어 업무흐름에 따라 이동하는 서식. 특성(이동성, 분리성), 기능(경영의사의 전달, 대상의 상징화), 종류(발주서, 납품서)

75 인적자원관리 업무 기능
- 확보 : 조직에 필요한 인적자원의 종류와 인원수 확보(조직, 인력계획, 직무분석 및 직무연구 종업원의 모집 및 배치)
- 개발 : 훈련을 통한 기술향상(교육훈련, 경력개발, 조직문화개발)
- 보상 : 직무수행 결과에 대한 적절한 대가(임금관리, 보상관리, 직무평가, 복리후생)
- 유지 : 인적자원의 유능한 노동력 유지(인사이동, 인사고과, 징계관리, 안전관리, 보건관리, 스트레스관리)

76 직무평가방법
- 서열법(직무간의 서열 결정)
- 분류법(등급에 따라 직무가치구분)
- 점수법(평가요소 점수화)
- 요소비교법(핵심직무의 평가요소를 기준으로 산정하여 기본 임금비율 결정)

77 직장 내 훈련(On the Job Training; OJT)
- 내부에서 직무와 연관된 지식과 기술을 상급자로부터 직접적으로 습득하는 방법
- 장점 : 경제적, 장소이동 불필요, 실제적 교육훈련 가능, 상사 또는 동료와의 이해 증대
- 단점 : 전문적 지식이나 기능은 직장 외 훈련과 병행해야 함, 기술훈련 어려움, 다수의 대상인 경우 수행불가

78 식품의 위해요인
- 내인성 : 식물성 자연독, 동물성 자연독, 생리작용 성분(식이성 알레르기)
- 외인성 : 생물학적 요소(식중독균, 감염병균, 기생충 등), 의도적 첨가물(불허용 첨가물), 비의도적 첨가물(잔류농약, 방사성물질, 환경오염물질, 기구·용기·포장 용출물, 항생물질 등), 가공과오(중금속 등)
- 유기성 : 식품의 제조·가공·저장 등의 과정 중 생성(벤조피렌, 아크릴아마이드 등)

79 살균·소독
- 열탕 또는 증기소독 후 살균된 용기를 충분히 건조해야 그 효과가 유지된다.
- 우유의 저온살균은 결핵균 살균 목적이다.
- 자외선 조사는 대부분 물질을 투과 못한다.
- 방사선조사 목적은 발아억제, 숙도조절, 살균, 살충 효과로 사용 가능한 방사선물질과 사용량이 규정되어있다.

80 식품 내에 존재하는 미생물

세균	• 원핵세포 • 단세포로 생육속도 빠름 • 수분활성도(Aw) : 0.90 • 유산균 : 약산성(pH 4.5 내외)에서 증식
효모	• 진핵세포 • 수분활성도(Aw) : 0.88
곰팡이	• 진핵세포, 다세포 • 실모양(균사)으로 자라는 사상균 • 수분활성도(Aw) : 0.80

81 정성검사(대장균군 유무 검사)
- 추정시험 : 액체배지 – LB배지(유당배지)
- 확정시험 : 액체배지 – BGLB배지(유당부이온배지)
  고체배지 – EMB 한천배지, Endo 한천배지
- 완전시험 : 액체배지 – LB배지(유당배지)
  고체배지 – 표준한천배지

82 세균성 식중독
- 감염형 식중독 : 살모넬라, 장염비브리오, 병원성대장균, 캄필로박터 제주니, 엔테로콜리티카, 리스테리아 모노사이토제네스
- 독소형 식중독 : 클로스트리듐 보툴리늄, 황색포도상구균, 바실러스 세레우스(구토형)
- 중간형 식중독(생체 내 독소형) : 클로스트리듐 퍼프린젠스, 바실러스 세레우스(설사형)

83 여시니아 엔테로콜리티카균(*Yersinia enterocolitica*)
(1) 균 특성
- 통성혐기성, 그람음성, 무포자, 간균, 주모성편모, 세대기간 약 40~45분
- 사람, 소, 돼지(주 보균동물 5~10%), 개, 고양이 등에서 검출
- 최적발육온도 25~30℃, 0~10℃의 저온에서도 증식 가능, 동결에 오래 생존
- 65℃에서 30분 가열처리로 쉽게 사멸

(2) 오염원 및 원인식품
- 봄, 가을 발생 가능성 큼
- 돼지고기가 주오염원, 생우유, 육류, 귤, 생선, 두부, 과일, 채소, 냉장식품 등
- 보균 동물 배설물, 도축장으로부터 오염된 하천수, 약수물, 우물물 등
- 저온세균으로 진공포장된 냉장식품에서도 증식

(3) 증상
- 잠복기 : 2일~3일
- 소장 말단부분에서 증식하여 장염 또는 패혈증 유발
- 복통, 설사(수양성, 혈변), 구토, 발열(39℃), 회장말단염, 충수염, 관절염 등
- 두통, 기침, 인후통 등 감기와 같은 증상을 보이기도 함

(4) 예방법 : 돼지의 보균율이 높아 돼지고기는 75℃에서 3분 이상 가열

84 *Listeria monocytogenes*
- 그람양성, 통성혐기성, 무포자, 간균, 주도성 편모
- 운동성 있음
- 소, 양, 돼지 등 가축과 가금류 및 사람에 리스테리아증 유발(인수공통감염병)
- 최적온도 : 30~37℃, 발육범위 : -0.4~50℃
- 냉장온도에도 발육 가능한 저온균
- pH 4.3~9.6, 성장가능 염도 : 0.5~16%(20%에도 생존 가능)
- 65℃ 이상의 가열로 사멸, 비교적 열에 약함
- 증상 : 패혈증, 유산, 사산, 수막염, 발열, 두통, 오한
- 치사율 높음(감염된 환자의 30%)
- 예방법 : 식육가공품 철저한 살균 처리, 채소류 세척, 냉동 및 냉장식품 저온관리 철저

85

기생충의 분류			
중간숙주 없음	회충, 요충, 편충, 구충(십이지장충), 동양모양선충		
중간숙주 1개	무구조충(소), 유구조충(갈고리촌충)(돼지), 선모충(돼지 등 다숙주성), 만소니열두조충(닭)		
중간숙주 2개	질병	제1 중간숙주	제2 중간숙주
	간흡충(간디스토마)	왜우렁이	붕어, 잉어
	폐흡충(폐디스토마)	다슬기	게, 가재
	광절열두조충(긴촌충)	물벼룩	연어, 송어
	아니사키스충	플랑크톤	조기, 오징어

86

유해성분	유래식품
Solanine	싹튼 감자
Tetrodotoxin	복어
Venerupin	모시조개, 굴, 바지락
Amygdalin	청매
Saxitoxin	섭조개, 홍합

87 오크라톡신(Ochratoxin)
- *Aspergillus ochraceus*
- 곰팡이가 옥수수에 기생하여 생산하는 곰팡이독
- 간장, 신장 장애

88 유기인제의 종류
파라티온(Parathion), 말라티온(malathion), 다이아지논(diazinon) 등

89
- 트리코테신(Trichothecene) : 곰팡이독
- 다핵방향족탄화수소(Polynuclear Aromatic Hydrocarbons, PAHs) : 음식을 고온으로 가열하면 지방, 탄수화물, 단백질이 탄화되어 생성(벤조피렌 등)
- 아크릴아마이드(Acrylamide) : 탄수화물 식품을 굽거나 튀길 때 생성(감자칩, 감자튀김, 비스킷 등), 발암유력물질
- 모노클로로프로판디올(Monochloropropandiol, MCPD) : 대두를 염산으로 처리하여 단백질이 아미노산으로 가수분해될 때 함께 있던 지방인 지방산과 글리세롤로 가수분해되고 글리세롤이 염산과 반응으로 생성(산분해간장 등), 현재는 공정의 변화로 생성량 최소화
- 바이오제닉아민 : 식품저장·발효과정에서 생성됨. 어류제품, 육류제품, 전통발효식품 등에 검출가능. 유리아미노산이 존재하는 미생물의 탈탄산작용으로 생성(히스타민, 티라민, 퓨트리신, 아그마틴, 에틸아민, 메틸아민 등)

90
- PCB(PolyChloroBiphenyls) : 미강유 제조 시 탈취 공정에서 가열매체로 사용한 PCB가 누출되어 기름에 혼입되어 일어난 중독사고. 색소침착, 발진, 종기 등의 증상을 나타내는 괴질
- 다이옥신(Dioxin) : 방향족 유기화합물로 가장 위험. 소각장에서 배출. 면역계 및 생식계통에 치명적인 영향으로 선천적 기형 및 발암. 매우 낮은 농도로 독성 유발
- 방사선 물질 : 생성률이 비교적 크고 반감기가 긴 방사선 물질(Sr-90과 Cs-137), 반감기가 짧으나 비교적 양이 많은 방사선 물질(I-131)이 있음

- 스티렌 : 일회용 컵라면 사용 시 고온의 물을 사용하면 스티렌 단량체 용출, 만성중독 시 무기력, 피곤함, 기억손실, 두통, 현기증, 발암성

91
- 식품 및 축산물 안전관리인증기준 : 식품위생법 고시
- 원산지표시법 : 농산물의 원산지표시에 관한 법률
- 식품의 기준 및 규격 : 식품공전
- 먹는물 수질기준 및 검사 : 먹는물 관리법 및 수도법
- 학교급식의 영양 관리기준 : 학교급식법

92 식품위생법 제2조
식품이란 의약으로 섭취하는 것을 제외하는 모든 음식물을 말한다.

93 식품위생법 제3조, 규칙 제2조, 별표1
칼, 도마를 각각 구분하여 사용하지 아니한 경우 : 1차 위반(50만 원), 2차 위반(100만 원), 3차 위반(150만 원)

94 식품위생법 제 41조, 제88조, 규칙 제52조
집단급식소를 설치·운영하려는 자는 특별자치시장·특별자치도지사·시장·군수·구청장에게 신고하여야 하며 받아야 하는 식품위생교육시간은 6시간이다. 집단급식소를 설치·운영하는 자가 받아야 하는 식품위생교육시간은 매년 3시간이다.

95 식품위생법 제96조
조리사를 두어야 하나 두지 않은 식품접객영업자 또는 집단급식소 운영자가 이를 위반 시 3년 이하의 징역 또는 3천만 원 이하의 벌금에 처하거나 이를 병과한다.

96 식품위생법 시행령 제52조
집단급식소에 근무하는 영양사 직무 : 식단작성, 검식 및 배식관리, 구매식품의 검수 및 관리, 급식시설의 위생적 관리, 집단급식소의 운영일지작성, 종업원에 대한 영양지도 및 위생교육

97 학교급식법 제14조
학교의 장은 저체중, 성장부진, 빈혈, 과체중, 비만학생 등을 대상으로 영양상담과 필요한 지도를 한다.

98 학교급식법 제23조
- 학교급식공급업자가 농수산물의 원산지 표시 거짓이나 유전자 변형농산물의 표시를 거짓으로 기재한 식재료를 사용 : 7년 이하의 징역 또는 1억 원 이하의 벌칙
- 축산물의 등급을 거짓으로 기재한 경우 : 5년 이하의 징역 또는 5천만 원 이하의 벌금
- 지리적 표시, 수산물 품질인증표시 및 농상물 표준규격품 표시를 거짓으로 적은 것을 식재료로 사용한 경우 : 3년 이하의 징역 또는 3천만 원 이하의 벌칙

99 국민건강증진법 시행령 제22조
영양조사원은 의사·영양사·간호사 전문대학 이상의 학교에서 식품학 또는 영양학의 과정을 이수한 사람으로 한다.

100 국민영양 관리법 제21조 및 시행령 별표 행정처분기준
영양사가 면허정지처분 기간 중 영양사의 업무를 하였을 때 1차 위반 시 면허취소

실전모의고사 2회

1교시

01	⑤	02	④	03	②	04	①	05	②
06	③	07	③	08	⑤	09	⑤	10	④
11	②	12	③	13	①	14	②	15	④
16	⑤	17	①	18	②	19	③	20	②
21	⑤	22	③	23	①	24	①	25	①
26	③	27	④	28	①	29	④	30	⑤
31	③	32	②	33	①	34	④	35	②
36	③	37	④	38	④	39	③	40	④
41	③	42	④	43	⑤	44	⑤	45	③
46	②	47	③	48	③	49	①	50	③
51	④	52	⑤	53	④	54	③	55	③
56	④	57	④	58	④	59	①	60	①
61	③	62	③	63	⑤	64	④	65	③
66	⑤	67	⑤	68	⑤	69	③	70	②
71	①	72	①	73	③	74	④	75	④
76	③	77	③	78	④	79	④	80	③
81	①	82	⑤	83	⑤	84	②	85	②
86	⑤	87	③	88	①	89	⑤	90	⑤
91	④	92	③	93	③	94	③	95	①
96	③	97	②	98	①	99	④	100	②
101	③	102	①	103	②	104	②	105	③
106	④	107	③	108	④	109	④	110	①
111	①	112	⑤	113	①	114	④	115	⑤
116	④	117	⑤	118	②	119	⑤	120	③

2교시

01	①	02	①	03	③	04	①	05	③
06	②	07	②	08	⑤	09	⑤	10	③
11	①	12	④	13	③	14	④	15	②
16	④	17	③	18	①	19	③	20	③
21	⑤	22	③	23	③	24	⑤	25	⑤
26	①	27	⑤	28	①	29	③	30	④
31	⑤	32	①	33	⑤	34	③	35	①
36	⑤	37	①	38	④	39	③	40	③
41	②	42	③	43	②	44	③	45	⑤
46	④	47	④	48	⑤	49	②	50	⑤
51	④	52	①	53	②	54	⑤	55	③
56	①	57	⑤	58	⑤	59	④	60	③
61	④	62	③	63	④	64	④	65	②
66	④	67	③	68	③	69	③	70	②
71	③	72	①	73	③	74	②	75	③
76	④	77	⑤	78	④	79	④	80	②
81	②	82	①	83	②	84	④	85	②
86	②	87	③	88	③	89	③	90	⑤
91	④	92	④	93	⑤	94	③	95	③
96	③	97	③	98	③	99	④	100	④

[1교시]

1과목 영양학·생화학

01 식품구성자전거(2020 한국인 영양소 섭취기준)

- 자전거 앞바퀴 : 물
- 자전거 뒷바퀴 : 6가지 식품군의 1일 열량(곡류 : 300kcal, 고기, 생선, 달걀, 콩류 : 100kcal, 채소류 : 15kcal, 우유·유제품류 : 125kcal, 유지·당류 : 45kcal)

※유지·당류 : 양적으로 가장 적게 섭취해야 하므로 자전거 바퀴에서 가장 적은 면적 차지

02

「2020 한국인 영양소 섭취기준」에 충분섭취량만 설정된 무기질은 나트륨, 칼륨, 크롬

03

- 인체 구성 원소 : 산소 > 탄소 > 수소 > 질소 > 칼슘
- 인체 구성성분 함량 : 수분(약 70%) > 단백질(약 16%) > 지방(약 14%) > 무기질(약 4~5%) > 탄수화물(소량)

04 포도당

- 빠르고 효율적으로 이용되어 영양적으로 가장 중요
- 가수분해 또는 소화과정에서 전분, 글리코겐, 설탕, 맥아당, 유당으로부터 생성
- 혈당(혈액의 포도당, 혈액에 0.1% 포도당 함유)
- 조직세포 내에서 산화되어 에너지 급원으로 이용(중추신경계는 포도당이 주된 에너지원으로 이용)
- 글리코겐과 지방의 형태로 체내에서 저장

05

- 불용성 식이섬유소 : 물과 친화력이 적어 겔 형성력 낮음. 장내 미생물에 의해서도 분해되지 않음. 셀룰로오스, 헤미셀룰로오스, 리그닌의 성분. 채소 줄기, 현미 등에 함유(배변량 및 배변속도 증가, 대장암 예방효과)
- 수용성 식이섬유소 : 물과 친화력이 커서 쉽게 겔 형성. 대장미생물에 의해 발효되어 에너지원으로 사용되므로 많이 섭취하면 가스 생성. 구아검, 펙틴의 성분. 사과, 귤, 오렌지 등의 과일과 해조류, 콩에 함유(혈청콜레스테롤 농도 저하, 혈당 상승 지연, 공복감 지연 등의 생리효과)

06 능동수송

- 운반체와 에너지 필요, 영양소 저농도(소장내부) → 고농도(상피세포)(Na^+–K^+펌프, ATP이용)
- 흡수성분 : 포도당, 갈락토오스, 중성아미노산, 염기성아미노산, 비타민 B_{12}, 칼슘, 철

07

해당과정 중 프럭토오스 6–인산 → 프럭토오스 1,6–이인산 단계는 전체 경로의 속도결정단계이다.

[핵심정리 p.16 참고]

08

1분자 포도당 완전산화과정	ATP 생성반응	생성된 ATP수	
		뇌, 골격근	간, 심장, 신장
해당과정(세포질)	2 NADH 2 ATP	3 2	5 2
2분자 피루브산 → 2×아세틸 CoA (미토콘드리아)	2 NADH (미토콘드리아)	5	5
구연산 회로×2 (2분자 피루브산으로부터 생성) (미토콘드리아)	6 NADH GTP 2 $FADH_2$	15 2 3	15 2 3
총 ATP		30	32

09 피루브산 탈수소효소 복합체

(1) 효소 3개(E_1, E_2, E_3), 조효소 5개 구성

- E_1(피루브산 탈수소효소) → 조효소 : 티아민피로인산(TPP)
- E_2(디하이드로리포일 아세틸 전이효소) → 조효소 : 리포산, 조효소 A(CoASH)
- E_3(디하이드로리포일 탈수소효소) → 조효소 : 플라빈아데닌디뉴클레오티드(FAD), 니코틴아미드아데닌디뉴클레오티드(NAD)

(2) 조효소 구성 비타민

- 티아민피로인산(TPP) : 티아민(비타민 B_1) 함유
- 플라빈아데닌디뉴클레오티드(FAD) : 리보플라빈(비타민 B_2) 함유
- 니코틴아미드아데닌디뉴클레오티드(NAD) : 니아신 함유
- 조효소 A(CoASH) : 판토텐산 함유
- 리포산 : 미토콘드리아 호흡을 돕는 지방산 함유

10

1분자 포도당 완전산화과정	ATP 생성반응	생성된 ATP수
2분자 피루브산 →2×아세틸 CoA(미토콘드리아)	2 NADH (미토콘드리아)	5

11

- $FADH_2$: 1.5 ATP
- NADH : 2.5 ATP

12 해당과정 : 3개의 비가역적 반응(조절점)
- 첫 번째 : 글루코스 → 글루코스 6-인산(헥소키나아제)
- 두 번째 : 프럭토오스 6-인산 → 프럭토오스 1,6-이인산(포스포프럭토키나아제-1[PFK-1])
- 세 번째 : 포스포에놀피루브산(PEP) → 피루브산(피루브산키나아제)

[핵심정리 p.16 참고]

13

(1) 코리 회로(젖산)
- 혐기적 조건(격렬한 운동 등)에서의 해당과정
- 근육의 젖산이 간으로 이동(혈액) → 피루브산 → 포도당

(2) 알라닌 회로(알라닌)
- 근육의 곁가지 아미노산(발린, 류신, 이소류신) 분해
- 탄소골격은 구연산 회로에 유입(아미노기는 피루브산과 결합) → 알라닌 형성 → 간으로 이동하여 다시 피루브산으로 전환 → 포도당 생성, 아미노기는 요소로 전환하여 배설

(3) 오탄당인산 경로(HMP 경로)
- 세포질에서 일어나는 포도당 분해과정, ATP를 생성하지 않음
- NADPH, 지방산과 스테로이드 합성, 적혈구에서 생긴 과산화물 제거, 오탄당(리보오스-5-인산)-뉴클레오티드와 핵산 합성

14 갈락토세미아
- 유당이 소화·흡수 후 갈락토오스를 포도당으로 전환하는 갈락타아제(갈락토오스-1-인산우리딜전이효소)가 간에서 합성되지 못하여 발생하는 유전적 질환
- 체내 갈락토오스가 축적되어 간조직 손상, 췌장의 비대, 정신지체, 신생아기에 사망 등
- 우유, 유제품 섭취 금지

15 유당불내증

유당을 분해하는 락타아제의 부족으로 소장에서 분해되지 않은 유당이 대장에서 세균에 의해 발효되어 산과 가스 생성으로 헛배부름, 복통, 설사를 일으키는 증상

16
- 식이섬유소 과잉 섭취 : 칼슘, 철 등 영양소 흡수 방해
- 식이섬유소 부족 : 이상지질혈증, 동맥경화, 대장암, 변비, 게실증, 당뇨병, 비만

17
- 단순지질 : 중성지질, 왁스류
- 복합지질 : 인지질[글리세로인지질(레시틴, 세팔린), 스핑고인지질(스핑고미엘린)], 당지질[글리세로당지질(디갈락토-디글리세라이드), 스핑고당지질(세레브로시드, 강글리오시드)]
- 유도지질 : 지방산, 고급알코올, 탄화수소

18 영양소의 운반
- 문맥순환(모세혈관) : 수용성 영양소가 소장 융모 내 모세혈관으로 들어가 문맥을 통해 간으로 이동(단당류, 아미노산, 무기질, 수용성 비타민)
- 림프순환(림프관, 유미관) : 지용성 영양소가 소장 융모 내 림프관으로 들어가 흉관을 거쳐 대정맥을 통해 혈류로 들어가 운반(중성지방, 콜레스테롤, 지용성 비타민)

19 아이코사노이드(eicosanoid) : 호르몬 유사물질
- 인지질의 2번 탄소에 위치한 탄소수가 20개인 불포화지방산(EPA, 아라키돈산)으로부터 합성되는 물질로서 작용부위와 가까운 조직에서 생성되어 짧은 기간 동안 작용하고 분해됨
- 종류 : 프로스타글란딘(PG), 트롬복산(TB), 류코트리엔(LT), 프로스타사이클린(PC)
- 불안정한 구조의 지방산 유도체로 필요 시 빠르게 합성되어 합성된 장소 가까운 곳에서 국소호르몬처럼 작용
- ω-3계 지방산인 α-리놀렌산($C_{18:3}$)으로부터 EPA($C_{20:5}$), DHA($C_{22:6}$) 합성
- ω-6계 지방산인 리놀레산($C_{18:2}$)으로부터 γ-리놀렌산($C_{18:3}$), 아라키돈산($C_{20:4}$) 합성

20
- 탄소수 10개 이상의 지방산 : 세포질에서 조효소 A(CoA)와 결합하여 아실 CoA(acyl CoA)로 활성화 → 카르니틴(운반체 역할)의 도움을 받아 미토콘드리아 내막 통과
- 탄소수 10개 이하의 지방산 : 카르니틴(운반체 역할)의 도움 없이 바로 미토콘드리아로 들어가 아실 CoA로 활성화

21 당지질
- 글리세로당지질 : 글리세롤 + 지방산 + 당질. 식물의 엽록체에 존재(디갈락토-디글리세라이드)
- 스핑고당지질 : 스핑고신 + 지방산 + 당질. 동물의 세포막에 존재(세레브로시드, 강글리오시드)

22 지단백질 주요성분

킬로미크론(식사성 중성지방), VLDL(내인성 중성지방), LDL(식사성 + 내인성콜레스테롤), HDL(단백질, 조직세포에서 사용하고 남은 콜레스테롤)

23 지방산 기능기

메틸기, 카르복실기

24

(1) 콜레스테롤

- 동물조직에서 발견
- 세포막의 구성성분(뇌, 신경조직, 세포원형질)
- 생체 내에서 합성되며 식품에서도 흡수됨
- 섭취량에 따라 체내 합성량이 조절되어 체내 콜레스테롤을 일정 수준으로 조절
- 동물성 식품에서만 함유 : 달걀노른자, 쇠기름, 오징어, 새우 등에 함유

(2) 콜레스테롤의 체내작용

- 세포의 구성성분
- 성호르몬(테스토스테론, 에스트로겐, 프로게스테론), 코르티솔, 알도스테론 등의 호르몬의 전구체
- 7-디히드로콜레스테롤은 피부에서 자외선을 받아 비타민 D 합성
- 담즙산의 전구체

25 케톤체

간의 미토콘드리아에서 아세틸 CoA로부터 생성

26 지방산 생합성

탄소 2개의 아세틸 CoA는 카르복실화효소(조효소 : 비오틴)에 의해 탄소 1개가 첨가되어 탄소 3개의 말로닐 CoA 생성

27

- 글루타티온 : 과산화물을 제거하는 항산화 기능
- 크레아틴 : 에너지 저장 역할로 근육운동 시 근육량 증가
- 카르니틴 : 지방산 대사에서 지방산이 미토콘드리아막 통과 시 필요
- 세로토닌 : 감정(흥분) 조절하며 농도가 낮아지면 우울증 유발

28 아미노산의 생리활성물질 합성

- 글루탐산 : γ-아미노브티르산(GABA)
- 글리신, 글루탐산, 시스테인 : 글루타티온
- 글리신, 아르기니니, 메티오닌 : 크레아틴
- 리신 : 카르니틴
- 메티오닌, 시스테인 : 타우린
- 아르기닌 : 일산화질소
- 세린 : 에탄올아민
- 트립토판 : 세로토닌, 니아신, 멜라토닌
- 티로신 : 도파민, 카테콜아민, 멜라닌
- 히스티딘 : 히스타민

29 금속단백질(단순단백질 + 금속물질)

- 철 함유 단백질(페리틴, 헤모글로빈, 미오글로빈)
- 구리 함유 단백질(헤모시아닌)
- 아연 함유 단백질(인슐린)
- 마그네슘 함유 단백질(클로로필)

30

- 단백질 계수 : 6.25
- 질소함량 × 6.25 = 단백질 g수

31 아미노기 전이반응에 의한 생성 아미노산

- α-케토글루타르산 → 글루탐산
- 옥살로아세트산 → 아스파르트산
- 피루브산 → 알라닌

32

아미노산의 탄소골격(α-케토산) 대사	
생성물	아미노산
포도당	알라닌, 세린, 글리신, 시스테인, 아스파르트산, 아스파라긴, 트레오닌, 글루탐산, 글루타민, 아르기닌, 히스티딘, 발린, 메티오닌, 프롤린
포도당, 케톤	이소류신, 페닐알라닌, 티로신, 트립토판
케톤	류신, 라이신

33

- 요소 : 단백질 분해대사 최종생성물
- 요산 : 핵산의 염기인 퓨린의 탈아미노반응으로 생성
- 크레아틴 : 신장에서 아르기닌. 글리신, 메티오닌에 의해 합성
- 크레아티닌 : 근육활동 분해대사 최종생성물

34

트립토판으로부터 세로토닌, 니아신, 멜라토닌 생성

35

효소 종류	금속이온
시토크롬 산화효소, 카탈라아제, 과산화효소	Fe^{2+} 또는 Fe^{3+}
시토크롬 산화효소	Cu^{2+}
탄산무수화효소, 알코올 탈수소효소	Zn^{2+}
헥소키나아제, 글루코스 6-인산 가인산분해효소, 피루브산키나아제	Mg^{2+}
아르기닌분해효소, 리보뉴클레오티드환원효소	Mn^{2+}
피루브산키나아제	K^{+}
요소분해효소	Ni^{2+}
질산환원효소	Mo
글루타티온 과산화효소	Se

36

구분	가역적 저해제			비가역적 저해제
	경쟁적 저해제	비경쟁적 저해제	불경쟁적 저해제	
저해 방식	효소	효소, 효소-기질 복합체	효소-기질 복합체	효소활성부위와 공유결합 또는 매우 안정한 비공유결합을 형성하여 촉매활성에 필요한 기능기 영구적 불활성화(공유결합 형성이 흔함)
K_m	증가	불변	감소	
V_{max}	불변	감소	감소	

37

비만인은 상대적으로 체내수분비율이 낮다.

38 수분의 체내 기능

영양소와 노폐물을 운반, 용매 가능, 체온 조절, 전해질 평형, 윤활, 신체보호, 분비물 성분

39

- 칼슘 흡수 증진 : 소장의 산성 환경, 유당, 비타민 D, 비타민 C, 체내 칼슘 요구량 증가, 식사 내 칼슘과 인의 비율 비슷(1:1), 아미노산(라이신, 아르기닌), 부갑상선호르몬(비타민 D 활성화 촉진)
- 칼슘 흡수 방해 : 소장의 알칼리성 환경, 수산, 피틴산, 지방, 식이섬유, 비타민 D 부족, 폐경, 과량의 인, 탄닌, 노령, 운동부족, 스트레스

40

헴철	비헴철
흡수율 높음 비헴철의 흡수율 촉진 동물성 식품(40%) Hb, Mb 및 시토크롬계 효소	흡수율 낮음 식물성 식품(100%) 동물성 식품(60%) 무기염류

- 비타민 C, 위산 : 식품 중의 제2철(Fe^{3+})을 제1철(Fe^{2+})로 전환
- 구연산, 젖산의 유기산 : 철과 킬레이트 형성[제1철(Fe^{2+}) 안정화]

41

과량의 아연 섭취는 메탈로티오네인에 구리와 아연이 경쟁적으로 결합하여 구리의 흡수율이 감소됨

42

- 체내 철은 혈액(적혈구 내 헤모글로빈의 헴 구성), 조직(근육의 미오글로빈, 전자전달계 효소의 시토크롬), 이동철(트랜스페린), 저장철(페리틴, 헤모시데린)로 구성
- Fe^{2+} 또는 Fe^{3+} 관여효소 : 시토크 산화효소, 카탈라아제, 과산화효소

43 인

- 골격 및 치아 형성, 비타민 효소 활성 조절, DNA·RNA 구성성분, 영양소의 흡수와 운반, 에너지 대사 관여(ATP 합성), 산-염기 조절
- 흡수 증진 : 소장의 산성 환경, 식사내 칼슘과 인의 비율 비슷(1:1), 비타민 D
- 흡수 방해 : 마그네슘, 알루미늄 과량섭취, 부갑상선호르몬

44 비타민 D_3의 활성화

피부의 7-데히드로콜레스테롤이 햇빛, 자외선에 노출 → 비타민 D_3 합성 → 간에서 25-수산화효소에 의해 25-OH-비타민 D_3로 전환 → 신장에서 1-수산화효소에 의해 활성형인 1, 25-$(OH)_2$-비타민 D_3로 전환

45

조효소	전달기능기	반응 유형	비타민
TPP	알데히드	알데히드전이, 탈카르복실화반응	티아민(VB_1)
PLP	아미노기	아미노기전이반응	피리독신(VB_6)
FMN	전자	산화-환원반응	리보플라빈 (VB_2)
FAD			
NAD	수소	산화-환원반응	나이아신(VB_3)
NADP			
CoA	아실기	아실기전이반응	판토텐산(VB_5)
5′-디옥시 아데노실 코발아민	H원자, 알킬기	분자 내 재배열	코발아민 (VB_{12})
비오시틴	CO_2	카르복실화반응	비오틴(VB_7)
THF	1-탄소기	1-탄소전이반응	엽산(VB_9)
리포산	전자, 아실기	아실기전이반응	리포산

46

트립토판 60mg으로부터 니아신 1mg이 합성될 때 리보플라빈(조효소 : FAD, FMN)과 피리독신(조효소 : PLP)을 필요로 한다.

47

- 백색지방조직 : 지방조직 거의 대부분 차지, 지방 저장. 공복 시 글루카곤 호르몬 분비로 호르몬 민감성 리파아제 활성화되며 백색지방조직의 중성지방 분해되어 지방산의 에너지원으로 이용
- 갈색지방조직 : 미토콘드리아와 혈관에 많아 갈색, ATP 생성 없이 열만 생성, 신생아 체온 유지, 과식 후 체중유지. 성인이 되면서 갈색지방세포 내 대부분의 미토콘드리아가 제거되어 열 생성 기능 상실되고 골격근으로 사용

48 생애주기

분류		특징
태아기(임신기)		건강기초 형성 시기
영아기 (수유기)	신생아기 (생후 1개월)	• 출생 후 성장속도 가장 빠름(체중 3배 성장), 식생활 변화 가장 큼 • 섭취관련 운동기술과 구강구조와 기능발달
	영아기 (12개월 미만)	
유아기 1~5세(1~2, 3~5)		• 완만한 성장 • 두뇌발달 성인 수준 • 식욕저하, 음식기호 및 편식습관 형성
아동기 6~11세(6~8, 9~11)		• 초등학생, 또래집단영향 • 활동급증, 신체적 성장발육의 특수성 뚜렷 • 식생활문제 대두(식욕부진, 편식, 과식, 비만, 빈혈 등)
청소년기 12~18세 (12~14, 15~18)		• 제2의 급성장 • 자아정체성 확립 • 여학생 체형 민감(저체중, 섭식장애, 빈혈)
성인기 19~64세 (19~29, 30~49, 50~64)		• 가장 긴 생애기간 • 중년기의 여성(폐경), 남성(갱년기), 성인병
노인기 65세 이상 (65~74, 75 이상)		• 조직의 세포수 감소 • 쇠퇴시기 • 만성질환 초점 영양 관리 중요

49 영아기

- 신생아기(생후 1개월), 영아기(12개월 미만)
- 출생 후 성장속도 가장 빠름(체중 3배 성장), 식생활 변화 가장 크고 섭취관련운동기술과 구강구조와 기능발달

50

- 자간전증 : 혈압 상승, 단백뇨, 두통, 체중 증가
- 자간증 : 자간전증 증상을 동반한 경련 또는 발작증세

51

구분	임신 전기	임신 후기
모체	동화작용 (글리코겐, 지방, 단백질 합성)	이화작용 (글리코겐, 지방, 단백질 분해)
태아	동화작용	동화작용

52 태반

- 프로게스테론 : 착상 유지 및 자궁내막의 성장 촉진, 자궁의 혈류량 조절, 유선조직 발달 자극, 배란 억제
- 에스트로겐 : 수정여건과 수정란의 이동을 돕고 유선조직의 발달을 촉진, 지질의 합성과 저장, 단백질 합성 증가, 자궁으로의 혈류 증가
- 융모성 생식선자극호르몬(hCG) : 황체를 자극하여 에스트로겐과 프로게스테론을 분비하게 하여 임신 유지
- 태반락토겐 : 유즙분비, 글리코겐 분해에 의한 혈당 증가
- 뇌하수체전엽 : 프로락틴(유즙 생성 촉진)
- 뇌하수체후엽 : 옥시토신(유즙 분비 촉진)

53 요오드 권장섭취량

임신부(+90㎍/일), 수유부(+190㎍/일)

54 초유

- 출산 후 1~3일 동안 분비되는 모유로 약간 노란색을 띤 진한 유즙
- 배변 배출 도움
- 성숙유보다 단백질 함량이 높고 탄수화물과 지방이 적음
- 면역을 담당하는 분비성 면역글로불린 A와 락토페린이 주요 단백질
- 이행유(분만 후 7~10일) 단계를 거쳐 성숙유로 바뀌게 됨

55

- 이유준비기(4~5개월) : 수유 4시간 간격으로 하고 이유식은 조금씩 공급(과즙, 채소즙, 쌀미음)
- 이유초기(5~6개월) : 오전 10시경, 공복 시 수유 전 공급(입자 고운 죽, 곱게 간 과일, 채소, 흰살 생선)
- 이유중기(7~8개월) : 오전 1회, 오후 1회, 이유식 이후에는 모유나 우유 공급(우유푸딩, 알찜, 연두부)
- 이유후기(9~10개월) : 이유식 3회, 우유 2~3컵(된죽, 진밥, 두부, 달걀, 잘게 썬 고기[연식])
- 이유완료기(10개월 이후) : 1일 3회(진밥, 국수, 감자, 고구마, 얇게 저민 생과일)

56

- 유아기 영양문제 : 철 결핍성 빈혈, 유아비만, 충치, 식품알레르기, 편식
- 청소년기 영양문제 : 결식, 불규칙한 식사, 섭식장애, 청소년 비만, 고혈압, 이상지질혈증

57 안드로겐

- 남녀 모두 부신피질에서 분비되는 호르몬, 체내 많은 기관에서 단백질 합성을 촉진하나 생식기관만 제외됨
- 남성의 근육량이 증가(남성에게 안드로겐의 양이 더 많이 분비)

58 노인기 비타민 섭취 관련 영양문제

- 비타민 A : β-카로틴은 노화와 관련된 여러 질병의 발생을 지연 ⇒ 충분히 섭취

- 비타민 D : 활성형 비타민 D는 장에서의 칼슘 흡수를 돕는데, 비타민 D의 부족과 장의 노화로 인해 칼슘 흡수 기능의 감소 유발 가능 ⇒ 골다공증의 위험 원인
- 비타민 E(항산화) : 노인의 면역력 및 인지 기능 개선, 백내장 예방
- 비타민 B_{12} : 식사량 감소, 내적 인자의 부족으로 인한 흡수율 저하 등으로 결핍되기 쉬움
- 비타민 B_6 : 결핍은 면역기능을 낮춤. 엽산, 비타민 B_{12}와 함께 호모시스테인 대사에 관여
- 비타민 C : 체조직의 형성, 체내에서의 산화환원반응, 페닐알라닌 대사와 치아건강을 위해 필요

59
운동 시 에너지 필요량이 증가되므로 티아민, 리보플라빈, 니아신의 요구량 증가

60
ATP(근육이 즉시 사용 가능한 에너지) → 크레아틴인산(크레아틴과 ATP로부터 합성) → 포도당[(산소부족, 격렬운동), (산소충분, 장시간 중강도 또는 저강도 운동)]과 글리코겐(2시간 이내로 지속되는 꽤 강력한 운동 시) → 지방산(장기간 운동) → 단백질(지방산 또는 포도당 공급 부족 시)

2과목 영양교육·식사요법·생리학

61 영양교육 방향
국민건강증진법을 기초로 하여 질병발생 전 건강증진을 도모하기 위해 영양교육사업 진행

62 영양교육의 어려운 점
대상자의 식습관 또는 기호의 차이, 경제수준 차이, 교육수준차이, 피교육자의 나이 또는 성별 차이, 영양에 관한 지식의 부족, 교육대상 계층의 다양성, 식품과 영양 결함에 의한 질병위험이 단시간 내에 판정되지 않음

63 건강신념모델의 구성요소
민감성 및 심각성의 인식, 행동변화에 대한 인지된 이익 및 인지된 장애, 행동의 계기, 자아효능감

64 개혁확산모델
- 채택과정 : 지식 → 설득 → 결정 → 실행 → 확인
- 확산조건 : 기술용이, 쉬운 결과관찰, 보상이익, 가치관 일치

65 영양교육 실시 시 필수요소
- 영양교육의 주체 – 영양사, 교육자
- 교육 내용 – 영양지식
- 교육 방법 – 다양한 매체, 교재
- 교육 객체 – 영양교육 대상
- 효과성 – 교육의 목표, 체위 향상

66 영양교육 요구진단에서 영양문제에 영향을 미치는 요인
- 동기 부여 : 식행동 변화에 꼭 필요(단, 가능요인, 강화요인 등이 수반되어야 함)
- 가능 요인 : 실제로 행동할 수 있는 능력, 기술, 자원 등으로 행동뿐만 아니라 환경(물리적, 사회적, 경제적 환경) 변화를 유도하는 요인
- 강화 요인 : 행동변화가 계속 일어나도록 행동강화, 주위 사람들(부모, 가족, 동료 등)의 영향이나 지지
- 환경적 요인 : 가정이나 학교 등 지역사회에서 식행동 변화를 유도할 수 있는 환경

67 영양교육의 과정평가
- 전반적인 요소 평가 : 영양교육 전문가에게 교육목적 및 목표의 타당성, 영양교육의 내용, 방법, 교육자료, 과정, 평가 계획 등에 대해 평가
- 영양교육 이용에 관한 평가 : 참여자, 영양교육, 캠페인, 상담 등 방법별 이용도
- 관찰을 통한 평가 : 교육과정, 의사소통 등 직접관찰
- 교육지도 및 평가도구의 예비조사

68 영양교육의 수업설계 원리
학습목표 제시, 교육대상자의 동기 유발, 학습 결손의 발견과 처치, 수준별 학습 내용 제시, 연습과 교육대상자의 참여, 학습과정의 확인과 피드백, 전이와 일반화(교육대상 자료를 간단한 것에서 복잡한 것으로, 친숙한 것에서 친숙하지 않은 순으로 제시, 단순암기보다는 이해된 학습으로, 학습한 행동을 익숙한 주변 생활에 적응·경험하도록 함)

69 영양교육 방법으로 개인면담의 단점
많은 시간과 노력 및 인원 필요

70 가정지도
- 가족 개개인의 영양문제 지도 : 생애주기별 영양 관리 및 문제해결, 질환별 식사요법 등
- 가족의 공통적인 영양문제 지도 : 식생활에 대한 가치관, 영양가치, 가족식단, 식습관 등
- 가족의 생활환경 및 생활습관 지도 : 음주, 흡연, 운동, 수면, 생활환경, 생활습관 등

71

- 강단식 토의(심포지엄) : 전문가의 강연자 4~5명이 동일 한 주제에 대해 각기 다른 관점에서 견해를 발표하고 사회자 또는 청중이 이에 대해 질문하고 강연자가 대답하는 형식. 강연자 간에 토의하지 않음
- 배심 토의(패널 토의, 배석식 토의) : 청중 앞에서 한 주제에 대해 전문가 4~6명을 배심원(패널)으로 구성하여 자유롭게 토론
- 공론식 토의 : 공청회 토의형식, 한 가지 주제에 대해 서로 다른 의견을 가진 2~3명의 강사가 의견을 진술하고 상대방의 의견을 논리적으로 반박하여 토론을 진행. 청중이 질문하면 강사가 다시 간추려 토론 진행. 의견대립으로 결론 내리기 어려움

72 연구집회(워크숍)

지도자 교육으로 적합(2~7일)

73 영양교육 매체 종류

- 인쇄매체 : 달력, 카드, 간행물, 벽신문, 팜플릿, 포스터, 리플릿, 전단
- 전시·게시매체 : 괘도, 사진, 그림판, 통계도표, 플라넬그래프(융판)
- 입체매체 : 모형, 실물, 인형, 표본, 디오라마
- 영사매체 : 영화, 실물환등기, 빔프로젝트, 슬라이드, OHP
- 전자매체 : TV, VTR, 라디오, 인터넷, 컴퓨터, 팩시밀리, 녹음자료(테이프, 레코드)

74 데일(Edger Dale)의 경험원추이론

- 모든 경험을 11단계로 분류
- 원추의 아래쪽으로 위치할수록 구체적이고 생생한 경험이 되고 많이 활용
- 원추의 위쪽에 위치할수록 추상성이 높은 경험이 되며 적게 활용
- 위에서부터 [1]상징적 경험(① 언어경험, ② 시각적 경험), [2]영상적 경험(③ 녹음기·라디오·슬라이드·그림·사진 ④ 영화 ⑤ TV ⑥ 현지답사(견학), ⑦ 전시), [3]행동적 경험(⑧ 시범, ⑨ 각색된 경험(극화된 경험), ⑩ 구성된 경험 ⑪ 직접 경험)

75 영양상담의 기본원칙

- 기밀성 유지, 긍정적인 태도, 공감대 형성, 신중한 태도, 내담자의 부정적 표시에 대한 적절한 지지와 수용, 자유로운 의사소통
- 내담자에게 지시, 충고, 명령, 훈계, 직접적인 권고 등을 가능한 한 피함

76

- 질문 : 내담자의 생각이나 감정을 보다 명확하게 탐색하도록 하는 질문의 기술
- 요약 : 내담자의 여러 생각과 감정을 매회의 상담이 끝날 무렵 하나로 묶어 정리하는 것
- 조언 : 상담관계의 출발을 안정시키고 내담자의 정보 욕구를 충족시켜주는 것으로 내담자가 소화할 수 있는 정도의 조언
- 직면 : 내담자 내면에 지닌 자신에 대한 그릇된 감정 등을 인지토록 하는 것
- 해석 : 내담자가 직접 진술하지 않은 내용을 그의 과거 경험이나 진술을 토대로 추론해서 말함

77 보건소 영양교육 내용

임신, 수유뷰, 영유아, 어린이, 노인 등 영양 취약군을 중심으로 다양한 영양교육 전개

78 영양 관리과정(NCP)

4단계(영양판정 → 영양진단 → 영양중재 → 영양모니터링 및 평가)

- 영양판정 : 영양관련 문제의 원인, 징후와 증상을 알아내기 위해 자료 수집, 확인, 해석 과정(식품·영양소와 관련된 식사력, 생화학적 자료, 의학적 검사와 처치, 신체계측, 영양관련 신체검사자료, 환자과거력)
- 영양진단 : 영양판정에서 얻은 문제와 증상을 토대로 영양문제 파악·기술과정으로 영양중재안 수립의 근거제시(섭취 영역, 임상영역, 행동-환경 영역)
- 영양중재 : 영양진단문에 명시된 병인을 제거 또는 징후·증상 감소(식품·영양소 제공, 영양교육, 영양상담, 영양관리를 위한 다분야 협의 영역으로 구분)
- 영양모니터링 및 평가 : 환자의 상태개선 및 영양중재의 목표달성 여부 평가(식품·영양소와 관련된 식사력, 생화학적 자료, 의학적 검사와 처치, 신체계측, 영양관련 검체검사 자료 영역)

79

- 신체계측방법 : 체위 및 체구성 성분을 측정하고 신체지수를 산출하여 표준치와 비교·평가함으로써 대상자의 영양상태를 쉽게 판정하는 방법
- 임상학적 방법 : 영양불량과 관련하여 나타나는 머리카락, 안색, 눈, 입, 피부 등에 나타난 신체징후를 시각적으로 평가하여 영양상태를 판정하는 방법(주관적 평가)
- 식사조사방법 : 식사내용이나 평소 식습관을 조사하여 영양섭취 실태를 분석하고 이에 따른 영양상태를 판정하거나 질병 발생 위험을 파악하는 방법

80 식사조사방법

- 24시간 회상법 : 하루동안 섭취한 식품의 종류, 양을 기억하여 조사. 간단하고 쉬우나 기억력에 의존하므로 섭취식품 빠뜨리기 쉬움
- 식사기록법 : 주중 2일과 주말 1일 포함해 3일간 섭취식품의 종류와 양을 먹을 때마다 스스로 기록. 추정량 기록법(눈대중으로 추정)과 실측량기록법(음식량 측정 기록)이 있음
- 식품섭취빈도조사법 : 자주 섭취하는 식품을 식품군별로 골고루 포함시킨 목록에 섭취빈도를 함께 제시하여 조사. 평소 식품섭취 패턴을 알아보아 장기간에 걸친 실습관과 질병과의 관계를 파악하는 역학조사에 유용
- 식습관조사법 : 비교적 장기간(1개월~1년)에 걸친 개인의 평소 식사형태나 식품섭취실태 면접을 통해 조사. 장기간의 식습관을 통해 영양문제 추정 및 질병과의 관계 파악 가능으로 영양상담이나 교육방향 설정 가능

81 식품교환표의 1교환단위당 함량

밥(70g), 고지방 육류(40g), 채소류(70g), 견과류(8g), 치즈(30g)

82

식품군		열량(kcal)	탄수화물(g)	단백질(g)	지방(g)
어육류군	저지방	50	–	8	2
	중지방	75	–	8	5
	고지방	100	–	8	8

83

- 일반우유 : 열량(125kcal), 탄수화물(10g), 단백질(6g), 지방(7g)
- 저지방우유 : 열량(80kcal), 탄수화물(10g), 단백질(6g), 지방(2g)

84

55kg ÷ (1.6m × 1.6m) = 21.48(정상)

- 저체중 : 18.5 미만
- 정상 : 18.5~22.9
- 비만 전 단계 : 23~24.9
- 비만 : 25 이상

85

식품군		교환단위수	열량(kcal)	탄수화물(g)	단백질(g)	지방(g)
우유	일반	1	125	10	6	7
	저지방	1	80	10	6	2
채소군		7	140	21	14	0
과일군		2	100	24	0	0
합계		–	445	65	26	9

86 연식(죽식)

- 부드러운 죽 형태
- 일반식 적용이 불가능한 환자에게 제공
- 5~6회/일
- 지방함량 적고 위 안에서 머무르는 시간이 짧은 식품 선택
- 소화되기 쉽고 영양소 충족하는 액체와 반고체 형태의 식사
- 쌀의 도정도가 높은 것으로 선택, 무자극연식(섬유소가 적은 식품)
- ㉪ 흰죽, 연한 닭고기, 과일주스, 식혜, 달걀찜, 반숙 계란

87

- 통풍요법 : 저퓨린식, 요산을 발생하는 퓨린체가 적은 식사, 계란, 우유, 과일식으로 제공
- 퓨린 급원식품 : 육즙, 멸치, 청어, 내장, 고등어

88 레닌검사식

고혈압 환자의 레닌 활성도 평가, 나트륨과 칼륨 함량을 제한시킴으로써 레닌이 생성되도록 자극

89 경관급식

- 비위관 : 코에서 위까지 관 삽입(흡인위험 적을 때 적용)
- 비십이지장관 : 코에서 십이지장까지 관 삽입(흡인위험 높을 때 적용)
- 비공장관 : 코에서 공장까지 관 삽입(단기간 경관급식 예상 시)
- 위장조루술, 공장조루술 : 수술로 위나 공장으로 관 삽입

90 경관급식 합병증 주의사항

체온과 동일한 온도로 충분한 영양공급하고, 소화흡수 좋고 투여하기 쉬운 액체로 충분한 수분 공급하고, 구토나 설사 주의

91

경관급식에 의한 설사가 계속되면 대두 다당류 섬유소, 사과즙의 펙틴, 분말 형태의 펙틴 사용

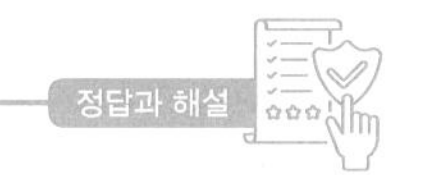

92
- 소화운동 : 섭취, 저작, 연하, 연동, 분절
- 분비 : 소화효소, 호르몬 등

93 연하
입과 인두에서 반사적으로 일어나는 움직임

94 역류성식도염(바렛식도)
- 부드럽고 소화 잘되는 음식, 저지방단백질, 저지방당질
- 알코올, 카페인, 향신료 제한, 과식 피하고 금연
- 식후에 바로 눕지 않음

95 염산
pH 1~3, 살균작용, 무기질 흡수 촉진, 펩시노겐의 활성화

96
- 아세틸콜린 : 위액 분비 촉진(부교감신경 전달물질)
- 가스트린 : 유문부의 G세포에서 분비(위산 분비 촉진호르몬)
- 카페인, Ca^{2+} : 위산 분비 촉진
- 카테콜아민 : 위액 분비 억제(교감신경 전달물질)

97 덤핑증후군
- 고단백식, 중정도 지방, 저당질식으로 적은 양의 식사를 자주 제공
- 빈혈 발생 시 철 함량 높은 음식 섭취

98 대장
맹장(충수돌기 포함), 결장(상행, 회행, 하행, S상결장), 직장(항문과 연결), 항문

99 변비
- 이완성 변비 : 부적절한 식사, 운동 부족, 나쁜 배변 습관 등으로 대장 내용물의 이동이 비정상(고섬유식, 충분한 수분, 잡곡류, 탄닌 제거된 채소류, 우유, 유제품 섭취)
- 경련성 변비 : 장의 불규칙적 수축으로 신경말단이 지나치게 수축으로 발생(저잔사식, 저섬유식, 연질무자극식 섭취)

100
- 염증성 장질환 : 크론병(비정상적 면역반응으로 위장관 염증), 궤양성 대장염(결장의 점막 염증)
- 식사요법 : 2~3일간 금식 후 수분 공급 → 유동식, 연식 회복식 → 일반식. 부드러운 음식으로 무자극식, 저잔사식, 지방제한(유화지방, 중쇄지방), 고에너지, 고단백식

101 간의 소화작용
- 엽산 → 활성형 엽산
- 비타민 K → 프로트롬빈
- 지방산 산화
- 암모니아 → 요소

102
- 급성간염 : 고열량, 고단백질, 고탄수화물, 중등지방, 고비타민, 저섬유질, 저염식
- 만성간염 : 간기능이 정상화될 때까지 장기간 동안 고열량, 고단백질, 고비타민 식사를 유지
- 알코올성 간경변 : 1.5~2g/kg의 고단백질 식사
- 간경변증 : 1g/kg의 중단백질 식사
- 간성 뇌병변증 : 혈중 암모니아 상승을 막기 위해 단백질을 1일 40g 이하로 제한
- 황달 시 : 지방 섭취량 제한, 적당량의 필수지방산 공급

103
- 혈당 저하 : 인슐린
- 혈당 상승 : 가스트린, 글루카곤, 성장호르몬, 알도스테론

104
오디괄약근은 십이지장에 위치한다.

105
인슐린은 혈당을 저하시킨다.

106
- 간에서 생성된 담즙을 담낭에 저장, 필요한 경우 담관을 통해 십이지장으로 배출
- 담낭염, 담석증 : 저지방, 양질의 단백질 함유 식품 선택(흰살 생선, 두부, 달걀 흰자 등)

107
췌장염은 소화효소 분비 이상에 의한 것으로 췌장의 자극을 최소화하도록 탄수화물을 공급하고 지방 섭취는 제한하며 단백질은 초기에 제한하다가 회복 시 점차 증가

108 체액
세포 내 화학반응의 용매로 작용

109 연수
혈관운동 조절 중추

110 혈압 높이는 요인
교감신경 흥분, 에피네프린 증가, 혈중나트륨 증가에 의한 혈장부피 증가, 혈관수축, 혈액점성 증가, 레닌은 안지오테신 전환효소의 활성을 높여 동맥을 수축시키고, 알도스테론 분비를 촉진하여 신세뇨관에서 나트륨 재흡수를 촉진하여 혈압상승

111
고혈압 심혈관질환은 다당질 위주의 식사요법 진행

112
카페인은 단기적 혈압 상승으로 카페인 150mg이 혈압을 5～15mmHg 상승시킴

113
식이섬유는 혈중 콜레스테롤 낮춰줌

114 나트륨 제한
심혈관계질환(고혈압, 이상지질혈증, 동맥경화, 관상동맥 심장질환, 울혈성 심부전, 뇌졸중)

115 비만의 체중 감량 효과
기초대사량 증가, 음의 에너지 평형, 인슐린 저항성 감소, HDL 콜레스테롤 증가, 근육량 증가

116 당뇨병 환자
- 단백질 섭취(총 열량의 20% 정도 권장), 탄수화물 100g 미만은 문제(케톤산증) → 권장량의 범위 내에서 섭취
- 식이섬유의 적정량 섭취(혈당·혈중 지방 저하)
- 포화지방산(7% 이내), 트랜스지방산 섭취 제한
- 불포화지방산 적정량 섭취 권장

117 항상성 조절계
변화와 반대 방향 반응

118 프로락틴
뇌하수체전엽호르몬으로 분만 후 유즙 분비 촉진

119 혈액응고
비타민 K

120
암세포에서는 기초대사량 증가

[2교시]

1과목 식품학·조리원리

01 교질용액(콜로이드용액)
- 입자(1～100nm)가 진용액(1nm 이하)보다 크고 현탁액(100nm 이상)보다 작은 입자로 용해되거나 침전되지 않고 분산되어 퍼져있는 상태
- 분산상의 농도, 온도, pH, 전해질 함량에 따라 졸(sol)과 젤(gel) 형성

02
- 습식조리법 : 삶기, 끓이기, 데치기, 찌기, 졸이기, 포우칭(약한 불에 서서히 익히기)
- 건식조리법 : 굽기, 브로일링(직화구이), 튀기기, 볶기, 로스팅
- 습식과 건식의 복합조리법 : 브레이징(찜)

03
썰기는 조리조작과 식품 부패 방지 관련성이 적음

04
- 고체식품 : 부피보다 무게를 측정
- 점성이 있는 액체(꿀, 기름) : 할편 계량컵 사용
- 버터, 마가린 : 실온에서 부드럽게 한 후 계량컵에 꾹꾹 눌러 담고 컵 위를 깎아 계량
- 밀가루 : 체로 친 다음 계량컵에 가득 담고 컵 위를 수평으로 깎아 계량
- 베이킹소다, 식소다, 소금, 향료 : 덩어리지지 않게 저은 후 수북하게 채워 수평으로 깎아 계량
- 견과류, 과일, 다진 채소, 건포도, 치즈 간 것 등 : 계량컵에 누르지 말고 가볍게 담아 계량

05
- 열전달 속도 : 복사 > 대류 > 전도
- 열전달 속도 빠르면 빨리 가열되나 보온성은 좋지 못함
- 대류 : 가열로 아랫부분 부피 팽창하여 밀도 낮아지면 가벼워져 위로 이동

06
식품구성자전거의 뒷바퀴는 6가지 식품군(① 곡류, ② 고기·생선·달걀·콩류, ③ 채소류, ④ 과일류, ⑤ 우유·유제품, ⑥ 유지·당류)으로 식품군별 적절한 섭취 비율 구분

07 자유수
- 용매로 작용

- 0℃ 이하(대기압)에서 어는 물, 100℃ 이상(대기압) 가열 또는 건조로 쉽게 제거되는 물
- 미생물의 생육, 증식에 이용
- 끓는점, 녹는점이 매우 높음
- 비열, 표면장력, 점성이 큼
- 화학반응에 이용

08

식품 중 수분에 가용성 물질이 많이 녹아 있을수록 수분활성도는 낮아짐

09

이성질체수 = 2^n (n = 부제탄소수)
포도당의 부제탄소수 : 4 → 2^4 = 16

10

- 단당류(6탄당) : 포도당, 과당, 갈락토오스
- 이당류 : 맥아당, 설탕, 유당, 트레할로스
- 삼당류 : 라피노스
- 사당류 : 스타키오스
- 단순다당류 : 전분, 셀룰로오스, 글리코겐, 이눌린
- 복합다당류 : 펙틴, 헤미셀룰로오스

11 상대적 감미도

과당(150), 전화당(130), 설탕(100), 포도당(70), 맥아당(50), 만니톨(45), 갈락토오스(30), 젖당(20)
※합성감미료 : 사카린(55000), 둘신(25000)

12 전화당

- 설탕을 전화효소(인버타아제, invertase) 및 산에 의해 분해된 포도당과 과당의 동량 혼합물(1:1)
- 좌선성, 벌꿀에 함유
- 감미도(130), 순수한 설탕보다 전화당의 용해도가 크다.

13

겔화는 전분의 노화(β화)와 관련

14

저급지방산이나 불포화지방산이 많을수록 융점이 낮다.

15

- 인지질 : 글리세롤 또는 스핑고신에 지방산과 인산 결합(뇌, 신경조직, 간, 난황, 대두 등에 함유)
  - 종류 : 글리세롤인지질(레시틴, 세팔린), 스핑고인지질(스핑고미엘린)
- 당지질 : 글리세롤 또는 스핑고신에 지방산과 당질 결합
  - 종류 : 글리세롤당지질(디갈락토-디글리세라이드), 스핑고당지질(세레브로시드, 강글리오시드)

16

- HLB(Hydrophilie-Lipophile Balance) : 친수성·친유성의 상대적 세기
- HLB값 8~18 유화제 : 수중유적형(O/W) – 우유, 아이스크림, 마요네즈
- HLB값 3.5~6 유화제 : 유중수적형(W/O) – 버터, 마가린

17 유지 산패에 영향을 미치는 인자

- 빛, 특히 자외선에 의해 유지 산패 촉진
- 온도 높을수록 반응속도 빨라져 유지 산패 촉진
- lipoxigenase는 이중결합을 가진 불포화지방산에 반응하여 hydroperoxide가 생성되어 산화 촉진
- 불포화지방산의 이중결합이 많을수록 산패 촉진
- 코발트, 구리, 철, 니켈, 주석, 망간 등의 금속 또는 금속이 온은 자동산화 촉진
- 수분은 금속의 촉매작용으로 자동산화 촉진
- 산소 농도가 낮을 때 산화속도는 산소 농도에 비례함(산소 충분 시 산화속도는 산소 농도와 무관)
- 헤모글로빈, 미오글로빈, 사이토크롬 C 등의 헴화합물과 클로로필 등의 감광물질들은 산화 촉진

※수소 첨가는 유지 산패 억제

18

친수성(극성) 중성아미노산	세린, 트레오닌, 티로신(방향족), 아스파라긴, 글루타민
비극성(소수성)R기 아미노산	글리신, 알라닌, 발린, 루신, 이소루신, 페닐알라닌(방향족), 트립토판(방향족), 메티오닌(함황), 시스테인(함황) 프롤린

19

- 등전점에서 최소 : 수화, 점도, 삼투압, 팽윤, 용해도
- 등전점에서 최대 : 흡착성, 기포력, 탁도, 침전

20 단백질의 구조형태에 따른 분류

- 섬유상 단백질 : 콜라겐, 엘라스틴, 켈라틴
- 구상 단백질 : 알부민, 글로불린, 헤모글로빈, 인슐린, 효소단백질 등

21 단순단백질

글로불린 → 글리시닌(대두 단백질)

22 단백질 변성

단백질의 물리적·화학적 작용에 의해 공유결합은 깨지지 않고 수소결합, 이온결합, SH 결합 등이 깨지면서 폴리펩타이드 사슬이 풀어져 2차, 3차 구조가 변하고 분자구조가 변형된 비가역적 반응

23 항산화제 기능
비타민 A, 비타민 C, 비타민 E, 셀레늄

24
버섯류에 함유된 에르고스테롤에서 비타민 D 생성

25 알칼리성 식품
알칼리 생성원소가 많은 식품 ⓔ 해조류, 과일류, 채소류, 서류

26
- 클로로필 a(청록색), 클로로필 b(황록색)
- 클로로필 c, d : 해조류
- 4개의 피롤(pyrrole)핵이 메틸기에 의해 서로 결합된 포피린링(porphyrin ring)의 중심부에 Mg^{2+} 원자를 가지며, 피톨(phytol)기와 에스테르 결합하는 거대분자
- 산 : 약산(페오피틴, 녹갈색, 지용성) → 강산(페오포비드, 갈색, 수용성)
- 알칼리 : 클로로필리드(청녹색, 수용성) → 클로로필린(청녹색, 수용성)
- 효소 : 클로로필리드(청녹색, 수용성)
- 금속 : Cu-클로로필, Zn-클로로필(청녹색, 선명한 녹색), Fe-클로로필(선명한 갈색)

27
(1) **카로티노이드** : 카로틴류, 잔토필류

(2) **카로틴류**
- 오렌지색, 황색, 등황색 색소
- 비타민 A의 전구체로 작용
- 8개의 이소프렌단위가 결합하여 형성된 테트라테르펜 구조
- 트랜스형, 공액이중결합이 주요 발색단
- 이중결합 많을수록 적색 나타남
- 산소, 빛, 산화효소에 의한 산화에 불안정
- 프로비타민 A[(β-이오논핵을 가진 카로티노이드(α, β,γ -carotene) 색소)

(3) **카로틴류 종류**
- α-carotene → 1분자의 비타민 A 전환
- β-carotene → 2분자의 비타민 A 전환
- γ-carotene → 1분자의 비타민 A 전환
- lycopens → 비타민 A 전환 안 됨

28
(1) **효소에 의한 갈변** : 폴리페놀옥시레이스(사과껍질 제거), 타이로시네이스(감자 절단으로 갈변)

(2) **비효소적 갈변**
- 마이야르반응 : 환원당과 아미노기를 갖는 화합물 사이에서 일어나는 반응(고추장)
- 아스코르브산 산화반응 : 식품 중의 아스코르브산은 비가역적으로 산화되어 항산화제로서의 기능을 상실하고 그 자체가 갈색화 반응 수반
- 캐러멜 반응 : 당류의 가수분해물 또는 가열산화물에 의한 갈변 반응

29
- 우유(락톤류, 지방산, 카보닐화합물)
- 해조류(디메틸설파이드)
- 정유(테르펜류)
- 버터(디아세틸, 아세토인)

30
- 당화식품 : 물엿, 식혜, 조청, 고추장
- 겔화식품 : 묵류
- 호화식품 : 밥, 죽, 떡
- 호정화식품 : 루, 토스트, 미숫가루, 팽화식품

31 팽창제 종류
(1) **물리적 팽창제**
- 공기 : 밀가루 체 치는 과정, 크리밍 과정(지방과 설탕 섞는 과정)으로 공기 부여하여 팽창
- 수증기 : 반죽의 수분에서 생기는 증기로 팽창(증편, 팝오버)
- 탄산가스 : 기체가 가열하면 팽창

(2) **생물학적 팽창제** : 효모(*Saccharomyces cerevisiae*) 이용 → 발효빵(식빵, 난)

(3) **화학적 팽창제** : 밀가루에 탄산가스 생성가능 물질(중탄산소다, 중탄산암모늄, 베이킹파우더 등) 첨가

32
- 고구마 : 단백질(이포메인), 흑반병의 쓴맛 성분(이포메아메론), 점액성분(알라핀)
- 토란 : 점성물질(갈락탄), 아린맛(호모겐티스산)
- 곤약 : 수용성 식이섬유소(글루코만난)
- 돼지감자 : 과당으로 구성된 단순다당류(이눌린)

33 대두 가열
- 트립신 저해물질(trypsin inhibitor) : 생두에 있는 소화저해물질
- 헤마글루티닌(hemagglutinin) : 적혈구 응집작용
- 가열 효과 : 트립신 저해물질, 헤마글루티닌 등 불활성화로 단백질의 소화성 증가. 단백질 분해효소 작용 용이

34 외국의 대두 발효식품
- 미소(miso) : 일본식 된장
- 나토(natto) : 일본식 청국장

- 수푸(sufu) : 콩치즈 또는 중국치즈 [토푸(tofu, 중국두부)]
- 템페(tempeh) : 인도네시아나 말레이시아의 발효두부
- 이들리(idli) : 인도에서 쌀과 검은 콩을 발효시켜 증기로 찐 것. 팬케이크 모양으로 버터, 꿀, 잼 등에 발라먹음

35 육류의 숙성
- 근육 내의 단백질 분해효소에 의하여 단백질이 분해되어 연해지고 풍미가 좋아지는 현상
- 단백질의 자가소화로 유리아미노산 증가, 핵산 분해물질 [이노신산(IMP)] 생성, 콜라겐의 팽윤(젤라틴화)
- 육색의 변화 : 미오글로빈(적자색) → 옥시미오글로빈(선홍색)
- 보수성 증가(단백질의 분해로 육추출물량 증가), 감칠맛 생성

36 연제품 원료
미오신 함량 높은 흰살 생선, 탄력 높은 어종, 선도 양호한 것(명태, 보구치, 참조기, 메퉁이 등)

37
(1) **난백 단백질**
- 오브알부민(54~57%) : 난백의 주요 단백질, 열에 응고, 만노오스, 글루코사민을 소량 함유한 당단백질
- 콘알부민(12~13%) : 열에 응고, 금속이온과 결합 시 결정화 및 변색
- 오브뮤코이드(11%) : 당단백질, 트립신 억제제(트립신 작용 저해제 → 70℃ 1시간 가열 시 파괴)
- 오보글로불린(8~9%) : 거품 형성에 관여하는 글로불린(G_1, G_2, G_3) ※라이소자임(lysozyme, G_1, 용균작용)
- 오보뮤신(2~4%) : 거품 안정화, 내열성 강함, 냉동 시 활성소실
- 아비딘(0.5% 내외) : 비오틴 불활성화(항비오틴 인자)

(2) **난황** : 리포비텔린(지단백질), 레시틴(인지질, 유화성)

(3) **난황의 녹변** : 달걀 가열 → 난백에서 생성된 황화수소 + 난황의 철분 → 황화제1철(FeS) 형성 → 냉수침수 시 황화제1철(FeS) 감소

38 우유의 균질화
- 우유에 물리적 충격을 가하여 지방수 크기를 작게 분쇄하는 작업
- 목적 : 지방구의 미세화, 커드연화, 지방분리방지, 크림생성방지, 조직균일, 우유 점도 상승, 소화용이, 지방산화방지

39 쇼트닝
- 식물성유에 수소를 첨가하여 100% 지방으로 만든 라드 대용품
- 지방의 액체와 고체 비율을 적절히 배합
- 물성 좋은 쇼트닝 제조 : 질소나 공기를 10~15% 삽입하여 제조
- 무색, 무미, 무취이며 쇼트닝 작용과 크림성 우수(제과, 제빵 이용)

40

분류	함유 색소	함유 식품
녹조류	• 클로로필 풍부 • 소량의 카로티노이드(카로틴, 잔토필) 함유	파래, 청각, 청태, 클로렐라
갈조류	• 황갈색의 푸코잔틴 다량 함유 • 소량의 클로로필, β-카로틴 함유 • 알긴산 추출	미역, 다시마, 톳, 모자반
홍조류	• 홍색의 피코에리트린 풍부 • 소량의 카로티노이드 함유 • 한천, 카라기난 추출	김, 우뭇가사리

2과목 급식, 위생 및 관계법규

41
- 학교급식 : 학생들의 건강유지 및 올바른 식습관 형성
- 병원급식 : 환자 회복 촉진
- 산업체 급식 : 효율적인 생산성 향상
- 아동복지시설 : 신체적·정신적 발달과정 아동 건전 육성
- 노인복지시설 : 가정적인 분위기의 식사 제공

42
1회 100인 이상 산업체 급식 영양사 의무고용

43 급식체계 시스템
- 전통식 : 가장 오래된 형태(대부분 운영방식). 생산·분배·서비스 같은 장소. 적온급식 가능. 인력관리 필요
- 중앙공급식(공동조리식) : 조리 후 운반급식. 생산·소비 장소가 분리. 식재료비 및 인건비 절감. 운반문제(비용, 위생, 운반시간)
- 조리저장식(예비저장식) : 조리 후 냉장·냉동 저장 후 급식. 생산·소비 시간적 분리. 초기투자비용, 표준 레시피 개발 필수
- 조합식(편이식) : 완전 조리된 음식을 구매로 저장, 가열, 배식 정도의 기능만 필요. 관리비·인건비 등 절감. 메뉴제공한계, 저장 공간 확보 필요

44 급식 경영관리 순환체계

- 계획 : 영양계획, 식단 작성, 구매계획, 예산작성, 인력계획, 교육 및 훈련계획, 이벤트 계획
- 실시 : 구매, 검수, 저장, 조리, 배식, 종사원 교육 실시, 이벤트
- 평가 : 급식원가 분석, 식단평가, 검식, 위생 점검, 급식 수 관리, 검수일지, 재고조사, 급식관리만족도 조사, 대차대조표

45

- 민츠버그의 경영자 역할 : 대인관계 역할, 정보전달 역할, 의사결정 역할
- 카츠의 경영관리 능력 : 기술적 능력(하위계층으로 갈수록 중요), 인력관리 능력(모든 계층에서 중요), 개념적 능력(상위계층으로 갈수록 중요), 관리계층에 따른 관리능력

46 의사결정 유형

- 계층과 범위에 따라 : 전략적 의사결정(상위경영층), 관리적 의사결정(중간관리층), 업무적 의사결정(하급관리층)
- 의사결정 내용에 따라 : 정형적 의사결정(일정절차나 규칙 정해짐. 하급관리층으로 갈수록 많아짐), 비정형적 의사결정(직관과 판단에 의존. 상위경영층으로 갈수록 많아짐)

47

(1) **경영조직유형** : 공식적과 비공식적 조직, 집권적 조직과 분권적 조직, 라인 조직과 스태프 조직으로 구분

- 공식적 조직 : 권위에 의하여 직무의 권한이 나누어진 인위적인 조직, 조직의 목표달성위해 상호 유기적 협력
- 비공식적 조직 : 혈연·지연 등 자연적 발행 조직, 공식적 조직보다 큰 영향력 발휘하기도 함
- 집권적 조직 : 결정 권한이 상위관리자에게 집중, 각 부문의 정책·계획 관리가 통일적
- 분권적 조직 : 결정권한 분산, 하위관리자 창의성 발휘가능, 책임감 높음
- 라인 조직 : 상위관리자와 하위관리자가 명령일원화, 수직조직
- 라인과 스태프 조직 : 라인을 지원하는 스태프를 결합, 조직 커짐에 따라 스태프 결합으로 조직 강화

(2) **조직구조의 종류**

- 전통적 구조 : 기능별 부문화, 제품별 부문화, 프로세스별 부문화, 고객별 부문화, 지역별 부문화
- 현대적 구조 : 매트릭스 구조(기능별 부문화와 제품별 부문화 결합), 팀 구조(팀이 의사결정, 책임 감당)

48

식단 작성에서 열량은 구성원의 연령, 성별, 생활(노동)강도, 건강상태 등에 따라 영양 섭취기준 산출

49 에너지 적정비율

- 에너지 : 100% 에너지 필요추정량
- 단백질 : 총 에너지의 약 7~20%
- 탄수화물 : 총 에너지의 약 55~65%
- 지방 : 1~2세(총 에너지의 20~35%), 3세 이상(총 에너지의 15~30%)
- 비타민, 무기질 : 100% 권장섭취량 또는 충분섭취량, 상한섭취량 미만
- 식이섬유소 : 100% 충분섭취량

50 식사구성안

식품군별로 곡류, 고기·생선·달걀·콩류, 채소류, 과일류, 우유·유제품, 유지·당류의 6가지 식품군으로 구분하여 각 식품군에 속하는 대표식품의 1인 1회 분량과 섭취횟수를 제시

51

1일 영양 섭취기준은 1/3이다.

52 메뉴(식단) 작성 순서

급여 영양량 결정 → 3식의 영양량 배분 → 주식과 부식 결정 → 식품구성 결정 → 미량 영양소 보급 → 조리와 배합순

53

- 고정메뉴(동일메뉴) : 동일메뉴 지속적 제공, 외식업소에서 주로 사용, 생산통제나 조절, 재고관리 용이, 노동력 감소, 교육훈련 수월
- 순환메뉴(주기메뉴) : 일정 주기의 반복 형태, 병원급식에 자주 사용, 식단작성자는 시간적 여유를 가지며 조리사는 계획적이고 능률적인 작업 가능, 조리과정을 표준화하여 작업의 고른 분배 가능, 물품 구입 절차 간소화
- 변동메뉴 : 식단 작성 때마다 새로운 메뉴 작성, 학교급식 등 단체급식에서 가장 많이 사용, 메뉴의 단조로움을 줄일 수 있고 식자재 수급 상황 대처 용이, 식자재 관리나 작업통제 어려움

54

- 구매시장 조사를 통해 시장가격, 식재료 수급 상황 파악하여 원가계산을 위한 구매 예정 가격 결정과 구매 방법 개선을 통한 비용절감 가능, 구입품목의 품질 및 규격, 가격, 구매시기, 공급업체, 거래조건 조사
- 구매담당자는 식품의 특성 및 선택요령, 관련법규, 유통환경에 대해 알아야 함

55 구매청구서(구매요청서, 요구서)

2부 작성(원본은 구매부서에 보내고, 사본은 구매를 요구한 부서에서 보관)

56 납품서(송장, 거래명세서)

- 거래처에서 물품의 납품내역을 적어 납품 시 함께 가져오는 서식
- 물품명, 수량, 단가, 공급가액, 총액, 공급업자명 등이 기재된 서식
- 검수가 끝나면 납품서에 검수 확인 서명이나 도장을 찍어 회계부서에 제출하여 대금지출을 위한 서식으로 사용

57

발주량 = 1인 분량 × (100/가식부율) × 예정식수
= 1인 분량 × 출고계수 × 예정식수

58 식재료 검수 시 필요 서식

- 구매명세서(구입명세서, 물품명세서, 시방서, 물품사양서)
- 발주서(구매표, 발주전표, 주문서)
- 납품서(송장, 거래명세서)

59

- 실제구매기법 : 마감 재고 조사 시에 남아 있는 물품들을 실제로 그 물품을 구입했던 단가로 계산, 주로 소규모 급식소에서 많이 사용
- 총 평균법 : 특정기간 동안 구입된 물품의 총액을 전체 구입수량으로 나누어 평균단가를 계산한 후 이 단가를 이용하여 남아 있는 재고량의 가치 산출. 물품이 대량으로 입·출고될 때 이용
- 선입선출법 : 가장 먼저 들어온 품목을 먼저 사용, 마감재고액은 가장 최근에 구입한 식품의 단가 반영, 재고회전원리, 시간의 변동에 따라 물가가 인상되는 상황에서 재고가를 높게 책정하고 싶을 때 사용
- 후입선출법 : 최근에 구입한 식품부터 사용, 가장 오래된 물품이 재고로 남아있게 됨. 인플레이션이나 물가상승 시에 소득세를 줄이기 위해 재무제표상의 이익을 최소화하고자 할 때 사용
- 최종구매기법 : 가장 최근의 단가를 이용, 간단하고 빠른 방법으로 급식소에서 가장 많이 사용

60 수요예측방법

(1) 객관적 예측법

- 시계열분석법(정량적 접근방법, 양적 접근방법) : 시간경과에 따라 숫자변화로 추세나 경향 분석, 과거의 매출이나 수량자료로 미래수요예측
  - 이동평균법 : 가장 최근의 기록만으로 평균계산. 3개월 간의 단순이동평균법(최근 3개월 수요의 평균값 사용)
  - 지수평활법 : 가장 최근의 기록에 가중치를 두어 계산(지수평활계수 $0 \leq \alpha \leq 1$). 수요안정(α값 : 0에 가까움), 수요변동(α값 : 1에 가까움)
- 인과형 예측법(원인과 결과로 예측) : 식수 및 영향요인들 간의 인과모델 개발하여 수요예측(예 회귀분석). 식수에 영향을 주는 요인(요일, 메뉴선호도, 특별행사, 날씨, 계절, 주변식당이용율, 식당좌석회전율)

(2) 주관적 예측법(정성적 예측방법, 질적 접근방법) : 최고경영자나 외부 전문가의 의견이나 주관적 자료로 기술 예측이나 신제품 출시에 활용(시장조사법, 델파이기법, 최고경영자기법, 외부의견조사법)

61 직접계측표

식수에 따른 중량 및 부피를 미리 표로 작성했다가 찾아서 사용한다.

62

- 셀프서비스(카페테리아, 뷔페, 자판기 서비스) : 원하는 음식을 고객이 직접 선택하여 식탁으로 가져와 먹는 형식. 산업체, 사무실급식, 대학교급식에 이용. 인건비 최소화, 단시간에 많은 사람 식사제공 가능
  - 단점 : 품목별 수요예측 부정확, 자율배식 경우 배식 시간 길어지거나 잔반량 증가 가능
- 트레이서비스(환자식, 기내식, 호텔룸서비스) : 중앙조리실에서 조리하여 1인분씩 배분한 식사를 고객이 있는 장소로 가져다 줌. 보온 보냉이 잘 이루어져야 하고 대면배식은 1인분량 통제 가능, 신속제공 가능하나 인건비 증가
- 테이블서비스(산업체 급식의 중역식당, 교직원 식당 등) : 직원이 주문받고 고객테이블까지 음식 가져다 줌
- 카운터서비스(간이식당, 커피숍, 스낵바 등) : 종업원이 주문부터 상차림 업무까지 담당

63

(1) 대비효과

- 강한 설탕액 + 약한 식염액 : 단맛 강해짐
- 강한 MSG + 약한 식염액 : 감칠맛 강해짐

(2) 상승효과

- 강한 식염액 + 약한 설탕액 : 복합맛 강해짐
- 강한 설탕액 + 약한 알코올액 : 단맛 강해짐

(3) 억제효과

- 강한 식염액 + 약한 산액 : 짠맛 강해짐
- 강한 산액 + 약한 설탕액 : 신맛 약해짐
- 강한 쓴맛액 + 약한 설탕액 : 쓴맛 약해짐

64 작업방법 연구

작업 중에 포함되어 있는 불필요한 작업요소를 제거하기 위하여 상세히 분석하고 필요한 작업요소로만 이루어진 가장 빠르고도 효과적인 방법을 발견하는 기법(공정분석, 작업분석, 동작분석)을 통해 작업조건의 개선 및 표준화, 표준시간 설정 등에 유용하게 사용

65 1식당 노동시간

= 일정기간 총 노동시간(분)/일정기간 제공한 총 식수
= 5명 × 8시간 × 60분/800식 = 3분/식

66 식품의 위험온도범위

5~60℃

67 잠재적 위해식품(PHF; Potentially Hazardous Foods)

- 시간 및 온도에 주의하여 취급하지 않을 경우 식중독을 유발할 수 있는 식품
- 취급주의식품(Time/temperature Control for Safety Food : TCS)
- 수분함량이 높은 식품(수분활성도 0.85 이상)
- 중성 또는 약산성식품(pH 4.6~7.5)
- 단백질 함유식품(시간과 온도에 대한 통제 필요)

68 올바른 해동방법

냉장 해동, 유수 해동, 전자레인지 해동, 직접 조리 해동

69

조리 작업 전 발열, 설사, 복통, 구토, 화농성질환자 등의 건강상태 점검

70

- 급식소는 지하층보다는 지상층이 좋음
- 건축설비와의 관계 고려
- 효율적인 작업공간의 확보
- 가열기기와 물 사용기기의 집약적 배치
- 위생적 조건, 관리의 용이성 고려

71

좌석회전율 = 총 고객수 ÷ 좌석수 → 500명 ÷ 200석
= 2.5회전
식당면적 = 500명 ÷ 2.5회전 × 1.5m^2 = 300m^2

72 원가의 구조

- 직접원가 : 재료비, 노무비, 경비로 제조간접비 포함 전의 원가의 기초
- 제조원가(생산원가) : 직접원가(기초원가) + 제조간접비
- 총원가(판매원가) : 제조원가(생산원가) + 판매비 + 일반관리비
- 판매가격 : 이윤 + 총원가(판매원가)

73

- 공헌마진 = 객단가 − 단위당 변동비 = 4,000 − 2,000 = 2,000
- 손익분기점 매출량 = 고정비/단위당 공헌마진 = 600,000/2,000 = 300식
- 손익분기점 매출액 = 고정비/공헌마진 비율
(공헌마진비율 = 1 − 변동비율)
- 변동비율 = 변동비/가격 = 2,000원/4,000원 = 0.5
- 공헌마진비율 = 1 − 0.5 = 0.5
- 손익분기점 매출액 = 600,000/0.5 = 1,200,000원

74

급식담당자가 작성한 식단표는 관리자의 승인을 받으면 관리자의 급식지시서로 쓰이고 급식작업이 끝나면 실시보고서로 보존

75

- 직무기술서 : 특정 직무의 의무과 책임에 관한 조직적이고 사실적인 해설서. 직무 수행의 내용, 방법, 사용장비, 작업환경 등 직무에 관한 개괄적인 정보 제공(직무명, 직무구분, 직무내용의 3영역으로 구성)
- 직무명세서 : 특정 직무수행을 위해 필요한 지식, 경험, 기술 능력, 인성 등의 인적요건 명시. 신규 인력채용 시 사용되며 필요요건을 보다 명확히 제시

76 인사고과의 문제점

- 중심화 경향 : 중 또는 보통으로 평가하여 분포도가 중심에 집중하는 경향. 확실한 평가기준이 없거나 평가대상자를 잘 알지 못할 때
- 관대화 경향 : 실제 수행력보다 관대하게 평가되어 평가결과 분포가 위로 편중. 평가자의 평가방법 훈련 부족
- 평가 표준의 차이 : 평가 척도에 사용되는 용어에 대한 지각과 이해의 차이로 생김. 같은 평가대상자에 대해 결과가 다르게 나올 수 있음
- 현혹효과 : 평가대상자의 특징적 인상이 관련내용 전체 항목에 영향을 주는 현상, 전반적인 인상이나 어느 특정 고과 요소나 다른 요소에 영향을 줌
- 논리오차 : 평가항목의 의미를 서로 연관시켜 해석하거나 적용할 때 발생. 교과자가 논리적으로 상관관계가 있다고 생각하는 특정 사이에서 나타나는 오류
- 편견 : 성별, 연령, 출신학교, 지역, 직종, 정치 등의 요소에 의한 선입관을 가지고 평가

77 동기부여이론

- 매슬로우의 욕구계층이론 : 인간의 욕구는 계층화된 구조를 가지며 하위단계에서 상위단계로 진행(생리적, 안전, 사회적, 존경, 자아실현의 5단계 이론)
- 허즈버그의 2요인 이론 : 위생요인(불만족요인)과 동기부여요인(만족요인)
- 알더퍼의 ERG 이론 : 생존 욕구, 관계 욕구, 성장 욕구

- 맥클리랜드의 성취동기이론 : 성취 욕구, 권력 욕구, 친화 욕구
- 브롬의 기대이론 : 보상에는 가치가 있어야 한다는 이론. 동기유발을 위해서는 기대, 수단, 가치가 필요
- 아담스의 공정성 이론 : 자신의 업적에 대하여 조직으로 받은 보상을 다른 사람과 비교함으로써 인식된 공정성에 의하여 동기부여 정도가 달라진다고 보는 이론

78 식품 1g당 세균수

- 식품안전한계(10^5)
- 부패초기단계(10^7～10^8)
- 부패완성(10^9～10^{10})

79 석탄산(페놀)

- 소독제 효능 표시
- 사용농도 : 3% 수용액
- 작용 : 균체 단백질 응고, 세포막 손상
- 석탄산 계수 = 소독액희석배수/석탄산희석배수

80 식품의 초기부패 판정

- 휘발성염기질소(VBN) : 30～40mg%
- 트리메틸아민(TMA) : 3～4mg%
- 히스타민 : 4～10mg%
- pH : 6.2～6.5
- K값 : 60～80%
- 일반세균수 : 10^7～10^8CFU/g(ml)

81 대장균 정성시험

(1) 추정시험
- 액체배지 – 젖당부이온배지(LB)

(2) 확정시험
- 액체배지 – BGLB배지
- 고체평판배지 – EMB, Endo배지

(3) 완전시험
- 액체배지 – 젖당부이온배지(LB)
- 고체배지 – 표준한천사면배지

82 살모넬라균

- 원인균 : *Salmolnella typhimurium, Salmolnella enteritidis*
- 감염형 식중독, 통성혐기성, 그람음성, 막대균, 무포자형성균, 주모성편모
- 생장조건 : 열에 비교적 약하여 62～65℃ 30분 가열하면 사멸, 저온에서는 비교적 저항성 강함
- 원인식품 : 생고기, 가금류, 육류가공품, 달걀, 유제품

83 장염비브리오 식중독

(1) 원인균
- *Vibrio parahaemolyticus*
- 통성혐기성, 그람음성, 간균, 무포자, 호염균, 3～5% 식염농도에서 잘 생육하는 해수세균
- 세대시간 짧음(약 10～12분)
- 생육적온 30～37℃, 최적 pH 7.5～8.0
- 60℃, 5～15분 가열로 사멸, 열에 약함

(2) **오염원 및 원인식품** : 주로 7~9월, 19℃ 이상의 해수, 해안 흙, 플랑크톤 등에 분포. 생선회, 어패류 및 그 가공품 등

(3) **예방법** : 충분한 가열. 호염균이므로 수돗물로 철저히 세척하면 사멸됨

84 *Clostridium perfringens*

- 그람양성, 편성혐기성, 간균, 열성포자 형성, 운동성 없음, 생체 내 독소 생산
- 발육범위(12～51℃), 최적온도(43～45℃), 균 대량 증식된 식품 섭취 후 장내에서 증식, 포자형성 중 독소생성
- 독소 : 장독소(A, B, C, D, E, F형), 대부분 A형에 의함, 단순단백질(분자량 약 35,000), 74℃, 10분 가열 및 pH 4 이하에서 파괴, 알칼리에 저항성
- 원인식품 : 단백질성 식품(쇠고기, 닭고기 등), 학교 등 집단급식, 뷔페, 레스토랑, 등 대량조리시설에서 발생, 대량으로 가열 조리된 후 실온(30～50℃)에 장시간 방치하여 살아남은 포자 발아, 대량 증식한 식품섭취

85 기생충의 분류

<table>
<tr><td>중간숙주 없음</td><td colspan="3">회충, 요충, 편충, 구충(십이지장충), 동양모양선충</td></tr>
<tr><td>중간숙주 1개</td><td colspan="3">무구조충(소), 유구조충(갈고리촌충)(돼지), 선모충(돼지 등 다숙주성), 만소니열두조충(닭)</td></tr>
<tr><td rowspan="5">중간숙주 2개</td><td>질병</td><td>제1 중간숙주</td><td>제2 중간숙주</td></tr>
<tr><td>간흡충(간디스토마)</td><td>왜우렁이</td><td>붕어, 잉어</td></tr>
<tr><td>폐흡충(폐디스토마)</td><td>다슬기</td><td>게, 가재</td></tr>
<tr><td>광절열두조충(긴촌충)</td><td>물벼룩</td><td>연어, 송어</td></tr>
<tr><td>아니사키스충</td><td>플랑크톤</td><td>조기, 오징어</td></tr>
</table>

86

- 수수 : 듀린(dhurrin)
- 면실유 : 고시폴(gossypol)
- 청매 : 아미그달린(amygdaline)
- 부패감자 : 셉신(sepsin)
- 피마자 : 리신(ricin)
- 바꽃 : 아코니틴(aconitine)
- 고사리 : 프타킬로사이드(ptaquiloside)

87

- 아플라톡신(aflatoxin) : 간장독, 강한 발암성, 내열성(270~280℃ 이상 가열 시 분해)
- 시트레오비리딘(citreoviridin) : 신경독
- 파튤린(patulin) : 신경독, 출혈성 폐부종, 뇌수종 등, 보리, 쌀, 콩 등에서 검출
- 루브라톡신(rubratoxin) : 간장독, 옥수수 중독사고 발생

88

카드뮴이 인체에 축적되면 간과 신장에 영향을 주고 골연화증 유발

89

- 나이트로사민 : 햄, 소시지의 식육제품의 발색제
- 아크릴아마이드 : 탄수화물 식품 굽거나 튀길 때 생성(감자칩, 감자튀김, 비스킷 등)
- 다환방향족탄화수소 : 숯불고기, 훈연제품, 튀김유지 등 가열분해에 의해 생성
- 바이오제닉아민 : 어류제품, 육류제품, 전통발효식품 등에 검출가능

90 인수공통감염병

- 세균 : 장출혈성대장균감염증(소), 브루셀라증(파상열)(소, 돼지, 양), 탄저(소, 돼지, 양), 결핵(소), 변종크로이츠펠트–야콥병(소), 돈단독(돼지), 렙토스피라(쥐, 소, 돼지, 개), 야토병(산토끼, 다람쥐)
- 바이러스 : 조류인플루엔자(가금류, 야생조류), 일본뇌염(빨간집모기), 광견병(=공수병)(개, 고양이, 박쥐), 유행성출혈열(들쥐), 중증급성호흡기증후군(SARS)(낙타)
- 리케차 : 발진열(쥐벼룩, 설치류, 야생동물), Q열(소, 양, 개, 고양이), 쯔쯔가무시병(진드기)

91 식품위생법의 목적

식품으로 인하여 생기는 위생상의 위해를 방지하고 식품영양의 질적향상을 도모하며 식품에 관한 올바른 정보를 제공하여 국민보건의 증진에 이바지함

92 식품위생법 제2조, 시행령 제2조

집단급식소는 영리를 목적으로 하지 아니하면서 특정 다수인에게 계속적으로 음식을 공급하는 기숙사, 학교, 병원, 그 밖의 후생기관 등의 급식시설로서 상시 1회 50명 이상에게 식사를 제공하는 급식소를 말한다.

93 식품위생법 시행령 제25조 특별자치시장·특별자치도지사·시장·군수·구청장에게 신고하여야 하는 영업

즉석판매제조·가공업, 식품운반업, 식품소분·판매업, 식품냉동·냉장업, 휴게음식점영업, 일반음식점영업, 위탁급식영업, 제과점영업

94 식품위생법 제52조

영리를 목적으로 하지 않고 상시 1회 급식인원 50명이상인 집단급식소(기숙사, 학교, 병원, 국가, 지방자체단체, 사회복지시설 등)는 영양사를 두어야 한다. 다만, 1회 급식인원 100명 미만의 산업체는 영양사를 두지 않아도 된다.

95 식품위생법 제101조

영업자 및 그 종업원이 건강진단을 받지 않거나 건강진단결과 해를 끼칠 우려가 있는 경우 영업에 종사시켰을 경우 300만 원 이하의 과태료

96 학교급식법 제4조

학교급식의 대상은 유치원(다만, 대통령령으로 정하는 규모 이하의 유치원은 제외), 초등학교 및 공민학교, 중학교 및 고등공민학교, 고등학교 및 고등기술학교, 특수학교, 근로청소년을 위한 특별학급 및 산업체부설중·고등학교, 대안학교, 기타 교육감이 필요하다고 인정하는 학교

97 학교급식법 시행규칙 제8조

위생·안전관리기준 이행여부를 확인·지도하기 위한 출입검사는 연 2회 이상

98 국민건강증진법 시행령 제 19조

국민영양조사는 매년 실시

99 국민영양 관리법 제7조

- 보건복지부장관은 관계 중앙행정기관의 장과 협의하고 국민건강증진법 제5조에 따른 국민건강증진정책심의위원회의 심의를 거쳐 국민영양 관리기본계획을 5년마다 수립하여야 한다.
- 시장·군수·구청장은 기본계획에 따라 매년 국민영양 관리시행계획을 수립·시행하여야 한다.

100 농수산물의 원산지 표시에 관한 법률 제5조, 시행규칙 제4조, 시행규칙 별표 4

- 휴게음식점, 일반음식점영업 또는 위탁급식영업을 하는 영업소나 집단급식소를 설치·운영하는 자는 대통령령으로 정하는 농수산물이나 그 가공품을 조리하여 판매제공하는 경우(보관·진열도 포함) 원산지 표시를 해야 한다.
- 위탁급식영업을 하는 영업소 및 집단급식소 식당이나 취식장소에 월간메뉴표, 메뉴판, 게시판 또는 푯말 등을 사용하여 소비자(이용자 포함)가 원산지를 쉽게 확인할 수 있도록 표시하여야 한다.

실전모의고사 3회

1교시

01	③	02	③	03	③	04	③	05	②
06	⑤	07	④	08	②	09	③	10	③
11	⑤	12	②	13	②	14	②	15	④
16	③	17	④	18	②	19	③	20	①
21	①	22	③	23	③	24	②	25	⑤
26	③	27	⑤	28	②	29	②	30	②
31	①	32	③	33	③	34	①	35	②
36	④	37	③	38	④	39	④	40	①
41	⑤	42	④	43	③	44	⑤	45	④
46	④	47	④	48	①	49	②	50	④
51	④	52	③	53	③	54	③	55	③
56	⑤	57	③	58	②	59	①	60	④
61	⑤	62	④	63	③	64	②	65	②
66	①	67	①	68	④	69	⑤	70	④
71	②	72	④	73	①	74	①	75	③
76	②	77	①	78	③	79	④	80	③
81	③	82	④	83	①	84	④	85	④
86	④	87	③	88	④	89	④	90	④
91	①	92	③	93	④	94	①	95	⑤
96	④	97	①	98	⑤	99	③	100	⑤
101	②	102	②	103	①	104	①	105	①
106	②	107	②	108	③	109	②	110	⑤
111	⑤	112	①	113	⑤	114	③	115	②
116	③	117	②	118	⑤	119	①	120	②

2교시

01	④	02	⑤	03	⑤	04	②	05	①
06	③	07	③	08	⑤	09	①	10	④
11	④	12	④	13	⑤	14	①	15	①
16	④	17	③	18	⑤	19	③	20	④
21	③	22	③	23	⑤	24	①	25	③
26	①	27	②	28	③	29	⑤	30	①
31	③	32	④	33	④	34	④	35	①
36	④	37	①	38	④	39	②	40	④
41	⑤	42	④	43	①	44	①	45	①
46	①	47	④	48	④	49	①	50	④
51	④	52	④	53	⑤	54	④	55	④
56	①	57	③	58	①	59	④	60	④
61	③	62	②	63	②	64	③	65	③
66	④	67	①	68	③	69	①	70	④
71	①	72	③	73	④	74	③	75	③
76	④	77	④	78	①	79	③	80	④
81	③	82	④	83	①	84	②	85	②
86	④	87	②	88	④	89	③	90	④
91	③	92	②	93	④	94	④	95	②
96	⑤	97	①	98	②	99	⑤	100	②

[1교시]

1과목 영양학·생화학

01 영양밀도

- 식품의 공급 에너지에 대한 영양소 함량을 의미
- 영양소가 많을수록, 칼로리가 적을수록 영양소 밀도가 높아짐
- 영양밀도가 높은 식품은 동일한 에너지를 공급하더라도 비타민 또는 무기질 등의 영양소를 충분히 함유

02

(1) **평균필요량(Estimated Average Requirement; EAR)**

- 대상 집단 절반에 해당하는 사람들에 대한 일일필요량의 중앙값(기능적 지표로 추정가능)

(2) **권장섭취량(Recommended Nutrient Intake; RNI)**

- 평균필요량에 표준편차 또는 변이계수의 2배
- 대상집단 약 97~98%를 충족시키는 값
- 상당수의 사람에게는 필요량보다 높은 수치

(3) **충분섭취량(Adequate Intake; AD)**

- 영양소 필요량의 과학적 근거 부족할 경우 기존의 실험연구 또는 관찰연구로 확인된 건강한 사람들의 영양소 섭취기준 중앙값으로 설정
- 권장섭취량과 상한섭취량 사이로 설정

(4) **상한섭취량(Tolerable Upper Intake Level; UL)**

- 인체에 유해 영향 나타나지 않는 최대영양소 섭취
- 과잉섭취 시 유해영향 가능(상한섭취량 미만 섭취)
- 평균필요량에 표준편차 또는 변이계수의 2배
- 대상집단 약 97~98%를 충족시키는 값
- 상당수의 사람에게는 필요량보다 높은 수치

03 인체 조직 내의 수분함유 비율

혈장(90%) > 신장, 신경조직, 근육, 간(70% 이상) > 뼈, 지방조직(20%)

04

글리코겐은 전분과 비슷하지만 가지의 간격과 길이가 짧은 구조여서 더 쉽고 신속하게 포도당으로 전환됨

05

- 단순확산 : 자일로오스, 만노오스, 모노글리세리드, 지방산, 글리세롤, 대부분의 비타민·무기질
- 촉진확산 : 과당, 산성아미노산
- 능동수송 : 포도당, 갈락토오스, 중성아미노산, 염기성아미노산, 비타민 B_{12}, 칼슘, 철
- 음세포작용 : 모유에 함유된 면역단백질 등

06 해당과정의 비가역 단계

- 1단계 : 글루코스 → 글루코스 6-인산
- 3단계 : 프럭토오스 6-인산 → 프럭토오스 1,6-이인산
- 10단계 : 포스포에놀피루브산(PEP) → 피루브산

07

1분자 포도당 완전산화과정	ATP 생성반응	생성된 ATP수	
		뇌, 골격근	간, 심장, 신장
해당과정(세포질)	2 NADH 2 ATP	3 2	5 2
2분자 피루브산 → 2×아세틸 CoA (미토콘드리아)	2 NADH (미토콘드리아)	5	5
구연산 회로×2 (미토콘드리아)	6 NADH GTP 2 $FADH_2$	15 2 3	15 2 3
총 ATP		30	32

08

(1) **글리세롤인산셔틀(뇌, 골격근)**

- 3 ATP = 2 $FADH_2$(2 × 1.5ATP)
- 다이하이드록시아세톤인산(DHAP) → NADH 환원 → 글리세롤 3-인산 → 산화 → DHAP → 조효소 FAD → $FADH_2$

(2) **말산-아스파르트산셔틀(간·신장·심장)**

- 5 ATP = 2 NADH(2 × 2.5ATP)
- 옥살로아세트산(OAA) → NADH 환원 → 말산 → 산화 → NADH 생성 → OAA 복귀

09

1분자 포도당 완전산화과정	ATP 생성반응	생성된 ATP수
구연산 회로×2 (2분자 피루브산으로부터 생성) (미토콘드리아)	6 NADH GTP 2 $FADH_2$	15 2 3
총 ATP		30

10

7번 해설 참고

11

오탄당인산회로(HMP)는 세포질효소에 의해 세포질에서 일어나는 글루코스 분해과정이지만 해당과정과 달리 ATP를 생성하지 않고 다양한 생분자 합성에 필요한 환원제인 NADPH와 뉴클레오티드의 구성요소인 오탄당(리보오스-5-인산)을 공급

12 과당 대사 특징

- 과당은 포도당과 다른 수송체에 의해 세포 내로 유입 → 인슐린 불필요
- 과당은 속도조절단계반응(PEK-1)을 거치지 않아 포도당보다 신속하게 해당과정이나 당신생 경로 합류, 중성지방 합성에 직접적으로 작용

13 알라닌 회로(알라닌)

- 근육에서 곁가지 아미노산(발린, 류신, 이소류신) 분해
- 탄소골격은 구연산 회로에 유입(아미노기는 피루브산과 결합) → 알라닌 형성 → 간으로 이동하여 다시 피루브산으로 전환 → 포도당 생성, 아미노기는 요소로 전환하여 배설

14

- 혈당이 저하되면 글루카곤이 분비되어 글리코겐 활성을 억제하고 글리코겐 분비를 촉진시켜 혈당 높임
- 혈당이 상승되면 인슐린이 분비되어 세포 내로 포도당 유입으로 글리코겐의 합성을 촉진시킴

15 아이코사노이드 합성 지방산

(1) ω-3계 지방산
- 초기물질 : α-리놀렌산($C_{18:3}$)
- 합성물질 : EPA($C_{20:5}$), DHA($C_{22:6}$)
- 트롬복산(TB) : 작용 약함

(2) ω-6계 지방산
- 초기물질 : 리놀레산($C_{18:2}$)
- 합성물질 : γ-리놀렌산($C_{18:3}$), 아라키돈산($C_{20:4}$)
- 트롬복산(TB) : 작용 촉진

16

위에서는 타액 아밀레이스가 불활성화되어 탄수화물 소화가 중단됨

17 췌장 리파아제

중성지방 → 다이아실글리세롤 + 모노아실글리세롤 + 유리지방산

18 지질의 흡수

(1) **흡수 부위** : 소장의 중부와 하부에서 흡수됨

(2) **흡수 형태**
- 친수성이 낮은 지방산, 모노글리세리드, 인산, 콜레스테롤 등 지질의 소화 산물들은 담즙산과 혼합되어 미셀을 형성하여 흡수됨
- 미셀 : 중심부에 지용성 물질이 모이고 바깥쪽에 담즙산이 둘러싸고 있는 형태여서 수용성인 장내 환경을 지나 소장의 상피세포로 이동
- 긴 사슬 지방산의 흡수 : 미셀 형태로 흡수된 후 소장 세포에서 다시 중성지방을 형성하여 킬로미크론에 포함됨. 킬로미크론은 림프관을 통해 쇄골하정맥과 연결된 흉관을 거쳐 대정맥으로 들어가고, 심장이 분출하는 혈류를 따라 이동하다가 지방조직 등에서 제거됨
- 짧은 사슬과 중간 사슬 지방산의 흡수 : 탄소수가 12 미만인 지방산은 물에 잘 섞이므로 담즙과 미셀의 도움 없이 소화되어 장세포로 흡수 후 알부민과 결합하여 문맥을 통해 간으로 이동

19 19세 이상 성인 콜레스테롤 목표섭취량

300mg 미만/일

20

- 혈당 저하 : 인슐린(췌장 : β-세포)
- 혈당 상승 : 글루카곤(췌장 : α-세포), 노르에피네프린, 에피네프린(부신수질), 글루코코르티코이드(코르티솔)[부신피질], 갑상선호르몬(갑상선), 성장호르몬(뇌하수체전엽)

21 밀도

킬로미크론 < VLDL < LDL < MDL < HDL

22 콜레스테롤 함량(%)

킬로미크론(2~7%), VLDL(10~15%), LDL(45%), HDL(20%)

23 포화지방산

팔미트산(C_{16}) → [(16 ÷ 2 = 8) − 1회 = 7회]의 β-산화를 거쳐 8개(16 ÷ 2 = 8)의 아세틸 CoA 생성

24

(1) **케톤체** : 아세토아세트산(acetoacetate), β-하이드록시부티르산(β-hydroxybutyrate), 아세톤(acetone)
- 간의 미토콘드리아에서 아세틸 CoA로부터 생성됨
- 심장과 근육에서 주요 에너지원으로 사용
- 포도당이 부족할 때는 뇌 조직에서 중요한 에너지원
- 수용성, 혈액 내에서 다른 물질에 결합되지 않은 자유 형태로 이동 가능

(2) **케톤체 생성경로**

아세틸 CoA 2분자 축합 → 아세토아세틸 CoA → 아세토아세틸 CoA에 1분자 아세틸 CoA 축합 → β-하이드록시-β-메틸글루타릴CoA(HMG CoA) → HMG CoA 분해효소에 의해 아세토아세트산 + 아세틸 CoA로 분해 → 아세토아세트산 → β-하이드록시부티르산 탈수소효소에 의해 β-하이드록시부티르산으로 환원

25 중성지방 합성

체내에 과잉의 에너지가 있으면 에너지를 공급하고 남은 아세틸 CoA는 지방산 합성에 이용

26 콜레스테롤 생합성 단계

이세틸 CoA → 이세토이세틸 CoA → HMG CoA(β-하이드록시-β-메틸글루타릴 CoA) → 메발론산 → 이소펜테닐피로인산 스쿠알렌 → 라노스테롤(스테로이드 고리화 구조 형성) → 콜레스테롤

27 아미노산의 생리활성물질 합성

- 글루탐산 : γ-아미노브티르산(GABA)
- 글리신, 글루탐산, 시스테인 : 글루타티온
- 글리신, 아르기닌, 메티오닌 : 크레아틴
- 리신 : 카르니틴
- 메티오닌, 시스테인 : 타우린
- 아르기닌 : 일산화질소
- 세린 : 에탄올아민
- 트립토판 : 세로토닌, 니아신, 멜라토닌
- 티로신 : 도파민, 카테콜아민, 멜라닌
- 히스티딘 : 히스타민

28

- 위에 존재하는 효소 : 불활성형(펩시노겐), 활성촉진물질(위산), 활성형(펩신, 레닌)
- 췌장에 존재하는 효소 : 불활성형(트립시노겐, 키모트립시노겐, 프로카르복시펩티다아제), 활성촉진물질(엔테로키나아제, 트립신), 활성형(트립신, 키모트립신, 카르복시펩티다아제)

29 제한아미노산

- 식품에 함유되어 있는 필수아미노산 중에서 그 함량이 체내 요구량에 비해 적은 것으로 가장 적게 함유된 것을 제1제한아미노산이라 함
- 제한아미노산으로 인해 체조직 단백질 합성이 제한되므로 이들이 단백질의 질을 결정
- 제한아미노산을 이용하여 단백질의 질 평가(화학적 평가) : 화학가, 아미노산가
- 생물학적 단백질 질 평가 : 단백질 효율(체중 증가에 대한 단백질의 기여율), 생물가(흡수된 질소의 체내 보유 정도), 단백질 실이용률(생물가에 소화흡수율을 고려)

30 아미노기 전이반응

- 아미노산의 α-아미노기 → 아미노기전이효소(조효소 : PLP)에 의해 → α-케토산으로 전이 → 새로운 아미노산 형성 → 자신은 α-케토산이 됨
- 산화적 탈아미노반응

31 아미노산의 탄소골격(α-케토산) 대사

생성물	아미노산
포도당	알라닌, 세린, 글리신, 시스테인, 아스파르트산, 아스파라긴, 트레오닌, 글루탐산, 글루타민, 아르기닌, 히스티딘, 발린, 메티오닌, 프롤린
포도당, 케톤	이소류신, 페닐알라닌, 티로신, 트립토판
케톤	류신, 라이신

32 아미노산 풀을 이루는 아미노산의 용도

- 동화 : 체조직 단백질, 혈장단백질, 효소, 호르몬, 항체, 생리활성물질, 혈액과 세포막 운반체 형성
- 이화 : 탈아미노반응으로 생성된 α-케토산으로부터 비필수아미노산, 포도당, 지방 생성 또는 에너지 공급

33

진핵세포, 고등생물에서 단백질 합성 개시 아미노산(메티오닌)

34

조효소	전달기능기	반응 유형	비타민
TPP	알데히드	알데히드전이, 탈카르복실화반응	티아민(VB_1)
PLP	아미노기	아미노기전이반응	피리독신(VB_6)
FMN	전자	산화-환원반응	리보플라빈(VB_2)
FAD			
NAD	수소	산화-환원반응	나이아신(VB_3)
NADP			
CoA	아실기	아실기전이반응	판토텐산(VB_5)
5′-디옥시아데노실 코발아민	H원자, 알킬기	분자 내 재배열	코발아민(VB_{12})
비오시틴	CO_2	카르복실화반응	비오틴(VB_7)
THF	1-탄소기	1-탄소전이반응	엽산(VB_9)
리포산	전자, 아실기	아실기전이반응	리포산

35

(1) **가역적 저해제** : 저해제가 효소와 비공유결합 후 가역적으로 제해제 제거되어 효소 원래 상태로 회복

- 경쟁적 저해제 : 효소의 활성부위에 기질 유사체(저해제)가 결합함으로써 효소활성이 감소되는 작용
- 비경쟁적 저해제 : 저해제가 효소의 활성부위가 아닌 다른 부위에 결합하여 효소활성 저해하는 작용

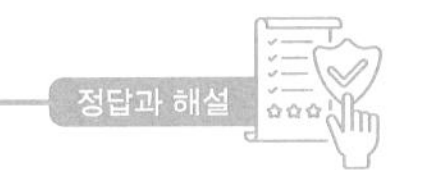

- 불경쟁적 저해제 : 저해제가 효소기질 복합체에만 결합하여 효소활성이 저해되는 작용

(2) **비가역적 저해제** : 저해제가 효소와 결합하여 효소활성이 없는 단백질을 생성하여 제거되지 않으므로 효소가 원래 상태로 회복 안 됨

36 기초대사량 저하 요인

영양불량, 갑상선기능 저하, 수면

37

- 세포내액(체내 수분의 2/3) : 칼륨, 인이 주된 전해질
- 세포외액(체내 수분의 1/3) : 나트륨, 염소가 주된 전해질. 간질액(세포 사이에 존재), 혈관내액(혈장) 존재

38

무기질은 산화되어도 파괴되지 않아 음식을 태웠을 때 무기질은 그대로 남음

39

- 다량무기질 : 칼슘, 인, 칼륨, 나트륨, 염소, 마그네슘, 황
- 미량무기질 : 철, 구리, 아연, 요오드, 망간, 셀레늄, 코발트, 불소

40

- 칼슘 : 골격 및 치아 형성, 혈액응고, 근육수축이완, 신경자극 전달, 세포막 투과성 조절
- 인 : 골격 및 치아 형성, 비타민 효소 활성 조절, 영양소의 흡수와 운반, 에너지 대사 관여, 산-염기 조절
- 마그네슘 : 골격과 치아 형성, 근육이완, 신경자극전달, ATP구조안정제, cAMP형성 필수적, 다양한 효소활성 보조인자, 글루타티온 합성관여, 칼슘과 길항작용
- 나트륨 : 삼투압 조절(수분평형조절), 산-염기 조절, 영양소 흡수, 신경자극전달, 부신피질에서 알도스테론 분비 촉진되면 신장에서 나트륨 재흡수 촉진으로 혈액량 증가
- 칼륨 : 삼투압 조절, 산-염기조절, 글리코겐, 단백질 대사, 근육의 수축, 이완, 신경자극전달
- 염소 : 삼투압 조절(수분평형조절), 산-염기조절, 위산의 구성성분, 신경자극 전달

41

소장에서 흡수된 구리 → 점막 세포 내에서 메탈로티오네인에 결합 → 점막 세포 내에서 혈액 쪽으로 이동 → 혈액에서 알부민과 결합하여 간으로 운반 → 간에서 α-글로불린과 결합하여 세룰로플라스민 합성 → 혈액을 통해 필요한 조직으로 이동

42

- 칼슘(Ca) : 우유 및 유제품, 뼈째 먹는 생선, 굴 및 해조류
- 인(P) : 동식품계에 널리 분포, 가공식품 및 탄산음료
- 칼륨(K) : 녹엽채소, 과일, 전곡, 서류, 육류
- 철(Fe) : 헴철(육류, 생선, 가금류 등), 비헴철(난황, 채소, 곡류, 두류 등)
- 구리(Cu) : 동물의 내장, 어패류, 계란, 전곡, 두류

43 비타민 A(레티놀)

(1) **종류**

- 레티노이드(활성형 비타민 A, 동물성) : 레티놀, 레티날, 레티노산
- 카로티노이드(식물성, 체내에서 레티놀로 전환, 비타민 A 전구체) : α, β, γ-카로틴, 크립토잔틴

(2) **1 레티놀 활성당량(㎍RAE)**

= 1 ㎍(트랜스) 레티놀
= 2 ㎍(트랜스) β-카로틴보충제
= 12 ㎍ 식이(트랜스) β-카로틴
= 24 ㎍ 기타 식이 프로비타민 A 전구체(카로티노이드)

44 비타민 K 종류

- 비타민 K_1(필로퀴논 : 자연식물에 존재) : 생리활성 가장 큼
- 비타민 K_2(메나퀴논 : 동물성 급원) : 장내세균에 의해 합성
- 비타민 K_3(메나디온-인공합성제제)

※간에서 혈액응고(프로트롬빈 합성), 뼈기질단백질 합성, 뼈 발달(오스테오칼신의 카르복실화 관여하여 칼슘과 결합촉진)

45

엽산 결핍 시 거대적아구성빈혈

46

- 기초대사량 증가 : 체표면적 클수록, 근육량 많을수록, 체온 상승 시(1℃ 상승 시 기초대사량 13% 증가), 기온 낮을수록, 수면 시
- 연령 : 생후 1~2년 기초대사량 가장 높고 점차 감소
- 기초대사량 : 남자 > 여자
- 아드레날린·성장·성·갑상선 호르몬분비 기초대사량 증가

47 알코올 대사[빈열량식품(7kcal/g)]

- 위(20%), 소장(80%)에서 흡수되어 간에서 대사
- 에탄올 → 아세트알데하이드[독성물질, 두통 및 세포막손상(보조인자 : 아연)] → 아세톤 → 아세틸 CoA → TCA 회로 또는 지방산 합성

48 태아기

출생 후 일생동안의 건강기초를 형성하는 가장 중요한 시기. 모체를 통해 영양공급을 받기 때문에 모체 혈액의 항상성이 중요

49 임신 중 생리기능 변화

- 체액 증가와 심혈관계 변화 : 모체의 혈장량 45% 증가(헤모글로빈 농도 감소), 양수 증가, 세포외액 증가로 부종발생 위험 증가, 심혈관계기능의 항진, 총 단백질, 알부민 농도 감소, 총 콜레스테롤과 중성지방이 증가하여 고지혈증이 되기 쉽다.
- 비뇨기계 : 신장의 사구체 여과량 증가(태아 노폐물 처리), 레닌/알도스테론의 활성 증가
- 소화기계 : 프로게스테론 분비 증가로 위 배출 속도지연, 소화기능 저하, 복부 팽만감, 식욕저하
- 입덧과 식품기호 변화

50 호르몬

분비	호르몬	특징
태반	프로게스테론	착상 유지 및 자궁내막의 성장 촉진, 자궁의 혈류량 조절, 유선조직(세포)의 발달 자극, 배란 억제
	에스트로겐	수정여건과 수정란의 이동을 돕고 유선조직의 발달을 촉진, 지질의 합성과 저장, 단백질 합성 증가, 자궁으로의 혈류 증가
	융모성 생식선 자극호르몬 (hCG)	황체를 자극하여 에스트로겐과 프로게스테론을 분비하게 하여 임신을 유지 시키며, 자궁내막의 성장을 촉진, 혈중 hCG 농도가 증가하면 소변에도 검출(임신진단 키트 이용)
	태반락토겐	유즙분비, 글리코겐 분해에 의한 혈당 증가
뇌하수체 전엽	프로락틴	유즙 생성 촉진
뇌하수체 후엽	옥시토신	유즙 분비 촉진
부신피질	알도스테론	나트륨 보유, 칼륨 배설 촉진
갑상선	티록신	기초대사조절
췌장의 β-세포	인슐린	• 임신초기 : 인슐린 민감성 증가, 글리코겐과 지방 축적 • 임신말기 : 인슐린 저항성 증가, 당신생 증가, 모체 지방산 이용 증가

51 엽산

- 태반 형성을 위한 세포증식, 혈액량 증가에 필요한 적혈구 생성, 태아 성장 등으로 필요량 증가, 임신 초기 세포분열이 빠르게 일어나므로 임신 전 적절한 엽산 영양상태 유지가 중요
- 임신 초기 엽산 결핍은 모체의 거대적아구성빈혈과 태아의 신경관 손상

52 모유분비 부족

신생아기에 너무 일찍 혼합영양 이행

53

주기	VA (μg RAE)	VD (μg)	VE (mg α-TE)	VC (mg)	VB_1 (mg)	VB_2 (mg)
임산부	+70	+0	+0	+10	+0.4	+0.4
수유부	+490	+0	+3	+40	+0.4	+0.5

54

- 이유기가 빠르면 발생하는 문제 : 영아비만, 알레르기
- 이유기가 늦으면 발생하는 문제 : 성장지연, 영양결핍, 빈혈, 젖에 의존, 영양불량, 병에 대한 저항력과 치유력 약해짐, 정신적으로 의존하려는 경향, 신경증세

55 영아기 설사 시

- 수유 중단
- 탈수방지 위해 포도당액, 보리차, 끓인 물 계속 조금씩 공급
- 주스와 젖산음료는 장내에서 발효 일으켜 설사 악화 우려

56 충치예방 영양소

불소, 칼슘, 인, 단백질, 비타민 D

57

골다공증은 충분한 칼슘 섭취로 노화에 의한 뼈(골) 손실 지연시킬 수 있음

58 혐기적 해당과정

- 근육에 산소 공급이 부족하거나 격렬한 운동 시 포도당의 혐기적 해당과정에서 생성된 피루브산이 젖산으로 전환되어 에너지 공급
- 크레아틴인산 다음으로 근육에 ATP를 공급하는 가장 빠른 운동(약 30초~2분 정도 지속할 에너지 공급)
- 지속적으로 ATP을 공급할 수는 없고, 젖산의 빠른 축적으로 근육 피로 초래

59 에너지원
탄수화물(단시간 고강도 운동), 지방(장시간 저강도 운동)

60
장시간 심한 운동으로 혈당 저하, 호흡계수(RQ) 저하, 소변 중 칼륨, 인, 티아민 배설량 증가, 적혈구의 수 감소, 헤모글로빈의 양 감소, 혈액의 비중 감소, 혈중 노르에피네프린, 에피네프린 증가

2과목 영양교육·식사요법·생리학

61 교육 원칙
- 진단 : 정보수집, 직·간접 문제파악, 원인분석
- 계획 : 문제 선정, 계획 설계
- 실행 : 실행 대상 선택 후 실시
- 평가 : 타당성, 신뢰성, 실용성, 객관성 평가

62 영양교육 목표
영양지식의 이해, 식태도의 변화, 식행동의 변화로 식습관의 변화를 가져옴

63
- 건강신념 모델 : 건강행동 실천여부는 개인의 신념이며 건강관련 인식에 따라 정해짐. 구성요소(민감성 및 심각성의 인식, 행동변화에 대한 인지된 이익 및 인지된 장애, 행동의 계기, 자아효능감)
- 합리적 행동이론 : 행동의도가 있으면 행동이 가능하다는 전제로 행동에 대한 주관적 규범으로 행동의도나 행동 결정
- 계획적 행동이론 : 행동의도와 행동을 결정하는 세 번째 요인으로 인지된 행동통제력 추가
- 사회인지론 모델 : 개인의 인지적 요인, 행동적 요인, 환경적 요인의 상호작용으로 결정
- 행동변화단계 모델 : 고려 전단계(인지부족) → 고려단계(생각 중) → 준비단계(계획 세움) → 행동단계(행동실천) → 유지단계(행동계속) → 습관화

64
- KAB 모델 : 개인이나 집단에서 영양지식이 증가하여 식태도가 변화하고 행동변화 일어남(지식의 증가 → 태도변화 → 행동의 변화)
- 사회마케팅 모델 : 필요한 정보 직접 참여(4D : 제품, 가격, 장소, 판촉)
- 사회인지론 모델 : 개인의 인지적 요인, 행동적 요인, 환경적 요인의 상호작용으로 결정
- 개혁확산 모델 : 채택과정(지식 → 설득 → 결정 → 실행 → 확인), 확산조건(기술용이, 쉬운 결과관찰, 보상이익, 가치관 일치)
- 행동변화단계 모델 : 고려 전단계(인지부족) → 고려단계(생각 중) → 준비단계(계획 세움) → 행동단계(행동실천) → 유지단계(행동계속) → 습관화

65
영양교육 요구 진단 결과에 따라 교육내용을 선정

66 영양문제에 영향을 미치는 요인 파악 시 유의점
- 행동변화가 일어나려면 동기부여에 가능요인, 강화요인이 수반되도록 한다.
- 가능한 한 구체적으로 요인을 파악한다.
- 파악한 요인을 중요성(행동변화에서 얼마나 중요한가), 변화가능성(영양교육으로 얼마나 변화될 수 있는가)에 따라 우선순위를 정하고 교육 시 다룰 요인을 선택한다.

67 영양교육의 효과평가
영양교육 전·후 영양지식, 식태도, 식행동, 영양건강상태의 변화를 측정하여 평가

68 직접경험의 원리
문자를 이용한 교육이나 간접경험보다는 직접경험을 통한 학습이 교육 후 오랫동안 남음

69 영양교육의 개인면담 시 면담자가 갖추어야 할 태도
경청을 잘 해야 하고, 경험을 살리는 힘을 기르고, 인내력과 객관성, 중립적 입장 유지 및 친절성, 성실한 태도의 안정감과 신뢰감, 이해력 및 공감대 형성, 상대방의 기분, 표정 등을 파악하여 충고와 지시는 삼가야 함

70
감염성이 강한 질환자는 개인지도로 개인의 식사와 위생관리 등을 지도

71
- 배석식 토의(배심 토의, 패널토의) : 청중 앞에서 한 주제에 대해 전문가 4~6명을 배심원(패널)으로 구성하여 자유롭게 토론
- 공론식 토의 : 각 발표자의 의견을 충분히 들을 수 있으나 일정한 결론 도달이 어려움
- 강연식 토의(강의형 토의) : 1~2명의 강사가 교육대상자에게 강의를 한 다음 질문을 받고 참가자들과 토의
- 강단식 토의법(심포지엄) : 전문가의 강연자 4~5명이 동일한 주제에 대해 각기 다른 관점에서 견해를 발표하고

사회자 또는 청중이 이에 대해 질문하고 강연자가 대답하는 형식. 강연자 긴에 토의하지 않음
- 원탁식 토의법 : 어떤 형식에 구애되지 않고 전 구성원이 자유롭게 토의. 진행자 역할 중요

72
집단지도 영양교육 방법은 개별적 맞춤지도가 어려워 개개인의 영양문제를 해결하기에는 어려움이 따름

73 영양교육 매체 선택의 기준
적절성(적합성), 조직과 균형(구성과 균형), 신빙성(신뢰성), 가격(경제성), 효율성, 편리성, 기술적인 질, 흥미

74 메스미디어 활용 장점
- 주의집중 용이하여 동기유발 강함
- 지속적인 정보제공으로 행동변화 쉽게 유도
- 많은 사람에게 다량의 정보 신속하게 전달
- 시간과 공간적 문제를 초월하여 구체적 사실까지 전달 가능
- 인쇄매체인 신문이나 잡지의 경우 경제성이 높으면서 광범위한 파급효과 기대

75 영양상담 실시 과정
상담시작 → 친밀관계 형성 → 자료수집 → 영양판정 → 목표 설정 → 실행 → 효과 평가 → 성공 → 상담종료(또는 효과 평가 → 실패 → 상담 다시 시작)

76 영양상담 결과에 영향을 미치는 요인
- 내담자 요인 : 상담에 대한 기대, 문제의 심각성, 상담에 대한 동기, 지능, 자발적인 참여도
- 상담자 요인 : 경험과 숙련성, 성격, 지적능력, 내담자에 대한 호감도
- 내담자와 상담자 간의 상호작용 : 성격적인 측면, 공동협력, 의사소통양식

77
- 유아보육시설 및 교육기관 : 좋은 식습관과 태도 양성
- 학교 : 식사예절, 공동체 의식 함양, 사회성
- 산업체 : 금연·금주 유도, 규칙적 생활습관, 질환발생률 감소
- 노인복지시설 : 노인성질환 영양 관리
- 병원 : 식사요법에 따른 질병영양 관리

78 영양 관리과정(NCP)
- 영양판정 : 영양관련 문제의 원인, 징후와 증상을 알아내기 위헤 지료 수집, 획인, 해석 과정(식품·영양소와 관련된 식사력, 생화학적 자료, 의학적 검사와 처치, 신체계측, 영양관련 신체검사자료, 환자과거력)
- 영양진단 : 영양판정에서 얻은 문제와 증상을 토대로 영양문제 파악·기술과정으로 영양중재안 수립의 근거제시(섭취영역, 임상영역, 행동-환경영역)
- 영양중재 : 영양진단문에 명시된 병인을 제거 또는 징후·증상 감소(식품·영양소 제공, 영양교육, 영양상담, 영양관리를 위한 다분야 협의영역으로 구분)
- 영양모니터링 및 평가 : 환자의 상태개선 및 영양중재의 목표달성 여부 평가(식품·영양소와 관련된 식사력, 생화학적 자료, 의학적 검사와 처치, 신체계측, 영양관련 검체검사 자료 영역)

79 영양판정 방법
- 신체계측 방법 : 체위 및 체구성 성분을 측정하고 신체지수를 산출하여 표준치와 비교·평가함으로써 대상자의 영양상태를 쉽게 판정하는 방법
- 생화학적 방법 : 혈액, 소변, 대변 및 조직 내의 영양소 또는 그 대사물의 농도를 측정하거나, 효소 활성 등을 측정하고 기준치와 비교하여 영양상태를 판정하는 방법
- 임상학적 방법 : 영양불량과 관련하여 나타나는 머리카락, 안색, 눈, 입, 피부 등에 나타난 신체징후를 시각적으로 평가하여 영양상태를 판정하는 방법(주관적 평가)
- 식사조사 방법 : 식사내용이나 평소 식습관을 조사하여 영양섭취 실태를 분석하고 이에 따른 영양상태를 판정하거나 질병 발생 위험을 파악하는 방법

80 식습관조사법
비교적 장기간(1개월~1년)에 걸친 개인의 평소식사형태나 식품섭취실태 면접을 통해 조사, 장기간의 식습관을 통해 영양문제 추정 및 질병과의 관계 파악 가능으로 영양상담이나 교육방향 설정 가능

81
- 곡류군 : 100kcal
- 저지방어육류 : 50kcal
- 채소군 : 20kcal
- 지방군 : 45kcal
- 과일군 : 50kcal

82
- 흰밥[2/3공기(140g)](200kcal)
- 고등어 50g(75kcal)
- 배추김치 50g(20kcal)
- 오렌지주스 100ml(50kcal)

∴ 합 : 345kcal

83 식품교환표를 이용한 식단 작성 순서
1일 에너지 필요량 산출 → 탄수화물, 단백질, 지방 필요량 결정 → 식품군별 교환단위 수 결정(식품교환단위 수 결정

순서 : 우유, 채소, 과일군 → 곡류군 → 어육류군 → 지방군) → 끼니별 교환단위 수 배분 → 식단 작성

84 비만도와 활동도가 고려된 단위체중당 열량 (kcal/kg)

구분	가벼운활동	보통활동	심한활동
비만 전 단계 & 비만	20~25	30	35
정상	30	35	40
저체중	35	40	45~50

∴ 55kg × 40 = 2200kcal

85

곡류군 1교환단위당 탄수화물량은 23g이므로, (270 − 65) ÷ 23 = 8.913 ≒ 약 9교환단위수

86 정상식

고지방 음식, 향신료 강한 음식 자제

87

- 칼슘 급원 : 우유, 요구르트, 크림, 멸치 등
- 퓨린 급원 : 육즙, 멸치, 청어, 내장, 고등어 등
- 칼륨 급원 : 오렌지, 감자, 코코아, 치즈, 바나나, 강낭콩
- 철분 급원 : 간, 달걀노른자, 푸른 잎 채소 등
- 글루텐 급원 : 밀, 보리, 귀리, 메밀, 기장, 오트밀 등

88

장기간 저잔사식은 정상적인 장운동 위축으로 변비 초래

89 경관급식

- 단기 영양공급(4주 이내) : 비위관, 비장관으로 영양지원
- 장기 영양공급(4~6주 이상) : 위장조루술, 경피적 내시경적 위조루술
- 흡연자의 장기 영양공급(4~6주 이상) : 공장조루술

90

대부분의 경장영양액은 유당 제외

91 정맥영양의 구성

- 당질 : 덱스트로오스(포도당 일수화물), 농도(5~25%)
- 단백질 : 아미노산(필수아미노산과 비필수아미노산 혼합), 농도(3~20%)
- 지질 : 지방유화액(대두유 등 장쇄지방산), MCT(중쇄중성지질), 총에너지의 20~30%
- 무기질 및 비타민 : 필요량 공급(소화흡수과정을 거치지 않고 직접흡수)

92 타액선 위치

- 이하선(귀밑선) : 장액선(타액량 많고 프리탈린 함량 많음)
- 설하선(혀밑샘) : 점액선
- 악하선(턱밑샘) : 혼합선

93 식도

인두에서 위까지 연결된 근육질 관. 양쪽 끝은 괄약근(상부·하부 식도괄약근)으로 연결되어 음식이동 조절

94

- 위액 분비 적은 무자극 식품 : 흰살 생선, 정제곡류, 반숙달걀, 두부, 감자, 우유, 익힌 채소, 크림, 토스트 등
- 위액 분비 촉진 식품 : 구운 고기, 붉은살 생선, 고기국물, 고기수프, 알코올, 강한 향신료, 카페인 음료, 튀긴 음식, 섬유질 식품
- 위액 분비 및 위 운동 촉진인자 : 자극적인 음식, 히스타민, 흡연, 부신피질자극호르몬
- 알코올 : 위, 췌장, 소장에 염증을 일으켜 티아민, 비타민 B_{12}, 엽산, 비타민 C 등의 영양소 흡수 저해

95 소장운동

연동운동, 분절운동, 소장점막의 융모운동, 소장반사(위회장반사, 위소장반사)

96

- 위액 분비 적은 무자극 식품 : 흰살 생선, 정제곡류, 반숙달걀, 두부, 감자, 우유, 익힌 채소, 크림, 토스트 등
- 위액 분비 촉진 식품 : 구운 고기, 붉은살 생선, 고기 국물, 고기 수프, 알코올, 강한 향신료, 카페인 음료, 튀긴 음식, 섬유질 식품

97

- 급성위염 : 금식(1~2일) → 맑은 유동식 → 무자극 연식 → 무자극 회복식 → 일반식(5~10일 전후)
- 만성위염의 과산성 위염 : 자극성 식품과 고식이섬유 식품 제한
- 만성위염의 무산성 위염 : 저섬유소식 및 지방 제한, 단백질음식(생선, 달걀, 두부 등) 섭취, 철 보충
- 소화성 궤양 : 무자극성 식사 제공(조미료, 카페인, 튀긴 음식, 건조식품, 고섬유식 제한)
- 위절제술(덤핑증후군) : 고단백식, 중정도 지방, 저당질식으로 적은 양의 식사를 자주 제공, 빈혈 발생 시 철 함량 높은 음식 섭취

98 대장운동

- 팽기수축 : 맹장과 상행결정 사이(소장의 분절운동과 유사), 물 및 비타민의 흡수

- 집단운동 : 소장의 연동운동과 유사(장 내용물을 S자형 및 직장으로 이행)
- 배변운동 : 배변 중추(척수), 고위 중추(대뇌), 직장내압의 상승에 의한 직장 내벽의 수용기 자극

99
- 이완성 변비 식사 : 고섬유식, 충분한 수분, 잡곡류, 탄닌 제거된 채소류, 우유, 유제품
- 경련성 변비 식사 : 저잔사식(식이섬유, 견과류, 결체조직, 우유 섭취 제한), 저섬유식, 연질무자극식

100 장질환 식사요법
- 이완성 변비 : 고섬유식, 충분한 수분, 잡곡류, 탄닌 제거된 채소류, 우유, 유제품
- 급성설사 : 발효성설사는 난소화성 다당류 제한, 부패성설사는 단백질 급원식품 제한
- 크론병 : 항염증제, 부신피질호르몬제, 면역억제제
- 과민성대장증후군 : 식이섬유량 서서히 증가, 식품불내증 적절한 대처(유당, 소르비톨 등)
- 급성장염 : 발병초기에는 1~2일 수분 보충(보리차), 염분(콩나물국), 연식(무자극 저잔사식)

101 급성간염식 제한음식
기름진 음식, 잡곡류(장내 가스발생), 섬유소 많은 채소류, 건조과일 등 제한

102 알코올성 간질환
알코올은 제한하고 고열량, 고단백질, 고비타민 식사, 필수 지방산 공급

103
식후 대부분 포도당을 글리코겐으로 합성

104 췌장의 내분비선
- 랑게르한스섬 : α세포[글루카곤 분비(세포의 20%)], β세포[인슐린 분비(세포의 60%)], δ세포[소마토스타틴(somatostatin) 분비(세포의 10%)]

105 급성췌장염
1단계(절식), 2단계(수분, 전해질), 3단계(탄수화물), 4단계(단백질), 5단계(지방)

106 담석환자
지방섭취를 줄이고 자극성이 강한 식품, 가스발생식품, 단백질 과다섭취 피하고 탄수화물은 충분섭취

107 만성췌장염
- 증상 : 지속적·간헐적인 통증, 체중 감소, 비정상적인 변, 영양분의 흡수 장애
- 원인 : 췌장의 만성염증과 섬유화 동반, 가장 흔한 것은 음주, 유전, 식사습관, 고지방 및 고단백 식이, 항산화물질이나 미량원소 부족, 흡연 등

108
- 세포내액 : 총 체액의 2/3(K^+, Mg^{2+}, HPO_4^{2-}, 단백질)
- 세포외액 : 총 체액의 1/3, 혈장과 세포간질액으로 구성(Na^+, Cl^-, HCO^{3-})

109 폐순환
우심실 → 폐동맥 → 폐 → 폐정맥 → 좌심방

110 혈압 높이는 요인
교감신경 흥분, 에피네프린 증가, 혈중나트륨 증가에 의한 혈장부피 증가, 혈관 수축, 혈액점성 증가, 레닌은 안지오텐신 전환효소의 활성을 높여 동맥을 수축시키고, 알도스테론 분비를 촉진하여 신세뇨관에서 나트륨재흡수를 촉진하여 혈압상승

111 심혈관질환
고혈압, 이상지질혈증, 동맥경화, 관상동맥 심장질환, 울혈성 심부전, 뇌졸중

112 이상지질혈증
혈액 중 콜레스테롤, 중성지방의 농도가 높음

113 동맥경화증
불포화지방산 함량이 높은 식물성유, 양질의 단백질 섭취

114 심혈관계 질환 예방
동물성지방과 식물성 지방의 균형적 식사

115 신경성 식욕부진증
- 사춘기 소녀에게 많으며 성공적 다이어트에 대해 자부심 느껴 극도로 음식 섭취 제한
- 장기화되면 우울증, 골다공증, 빈혈 등 유발

116
저혈당 쇼크 시 즉시 흡수 가능한 당질음료 제공

117 뉴런
- 신경계의 기본 최소단위
- 자극을 전기신호화, 말단에서 신경전달물질 분비, 정보전달

118 국소호르몬

- 아이코사노이드 : 조직세포에서 분비(프로스타글란딘, 트롬복산, 프로스타사이클린, 코트리엔)
- 사이토카인 : 면역세포에서 분비(인터루킨, 인터페론 등 100종 이상)

119 후천성 면역

체액성 면역(B림프구), 세포성 면역(T림프구)

120 신증후군(네프로시스) 질환

- 양질의 단백질 공급
- 부종 시 나트륨, 수분제한하고 콜레스테롤과 포화지방산 조절

[2교시]

1과목 식품학·조리원리

01 교질용액(콜로이드용액)

- 반투막을 통과 못함
- 브라운 운동 : 콜로이드 입자의 같은 전하 서로 반발
- 틴들현상 : 어두운 곳에서 콜로이드용액에 직사광선을 쪼이면 빛의 진로가 보이는 현상으로 틴들현상에 의해 콜로이드 입자가 일정한 크기를 가지고 있을 때 혼탁도 최대
- 흡착 : 콜로이드 입자의 표면적이 커서 콜로이드 입자 표면에 다른 액체, 기체분자나 이온이 달라붙어 이들의 농도가 증가
- 전기이동 : 콜로이드용액에 직류전류를 통하면 콜로이드 전하와 반대쪽 전극으로 콜로이드 입자가 이동하는 현상
- 응결(엉김) : 소량의 전해질을 넣으면 콜로이드 입자가 반발력을 잃고 침강되는 현상
- 염석 : 다량의 전해질을 가해서 엉김이 생기는 현상
- 유화 : 분산질과 분산매가 다같이 액체로 섞이지 않는 두 액체가 섞여있는 현상. 물(친수성)과 기름(친유성)의 혼합 상태를 안정화시킴
- 족탕, 생선조림국물 : 가열에 의해 콜라겐이 젤라틴 구조 변화, 식으면 반고체의 젤 형성
- 녹두 전분, 도토리 전분 : 8% 전분용액 가열, 풀(sol) 식히면 젤 형성

02

- 졸이기(60℃) : 저온 조리
- 데치기(80℃) : 효소 불활성
- 삶기(85℃) : 물의 대류현상으로 열전달
- 끓이기(97℃) : 조미성분 침투 용이
- 찌기(100℃) : 수증기 가열

03

- 예사성 : 달걀흰자나 납두 등 점성이 높은 콜로이드용액 등에 젓가락을 넣었다가 당겨 올리면 실을 뽑는 것과 같이 되는 성질
- 바이센베르그 효과 : 액체의 탄성으로 일어나는 것으로 연유에 젓가락을 세워 회전시키면 연유가 젓가락을 따라 올라가는 성질
- 경점성 : 점탄성을 나타내는 식품에서의 경도로 밀가루 반죽 또는 떡의 경점성은 패리노그라프를 이용하여 측정
- 신전성 : 국수반죽처럼 긴 끈 모양으로 늘어나는 성질

04

- 견과류, 건포도, 과일, 다진 채소, 치즈 간 것 : 누르지 말고 가볍게 담아 계량
- 황설탕, 흑설탕 : 계량컵에 꾹꾹 눌러 담은 뒤 컵 위를 깎은 후 뒤집어서 컵 모양 나오게 하여 계량
- 백설탕 : 덩어리 부수어 덩어리 없는 상태로 계량
- 밀가루, 파우더슈거(고운 입자) : 체로 쳐서 계량

05 전자레인지

- 조리원리 : 식품 중의 물 분자가 전자기장의 양극과 음극에 대응하도록 여러 방향으로 계속 회전하면서 물 분자 간의 마찰로 열 발생하여 가열
- 조리특성 : 조리시간 단축, 식품 중량 감소, 식품 갈변하지 않음, 식품의 크기 또는 양에 따라 가열시간 결정, 다량의 식품조리 불가능
- 주의사항 : 깊이 얕은 그릇에 식품을 얇게 펴 가열시간 단축. 식품의 중심부까지 익힐 것. 금속 식기, 철기, 열에 약한 플라스틱 용기는 사용 부적합

06

- 씻기 세제는 저농도로 단기간으로 깨끗한 세척 필요
- 썰기는 식품의 표면적을 넓혀 신속한 열전달 효과
- 튀기기는 발연점이 높은 기름 사용
- 볶음용기 용량은 크고 용기 두께는 두꺼운 것 선택

07

- I 영역(Aw 0.25 이하) : 단분자층, 이온결합, 결합수
- II 영역(Aw 0.25~0.80) : 다분자층, 여러 기능기와 수소결합(결합수, 건조식품의 안정성 및 저장성 최적)
- III 영역(Aw 0.80 이상) : 모세관 다공질구조, 자유수

08
같은 수분활성도에서 탈습의 수분함량이 흡습의 수분함량보다 많다.

09
- 이성질체수 = 2^n(n = 부제탄소수)
- 포도당의 부제탄소수 : 3 → 2^3 = 8

10 덱스트린
전분의 가수분해 중간산물

11 단당류의 유도체
- 데옥시당(deoxy sugar) : 당의 수산기(-OH) 1개가 수소(-H)로 환원. 데옥시리보오스(deoxyribose)
- 당알코올(sugar alcohols) : 단당류의 알데하이드기(-CHO)가 환원되어 알코올(CH_2OH)로 된 것. 소비톨(sorbitol), 만니톨(mannitol)
- 아미노당(amino sugar) : C_2의 수산기(-OH)가 아미노기(-NH_2)로 치환된 것. 글루코사민(glucosamine)
- 유황당(thio sugar) : 카르보닐기의 수산기(-OH)가 -SH로 치환된 것. 고추냉이 매운맛 성분의 시니그린
- 알돈산(aldonic acid) : 당의 C_1의 알데하이드기(-CHO)가 카르복실기(-COOH)로 산화. 글루콘산(gluconic acid)
- 우론산(uronic acid) : 당의 C_6의 CH_2OH가 카르복실기(-COOH)로 산화. 글루쿠론산(glucuronic acid), 갈락투론산(galacturonic acid)
- 당산(saccharic acid) : 당의 C_1의 알데하이드기(-CHO)와 C_6의 CH_2OH가 카르복실기(-COOH)로 치환. 포도당산(glucosaccharic acid)
- 배당체 : 당의 수산기(-OH)와 비당류의 수산기(-OH)가 글리코시드 결합을 한 화합물. 안토시아닌, 루틴, 나린진, 솔라닌 등

12
- 전분의 호화 : 밥, 죽, 스프, 떡 등
- 전분의 호정화 : 뻥튀기, 미숫가루 등
- 전분의 노화 : 식은 밥

13 전분의 노화에 영향을 미치는 요인
- 수분함량 : 30~60% 노화가 가장 잘 일어나고, 10% 이하 또는 60% 이상에서는 노화 억제
- 전분 종류 : 아밀로펙틴 함량이 높을수록 노화 억제(아밀로스가 많은 전분일수록 노화가 잘 일어남)
- 0~5℃(노화 촉진), 60℃ 이상 또는 0℃ 이하(노화 억제)
- pH : 알칼리성일 때 노화 억제
- 염류 : 일반적으로 무기염류(노화 억제), 황산염(노화 촉진)
- 설탕 : 탈수작용에 의해 유효수분 감소로 노화 억제
- 유화제 : 전분 콜로이드용액의 안정도 증가로 노화 억제

14 과실 숙성
전분이 분해되어 당 함량 증가, 수용성 탄닌의 감소, 불용성 프로토펙틴에서 가용성 펙틴으로 전환, 유기산 함량 증가, 과숙과일에서 젤 형성능력이 없는 펙트산 생성

15
- 포화지방산 : 이중결합이 없는 지방산. 팔미트산(C_{16})과 스테아르산(C_{18})
- 불포화지방산 : 이중결합을 가지고 있는 지방산. 올레산($C_{18:1}$), 리놀레산($C_{18:2}$), 리놀렌산($C_{18:3}$), 아라키돈산($C_{20:4}$)

16
- 오메가(ω) 지방산 체계 : 지방산의 메틸기로부터 이중결합이 있는 위치까지 세어 표기하는 방식
- ω-3 지방산 : α-리놀렌산, EPA, DHA의 고도불포화지방산. 어유에 많고, 심근경색, 동맥경화, 혈전 예방
- ω-6 지방산 : 리놀레산, 아라키돈산, γ-리놀렌산. 식물성기름에 많고, 혈중콜레스테롤 낮춰줌
- 필수지방산 : 체내에 합성되지 않거나 합성되는 양이 너무 적어서 식품의 형태로 흡수하는 지방산(리놀레산, 리놀렌산, 아라키돈산)
- 이중결합이 동일한 불포화지방산의 시스형이 트랜스형보다 융점이 낮음

17
- 과산화물가 : 산패가 진행될수록 증가했다가 감소
- 카르보닐가 : 과산화물의 분해로 생성된 2차 산화생성물의 카보닐화합물 측정
- 아세틸가 : 유리수산기(OH) 측정
- 산가 : 유리지방산 측정

18
- 염기성 아미노산(+전하를 띤 R기 아미노산) : 카르복실기 수 < 아미노기 수(리신, 아르기닌, 히스티딘)
- 산성 아미노산(-전하를 띤 R기 아미노산) : 카르복실기 수 > 아미노기 수(아스파르트산, 글루탐산, 아스파라진, 글루타민)

19
- 등전점에서 최소 : 수화, 점도, 삼투압, 팽윤, 용해도
- 등전점에서 최대 : 흡착성, 기포력, 탁도, 침전

20
- 제1차 유도단백질(변성단백질) : 응고단백질, 프로티안, 메타프로테인, 젤라틴, 파라카제인
- 제2차 유도단백질(분해단백질) : 프로테오스, 펩톤, 펩티드

21
- 밀단백질 : 글루텔린 → 글루테닌, 프롤라민 → 글리아딘
- 밀가루 반죽 : 글루텐(글루테닌 + 글리아딘)

22
단백질의 수용액에 산을 가하면 아미노기가 H^+이온을 받아서 양이온이 되어 산성 pH에서 음극으로 이동한다.

23 알칼리성 식품
해조류, 과일류, 채소류, 서류

24
- 카로티노이드 → 잔토필류(루테인, 지아잔틴) : 난황
- 카로티노이드 → 아스타잔틴(갑각류 껍데기) : 가열하면 산화되어 아스타신(홍색) 생성
- 헤모시아닌 : 오징어, 문어, 낙지 등의 연체류에 함유, 가열에 의해 적자색으로 변함
- 미오글로빈 : 동물의 근육색소, 헴과 글로빈이 1:1로 결합하고 Fe^{2+} 함유한 산소저장체
- 헤모글로빈 : 동물의 혈색소, 철(Fe) 함유, 헴과 글로빈이 1:4로 결합, 산소운반체

25 마이야르 반응(Maillard reaction)
- 환원당과 아미노기를 갖는 화합물 사이에서 일어나는 반응으로 아미노-카보닐 반응, 멜라노이딘 반응이라고도 함
- 초기단계 : 당과 아미노산이 축합반응에 의해 질소배당체가 형성, 아마도리(amadori) 전위반응(색변화 없음)
- 중간단계 : 아마도리(amadori) 전위에서 형성된 생산물이 산화, 탈수, 탈아미노반응 등에 의해 분해되어 오존(osone)류 생성, HMF(hydroxyl methyl furfural) 등을 생성하는 반응(무색 내지 담황색)
- 최종단계 : 알돌(aldol)축합반응, 스트렉커(strecker)분해반응(멜라노이딘(melanoidin) 색소 생성)

26
- 감의 떫은맛 : 시부올
- 죽순, 가지, 우엉의 아린맛 : 호모겐티스산
- 고추 매운맛 : 캡사이신
- 양파, 파, 마늘, 부추 등의 매운맛 : 알릴설파이드류

27
- 밀의 주단백질 : 글루텐(밀가루 반죽 시 형성, 입체적 망상구조, 점탄성) = 글리아딘(둥근 모양, 점성) + 글루테닌(긴 막대모양, 탄성). 밀의 제1제한아미노산(라이신)
- 밀기울이 많을수록 무기질 함량이 높으며 품질이 좋지 않음(품질평가 시 무기질 함량 기준 : 0.5%)

28 보리의 종류
- 쌀보리(나맥) : 보리밥에 사용
- 겉보리(피맥) : 보리차, 엿기름에 이용
- 두줄보리(이조맥) : 맥주 원료

29
- 결정형 캔디 : 폰단트, 퍼지, 디비니티
- 비결정형 캔디 : 캐러멜, 테피, 토피, 브리톨, 마시멜로, 젤리
- 설탕 : 결정형성을 위해 고운 결정 첨가
- 결정형성 방해 또는 미세 결정형성을 위해 첨가하는 물질 : 주석염, 전화당, 시럽, 물, 난백, 버터, 초콜릿, 우유

30 두부 응고 기작
- 금속이온(칼슘 또는 마그네슘의 2가 양이온 금속염)과 대두 단백질의 글리시닌의 분자 사이에 가교를 만들어 응고물을 생성하는 금속이온에 의한 단백질 변성
- 글루코노델타락톤과 같은 산에 의한 응고로서 대두단백질을 전기적으로 중성이 되는 등전점에 이르게 하여 응고물 생성
- TG(Transglutaminase)와 같이 효소적으로 대두 단백질의 구성 아미노산 중 리신(lycine)잔기와 glutmine잔기 사이에 공유결합을 형성하여 겔을 형성

31
콩나물 발아로 갈락토오스가 아스코르브산으로 전환, 재배 5~7일에 비타민 최고가 되었다가 그 후 감소

32
결합조직에는 콜라겐, 엘라스틴, 레티큐린 등이 있고 콜라겐을 가열하면 젤라틴이 된다.

33
습열조리에 엘라스틴은 거의 변화가 없으나 콜라겐은 수소결합이 파괴되면서 젤라틴으로 변함

34 신선한 수산물 선별법
- 비늘은 단단하고 고르며 복부를 눌렀을 때 팽팽한 것
- 아가미는 선홍색
- 안구는 맑고 외부로 돌출
- 근육은 단단하여 살이 뼈에서 잘 떨어지지 않는 것

35 달걀의 조리 특성
- 난백의 기포성(머랭, 엔젤케이크, 스폰지케이크)
- 난황의 유화성(마요네즈)
- 청징제(콘소메, 맑은 국물)
- 결합제(전유어, 만두속, 크로켓)
- 농후제(달갈찜, 커스터드, 푸딩)

36 요오드가(지방산 불포화도 측정)
- 건성유(130 이상) : 들기름, 아마인유 등
- 반건성유(100~130) : 대두유, 면실유, 참기름
- 불건성유(100 이하) : 올리브유, 팜유, 땅콩유

37 유지류의 조리 특성
(1) **발연점 저하** : 이물질이 많을수록, 가열시간이 길수록, 가열횟수가 많을수록(10~15℃/1회), 유지의 표면적이 넓을수록

(2) **가소성** : 버터, 마가린의 발림성

(3) **쇼트닝 작용에 영향을 미치는 요인**
- 유지의 종류 : 불포화 지방산 > 포화지방산, 가소성 클수록 쇼트닝 파워 증가
- 유지의 양 : 많을수록 쇼트닝 작용 증가, 파이껍질, 크래커에 유지 다량 첨가하면 많은 켜 형성
- 유지의 온도 : 저온(유동성 저하, 쇼트닝 파워 감소), 고온(유동성 증가, 쇼트닝 파워 증가)
- 반죽 정도 : 오랫동안 반죽 시 글루텐 형성 증가, 쇼트닝 파워 감소
- 첨가물질 : 난황(유화제 작용으로 쇼트닝 작용 감소)

38 항산화제
비타민 E(토코페롤), 세사몰(참기름), 고시폴(면실유), 폴리페놀성화합물(과일, 채소, 콩류, 차), 레시틴(난황, 대두유)

39 D값
- 균수가 처음 균수의 1/10로 감소(90% 사멸)하는 데 소요되는 기간
- 균수를 90% 사멸하는 데 소요되는 시간
- 온도에 따라 달라지므로 반드시 온도표시

$$D = \frac{t}{\ell og N_0 - \ell og N}$$

N_0 : 살균하기 전에 시료에 오염되어 있는 원래의 미생물 수(초기 t = 0의 미생물 수)
N : 임의의 온도 T에서 t시간 가열했을 때, 시료 중의 생존균수
t : 가열시간(분)

$$D_{80℃} = \frac{3}{\ell og 10000 - \ell og 100} = \frac{3}{4-2} = 1.5분$$

40 미생물 세대시간
- 세균이 1번 분열이 일어난 후, 다음 분열이 일어나는 데 걸리는 시간
- 총균수 $b = a \times 2^n$ (a : 초기 균수, n : 세대수)
  2시간 = 120분
  세대수(n) = 120 ÷ 20분 = 6

∴ 총균수 = 2×2^6 = 128마리

2과목 급식, 위생 및 관계법규

41 단체급식(집단급식소)
- 비영리, 계속 특정 다수인에게 제공
- 식품위생법에 따라 1회 50인 이상, 학교급식, 기숙사, 산업체, 병원 등

42 병원급식
- 다양한 치료식 제공으로 생산성 낮음
- 매일 병실까지 직접 배달 등으로 인건비 부담
- 매식마다 식수 및 식사내용을 확인 필요
- 조리기기나 설비를 점검·수리할 시간이 충분하지 않음
- 더욱 위생적이고 안전한 음식 제공

43 급식체계 시스템
- 전통식 : 가장 오래된 형태(대부분 운영방식), 생산·분배·서비스 같은 장소, 적온급식 가능, 인력관리 필요
- 중앙공급식(공동조리식) : 조리 후 운반급식, 생산·소비 장소 분리, 식재료비 및 인건비 절감, 운반문제(비용, 위생, 운반시간)
- 조리저장식(예비저장식) : 조리 후 냉장·냉동 저장 후 급식, 생산·소비 시간적 분리, 초기투자비용, 표준 레시피 개발 필수
- 조합식(편이식) : 완전 조리된 음식 구매로 저장·가열·배식 정도의 기능만 필요, 관리비·인건비 등 절감, 메뉴제공 한계, 저장 공간 확보 필요

44 경영의 관리 기능
계획수립 → 조직화 → 지휘 → 조정 → 통제

45
- 급식경영관리자의 유형
  - 기능적 관리자 : 조직 내 특정 부문이나 기능에 대해 책임과 전문화된 업무관리 예) 임상영양사
  - 일반 관리자 : 급식부서의 모든 활동에 책임, 전문화되지 않은 업무 관리 예) 매니저, 점장
- 종합적 품질경영(TQM) : 피라미드 형태의 전통적 급식구조가 역삼각형 모양으로 역전되어 상위경영층을 지원하고 도와주는 촉진자 및 지도자로서의 역할 수행, 고객만족과 하급관리층의 위상 강조
- 민츠버그의 경영자 역할 : 대인관계 역할, 정보전달 역할, 의사결정 역할
- 카츠의 경영관리 능력 : 기술적 능력(하위계층으로 갈수록 중요), 인력관리 능력(모든 계층에서 중요), 개념적 능력(상위계층으로 갈수록 중요), 관리계층에 따른 관리능력

46 조직화의 원칙

- 전문화 원칙(분업의 원칙) : 조직 각 구성원 전문적으로 담당, 전문화 → 부문화 → 담당직무의 종류와 범위 합리적
- 명령일원화 원칙 : 권한과 책임 명료화, 부하의 효율적 통제 가능, 상위자가 전체적인 조절 용이, 하위자는 상위자의 명령·보고관계 일원화(지휘에 대한 안정감)
- 감독한계적정화 원칙(감독범위 적정화 원칙) : 한 사람의 관리자가 직접 통제하는 하위자의 수를 적정하게 제한, 광범위한 의사전달 곤란, 능률 저하
- 삼면등가의 원칙 : 권한, 의무, 책임의 기본 원칙 형성
- 권한위임의 원칙 : 권한을 가지고 있는 상위자가 하위자에게 직무를 위임하는 경우 그 직무수행에 관한 일정 권한 부여(신속 의사결정 및 직무 신속처리, 조직원 동기부여, 관리자 부담 경감, 부하의 잠재능력 발견가능, 인재육성 가능)

47 집단의사 결정

브레인스토밍(아이디어 창출), 델파이법(설문 후 전문가의 의견 평가), 명목집단법(브레인스토밍 수정확장기법), 포커스집단법(소규모 대상으로 문제점 집중적 토론)

48 2020년 한국인의 영양 섭취기준

영양소	연령	남자	여자
에너지(열량) 필요추정량	19~29세	2,600	2,000
	30~49세	2,500	1,900
	50~64세	2,200	1,700

49 총 당류 섭취량

총 에너지 섭취량의 10~20% 제한

50

- 식사구성안은 일반 건강인을 대상으로 전체적인 건강증진을 위한 것으로 실생활에 유용하고 사용자의 생활습관에 따른 변화와 대처 가능
- 식사구성안의 식품의 중량은 가식부분 기준으로 함

51 식단표

조리작업지시서, 식재료 종류와 양, 급식인원수, 열량 및 영양소 제공량, 원산지표시, 알러지 유발식품 등 표시

52 식단평가

음식의 영양적 가치(영양소 균형, 충분한 영양소 함유 등), 사용된 식품 재료 등급(식품의 신선도, 좋은 품질 등), 맛(온도, 양념, 질감, 향기, 조리된 상태, 익은 정도), 외관(색, 농도, 배열상태 등)

53

개발된 메뉴의 지속적인 메뉴 수정 보완 필요

54

구매 필요성 인식 → 구매명세서 및 구매청구서 작성 → 공급업체 선정 → 발주량 결정 및 발주처 작성 → 물품배달 및 접수 → 구매기록 보관 → 대금 지불

55 물품구매서

- 식품에 관한 여러 가지 자세한 내용을 명확하게 제시
- 객관적이고 현실적인 품질기준 제시
- 구매 시 공급자와 구매자 간의 원활한 의사소통으로 사용
- 납품수령 시 물품 점검의 기본 서류

56

- 적정발주량은 저장비용과 주문비용의 2가지에 영향 받음
  - 저장비용(유지비용) : 재고를 보유하기 위해 소요되는 비용으로 저장시설유지비, 보험비, 변패 등에 의한 손실비, 재고자체 보유 소요비용
  - 주문비용 : 인건비, 업무처리비, 교통통신비, 소모품비, 검수에 소요되는 비용
- 1회 발주량이 많아지면 연간 저장비용은 증가, 주문비용은 저하됨
- 발주량 결정 시 경제적인 주문수량 이외에 가격변동요인, 수량할인, 재료의 저장특성, 계절요인 등을 함께 고려 필요

57

- 폐기량이 없는 식품 : 1인분량 × 예정 식수
- 폐기량이 있는 식품 : 1인분량×(100/가식부율)×예정식수

∴ 발주량 = 120g × (100/60%) × 1,000명
= 200,000g = 200kg

58

- 축산물 : 등급판정확인서와 도축검사증명서 확인, 축산물이력제 홈페이지에서 개체식별번호 품질 확인
- 냉장식품 : 10℃ 이하, 냉동식품 : -18℃ 이하
- 검수는 바닥에서 떨어진 검수대에서 실시
- 식재료 관리 특성에 따라 검수 후 냉장·냉동, 실온창고, 조리장으로 입고

59

- 재고회전율이 표준보다 낮은 경우 : 재고과잉, 현금이 재고로 묶여있는 상태, 부정유출, 재고낭비우려 있음
- 재고회전율이 표준보다 높은 경우 : 재고부족, 급식생산 지연, 급하게 품목발주 상황발생, 식재료비증가, 작업자들의 스트레스 높아짐

60 수요예측방법

객관적 예측법으로 3개월 간의 단순이동평균법은 최근 3개월 식수의 평균값 사용
(1,020 + 1,010 + 1,030)/3 = 1,020(명)

61

- 변환계수 계산 : 500명/100인분 = 5(변환계수)
- 표준 레시피 식재료량에 변환계수 곱함 : 9kg × 5 = 45kg

62 보존식

-18℃에서 144시간(6일) 이상 보관, 휴일이 포함된 경우 휴일 다음날 폐기

63 작업(노동)시간당 식수(식사량)

= 일정기간 제공한 총 식수/일정기간 총 노동시간
= [(스낵류/2) + 밥류] ÷ 500 = [(1,000/2) + 1,500] ÷ 500
= 4식당량/시간

64 길브레스(Gilbreth)가 고안한 동작연구 방법

- 모든 동작을 분석하고 단위동작으로 세분하여 규정
- 좌우 손의 움직임을 경과시간과 함께 기록
- 동작절약 원칙으로 불필요한 동작은 제거, 필요한 동작은 부가하여 작업 개선에 사용
- 동작경제의 원칙 : 동시성, 대칭성, 자연성, 리듬성, 습관성

65

- 시간연구법 : 작업의 기본요소를 분할한 후 작업에 소요되는 정미시간 측정 기록
- 워크샘플링법 : 통계적 방법. 작업자의 업무내용과 시간 관측기록 후 표준시간 설정
- 실적기록법 : 과거 경험이나 일정기간의 실적자료를 이용하여 작업단위에 대한 시간을 산출하는 방법
- 표준자료법 : 과거의 자료를 분석하여 작업동작에 영향을 미치는 요인들과 작업을 위해 정미시간사이에 함수식을 도출하여 표준시간 구하는 방법

66

200시간 ÷ 40시간 = 5(명)

67 TCS Food

- 생 또는 익힌 동물성 식품(우유 및 유제품, 달걀, 육류, 가금류, 생선류, 패류, 갑각류, 두류 및 콩단백식품)
- 익힌 식물성 식품(밥, 익힌 감자, 두부, 양념 및 소스)
- 생것과 슬라이스(토마토, 멜론슬라이스, 새싹 등)

68 4% 염소계 소독액으로 100ppm(0.01%) 소독액 10,000mL 제조 시

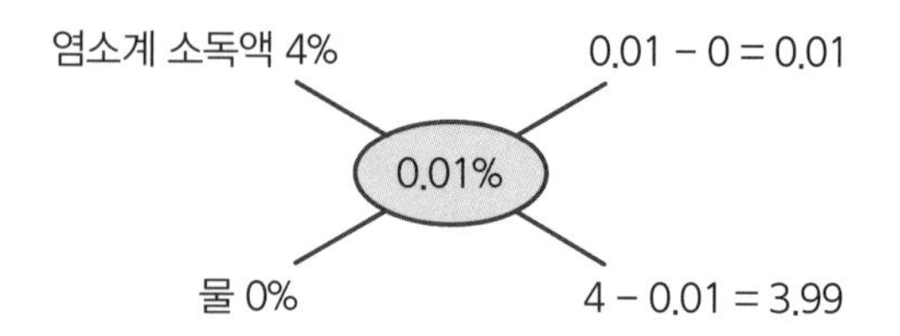

염소계 소독액 4% → 0.01/4 × 10,000 = 25mL
물 0% → 3.99/4 × 10,000 = 9975mL

69

- 1종 세척제 : 채소, 과일 세척 전용으로 효소나 표백제가 함유되어선 안 됨
- 2종 세척제 : 음식점, 단체급식소용 식기세척용
- 3종 세척제 : 주방기구 세척용 세제

70

조리장은 직사각형 형태가 유리

71

- 그리스트랩 : 기름기가 많은 오물 거름조
- 배수관 너비(20cm 이상), 배수관 깊이(20cm 이상)
- 배수로 경계(반지름 5cm 이상의 곡면구조), 구배(1/100)
- 배수관 : 곡선형(S트랩, P트랩, U트랩), 수조형(관트랩, 드럼트랩, 그리스트랩)

72 감가상각비

- 고정자산의 소모, 손상 가치의 감소를 연도에 따라 할당해 자산 가치를 감소시켜 나가는 비용
- 정액법 : 고정자산 감가총액을 내용연수로 균등하게 할당하는 방법. 매년 일정액의 감가상각비를 계산
- 정률법 : 구입가격에서 감가상각비 누계를 차감한 금액에 매년 일정한 비율을 곱해 산출, 내용연수가 경과함에 따라 감가상각비 감소

73

- 월식재료비 = 월초재고액 + 월구입액 - 월말재고액
  = 3,000,000 + 12,000,000 - 2,500,000
  = 12,500,000
- 식재료비 비율(%) = 식재료비/매출액 × 100
  = 12,500,000/25,000,000 × 100
  = 50%

74
- 메뉴관리 : 식단표, 영양가분석표, 식사전표
- 구매관리 : 식품구매명세서, 구매청구서, 발주서, 납품서, 검수일지
- 생산관리 : 표준레시피, 검식일지, 급식일지, 급식인원보고서(식수표)
- 작업관리 : 작업일정표, 공정분석표, 안전관리점검일지
- 위생관리 : 위생점검일지, 보존식기록지, CCP점검표, 위생교육일지
- 원가관리 : 손익계산서, 재무상태표, 원말보고서, 운영보고서
- 시설설비관리 : 기기관리대장, 집기류 대장
- 정보관리 : 메뉴인덱스 파일, 표준레시피, 영양가분석파일

75 인적자원관리의 직무설계
- 직무단순화 : 작업절차 표준화하여 전문화된 과업에 종업원 배치
- 직무확대 : 수행과업의 수적 증가, 다양성과 책임의 증가로 품질향상
- 직무순환 : 여러 직무를 주기적으로 순환, 다양한 경험과 기회 제공
- 직무충실화 : 과업의 수적 증가뿐만 아니라 직무에 대해 갖는 통제 범위를 증가시켜 수평적 업무추가와 수직적 책임부여
- 직무특성 : 조직의 효율성 증진과 종업원의 직무만족을 유도, 5가지 요소 구성(기술의 다양성, 업무의 정체성, 업무의 중요성, 자율성, 피드백)

76 직무평가방법
- 서열법(직무간의 서열 결정)
- 분류법(등급에 따라 직무가치구분)
- 점수법(평가요소 점수화)
- 요소비교법(핵심직무의 평가요소를 기준으로 산정하여 기본 임금비율 결정)

77 급식서비스의 기본적 특징
- 무형성 : 형태가 없음
- 비분리성(동시성) : 제공자에 의해 만들어짐과 동시에 고객에 의해 소비
- 이질성(비일관성) : 같은 서비스도 전달자의 숙련도나 상황에 따라 차이
- 소멸성(저장불능성) : 생산 후 바로 소비되어 재고나 저장 불가능

78 자외선 조사 살균
- 투과력이 약하며, 조사대상물의 품온이 상승하지 않고 조사취가 나지 않는다.
- 잔류효과가 없고 장기간 조사하면 지방산류의 산채가 일어난다.
- 자외선 260~280nm(2,600Å) 부근의 파장에서 DNA 흡수가 최대가 되어 DNA 변성으로 살균 효과가 크다.
- 공기, 물, 식기류의 표면살균에 이용한다.

79
$$석탄산\ 계수 = \frac{소독액\ 희석배수}{석탄산\ 희석배수} = \frac{90}{30} = 3$$

80 차아염소산나트륨
사용농도 0.01~1%(균체 산화, 단백질 변성)

81 최확수법(MPN)
- 수단계의 연속한 동일 희석도 검체를 수개씩(3개씩 또는 5개씩) 유당부이온(LB/BGLB) 발효관에 접종하여 대장균의 존재 여부를 시험하고, 그 결과로부터 확률적인 대장균군의 수치를 산출
- 최확수(MPN)표는 검체 10, 1, 및 0.1ml씩을 각각 3개씩 또는 5개씩의 발효관에 가하여 배양 후 얻은 결과에 의하여 검체 100ml 중 또는 100g 중에 존재하는 대장균군수를 표시하는 것으로 이론산 가장 가능한 수치

82 황색포도상구균
- 원인균 : *Staphylococcus aureus.* 그람양성, 무포자 구균, 통성혐기성, 내염성(염도 7% 생육 가능), 산성이나 알칼리성에서 생존력 강함
- 독소 : enterotoxin(장내독소). 내열성 강해 120℃ 20분 가열해도 파괴되지 않고, 210℃ 30분 이상 가열해야 파괴되므로 조리방법으로 실활시킬 수 없음
- 감염원 : 화농성 질환, 조리인의 화농 손, 유방염에 걸린 소 등
- 원인식품 : 육제품, 유제품, 떡, 빵, 김밥, 도시락

83 병원성대장균 식중독의 발병양식에 따른 분류
- 장출혈성대장균 : 대장 점막 침입, 인체 내에서 베로독소(verotoxin) 생성, *E.coli* O157:H7이 생산, 용혈성 요독증후군 유발, 치사율 3~5%, 제2급 법정감염병
- 장독소원성대장균 : 콜레라와 유사, 이열성 장독소(열에 민감, 60℃ 10분 가열로 불활성)와 내열성 장독소(열에 강함, 100℃ 10분) 생산, 설사증
- 장침투성대장균 : 대장점막 상피세포 괴사 일으켜 궤양과 혈액성 설사
- 장병원성대장균 : 대장점막 비침입성, 신생아 유아에게 급성위장염 발병, 복통, 설사
- 장응집성대장균 : 응집덩어리 형성하여 점막세포에 부착, 설사, 구토, 발열

84 노로바이러스 식중독

- 원인균 : *Norwalk virus*, 소형구형 바이러스, RNA 바이러스, 밤송이 모양
- 60℃, 30분 가열, 10ppm 이하의 염소 소독으로 쉽게 사멸
- −20℃ 이하에서 장시간 생존 가능
- 겨울철(11월~2월) 많이 발생
- 오염원 : 환자의 분변, 구토물, 물, 조리종사자 및 조리기구, 사람 간의 감염 등
- 원인식품 : 가열처리하지 않은 오염된 어패류나 식품(굴, 채소샐러드, 샌드위치, 빵, 케이크, 도시락 등)
- 예방법 : 85℃, 1분 이상 충분한 가열, 철저한 손씻기, 사람간의 2차 감염 배제

85 식품 매개 전파 병원체

- 세균 : 파라티푸스(*Salmonella paratyphi*)
- 바이러스 : A형 간염(Hepatitis A virus), 노로바이러스식중독, 소아마비(Polio virus)

86

- 복어 : 테트로도톡신(tetrodotoxin) – 복어의 생식기(특히, 난소, 알), 청색증(cyanosis) 현상
- 섭조개, 홍합, 대합조개 : 삭시톡신(saxitoxin)
- 모시조개, 바지락, 굴 : 베네루핀(venerupin)
- 진주담치, 큰가리비, 백합 : 오카다산(okadaic acid)
- 소라 고둥 등 : 테트라민(tetramine)
- 열대, 아열대 서식 독성 어류 : 시구아톡신(ciguatoxin) – 가열조리로 파괴되지 않음

87

곰팡이	독성분
A. flavus, *A. parasticus*	아플라톡신(aflatoxin)
A. ochraceus	오크라톡신(ochratoxin)
P. citreoviride	시트레오비리딘(citreoviridin)
P. citrinin	시트리닌(citrinin)
P. islandicum	루테오스키린(luteoskyyrin) 아일란디톡신(islanditoxin) 사이클로클로로틴(cyclochlorotin)
P. patulin *P. expansum* *P. lapidosum*	파튤린(patulin)
P. rubrum	루브라톡신(rubratoxin)
F. graminearum	제랄레논(Zearalenone)

88

- 납 : 통조림의 땜납, 도자기(안료), 주로 뼈에 침착, 납통증(연산통), 빈혈
- 수은 : 유기수은–메틸수은, 미나마타병, 보행장애, 언어장애, 난청
- 구리 : 주방용기(놋그릇 등)의 염기성 녹청, 간의 색소 침착
- 크롬 : 피부암, 간장장애, 비중격천공(콧구멍에 구멍 뚫림)
- 주석 : 통조림 탈기 불충분으로 공기와 장기간 접촉시 용출

89

(1) 유해감미료

- 둘신(dulcin) : 설탕의 약 250배, 발암물질로 분해
- 에틸렌글리콜(ethylene glycol) : 점조성 액체, 팥앙금에 부정 사용, 엔진의 부동액
- 페릴라틴(perillartine) : 설탕의 2,000배
- 니트로톨루이딘(ρ–nitro–o–toluidine) : 설탕의 200배, 살인당
- 시클라메이트(cyclamate) : 설탕의 20배, 발암성

(2) 유해표백제

- 롱갈리트(rongalite) : 연근에 부정 사용, 포름알데하이드 생성
- 형광표백제 : 한때 국수, 생선묵 등에 사용
- 삼염화질소(NCl_3) : 밀가루 표백과 숙성에 부정 사용

(3) 유해보존제

- 붕산(H_2BO_3) : 살균소독제
- 포름알데하이드(HCHO) : 강한 살균과 방부작용
- 승홍($HgCl_2$) : 강한 살균력과 방부력, 식품에 부정 사용
- 불소화합물 : 불화수소, 공업용 풀에 이용
- 나프톨(β–naphthol) : 강한 살균 및 방부작용
- 살리실리산(salicylic acid) : 유산균과 초산균에 강한 항균성

(4) 유해착색료

- 아우라민(auramine) : 황색의 염기성 색소, 한때 단무지에 사용
- 로다민B(rhodamine B) : 분홍색 염기성 색소, 전신착색, 색소뇨 증상

90 식품안전관리인증기준(HACCP) 7원칙 12절차

- 준비단계 5절차
  - 절차 1 : HACCP팀 구성
  - 절차 2 : 제품 설명서 작성
  - 절차 3 : 제품용도 확인
  - 절차 4 : 공정흐름도 작성
  - 절차 5 : 공정흐름도 현장 확인
- HACCP 7 원칙
  - 절차 6(원칙 1) : 위해요소 분석(HA)
  - 절차 7(원칙 2) : 중요관리점(CCP) 결정

- 절차 8(원칙 3) : 한계기준(CL) 설정
- 절차 9(원칙 4) : 모니터링 체계 확립
- 절차10(원칙 5) : 개선조치 방법 수립
- 절차11(원칙 6) : 검증절차 및 방법 수립
- 절차12(원칙 7) : 문서화, 기록유지 방법 설정

91 식품의 기준과 규격, 식품첨가물의 기준과 규격
식품의약품안전처 고시

92 식품위생법 제7조
식품과 식품첨가물의 기준은 제조, 가공, 사용, 조리 및 보존의 방법에 관한 기준이다. 식품 및 식품첨가물의 규격은 성분에 관한 규격이다.

93 위생분야 종사자 등의 건강진단규칙 제4조 관련 별표 2
정기건강진단 횟수는 장티푸스, 결핵, 전염성피부질환의 항목에 대하여 매년 1회 검진

94 식품위생법 제56조
집단급식소에 종사하는 영양사와 조리사는 1년마다 6시간의 교육을 받아야 한다.

95 식품위생법 제101조
집단급식소를 설치·운영자가 특별자치시장·특별차지도지사·시장·군수·구청장에게 신고를 하지 아니하거나 허위신고를 한 자는 1천만 원 이하의 과태료

96 학교급식법 시행규칙 제4조 별표 2
쇠고기 육질등급 3등급이상, 돼지고기 육질등급은 2등급이상

97 학교급식법 제23조
학교급식공급업자가 농수산물의 원산지 표시 거짓이나 유전자 변형농산물의 표시를 거짓으로 기재한 식재료 사용은 7년 이하의 징역 또는 1억 원 이하의 벌칙

98 국민건강증진법 시행령 제 21조(국민영양 조사 항목)
- 건강상태조사 : 신체상태, 영양관계증후, 기타 건강상태에 관한 사항
- 식품섭취조사 : 조사가구의 일반사항, 일정한 기간의 식사상황, 일정한 기간의 식품섭취상황
- 식생활조사 : 가구원의 식사 일반사항, 조사기구의 조리시설과 환경, 일정한 기간에 사용한 식품의 가격 및 조달방법

99 국민영양 관리법 시행규칙 제18조
협회의 장은 보수교육을 2년마다 6시간씩 실시

100 식품 등의 표시광고에 관한 법률 시행규칙 제7조(나트륨함량 비교표시)
조미식품이 포함되어 있는 면류 중 유탕면(기름에 튀긴 면), 국수 또는 냉면, 즉석섭취식품 중 햄버거 및 샌드위치

김문숙 [박사 · 영양사 · 식품기술사 · 식품기사 · 위생사 · 한식조리기능사]

현 : 원광대학교 식품영양과 강의전담 교수
전북대학교 식품제약과 강사

전 : 동남보건대학교 식품제약과 강사
전주대학교 한식조리학과 & 외식산업조리학과 강사
목표대학교 식품공학과 강사
숭의여자대학교 식품영양과 강사
성균관대학교 식품생명공학과 강사
장안대학교 환경보건과 강사
성신여자대학교 식품영양학과 강사
경희대학교 식품영양학과 강사
한양대학교 식품영양학과 강사
식품의약품안전처. Post Doc.
University of Illinois, Post Doc.
전북대학교 농업과학연구소 객원연구원
한국식품연구원 위촉연구원

영양사 시험 모의고사 문제집

지은이 김문숙
펴낸이 정규도
펴낸곳 (주)다락원

초판 1쇄 발행 2023년 10월 10일
개정판 1쇄 발행 2024년 10월 10일

기획 권혁주, 김태광
편집 이후춘, 윤성미

디자인 정현석, 김예지

다락원 경기도 파주시 문발로 211
내용문의: (02)736-2031 내선 291~296
구입문의: (02)736-2031 내선 250~252
Fax: (02)732-2037
출판등록 1977년 9월 16일 제406-2008-000007호

ISBN 978-89-277-7153-1 13590

MEMO

MEMO